北京 **2022** 年冬奥会和冬残奥会

气象保障服务成果

科技支撑卷

中国气象局

气象出版社
China Meteorological Press

内 容 简 介

本书聚焦北京 2022 年冬奥会和冬残奥会气象关键技术研发与应用的科技成果，在概述面临挑战、组织实施与交流合作的基础上，重点介绍了气象保障服务的主要科技成果以及应用成效，包括观测技术、机理研究、预报技术、服务技术等方面的内容。旨在全面梳理总结气象科技冬奥支撑和创新经验，以为后续国家重大活动气象保障服务提供参考和借鉴，持续发挥成果的效益，推动气象高质量发展。本书可供各类气象保障服务人员阅读，也可供气象相关科研人员参考。

图书在版编目（ＣＩＰ）数据

北京2022年冬奥会和冬残奥会气象保障服务成果. 科技支撑卷 / 中国气象局编著. -- 北京 : 气象出版社，
2022.9
ISBN 978-7-5029-7787-0

Ⅰ. ①北… Ⅱ. ①中… Ⅲ. ①冬季奥运会－气象服务－科技成果－汇编－北京－2022②世界残疾人运动会－奥运会－气象服务－科技成果－汇编－北京－2022 Ⅳ. ①P451

中国版本图书馆CIP数据核字(2022)第151391号

北京 2022 年冬奥会和冬残奥会气象保障服务成果·科技支撑卷
Beijing 2022 Nian Dong'aohui he Dongcan'aohui Qixiang Baozhang Fuwu Chengguo · Keji Zhicheng Juan

中国气象局　编著

出版发行：气象出版社
地　　址：北京市海淀区中关村南大街 46 号　　　　邮　　编：100081
电　　话：010-68407112（总编室）　　010-68408042（发行部）
网　　址：http://www.qxcbs.com　　　　E-mail：qxcbs@cma.gov.cn
责任编辑：蔺学东　张盼娟　毛红丹　　　　终　　审：吴晓鹏
责任校对：张硕杰　　　　　　　　　　　　责任技编：赵相宁
封面设计：楠竹文化

印　　刷：中煤（北京）印务有限公司
开　　本：787 mm×1092 mm　1/16　　　　印　　张：24
字　　数：610 千字
版　　次：2022 年 9 月第 1 版　　　　　　印　　次：2022 年 9 月第 1 次印刷
定　　价：195.00 元

《北京 2022 年冬奥会和冬残奥会气象保障服务成果》

总 编 委 会

主　　编：余　勇　黎　健

成　　员：张祖强　张　晶　王志华　曾　琮　王亚伟　张志刚　裴　翀
　　　　　张跃堂　郭雪飞　林吉东　李照荣　曲晓波　梁　丰　刘　强
　　　　　郭树军　方　翔　张恒德　肖　潺　唐世浩　罗　兵　陆其峰
　　　　　邵　楠　赵志强　朱小祥　郭彩丽　彭莹辉　王晓江　蔡　军

本卷编写组

组　　长：熊绍员　张跃堂　梁　丰　郭树军　端义宏

成　　员：（按姓氏笔画排序）

　　　　　丁　婷　丁明虎　于　波　马新成　丰德恩　王　新　王　冀
　　　　　王宗敏　王柏林　王继康　王新龙　王慕华　尹佳莉　邓　国
　　　　　邓莲堂　匡秋明　戎志国　师春香　吕　宸　吕梦瑶　朱　智
　　　　　任　颖　刘　杨　刘　超　刘卫国　刘伯奇　刘建忠　刘洪利
　　　　　刘凌华　孙　帅　孙海燕　孙跃强　李　琦　李　想　李巧萍
　　　　　李瑞义　杨　红　杨　蕾　杨　璐　连志鸾　时少英　何　晖
　　　　　佟　华　宋亚芳　宋林烨　张　艳　张　莉　张　晋　张　南
　　　　　张天航　张本志　张东启　张礼春　张英娟　张健南　张海霞
　　　　　陈　贤　陈　钻　陈　静　陈　霞　陈明轩　邵丽芳　茆佳佳
　　　　　金启华　周毓荃　郑　巍　郎淑歌　赵培涛　郝　翠　荆　浩
　　　　　段宇辉　饶晓琴　宫　宇　秦　睿　贾小芳　原新鹏　徐　娜
　　　　　徐　喆　徐枝芳　徐鸣一　殷水清　高　岑　高　辉　高旭旭

郭建侠　唐　卫　唐　健　陶　玥　陶亦为　黄蔚薇　曹　勇
曹广真　常　晨　符娇兰　渠寒花　葛　文　董　全　董晓波
韩　帅　焦志敏　谢　超　鄢钰函　褚建功　蔡　淼　潘　旸

总　序

　　时光荏苒，白驹过隙。转眼间，北京 2022 年冬奥会和冬残奥会胜利落下帷幕已近半年。在习近平总书记亲自谋划、亲自部署、亲自推动下，这场自北京申办冬奥成功后，历经 7 年艰辛努力成功举办的奥运盛会，全国人民团结一心，众志成城，向世界奉献了一届简约、安全、精彩的冬奥盛会和冬残奥盛会，全面兑现了对国际社会的庄严承诺，为促进世界奥林匹克运动发展、增进世界人民团结友谊作出了重要贡献，北京成为全球首个"双奥之城"。北京冬奥会和冬残奥会在大陆性冬季风气候条件下举办，举办期间更容易受到低温、大风等天气影响，不同于夏奥会，气象保障服务工作少有经验可借鉴。且冬奥会冰雪项目多集中在室外山地进行，地形复杂、局地小气候特征明显，在申办冬奥之前，我国冬奥气象服务几乎算得上"从零开始"——"赛区观测零基础、山地预报零积累、冬奥服务零经验、冬奥人才零储备"，这使得做到监测精密、预报精准、服务精细面临前所未有的困难和挑战。

　　道阻且长，行则将至。在党中央的坚强领导下，在北京冬奥组委、北京市委市政府、河北省委省政府以及相关部门的大力支持下，全国气象部门深入贯彻习近平总书记关于北京 2022 年冬奥会和冬残奥会系列重要指示和对气象工作重要指示精神，认真落实党中央、国务院决策部署，举全部门之力，集气象行业之智，心怀"国之大者"，牢牢把握"简约、安全、精彩"办赛要求，坚持"三个赛区、一个标准"，尽职尽责、凝心聚力，圆满完成了各项气象保障服务任务，赢得国际国内广泛赞誉。

成功的气象保障服务离不开组织管理的统筹协调。2016年7月，北京冬奥会气象服务领导小组成立，拉开北京冬奥气象服务筹备的大幕。2017年6月，中国气象局举全部门之力成立冬奥气象中心，滚动跟踪了解气象服务需求。2020年10月，首次由第24届冬奥会工作领导小组设立了北京冬奥会气象服务协调小组，凝聚各方面力量，统筹协调北京冬奥会跨区域、跨部门、跨军地的气象保障服务各项任务，研究解决北京冬奥会气象设施建设、气象科研、气象预报和气象服务保障等重大事项和重大问题。不断健全的组织保障机制，以及北京冬奥会、冬残奥会从申办、筹备到实施全过程中逐步修订完善的各类工作方案、实施方案、应急预案等，撑起了冬奥气象保障服务工作的"四梁八柱"，为圆满完成各项任务奠定了坚实基础。

成功的气象保障服务离不开业务技术的不断完善。气象部门始终以监测精密、预报精准、服务精细为目标，建成了相较历届冬奥会更为完善精密的气象观测系统——"多要素、三维、秒级"立体气象监测网络，首次建成"百米级、分钟级"冬奥气象预报服务系统，实施"智慧冬奥2022天气预报示范计划"为精细化气象预报服务提供有力支撑，建成智慧化、数字化冬奥气象服务网站和手机客户端，全面融入北京冬奥会和冬残奥会服务体系。北京冬奥会和冬残奥会气象保障服务的成功，彰显了中国气象科学技术的现代化能力和水平。

成功的气象保障服务离不开气象科技的不断创新。作为"科技冬奥"领导小组成员单位，中国气象局积极参与"科技冬奥（2022）行动计划"

和国家重点研发计划"科技冬奥"重点专项的组织实施,通过组建创新团队勇闯"无人区",联合国内外高水平科学家开展冬奥气象服务保障关键技术攻关,攻克了一批关键技术,多项技术成果在北京冬奥会和冬残奥会落地应用,充分发挥冬奥气象的科技创新支撑作用。

成功的气象保障服务离不开各个团队的无私奉献。聚焦气象保障服务各个环节组成的组织管理、预报预测、探测运维、信息网络、科研攻关、城市服务、人工影响天气等一系列工作团队,团结协作、恪尽职守、奋发有为,以高度的责任感、使命感、荣誉感,全力以赴,不断攻坚克难。在北京冬奥会和冬残奥会气象保障服务全过程中,全体气象工作者践行初心使命,在一次又一次的挑战中迎难而上,凝练出团结一心、紧密协作的大局意识,敢打硬仗、能打胜仗的工作作风,善于钻研、精益求精的工匠精神,充分展现了气象人爱岗敬业的良好形象,彰显了气象人无私奉献的精神品质,弘扬了气象人严谨科学、开拓创新、担当作为的优秀品格,向世界展示了中国气象工作者的良好风貌。

成功的气象保障服务离不开新闻媒体的关注支持。气象宣传科普工作者上下联动、内外联合,充分利用各类宣传平台,全方位展示冬奥气象科技成效,多视角报道精彩气象保障服务,立体化呈现气象工作者胸怀大局、自信开放、迎难而上、追求卓越的精神面貌。中央以及北京和河北地方主流媒体持续深度宣传报道气象保障服务各项工作,为圆满完成冬奥气象服务保障各项任务营造了良好舆论氛围。

为了总结凝练好北京冬奥会和冬残奥会气象保障服务的宝贵经验,管理好、运用好北京冬奥气象服务遗产,中国气象局组织编写了《北京2022年冬奥会和冬残奥会气象保障服务成果》丛书,分为组织管理卷、业务服务卷、科技支撑卷、团队工作卷和宣传科普卷,分别从5个方面全面总结了从北京申奥到办奥的经验成果。这些经验成果"生"于奥运,却不止于奥运。

　　站在新的历史起点上，气象部门将以更加昂扬的姿态，持续深入贯彻习近平总书记关于气象工作的重要指示精神，传承"胸怀大局、自信开放、迎难而上、追求卓越、共创未来"的北京冬奥精神，对标《气象高质量发展纲要（2022—2035年）》目标要求，大力加强北京冬奥会和冬残奥会气象保障服务成果的推广应用，奋进新征程、建功新时代，为推动我国气象高质量发展，为实现中华民族伟大复兴作出新的更大贡献。

中国气象局党组书记、局长

2022 年 8 月

前　言

北京 2022 年冬奥会和冬残奥会不仅是体育盛事，也是展示大国科技自主创新能力的重要平台。为世界奉献一届"精彩、非凡、卓越"的奥运盛会，离不开强大科技实力的支撑。习近平总书记强调，举办北京冬奥会、冬残奥会"要突出科技、智慧、绿色、节俭特色"。2016 年，在北京冬奥组委统筹协调下，科技部会同国家体育总局、北京市、河北省等有关部门和地方政府制定了"科技冬奥（2022）行动计划"，随后在国家重点研发计划中设立并组织实施了"科技冬奥"重点专项，部署推进科技研发。2019 年，科技部联合中国气象局等相关部门和地方政府成立"科技冬奥"领导小组，协调跨部门科技冬奥全局性工作，为北京 2022 年冬奥会和冬残奥会举办提供有力科技支撑和组织保障。气象条件是保障冬奥会和冬残奥会成功举办的重要因素，中国气象局也因此成为"科技冬奥"领导小组的成员单位之一。

中国气象局高度重视"科技冬奥"工作，积极贯彻落实"科技冬奥"领导小组统一部署，加强统筹谋划、系统布局，组织制订《北京 2022 年冬奥会和冬残奥会气象科技研发专项计划》，统筹科技资源，调动全部门优势力量，全力实施冬奥气象保障服务关键核心技术攻关，有力支撑保障冬奥会和冬残奥会的顺利举办。

经过 7 年协同攻关，举全部门之力、全行业之智，聚焦"精密监测、精准预报、精细服务"，科技支撑冬奥气象保障服务取得了一系列重大成果。勇闯"无人区"，首次在我国中纬度山区复杂地形下实施冬季多维度气象综合观测；首次实现赛道"秒级风"监测，山地精密气象观测技术取得长足进步。突破复杂山地降雪物理机制等，有力提升冬奥赛区降雪预报准确率；自主可控的小尺度局地精准预报技术取得明显进展，首次实现复杂山地"百米级、分钟级"精细化气象预报。按照"三个赛区、一个标准"，建成七大冬奥气象核心业务平台，实现"统一开发、京冀互备、三地共用"，有效提升气象预报服务精细化、智能化、集约化水平。建成信息网络"高速公路"，实现北京冬奥组委、国家级、省级、三个赛区信息的互通、互备、共用，首次实现冬奥专用气象信息报告的全自动化，彰显北京 2022 年冬奥会和冬残奥会赛事气象科技支撑的现代化水平。科技攻关成果的充分应用有力支撑了精细精准气象预报和优质高效保障服务，赢得了国际奥组委的高度评价，受到"科技冬奥"领导小组的充分肯定。

为总结凝练冬奥气象科技成果和创新经验，更好地传承冬奥科技遗产，按照中国气象局统一部署要求，我们组织参与攻关的各成员单位专家成立编写组，编制《北京 2022 年冬奥会和冬残奥会气象保障服务成果·科技支撑卷》，作为全套丛书五卷之一出版发行。本卷按面临挑战、组织实施与交流合作、主要科技成果、科技成果应用成效、附录等五部分内容进行整理汇编，旨在供读者全面了解科技支撑冬奥气象保障服务工作情况，同时供气象行业内外相关部门和单位在今后的重大活动气象保障服务中借鉴和参考，以期持续发挥成果的效益，推动气象高质量发展。

目　录

第1章 面临挑战

精准气象预报是历届冬奥会成功举办的最重要条件之一。北京 2022 年冬奥会和冬残奥会是近 20 年内大陆性冬季风主导的气候条件下在内陆地区举办的唯一一次冬奥盛会，赛场区域分布广、赛事项目安排紧、专项保障要求高，对气象保障服务提出了严峻的挑战，具体体现在以下五个方面。

1. 赛区复杂地形下冬季气象监测难度大

北京冬奥会主赛场位于山区，海拔高度落差大、地形起伏大，气象监测积累数据少，赛事特殊要素观测基本空白，赛区垂直探测与国外相比差距大。在国际上，小尺度山地气象监测预报服务一直是研究难题，在我国更是空白，并且由于赛区复杂地形的差异性，无法移植国际上现有的技术方案，北京冬奥会必须自主开发依地形衍生的小尺度精细化天气预报技术。因此，必须结合延庆海陀山和张家口崇礼山地气候特点、复杂地形特征和赛道规划，有针对性地开展赛场环境气象条件稠密垂直梯度观测试验研究，获取精细的三维立体气象要素场，为认识复杂地形冬季天气变化特征，开展小尺度精细化预报技术研究提供基础支撑。

2. 冬奥赛事和赛时的气象预报服务要求高

冬奥会赛场气象条件变化直接影响整个冬奥会各项比赛时间安排、比赛设施维护、交通应急调整等多个方面，往届冬奥会均出现过受天气影响需要延期、调整比赛时间，甚至取消比赛的情况，例如，2010 年温哥华冬奥会赛程变更，1998 年长野冬奥会冬季两项比赛延期，2018 年平昌冬奥会受气象条件影响调整比赛的情况更为突出。北京冬奥组委要求赛事气象预报服务实现分钟级、百米级的"微播报"，但是气象部门针对复杂地形下精准、定点的冬季高影响天气和精细气象要素预报服务的研究不多，技术储备不足，满足分钟级、百米级气象预报要求极具挑战性。

3. 气象条件对冬奥会竞赛成绩的影响大

不同项目对气象要素非常敏感，如风速、风向的变化对雪上项目运动员的成绩和安全将产生关键影响，提供复杂地形下的赛场临近短时精细气象要素预报对保障运动员安全及赛出好成绩至关重要。但我国对冬季气象要素定点预报技术尚不能满足冬奥赛事需求。

4. 雪务气象保障窗口期预报服务挑战大

自然降雪不能满足冬奥会所需雪的数量和质量，故历届冬奥会雪道铺设的雪都是使用人工造雪。从赛前储雪、铺雪到赛时制雪、补雪等一系列雪务工作均受气象条件影响，加之冬残奥会比赛时段处在温度已大幅回升的3月，更为造雪、储雪和赛道维护增加了难度。例如，造雪地点出现大风会吹散已造的雪，将大大降低造雪效率；出现降雨则会冲击储存的雪，造成雪的流失；比赛中出现自然降雪将严重影响赛道的雪质，需要清除修复。2010年温哥华冬奥会因气温偏高导致无法造雪而紧急从周边地区运雪。造雪适宜窗口期、储雪地点的精细滚动气象要素预报和极端高影响天气的预测是一大挑战。

5. 科技进步对气象服务手段提出高要求

信息技术的发展、传播手段的进步，对气象服务系统以及信息支撑系统提出了更高的要求。气象服务展示形式向网络化、智能化、可视化方向发展，服务内容涉及不同类型冰雪运动的专业预报、交通、旅游、公众等。平昌冬奥会研发了"智能天气服务"（Smart Weather Service），在冬奥场馆设置气象预报服务智能展示终端，同步服务各类智能终端。把握科技进步是提高冬奥气象服务能力的关键，从几乎零基础起步，更需加强新科技在冬奥气象服务中的融合应用。

因此，集中优势研发力量，重点突破冬奥会冰雪运动服务中精细化、格点化的气象预报技术的科技瓶颈，加快对京冀区域特别是冬奥会场馆周边的气象条件、气象预报服务技术等研究，对于提高气象科技对冬奥会气象保障的支撑能力，全方位满足赛事气象服务需求具有重要意义。

第 2 章　组织实施与交流合作

2.1　组织实施

2.1.1　国家层面科技冬奥部署情况

北京 2022 年冬奥会和冬残奥会不仅是一项体育盛事，也是展示大国科技自主创新能力的重要平台，为世界奉献一届精彩、非凡、卓越的奥运盛会，离不开强大科技实力的支撑。习近平总书记强调，举办北京冬奥会、冬残奥会"要突出科技、智慧、绿色、节俭特色"，要"注重利用先进科技手段，注重实用、保护生态"。为落实习近平总书记重要指示，科技部会同国家有关部委、北京市和河北省地方政府等扎实做好科技研发和服务支撑工作。

1. 强化统筹规划

2016 年，在北京冬奥组委统筹协调下，科技部会同国家体育总局、北京市、河北省等有关部门和地方制定了"科技冬奥（2022）行动计划"，围绕"零排供能、绿色出行、5G 共享、智慧观赛、运动科技、清洁环境、安全办赛、国际合作"等 8 个方面统筹设计重点攻关任务。北京冬奥组委制定了《科技冬奥重点项目实施方案》，全方位推动项目成果落地应用。国家体育总局研究提出参赛等方面的科技需求，推动项目成果在国家队训练和比赛中落地应用。针对冬奥会重大科技需求，2017 年，科技部在国家重点研发计划中设立并组织实施了"科技冬奥"重点专项，围绕办赛、参赛、观赛、安全、示范五大板块部署科研任务，针对场馆建设、气象预报、智慧出行、火炬研制、开闭幕式、运行智慧等重点领域和关键环节开展协同攻关。北京市、河北省政府组织本地科技力量积极承担国家重点研发计划，并同时设立了省级"科技冬奥"专项。

2. 加强部门协调

为加快推进行动计划的组织实施，2019 年，在北京冬奥组委的统筹协调下，科技部会同国家体育总局、北京市、河北省等有关部门和地方政府，成立了以科技部部长王志刚为组长的"科技冬奥"领导小组，协调跨部门"科技冬奥"全局性工作，推进"科技冬奥"重点专项实施，促进科技成果转化应用。领导小组下设工作组、专家委员会和联络员。在领导小组的带领下，各部门共同努力，协同推进，为北京冬奥会和冬残奥会的筹办提供了有力的组织机制保障。"科技冬奥"专项实施以来，500 多家单位、超过万名科研人员通力合作，协同攻关，取得了一批创新成果，有力支撑了冬奥会和冬残奥会的顺利举办。

3. 增强实施指导

2021 年 10 月，科技部部长王志刚在河北省张家口市崇礼调研科技冬奥，专门听取了场馆建设、气象保障、医学保障、运动科技四个项目专题汇报，要求落实习近平总书记关于冬奥筹办工作重要指示精神，坚持创新驱动、需求导向、场景导向，面向北京冬奥会和冬残奥会重大需求，强化科技冬奥战略谋划和系统布局，做好科技成果转化和应用示范。针对冬奥会的刚性需求，科技部优化政策保障，出台措施减轻科研人员负担，充分激发科研人员创新活力，以"成果落地应用"为导向，全程指导并协调项目研发相关事宜，推动项目的研发和落地应用。2019、2020、2021 年连续组织北京国际科技产业博览会"科技冬奥"展区，面向社会展现科技冬奥创新成果，推动科技冬奥气象知识传播。

"科技冬奥"专项的实施，攻克了一批关键技术，示范了一批前沿引领技术，转化了一批绿色低碳技术，建设了一批示范工程，200 余项技术成果在北京冬奥会和冬残奥会比赛期间落地应用，为高质量办赛和高水平参赛提供了有力支撑。同时，专项成果也将对我国后冬奥时代经济社会发展发挥重要作用。

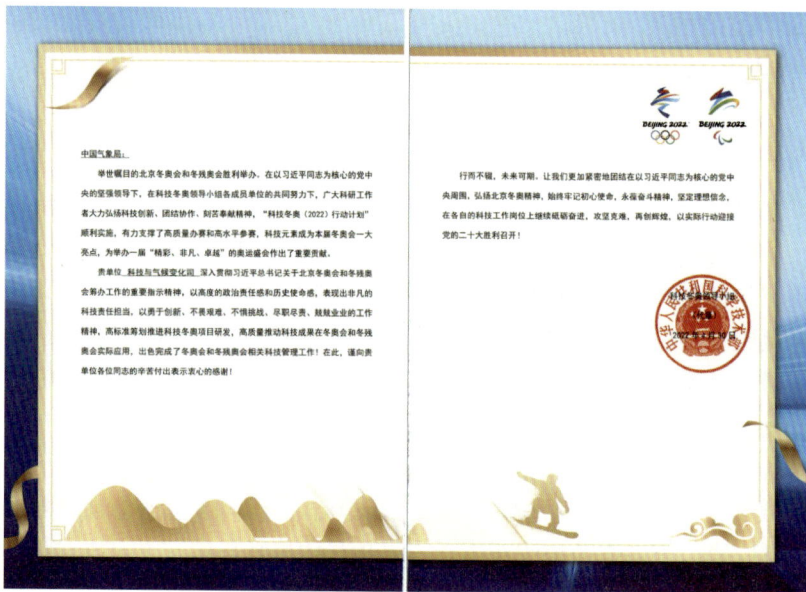

科技冬奥领导小组感谢信

2.1.2 中国气象局统筹行业情况

中国气象局高度重视科技冬奥相关工作，作为"科技冬奥"领导小组成员单位，积极参与"科技冬奥（2022）行动计划"和国家重点研发计划"科技冬奥"重点专项的组织实施，举全部门之力，举全行业之智，全力推进气象保障服务关键技术研发攻关。2018 年，中国气象局组织制订实施《北京 2022 年冬奥会和冬残奥会气象科技研发专项计划》，提早谋划、全方位布局，针对气象冬奥关键科学问题和技术需求，积极统筹科技资源，充分调动全部门优势力量，全力开展冬奥气象保障服务关键技术攻关，推进科技成果转化应用，确保冬奥会和冬残奥会开、闭幕式和赛事顺利举办。

1. 积极争取科研项目支持

加强与科技部的沟通，将复杂山地短临预报关键技术需求纳入国家重点研发计划"科技冬奥"重点专项任务布局。2017 年 5 月，"冬奥会气象条件预测保障关键技术"项目获得"科技冬奥"专项首批项目立项支持，对标冬奥"百米级、分钟级"高精度天气预报技术要求，由北京市气象局牵头，河北省气象局和中国气象局有关直属业务单位、科研院所等 15 家单位共同参加完成。气象部门还同时承担了"自由式滑雪空中技巧场地高度精度测风系统及重点运动员大数据库""不同气候条件下冰状雪赛道制作关键技术"等重点专项课题，积极对接主办地气象保障需求，强化与北京市科委、河北省科技厅的合作，推进"复杂地形冬季气象综合保障技术研究""冬奥会崇礼赛区赛事专项气象预报关键技术""基于机器学习的冬奥精细天气预报技术研发及示范应用"等地方科技项目立项实施。聚焦冬奥精细化预报技术，中国气象局组织实施"智慧冬奥 2022 天气预报示范计划"，通过创新发展专项设立了"智慧冬奥 2022 天气预报示范计划关键技术"研发任务，统筹推进冬奥关键技术研发。围绕冬奥气象科技研发需求，争取项目经费投入共计 1.17 亿元。

2. 强化科技攻关组织机制

成立由北京冬奥组委、科技部、中国科学院、中国气象局、相关科研院所和高校，以及美国、奥地利、加拿大、俄罗斯、韩国等国内外科学家组成的科技攻关专家组，负责对冬奥气象科学问题和核心技术进行咨询与指导，并通过专家一对一指导、中长期访问交流等方式，培养冬奥科技研发骨干、气象预报服务首席，充分发挥国内外高水平科学家在冬奥气象保障服务中的指导作用。加强科技经费监督管理和绩效评估工作，充分发挥科研资金的引导作用，提高资金使用效益，通过科学合理的成果考核评价和激励机制，提升科技成果的业务应用贡献，确保冬奥项目研究成果能够落地，真正应用到冬奥气象保障服务中。

3. 加强国内外合作交流

以提升复杂地形条件下冬季精细化天气预报技术为重点，针对冬季复杂地形三维气象综合观测试验、不同波段雷达在监测预报中的应用、高分辨率数值模式资料同化研究等关键技术，加强与国际研发机构、国内高校院所、气象各部门单位的科技合作，发挥城市气象国际联合研究中心、科技部国际合作基地的优势，联合国内外高水平科学家承担或参与核心任务攻关，在引进吸收先进技术的基础上自主创新，提升冬奥气象的科技创新能力。

4. 强化国家级单位支持

国家气象中心充分发挥国家级预报业务总领的作用，在强力支撑北京市气象局主持的"科技冬奥"专项"冬奥会气象条件预测保障关键技术"研发工作和河北省气象局主持的冬奥气象小型建设项目"冬奥雪务气象保障系统"的基础上，通过实地调研预报需求等，强化机器学习等新技术在预报技术上的应用，重点在冬季相态研究、集合预报在冬季相态预报中

的应用研究、沙尘及山地能见度精细化预报等方面，开展从站点到网格，从确定性到概率的全覆盖、全要素精细化预报产品技术研究。国家气候中心多次调研索契和平昌冬奥会气候条件对赛事的影响，开展北京冬奥会赛区气候特征及极端事件概率分析，归纳赛事期间历史高影响天气，针对冬季季节内转折性天气诊断演变特征和影响信号加强研究。国家卫星气象中心充分发挥卫星遥感在气象核心业务中的支柱作用，通过研发、业务和服务上下游紧密衔接、高效反馈、有机互动、全链条运转，高质量提供冬奥会卫星遥感气象保障服务，进一步夯实事业单位改革成果。国家气象信息中心在引进国际先进融合技术的基础上，消化吸收并自主创新，建成涵盖陆面、海洋、大气等圈层的多源融合实况分析系统，保障"智慧冬奥2022 天气预报示范计划"实施，实现逐 10 min 更新的百米级分辨率实况分析产品稳定高效实时生成并提供业务应用。中国气象局地球系统数值预报中心承担北京市气象局主持的"科技冬奥"专项"冬奥会气象条件预测保障关键技术"研发工作，从国家战略层面加强科技支撑，深化中国气象局（CMA）核心技术研发，提高 CMA 体系产品的精准度，为冬奥气象保障服务提供支撑。中国气象局气象探测中心依托科技部国家重点研发计划"科技冬奥"专项"冬奥赛场精细化三维气象特征观测和分析技术研究"，充分发挥国家级业务单位优势，做好新型遥感观测装备的数据质量控制和评估、赛区观测装备运行监控平台开发工作。中国气象局公共气象服务中心依托科技部国家重点研发计划"科技冬奥"专项"冬奥气象专项影响预报及智能化气象服务技术研究与应用"课题研发工作，在信息支撑和专项保障服务、支撑现场服务团队、公众观赛服务方面，联合直升机救援、轨道交通、一线气象预报员团队、中国天气网等单位推动 8 项成果落地应用，支撑北京市运行保障指挥部赛事综合保障服务组指挥调度平台、河北省冬奥赛事应急指挥平台、冬奥气象综合可视化系统、多维度冬奥预报业务平台、冬奥现场气象服务系统、冬奥智慧气象服务手机 APP 等冬奥核心业务系统。中国气象科学研究院发挥国家级气象科学研究院作用，牵头成立无缝隙分析预报前沿系统（Seamless Analysis & Forecasting leading-Edge System，SAFES）攻关团队，研究赛区冬季气温的次季节至季节变化规律和主要影响因子，升级化学天气预报系统至 CMA-CUACE V3.0 版本，于2021 年 10 月移植到国家气象中心，为冬奥会期间环境气象服务提供了科技支撑；参与"科技冬奥"专项"赛事用雪保障关键技术研究与应用示范"，牵头开展"不同气候条件下冰状雪赛道制作关键技术"攻关。中国气象局人工影响天气中心加强冬季降雪机理研究，完善和试验试运行耦合同化系统的高分辨率云降水显示预报系统，建立和试验试运行水平分辨率1 km 的多种催化方式三维中尺度冷云催化模式，开展复杂地形固定目标区小尺度人工增雪云水资源关键技术等研究。

中国气象局局属企业也发挥企业优势、主动作为。华风气象传媒集团有限责任公司依托"冬奥雪务气象保障系统建设项目"，参与国家重点研发计划"科技冬奥"专项并依托集团创研项目成果开展科技与应用攻关，打造科技冬奥公众智慧观赛气象影响预报产品。中国华云气象科技集团有限公司作为北京 2022 年冬奥会和冬残奥会气象观测装备建设单位之一，随同北京市气象局，勇闯"无人区"，克服海陀山恶劣自然条件，采用人肩扛、骡马驮等原始方式将自动气象站、天气雷达配件运输上山，完成建设安装任务和仪器设备升级等科研工作，为科技冬奥气象观测的顺利开展打好基础。

2.1.3 北京、河北立足地方情况

1. 北京市气象局积极争取市科技研发和发改建设项目投入，着眼赛事和城市运行服务能力提升关键科技问题，与国家和部门科技项目形成有机整体

2016年年初，按照北京市委、市政府部署，北京市气象局启动2022年冬奥会气象保障服务工作，邀请美国、奥地利等国知名专家，研讨确定冬奥会气象服务重点等。北京市科委主动调研并批复设立了"复杂地形冬季气象综合保障技术研究"（一期）项目给予支持。组建由北京市气象局和中国科学院大气物理研究所参加的研发团队，设立由北京冬奥组委、北京体育大学、气象部门等有关专家18人组成的专家顾问组，派遣科研骨干20人次赴美国等地学习交流。从海陀山地区冬季综合气象观测试验、降雪综合观测和数值模拟研究、复杂地形冬季气象服务技术研究等3个方面开展相关技术预研究。建立京北山区空－地立体化外场综合气象观测网，开展复杂地形冬季综合气象观测试验，形成观测试验数据集和山区降雪天气个例库，提出北京冬奥赛场周边三维风场及地形云形成机理概念模型，揭示了降雪机制等，为开展冬奥气象科技核心关键技术攻关打下坚实基础。北京市发改委批复"北京气象服务能力提升和冬奥会气象服务保障工程"，支持建设多维度冬奥预报业务系统、冬奥现场服务系统等，为深化冬奥气象科技核心关键技术攻关、加强成果业务应用提供有力支撑。

2. 河北省市气象局两级协同推动省市科技研发项目落地，联合京冀高校院所，聚焦张家口赛区气象保障核心关键科技问题，深入开展研究

冬奥会筹办以来，围绕科技冬奥研发需求，河北省气象局积极争取省科技厅和张家口市科技局先后批复的"冬奥会崇礼赛区赛事专项气象预报关键技术""冬奥赛区雪道表层冻融过程研究""雪场赛道运维气象风险保障技术研究""高速公路复杂路面高分辨率恶劣天气精准预警技术研究""基于虚拟现实（VR）的'VR崇礼·冰雪极限'互动体验展项开发"以及"冬奥会崇礼赛区夜间增温预报技术研究"等多个项目，为张家口赛区赛事保障和城市运行精细气象预报服务能力提供有力支撑。同时，扩大国际合作，采用"请进来、送出去"的方式，邀请国际相关领域专家开展经验和成果交流，统筹科研项目经费、事业基金、自由基金等，多次派遣科技冬奥管理和技术人员赴韩国、美国、挪威、瑞士、意大利、捷克、奥地利等历届冬奥会举办国学习相关经验、技术和方法。

2.2 交流合作

2.2.1 国际交流合作

1. 专项培训

按照北京冬奥组委体育部的统一安排，2018年11月—2019年5月，北京冬奥组委组织实施了9个境外培训项目。

（1）赴加拿大参加高山滑雪世界杯短期见习

2018 年 11 月 17—27 日，北京市气象局冬奥现场服务预报员李琛跟随北京冬奥组委体育部，赴加拿大参加了"国际雪联高山滑雪世界杯加拿大路易斯湖站"短期见习项目。全程亲身体验本次赛事期间的气象保障服务工作，通过与现场预报员的交流，进一步了解训练赛日天气预报的重要性以及现场预报员服务经验的重要性，体会到需要积累冬季天气预报经验，加强本地化数值预报产品的研发，提高预报支撑作用。

（2）赴瑞士参加越野滑雪世界杯赛短期见习

2018 年 12 月 8—18 日，河北省气象局冬奥现场服务预报员李江波随团队前往瑞士达沃斯，参加越野滑雪世界杯赛短期见习，对整个赛事的运维到各个流程的框架、赛事规则有了一个感性的认识。进一步了解到，和瑞士达沃斯较为适宜的气象条件相比，冬奥会雪上项目张家口赛区（崇礼）的气象条件较为复杂；冬奥会是一个世界级的大舞台，语言问题、沟通交流是目前存在于团队建设和磨合中的一个重要问题，须尽快提高外语水平；从测试赛、世界杯、洲际杯等大型赛事中总结办赛经验，积累大赛的气象预报保障服务经验，以赛代练，促进团队工作上新台阶。

（3）赴挪威参加跳台滑雪和北欧两项竞赛团队专项培训

2018 年 11 月 30 日—12 月 13 日，河北省气象台预报员段宇辉随团队参加挪威利勒哈默尔"北京冬奥组委跳台滑雪和北欧两项竞赛团队"专项培训。通过此次培训，进一步体会到语言沟通交流是存在于团队建设和磨合中的一个重要问题，须加强学习和提高；关注张家口赛区（崇礼）较低的气温、阵风问题，增加预警、预案的服务方式和应急方案。

（4）赴意大利参加单板滑雪世界杯短期见习

2018 年 12 月 10—17 日，河北省气象台预报员李宗涛随团队赴意大利卡利萨和科尔蒂纳丹佩佐，参加 2018—2019 赛季单板滑雪平行大回转世界杯专项培训。通过培训，一是明晰赛事面临的气象风险；二是增强新型探测资料的应用，尤其是高清网络摄像头的应用；三是完成专业的冬奥气象预报服务手册；四是增进了同国外相关机构的交流和学习；五是明确流利清楚的表达是气象服务不可或缺的一环，应注重地道的英语表述，并逐渐形成冬奥气象预报服务模板。

（5）赴捷克参加冬季两项世界杯短期见习

2018 年 12 月 16—25 日，河北省气象台预报员朱刚随团队赴捷克参加"冬季两项世界杯捷克诺瓦梅斯托站"竞赛核心团队短期见习。全程跟进比赛期间复杂的降水、低温、风寒指数等信息；通过与竞赛秘书、竞赛主任沟通和交流了解到，全程情景模拟是一名预报员在现场实时服务可能遇到的挑战，并总结赛事服务关注点。

（6）赴意大利参加高山滑雪世界杯短期见习

2018 年 12 月 18—31 日，北京市气象局预报员时少英跟随北京冬奥组委体育部参加了"国际雪联高山滑雪世界杯博尔米奥站"短期见习培训。全程参与赛事服务，见习了天气与赛前准备和赛时运行的息息相关，了解到无论是赛前进行赛道整备及防护设备安装还是训练赛和正式比赛，都需要相对准确的短期和中长期预报。同时，积累赛区冬季天气预报经验，开发更多适宜赛区冬季天气的预报产品，是提高冬奥气象服务的重要科技支撑保障。

（7）赴瑞士参加高山滑雪世界杯短期见习

2019 年 1 月 8—15 日，北京市气象局冬奥现场服务预报员荆浩参加了在瑞士的"国际雪联高山滑雪世界杯阿德尔博登站"短期见习项目。通过全程参与赛事服务发现：一是现场服务人员的作用非常重要，对赛场小尺度地区，现有的任何高分辨率预报模式的准确率都不可能满足服务要求，必须有预报员的经验订正；二是要提高预报技术，提炼预报指标；三是全面了解气象对赛事影响，提高沟通能力，做到清楚并快速地解答问题是十分必要的；四是要研发客观预报产品。

（8）赴瑞典参加高山滑雪世锦赛短期见习

2019 年 1 月 31 日—2 月 19 日，北京市气象局冬奥现场服务预报员荆浩参加了在瑞典的"2019 年国际雪联高山滑雪世界锦标赛"短期见习项目。该赛事类似北京冬奥会，但全程天气复杂，对赛事影响明显。他进一步体会到现场气象服务在整个赛事组织流程的各环节中的作用，包括服务人员配置、赛事气象服务原则和天气对赛事的影响。

（9）赴挪威参加跳台滑雪和北欧两项挪威巡回赛短期见习

2019 年 3 月 5—14 日，河北省气象台预报员陈子健赴挪威奥斯陆和利勒哈默尔参加跳台滑雪和北欧两项挪威巡回赛境外短期见习，学习交流跳台滑雪和北欧两项气象服务经验。

2. 专项访问

从冬奥气象服务筹备经验方面，中韩、中俄就冬奥气象保障服务、数值模式研发及应用、预报技术和管理、大城市观测、气象科普等方面进行了深入交流。北京冬奥会在气象探测、气象预报服务等方面多借鉴平昌经验。

（1）访问俄罗斯水文气象中心，调研索契冬奥气象服务

2017 年 10 月 2—7 日，北京市气象局巡视员刘燕辉为团长，带领河北省气象台台长连志鸾、北京市延庆区气象局副局长伍永学、北京市气象台预报科副科长何娜共 4 位同志赴俄罗斯水文气象中心访问交流，了解 2014 年索契冬（残）奥会气象保障经验，主要就冬奥观测系统建设、冬奥预报预测、专业服务及相关情况进行调研。交流发现：一是要加快冬奥观测系统的布局和建设；二是大力研发我国高分辨率数值模式产品；三是进一步加强北京冬奥气象预报团队人才队伍的建设，打造专业技术过硬、英语技能过硬、心理素质过硬的冬奥气象预报服务团队。

（2）访问奥地利气象局，调研赛事气象预报服务

2018 年 1 月 14—26 日，北京市气象台副台长付宗钰为团长，带领于波、李琛等同志赴奥地利进行交流访问，围绕冬季赛事服务和冬奥会气象预报服务等主题，与当地气象局业务和技术人员进行深入了解和交流讨论。学习冬季雪上赛事项目气象预报服务和冬奥赛事保障技术方法，并对第 78 届哈嫩卡姆大赛（Hahnenkamm-Rennen Race）赛事进行观摩。交流发现：一是要深入了解冬奥赛事服务需求，针对性地开展气象预报服务；二是要积累冬季天气预报经验，提高冬奥预报技术水平；三是要加强相关科技研发，提高模式支撑能力。

（3）访问韩国气象厅，调研平昌冬奥会气象服务

2018 年 1 月 15—19 日，北京市气象局应急与减灾处副处长（冬奥气象中心综合协调办专职人员）马晓青为团长，带领国家气象中心天气预报室预报员陶亦为、河北省气象台预报员李宗涛、北京市延庆区气象局预报员阎宏亮等 4 位冬奥气象预报服务团队成员赴韩国气象厅访问，并实地调研平昌冬奥场馆观测、预报及科技有关工作。交流发现：一是要进一步加

强与北京冬奥组委的对接和融入；二是要完善冬奥赛区气象观测布局；三是要完善冬奥气象服务团队并持续加强培训；四是要加强复杂地形下冬季精细预报技术研发。

（4）访问韩国江原道，调研平昌冬奥会气象服务

2018 年 2 月 9—15 日，中国气象科学研究院丁明虎研究员、国家气候中心马丽娟研究员、国家气象中心天气预报室主任宗志平、北京市气象信息中心主任林润生、北京市气候中心施洪波高工等"2018 平昌冬季奥运会雪务及气象保障"技术访问代表团一行 7 人赴韩国平昌，通过与对方座谈交流、现场考察体验等方式，深入了解平昌冬奥雪务及气象保障工作。正值该冬奥会举办期间，切实体会平昌冬奥会雪务保障和气象服务的务实、精简、高效的运转情况，对做好 2022 年北京冬奥会雪务保障和气象服务准备工作很有启发：一是参与国际科技计划，提升雪务保障能力；二是调整观测资料处理频次；三是加快山地气象预报技术研究；四是合理优化冬奥气象服务团队并加强针对性培训；五是针对潜在风险，拟定应急预案；六是全面借鉴平昌冬奥会雪务保障和气象服务经验。

（5）首尔市气象厅来北京市气象局访问交流

2018 年 4 月 24 日，韩国首尔气象厅代表团访问北京市气象局，详细分享了平昌冬奥会气象服务筹备、预报员选拔培训、冬奥服务业务流程、服务团队架构、预报员现场调配、科技支撑、观测站网布局等情况。双方围绕冬奥气象团队培训、运行架构、现场气象服务平台及赛事气象条件影响阈值确立等进行了详细交流。

（6）访问韩国首都圈气象厅，调研平昌冬奥会气象服务

2019 年 6 月 10—14 日，由北京市气象局巡视员刘燕辉带队（代表团团长），北京市气象局办公室主任李竞、北京市通州区气象局局长李文华、河北省张家口市气象局局长卢建立、北京市气象局科技发展处孟金平等同志组成的 5 人代表团赴韩国首都圈气象厅（Seoul Metropolitan Office of Meteorology，SMOM）进行工作交流访问。代表团就韩国大城市气象预报技术和服务新进展、2018 年平昌冬季奥运会气象保障组织运行和现场服务等情况与韩国气象厅冬奥气象服务总负责人、现场服务负责人及技术负责人进行专题交流，实地了解韩国仁川气象观测站情况，并与韩国首都圈气象厅进行会晤，签署《中国北京市气象局－韩国首都圈气象厅第四次双边合作会议纪要》。本次出访，感受到近年来我国气象综合观测设备建设能力快速提升、高性能计算机给我国高分辨率数值模式快速更新循环提供强大保障、气象服务政府决策机制畅通、重大活动服务参与度高、人员综合素质提升、参与国际气象活动的能力提升等，这些进步使得我们更加自信坚持推动现代化建设。但同时也发现，我们在国际体育赛事气象保障经验、高水平模式自主创新、因地制宜创新思路精准分类突出特点开展科普，营造职责边界清楚、任务合理分工的安心踏实做事氛围等方面的能力亟须加强，韩方的一些做法给了我们启示和借鉴。

2.2.2 国内交流合作

1. 调研交流

（1）北京市气象局

2019 年 8 月 2 日，北京市气象服务中心赴北京铁路局调研冬奥保障气象服务需求及技术

支撑。

2019年8月15日，北京市气象服务中心赴国家电网通用航空有限公司调研，具体研讨主要影响直升机巡查飞行的气象要素、风险阈值等，达成飞行观测记录信息共享的合作意向。

2020年9月16日，北京市气象局二级巡视员刘强带队北京市气象局应急与减灾处、北京市气象服务中心相关领导和业务骨干，赴河北省张家口市气象局，调研对接冬奥直升机救援、冬奥交通保障服务情况，并就服务平台、专项产品、服务机制等进行交流研讨。

（2）河北省气象局

2020年7月17日，河北省气象服务中心副主任赵建明带队，成海民正研级高工参加，赴邢台与河北盛世博业科技有限公司就虚拟现实技术（VR）滑雪科普展项开发思路进行科技交流。

2020年7月22日，河北省气象服务中心副主任赵建明带队，成海民正研级高工、胡雪高级工程师参加，赴北京与富景天策（北京）科技集团有限公司，就VR滑雪模拟器的原理、技术难点进行科技交流。

2021年4月10—21日，选派张家口市气象局冬奥气象团队成员石文伯前往中国气象科学研究院开展交流学习，主要学习内容为云雷达、微波辐射计数据质量控制方法、张家口和崇礼云降水宏微观特征的分析研究。本次交流学习提升了云雷达、微波辐射计的数据应用分析能力，为开展研究提供了支撑。

2021年4月20日，河北省气象服务中心成海民正研级高工带队，贾俊妹高级工程师、冀云气象技术服务有限责任公司副总经理石燕茹参加，赴邢台与河北盛世博业科技有限公司，就VR游戏开发思路进行科技交流。

2021年4月26日，河北省气象服务中心成海民正研级高工带队，贾俊妹、石燕茹参加，赴北京与中国气象局气象宣传与科普中心，就气象条件对滑雪运动的影响、气象因素与VR滑雪互动科普展项的深度融合进行科技交流。

2021年11月，河北省气象服务中心成海民正研级高工带队，贾俊妹、石燕茹参加，赴邢台与河北盛世博业科技有限公司，就VR游戏开发思路进行科技交流。

（3）国家气象中心

2018年4月23日，联合北京市气象局组织召开"2022北京冬奥气象团队2017年冬训技术交流"，胡宁高工做了题为"平昌冬奥预报服务总结"的报告，分享了平昌冬奥气象保障服务经验。

2018年6月19—20日，派员参加中国气象局北京城市气象研究所举行的第2次"复杂地形冬季综合气象观测试验研究（MOUNTAOM）"研讨会。

2018年6月29日，派员参加北京冬奥组委组织的国际奥委会气象研讨会。

2019年4月8日，召开冬奥气象服务研讨会，研讨"科技冬奥"项目，总结交流冬奥气象服务工作，全力做好冬奥气象预报服务。

2021年9月17日，召开冬奥环境气象预报产品研讨会，冬奥技术保障团队参会，交流冬奥气象站点能见度预报检验效果、改进方法以及技术研发室开发的订正产品。

（4）国家气候中心

2020年2月4日，国家气候中心高辉研究员带队赴北京市气候中心交流，与北京市气候

中心主任王冀等同志对由索契和平昌冬奥会看北京冬奥会气候预测保障重点难点等方面进行交流研讨，冬奥气象预测和服务团队 10 人参会。

2021 年 3 月 6 日，国家气候中心高辉研究员带队赴北京市气候中心交流，与北京市气候中心主任王冀等同志对冬奥测试赛气候预测保障服务复盘进行总结交流，冬奥气象预测和服务团队 10 人参会。

（5）国家卫星气象中心

2022 年 1 月 18—20 日，国家卫星气象中心黄富祥研究员和中国科学院空天信息创新研究院邵芸研究员等与自由式滑雪空中技巧和自由式滑雪 U 型场地技巧国家队在崇礼赛场进行了科技交流，对赛道高精度测风系统进行测试和检验，形成评估报告，为自由式滑雪空中技巧比赛临场决策辅助支持系统提供了有效数据和方法。

（6）国家气象信息中心

2020 年 10 月 30 日，国家气象信息中心师春香研究员主持，冬奥实况分析产品研发人员参与，邀请北京市气象局、中国气象科学研究院、中国科学院大气物理研究所等单位的专家学者对冬奥实况分析产品技术方案进行咨询把关，为冬奥实况分析产品技术方案改进优化提供了明确的方向。

2021 年 4 月 23 日，国家气象信息中心师春香研究员带队，冬奥实况分析产品研发人员参与，赴河北省张家口市气象局开展冬奥观测及融合实况产品应用交流，加深产品研发人员对赛事举办场地观测设备的认识。

2021 年 9 月 29 日，国家气象信息中心师春香研究员主持，冬奥实况分析产品研发人员参与，邀请北京市气象局、中国气象科学研究院、中国科学院地理科学与资源研究所等单位的专家学者对冬奥实况分析产品技术方案进行论证，为后续局地实况分析产品的发展提供了思路。

（7）中国气象局数值预报中心

2018 年 11 月 5—6 日，中国气象局数值预报中心邓国正研级高工赴南京信息工程大学参加智协飞教授重点专项课题启动会并做集合预报进展报告，同时协商开展集合预报合作。

2019 年 5 月 17 日，国家重点研发计划"科技冬奥"专项第三课题"冬奥中短期精细数值天气预报技术应用研发"召开"科技冬奥"项目启动会，专项负责人和骨干做大会报告，邀请国家气象中心、北京市气象局、中国科学院大气物理研究所、中国气象科学研究院、中国气象局气象干部培训学院等单位多名专家进行课题指导，推动自主可控数值预报系统聚焦冬奥气象保障服务需求，重点研发 1~10 d 无缝隙预报技术及产品。

2019 年 10 月 22 日，中国气象局数值预报中心邓国正研级高工与俄罗斯访问专家交流冬奥气象服务工作，详细听取了俄罗斯索契冬奥会气象保障的工作经验，并介绍中方工作进展。

2019 年 10 月 24—25 日，邓国、佟华正研级高工参加了北京市气象局组织召开的冬奥专项国际研讨会，邓国做无缝隙数值预报支撑北京冬奥工作进展报告。

2020 年 12 月 8—10 日，中国气象局数值预报中心副主任龚建东带队，中心多人到崇礼调研冬奥气象保障服务需求，对产品对接和技术支持进行讨论。

（8）中国气象局气象探测中心

2020年1月15日，气象探测中心业务处、数据质量室与北京市气象局观测处、北京市气象台就冬奥精细化实况分析需求进行技术交流，建立日常联络工作机制，确定产品计算区域、分辨率要求、产品提供方式等具体需求，并实时推送冬奥赛区500 m分辨率实况分析场。

2020年2—3月，气象探测中心实况团队根据北京市气象局需求，回算9个个例，并成功研制冬奥赛点50 m分辨率融合产品，实时提供给北京市气象局检验使用。

2021年6月9日，气象探测中心副主任梁海河带队赴北京市气象局开展调研和技术交流。

（9）中国气象局公共气象服务中心

2018年9月19—22日，国家重点研发计划"科技冬奥"专项第五课题"冬奥气象专项影响预报及智能化气象服务技术研究与应用"课题组派出骨干人员参加北京国家会议中心展出2018年国际冬季运动（北京）博览会，中国气象局公共气象服务中心王慕华领队，北京市气象服务中心、华风气象传媒集团有限责任公司及课题骨干人员参加，了解冬季运动项目、装备及冬季运动赛事，全面了解国内外冰雪运动及相关行业服务情况，为气象服务冬奥赛事工作开展提供了思路，开阔了眼界。

2019年3—8月，开展一系列机器学习与人工智能（AI）技术应用交流会。先后邀请北京大学计算机研究所万小军研究员指导冬奥气象服务文本自动生成。邀请中国科学院自动化研究所宗成庆研究员指导机器学习技术，分享自然语言处理的领域概念、发展历程、核心技术与经典案例；邀请中国科学院自动化研究所向世明研究员指导机器学习技术，讲解典型的深度学习模型、迁移学习、图卷积神经网络、网络结构搜索等技术研究进展；邀请天津大学郝建业博士生导师指导机器学习技术，介绍深度强化学习背景与基础知识、典型的深度强化学习技术，课题骨干成员参与交流活动，为AI及智能化技术在课题中的应用提供了技术参考。

2019年10月28日，课题组参加中国气象局北京城市气象研究院组织的智慧冬奥2022国际会议交流（SMART），唐卫带队、各专题骨干人员参会，并代表课题组做题为"the research advacment of Intelligent Special Service for the 2022 games"的英文报告。在本次科技交流中了解到国际冬奥赛事科技服务现状，为课题冬奥气象服务业务及技术提供了参考。

（10）华风气象传媒集团有限责任公司

2021年10月13日，华风气象传媒集团有限责任公司与中国气象局公共气象服务中心等举行产品设想会议，初步确认产品形态，与北京搜狗信息服务有限公司技术人员召开会议，就关于虚拟主持人训练的若干问题优化和调整虚拟主持人效果提出解决办法。

2021年12月21日，华风气象传媒集团有限责任公司与北京红棉小冰科技有限公司开展交流合作，交流基于机器学习方法的虚拟主持人音视频合成的若干问题。

2022年1月5日，华风气象传媒集团有限责任公司与上海喜马拉雅科技有限公司召开产品上线及推广会议，确认产品即将上线。

2. 技术培训

（1）北京市气象局

2017年10月16—20日，冬奥气象中心举办了冬奥气象预报服务团队2017年专题培训班，北京市气象局5名冬奥现场服务人员参加学习。

2018 年 4 月 23 日，中国气象局应急减灾与公共服务司召开了冬奥气象服务团队 2017 年冬训总结会。北京市气象局 5 名冬奥现场服务人员参加总结和技术交流。

2018 年 6 月 19—20 日，中国气象局北京城市气象研究所组织召开了"复杂地形科学试验及城市降水与雾霾科学试验研讨会暨复杂地形观测、预报与服务培训会"。北京市气象局与冬奥气象服务、预报技术研发等相关业务人员 50 余人参加了培训。

2018 年 6 月 28—29 日，北京冬奥组委体育部召开国际奥委会气象研讨会，邀请国际气象专家克里斯·多伊尔讲解冬奥会气象保障有关事项。北京市气象局 5 名冬奥现场服务人员参加总结和技术交流。

2018 年 10 月 8 日—12 月 1 日，中国气象局气象干部培训学院举办了第 1 期两批次冬奥气象服务团队英语听说强化培训班。北京赛区和延庆赛区 16 名预报服务人员分批参加学习。

2018 年 11 月 25 日—12 月 9 日，中国气象局冬奥现场预报服务团队一行 15 人赴美国博尔德执行 COMET 项目第一期冬奥山地天气预报技术培训任务。北京市气象局荆浩等 5 名预报技术人员参加学习。

2019 年 3 月 28—29 日，冬奥气象中心召开 2018/2019 年冬训工作总结及技术交流会议。北京赛区和延庆赛区 16 名冬奥现场服务人员参加总结和技术交流。

2019 年 6 月 17 日—7 月 5 日、10 月 28 日—11 月 15 日、11 月 18 日—12 月 6 日，中国气象局气象干部培训学院举办了第 2 期三批次冬奥气象服务团队英语听说强化培训班。北京赛区和延庆赛区 16 名冬奥现场预报服务人员分批参加学习。

2019 年 9 月 22 日—10 月 6 日，中国气象局冬奥现场气象服务团队一行 20 人赴美国博尔德执行 COMET 项目第二期冬奥山地天气预报技术培训任务。延庆赛区时少英等 10 名预报员参加学习。

2019 年 10 月 24 日，中国气象局北京城市气象研究院联合冬奥气象中心举办了冬奥气象科技研讨会。北京市气象局冬奥相关预报服务、科研技术等 40 名人员参加学习。

2020 年 10 月 12—30 日，中国气象局气象干部培训学院举办了第 3 期冬奥气象服务英语听说强化培训班。北京赛区和延庆赛区 16 名冬奥预报服务人员参加学习。

2020 年 12 月 16—17 日，冬奥气象中心组织召开冬奥气象服务团队 2020 年冬奥预报技术交流会。北京市气象局安排冬奥相关预报服务、科研等 16 名人员参加。

2021 年 1 月 7 日，国家气象中心组织业务平台应用培训。北京赛区和延庆赛区 16 名冬奥现场服务预报人员视频参会。

2021 年 2 月 7 日、9 日，中国气象局预报与网络司分别组织召开 FDP 产品视频培训。北京赛区和延庆赛区 16 名冬奥现场服务预报人员视频参会。

2021 年 4 月 1 日，北京市气象局预报处组织第一次新型观测产品推介会。北京赛区和延庆赛区 16 名冬奥现场服务预报人员视频参会。

2021 年 4 月 12 日，中国气象局预报与网络司组织召开 FDP 示范计划工作推进会，夯实冬奥气象预报服务科学基础。北京赛区和延庆赛区 16 名冬奥现场服务预报人员视频参会。

2021 年 4 月 25 日—5 月 8 日，中国气象局气象干部培训学院组织线上培训，冬奥现场预报团队 20 人执行 COMET 项目第三期北京冬奥天气预报技术培训任务。北京赛区杜佳等 5 名冬奥预报服务人员参加学习。

2021年12月8日，中国气象局北京城市气象研究院组织召开了国家重点研发计划"科技冬奥"重点专项冬奥临战期技术成果应用交流会。北京赛区和延庆赛区16名冬奥现场预报服务人员参加交流。

2021年12月29日，中国气象局预报与网络司组织召开了FDP检验汇报会。北京赛区和延庆赛区16名冬奥现场预报服务人员视频参会。

2022年1月11日，国家卫星气象中心组织召开了冬奥风云卫星产品及应用培训。北京赛区和延庆赛区16名冬奥现场预报服务人员视频参加学习。

2022年1月17日，国家气象中心业务科技处组织召开了冬奥支撑预报产品和平台应用培训会。北京赛区和延庆赛区16名冬奥现场预报服务人员视频参加学习。

（2）河北省气象局

2017年10月16—20日，冬奥气象中心举办了冬奥气象预报服务团队2017年专题培训班，冬奥团队王宗敏等7人参加。

2018年10月8日—12月1日，中国气象局气象干部培训学院举办了第1期两批次冬奥气象服务团队英语听说强化培训班。冬奥团队总计36人参加，通过培训强化英语听说等能力。

2018年11月25日—12月9日，中国气象局冬奥现场预报服务团队一行15人赴美国博尔德执行COMET项目第一期冬奥山地天气预报技术培训任务。张家口赛区董全等10名预报员参加。

2019年1月2—5日，在中国气象局气象干部培训学院河北分院（保定）集中开展驻训前培训，张家口赛区气象服务中心预报服务核心团队全体成员、国家气象中心等单位人员参加。

2019年9月22日—10月6日，中国气象局冬奥现场气象服务团队一行20人赴美国博尔德执行COMET项目第二期冬奥山地天气预报技术培训任务。张家口赛区李嘉睿等10名预报员参加。

2019年12月6—8日，在河北省气象局开展驻训前业务培训，张家口赛区气象服务中心预报服务核心团队35人参加。

2020年8月31日—9月1日，邀请中国气象科学研究院刘黎平教授赴张家口崇礼开展云雷达、微波辐射计、车载X波段双偏振雷达设备应用培训，张家口市气象台和探测中心业务人员12人参加。

2020年10月12—30日，中国气象局气象干部培训学院举办了第3期冬奥气象服务英语听说强化培训班。冬奥团队35人参加。

2021年1月21日，邀请国家气象中心唐健博士视频开展数值模式预报方法远程培训，张家口市气象局冬奥团队4人参加。

2021年12月16日，邀请孙霞博士（美国科罗拉多大学博尔德分校环境科学合作研究所、美国国家海洋和大气管理局地球预报系统实验室）开展"山谷冷池环境下的陆地－大气相互作用和空气污染"讲座，冬奥气象预报团队李江波等7人参加。

2021年12月28日—2022年1月15日，冬奥气象预报团队举办激光雷达、微波辐射计等新资料培训，冬奥团队王宗敏等7人参加。

2022年1月10—14日，邀请成都信息工程大学张杰教授赴张家口崇礼开展激光测风雷

达、风廓线雷达设备应用培训，张家口市气象局冬奥团队 4 人参加。

（3）国家气象中心

2017 年 11 月 29 日—12 月 1 日，国家气象中心派员赴河北体育学院进行体育赛事规则及实地教学培训。

2018 年 1 月 7—11 日，国家气象中心派员赴河北张家口崇礼参加冬奥气象服务团队冬训。

2018 年 10 月 22 日，国家气象中心召开冬季灾害性天气预报技术交流培训会，在培训过程中重点讨论了冬奥赛区预报工作的重点和难点，分享了相关经验。

2018 年 11 月 11 日，国家气象中心派员参加 2018 年冬奥气象服务团队赛事规则培训。

2019 年 1 月 7 日—3 月 29 日，国家气象中心派员分别参加张家口赛区冬奥团队驻场集训和北京赛区冬奥团队驻场集训。

2019 年 9 月，国家气象中心派员参加北京 2022 年冬奥会障碍追逐国内技术官员培训班。

2022 年 1 月 17—18 日，国家气象中心分别召开"冬奥支撑预报产品和平台应用培训会"和"冬奥天气预报技术培训会"，邀请北京、河北冬奥气象保障服务团队成员视频参会，国家气象中心冬奥气象保障专家组全体成员参会。

（4）国家气候中心

2019 年 11 月 13 日，在福州召开气候预测论坛，高辉研究员组织，邀请北京市气候中心主任王冀研究员，对各省气候预测人员进行"冬奥高影响天气及预测重点难点"专题培训。

（5）国家卫星气象中心

2018—2021 年，黄富祥研究员被自由式滑雪空中技巧中国队聘请为特聘气象专家，就研发的全球首套自由式滑雪空中技巧比赛临场决策辅助支持系统为国家队进行了多次专门培训和应用，不仅在冬奥会备战训练和比赛期间提供实时风场信息，还为临场决策提供了重要的科技支撑。

2022 年 1 月 11 日，国家卫星气象中心徐娜、曹广真和王新研究员以线上和线下相结合的方式开展冬奥风云卫星产品及应用培训。培训内容包括"冬奥风云卫星支撑业务产品""卫星天气应用平台（SWAP）冬奥专用版及产品应用方法"，对相关的风云卫星业务产品规格、特性、精度、时效及可获取性等预报员关心的问题进行具体介绍。

（6）中国气象局数值预报中心

2018 年 10 月 22—24 日，中国气象局数值预报中心邓国正研级高工参加北京城市气象研究所主办的大北方数值预报联盟（简称大联盟）集合预报讲习班并授课，为大联盟北方各省学员讲授集合预报知识。

2020 年 11 月 4 日，首届 GRAPES 数值预报业务系统用户大会在北京召开。会议旨在加强模式研发人员与用户之间的交流反馈，推动行业内外用户深入了解并更好应用 GRAPES 数值预报产品，高质量发挥 GRAPES 数值预报业务系统支撑气象预报服务和保障经济社会稳定健康发展的能力。来自水利部信息中心、民航气象中心、中国环境监测总站等单位和各省（自治区、直辖市）气象局的代表参加了会议。中国气象局数值预报中心佟华正研级高工介绍了 GRAPES 全球模式及全球集合预报系统产品及特点，支撑气象预报服务高质量发展。

2021 年 3 月 1 日，中国气象局数值预报中心邓国正研级高工参加了国家气象中心相约北京冬奥气象保障服务工作和技术培训，为冬奥预报员讲解 CMA 数值预报产品技术方法、产品内容、表现形式和应用注意事项。

（7）中国华云气象科技集团有限公司

2020年10月12日，北京市气象局对市局保障团队人员进行培训，北京敏视达雷达有限公司派出冬奥气象保障团队专家进行现场培训，培训内容为天气雷达设备和激光测风雷达设备培训，北京市气象探测中心、石景山区气象局、延庆区气象局、北京城市气象研究院等单位学员参加培训。

（8）华风气象传媒集团有限责任公司

2021年5月12日，国家重点研发计划"科技冬奥"专项"冬奥会气象条件预测保障关键技术"第五课题的子课题二"冬奥公众智慧观赛气象影响预报产品研发"团队参加由中国气象服务协会举办的"中国气象服务协会团体标准制修订培训班"，为项目组完成《冬季户外冰雪运动项目观赛气象指数》团体标准申请提供了标准化流程依据和参考。

2021年11月21日，科技冬奥公众智慧观赛气象影响预报产品（AI气象服务机器人播报公众观赛气象指数产品、AI冬奥科普音频节目产品《冬奥背后的气象密码》）团队选派技术研发人员闫帅参加由中国气象局气象干部培训学院举办的人工智能相关培训。

第 3 章 主要科技成果

3.1 观测技术

3.1.1 海陀山区空－地立体化云降雪外场观测平台

【主要完成单位】北京市人工影响天气中心

【主要贡献人员】黄梦宇 陈羿辰 马新成 赵德龙 田平 毕凯 李霞 荆莹莹 马宁堃 张磊 王飞 陈云波 温典 张邢

【来源项目名称】北京市科技计划项目"京北山区冬季降雪综合观测和数值模拟研究";国家自然科学基金面上项目"X/Ka 波段雷达联合飞机探测降雪云系水凝物粒子相态研究""基于高山观测的华北地区大气冰核特征的研究"

【成果主要内容】

（1）搭建了一流的空－地立体降雪观测平台。经过前期实地艰苦勘察和多方调研,科学设计了降雪观测研究方案,自主搭建国际先进的集云物理探测及常规要素为一体,飞机、雷达等协同观测云、降雪物理参数等探测设备网络,其中机载探测设备 4 类 13 种,地基设备 6 类 20 种,构建组成国际先进、国内领先的空－地立体降雪观测平台。

（2）发展了基于 X/Ka 双波段雷达的降雪云系粒子相态识别的新技术方法。利用 2016—2020 年地面雾滴谱和微观显微系统观测的过冷云雾滴谱和水凝物粒子图像,获得 X、Ka 波段雷达相关参数,结合微波辐射计温度参数等,建立了降雪云系水凝物粒子相态分类方法,并进行地面微观图像、飞机观测粒子图像和数值模拟结果验证。结果表明:具有较好的一致性,可以对大范围降雪云系中粒子分布情况进行有效识别,有助于了解降雪云系中冻结、凝华和冰晶粒子的攀附增长等物理过程,对提高降雪形成机理认识有重要意义。

（3）基于综合观测平台研发了多设备综合产品显示系统,具备数据传输、基数据解析、数据质量控制、基本产品显示、二次产品计算和显示等功能,除能显示设备探测的基本产品外,还能提供云宏观产品、降雪量估测、雪粒子含水量、云粒子滴谱、粒子相态、动力场、温湿场等 7 大类共计 23 种产品。

【成果应用成效】

北京海陀山区闫家坪布设的综合观测站结合现有业务使用的"空中国王"B3587 和运 -12 B3830 飞机平台,建成海陀山区空－地立体化的外场观测网,为北京冬奥会提供基础科研平台利用飞机、组网天气雷达、风廓线、云雷达、微波辐射计、探空仪、雪形显微观测仪等对降雪结构进行精细化探测，分析了山区冬季降雪云系的宏观、微观物理和动力变化过程，为北京冬奥气象保障期间的气象服务提供了有力支持和保障。

【成果应用展望】

基于海陀山区空－地立体化的外场观测网，申请获得多项北京市和国家自然科学基金项目资助。这些项目的实施有利于推动长期开展北京地区冬季降雪研究。

【成果代表图片】

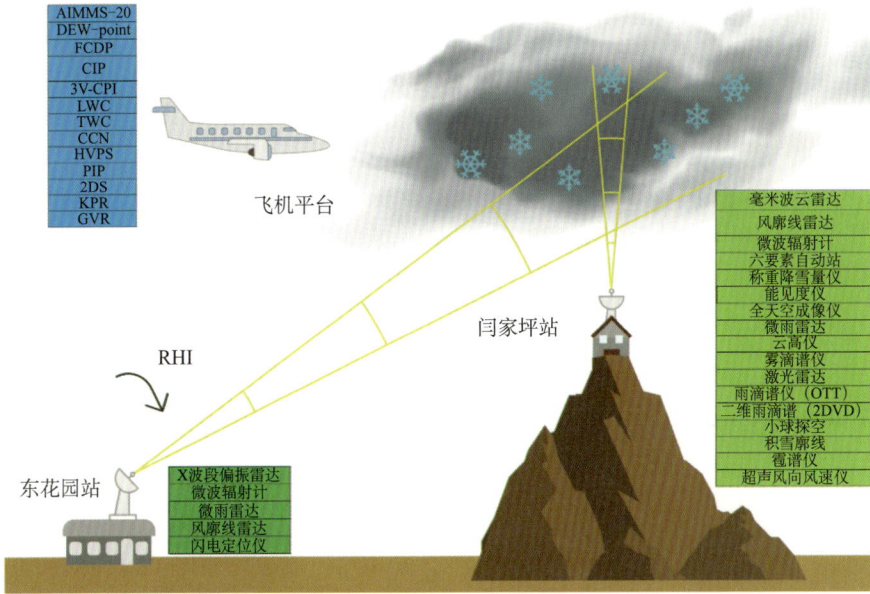

代表图片 1　海陀山区空－地立体云降雪外场观测平台示意图

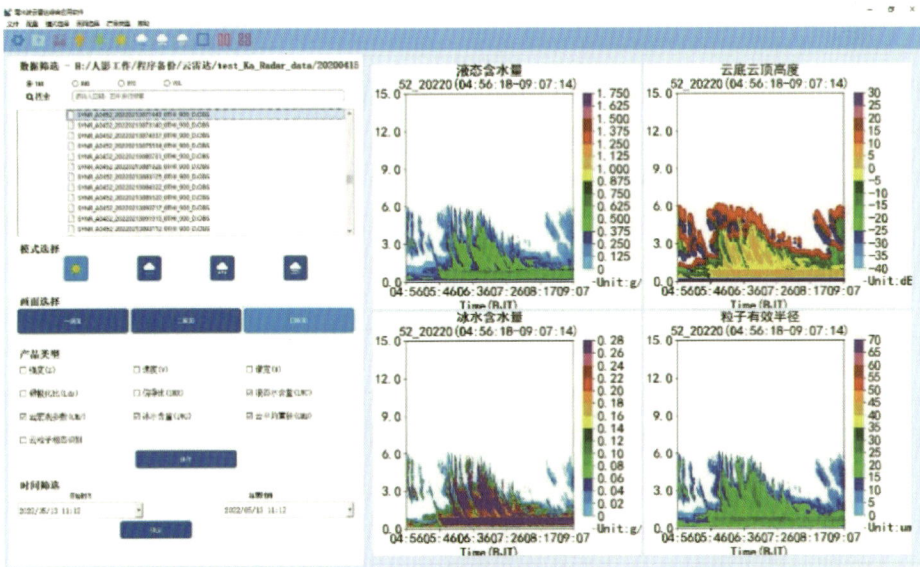

代表图片 2　海陀山闫家坪多设备综合产品显示系统

微雨雷达

微雨辐射计

雾滴谱仪

二维成像降水粒子谱仪

降水粒子谱仪

降雪显微观测仪

风廓线雷达

云雷达

冰核观测仪

代表图片 3　海陀山闫家坪综合观测站

（撰写人：马新成）

3.1.2　海陀山观测试验研究

【第一完成单位】北京城市气象研究院

【主要参与单位】北京市人工影响天气中心；北京市气象探测中心；延庆区气象局

【主要贡献人员】权建农　程志刚　王倩倩　李炬　张京江

【来源项目名称】国家重点研发计划"科技冬奥"专项"冬奥会气象条件预测保障关键技术"；北京市科技计划重大项目"复杂地形冬季气象综合保障技术研究（一期）"

【成果主要内容】

海陀山地形复杂、山高坡陡、垂直落差大，观测难度大、气象数据稀少，是影响赛区精细化预报的核心因素，对冬奥气象服务提出了严峻挑战。为此，北京市气象局结合冬奥气象服务和科学研究需求，因地制宜，组织构建了包含中、小、微三大尺度的三维立体实时综合观测平台，采用多手段系统观测的方式，自 2019 年至 2022 年共计组织开展四次外场综合观测试验，观测要素涵盖了风场、温湿度场、云和能见度、近地面湍流与辐射等多种要素。

1. 布局延庆赛区海陀山气象观测网

在延庆赛区海陀山布局的气象观测网是集中、小、微三个尺度于一体的多尺度、多手段、多要素、三维立体的实时气象综合观测平台。

（1）中尺度观测。中尺度观测主要由 S 波段天气雷达（海陀山顶）、X 波段天气雷达（怀来、怀来东花园和延庆千家店）、Ka 波段云雷达（海陀山西大庄科、闫家坪），以及风廓线雷达（佛峪口和闫家坪）组成。风廓线雷达提供了中尺度的背景风场信息，而多波段天气雷达的相互配合，可实现对云和降水系统无盲区全覆盖监测。波长较短（X 波段）的雷达对于弱降水或中等强度降水有较好的探测能力，而对于大面积的强降水，由于衰减较强，探测能力减弱，探测不到远处的降水；而波长较长（S波段）的雷达，衰减较小，可以监测直径400 km范围内的降水，但对弱降水的探测能力较弱。对于非降水云，毫米波雷达（Ka波段）更敏感，但其波长较小，对于发展旺盛的云也存在较强的衰减问题，无法穿透降水云。因而在海陀山区，对不同波段的云和降水雷达进行了有效的结合：海陀山山顶搭建的S波段雷达可以有效地监测上游中尺度的云及降水的发展演变；怀来、延庆搭建的X波段天气雷达与怀来东花园的车载X波段雷达可以实现对海陀山区局地云和降水的重叠监测，减少监测盲区；在闫家坪和西大庄科两个综合气象站分别布设的Ka波段云雷达可以有效监测山谷范围内非降水云和新生云团的发展过程。因而，S波段天气雷达、X波段天气雷达和Ka波段云雷达的相互配合，使得海陀山区中小尺度的云、降水系统的监测实现无盲区覆盖，对于不同尺度云和降水系统的发展演变机制研究、更精准的预报预警提供了有力的数据支撑。

（2）小尺度观测。山区复杂地形下，山谷风、边界层、局地云和降水受地形、大气动力和热力等多种因素影响，影响机制复杂且相互耦合。为了研究这些小尺度的过程，观测试验中在海陀山山谷构建了西大庄科综合气象观测站，并与闫家坪、佛峪口共同组成了小尺度观测平台，观测设备包括全天空成像仪、云高仪、云雷达、微雨雷达、雨滴谱仪、微波辐射计、大气辐射干涉仪、自动探空仪、风廓线仪、多普勒激光测风雷达、涡动相关仪和自动气象站等。山谷风主要由山坡和山谷同高度大气加热不均而产生，边界层过程的发展也由热力过程驱动，因而，自动气象站、自动探空仪、大气辐射干涉仪、微波辐射计被布设在山谷里进行协同观测，从而实现近地表（距地表1.5 m）到山谷上空大气热力状态和湿度场的全天候观测。同时观测的还有涡动相关仪和多普勒激光测风雷达，用以获取边界层内湍流动能、通量和风场的精细结构。这些仪器为山谷风的转换及垂直结构特征、山谷冷池的形成、边界层过程的研究提供了有力的数据支撑。此外，山谷里还布设有云高仪、全天空成像仪和雨滴谱仪、微雨雷达，分别提供了局地云的宏观特征（云底高度、云量）和降水的精细参数（雨滴谱分布、雨滴下落速度等）。与大气热力状态和湿度场相结合，用于局地云和降水过程的研究。

（3）微尺度观测。微尺度观测由沿赛道自下而上建设的15个自动气象观测站（西大庄科、竞速8、长虫沟、竞速7、竞技3、竞速6、竞速5、竞技2、二海陀、竞速4、竞速3、竞技1、竞速2、小海陀、竞速1）组成，观测设备包括摄像头、雪水当量、多普勒激光测风雷达、自动气象站、三维超声风速仪及水汽、二氧化碳分析仪等。复杂地形下风速风向受地形影响差异显著，在延庆赛区核心区，竞速-竞技-团体赛道沿山体顺势而建，各赛道所处地形和位置各异，为了尽可能地捕捉代表性的近地层风场信息，并兼顾冬奥气象服务和电网等基础设施的可行性，在延庆赛区核心区自上而下共布设14部自动气象站、5部三维超声风速仪进行加密观测，站点主要分布在赛道附近及转折前后的位置。而对于赛区上空过山气流特征和精细化的三维风场结构信息，则由布设在竞技1号、竞速3号和竞速6号站的3部激光测风雷达联合观测获取。此外，还在竞速1号、竞速8号和竞技3号站布设了3套雪水当量仪，实时监测赛场雪的密度、深度、雪水当量及雪中冰水的含量；在竞速1号和竞速6号站布设了2部水汽分析仪；在竞速1号、3号、6号竞技1号、3号站布设了5部摄像头，实时监测赛区云、雾和降水的发展演变。

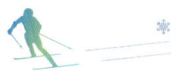

2. 开展多手段协同观测

在海陀山冬奥气象综合观测平台设计中，为克服单一观测手段的弊端，实现气象要素的精细化观测，针对云和降水、风场、大气温度湿度场采用多种观测手段协同的方法，并开展多源数据评估技术，形成高质量的观测数据集。

（1）风场多手段协同观测。主要包括五种设备：自动气象站、超声风速仪、探空仪、风廓线雷达和激光测风雷达。自动气象站提供高时间分辨率的近地层（西大庄科站测风高度距地面 10 m，其余 14 个站测风高度距地面 6 m）水平风速风向的时间序列；超声风速仪提供高时间分辨率的近地层（测风高度距地面 3 m）三维风场的时间序列，可用于计算大气湍流参数；探空仪提供一日 2～6 次的水平风速风向随高度真实变化的信息；风廓线雷达可以获取近乎实时的大气风场三维数据，最大探测高度在 5 km 以下（边界层风廓线雷达），其不受云雨天气限制，几乎可以实现全天候观测；激光测风雷达具有高时空分辨率的优势，可以反映三维风场更精细的结构特征，但其受云雨天气影响，有云雨时信号迅速衰减，无法得到云中和云上大气的风场信息。此外，激光测风雷达探测效果还受气溶胶浓度影响，在非常干净的环境下信号较弱。因此，风廓线雷达‐激光测风雷达在时间上实现全天候的配合，在空间上实现云上和云下的相互补充；对于低层盲区处，由自动气象站和三维超声风速仪弥补。基于这些测风设备的协同观测，实现了全时空的三维风场监测。此外，为了获取高山滑雪赛区上空的三维风场实时演变特征，3 台激光测风雷达分别布设在竞技 1 号、竞速 3 号和竞速 6 号站，实现协同观测。

（2）大气温湿度场多手段协同观测。温湿度场的观测设备包括地面自动气象站、探空仪、微波辐射计和大气辐射干涉仪。探空是直接接触大气的探测手段，可以得到最真实的大气信息。但其在上升过程中不断漂移，往往得到的不是站点上空的垂直廓线信息，尤其在山区复杂的下垫面条件下，所获取的参数代表性有待评估。其次，探空无法实现时间上的连续探测，对于边界层的快速演变、锋面过境等过程不能连续监测。微波辐射计和大气辐射干涉仪是遥感大气温度湿度廓线的重要手段，具有时间分辨率高、无人值守观测的优势，但在垂直分辨率和精度上存在一定缺陷。微波辐射计受云的影响较小，可以实现有云情况下大气廓线的观测，但其反演结果受初值影响较大，在缺乏长期历史观测资料的情况下，反演结果需要结合其他仪器进一步评估。大气辐射干涉仪大约有 2 500 个波谱通道，可以得到精细的大气温度湿度廓线信息，有效地捕捉大气边界层的发展和演变过程，但其缺点是仅可以获取晴空和光学厚度较小的云底以下的大气廓线。因而，微波辐射计和大气辐射干涉仪可以互相补充，实现对海陀山区大气状态的全天候监测。

（3）云和降水多手段协同观测。在海陀山区，对不同波段的云和降水雷达进行了有效的结合。海陀山山顶的 S 波段雷达和周边的 3 部 X 波段雷达通过 PPI 扫描，实现空间上的重叠监测，减小监测盲区，有效地监测从上游中尺度到海陀山局地云及降水的发展演变；微雨雷达补充降水云系的垂直结构。而位于山谷站点的 Ka 波段云雷达可以有效监测山谷范围内非降水云和新生云团的发展过程。S 波段、X 波段、微雨雷达和云雷达在时空上的相互配合，实现了从初生云团到降水的全过程监测。

3. 做好针对性研究

（1）开展数据质量控制，奇异值处理，多种资料之间的协调等；

（2）开展针对中尺度、小尺度和微尺度天气系统变化机理研究；

（3）开展各种数据的综合应用和产品研发等。

【成果应用成效】

海陀山冬奥观测数据集中的自动气象站数据，已应用于模式预报产品的检验及实时订正，有力地提高了赛区风温湿等气象要素的预报准确度，支撑赛区冬奥气象预报服务。海陀山冬奥观测数据集中的多源观测数据为各种高影响天气（大风、降水、低温等）的预报预警、演变过程及模式的改进都提供了强有力的数据支撑。

【成果应用展望】

海陀山观测试验研究成果在后冬奥时代可以继续为海陀山高影响天气（降水、降雪、低云、雾、大风等）的研究、模式的改进、提升预警预报能力提供数据支撑，也可以为其他气象业务服务、重大活动保障中的观测试验工作提供较好的经验基础。

【成果代表图片】

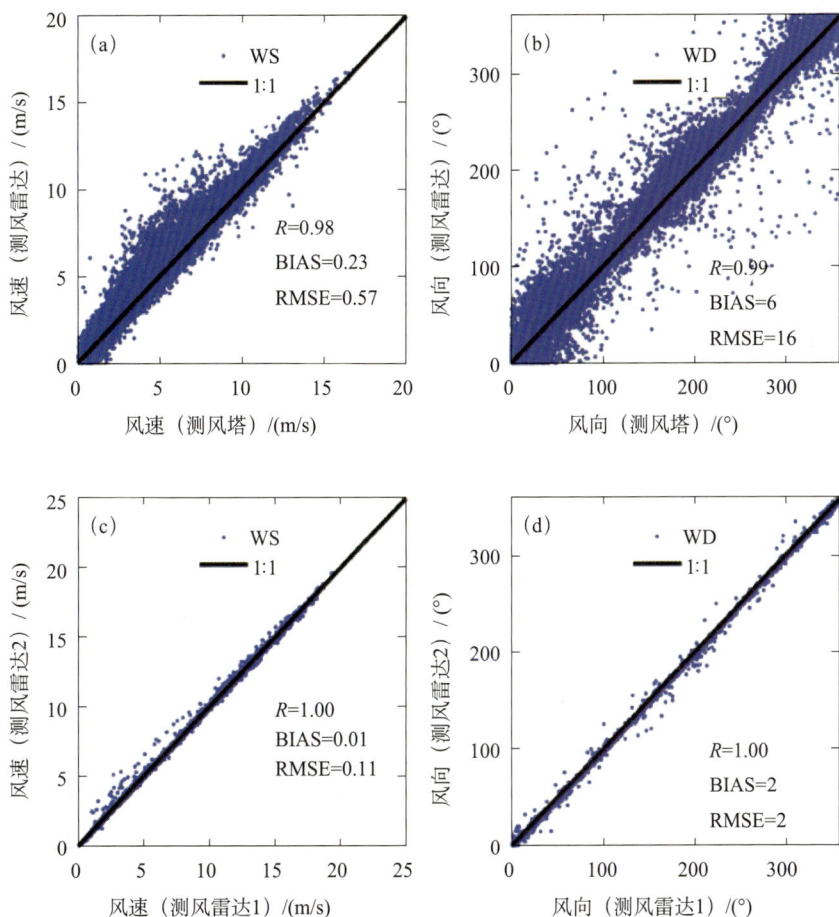

代表图片 1　激光测风雷达与测风塔观测结果对比

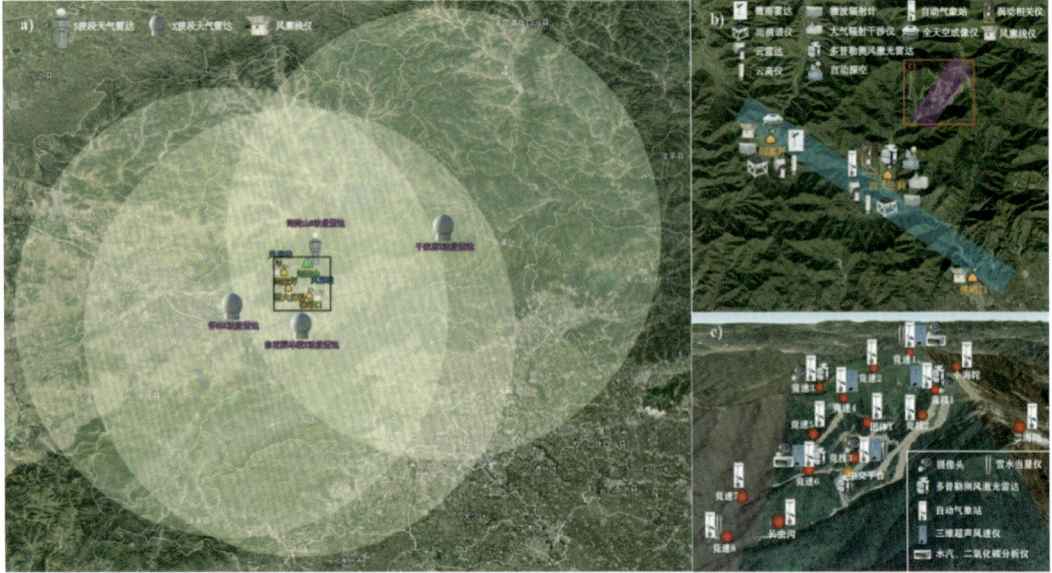

代表图片 2　海陀山冬奥气象综合观测平台

（撰写人：权建农　程志刚　王倩倩）

3.1.3　海陀山区降雪地面－空中综合立体观测试验

【主要完成单位】北京市人工影响天气中心

【主要贡献人员】马新成　毕凯　陈羿辰　赵德龙　陈云波　温典　盛久江　周嵬　杜远谋

【来源项目名称】北京市科技计划项目"京北山区冬季降雪综合观测和数值模拟研究"；北京市自然科学基金面上项目"北京海陀山区典型降雪过程地面微物理特征的协同观测研究"；国家自然科学基金面上项目"基于高山观测的华北地区大气冰核特征的研究"

【成果主要内容】

针对延庆赛区核心观测几近空白，以海陀山为试验区，根据影响冬奥海陀山区的降雪天气过程和云系，结合山区降雪和山区地形特征，考虑天气系统不同来向、梯度布点设计等研究，搭建了综合试验基地，与空中飞机形成了北京复杂地形下三维监测平台；制定了北京延庆赛区和河北张家口赛区的飞机飞行探测作业方案和地面综合观测作业方案，明确观测目的、流程、飞机和地面观测作业方案设计及数据收集等。利用平台资料，结合常规探测资料，研究搭建了降雪机理，深入认识北京山区降雪成因，为冬奥会降雪等精细预报和人工增雪水平提供支撑。在此基础上，评估人工增雪潜力，开展人工增雪试验，进行空－地多种探测设备校正和协同观测并研究综合产品显示，改进降雪云微物理探测设备。自 2015 年以来，连续 7 年通过开展空－地综合立体观测，共 30 多种装备参与试验，获得 70 多次降雪过程的宝贵观测资料，探明了山区降雪云系的宏微观特征、演变机理、降雪微物理机制等，填补了国内山区复杂地形条件下降雪研究的空白。

【成果应用成效】

在冬季进行降雪云系的外场加强观测，尤其是北京冬奥会期间，开展飞机、雷达和高山测量仪器的协同综合观测，并充分利用依托单位北京市气象局的卫星业务平台，开展对北京地区降雪云系宏微观结构特征、降雪形成机制等方面研究的外场试验，为冬奥气象保障服务中预报、赛事、开闭幕式服务以及人工影响天气保障提供基础和技术支持。

【成果应用展望】

多次组织的山区冬季降雪观测试验，为后期进行大型活动气象保障方案设计、组织和开展外场大型观测试验提供宝贵经验。

【成果代表图片】

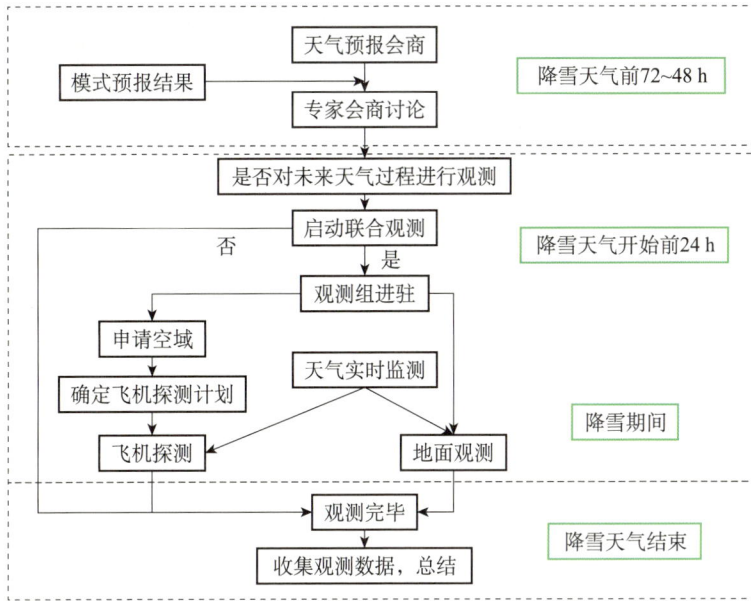

代表图片1　综合立体观测流程图

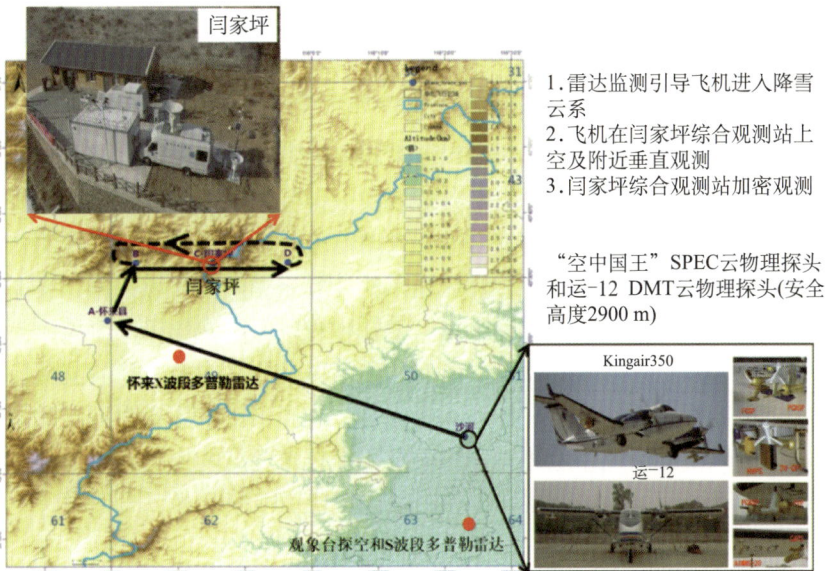

1. 雷达监测引导飞机进入降雪云系
2. 飞机在闫家坪综合观测站上空及附近垂直观测
3. 闫家坪综合观测站加密观测

"空中国王" SPEC云物理探头和运-12 DMT云物理探头(安全高度2900 m)

代表图片2　协同观测方案示意图

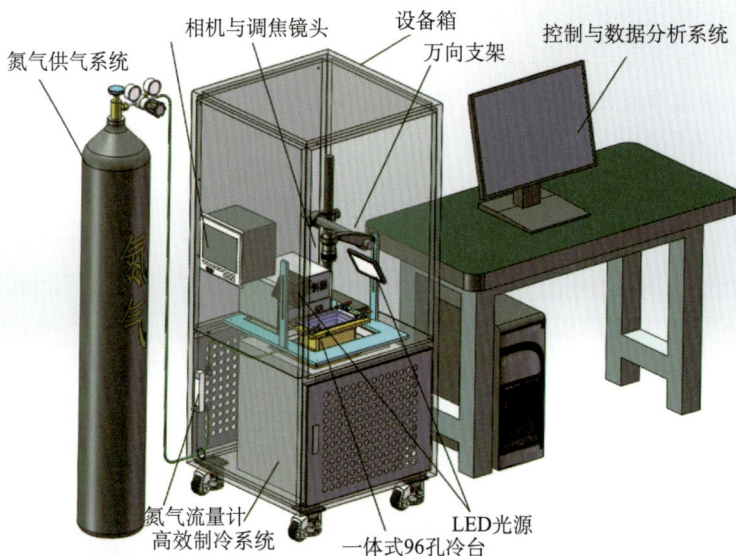

代表图片 3　自主研发的离线式浸润冻结机制冰核谱检测仪（FINDA）结构示意图

（撰写人：马新成）

3.1.4　自动气象站秒级风、分钟极大风观测及质控程序

【主要完成单位】北京市气象探测中心；华云升达（北京）气象科技有限责任公司

【主要贡献人员】常晨　白雪涛　张曼　尹佳莉　韩微　张治国　王辉　金佳宁　郭艳艳　刘人彤　李楠　吕宝磊

【来源项目名称】国家重点研发计划"科技冬奥"专项"冬奥赛场精细化三维气象特征观测和分析技术研究"

【成果主要内容】

针对冬奥会赛事对于现场及周边区域风要素观测的特殊需求，开发基于秒级风速风向采样、运算、存储及上报的系列程序，支持秒级风及分钟极大风的实时到报，从而能够实现在比赛过程中根据瞬时风的变化对赛事安排做出及时调整。在现有观测站程序的基础上，增加秒级风速风向的实时采样记录并基于秒级风速风向计算分钟内极大风数据，增加对应的原始采样文件记录每秒的风速风向原始采样数据，增加秒级风速风向编码及协议，支持将秒级风速风向完整有效地上传至远端中心系统。所有的秒级风及分钟内极大风均支持历史数据补调且支持 1 年的历史数据存储能力，在保障赛事安全、为赛事提供重要数据支撑的基础上，还可以应用于后续的风模型研究。上述对观测站的所有技术变更均支持通过远程升级的方式实现，避免了维护人员去现场维护存在的各种困难，降低了维护成本。

【成果应用成效】

所有高山滑雪赛道自动气象站升级后都具备输出秒级风的功能，填补了国内空白，为提升赛事实时预报能力、保障赛事安全提供重要数据支持。

【成果应用展望】

在后冬奥时代,该成果可以实现每分钟60组各秒瞬时风速风向数据的观测、存储与传输。本技术支持存储1年的秒级风和分钟内极大风数据,可利用此数据进行某区域内风模型研究。

【成果代表图片】

60秒采样风向	60秒采样风速
28428425618010...	011011010011...
31534604209812...	019018018017...
15215816015216...	032033034036...
07606205306812...	029028026025...
26426426225624...	027028031034...
35434033533832...	013013015016...
11811511009807...	012012011010...
03403407900635...	032032029028...
01102800034900...	026027026026...
22222221423320...	076076074066...
25622524820820...	037038038037...
12112103104206...	056056062058...
09635433533533...	028026024025...
07907905101434...	022022021019...
11008408211012...	015015013015...
09609611014309...	043043044043...
09610104803405...	042039036033...
00300335703909...	026026026025...
13513813216015...	035036036033...
15215210112112...	038038038040...
12414316917416...	025025023021...
12412412413513...	052052055054...
07012411511311...	046049049047...
08708707006507...	014014013013...

代表图片1 自动气象站秒级风、分钟极大风观测信息展示

(撰写人:常晨)

3.1.5 多源观测融合天气现象识别程序

【第一完成单位】北京市气象探测中心

【主要参与单位】华云升达(北京)气象科技有限责任公司

【主要贡献人员】尹佳莉 刘旭林 金佳宁 吕宝磊 李楠

【来源项目名称】国家重点研发计划"科技冬奥"专项"冬奥赛场精细化三维气象特征观测和分析技术研究"

【成果主要内容】

针对奥运会数据源(ODF)对天气现象的种类和时效需求,经评估赛区国家站现行业务及各观测平台,都不能提供比赛日04—22时逐时天气实况的人工观测记录。在梳理现有天空状况、降水类天气现象自动观测设备及数据提供基础上,评估设备观测数据的准确性;整合多源观测设备输出结果,制定现象识别规则,根据规则实现判识数据提取;进行天气现象提取准确度核验,满足冬奥ODF逐小时天气现象需求。实现ODF逐小时天气现象信息提取,自动形成ODF报文。

【成果应用成效】

冬奥会赛事期间,程序软件提取各赛事场馆所在国家站(延庆、朝阳、海淀、石景山)逐小时多源观测数据,生成规定格式报文,为ODF提供DT_WEATHER产品(实况类)106份,为各比赛场馆的赛事气象服务提供了准确、及时、可靠的云天实况与天气现象资料。全

自动化的观测数据服务流程得到北京冬奥组委技术部高度肯定。

【成果应用展望】

在后冬奥时代，该成果有助于整合现有数据资源，确保要素间内部一致，提出了基于观测现状的天气现象识别规则，形成多源观测数据融合的识别算法，能够为实现天气现象自动观测结果提取以及满足面向多要素的自定义组合观测需求提供技术参考。

【成果代表图片】

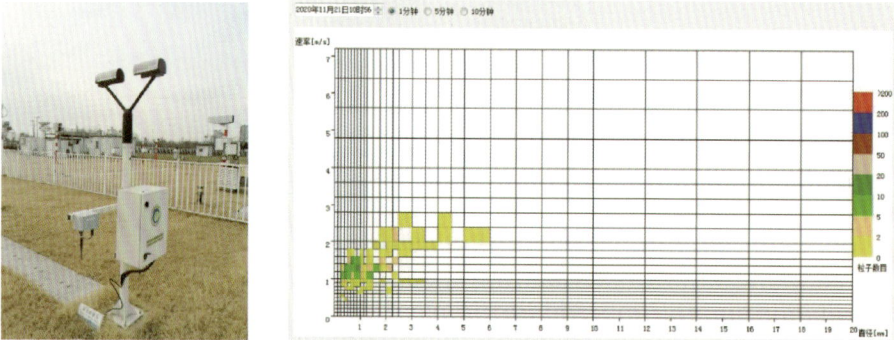

代表图片 1　降水类天气现象仪设备图与输出产品（雨滴图谱）

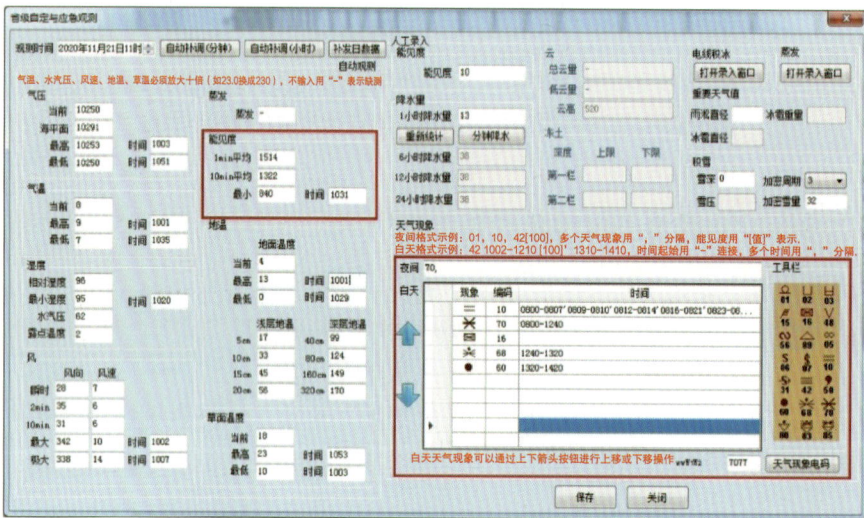

代表图片 2　地面气象观测小时数据文件要素内容

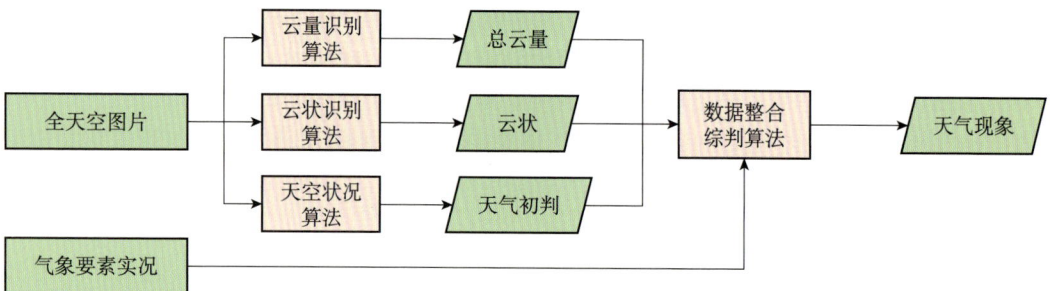

代表图片 3　天气现象判识融合算法数据提取流程

（撰写人：尹佳莉）

3.1.6 扩容定制冬奥 BUFR 编码

【第一完成单位】华云升达（北京）气象科技有限责任公司

【主要参与单位】北京市气象探测中心

【主要贡献人员】孙平 刘新凯 郑海欣

【来源项目名称】自研项目"统一版中心站软件二期"

【成果主要内容】

针对冬奥会高山滑雪赛事期间预报、服务、赛事等多方面需求，建设多要素自动气象站，包括温度、湿度、气压、风速、风向、雪深、雪温、能见度、降水天气现象、降水量、辐射等多个气象观测要素，为满足不同用户对气象观测数据的需求，华云升达（北京）气象科技有限责任公司开发了针对冬奥自动气象站的 BUFR 数据传输格式，该数据格式可涵盖全部冬奥自动气象站采集数据，具有涵盖数据广、数据格式统一、编解码方便、可扩展性高等优点。

BUFR 编码格式采用气象数据的二进制表示，被用于气象数据的交换和存储；BUFR 适用于 FM 92 GRIB 无法表示的气象数据。一份 BUFR 资料由一个或多个相关的气象数据子集组成；对于观测资料，通常每个数据子集对应一次观测；字符串"BUFR"和"7777"分别标识一份 BUFR 资料的起始和结束。

【成果应用成效】

通过扩容定制冬奥 BUFR 编码，实现了冬奥自动气象站全部采集数据的传输，为冬奥气象保障提供了强有力的数据支撑。

【成果应用展望】

通过扩容定制冬奥 BUFR 编码，建立了一套 BUFR 编码定制系统，不论今后增加什么类型的气象数据，根据 BUFR 编码的配置文件，都可以轻松地生成该类气象数据的 BUFR 编码格式的文件。

【成果代表图片】

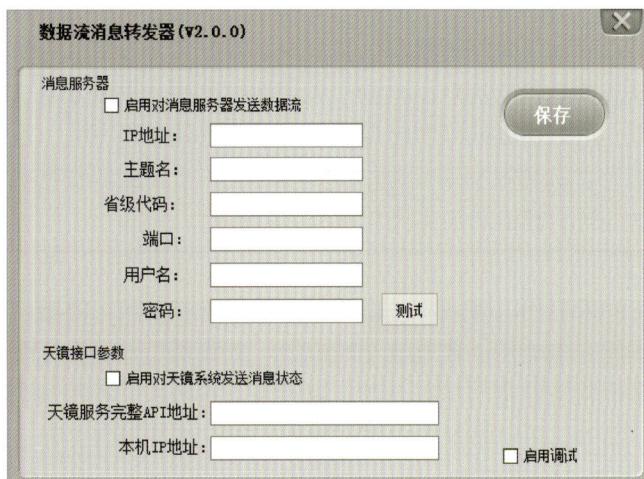

代表图片 1 数据流消息转发器

Cname: 名称

IndexCode: 宏码编号

Proportion: 比例因子

Standard: 数据计算

DataWidth: 数据长度

Value: 默认值

代表图片 2　BUFR 编码格式的配置文件

（撰写人：郑海欣）

3.1.7　自动气象站状态信息监控模块及软件

【主要完成单位】北京市气象探测中心；华云升达（北京）气象科技有限责任公司

【主要参与单位】北京华云尚通科技有限公司

【主要贡献人员】崔炜　张曼　金佳宁　聂凯　常晨　刘人彤　李觐卿

【来源项目名称】国家重点研发计划"科技冬奥"专项"冬奥赛场精细化三维气象特征观测和分析技术研究"

【成果主要内容】

监控服务器可将采集器接入，对采集器进行状态监控。在海陀山部分自动气象站基础上首次加装状态监控模块，支持移动、联通、电信的 2G、3G、4G 全部工作制式。依照特定的通信协议格式，通过无线网络发送给中心站服务器，同时还可通过无线网络接收中心站的控制指令，完成特定的任务操作（如控制供电源通断），适合电磁环境恶劣和要求较高的应用需求。监控模块可实现自动气象站的状态信息获取、数据质量控制、远程升级程序、远程控制四大功能。监控服务器具备电流电压监测、机箱温度监测、网络状态监测、电源控制及多型号采集器接入功能，可以通过网络实时连接至监控中心的软件平台，为自动气象站提供运行状态监测、状态报警、远程重启等功能。支持 HY-814 型采集器数据通信功能和所有的通信协议模式，可以支持状态数据和采集器数据的同时传输。

【成果应用成效】

北京现有区域站尚未应用，仅在海陀山部分自动气象站加装。本技术可获取采集器自身供电电压状态、太阳能充电电压、蓄电池小时电量、采集器存储芯片工作状态、通信模块当前网络信号强度等多种状态信息与运行参数。对设备运行监控、在线故障诊断、提升维护维修效率有重大意义。保障人员可根据状态监控数据，组织维护维修工作。

【成果应用展望】

在后冬奥时代，该成果可以继续应用于采集器状态监控，帮助保障人员根据状态监控数据，组织维护维修工作。

【成果代表图片】

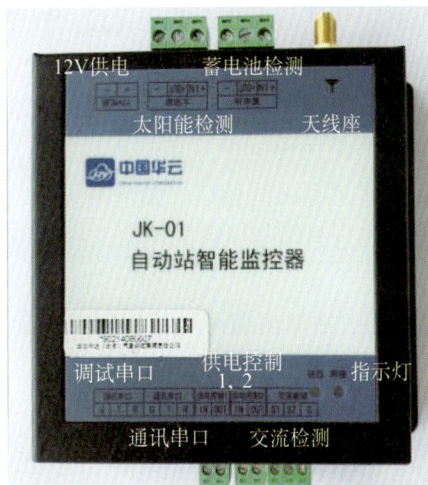

代表图片 1　自动气象站智能监控模块

代表图片 2　自动气象站智能监控器信息展示

（撰写人：崔炜）

3.1.8　机械、融冻超声风同址观测

【主要完成单位】北京市气象探测中心；华云升达（北京）气象科技有限责任公司

【主要贡献人员】常晨　尹佳莉　韩微　张弛　杨毕宣　张淇海　焦松涛　张彬彬　李旭光
高旭宾　陈泽　赵军

【来源项目名称】国家重点研发计划"科技冬奥"专项"冬奥赛场精细化三维气象特征
观测和分析技术研究"

【成果主要内容】

针对冬奥会期间可能出现的大风、高湿、低温的恶劣天气条件，并因恶劣天气条件下可能出现的机械风传感器发生冻结，从而导致观测数据错误，致使现场气象预报服务出现不准确的情况，采用市电供电的可加热的超声风传感器，该传感器可在一定温度条件下自启动加热装置，从而融化附着在传感器上的冰雪，使观测数据更加准确，确保气象数据的可靠性（代表图片 1）。HY-UWS01 型超声测风传感器采用超声波飞行时间法进行水平方向的风速、风向测量。超声波在 2 个方向的传感器之间传递，超声波的飞行时间被检测电路和数字芯片计算获得。处理器按照超声波的飞行时间与风速的关系，计算得到当前环境的风速、风向。

【成果应用成效】

冬奥会期间，在 11 个高山赛道站加热超声风传感器工作稳定，解决了延庆赛区气象站点在低温、高湿环境下机械风传感器被冻结的问题，不间断提供精准的风观测数据，在多次雨雪天气过程中发挥显著的效益。

【成果应用展望】

在后冬奥时代，该成果可以继续应用于可能出现大风、高湿、低温的恶劣天气条件下，使观测数据更加准确，确保气象数据的可靠性。

【成果代表图片】

代表图片 1　双套风观测自动气象站

（撰写人：常晨）

3.1.9　便携适用的山地气象观测系统组件结构

【主要完成单位】北京市气象探测中心；华云升达（北京）气象科技有限责任公司

【主要贡献人员】崔炜　白雪涛　王辉　王志杰　李楠　金佳宁

【来源项目名称】国家重点研发计划"科技冬奥"专项"冬奥赛场精细化三维气象特征观测和分析技术研究"

【成果主要内容】

延庆区海陀山南坡下垫面极为复杂，多为杂乱巨石构成的陡壁，很难找到符合安装规范要求的平坦地面，无法采用较为成熟的常规地面气象观测系统结构基础和建设方式来完成赛事气象服务观测系统建设，根据梯度气象观测系统布设站址的实际建设和探测环境，组织设计了适用于复杂山地下垫面的气象设备安装组件结构。组件结构是自动气象站安装搭建的主要结构体，由槽钢、固定板、地埋件、螺丝标准件等组成（代表图片1）。为适应不同气象要素传感器观测高度的要求，须在不同高度对传感器及其附件进行支持固定。一方面，须保持各传感器之间的观测距离，不因通风、遮挡相互影响；另一方面，兼顾山地地形的特殊性，在较小面积上展开搭建。因山地运输条件限制，设备只能通过骡马运输至安装地点。结构组件的各个构件统一规格，各部件可互换；小型化，便于携带；预留孔位，可适应不同设备安装；组装方便，便于赛事观测要求搬迁站点。组件结构组装完成后，可在固定板上安装风杆、电池箱、太阳能板支架、称重降水等设备，槽钢上的预留孔可安装吊环固定拉线等加固装置。

【成果应用成效】

将基础建设材料由混凝土改为钢结构，节省了15 d前期基础建设周期，提高了建设效率；17类传感器及配套设备实现快速抱杆组装，整体自动气象站占地面积从100 m^{2}减少至16 m^2，极大提高场地协调成本，便于站址迁移及后续要素扩展功能。自2017年开始，使用组件结构在预定场地安装自动气象站9套。在场地建设阶段，按施工方要求，在极短时间内迁站7次，为施工顺利进行创造了条件。在场地测试阶段，根据天气预报所需数据拓展，增加了称重降水、天气现象、雪深等观测要素需求，利用组件结构扩展便利的特性，增加了设备安装位置。

【成果应用展望】

在后冬奥时代，该成果在野外复杂下垫面应用场景中具有极高的适用性。采用槽钢、固定板、地埋件、螺丝标准件几种基本构件，依场地情况可无限扩展组件结构；同一种构件不区分方向、正反，可相互替换，方便安装维修；各单体构件体积小，重量适中，适用于骡马运输。地埋件可装配在固定板上，可在场地上开挖地埋坑，用碎石、泥土进行加固，配合固定板上安装的电池箱，可有效增加抗风强度，进一步提升了恶劣环境工作的可靠性以及基础结构的稳定性。组件结构使用统一规格的螺丝标准件，组装拆卸时使用同一规格工具即可完成，方便组装和拆卸，可按观测需求快速搬迁站点。

【成果代表图片】

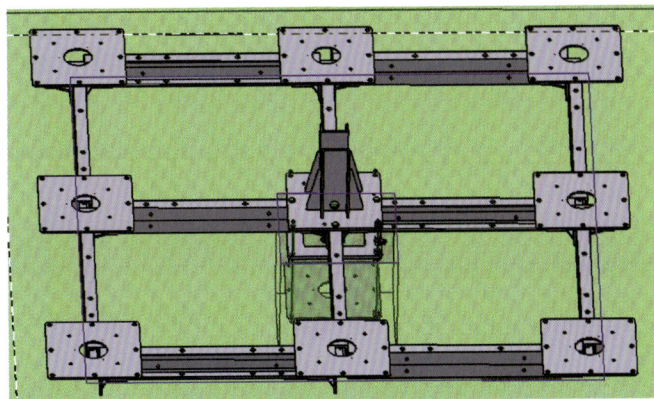

代表图片1　气象设备安装组件结构示意图

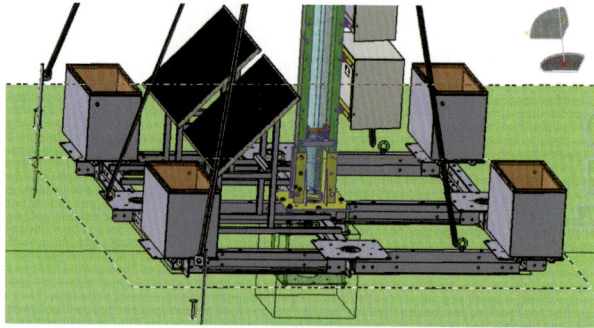

代表图片 2　海陀山气象梯度观测系统结构示意图

（撰写人：崔炜）

3.1.10　延庆赛区自动气象站通信、供电双备份

【主要完成单位】北京市气象探测中心；华云升达（北京）气象科技有限责任公司

【主要贡献人员】张治国　张鹏　范雪波　金佳宁　郭艳艳　李楠　李红海

【来源项目名称】国家重点研发计划"科技冬奥"专项"冬奥赛场精细化三维气象特征观测和分析技术研究"

【成果主要内容】

2014—2020 年，延庆赛区 4G 通信网络覆盖较少，为提升数据到报率，在海陀山高山滑雪区自动气象站无线传输的基础上首次加装北斗通信设备，利用相互备份机制，分别使用分钟级和十分钟级数据传输，实现采集数据互补，最大程度上保证探测数据的完整性与连续性。无线通信终端定时从采集器中下载实时气象要素观测数据，并依照特定的通信协议格式，通过无线网络发送给中心站服务器，同时还可通过无线网络接收中心站的控制指令，完成特定的任务操作（代表图片 1）。北斗通信终端与自动气象站监测系统的采集器通过串口连接，指挥机架设在岸基指挥中心，用来接收北斗通信终端发来的观测数据和向采集器发送指令。中心站软件接收、存储及显示数据。在高山滑雪赛区赛道自动气象站上实现太阳能加市电双路供电机制，太阳能供电优先保障基本要素的采集，交流电保障扩展要素的采集，最大程度保障在恶劣天气条件及特殊事件导致无市电的情况下，依然有可以用于气象预报服务的基本观测要素的数据正常上传。

在设备上实现通信与供电双备份的功能，极大地保证了设备稳定运行，保证数据传输的完整性。通信方面，4G 与北斗同时启用，互为备份。其中 4G 模块传输频率为 1 min，北斗模块传输频率为 10 min。4G 方式与北斗方式完全独立运行，各自发送到各自的中心平台，真正做到了通信的热备份功能。为适应现场气象服务的要求，观测要素又较多，纯太阳能供电方式也不能完全保证设备连续运行。由于气象站点安装条件恶劣，市电供应并不能保证连续供电。因此，从设计上就考虑使用太阳能供电方式保证基本要素，市电供电部分保证扩展要素的供电方式，两种供电方式自动切换（代表图片 2）。充分发挥两种供电方式的优势，既保证了基本要素数据传输的稳定，又最大限度地保留了扩展要素数据的传输与应用。

【成果应用成效】

在数据传输研发中，梳理确定最关键要素清单，一方面，压缩数据算法，缩短传输长度和降低分包次数；另一方面，修改传输机制，完善通信采集端和中心站算法等手段，将北斗观测数据通信成功率由 79.7% 提高到接近 100%。

采取核心要素（温压湿风）传感器独立挂接太阳能供电，其他拓展要素由造雪机供电系统挂接保障，在冬奥会比赛期间，自动气象站数据传输率达到 99% 以上，自动气象站基本要素数据传输率达到 100%。

【成果应用展望】

在后冬奥时代，该成果可以确保复杂山地环境中的自动气象站多要素数据稳定传输，实现应急通信及电源 24 h 热备份，最大程度保障数据连续稳定运行。

【成果代表图片】

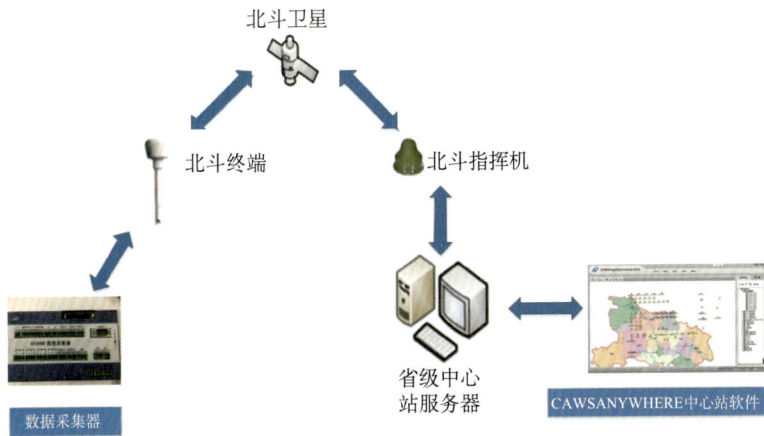

代表图片 1　冬奥自动气象站数据传输流程图

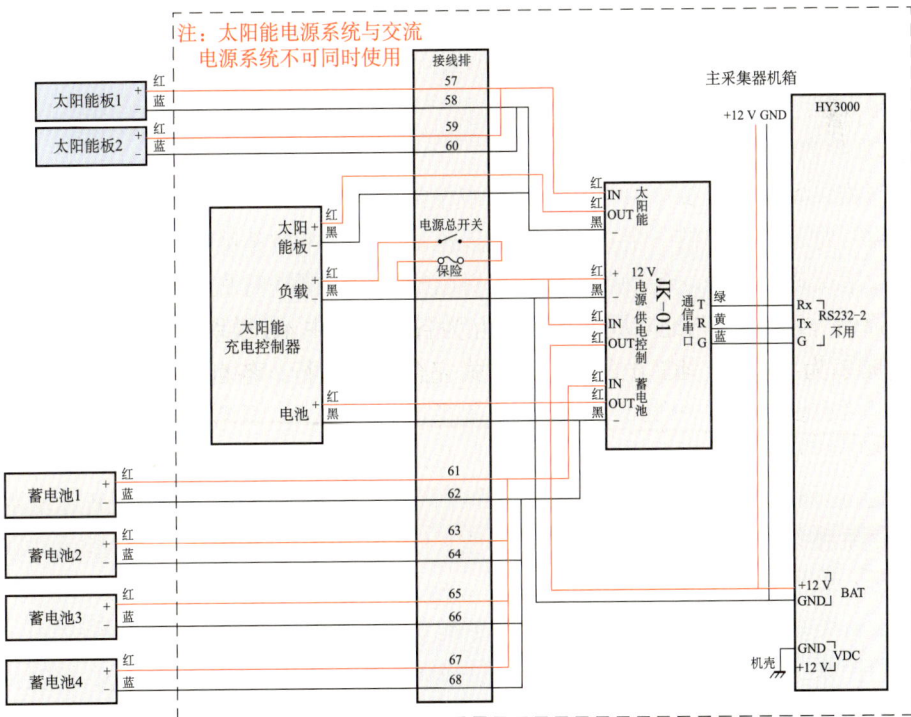

代表图片 2　冬奥自动气象站供电改造线路图

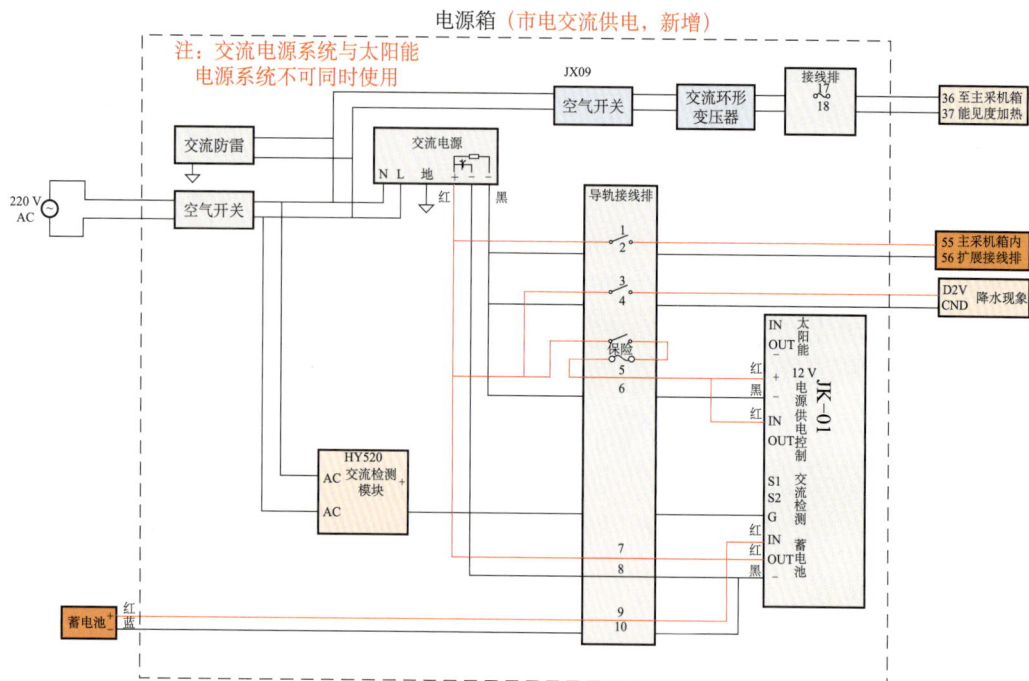

（撰写人：张治国）

3.1.11　冬奥探测设备运行监控平台

【主要完成单位】北京市气象探测中心

【主要贡献人员】韦涛　聂凯　李林

【来源项目名称】气象服务能力提升和冬奥气象服务保障工程项目"北京市综合观测设备运行管理系统"

【成果主要内容】

冬奥探测设备运行监控平台是基于北京市气象局"十三五"项目软件平台"北京市综合观测设备运行管理系统"的一个功能模块，该模块主要用来对冬奥会赛区相关的各类气象观测设备运行情况进行监控。冬奥探测设备运行监控平台主要针对北京市冬奥会赛区的各类气象探测设备进行针对性加密监控和故障报警（代表图片1），可以将与冬奥相关的任意站点、任意类别的探测设备集中到该平台模块进行统一监控，实现分钟级的故障报警，通过声音报警提示可以让值班人员第一时间发现故障所在。

与同类监控平台相比，冬奥探测设备运行监控平台更具灵活性和适用性，它依托于"综合观测设备运行管理系统"，是该系统的一个子模块，且该子模块可以变更名称及用途：不单为冬奥气象服务，也可以在未来有针对性地对任何一个在北京市举行的大型活动进行保障服务。同时，该平台还具有以下特征：

（1）设备类别和站点可自主选择，纳入冬奥专题保障模块进行针对性监控；

（2）监控频次可选择，根据需要进行分钟级故障报警；

（3）弹窗提示加声音循环提示，保障人员可以第一时间发现问题并跟进处理。

【成果应用成效】

该平台在冬奥会期间取得了良好的效果，自动监控和声音报警功能可以使得值班人员第一时间发现故障站点、故障设备并及时跟进处理，为冬奥气象探测系统的平稳运行发挥了积极的作用。

【成果应用展望】

冬奥探测设备运行监控平台的一大特点就是它的灵活性：灵活更改模块名称和用途、灵活选取监控站点和设备、灵活设置监控频次。因此，冬奥会结束之后，该平台并不会跟着退役，北京作为首都，重大活动及其气象保障任务频繁，在未来根据不同重大活动的气象保障需求，该系统随时准备着发挥它的灵活支撑作用。

【成果代表图片】

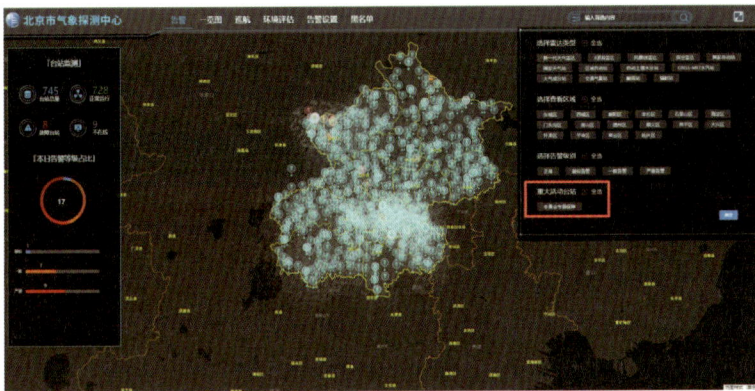

代表图片1　综合观测设备运行管理系统

（撰写人：韦涛）

3.1.12　地基微波辐射计质量控制技术

【主要完成单位】中国气象局气象探测中心

【主要贡献人员】赵培涛　茆佳佳　李瑞义　徐鸣一

【来源项目名称】国家重点研发计划"科技冬奥"专项"冬奥赛场精细化三维气象特征观测和分析技术研究"

【成果主要内容】

基于微波辐射计亮温数据的处理及质控，输入为亮温数据，输出为分钟级温湿廓线产品。其中质控模块包括逻辑检查、最小变率检查、降水检查、一致性判别、偏差订正以及质量标识和本地化反演模块。解决亮温观测受环境、标定、设备部件性能变化、天线罩老化等影响，存在亮温的"漂移""跳跃"等问题。已在北京延庆、海淀、霞云岭等6个气象站点实现业务应用。

【成果应用成效】

该技术改进了微波辐射计质量控制算法，解决非探空站点的微波辐射计因缺少长序列历史探空数据训练而造成的反演精度不高的问题。研究基于长序列ECMWF再分析资料的温湿层结数据，对非探空站点的微波辐射计进行本地化训练和反演，实现了北京延庆、海淀、霞

云岭等 6 个气象站点微波辐射计的实时质控反演,能够提供分钟级的温、湿等要素的廓线产品和综合时序图,显著提升非探空站温、湿廓线产品的精度。

【成果应用展望】

地基微波辐射计质量控制技术在冬奥赛事期间的成果应用,不仅为满足北京 2022 年冬奥会"百米级、分钟级"精细化天气预报需求绘好精密冬奥观测蓝图打下坚实基础,也为运行监控保障平台在杭州亚运会、成都大运会等重大活动气象保障服务的转化应用找准坐标、激活力量。平台目前已获得 1 项软件著作权,相关技术具备转化应用的成熟条件。

【成果代表图片】

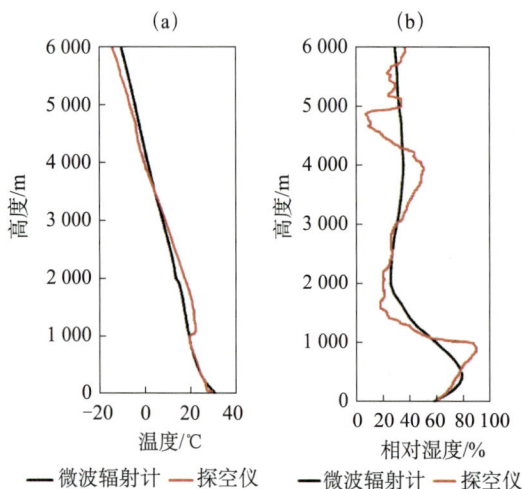

代表图片 1　温湿廓线产品与探空仪对比情况

((a)温度均方根误差为 1～2 ℃;(b)湿度误差为 10.23%)

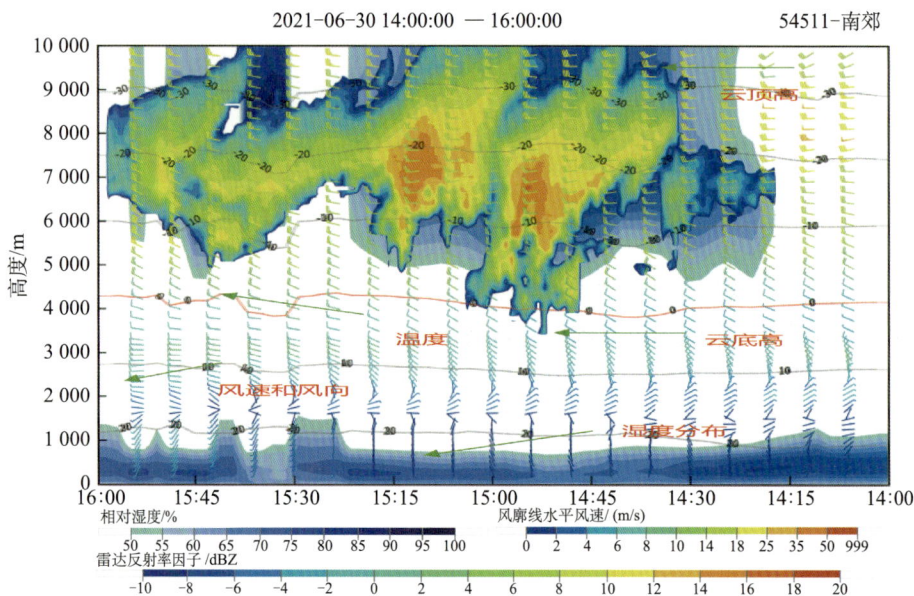

代表图片 2　2021 年 6 月 30 日温、湿、风综合廓线产品时序图

（撰写人：茆佳佳）

3.1.13 激光测风雷达高精度风场反演

【主要完成单位】北京城市气象研究院

【主要贡献人员】权建农 程志刚 李炬 王倩倩

【来源项目名称】国家重点研发计划"科技冬奥"专项"冬奥会气象条件预测保障关键技术"

【成果主要内容】

1. 研发完成激光测风雷达高精度三维风场反演技术

基于北京冬奥会延庆赛区竞技 1 号、竞速 3 号和竞速 6 号站的三台激光测风雷达协同观测数据，开发复杂地形下激光测风雷达高精度三维风场反演技术，形成赛区精细化三维风场产品，得到的三维风场产品和风廓线产品在"冬奥气象综合可视化系统"平台实现业务化显示，并投入冬奥业务化应用。

2. 协同观测技术及其获取的风产品

协同观测技术是利用三台激光测风雷达开展协同观测，用于获取精细化三维风场。其计算原理如下：假定探测目标位置的三维风速为 u、v 和 w，雷达的方位角为 φ，仰角为 θ，雷达径向速度为 V_r，则每台雷达的径向速度为

$$V_r(\varphi_i, \theta_i) = u \cdot \cos\theta_i \cdot \sin\varphi_i + v \cdot \cos\theta_i \cdot \cos\varphi_i + w \cdot \sin\theta_i$$

式中，径向速度 V_r 指向雷达的方向为负，远离雷达的方向为正；i 代表雷达 A、B、C。上述公式的矩阵形式为

$$MV = V_r$$

式中，$M = \begin{bmatrix} \cos\theta_A \cdot \sin\varphi_A & \cos\theta_A \cdot \cos\varphi_A & \sin\theta_A \\ \cos\theta_B \cdot \sin\varphi_B & \cos\theta_B \cdot \cos\varphi_B & \sin\theta_B \\ \cos\theta_C \cdot \sin\varphi_C & \cos\theta_C \cdot \cos\varphi_C & \sin\theta_C \end{bmatrix}$；$V = \begin{bmatrix} u \\ v \\ w \end{bmatrix}$，$V_r = \begin{bmatrix} V_{rA} \\ V_{rB} \\ V_{rC} \end{bmatrix}$。

公式等号两边同时乘以 M 的逆矩阵可得

$$V = M^{-1}V_r$$

三台激光测风雷达的径向速度、方位角和仰角已知，根据上述公式可以计算出三维风速 u、v 和 w。将探测区域划分为三维空间格点，计算每个格点的三维风速，即可获得精细化三维风场。协同观测技术除了可以利用三台激光测风雷达的协同观测数据获取精细化三维风场，还可以利用单台激光测风雷达的 PPI 扫描数据获取单台雷达的风廓线、两台激光测风雷达的协同观测数据获取水平二维风场和斜剖面二维风场。其计算原理与精细化三维风场的计算原理类似，此处不多做阐述。

三台激光测风雷达分别安装在竞速 3 号、竞速 6 号和竞技 1 号站。每台激光测风雷达开展不同仰角的 PPI 扫描观测和 RHI 扫描观测，具体扫描方案详见表 1。利用协同观测技术，可以获取以下风的产品。

表 1　三台测风激光雷达协同观测扫描方案

雷达所在站点	扫描方案概述	详细扫描方案
竞速 3 号站	10 个仰角 PPI+1 个方位角 RHI	10 个仰角（−20°、−15°、−10°、−5°、0°、10°、20°、30°、40°、60°）PPI，方位角范围为 120°～210°，间隔 2°； 1 个方位角（195°）RHI，仰角范围：−20°～90°，间隔 3°
竞速 6 号站	10 个仰角 PPI+1 个方位角 RHI	10 个仰角（15°～60°，间隔 5°）PPI，方位角范围为 0°～90°，间隔 2°； 1 个方位角（15°）RHI，仰角范围为 0°～90°，间隔 2°
竞技 1 号站	10 个仰角 PPI	10 个仰角（−20°、−15°、−10°、−5°、0°、10°、20°、30°、40°、60°）PPI，方位角范围为 180°～315°，间隔 3°

（1）精细化三维风场。利用三台雷达的扫描观测数据，可以获取高山滑雪中心精细化三维风场，其水平范围约为 2 km×2 km，水平分辨率为 100 m，垂直范围约为地面到 1 000 m 高度，垂直分辨率为 50 m，时间分辨率为 10 min。

（2）三台雷达的风廓线。利用每台雷达的 PPI 扫描观测，可以获取每台雷达的风廓线，其垂直分辨率约为 26 m，时间分辨率为 10 min。

（3）1 950 m 高度处水平二维风场。利用竞技 1 号和竞速 3 号站的 0° 仰角 PPI 扫描观测，可以获取 1 950 m 高度处水平二维风场，其水平分辨率为 100 m，时间分辨率为 10 min。

（4）竞速 6 号和竞速 3 号站斜剖面二维风场。利用竞速 3 号和竞速 6 号站的对扫 RHI 扫描观测，可以获取竞速 6 号和竞速 3 号站连线的斜剖面二维风场，其水平分辨率为 100 m，垂直分辨率为 50 m，时间分辨率为 10 min。

3. 揭示出不同背景风场下海陀山局地环流机理及概念模型

基于上述多源观测数据的分析结果和动力参数的计算，揭示了地形动力、热力和背景风场对海陀山局地环流的影响机理，并提出了不同背景风场下海陀山局地环流概念模型。

在弱背景风场下，海陀山局地环流特征显著，以热力驱动的山谷风环流为主导，并叠加了背景过山气流的影响。而在强西北背景风场下，海陀山局地环流特征消失，整个山谷风向趋于与背景风一致。具体而言：在弱背景风场下，海陀山白天山坡加热快于山谷同高度大气，温差产生水平气压梯度，使得低层大气由山谷流向山坡、山顶，中高层由山坡流向山谷上方；山谷低层形成辐散区，山谷上方大气弥补下沉，激发次级环流；同时下沉升温进一步促进谷风发展；而上游背景气流过山时受其所在高度和风速等多种因素影响，低层气流更容易形成扰流，中高层更易爬坡，形成过山波，使得高海拔山脊处风速增大。在弱背景风场下，夜间山坡和山谷地表辐射冷却，冷空气沿山坡向山谷里汇聚，形成山谷冷池，谷风消失，山风取而代之；在山风的驱动下，山谷上方整层大气由下沉转为弱的上升运动，形成与白天谷风时段相反的次级环流。

在强西北背景风影响下，无论白天或是夜间局地环流特征都消失了，背风槽和湍流将上层动量下传，使得整个山谷风向都转为背景风方向；山谷低层受地形影响，转为偏西气流；而半山腰位于山坳里的站点，其地表风场受地形和湍流共同影响，表现出复杂的风向。

【成果应用成效】

海陀山冬奥观测数据集中的三维精细化风场结构数据，已在冬奥气象综合可视化系统平台实现业务化显示。激光测风雷达高精度风场反演产品等对赛区预报、缆车运行、直升机救援等提供了重要的数据支撑，也为复杂地形下小微尺度风场演变的研究提供了数据支撑。协同观测技术在冬奥会期间应用于延庆赛区高山滑雪中心。

基于数据支撑，进一步形成了海陀山局地环流概念模型的构架，为复杂地形下小微尺度的风场演变研究提供了理论支撑，提高了对复杂地形下天气特征和机理的认知。

【成果代表图片】

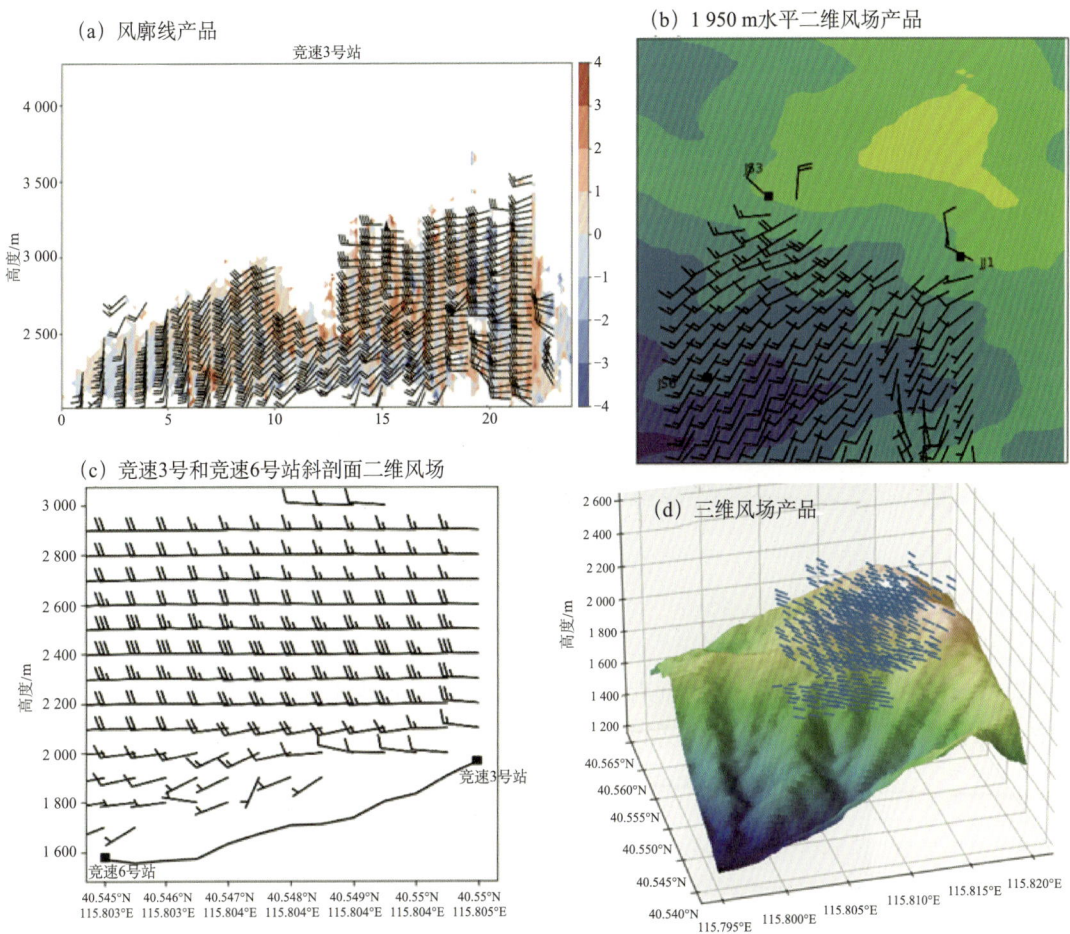

(a) 风廓线产品

(b) 1 950 m 水平二维风场产品

(c) 竞速3号和竞速6号站斜剖面二维风场

(d) 三维风场产品

代表图片1 赛区风场产品

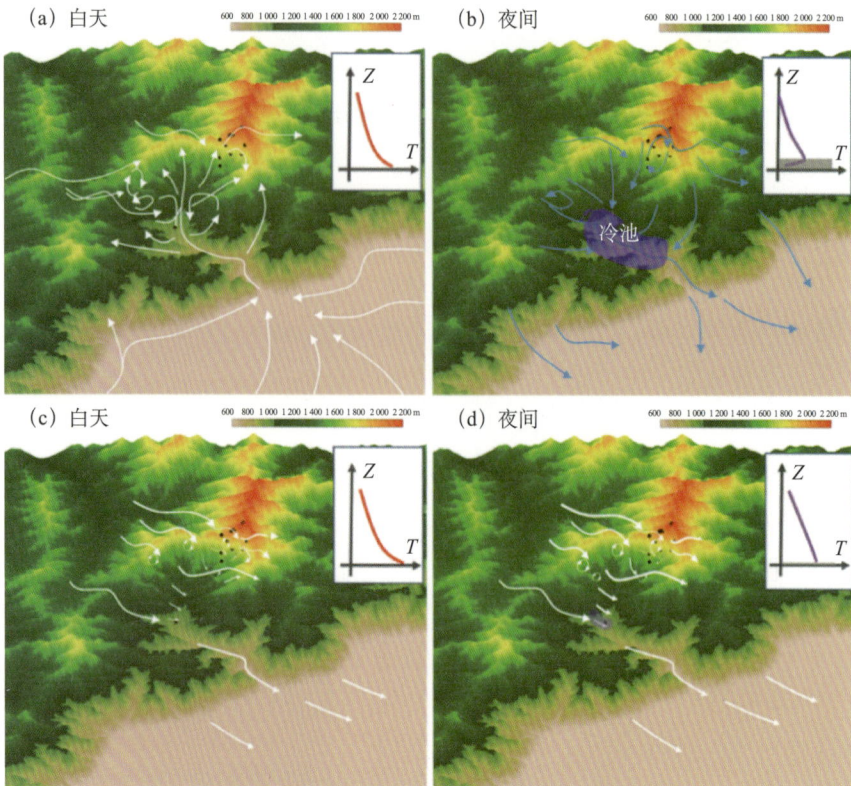

代表图片 2　海陀山局地环流概念示意图
((a)(b)为弱背景风场；(c)(d)为强西北背景风场)

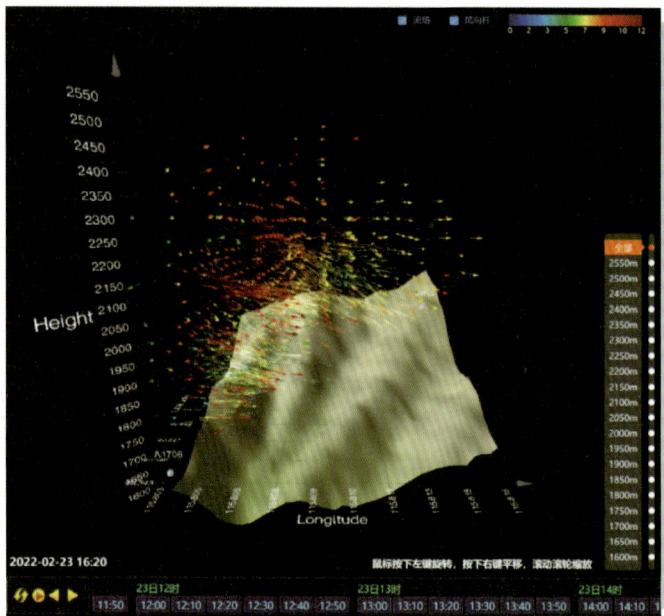

代表图片 3　冬奥气象综合可视化系统业务平台低空精细三维风产品显示

（撰写人：权建农　程志刚　王倩倩　李炬）

3.1.14 基于风廓线雷达径向数据的处理及质控技术

【主要完成单位】中国气象局气象探测中心

【主要贡献人员】赵培涛 李瑞义 徐鸣一 茆佳佳

【来源项目名称】国家重点研发计划"科技冬奥"专项"冬奥赛场精细化三维气象特征观测和分析技术研究"

【成果主要内容】

基于风廓线雷达径向数据的处理及质控，输入为径向数据，输出为风廓线产品。其中质控模块包括波束空间一致性检查、波束时间一致性平均、垂直切变检查以及质量标识和二次曲面检查模块，解决降水及其他杂波对风廓线雷达小时级产品精度的影响。

【成果应用成效】

该技术改进了风廓线雷达基于径向数据的处理及质控算法。算法中新增数据读入格式检查，优化六分钟/半小时/一小时产品数据计算方法，新增二次曲面检查方法，形成风廓线雷达基于径向数据的处理及质控算法，并与改进前对比，经业务数据检验，质量控制效果较质控前标准差（与探空对比）减少12.8%。同时，基于三维变分方法开展了张家口赛区（崇礼）激光雷达三维风场反演方法研究，初步实现了单激光测风雷达三维风场反演方法。

【成果应用展望】

基于风廓线雷达径向数据的处理及质控技术在冬奥会赛事期间的成果应用，不仅为满足北京2022年冬奥会"百米级、分钟级"精细化天气预报需求绘好精密冬奥观测蓝图打下坚实基础，也为运行监控保障平台在杭州亚运会、成都大运会等重大活动气象保障服务的转化应用找准坐标、激活力量。平台目前已获1项软件著作权，相关技术具备转化应用的成熟条件。

【成果代表图片】

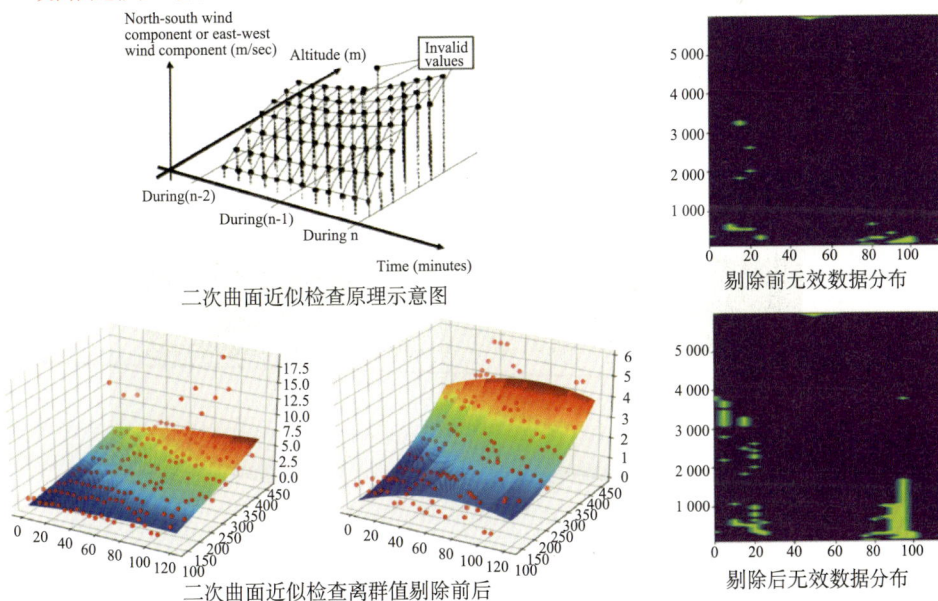

- 二次曲面近似检查算法：剔除多时次空间连续性差的水平风

二次曲面近似检查原理示意图

剔除前无效数据分布

二次曲面近似检查离群值剔除前后

剔除后无效数据分布

代表图片1 二次曲面近似检查算法

（撰写人：李瑞义）

3.1.15　激光雷达在区域精细化气象观测中的应用

【主要完成单位】北京敏视达雷达有限公司

【主要贡献人员】舒仕江

【来源项目名称】自研项目"小型测风激光雷达研制"

【成果主要内容】

冬奥滑雪场地地形复杂多变，风受地形的影响很大，存在严重的地形风切变，比赛场地周边风场的实时监测对保障比赛安全和运动员水平正常发挥具有重要意义。激光测风雷达具有测量精度高、机动性能好、时空分辨率高、易维护的特点，因此是此类重大活动气象保障的有力工具。

2018 年冬季以来，北京敏视达雷达有限公司为冬奥会气象服务累计安装了 17 台激光测风雷达，用于张家口赛区（崇礼）及其周边精细化三维气象特征和分析技术研究试验。2021 年 10 月，再次提供 5 台激光测风雷达分别部署在云顶雪场、跳台、飞鸟酒店、太子城和万龙酒店 5 个气象站点，实现了对冬奥会崇礼核心赛区的全覆盖，用于实时监测赛时场地周边风场；北京 2022 年冬奥会期间，在云顶雪场和跳台中心核心区安装了 5 台扫描式激光测风雷达，探测三维精细化风场，为滑雪比赛安全进行提供了有力保障。

【成果应用成效】

自 2015 年北京冬奥会申办成功以来，北京敏视达雷达有限公司根据冬奥会赛事特点和重点关注的风场问题，开展了激光测风雷达工程化应用攻关。开发了可三维扫描 10 km 范围的多普勒激光测风雷达，垂直扫描高度 1.5 km 并可扩展至 3 km 的脉冲风廓线激光雷达以及适合于场馆内应用的 200 m 低空连续波风廓线激光雷达。这三种系统的关键核心技术以及整体系统技术完全由北京敏视达雷达有限公司自主开发完成，对系统拥有完全知识产权，取得 1 项发明专利、2 项实用新型专利和 1 项软件著作权。

在赛事保障中，激光测风雷达的加入使得赛场局部区域的风场得到有效探测，为气象保障更好地服务此次冬奥会，在我国中纬度山区实现"超精细复杂山地三维、秒级、多要素"冬奥气象综合立体探测，为气象预报实现"百米级、分钟级"预报能力发挥了关键作用，在中央电视台及相关专业媒体等进行了宣传报道并得到气象行业专家认可。在赛事保障期间，上述三种设备均实现了 7×24 h 无人值守免维护运行，赛事期间零故障，优异地完成保障任务。

北京敏视达雷达有限公司激光测风雷达团队通过冬奥气象观测应用，在相关多普勒雷达系统设计、信号处理、系统控制、标定标校、数据反演算法、气象数据处理等方面积累了丰富的经验，同时也证明了激光雷达在滑雪等对风场探测实时性要求很强的应用场合具有不可替代性。

【成果应用展望】

北京敏视达雷达有限公司研发的激光测风雷达具有功耗低、体积小、无辐射、低维护，以及风场可分钟级甚至秒级探测等特点，应用前景广泛。量程 10 km 的三维扫描多普勒激光测风雷达可用于重大活动保障服务、区域强对流风场监测、城市区域气象风场遥测、部分景区气象风场监测（特别是山间风等）、具有中低空活动需求的气象风场监测预警、机场风切变监测、移动式临时应急气象风场监测保障。1.5 km 脉冲风廓线激光雷达（可扩展至 3 km）

可推广作为对流层微波风廓线组件以改善底端数据质量、单独布点并组网的气象低空垂直风场监测、城市内部重要点位垂直风场监测、风电场风场监测。200 m 连续波风廓线激光雷达可推广用于重大活动场馆内低盲区风场监测、5～200 m 范围低盲区精细化监测需求的低空飞行或高空作业需求的风场监测、风电场风场监测。

【成果代表图片】

代表图片 1 张家口赛区（崇礼）跳台激光测风雷达

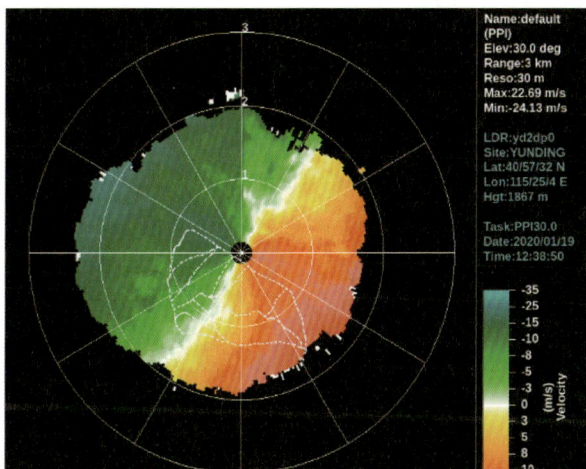

代表图片 2 崇礼云顶雪场激光雷达单站风场反演

（撰写人：舒仕江）

3.1.16 基于北京多波段双偏振雷达组网的冬季天气监测应用

【第一完成单位】北京城市气象研究院

【主要参与单位】北京市气象探测中心；北京市人工影响天气中心

【主要贡献人员】马建立 李思腾 罗丽 陈羿辰 王辉

【来源项目名称】国家重点研发计划"科技冬奥"专项"冬奥会气象条件预测保障关键技术"

【成果主要内容】

1. 北京地区偏振雷达组网及质控

北京地区有 13 部偏振雷达开展冬奥会期间降雪相态的监测，其中 X 波段偏振雷达有 11 部，S 波段偏振雷达有 2 部。在开展冬奥会期间降水相态识别前，需要对 S、X 波段偏振雷达开展雷达数据质控，然后对不同波段雷达数据进行融合，得到融合后的组网数据，在此基础上，通过模糊逻辑方法得到冬奥会期间降水相态产品，通过风场反演得到高精度风场数据。数据质控对后续冬奥降水相态的识别非常重要，对比质控前后的效果可知，质控后数据质量得到了明显的改善。

2. 研发基于北京偏振雷达组网的冬奥降水相态反演技术

北京冬季很少出现冰雹、大雨等降水天气过程，主要以降雪为主，但偶尔会出现雨、雨夹雪等天气过程，但不论是下雪，还是下雨，在空中都会有冰晶向雨和雪转化的过程，因此，利用雷达识别降水粒子类型时，应该有冰晶这种分类。将冬季降水粒子相态分为雨、雨夹雪、雪、冰晶四种类型，再加上地物和晴空回波两类，一共将雷达探测的回波分为六类。北京冬季降水粒子相态区分方法采用模糊逻辑方法，模糊逻辑法识别降水粒子相态，模糊逻辑方法包括四个过程：模糊化、规则推断、集成、退模糊。从已知的降雪天气过程，统计分析偏振参量参量反射率（Z）、差分反射率（ZDR）、协相关系数（CC 或者 ρhv）、差分传播相移（ΦDP）以及其对应的反射率纹理（SdZ）、差分反射率纹理（SdZDR）、协相关系数纹理（SdCC）、差分传播相移纹理（SdΦDP）信息，看各个参量对相态区分哪个更为有效。纹理计算方法如下：

$$Sd(x) = \sqrt{(x_i - \bar{x})^2 / N}$$

式中，x 表示观测参量；x_i 表示某距离库观测参量值；$\bar{x}$ 表示相邻 N 个距离库参量 x_i 平均值；N 表示选取的径向距离库数，本项目中 $N=7$，表示选取 7 个径向距离库计算纹理。利用已知天气过程，得到雪特征参量、地物特征参量、雨夹雪特征参量、冰晶特征参量、雨特征参量、晴空回波特征参量等不同相态回波对应偏振参量及其纹理统计分布特征。通过不同类型回波统计分布特征，从而得到 T 函数的边界分布，利用模糊逻辑方法，即可得到冬季降水粒子相态。

由于单雷达不能有效覆盖整个北京范围，需要将北京多个 X 波段雷达组网，从而扩大冬季降雪相态监测范围，多个雷达共同覆盖的区域，采用多雷达混合组网方式（MPPI），选雷达探测高度最低的值投影到地面，构成新的雷达产品，形成 MPPI 数据，包括 MPPI-Z，MPPI-ZDR，MPPI-ρhv，MPPI-Kdp，基于该 4 个参量，采用模糊逻辑方法得到 MPPI-Phase。由于地物和雨夹雪相关系数 ρhv 都比较小，模糊逻辑方法也很难有效区分地物和雨夹雪。当地物和气象回波夹杂在一起时，地物不能 100% 去除，会有残留，因此，这种情况下引入温度来帮助判断是地物还是雨夹雪就很有必要，当温度 $T < 0$、ρhv 小（通常 $\rho hv < 0.9$）时，显然不可能是雨夹雪，应该判断该点为地物。为此引入睿思模式温度分析场数据，再次和其他参量一起采用共同判断降雪相态。从降水粒子相态识别结果的三维分布中可清晰看出雨、雪的三维空间分布特征。

3. 研发基于北京偏振雷达组网的高精度风场反演技术

（1）雷达反演风场的有效扫描夹角。当雷达网络的结构确定后，每部雷达之间的距离也会对雷达的探测效果产生不同的影响。当2部雷达对探测区域进行风场反演时，对雷达的共同观测区域进行格点化。在反演时，最理想的情况是共同观测网格点雷达的径向扫描线夹角=90°，但满足条件的点非常少，无法满足实际情况。当夹角＜40°或＞140°时，风场反演的精度较低，与实际情况相差较大，当夹角的范围满足40°～130°时，对结果的影响较小，反演效果较好。所以当夹角的范围满足40°～130°时，该格点认为是有效风场反演区域。同理，3部雷达共同观测时风场反演的有效区域夹角的范围同样满足40°～130°。

（2）风场反演有效面积模拟。对等边三角形模型进行模拟，假定雷达探测距离（150 km），再假定雷达之间的距离（100 km），这时有三种情况，第一种情况为3个雷达扫描夹角都满足40°～130°，第二种情况为任意2个夹角满足要求，第三种情况为只有1个夹角满足要求。

（3）北京X波段雷达网的风场反演有效概率模拟。对北京7部X波段雷达组成进行风场反演有效概率模拟，考虑每3部雷达进行风场反演，则有总共35种不同的组合，每种组合都需要考虑，并且一些地区会有多部雷达同时覆盖的情况，会出现不同的雷达组合方式。首先对3个夹角都符合的情况进行模拟，分别模拟雷达探测距离为75 km、100 km、150 km三种情况；对任意2个夹角符合的情况进行模拟，分别模拟雷达探测距离为75 km、100 km、150 km三种情况；对任意1个夹角符合的情况进行模拟，分别模拟雷达探测距离为75 km、100 km、150 km三种情况；以雷达探测距离为75 km为基础，对多重覆盖情况进行分析。

由于北京参与组网的X波段偏振雷达最大可探测速度为15 m/s，速度偏小，雷达探测的径向速度一定存在速度模糊现象，需要开展速度退模糊，否则，利用雷达反演的高精度风场将不准确，不能有效反映天气过程动力结构。通过上述风场反演技术，得到高精度风场反演示例，利用北京大风进行了风场反演试验。例如，利用北京X波段雷达对北京通州地区大风进行了三维风场反演，个例选取20∶48的数据，高度为1 km，水平分辨率为100 m，范围为20 km×20 km。参与反演的雷达位于密云、怀柔、门头沟、通州，每次反演有3部雷达参与，得到了性能较好的风场反演结果。

【成果应用成效】

通过对冬奥降水相态关键技术的突破，研发了"北京冬奥会多波段双偏振雷达监测数据应用系统"，该系统在冬奥会期间实现对主要降雪天气过程降水相态的监测，监测识别结果基本与地面观测结果一致。

基于北京偏振雷达组网的高精度风场反演方法集成到"北京冬奥会多波段双偏振雷达监测数据应用系统"中，在冬奥会中得到了实际应用。例如，通过2022年2月13日降雪天气过程风场反演结果可以看出不同高度层风场存在明显差异，为此次降雪天气过程临近预报提供了很好的技术支撑。

【成果应用展望】

在后冬奥时代，基于雷达组网产品降水相态和高精度风场反演技术及相关产品仍可以在北京地区发挥重要的应用效果。

【成果代表图片】

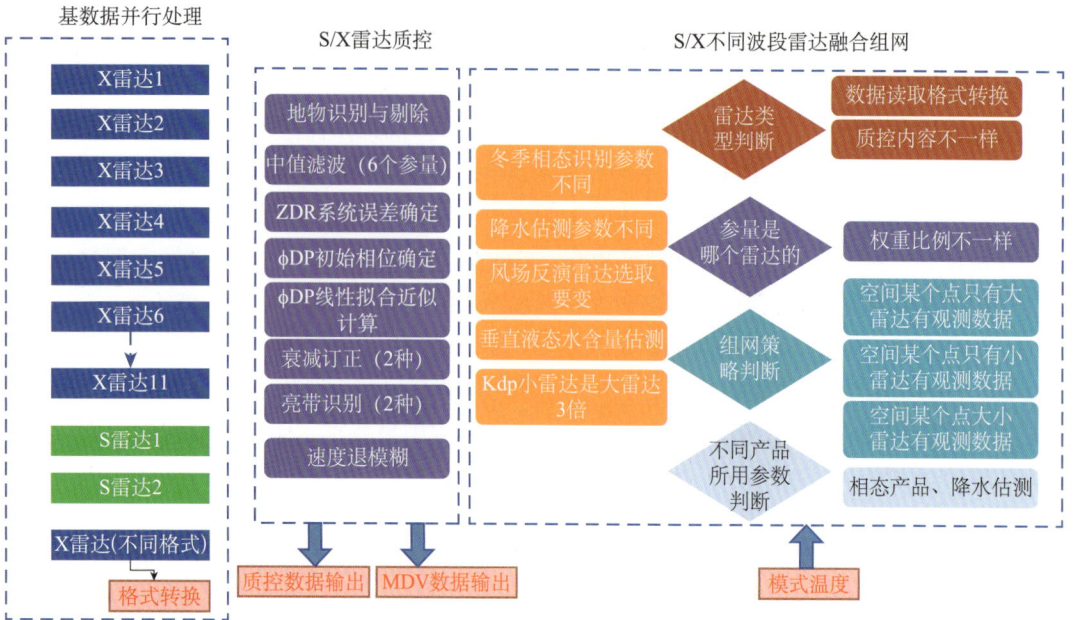

基数据并行处理

| X雷达1 |
| X雷达2 |
| X雷达3 |
| X雷达4 |
| X雷达5 |
| X雷达6 |
| X雷达11 |
| S雷达1 |
| S雷达2 |

X雷达(不同格式)

格式转换

S/X雷达质控

地物识别与剔除

中值滤波（6个参量）

ZDR系统误差确定

φDP初始相位确定

φDP线性拟合近似计算

衰减订正（2种）

亮带识别（2种）

速度退模糊

质控数据输出　MDV数据输出

S/X不同波段雷达融合组网

冬季相态识别参数不同

降水估测参数不同

风场反演雷达选取要变

垂直液态水含量估测

Kdp小雷达是大雷达3倍

雷达类型判断　数据读取格式转换　质控内容不一样

参量是哪个雷达的　权重比例不一样

组网策略判断　空间某个点只有大雷达有观测数据　空间某个点只有小雷达有观测数据　空间某个点大小雷达有观测数据

不同产品所用参数判断　相态产品、降水估测

模式温度

代表图片 1　基于北京偏振雷达组网的冬奥降水相态和高精度风场反演技术结构图

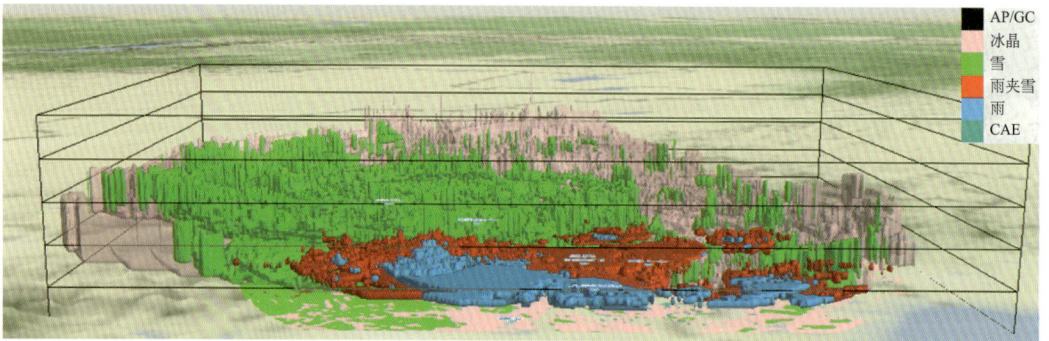

代表图片 2　2021 年 11 月 6 日 19:30 降水相态的三维分布

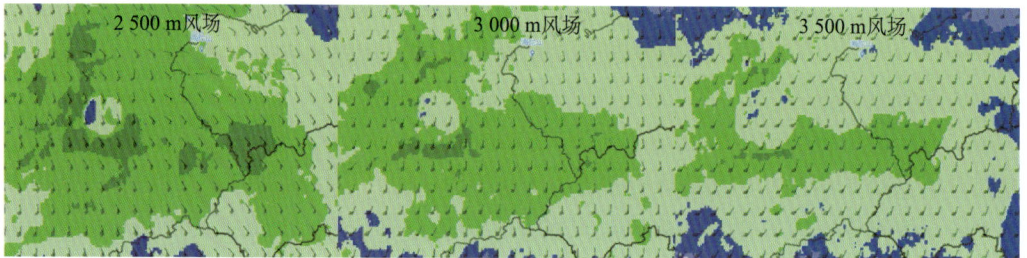

2 500 m风场　　　3 000 m风场　　　3 500 m风场

代表图片 3　2022 年 2 月 13 日降雪天气过程高精度风场反演结果

（撰写人：马建立　李思腾）

3.1.17　双偏振天气雷达高海拔极寒天气下的应用

【第一完成单位】北京敏视达雷达有限公司

【主要参与单位】北京市气象探测中心；中国气象局气象探测中心

【主要贡献人员】刘杨　杜云东　王栋　张治国

【来源项目名称】自研项目"双偏振雷达应用"

【成果主要内容】

海陀山天气雷达在北京 2022 年冬奥会和冬残奥会的天气过程观测和服务中发挥了明显的作用。该雷达系统是一部双偏振多普勒天气雷达，是一个探测、处理、分配并显示雷达天气数据的综合系统，它应用双偏振和多普勒雷达技术来获取天气目标回波的距离、方位、反射率、径向速度、差分反射率、差分传播相移等信息，通过控制软件来全自动控制雷达工作，生成双偏振雷达探测基本天气数据（以下简称"基数据"），然后利用气象算法对获得的基数据进行处理，生成基本的天气产品和多种导出的天气产品，并通过一定的图像处理显示给最终用户。

该雷达系统在获取传统单偏振雷达探测可得到的基本反射率（dBZ）、径向速度（V）和速度谱宽（W）数据的同时，可获取更多的偏振量，主要有差分反射率（ZDR）、差分传播相移（ΦDP）、差分传播相移率（KDP）和协相关系数（CC 或者 ρHV）。

同单偏振天气雷达相比，该雷达系统具有明显的技术优势如下：

（1）具有区分不同雷达回波类型和降水类型的独有功能；

（2）更好的降水估计；

（3）提高了整体数据质量（不受衰减、部分波束拥塞、雷达校准误差、非气象回波污染的影响）；

（4）极大地增加了降水微物理结构反演的可能性，提高了降水微物理结构和热力学中尺度数值模型的参数化。

该系统具有完备的参数监测和报警功能，这些报警信息能够通过标准输出控制器直接通过短信的方式发送到雷达机务人员的手机，使雷达机务人员能够随时掌握雷达运行状况和故障报警情况。

雷达产品生成设备（RPG）使用算法处理雷达数据采集单元（RDA）获取的基数据，生成各种天气产品，并通过 RPG 的控制界面来控制系统。主用户处理设备（PUP）是雷达系统用户操作平台，可将 RPG 生成的气象产品格式化、图形化，为冬奥会赛事期间气象服务提供了丰富及时的气象产品。

【成果应用成效】

在北京 2022 年冬奥会和冬残奥会期间，海陀山天气雷达无故障运行 1 440 h，在 2 月 17 日和 3 月 11 日两次重大天气过程中，海陀山天气雷达发挥了非常重要的作用，为北京冬奥会延庆赛区的高山滑雪赛事提供了非常准确和及时的气象预报服务，受到了北京冬奥组委的好评和肯定。

在保障北京冬奥会和冬残奥会期间，海陀山雷达运行稳定、参数可靠，提供的回波数据质量非常高。

【成果应用展望】

北京敏视达雷达有限公司的双偏振天气雷达在北京 2022 年冬奥会和冬残奥会期间发挥了非常好的作用，也经受住了在高寒、高海拔气候条件下的考验。

实践证明，该产品能够在天气过程的准确预报中发挥重大作用，能够在各种复杂气候条件下工作，能够在我国的气象预报服务中充当重要角色，能够为保障工农业生产过程中减少灾害天气带来的损失而发挥重大的经济和社会效益。

【成果代表图片】

代表图片 1   海陀山双偏振天气雷达的外观（天线罩是定制式的特殊设计）

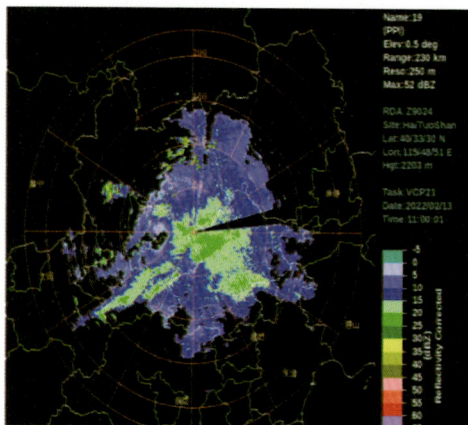

代表图片 2   北京冬奥会期间（2022 年 2 月 13 日 11 时）海陀山天气雷达 0.5° 仰角 19 号产品图

（撰写人：刘杨）

3.1.18   双偏振雷达在降雪天气中的应用研究

【第一完成单位】河北省气象台
【主要参与单位】河北省气象服务中心；张家口市气象局
【主要贡献人员】李宗涛 石文伯 刘昊野 张晓瑞

【来源项目名称】中国气象局创新发展专项"双偏振雷达在降雪天气中的应用研究"

【成果主要内容】

（1）搜集整理了2019年冬季康保双偏振雷达资料，建立双偏振雷达及冬季降水实况数据集，分析总结冬季降雪的雷达回波特征：回波强度较弱，反射率因子值低于35 dBZ，大部分差分反射率（ZDR）小于1 dBZ（康保雷达差分反射率比较杂乱，这与雷达的观测质量有关）。除了回波边缘以及雷达附近的地物杂波外，相关系数较高，接近于1。KDP一般很小，表明回波中的液态水较少，在降雪分析研究中应用较少。此外，降雪回波高度低，一般降雪往往只能在最低仰角观测到，对于弱降雪过程甚至捕捉不到。

（2）归纳了冬季降水相态转换和强降雪天气的雷达特征。雨转雪过程的一个重要特征就是0℃层亮带（融化层）的下降并接地消失。项目共梳理了两次雨转雪降水过程，0℃层亮带反射率的强度为30～40 dBZ，与反射率的亮带类似，ZDR也有一个增强层，但高度略低于反射率的亮带。在融化层的相关系数（CC）相对较小，为0.8～0.95，由于CC是米散射的随机散射相位差造成水平与垂直偏振回波相关性变差造成的，与降水粒子数量无关，所以亮带要更为规则完整。超过1 mm/h的降雪雷达均对应明显的西南或者偏南气流，小时反射率因子强度中位数大于15 dBZ。此外，由于冬奥会赛场地形的复杂性，西北气流受地形抬升是造成云顶和古杨树场馆群降雪差异的重要原因，当中低层西南气流与底层西北气流交汇时云顶场馆群降雪会明显增强，两个场馆群差异最大。

（3）研发了基于双偏振雷达的降雪定量估测和雪深客观估测方法，实现了在冬奥气象服务中的业务应用。

降雪定量估测：首先利用Python雷达库实现天气雷达基数据的读入和解析；然后利用气象回波以及非气象回波在相关系数（CC）分布的不同，实现地物杂波的剔除；依靠反射率因子、相关系数、差分反射率因子、差分传播相移率并融合了微波辐射计反演的温度廓线，采用科罗拉多州立大学模糊逻辑算法，实现了回波的水凝物的识别；对于纯雪的情况，反射率因子和降雪量有较好的对应关系，可直接利用Z-R关系输出降雪QPE产品。

雪深客观估测：湿雪和干雪差分反射率分布有较大差异，一般干雪的ZDR为0.2～0.3 dBZ，湿雪的ZDR为2～3 dBZ。利用湿雪和干雪差分反射率因子的不同，结合2018—2021年冬奥会赛场雪深观测结果，在水凝物分类的基础上，分别拟合了湿雪和干雪的雪量和新增积雪深度的对应关系，实现了新增积雪深度的估测。

【成果应用成效】

（1）开发的冬奥会赛场雷达显示系统，可实时显示康保双偏振雷达各类产品。在冬奥会和冬残奥会气象保障服务中，特别是为2022年2月13日竞赛日程变更发挥了重要作用。

（2）依托项目研究成果，建立了冬奥会张家口赛区"地形降雪"概念模型，为气象预报员预报保障提供了支撑。

【成果应用展望】

在国内外研究基础上应用双偏振雷达资料改进降雪定量估测的效果，研发了基于双偏振雷达雪深定量估测客观产品。提升了天气预报员对双偏振雷达的了解和认识，弥补了对新资料"不会用、不能用"的不足。建立的基于双偏振雷达的水凝物、降雪强度的客观估测方法，极大提升了冬季混合相态及降雪天气的短临预报能力。

【成果代表图片】

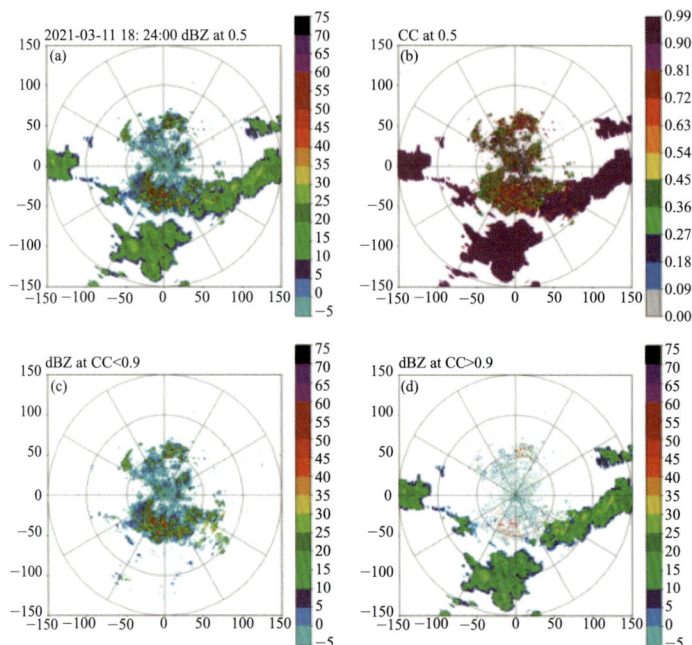

代表图片 1　仅应用零滞后相关系数区分降雪和非降雪回波具有良好的效果

（对于纯雪个例，采用 CC ＞ 0.9 进行地物杂波的去除；对于雨雪转换个例，采用 CC ＞ 0.8 进行滤波效果更好。（a）原始雷达图反射率因子；（b）零滞后相关系数；（c）非气象回波；（d）气象回波）

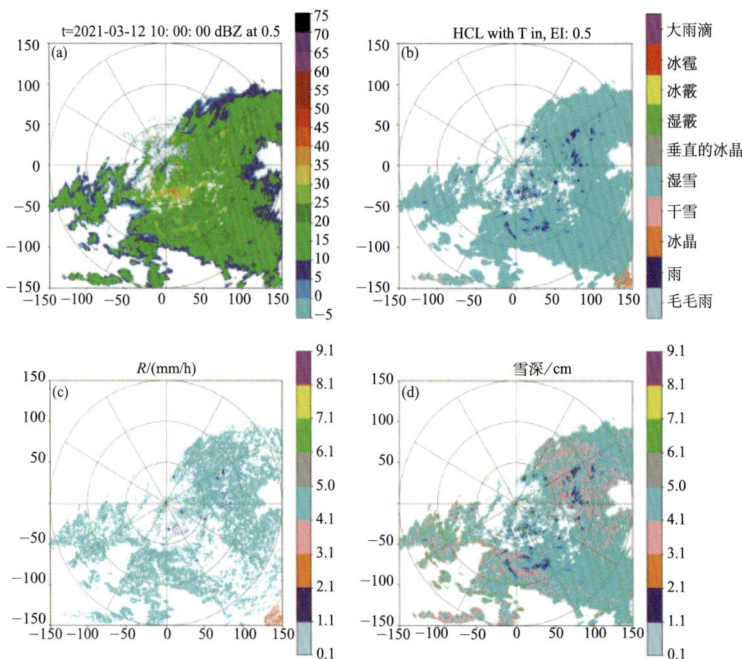

代表图片 2　双偏振雷达主要输出的四类产品

（（a）地物杂波剔除之后的反射率因子产品；（b）融合温度廓线的水凝物识别产品；（c）降雪的定量估测产品；（d）新增积雪深度估测产品）

（撰写人：李宗涛）

3.1.19 冬奥赛场观测运行监控平台（WOSOM）

【第一完成单位】中国气象局气象探测中心

【主要参与单位】河北省气象信息中心；河北省气象技术装备中心；北京市气象探测中心

【主要贡献人员】赵培涛 徐鸣一 秦世广 李巍 严国威 曹婷婷 赵晨曦

【来源项目名称】国家重点研发计划"科技冬奥"专项"冬奥赛场精细化三维气象特征观测和分析技术研究"

【成果主要内容】

通过关键技术研发、测试应用和改进优化，建立适用于冬奥会赛事服务需求的气象观测装备运行监控平台系统 WOSOM（Winter Olympics Observing System Operations and Monitoring），实现赛事地区观测装备运行信息全覆盖监控，集成实时监控和维修远程在线指导功能，构建统一规范的标准化监控平台，实现冬奥综合气象观测全网装备运行质量的信息化管理，形成集运行、应用和管理为一体的集约化、信息化的冬奥赛场观测运行监控平台，为赛事气象服务提供精准、可靠的气象观测数据，全力支持冬奥会气象保障服务。并完成了 WOSOM 手机 APP 端的开发与测试，支持台站发生故障时实时进行手机消息提醒，为气象保障人员提供移动办公的能力。

【成果应用成效】

冬奥测试赛期间，WOSOM 部署在河北省气象局服务器上并实时运行。基于此，气象保障人员可以实时监控赛场周边 203 个自动气象站（其中包括核心站 35 个、周边 7 要素站 70 个、交通气象站 45 个、航空气象站 4 个、雪务站 15 个、科技实验站 34 个）、9 台激光测风雷达和 5 台微波辐射计的观测数据到报情况和设备运行状态，对于发生故障的设备，还能进一步展示发生故障的子系统 / 部件等，同时可对每个台站的维护维修保障工作实现信息化管理，有力保障了测试赛期间观测设备的稳定运行。测试赛后针对实际赛事保障服务的需求，增加了统计评估功能，可以对站点的运行状态、到报情况等进行数据统计，并一键生成报表。

【成果应用展望】

冬奥赛场观测运行监控平台 WOSOM 在冬奥会赛事期间的成果应用，不仅为满足北京 2022 年冬奥会"百米级、分钟级"精细化天气预报需求绘好精密冬奥观测蓝图打下坚实基础，也为运行监控保障平台在杭州亚运会、成都大运会等重大活动气象保障服务的转化应用找准坐标、激活力量。平台目前已获 3 项发明专利和 5 项软件著作权，相关技术具备转化应用的成熟条件。

【成果代表图片】

代表图片 1 WOSOM 平台界面

代表图片 2　WOSOM 手机 APP 端界面

（撰写人：徐鸣一）

3.1.20　风云四号 B 星敏捷观测与快速服务技术

【第一完成单位】国家卫星气象中心

【主要参与单位】北京华云星地通科技有限公司

【主要贡献人员】魏彩英　陆风　张晓虎　杨磊　赵现纲　孙安来　商建　王静　韩琦
谢利子　徐娜　林曼筠　范存群　卫兰　陈博洋　漆成莉　王志伟　曹赟　康宁　郭强　彭艺　陈林
曹广真　郑照军　刘辉　董立新　李博　白文广　白一泓　寿亦萱　闫欢欢　张艳　张宇　肖萌　国鹏

【来源项目名称】"风云四号 02 批气象卫星地面应用系统工程"应用先行计划"快速成像仪几何产品准备及风场测量雷达定位关键技术研究"

【成果主要内容】

针对冬奥气象服务特点，研发 FY-4B 仪器高时效观测与数据处理业务系统，并建立专家交流机制。对 FY-4B 新卫星、新仪器与各级产品进行边测试边应用，形成了在冬奥气象服务中探索、从产品改进研发到应用服务的一系列成果。主要内容如下：FY-4B 卫星搭载的快速成像仪在国内首次实现静止轨道 250 m 空间分辨率、1 min 频次 2 000 km×1 800 km 区域的 24 h 连续灵活观测，为气象预报员提供 250 m 全色通道图像产品、250 m 空间分辨率的真彩色合成图像和 2 km 分辨率的夜间观测图像，为气象精密监测与精确预报提供支撑资料。

（1）FY-4B 卫星快速成像仪观测业务系统

冬奥会期间，快速成像仪每日规划任务约 950 个、发送测控指令约 6 000 条、每分钟约向卫星发送 4 条指令。快速成像仪观测业务设计了可靠的测控流程，并制定了测控及卫星异常时的快速恢复流程，实现了稳定可靠的业务测控。多技术系统联合规划了快速成像仪 36 个灵活加密观测区域，确保了冬奥会和冬残奥会气象保障服务期间加密观测任务的顺利实施。

（2）FY-4B 仪器辐射定标、定位与配准系统

为了保证仪器多通道观测数据联合生成定量产品时不引入误差，不仅要求遥感数据的绝对地理定位非常精确，不同通道遥感数据间的配准也必须达到非常高的精度；在多轮测试、

反复确认的基础上，于 2022 年 1 月 15 日紧急响应观测需求，更新了 FY-4B 成像仪与快速成像仪的通道间配准参数；并于 1 月 24 日开展了快速成像仪定位程序优化，进一步提升定位精度。

在辐射定标方面，针对快速成像仪与成像仪开展了一系列优化处理：基于场地定标与交叉定标数据，对快速成像仪通道 1～6 的定标系数进行了更新，有效保障了定标精度；改进了成像仪定标算法，解决了 L1 产品 0.65 μm 和 2.225 μm 可见近红外通道条纹问题，有效改善了成像仪 L1 图像质量。以上预处理工作为北京 2022 年冬奥会和冬残奥会提供 24 h 高质量气象保障奠定了基础。

（3）FY-4B 新产品

针对冬奥会赛区的观测需求，优化了 FY-4B 产品真彩图融合方案，研发了多通道融合夜间雾监测和可见－红外融合对流监测等图像产品。研发了 FY-4B 快速成像仪云图动画显示平台，优化了平台显示时效、流程等，为冬奥会和冬残奥会提供监测服务。

（4）云图超分加密

超分和加密基于深度学习算法，以提升 FY-4 云图时间和空间分辨率为目标。在云图超分方面，基于多源数据融合学习的空间超分辨率处理，采用多星、多传感器、多通道数据构建样本集进行融合学习，采用二维三次多项式插值算法、基于机器学习的多项式回归算法、基于深度学习的拉普拉斯金字塔超分辨率网络等算法进行了反复训练和效果评估，目前采用基于深度学习的 EDSR 算法，在图形处理器（GPU）集群实现了业务化的云图空间超分辨率处理，具备将 4 km 云图分辨率提升到 1 km，以及将 2 km 云图分辨率提升到 250 m 的能力。在云图加密方面，原有的成像仪全圆盘产品时间分辨率为 15 min，快速成像仪时间分辨率 1 min，但间隔不均匀。为将成像仪全圆盘云图加密至 1 min 时间分辨率，以及将快速成像仪云图从每天 950 次补齐到 1 440 次，采用相应通道数据构建样本集，采用深度网络光流估计算法、基于 U 形神经网络的时空三维卷积等算法进行了反复训练和效果评估，采用基于深度学习的视频插帧算法，在 GPU 集群实现了业务化的云图时间超分辨率处理。

（5）融合可见光产品

为了向气象预报员提供昼夜不间断的可见光云图，基于深度学习模拟全天可见光产品。采用成像仪和快速成像仪的可见光与红外通道构建样本集，采用基于条件生成对抗网络的高分辨率图像合成及语义处理算法进行模型训练，实现高分辨率图像翻译，对于生成的模拟可见光产品，在晨昏时刻基于太阳天顶角与真实可见光云图进行融合，在 GPU 集群实现模拟全天可见光产品生成。在冬奥会气象服务期间向国家气象信息中心发送可见光和红外产品文件 30 165 个，服务数据量 1 767.48 GB，并通过风云直播平台提供 24 h 的可见光云图服务。

（6）云图视频直播

FY-4B 快速成像仪 1 min 时间分辨率的观测对于识别中小尺度天气系统、提高短临预报准确性有重要作用；为了更好地发挥这种观测能力，将快速成像仪产品及时提供给用户，要对快速成像仪云图实现分钟级的产品发布。在技术方面解决两个难题：一是大数据量的产品发送。快速成像仪云图空间分辨率高达 250 m，单个图像数据量为 24 MB，每小时约 1.4 GB，

为了提高播放流畅程度，采用基于高效率视频编码（H265）的帧间预测压缩和帧内低损压缩技术，在维持肉眼观看清晰度的情况下，节省了 90% 以上的传输流量，使用户端的原分辨率动画播放成为可能。二是发布时效。快速成像仪的分钟级观测结果需要在 1 min 内完成发布，为了确保处理时效，采用基于消息的流式处理、基于 GPU 集群的并行处理等手段，在原图送达数据服务系统后平均 40 s 左右实现视频流发布。另外，为了在客户端实现用户无感知的更新，采用基于 WebSocket 持久连接的刷新机制和基于动态索引的播放算法，满足了用户观看实况直播和精准点播的要求。冬奥会气象服务期间，为指挥平台提供基于消息实时更新发布的可见光视频流、红外视频流和真彩视频流产品，服务文件 98 775 个，数据量 2 903 GB。

【成果应用成效】

冬奥会气象保障服务期间，FY-4B 卫星快速成像仪观测业务系统稳定运行，实现了对快速成像仪的任务规划、载荷测控、地面系统运行调度，在此期间快速成像仪共完成 57 414 个任务，发送 252 104 条测控指令，获取 35 803 幅北京区域云图，成功率 100%，有效地保障了卫星观测数据的稳定获取。

更新通道间配准参数后，快速成像仪东西配准精度从 29 µrad 提升到 10 µrad 以内，南北从 50 µrad 提升到 10 µrad 以内，伪彩色图像的异常条纹得到明显改善；2022 年 1 月 15 日将测算的最优通道间配准参数应用于业务系统中，确保了快速成像仪图像在冬奥会气象服务中获得良好应用；定位程序优化后，定位精度得到明显提高，满足指标要求。快速成像仪通道 1～6 的定标系数更新后，有效保障了定标精度；成像仪定标算法改进和条纹订正算法研发，极大改善了图像产品质量。

基于 FY-4B 辐射定标产品，结合 FY-4A 相关数据，所开发的风云卫星遥感专题产品为冬奥会和冬残奥会开幕式、赛事举行及闭幕式期间的天气、大气和下垫面特征等的时空变化信息进行了高质量和高时效的观测，为开、闭幕式天气会商和赛事期间天气的监测提供了强有力的可靠支撑。

【成果应用展望】

建设的 FY-4B 遥感仪器观测业务系统稳定可靠，是实现观测服务的基础。在后续建设中，还将在此基础上建设用户直接进行操作控制的观测系统，特定用户通过简单操作，即可在 15 min 内控制卫星开始对用户选定区域进行敏捷观测，实现对热点事件的快速响应追踪。

冬奥会气象服务期间持续优化完善的快速成像仪与成像仪辐射定标、定位与配准质量提升与产品算法质量提升工作，可以继续高质量服务于未来的专项和重要活动保障，也为其他仪器的卫星产品应用服务打下更好的基础，使得各级产品质量得到持续提升。

风云卫星遥感产品服务于区域尺度天气和环境监测有得天独厚的优势，在北京冬奥会和冬残奥会气象保障服务中发挥了重要的支撑作用。研发的云图超分加密技术、融合可见光产品生成技术、大数据量与高时效云图视频直播技术，成为冬奥会和冬残奥会保障中的亮点工作。基于所积累的服务经验和技术成果，继续对相关风云卫星产品精度和新技术进行优化和验证，争取用到风云卫星业务产品生产和改进工作中，以更好地支撑汛期、杭州亚运会和成都大运会等的服务。

【成果代表图片】

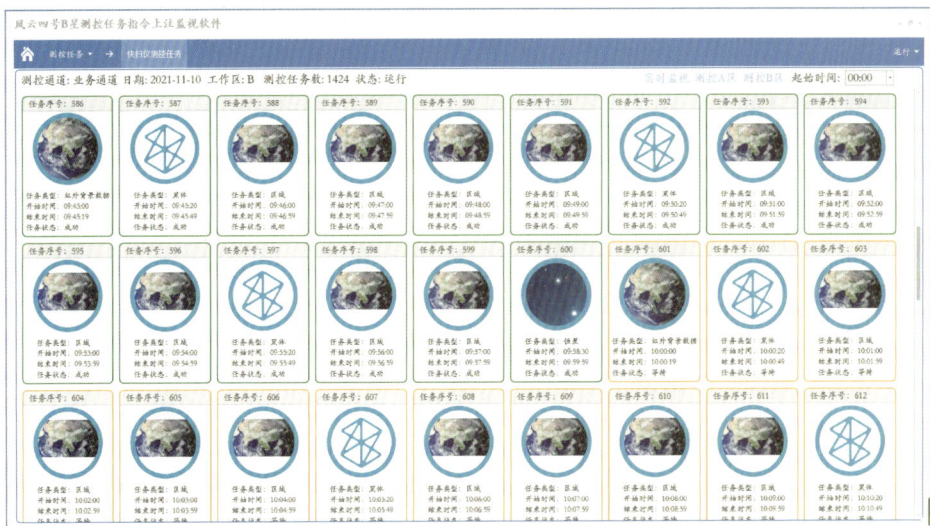

代表图片 1　快速成像仪测控任务监控

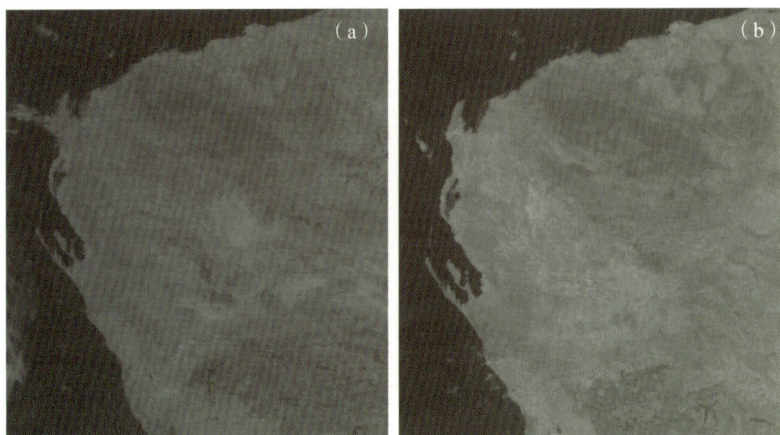

代表图片 2　FY-4B 成像仪通道 6 的 2 km 分辨率图像对比

（(a) 图像条纹明显；(b) 图像条纹得到改善）

（撰写人：韩琦　王静　王志伟　漆成莉　商建　曹广真　张艳）

3.1.21　冬奥风云卫星遥感科技产品

【第一完成单位】国家卫星气象中心

【主要参与单位】北京华云星地通科技有限公司；北京航天绘景科技有限公司

【主要贡献人员】张兴赢　徐娜　曹广真　郑照军　陈林　董立新　白一泓　张晓虎　刘辉 李博　王曦　王圆圆　白文广　寿亦萱　闫欢欢

【来源项目名称】国家重点研发计划"科技冬奥"专项"冬奥赛场精细化三维气象特征 观测和分析技术研究""冬奥高分辨率快速更新短临预报预警技术应用研发"；国家卫星气 象中心科技创新揭榜挂帅项目"风云四号温湿廓线产品与探空数据融合技术""基于风云

三号的冬奥赛场及周边雪面热红外陆表温度产品研发""面向冬奥服务的多源观测融合日雪盖与雪深算法研发";中国气象局 2021 创新发展专项"城市大气及热环境时空动态监测技术"

【成果主要内容】

针对冬奥会气象服务观测区域小、下垫面复杂、时效要求高等特点，国家卫星气象中心开展了针对性的工作，取得了不错的服务效果。首先，梳理出气象预报员有具体需求的温湿度廓线、陆表温度、积雪、沙尘和云相关的 5 大类产品，并针对冬奥会赛场所在的区域以及冬奥会举办的时间段，对相关产品开展针对性的验证和分析，根据所发现的问题，对产品进行及时的改进。另外，制定了专门的冬奥支撑产品规格说明表，供中国气象局遥感应用服务中心和气象预报员使用；参加了针对冬奥会气象预报员的线上培训，对各产品规格、特性、精度、时效及可获取性等气象预报员关心的问题进行具体说明，确保了风云气象卫星业务产品在冬奥会气象服务中的稳定性和可靠性。同时，为了弥补风云气象卫星业务产品在冬奥会气象服务中的不足，积极开展相关科研产品开发，满足服务对产品时空分辨率、时效等方面的需求。主要内容如下。

1. FY-4A 改进云产品

针对冬奥会赛区的观测需求，重点解决了 FY-4A 云检测在华北地区云区判识过多，导致后端的温湿度廓线和陆表产品无法正常发挥效益的问题，有力支撑了后续卫星产品在冬奥会气象服务中的应用。云相态产品表征大气中云顶粒子的热力学相态，是降水相态的重要判识依据。重点检验调整了 FY-4A 云相态产品在华北地区冬季的精度，冬奥会期间，产品在数次冷空气预报服务中被采用。

2. FY-4A 全天候、全空间温度廓线产品

针对 FY-4A 温度廓线只有 5%～10% 的卫星视场完全不受云的影响，不能满足冬奥会气象服务需求的问题，利用双重回归反演方法增加约 30% 的 FY-4A 卫星视场反演产品，为气象预报员和其他产品提供时空连续的大气温度廓线产品。

3. 多源遥感积雪产品

（1）FY-3 MWRI 超分 6.25 km 雪深产品

突破了 FY-3 MWRI 观测数据由 25 km 到 6.25 km 超分数据处理技术。通过更新 10 余种辅助判识模板，将既有 25 km 的 FY-3 MWRI 积雪产品算法移植到 6.25 km 超分数据上，以中国区域高时效观测为输入，实现了雪深动态生产与制图。在服务中发现积雪范围不准的问题后，将原有 FY-3 MWRI 积雪产品昼夜共用的一套算法重新改进，形成昼夜各一套算法，剔除了大量雪误判，加强了对中国薄雪和湿雪的识别提取能力。雪深监测产品在 SWAP 冬奥平台上得以实时展示；全国区域产品在中国气象局遥感应用服务中心业务后台和国家卫星气象中心卫星气象研究所科研平台实现双重自动制图展示。冬奥会与冬残奥会期间，产品纳入冬奥气象服务专报 1 次，纳入中国区域暴雪监测服务报告 2 次，直接为决策服务提供支撑。

（2）星地多源观测融合 1 km 雪深产品

基于 FY-3 光学和微波以及地面气象站等多源观测，研制了 1 km 雪深融合算法，尤其是接入了 FY-3 MWRI 超分雪深和地面观测雪深。新研制算法采用多尺度雪盖滚动合成、微波与地面观测两次空间尺度插值变换，耗时较长，当前主要针对中国北方尤其是冬奥区域实时自动生产，形成固定区域图像，可较细致监测冬奥会赛区大环境的雪情。产品图像和动画分 2 次纳入冬奥会开、闭幕式的国家卫星气象中心冬奥会商 PPT，2 月 16 日产品图像纳入当日的冬奥气象服务专报 1 次，为气象预报员与决策服务人员提供参考。

4. 多源遥感陆表温度产品

（1）FY-3 MERSI 250 m 陆表 / 雪表温度产品

发挥国产下午卫星 FY-3D 和晨昏轨道卫星 FY-3E 的多时刻观测，以及 MERSI-II 和 MERSI-LL 250 m 的空间分辨率优势，利用热红外辐射传输模型，研发冬奥会场地及周围地区精细化 250 m 陆表 / 雪表红外温度产品（精度达到 1.5 K），支撑北京 2022 年冬奥会期间陆表 / 雪表温度监测和分析。

（2）FY-4A 高时频雪表温度产品

针对风云 4 号卫星业务陆表温度产品不包含雪表温度的问题，发展针对北京、张家口地区天气和下垫面特征的雪表温度反演算法，得到每天 40 时次、4 km 空间分辨率的雪表温度产品，在冬奥会期间各场馆及其周围雪表温度变化监测中发挥了很好的作用。产品纳入冬奥气象服务专报 2 次。

（3）FY-4A 陆表 / 雪表温度空间降尺度及时空变化分析

将所反演的风云 4 号卫星雪表温度与陆表温度业务产品进行融合，并针对融合结果空间分辨率（4 km）过低的问题，基于静止气象卫星高时频观测的优势，发展基于三维时空信息的陆表 / 雪表温度空间降尺度算法，得到每天 40 时次、2 km 空间分辨率的陆表 / 雪表温度产品。产品纳入冬奥气象服务专报 1 次。

5. 经地形辐射校正的哨兵卫星冬奥赛区 3D 动图产品

对高分辨率哨兵卫星 L2A 数据开展阴坡地形辐射订正，纠正了山地阴坡过暗的问题，解决了冬奥赛场山区阴坡积雪环境的监测难点，基于高程模型建立了 3D 渲染与飞行技术处理方案，实现了张家口赛区（崇礼）和延庆赛区环境积雪 20 m 分辨率的 3D 监测显示，为决策者提供赛场及交通路线上的积雪信息。

【成果应用成效】

风云卫星遥感专题产品为冬奥会和冬残奥会开幕式、赛事举行及闭幕式期间的天气、大气和下垫面特征等的时空变化信息进行了高质量和高时效的观测，为开、闭幕式天气会商和赛事期间天气的监测提供了强有力的可靠支撑。

1. 冬奥会开幕前扬沙过程遥感监测

2022 年 1 月 30 日 14 时，冬奥会开幕式前，利用风云卫星遥感沙尘监测产品，及时监测到内蒙古鄂托克旗出现局地扬沙，提供给国家卫星气象中心值班人员制作专题报告，并报送

北京市气象局和冬奥气象保障组委会。

2. 冬奥会和冬残奥会开、闭幕式天气及下垫面遥感监测

（1）冬奥赛场及周围温度特征多源遥感监测

基于极轨气象卫星 250 m 精细化陆表/雪表温度产品，持续监测了 2022 年 1—2 月的冬奥场地及其周围地区的陆表/雪表温度，从时间变化上分析陆表/雪表温度 1 月逐渐降低，特别是 1 月 31 日，受寒潮天气影响，达到最低 −15 ℃，造成雪面硬化，对室外滑雪运动有很大影响。同时，低温造成山区道路容易结冰，恐对转场造成影响，建议加强防范。该结果被用到冬奥会开幕式会商中。

基于所研发的 FY-4A 全天候、全空间温度廓线产品，从空间、时间角度监测冷空气活动轨迹，用于 2022 年 2 月 4 日冬奥会开幕式前专项天气会商，清晰地为气象预报员提供详细、立体的天气信息。

（2）冬奥赛场及周围积雪特征多源遥感监测

基于所研制的星地多源观测融合 1 km 雪深产品，监测冬奥会开幕式前冬奥赛场及周围雪深空间分布特征，以图像形式用于开幕式会商；所制作的 2 月 4—19 日的逐日雪深时空变化动画纳入冬奥会闭幕式会商，为赛场积雪特征监测和预报提供了重要参考。

（3）冬奥赛场及周围植被特征遥感监测

为分析沙尘源区起沙的下垫面条件，基于 2021 年和 2022 年 2 月下旬的风云三号卫星植被指数产品，分析植被覆盖特征。结果被用于 3 月 3 日冬残奥会开幕式前的天气会商中。

3. 冬奥会和冬残奥会期间天气及下垫面遥感监测

（1）冬奥赛场及周围云特征遥感监测

冬奥会和冬残奥会期间，针对赛区所改进的云检测、云相态等云产品，数次被用于冷空气预报，有力支撑了冬奥气象服务。

（2）冬奥赛场及周围温度特征遥感监测

基于 FY-4A AGRI 陆表/雪表温度空间降尺度产品，分析了 2 月 4—10 日冬奥场馆及周围白天陆表/雪表温度的变化特征，为判断 2 月 11 日雨雪天气系统对冬奥场馆及其周围温度的可能影响提供了参考，该结果被用于 2 月 12 日国家卫星气象中心冬奥气象服务专报中。

基于 FY-4A AGRI 雪表温度产品，分别分析了 2 月 15 日和 2 月 16 日雪表温度的空间变化以及 2 月 15 日 08—15 时（北京时）冬奥场馆及周围 4 km 范围内的雪表温度逐小时变化，结果被用于 2 月 15 日和 2 月 16 日国家卫星气象中心冬奥气象服务专报中。

（3）冬奥赛场及周围积雪特征遥感监测

基于 FY-3 MWRI 超分 6.25 km 雪深产品，分析北京和张家口地区的雪深分布特征，被用于冬奥气象服务专报，直接为决策服务提供支撑。

基于星地多源观测融合 1 km 雪深产品，分析 2 月 16 日北京和张家口地区的雪深空间分布特征，结果用于当日的冬奥气象服务专报，为气象预报员与决策服务人员提供参考。

【成果应用展望】

风云卫星遥感产品服务于区域尺度天气和环境监测有得天独厚的优势，在北京 2022 年冬奥会和冬残奥会气象保障服务中发挥了重要的支撑作用。基于所积累的服务经验和技术成果，继续对相关风云卫星产品精度进行优化和验证，争取用到风云卫星业务产品生产和改进工作中，以更好地支撑汛期以及相关的重大事件气象保障服务，具体如下。

1.产品改进方面

冬奥会和冬残奥会期间所开展的针对产品改进、验证及分析的经验和方法，可以进一步推广应用到风云卫星遥感产品中，进一步提高产品的质量，为汛期及重大事件气象保障服务提供更好的科技支撑产品。

2.产品服务方面

基于冬奥会和冬残奥会服务期间由科研模块到科研展示平台到冬奥气象服务平台的一体化服务经验，进一步改进和优化全流程的产品服务工作。一方面，为产品责任人提供科研模块集成的软硬件条件，另一方面，提高服务期间产品的稳定性和时效，为汛期及重大事件气象保障服务提供可靠的风云卫星支撑产品。

【成果代表图片】

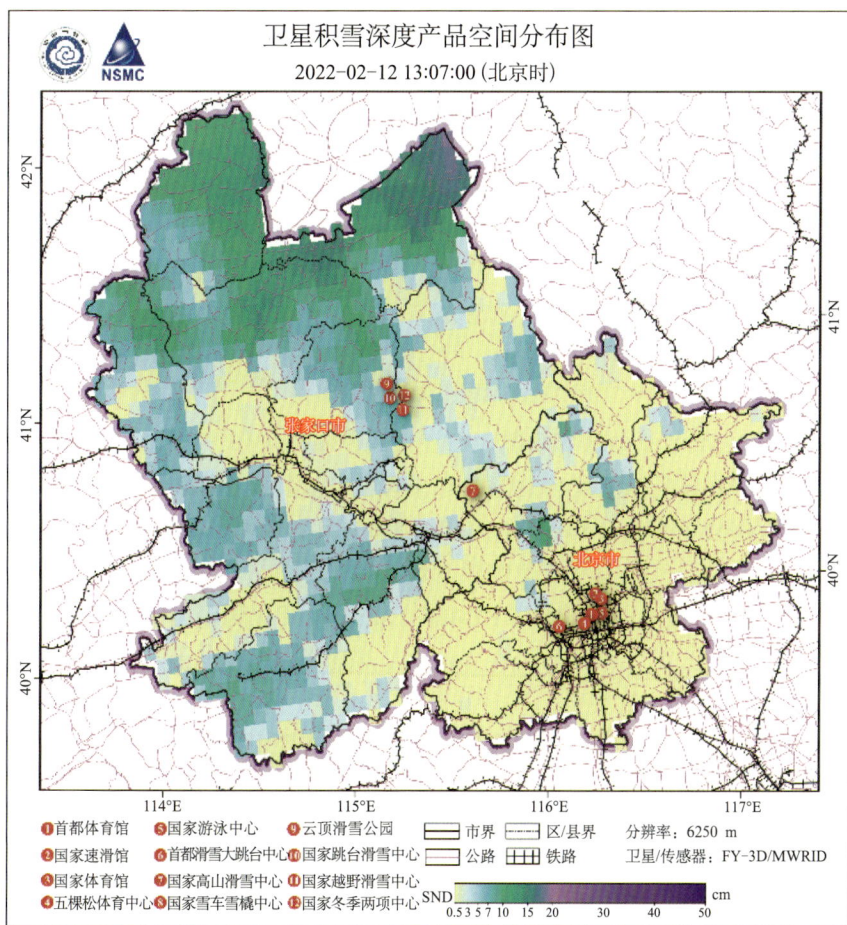

代表图片1　2022年2月12日多源遥感积雪融合雪深图

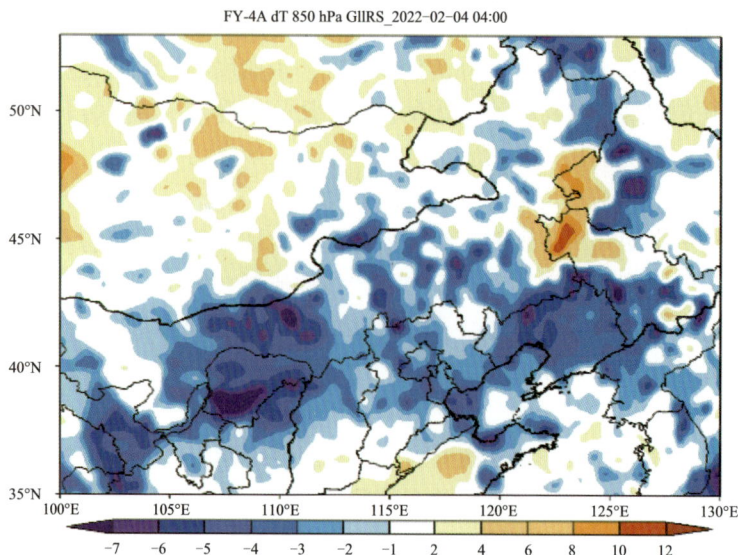

代表图片 2　冬奥会开幕日（2022 年 2 月 4 日）风云四号 850 hPa 温度廓线图

（撰写人：曹广真）

3.1.22　冬奥卫星天气应用分析平台（SWAP-OWG）

【第一完成单位】国家卫星气象中心

【主要参与单位】航天宏图信息技术股份有限公司

【主要贡献人员】毛冬艳　覃丹宇　咸迪　王新　任素玲　高洋　杨冰韵　赵现纲　徐娜　曹广真　郑照军　陈林　刘辉　李博　高浩　刘立葳　胡秀清　陆风

【来源项目名称】中国气象局业务工程项目"风云四号科学实验气象卫星地面应用系统工程""风云三号 02 批气象卫星地面应用系统工程"；科技部国防科工局"高分气象行业应用示范系统（二期）"

【成果主要内容】

为做好北京 2022 年冬奥会和冬残奥会的气象保障服务工作，根据冬奥气象服务对天气、大气和下垫面监测的具体需求，结合北方冬春季天气气候特点，国家卫星气象中心设计研制了冬奥卫星天气应用分析平台（SWAP-OWG），该平台通过平台功能建设与科学算法集成应用相结合，支持获取风云气象卫星冬奥监测专题图和风云三号气象卫星数据、风云四号气象卫星数据、风云四号 B 星（以下简称"FY-4B"）快速加密观测资料实况直播，以及高分卫星图像等，实现卫星、云图、产品等资料显示叠加等功能，为气象预报员提供交互式高时空分辨率的冰、雪、雾变化监测服务。平台共研发了 7 类 17 种冬奥卫星应用产品，从"看大气""看地表""看极涡""看污染""看云系"5 个方面体现卫星实况观测的作用，高效丰富地集成了风云气象卫星数据以及其他多类数据的综合处理、显示、分析应用功能，实现了冬奥赛区及周边天气和地表情况快速浏览、一图可见、一览无余。在专题图表现方法、精准度、产品研发等三方面较以往的重大活动保障和应用平台设计方面实现创新。

（1）SWAP-OWG 平台中设计的卫星应用产品专题表现方式聚焦冬奥，一图多信息量的表达方法上实现创新在风云卫星反演的大气和地表丰富产品的基础上，以往传统的应用方法是单产品反映单方面的信息，对于产品的综合分析应用欠缺，往往容易造成盲人摸象的片面分析结果。因此，在此次冬奥气象保障卫星平台设计的前期，就以一图多信息量以及多分析角度综合分析应用相结合为目标，专门多次研讨策略方案保障平台功能和可视化显示方式能够支持聚焦且全面的体现风云卫星产品应用能力。在卫星应用产品专题图表现方式方面，冬奥卫星天气服务平台充分考虑了冬奥天气定点服务区域、冬奥赛区场馆分布、赛区大气关键要素的时序变化，加强合作，建立风云卫星冬奥气象服务专家交流机制，通过联合中央气象台、冬奥北京气象中心、冬奥河北气象中心、北京冬奥组委主运行中心等单位冬奥首席专家交流对接，深入了解一线气象预报团队对卫星资料的应用需求，最终形成七类风云卫星冬奥专题产品：地表温度、积雪、赛区 100 m 观测云图、大气温度综合分析、极区温度分析、大气污染分析、云分析等。同时针对图像表现形式、规格大小等方面，进行了细致的需求调研和设计。气象预报员通过该平台可以方便快速获取和分析气象卫星资料。

（2）SWAP-OWG 平台采用了超分的方法提高风云卫星图像时空分辨率，在达到"分钟级、百米级"的遥感精准观测目标方面实现创新

冬奥卫星天气服务平台融合高分卫星与风云卫星，采用超分的科学算法，实现了极轨卫星云图的"百米分辨率"，气象预报员便可从赛区 100 m 云图上清楚看到地表积雪分布。尤其在张家口赛区，雪道一般呈树条状，通过赛区 100 m 云图，便可清晰地看到新增积雪分布范围等细节。同时，使得静止卫星的云图达到了"1 min 分辨率"，特别是在夜间也可以获得可见光图像，较红外图像云系的纹理和高低立体化信息更加凸显。此外，将高分卫星的冬奥场馆赛事地点及交通路线等的高清底图与风云卫星云图叠加，实现了对天气地表的综合遥感精准观测。

（3）SWAP-OWG 平台加大新型卫星资料的综合应用，冬奥天气遥感定量化监测和分析方法实现创新

针对北京冬奥会气象保障服务关于中长期天气预报对冷空气活动的监测需求，关注极涡活动及其演变特征，基于风云极轨气象卫星在极区的观测优势，开发了卫星极涡和冷空气活动、卫星雨雪相态分析、卫星湿度监测等应用产品。从气候背景和大尺度环流条件讲，通过极区温度图分析北极涡旋的南北变动，便可推测冬奥气象保障期间是否受寒潮天气影响。在云＋廓线综合图中，平台创新采用立体化思路，将云和温度廓线相结合，通过分析二者相交的地方便可了解云顶位置和凝结高度，进一步进行降雪诊断分析。通过分析赛区 24 h 变温的垂直分布图，还可判断冷空气来临的过程。

【成果应用成效】

国家卫星气象中心在 SWAP-OWG 设计阶段到应用阶段始终贯穿"全流程大业务"思想，团队中有中心领导带队，有卫星地面和应用系统两总指导，有技术骨干团结协作，从卫星数据到产品到服务，每一个节点都有人具体负责。在冬奥会和冬残奥会气象保障服务中，全程应用 SWAP-OWG 平台产品的分析保障和参与冬奥气象保障会商发言，并通过建立"遥感大业务"常态化复盘机制，不断强化业务人员对各类天气过程的系统性认识。面向冬奥天气会商需求，专家团队在卫星分析中紧抓气象预报员关注点和不确定因素，利用卫星监测图像和产品诠释天气系统发展和演变特征，检验和订正数值预报，提出预报需要关注的建议。重

点关注中等强度冷空气影响下温度、风力、风向、沙尘和云的影响，利用卫星资料结合多种数据监测冷空气活动造成气温、地表温度和雪表温度变化等，并且检验了数值模式的温度预报。团队利用冬奥平台的产品和诊断分析，进行天气实况、气候背景和地表状况分析，并通过演练迭代等形成业务流程和应用系统的改进和优化，为短期、短时临近天气预报业务提供了有力的技术支撑。在设计和应用中，主动与中央气象台和北京气象台等冬奥一线气象预报员保持高频次的技术沟通，随时根据其需求和天气变化，积极提供风云卫星各种大气和地表反演产品。同时，持续关注用户对 SWAP-OWG 平台的反馈，完善改进平台和专题产品表现形式。精细化的遥感监测服务获得各级领导和北京市气象局的充分肯定，为精准预报提供了有力支撑，进一步强化了风云卫星在气象核心业务中的支柱作用。

【成果应用展望】

聚焦冬奥会气象预报员需求，深度挖掘风云卫星定量应用以及与其他资料融合应用的能力，集中国家卫星气象中心的集体力量研发的冬奥卫星天气应用分析平台（SWAP-OWG），凝聚了风云卫星气象人和气象卫星人的集体智慧，建设形成了一个有标志性意义的卫星资料在重大活动保障中应用的有力工具，这个工具展现了内驱动力，把气象预报员实际需求用卫星遥感的方式展现出来，能够第一时间及时传递给预报员，并转化为天气监测预报能力，为形成风云卫星"好用的、易用的、爱用的"定量定向应用方法和产品，起到了成功应用示范作用。

在今后的气象业务服务以及重大活动保障中，面向不同保障重点、保障区域和不同季节特点、不同天气气候背景等，都应该借鉴此次研发过程中聚焦、细致的经验，以该平台的基础为蓝本，设计研发的应用产品类型、可视化方式等方面从需求中出发，科学性、易用性、精准度方面同步考虑，能够最大程度发挥风云卫星资料在天气中的应用能力。

【成果代表图片】

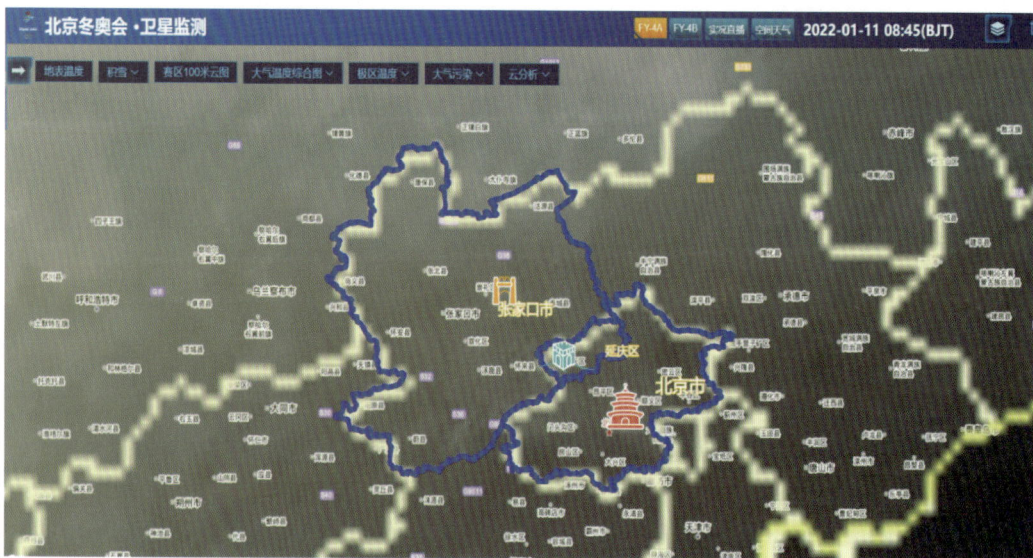

代表图片 1 冬奥卫星天气应用分析平台界面（SWAP-OWG）

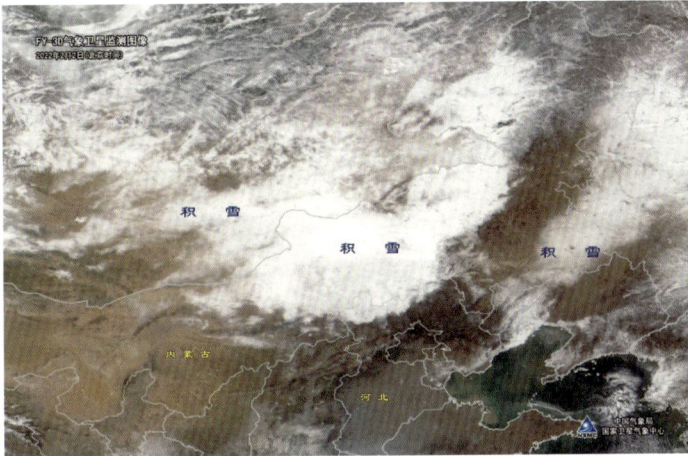

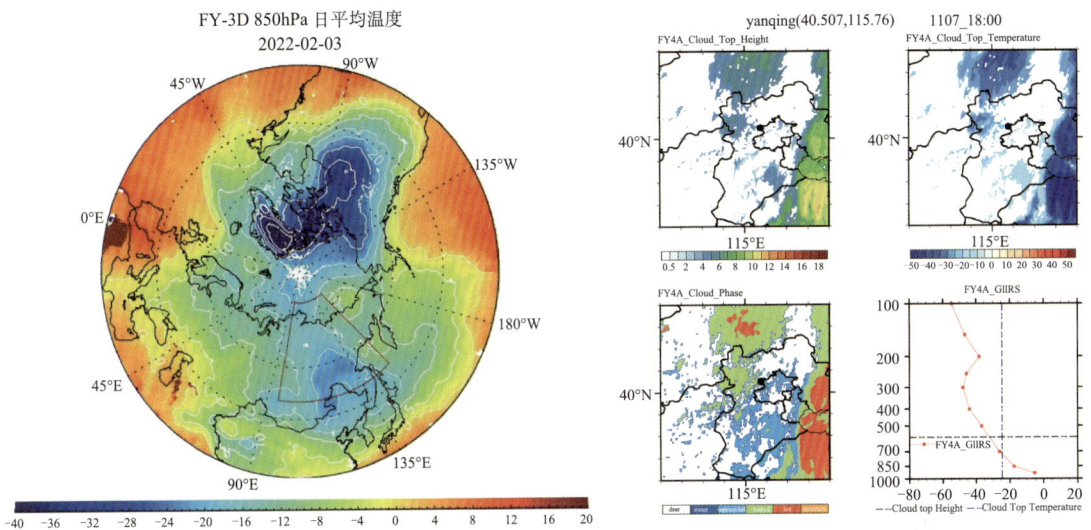

代表图片2　冬奥卫星天气应用分析平台部分应用产品样例

（撰写人：王新）

3.1.23　气象卫星数据统一分发系统

【第一完成单位】北京华云星地通科技有限公司

【主要参与单位】国家卫星气象中心

【主要贡献人员】张志强　冯静　葛文

【来源项目名称】自研项目"气象卫星业务系统升级与优化"

【成果主要内容】

国内外气象卫星数据产品是气象大数据的重要组成部分，海量卫星观测数据产品的高时效实时分发是提升卫星数据产品在防灾减灾、预测预报等方面效益的重要保障。气象卫星数据统一分发软件主要负责将各颗气象卫星业务系统内生产的海量数据产品实时地向各目标业务单位进行推送，同时支持不同卫星业务系统之间的数据产品交互，确保多源卫星数据应用

和相关产品处理。按照气象信息化系统工程集约化建设理念，气象卫星数据统一分发软件将整合目前已有的多套气象卫星产品分发系统（风云 2 号、3 号、4 号卫星），已实现统一的气象卫星产品高时效分发和管理，同时对后续卫星数据产品提供产品分发的平台支持，进而为开放互联的气象大数据平台提供高时效气象卫星产品的数据支撑。

气象卫星数据统一分发软件基于分布式文件系统、轻量服务虚拟化等技术保证了软件的吞吐能力、可靠性和可扩展性。在易用性方面，能够便捷、直观地将多卫星产品分发的整体情况统一展现给各类业务维护人员，灵活配置、监控一体。该软件的使用将提高海量气象卫星产品分发维护管理效率、数据安全性以及气象卫星地面系统建设的复用率。

在冬奥气象数据推送监控方面，气象卫星数据统一分发软件可多维度监控平台数据服务信息，包括各个卫星业务系统向不同服务单位、服务产品种类和所占的比重、推送产品的状态及待发产品数量等；在冬奥气象数据服务统计方面，气象卫星数据统一分发软件可提供指定周期内不同程度的统计信息，包括跨卫星业务系统总量统计、发往某服务单位的数据总量等。除此以外，气象卫星数据统一分发软件还提供了分发产品配置筛选符合条件的产品配置，目标服务器配置筛选符合条件的服务单位，目标规则配置可选择部分卫星分发系统保证产品发送时效以内的产品被推送。

【成果应用成效】

在冬奥气象数据推送监控中，气象卫星数据统一分发软件可提供多维度监控平台数据服务，单个"节点"代表单个卫星业务分发系统，"目标"代表国家卫星气象中心产品推送的单位。

旭日图展示各个分发节点及节点发往的目标主机、产品种类和所占的比重；分发节点状态，展示了各个分发节点的状态（正常绿色，异常爆红）、监控 / 待发的产品数量；发送量流水统计，可统计周期内实时发送数量和数据量；最新推送完成列表则展示了各个分发节点最新的发送数据信息。

综合统计可跨节点进行汇总统计，包括各个节点分发总量汇总统计和各个目标跨节点分发总量汇总统计以及单个节点发往目标的产品统计，选择推送节点非缺省项、推送目标非缺省项时，软件则显示按推送产品的统计结果及其汇总。

从气象卫星数据统一分发软件可统计出，冬奥赛事进行的 18 d 内，国家卫星气象中心实时向国家气象信息中心推送了 11.74 TB 气象服务产品，产品数量共计 482 440 个，推送成功率达 100%。其中包括 C001、C010、C012 墨卡托黑白图及等经纬度真彩色合成图等冬奥重点服务产品 5 885 个，服务成功率达 100%。

通过气象卫星数据统一分发软件对冬奥会期间产品服务情况进行监控，对数据完整性、时效性进行实时统计和分析，同时保障了冬奥重点数据为赛事提供 7×24 h 的数据支撑服务，保证了赛时气象保障服务的针对性和有效性。

【成果应用展望】

气象卫星数据统一分发软件目前已完成在线卫星产品数据推送监控和统计功能，下一步将完善软件产品重发功能，针对目标路径未送达成功的数据实现"一键推送"。在未来重大活动气象保障服务中，例如即将举办的成都大运会、杭州亚运会等，产品重发功能可以有效提高气象产品服务维护效率。

【成果代表图片】

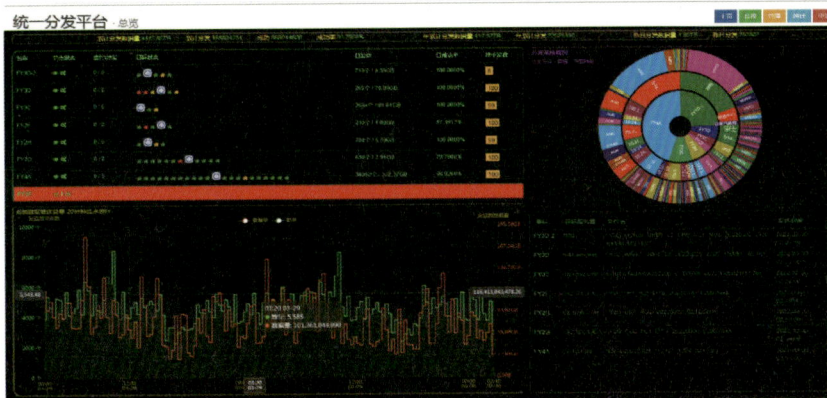

代表图片1　气象卫星数据统一分发软件——总览监控

代表图片2　气象卫星数据统一分发软件——FY-4A 向各服务单位推送数据量总览

（撰写人：葛文）

3.1.24　冬奥百米级实况分析产品（ART-OWG）

【主要完成单位】国家气象信息中心

【主要贡献人员】师春香　朱智　韩帅　潘旸　谷军霞　庞紫豪　王正　王蕙莹　朱亚妮

【来源项目名称】中国气象局"智慧冬奥 2022 天气预报示范计划"（SMART2022-FDP）

【成果主要内容】

根据中国气象局的工作安排（中气函〔2020〕41 号），国家气象信息中心作为"智慧冬奥 2022 天气预报示范计划"的参与单位，负责提供冬奥会山地赛区 100 m/10 min 分辨率冬奥气象实况分析产品；面向冬奥气象保障服务对实况分析产品提出的迫切需求，国家气象信息中心组建了由师春香首席研究员牵头的冬奥气象实况分析产品研制小组，具体负责产品研制工作，并建立了定期例会制度，协调解决冬奥气象实况分析产品研制过程中出现的困难；在已有的公里级实况分析技术基础上，研制小组综合多源观测资料优势，分别在质量控制与评估、多源数据融合分析等不同方向重点发力，研制了 100 m/10 min 分辨率冬奥会山地赛区

2 m 气温、2 m 相对湿度、10 m U/V 风速、能见度、降水量、总云量等 7 类局地百米级实况分析产品，建设了与大数据云平台紧密耦合的实时运行系统，实现逐 10 min 更新的百米级分辨率实况分析产品稳定高效实时生成并提供业务应用，为北京 2022 年冬奥会和冬残奥会气象保障服务提供有力的支撑。

1. 冬奥百米级实况分析产品（ART-OWG）融合技术方法

（1）冬奥会山地赛区 100 m/10 min 分辨率降水融合实况分析技术

100 m/10 min 尺度上降水融合实况分析技术以地面自动气象站分钟级降水观测数据和雷达定量估测降水（QPE）为主要数据源，结合应用时效需求分两个阶段生成百米 / 分钟级降水实况分析产品：第一步，为满足快速应用需求，基于地面分钟级降水观测数据，采用最优插值（OI）方法生成 100 m/10 min 的快速地面降水格点化分析产品；第二步，引入雷达探测资料，基于覆盖冬奥区域的雷达基数据反演生成 1 km 和 100 m 两个分辨率的定量降水估测（QPE）产品，在 1 km 尺度上，以地面观测为基准进行雷达降水的系统偏差订正及与地面观测的融合，然后采用 100 m 的雷达 QPE 资料进行空间降尺度，生成质量更优的 100 m/10 min 的地面－雷达融合降水分析产品。

（2）冬奥会山地赛区 100 m/10 min 分辨率气温、湿度、风速、能见度融合实况分析技术

首先以国家气象信息中心业务运行的 1 km/1 h 分辨率 2 m 气温、2 m 相对湿度、10 m U/V 风和 5 km/1 h 分辨率能见度实况分析产品进行空间重采样，降尺度到冬奥会山地赛区产品网格作为背景场，采用包括多源数据协同质控、地形订正、多重网格变分分析等相关技术，融合背景场和地面观测数据以及冬奥加密观测资料，输出 100 m/10 min 分辨率 2 m 气温、2 m 相对湿度、10 m U/V 风速、能见度融合实况分析产品。多重网格变分分析方法通过将给定区域从粗到细分为多重网格，在不同尺度的网格上进行分析，上一重网格的分析结果作为下一重网格分析的背景场，既保留数值预报模式提供的模式信息，也抓住了多种尺度的观测信息。另外，在此基础上，探索技术创新，尝试将人工智能技术应用于冬奥气象实况产品质量改进中，通过关键参数敏感性优选、订正模型动态更新、订正结果权重集成等手段，实现了数据质量再提升。

（3）冬奥 100 m/10 min 分辨率云量融合实况分析技术研制

在冬奥云量实况分析产品的研制中，使用了 CMA-MESO 区域数值预报产品、FY-4A/Himawari-8 静止气象卫星观测数据、雷达观测数据等多源观测数据作为输入数据，其中 CMA-MESO 区域数值预报产品来源于中国气象局地球系统数值预报中心，FY-4A/Himawari-8 静止气象卫星观测数据、雷达观测数据来源于气象大数据云平台。基于逐步订正的融合分析方法，首先使用 CMA-MESO 区域数值预报产品计算三维云量初猜场，之后根据静止气象卫星成像仪观测数据和雷达观测数据按照一定顺序对三维云量初猜场进行逐步的订正，得到最终的冬奥云量实况分析产品。在基于逐步订正的冬奥云量实况融合分析技术方案基础上，实现了京津冀地区 1 km/1 h、冬奥会山地赛区 100 m/10 min 两种分辨率嵌套的云量产品实时生成，为冬奥会赛事气象保障服务提供实况分析产品支撑。

2. 冬奥百米级实况分析实时系统（ART-OWG）

为了支撑冬奥气象保障服务，在国家气象信息中心已建立的实况分析业务体系基础上，

新增了与大数据云平台紧密耦合的冬奥百米级实况分析实时系统（ART-OWG），针对高时间频次调度特点，研发 crontab+EC-Flow 组合调度技术，建设逐 10 min 运行的实时系统调度流程，实现了产品逐 10 min 滚动更新。中国气象局"派－曙光"高性能计算集群为国家气象信息中心百米级冬奥实况分析实时系统的实时运行提供了软件和硬件支撑。在多源融合实况分析业务运行分析系统基础上增加百米级冬奥实况分析实时系统的运行全流程监视，包括数据获取情况监视、作业运行时间监视、产品生成监视、产品图片展示发布等功能，产品通过大数据云平台向冬奥气象中心提供产品服务。

【成果应用成效】

100 m/10 min 分辨率 ART-OWG 冬奥气象实况分析产品于 2020 年 10 月开始通过大数据云平台向冬奥气象中心提供实时数据服务，作为指定网格实况产品用于多家单位的冬奥数值预报产品与智能网格预报产品检验评估应用，同时相关产品图片均在中国气象局应急指挥平台和智慧冬奥 2022 天气预报示范计划（FDP）网站上实时展示，供气象预报员分析应用。

【成果应用展望】

通过参加"智慧冬奥 2022 天气预报示范计划"，国家气象信息中心实现了由公里级实况分析产品向百米级实况分析产品的突破和迈进，初步建设了百米级实况分析技术体系，研发了 2 m 气温、2 m 相对湿度、10 m U/V 风速、降水、能见度、总云量等要素 100 m/10 min 分辨率实况分析产品，为冬奥气象保障服务提供了有力的支撑。

近年来，极端天气气候事件频发、气候异常现象显著，我国各地暴雨、台风等极端天气和强对流天气出现的频率、破坏程度等呈现偏多、偏强特征，对重大活动气象保障服务提出了更高的要求，同时也对局地百米级实况分析产品的质量、时效和稳定性产生了更为迫切的需求。在后冬奥时代，国家气象信息中心将在百米级实况分析技术体系建设方面持续发力，不断扩展产品种类，研制局地百米级三维大气实况分析产品；建设动态区域局地百米级实况分析系统，为即将举办的杭州亚运会、成都大运会等重大活动气象保障服务提供支撑。

【成果代表图片】

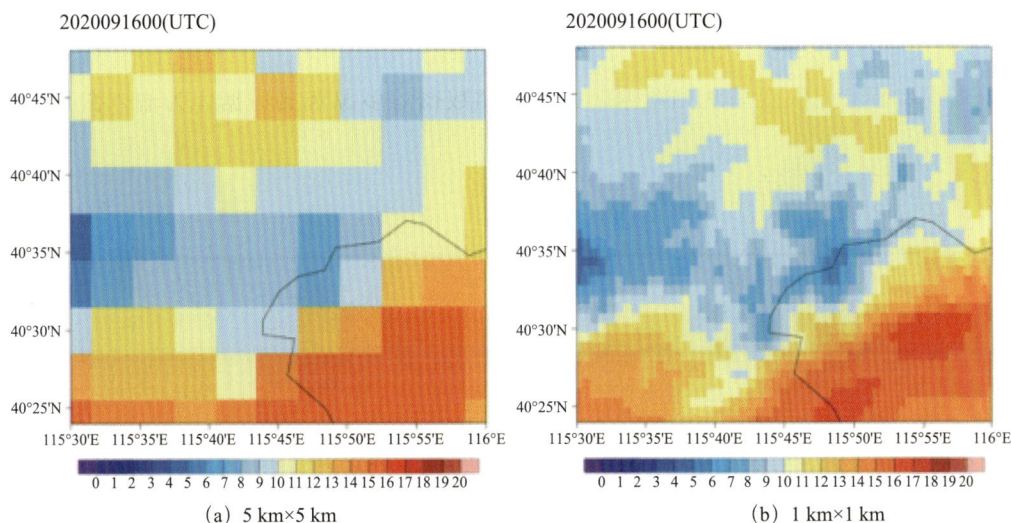

(a) 5 km×5 km　　　　　　　　(b) 1 km×1 km

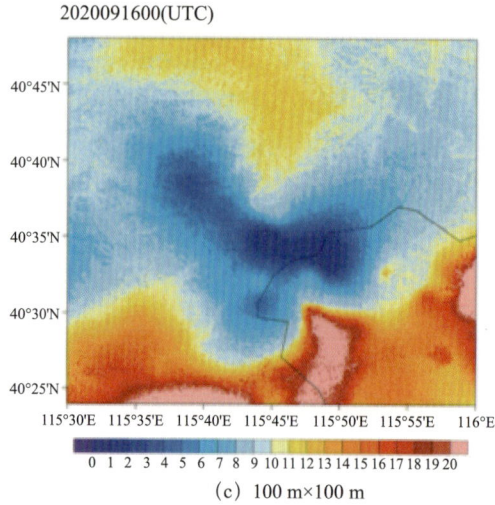

2020091600(UTC)

（c）100 m×100 m

代表图片 1　不同分辨率 2 m 气温实况融合产品（ART-OWG）对比图（单位：℃）

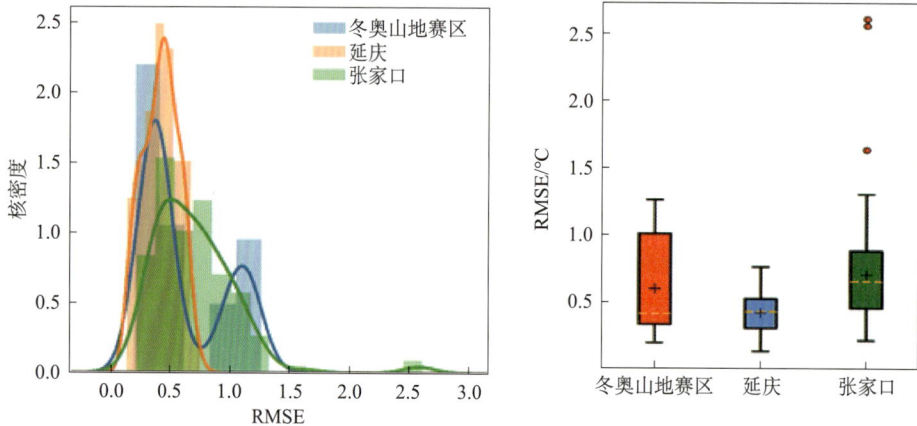

（a）

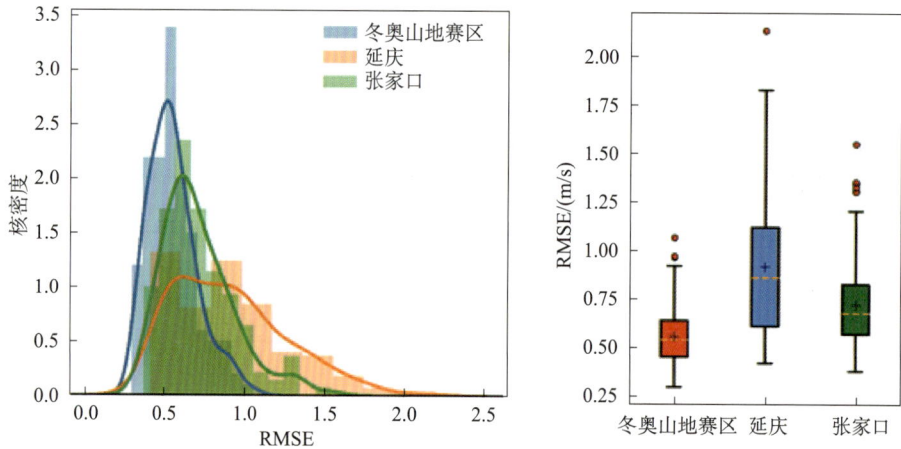

（b）

代表图片 2　ART-OWG 百米级 2 m 气温实况分析产品评估结果（a）和
ART-OWG 百米级 10 m 风速实况分析产品（b）

（撰写人：师春香　朱智　韩帅　潘旸）

3.1.25　冬奥公里级实况分析产品（ART-OWG）

【主要完成单位】国家气象信息中心

【主要贡献人员】师春香　孙帅　谷军霞　潘旸　韩帅　朱智　王正　庞紫豪　徐宾

【来源项目名称】中国气象局"智慧冬奥 2022 天气预报示范计划"（SMART2022-FDP）

【成果主要内容】

根据中国气象局的工作安排（中气函〔2020〕41 号），国家气象信息中心作为"智慧冬奥 2022 天气预报示范计划"的参与单位，提供京津冀地区 1 km/1 h 分辨率气温、相对湿度、U/V 风速、降水量、总云量冬奥公里级实况分析产品。其中 1 km 实况分析场（2 m 温度、10 m 风场）产品作为"真值"，作为 FDP 各家高分辨率网格产品的格点检验评估分析的参照（气预函〔2021〕32 号）。

1 km/1 h 冬奥公里级降水实况分析产品研制总体上沿用了 2016 年国家气象信息中心研制并通过技术论证的中国区域 1 km "概率密度匹配法（PDF）+ 贝叶斯模型平均（BMA）+ 空间降尺度（DS）+ 最优插值（OI）"地面－雷达－卫星三源降水融合技术方案，融合思路是先利用雷达降水 1 km 的空间结构信息，对 5 km 上经过 PDF 系统偏差订正和 BMA 融合的雷达－卫星联合降水进行空间降尺度，再采用 OI 融入观测信息。在此基础上，针对北方冬季降水产品的主要问题，例如，东北地区固态降水的空间结构分布零散，北方境外异常大降水及边缘锯齿状降水结构和海上栅格状降水，东北北部异常的虚假降水等，对数据源的应用开展了优化。以地面观测为基准，在多类降水产品对比分析评估的基础上对固态降水有描述能力的数据源进行优化选择进入融合分析，以此来提高中国北方站点稀疏区以及境外区域的降水质量，最终形成中国区域冬季、夏季以及中国大陆外（含海上）数据源的选取策略和背景场优化的融合技术方案。同时，针对实况业务应用中自动气象站观测降水错误数据存在较多漏检的情况以及实况产品个别网格点出现异常大值的问题，采用多源气象数据协同质控技术和建立降水数据阈值查算表，包括台站主要变化范围检查、特征值检查、天气现象与降水量的一致性检查、与雷达估测降水量一致性检查以及建立黑名单等。优化的质量控制算法加强了对观测端微量降水和虚假降水数据和后端产品极端异常值的甄别，可以从多方面来提升产品质量。

1 km/1 h 分辨率 2 m 气温、2 m 相对湿度、10 m U/V 风速冬奥公里级实况产品，在应用多重网格变分基础上，在产品实际研发过程中根据融合区域内地面自动气象站的密度和背景场的质量开展对比试验，获取融合算法中的具体最佳参数。以气温为例，调整多重网格分析的网格层数阈值参数和地面自动气象站观测数据对周围网格影响半径。通过对不同参数融合分析结果开展独立和非独立评估，定量评估分析产品数据质量，综合考虑 1 km 和 5 km 分辨率独立和非独立评估结果，获取京津冀地区 1 km/1 h 分辨率 2 m 气温、2 m 相对湿度、10 m U/V 风速融合分析参数。将该参数进一步应用到京津冀融合产品制作中，在已有全国 1 km 融合分析产品基础上，进一步融合冬奥加密观测资料，实现充分利用冬奥加密资料制作京津冀地区 1 km/1 h 分辨率 2 m 气温、2 m 相对湿度、10 m U/V 风速融合实况分析产品。

冬奥公里级实况分析系统是在国家气象信息中心 1 km 多源融合实况分析系统（ART-1 km）的基础上，本着集约化建设的目标，统一启动多源数据的获取和处理，实现了模块间

相互协调、系统间输入数据共享等功能，并采用自动触发机制运行后续的融合分析流程，整个流程采用 ecFlow 调度。地面降水观测数据、卫星反演降水数据和雷达数据获取后，直接触发地面－卫星（FY-2）－雷达三源降水的融合；地面温、压、湿、风观测数据和 ECMWF/CRA 大气实况数据获取后，触发温、压、湿、风的融合。产品生成后自动触发转格式、切片、下发，实现全流程的自动化，同时保证了系统的稳定性和产品的时效性。

【成果应用成效】

应用于 FDP 格点预报产品检验：在国家气象信息中心在 ART-1 km 业务产品的基础上，进一步融合冬奥加密观测资料，研制的 1 km/1 h 分辨率冬奥气象实况分析产品被冬奥气象中心引用为基准，用于检验冬奥会测试赛期间所有"智慧冬奥 2022 天气预报示范计划"参加单位提供的预报产品。

为 FDP 格点预报产品提供初值与建模支撑：国家气象中心与中国气象局地球系统数值预报中心将国家气象信息中心研发的 1 km/1 h 分辨率冬奥气象实况分析产品作为模式预报订正与多模式集成方法中的"格点真值"，应用于国家气象中心冬奥预报产品"NMCGRID-GMOSRR"与中国气象局地球系统数值预报中心冬奥预报产品"GRAPES-BLD"，反馈应用效果良好。

【成果应用展望】

近年来，极端天气气候事件频发、气候异常现象显著，我国各地暴雨、台风等极端天气和强对流天气出现的频率、破坏程度等呈现偏多、偏强特征，对重大活动气象保障服务提出了更高的要求，同时也对局地公里级实况分析产品的质量、时效和稳定性产生了更为迫切的需求。在后冬奥时代，国家气象信息中心计划将提高现有产品质量，扩展 1 km 实况分析产品要素，从目前以地面气象要素为主，扩展到三维云与三维大气要素，陆面土壤温湿度、蒸散发、径流、通量等多要素，进一步支持强对流灾害预警预报、智慧农业、智慧水利、智慧城市以及生态环境、碳中和等相关研究与业务应用。

【成果代表图片】

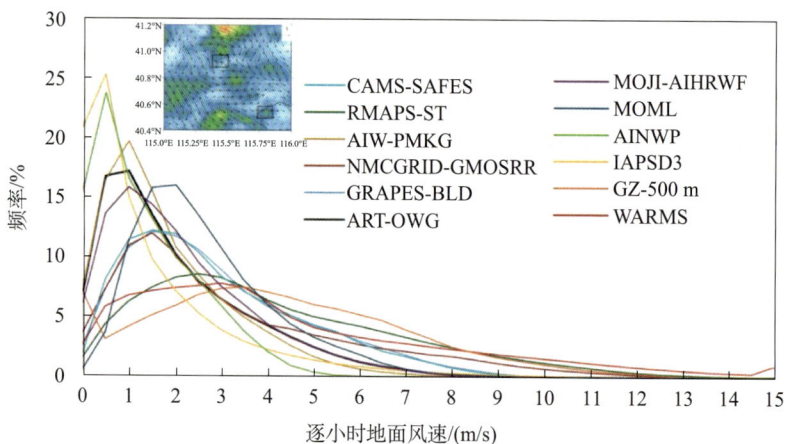

代表图片 1　格点实况分析场（ART-OWG）与各次公里级模式（选取每日 00 时起报，0～23/1～24 h 的预报结果）在冬奥会山地赛区（40.4°～41.2°N，115.0°～116.0°E）2021 年 2 月地表风场（10 m U 风、10 m V 风）逐小时风速的频率分布

多模式订正集成技术路线

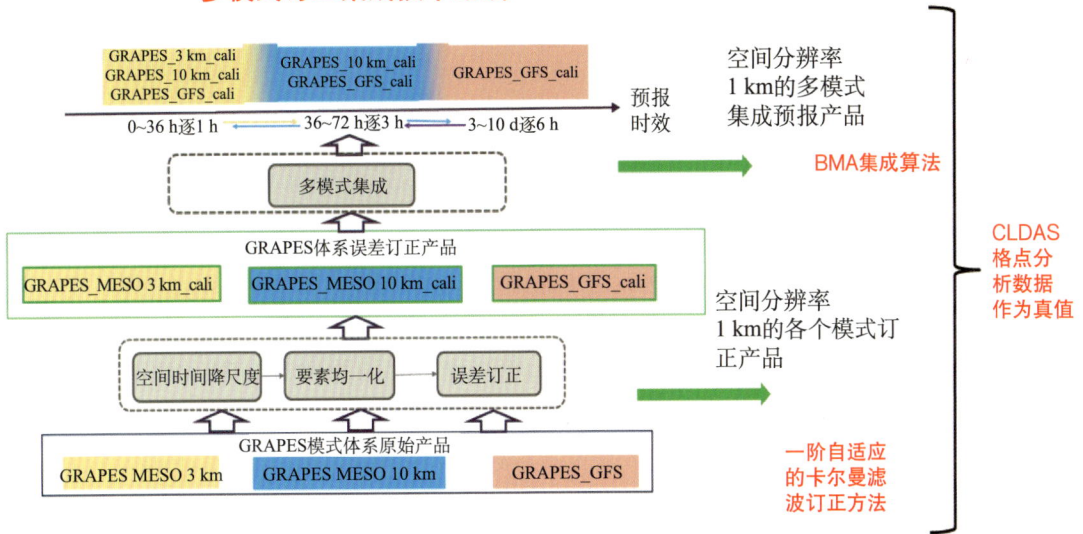

代表图片 2 中国气象局地球系统数值预报中心冬奥气象服务产品多模式订正集成技术路线图

（撰写人：师春香 孙帅 谷军霞 潘旸 韩帅 朱智 王正 庞紫豪）

3.1.26 RTOAS 次公里级和次百米级精细化实况分析

【主要完成单位】中国气象局气象探测中心

【主要贡献人员】郭建侠 高岑 王佳 康家琦

【来源项目名称】智慧冬奥 2022 年天气预报示范计划"次百米级网格客观分析或短临预报——高精度客观分析产品"

【成果主要内容】

1. 产品简介

根据中国气象局"智慧冬奥 2022 天气预报示范计划"（FDP）工作要求，依托中国气象局气象探测中心实时观测分析系统（RTOAS），针对保障区域及周边开展了次公里级（500 m）和次百米级（50 m）精细化实况分析数据服务，实时生成三维实况分析场，垂直一共为 23 层。系统生成产品要素一共为 29 种，FDP 计划数据推送 9 种，地面分析时间频次 15 min，三维分析为 1 h，每日稳定推送数据文件 1 512 个，数据量为 14 GB。

2. 技术特点

系统所应用的变分极小化加多重网格技术的数据融合方法将多源资料进行快速融合，可以最大限度地使分析结果逼近观测数据，提高融合格点场的真实性。实况分析系统充分融合冬奥会赛区地面观测、雷达、卫星与陆基垂直观测等多种实况数据，使分析结果更加接近真实大气状态。同时，针对目标区域高精度分析需求、地形复杂的实际特点，引入动力降尺度的方法将背景场适配精细化实况分析；在精细化背景场中进一步加入 90 m 分辨率地形约束，提高背景场的准确性。此外，系统采用主流任务调度器进行任务工作流的调度监控和补算，

设计了针对赛事的异常情况处理策略和应急办法。

3. 系统创新点

由于目标区域与大尺度模式背景场存在较大的尺度差异，简单的插值很难增加目标区域精细结构的信息，通过大尺度模式结果或再分析资料静力降尺度得到的背景场效果不佳。因此，需要通过中尺度模式结果进行动力降尺度，获取高精度背景场。具体做法：将 GFS 预报场插值到 5 km 进行预报，获得 5 km 预报场，再将 5 km 预报场插值到 1 km 进行逐 6 min 雷达循环同化预报，获得 1 km 预报场，用 1 km 预报场进行融合。通过这种动力降尺度方法，可以使背景场有更为精细的结构。

针对目标区域多山地的地形特点，将动力降尺度得到的背景场与 90 m 地形数据适配。采用精细化地形高度与压高公式、露点温度、虚温等要素的地形订正迭代方法，调整地面分析背景场，加大地面融合分析中的地形约束与物理约束。这使得地面气温、风速、气压和相对湿度的分析结果可以更好地结合精细化地形结构。

【成果应用成效】

经过 2021 年两期业务运行测试，自 2022 年 1 月 1 日起进入预报示范期开始，产品质量检验、系统稳定性和时效性都有较大提升。2022 年 1 月 22 日—3 月 22 日，次公里级和次百米级数据推送及时率和到报率均为 100%。2021 年 12 月 17 日起，系统运行、数据推送和产品服务情况以周报形式上报。冬（残）奥会赛事期间，数据推送情况改为日报形式上报，总计发布 53 期，为掌握京津冀整体、冬奥会延庆和张家口（崇礼）两大赛区天气状况提供了气象保障服务与数据支撑。

在冬奥会开幕式（2022 年 2 月 4 日 19—21 时）气象保障过程中，综合融合格点风场高分辨率和组合风场高准确度的优点，针对 925 hPa 和 850 hPa 不同高度层分别制作并发布了逐小时产品图与服务快报。水平分辨率 500 m 的融合格点风场与雷达组合风场有较高一致性（代表图片 1）。奥体中心站（A1007）附近风向一致为西北风，边界层、近地层与地面观测风向也有较高一致性。三维融合风场同时也在 3 月 4 日冬残奥会开幕式沙尘过程中发挥了中高层风向、风速监测指示的作用（代表图片 2）。

中国气象局气象探测中心冬奥会赛时多种观测与服务产品也以实况分析场数据为支撑，以下述四个方面为例。首先，冬（残）奥会赛时，探测中心研发综合气象观测指挥平台，主要从重点要素、地基垂直观测和三维实况及巡游三个方面展现赛事期间的天气实况。其中，三维融合格点风场主要基于冬奥实况分析场数据。融合格点风场叠加雷达组合风场在冬奥会赛时服务中使用频率较高，为监测赛区三维大气状态提供了重要支撑。同时，融合格点气温叠加站点观测实时气温、24 h 最低（高）温、变温为赛区气温监测提供了帮助。

其次，综合气象观测指挥平台还集成有天气雷达反演雨雪相态产品，利用北京南郊、海陀山、康宝等 3 部 S 波段双偏振天气雷达开展冬奥会赛场及场馆降雪相态的识别监测。实况分析场温度产品在其中主要发挥了辅助判别融化层的作用，实现对冬季降雨、降雪和雨夹雪等相态的划分。

此外，综合气象观测指挥平台还集成有三维气象实况及巡游产品，可以充分展现北京赛区、延庆赛区、张家口赛区的地形地貌，以高清晰三维模型的形式展现天安门、鸟巢、水立方、冬奥会场馆和赛道等实景建筑。其中，冬奥会实况场风场、降水、云分析结果主要用来支持三维可视化流场、云、雨雪天气现象的建模。该产品在冬奥会气象保障服务过程中得到了广泛的应用。

最后，实况分析场还为京张铁路沿线气象服务产品提供了支持。产品利用冬奥 500 m 高分辨率数据和高精度（10 m）地形数据，采用气象数据三维可视化技术，结合京张铁路走向实时展现地面风流场。通过箭头颜色、大小和方向可以及时了解风速大小和方向的变化，实现了京张铁路沿线强风，尤其是强横风的监测预警服务，为冬奥会期间京张铁路安全平稳运行提供实时监测和气象保障服务。

【成果应用展望】

针对冬奥研发的次公里级和次百米级实况分析场，通过引入动力降尺度方法对背景场适配精细化实况分析，着力攻关解决赛区高精度分析需求、地形复杂的难题，为今后发展局部区域高精度和山地气象融合分析场的发展提供了很好的技术储备。同时，冬奥实况分析场技术攻关也进一步加深了对于中尺度、对流尺度快速同化融合技术方法的理解，明确了实况分析系统核心算法改进的方向与难点，为今后台风、龙卷等强对流致灾天气的实况监测提供了宝贵经验。

【成果代表图片】

代表图片 1　冬（残）奥会赛事期间实况分析三维风场叠加雷达、风廓线组合风场

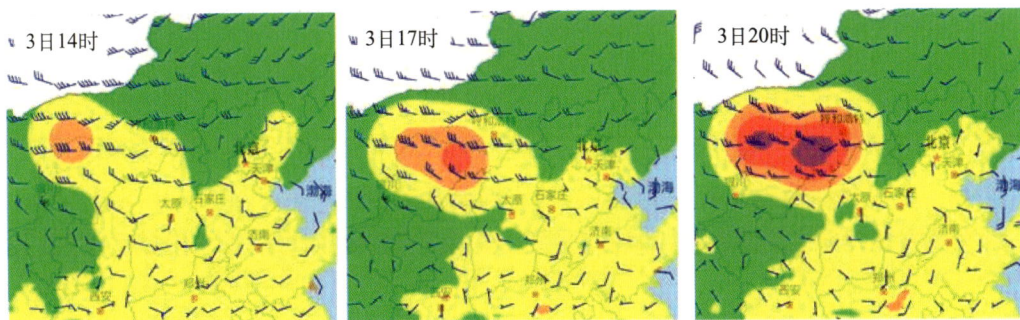

代表图片 2　冬（残）奥会赛事期间沙尘过程实况分析三维风场叠加 PM_{10} 格点场

（撰写人：高岑）

3.2 机理研究

3.2.1 复杂地形下边界层过程对山地降雪的作用机制

【主要完成单位】北京市气象台

【主要贡献人员】于波 郝翠 李桑 杜佳

【来源项目名称】国家重点研发计划项目"冬奥赛场定点气象要素客观预报及风险预警技术研究及应用";北京市自然科学基金面上项目"复杂地形条件下边界层过程对北京降雪的作用研究";北京市气象局科技项目"边界层作用对北京冬奥外赛场降雪的影响研究"

【成果主要内容】

冬奥赛区地形复杂多样,由于海拔较高、地势复杂,其降雪天气特征与平原地区存在很大差异。统计分析表明,虽然京津冀地区由天气尺度系统主导的降雪比例较高,但此类降雪天气由于系统的空间尺度大、发展趋势相对稳定,能够较早、较容易从数值模式产品中捕捉到预报信号,预报难度也较小。边界层过程主导的降雪仅占总降雪日的 13.5% 左右,但预报难度十分大,并且此类降雪在山地降雪过程中较为常见,因此,开展复杂地形条件下边界层过程主导的降雪机制研究,对于提升冬奥赛区的降雪预报准确率十分重要。

边界层主导降雪过程主要包括"空中偏北气流型"和"空中平直气流型"两种类型。

(1)"空中偏北气流型"。当配合"暖湿性质"的边界层东风时,边界层东风因垂直延展高度较低、抬升作用较弱,仅在平原地区造成弱降雪;当配合边界层北风时,若存在与地形高度接近的、700 hPa 高度附近饱和区与抬升运动的有利配合,将导致高海拔山区出现明显降雪,因此降雪的局地性较强。

此外,空中气流与地形作用下,可以形成明显的地形波动,在海陀山上空表现垂直运动的上升区与下沉区交替过境,当波的上升区与西北气流的上升区相重合时,可造成强烈的局地抬升,导致山区降雪强度进一步加大。需要特别强调的是,西北气流下的地形抬升降雪具有一定的条件,即空中具有饱和区是先决条件,因为对于山区而言,西北风造成的地形波常有,但不是每次地形波都会造成降雪。

(2)"空中平直气流型"。当配合"干冷性质"的边界层东风时,可形成冷垫抬升北京平原及低海拔地区的暖湿空气;当偏东风在垂直方向发展较为深厚时,能够翻越海拔较低的山脉,在背风坡形成绕流汇合,但受海拔较高的山脉阻挡,会形成迎风坡的强迫抬升。当偏东风转为东南风且风速加大时,对应着降水的最强时段;当偏东风风速减小,降雪强度减弱。此类降雪范围相对较大、持续时间较长。

边界层东风是京津冀地区降雪过程中的主要特征,已有研究大都针对与"回流"相关联的偏东风,主要集中在气流的干湿特征、热力性质及动力机制等方面,但本项目的研究表明,北京降雪过程中出现的边界层偏东气流不完全由冷空气的回流造成。基于此,结合边界层偏东气流在降雪中的重要性,研究不同发展高度、不同热力性质、不同干湿特性的偏东风在降雪过程中的具体贡献。这一研究工作,会对边界层偏东气流形成新的认知,为降雪预报业务提供参考性极强的预报指标,即"暖湿性质"边界层东风对于降雪的贡献明显小于"干冷性质"的边界层东风。

【成果应用成效】

相关成果凝练为业务参考性极强的概念模型和预报指标,准确预报了北京2022年冬奥会期间的"2·13"强降雪和"2·17"小雪等降雪天气过程,为赛事日程安排提供了有力的技术支撑。

【成果应用展望】

针对当前冬季降雪预报中的薄弱环节,探索边界层内水汽、热力、动力效应对降雪发生发展的影响机制,一定程度上突破了原有边界层过程对降雪作用机制的认知和局限性,特别是降雪有无、山区和平原降雪分布差异等方面。该成果对我国中东部冬季降雪天气具有普适的业务应用价值,具有很好的推广前景。

【成果代表图片】

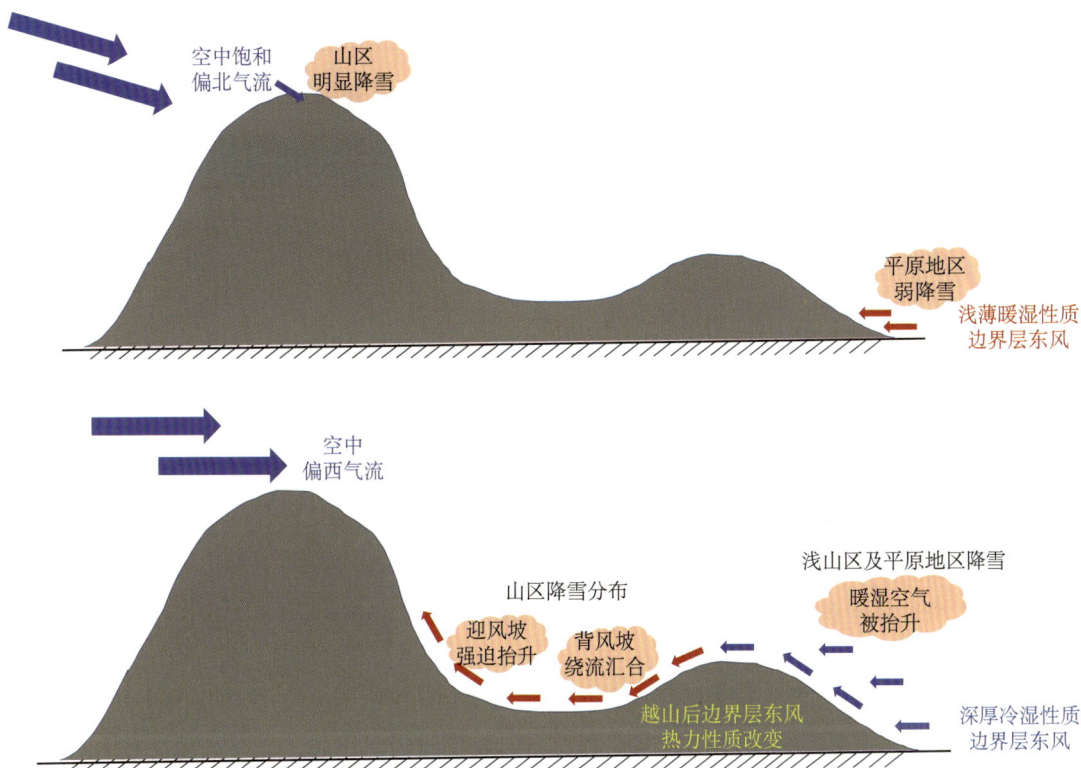

代表图片1 边界层过程主导下的降雪概念模型

(撰写人:于波)

3.2.2 北京海陀山区冬季降雪过程特征

【主要完成单位】北京市人工影响天气中心

【主要贡献人员】马新成 黄梦宇 何晖 陈羿辰 毕凯 刘香娥 赵德龙 陈云波 温典 田平 高茜

【来源项目名称】北京市科技计划项目"京北山区冬季降雪综合观测和数值模拟研究";北京市自然科学基金面上项目"北京海陀山区典型降雪过程地面微物理特征的协同观测研

究""北京海陀山冬季降雪云系宏微观特征及飞机增雪潜力研究";国家自然科学基金面上项目"基于高山观测的华北地区大气冰核特征的研究"

【成果主要内容】

通过空－地观测资料,结合高分辨率模式的模拟研究,获得京北山区云、降雪宏微观特征,研究成果表明:

（1）获得了山区降雪时空特征。海陀山区 58% 的降雪会出现在夜间,前半夜最多,后半夜次之;山区降雪量大于平原,并且山区的降雪量具有随地形高度增高而增大的趋势,气候统计显示北部山区降雪量呈现明显增加趋势。

（2）梳理了降雪天气背景条件。导致山区降雪的主要天气形势为高空的低槽或低涡与地面倒槽或东风回流配合;降雪低层主导风向为西南风,往往西南风强度和厚度越大对应的降雪量也会越大。

（3）建立了降雪天气概念模型。在高空低槽低涡配合地面倒槽与东风回流形势下,西南气流经过官厅水库增强水汽输送,经过地形形成的山谷辐合以及地形抬升形成山区降雪,83% 降雪期间山区会出现地形云,并造成低能见度事件,山区偏东气流的建立是地形云形成的重要原因。

（4）取得了降雪云系微物理特征的新认知。液态粒子方面,在降雪初期的高层和降雪维持阶段（往往存在地形云）低层云中存在较丰沛的液体水（粒子）,具有较好的人工增雪潜力;山区降雪时经常会出现地形云,在地形云维持阶段云滴粒径有增大的变化趋势。云中冰相粒子中,冰核是形成降雪云的关键成分,在 $-15\,^{\circ}\mathrm{C}$ 以上时山区的云中冰核较城区明显偏多,从而会导致层云形成高度降低;从云系上部到下部冰相粒子会逐渐增大,形状也具有由柱状偏多向片状增多转移的特征。

【成果应用成效】

基于空－地一体观测,认识了山区降雪分布特征,揭示了降雪云形成的宏观结构演变特征,并观测到了地面降雪形状特征,在此基础上分析海陀山区自然冰核活化谱、山区云雾滴谱特征等,为开展冬奥气象保障服务提供理论依据。

【成果应用展望】

为未来进一步深入研究京北山区降雪机制及微物理特征,开展冬季增雪试验及人工增雪潜力评估奠定了坚实基础并积累了宝贵资料。

【成果代表图片】

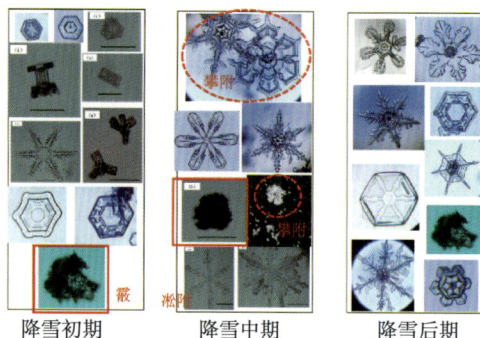

降雪初期　　　　　降雪中期　　　　　降雪后期

代表图片 1　不同阶段地面降雪形态演变

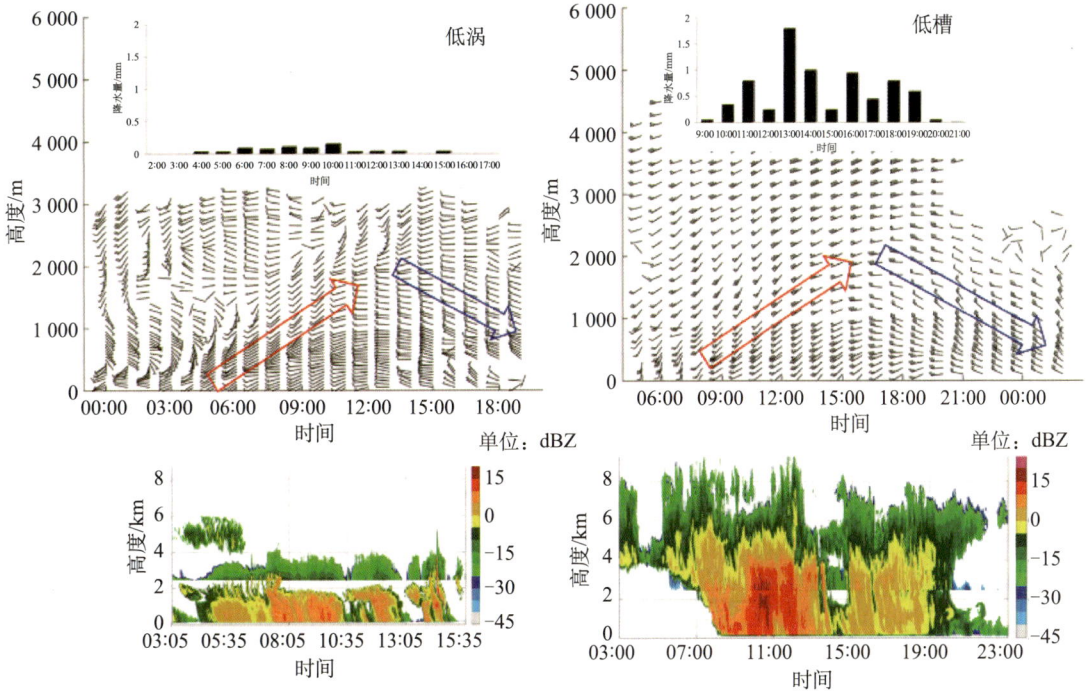

代表图片 2　低涡和低槽天气形势下海陀山降雪风场和雷达回波演变特征

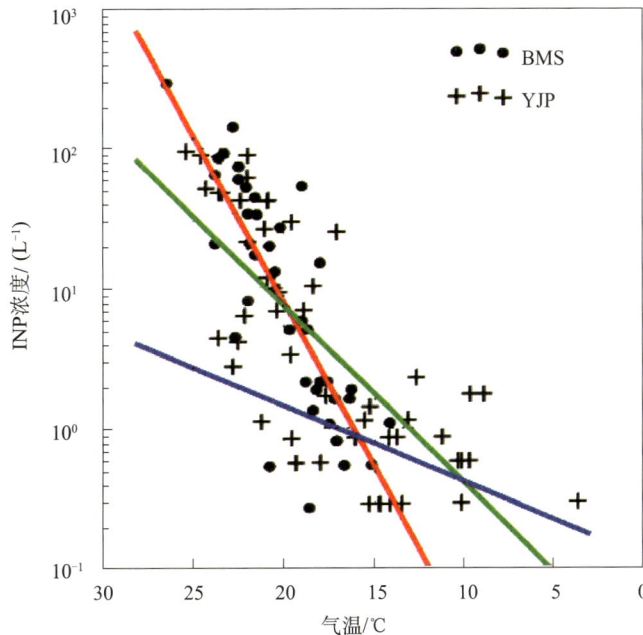

代表图片 3　城区与山区大气冰核谱及拟合曲线（绿色线为海陀山闫家坪）

（● 表示城区站点数据，＋ 表示山区站点数据；红线表示城区站点数据的拟合曲线，绿线表示山区站点数据的拟合曲线，
蓝线为美国 DeMott 教授汇总的全球平均冰核谱曲线）

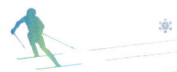

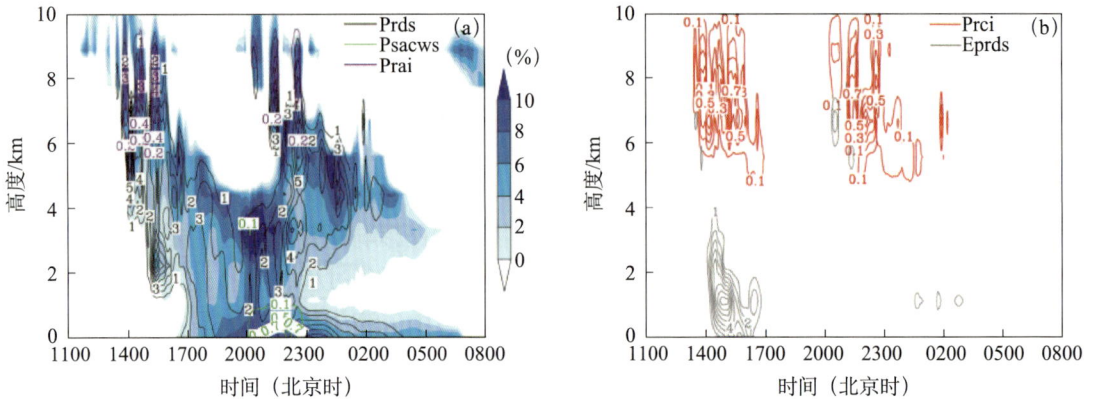

代表图片 2　2019 年 11 月 29—30 日闫家坪站（a）冰面过饱和度（彩色阴影）和水汽凝华成雪（Prds，黑色线）过程的转换率以及（b）云冰自动转换为雪（Prci，红色线）、雪晶升华（Eprds，紫色线）过程的转换率随时间和高度的分布

（撰写人：马新成）

3.2.4　基于云顶温度与 0 ℃层高度的降水相态识别

【主要完成单位】北京市气象台

【主要贡献人员】荆浩　于波　张琳娜　翟亮　邢楠

【来源项目名称】国家重点研发计划项目"冬奥赛场定点气象要素客观预报及风险预警技术研究及应用"；北京市自然科学基金面上项目"复杂地形条件下边界层过程对北京降雪的作用研究"；中国气象局预报员专项"北京地区初冬雨雪相态特征分析及预报指标研究"

【成果主要内容】

基于多年冬季地面观测、探空及多种新型观测资料，研究北京及邻近的张家口、乐亭三个气象站不同降水相态下的垂直温湿结构，分析降水相态的成因，建立相态判别指标。主要结论如下。

（1）建立雨雪相态判别指标

国内首次在降水相态判识指标研究中，明确使用"云顶温度"这一参数，从宏观预报角度出发，对于北京及周边地区，当云顶温度≤-14 ℃时，有利于云中冰晶、雪花等冰相粒子的形成和增长，此条件下云中有充足雪花产生并下落时，若 0 ℃层≤0.1 km，下落的雪花几乎不融化而安全落地；当 0 ℃层高度位于 0.1～0.5 km 时，下落的雪花容易部分融化，地面观测的相态主要为雨夹雪；当 0 ℃层高度≥0.5 km 时，下落的雪花易完全融化，观测的相态主要为雨。当云顶温度＞-14 ℃时，0 ℃层高度为 0.1 km 是判别雨夹雪和雨的合适阈值，其中 -4 ℃是雨夹雪的云顶温度上限。-14～-4 ℃时冰相粒子比例较少，在 0 ℃层高度＜0.1 km（一般情况下 T_{2m}＜1 ℃）的条件下，地面观测到的相态主要为雨夹雪；只要 T_{2m} 略大于 0 ℃并导致 0 ℃层高度≥0.1 km，冰相粒子下落到近地面时容易被完全融化，观测到的相态则为雨。

（2）回流降雪的相态变化特征

冷空气前沿形成冷锋，而北京的雨夹雪多为雨雪转换的过渡相态，距离锋面位置的不同，降水相态也不相同，雨雪相态分布与锋面的位置有一定关系。冷锋一侧地面气温更低，云冰含量和云顶温度更高，易产生降雪；暖锋物理量特征与之相反，易产生降雨；锋面附近为过渡阶段，易产生雨夹雪。锋面在北京中部的南北摆动可能是造成局地雨雪相态频转换的原因之一。回流冷垫越湿、越冷，越有利阻止降雪下落时蒸发和融化。而关注特征观测资料和模式产品中与微物理有关的水成物分布的层次和浓度大小，对相态和雪花形态的分析和预报会有更好的把握。"融化效应"加速了相态转化，雨向雪的相态转换过程中 T_{2m}、0 ℃层高度会明显或快速下降。推测由于降水的拖曳和冰相粒子经过近地面暖层时融化吸热引起环境温度下降，加速了 T_{2m} 和 0 ℃层高度的下降，进而影响到达地面的降水相态，加快了雨向雪的转化。

【成果应用成效】

研究成果获同行专家的好评，提升了北京地区气象预报业务人员降水相态发生的理论水平和相态预报技术水平，云顶温度与 0 ℃层高度结合构成的相态判别指标较特定层气温组合构成的指标 TS 评分显著提高，雪、雨夹雪和雨的 TS 评分分别为（提高了）0.93（0.11）、0.57（0.39）和 0.86（0.43）。成果应用促进了北京相态预报业务能力的提升，告别了短期时段内相态出现偏差的情况。冬奥会延庆赛区的自动气象站海拔为 928～2 194 m，其各站温度实况和预报构成的垂直廓线分析结果，为冬奥会延庆赛区的相态预报服务提供了很好的参考。相关研究成果集成于多维度冬奥预报平台中，供业务中预报和会商参考使用。

【成果应用展望】

成果着眼于大气垂直温湿结构，从成雪和融雪角度研究了北京及周边地区的降水相态变化特征，建立了云顶温度和 0 ℃层高度相结合作为关键要素的判别指标。该方法突破了传统的特性层温度判识法，相态预报 TS 评分显著提高，方法新颖，技术方法可应用于其他地区，具有很好的业务推广应用价值。

【成果代表图片】

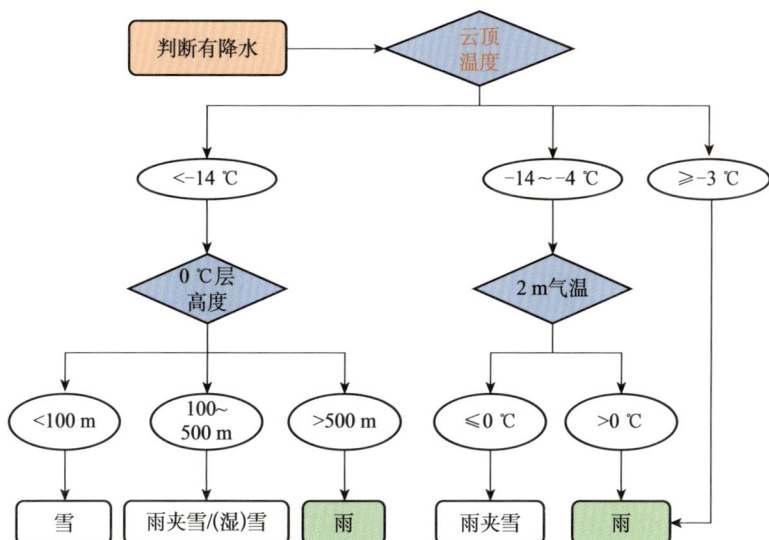

代表图片 1 降水相态的决策树

（撰写人：荆浩）

3.2.5 海陀山风环流特征

【主要完成单位】北京市气象台

【主要贡献人员】荆浩 于波 阎宏亮 时少英

【来源项目名称】国家重点研发计划项目"冬奥赛场定点气象要素客观预报及风险预警技术研究及应用"

【成果主要内容】

基于北京冬奥会延庆赛区的自动气象站数据，在不同天气背景下通过合成分析，从地形动力、热力作用出发探究冬季海陀山的风场特征。

海陀山风速方面，海陀山山顶至山脚风速随海拔高度降低而递减，其中山顶最大阵风的风力超过 12 级，中值为 7 级，最小为 2 级；山腰最大阵风为 11 级，中值为 5 级，最小为 1 级；山脚附近最大阵风 9 级，中值为 3 级，最小为 0 级。由于高、低海拔热力作用不同，山脚各站与山脊各站风速分布有明显日变化，且成反位相关系，山顶风速白天小、夜间大，最小值出现在午后，最大值多出现在晨、昏前后，平均风速差在 3～5 m/s，而山脚附近白天风速大、夜间小。风向方面，山脊海拔 2 000 m 以上，主要受相应高度的自由大气影响，主要表现为西北风，其中在超级大回转起点附近风向受地形偏折，以偏北风为主。

海陀山风环流方面，在弱风场背景下热力环流控制山脊以下整个山谷，海陀山存在明显的山谷风效应，即山谷中白天为明显的偏南风（谷风），大小为 3 级，夜间转为偏北风（山风），大小为 2 级，山风转谷风时间在 09 时左右，谷风转山风时间在 17 时左右。山谷中上午到夜间风向会随时间有明显的顺时针旋转。其风向旋转很可能是由于太阳高度角变化使山谷受热不均匀导致。上午时段，太阳辐射主要在山谷西坡，西坡被加热更多，从而形成从东坡向西坡穿越山谷的风；午后相反，东坡加热开始变多，暗影在山谷西坡，风向开始由东南转向西南。在偏北大风背景下，山脊各站北风风速显著，山谷中会出现与环境风相反的偏南大风。计算发现大风时赛区大气弗劳德数远大于 1，山谷中有文丘里效应发生，从而导致处于背风坡的山谷空腔中出现由动力作用引起的次级环流——涡流。而涡流的尺度与风向有关，当赛区受强西北气流影响时，气流下方的空间较大，涡流尺度较大，可使山谷中出现大范围的偏南风，在晴朗的白天，涡流导致的偏南风叠加谷风，可使低海拔站点出现极端的偏南大风（最大风速 29 m/s）；而赛区转受强北气流影响时，气流下方的山谷大涡流尺度缩小，涡流只影响背风坡上端较小区域，山谷中低海拔各站转为偏北风控制。

综上所述，山谷中存在 4 种环流综合控制，一是天气尺度的环境风，主要影响高海拔地区，以偏西、偏北风为主；二是由热力驱动的山谷风，其是弱环境风控制海陀山中低海拔地区的主要环流；三是涡流，大风天气背景下，在山谷中起到主导作用；四是近地面风，较强冷空气影响时，近地面冷空气沿低海拔的山脊和河谷绕流影响山腰、山谷各站，西大庄科直接受沿河谷方向的西北冷空气影响，山脚的竞速结束区附近可受涡流和冷空气共同影响，南北风交替出现。由此构建了海陀山三维风环流概念模型。

【成果应用成效】

延庆海陀山作为北京冬奥会高山滑雪比赛的举办地，其尺度小、地形复杂，且赛道每处风速风向皆不相同、变化明显，风对赛事有直接影响。研究成果显著加强了对海陀山局地环流的特征和影响机理认识，并对该地区的数值预报的发展、客观方法研发提供了数据参考，对冬奥会高山滑雪比赛期间赛场风的预报服务提供了技术指导，基于研究结果所形成的风预报客观方法，较模式预报准确率总体提升 20%。

【成果应用展望】

相关成果提高了科研业务人员对山地环境中的局地环流的认识，可广泛应用于山区的要素预报，并对数值模式的改进和夏季山区强对流天气的初生、发展的预报有一定参考作用，为山区的天气预报服务提供技术支撑。

【成果代表图片】

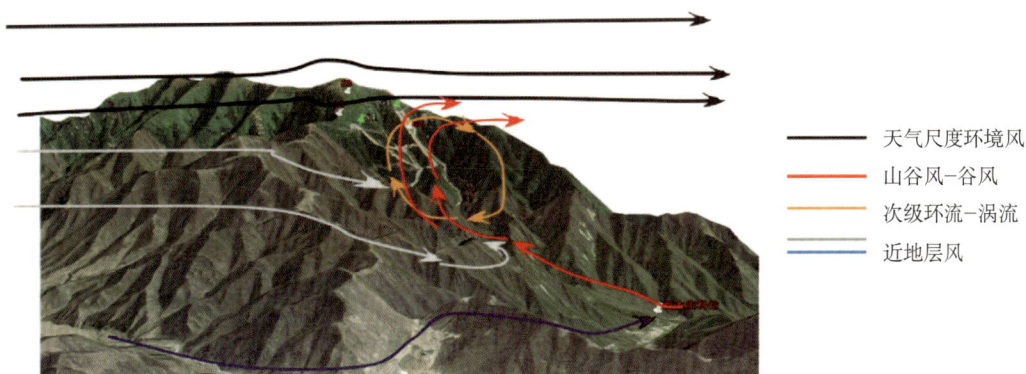

代表图片 1　海陀山 4 种环流

（撰写人：荆浩）

3.2.6　张家口赛区三维观测及局地风场模型

【第一完成单位】河北省气象台

【主要参与单位】河北省气象装备中心；北京敏视达雷达有限公司；中国兵器工业集团有限公司

【主要贡献人员】王宗敏　田志广　张延宾

【来源项目名称】国家重点研发计划"科技冬奥"专项"冬奥赛场精细化三维气象特征观测和分析技术研究"

【成果主要内容】

（1）国内首次连续 4 个冬季在冬奥会张家口赛区及周边复杂地形条件下开展野外观测试验，构建由激光测风雷达、微波辐射计、地面气象站组成的多个小型超级站，形成三维、秒级、多要素立体观测网络。

（2）基于地面、高空观测，结合系留气艇、气象无人机、烟条燃放试验等数据，通过 WRF 大涡数值模拟和山地气象学理论分析，构建了冬奥赛场不同天气背景下、不同场馆群局地环流概念模型。

云顶场馆群地区上空主要为偏西越山气流，随着高度的增加，风速增大、气温降低。古杨树场馆群，在强天气背景下，高空为较强的偏西风气流，低层包括偏西越山气流、山脉绕流、偏西越山气流在山脉背风处形成的垂直涡旋以及绕流气流在爬坡时在山脉背风处形成的

水平涡旋；弱天气背景下，夜间受地面附近冷池影响盛行下坡风和下谷风，风速小于 2 m/s，跳台为东风；白天，温度快速上升，强度可达到 6 ℃/h 以上，为上坡风和上谷风，风速一般小于 3 m/s，跳台为微风。

（3）开发复杂地形下三维风场反演产品、三维超声风秒级显示平台，输出最大风、平均风、阵风、超阈秒（每分钟超过比赛阈值的秒数）及其占比等产品，直接应用于冬奥会比赛现场服务。

【成果应用成效】

观测试验所有数据实时传输到河北省气象局外网服务器，形成数据集，满足气象预报服务及科研团队的"分钟级、百米级"精细化气象要素数据需求。特别是在自由式滑雪空中技巧、U 型场地技巧及跳台滑雪比赛场地（Filed of Play，FOP）区域的秒级观测数据，能够直通裁判席和现场气象预报服务人员，为赛事活动提供实时气象保障。

云顶滑雪公园、古杨树场馆群局地天气概念模型，揭示了赛区局地环流特征，提高了气象预报员对赛场天气的认识和预报把握能力。

【成果应用展望】

通过观测试验研究，提高了气象预报员对山地气象学的认识和理论水平，有关的局地天气和局地环流概念模型如绕流、背风涡旋、山谷风等在山区有普适性。今后在山地气象服务中，如森林防火、局地山洪、山区重大活动等保障服务中，气象预报员可参考上述模型，结合本地观测资料，建立当地局地天气和环流的概念模型，结合数值预报等资料，制作本地预报。

【成果代表图片】

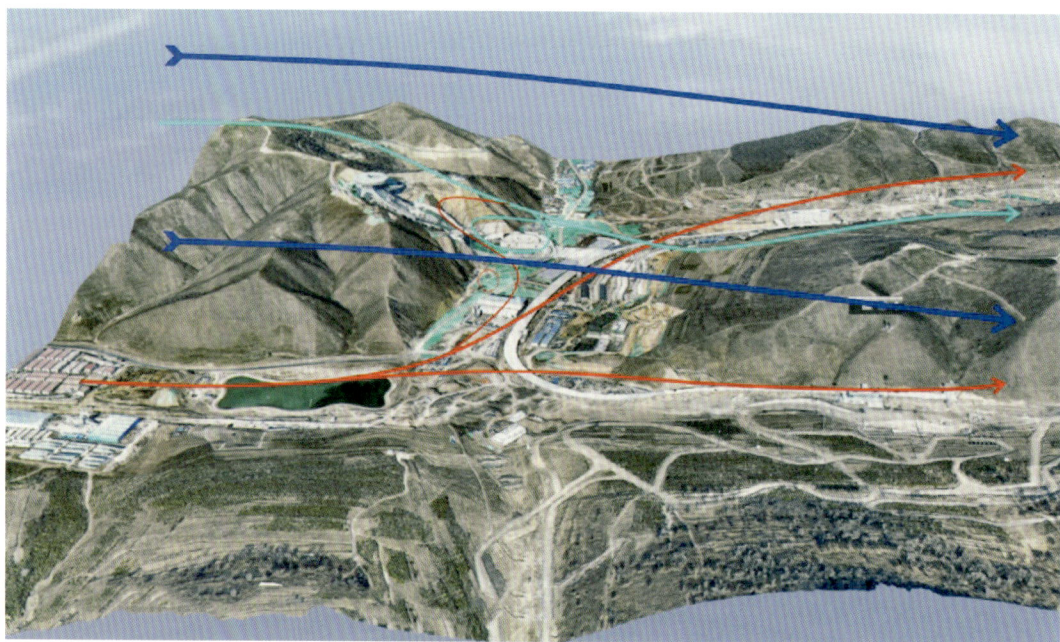

代表图片 1　强西风背景下，古杨树场馆群风速风力概念模型

（深蓝色流线表示高空背景风；浅蓝色流线表示西风越过山脉后，出现沿水平轴的背风涡旋，流向下游；
红色流线表示气流遇到山脊出现绕流，并在跳台滑雪场地出现沿垂直轴（小圆圈）的小涡旋，
之后并入沿水平轴的背风涡旋流向下游）

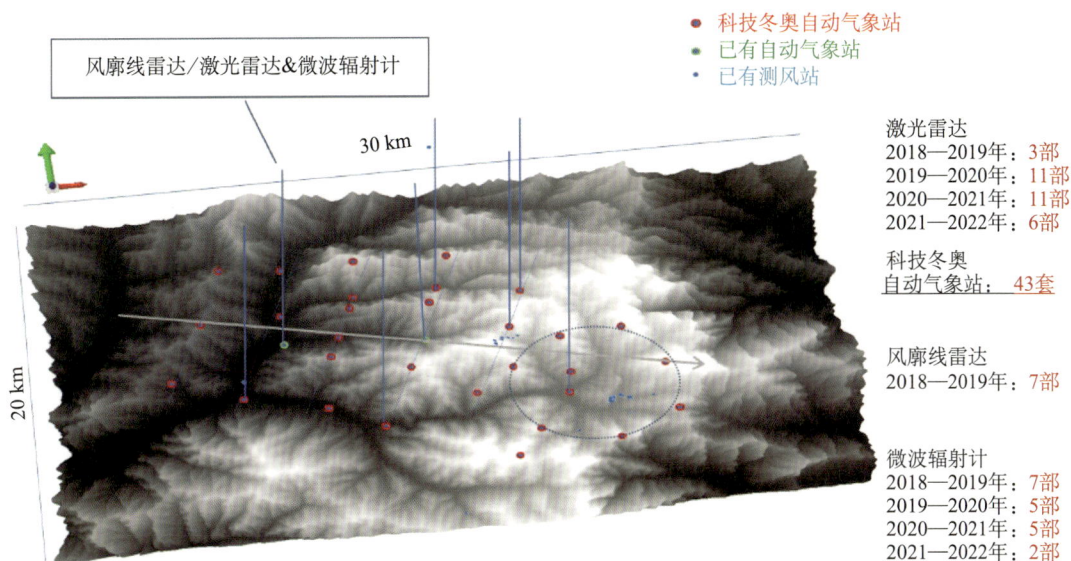

科技冬奥自动气象站
已有自动气象站
已有测风站

风廓线雷达/激光雷达&微波辐射计

30 km

20 km

激光雷达
2018—2019年：3部
2019—2020年：11部
2020—2021年：11部
2021—2022年：6部

科技冬奥
自动气象站：43套

风廓线雷达
2018—2019年：7部

微波辐射计
2018—2019年：7部
2019—2020年：5部
2020—2021年：5部
2021—2022年：2部

代表图片2　2018—2022年张家口赛区冬季观测试验布局

（撰写人：王宗敏）

3.2.7　张家口赛区复杂地形气象特征分析和赛事气象风险预报技术研究

【第一完成单位】河北省气象台

【主要参与单位】河北省气象科学研究所；张家口市气象局

【主要贡献人员】连志鸾　李宗涛　李江波　孔凡超　段宇辉　郭宏

【来源项目名称】河北省"科技冬奥"专项"冬奥会崇礼赛区赛事专项气象预报关键技术"

【成果主要内容】

1. 主要内容

基于张家口及周边地区常规气象观测资料和地基、空基和天基综合立体气象观测及其所形成的复杂地形上50 m空间分辨率的精细观测试验数据集，整理形成冬奥会和冬残奥会赛事期间降雪、大风、雾等高影响天气历史个例库。进行天气学诊断研究和数值模拟，开展复杂山地条件下不同尺度环流相互作用及边界层过程对上述天气演变的影响作用研究，提炼出具有典型区域特征的天气学概念模型，形成上述天气系统短中期预报技术指标体系，并针对测试赛开展业务试验。

（1）基于张家口赛区高影响天气个例库建设，开展典型个例模拟

对张家口赛区大风、寒潮等灾害性、高影响天气进行了个例筛选，完成张家口赛区冬奥会高影响天气的个例库建设，实现了灾害性天气的实况、极值、影响范围、影响系统及类别等入库，方便气象预报员调阅分析以及预报参考。

利用微波辐射计、激光测风雷达等资料通过物理量诊断等方法对2018—2021年赛区冬季天气开展个例分析，建立了"冷湖效应""夜间升温""地形降雪"等山地天气的预报模型。在此基础上开展了赛区高影响天气精细化模拟，通过典型个例的模拟和敏感性试验，揭示了

山地天气中小环流特征以及变化发展的规律，进一步提升了对山地天气特征的认识。

（2）建立遥感积雪分布和张家口赛区（崇礼）DEM/DSM/DOM 数据集

基于 2000—2020 年 MODIS 卫星数据，建立了长时间序列积雪覆盖数据集，8 d 合成产品的空间分辨率为 1 km，有效消除了云对积雪反演的影响，并开展了张家口赛区冬奥会时段积雪覆盖面积的变化分析。基于 2015—2020 年 Landsat 卫星数据，完成了张家口赛区（崇礼）积雪深度遥感反演，建立了积雪分布栅格数据集，空间分辨率 30 m。

建立张家口赛区（崇礼）云顶和古杨树赛场的 DEM/DSM/DOM 数据集：利用无人机搭载多种观测设备获取了赛区范围 5 cm 分辨率数字地球模型（DEM）数据、地球表面模型（DSM）和正射影像（DOM）数据以及"吉林一号"卫星的 0.75 m 分辨率张家口赛区（崇礼）DOM 影像数据。

（3）山区复杂地形下的局地夜间增温的局地动力、热力环流模型构建

基于自动气象站对赛场夜间增温事件进行统计分析；采用天气学诊断分析、激光雷达风场反演等方法，结合微波辐射计、三维激光雷达、风廓线仪等高时空分辨率观测资料以及 NCEP/NCAR 再分析资料对赛场夜间增温事件进行个例分析，并构建不同触发机制下夜间增温的局地动力、热力环流的风场及温度场模型。

基于局部均匀分布假设的多普勒雷达资料体积速度处理算法（VVP）开发了激光雷达风场反演程序，清晰反映赛场所在山谷水平风场分布和水平风场与垂直速度的垂直廓线。

（4）分布式融雪模型应用于赛会气象服务

根据崇礼地区气象条件以及陆面过程特征，构建了积雪聚集-消融模拟的 GBEHM 模型。该模型综合了分布式水文模型 GBHM、陆面过程模型 CoLM 和 CLM、风吹雪模型 PBSM。该模型能够模拟冰川、积雪、冻土的消融和冻结过程。考虑到张家口赛区（崇礼）对空间分辨率的较高要求，以及再分析资料不可用的情况，分别将大涡模式（WRF）数据（50 m 空间分辨率）、睿图模式（3 km 空间分辨率）以及基础地理数据作为模型驱动数据，基于最邻近插值等方法制备了用于驱动模型且空间分辨率为 50 m 的 10 m 风速、2 m 气温、大气压、相对湿度、降水格网数据，根据数值预报产品模拟生成未来几日的积雪深度、雪表温度等数据，能有效模拟崇礼当地自然降雪的维持及融化过程。

（5）依托冬奥赛事风险预报系统，实际应用于冬奥赛事保障

完成了赛道雪面气象要素短期预报子系统、赛事用雪风险预报子系统和预报分析制作平台的建设。基于精细化地形、太阳高度角、天空云量和云状等信息，建立了赛道不同地点的日出和日落时间、日照时长的预报模型，实现了赛道辐射量的精细化预报。

依托赛道雪面气象要素短期预报系统和赛事用雪高影响天气预报系统，构建赛道高温融雪、强降雪、降雨、大风、沙尘暴等高影响天气风险预报模型；综合赛事风险等级与高影响天气分级，建立赛事用雪风险分级预警方案；建立不同天气的赛道雪质和人工造雪影响阈值体系，并对不达标的赛段和时段发布预警。

2. 技术特点和创新性

（1）张家口赛区高影响天气个例库、遥感积雪分布和赛区 DEM/DSM/DOM 数据集建设
采用天气学诊断分析、激光雷达风场反演等方法，结合微波辐射计、三维激光雷达、风

廓线仪等高时空分辨率观测资料以及 NCEP/NCAR 再分析资料对赛场夜间增温事件进行个例分析，并构建不同触发机制下夜间增温的局地动力、热力环流的风场及温度场模型。研究成果将直接提供给冬奥河北气象服务团队，进而提高团队对夜间增温事件的理论认识，同时为开发有针对性的气温客观预报方法提供新的思路，为做好赛区气象保障服务提供支撑。同时，研究成果揭示了山地天气中小环流特征以及变化发展的规律，进一步提升了对山地天气特征的认识。

（2）分布式融雪模型应用于赛会气象服务

根据崇礼地区气象条件以及陆面过程特征，开发了适用于崇礼地区的融雪模型。该模型部署测试正常，已投入业务运行使用，每日模拟生成未来几日的积雪状况，以模拟崇礼当地自然降雪的维持及融化过程。

3. 所解决的主要问题

冬奥会和冬残奥会户外雪上项目对风、能见度及温度等气象要素极为敏感，山区由于下垫面复杂、距离很近的两个气象站点海拔高度落差可能很大，它们的气象要素也会有很大的区别，且山区往往有一些独特的天气现象，给预报带来很大的难度。张家口赛区复杂地形下的气象特征分析和赛事气象风险预报技术研究，弥补了我国对复杂地形下气象条件与国际重大体育赛事的有效融合问题，不论是雪务保障、运行保障，还是赛事保障、运动员人身安全等，冬季户外的气象风险预报技术研究在国内属首次开展。此项关键技术重点解决了冬季复杂地形下的精细化预报技术严重缺乏的问题，为以后我国举办冬季雪上项目积累了宝贵的经验。

【成果应用成效】

（1）构建了山区复杂地形下的局地夜间增温、冷湖、大风的局地动力、热力环流模型

在国内首次全面分析了山区夜间增温、冷湖的形成机制，并构建了机制模型。该项目的科研成果在 2021 年 2 月和 11 月"相约北京"测试赛以及北京 2022 年冬奥会和冬残奥会期间得到了应用，为冬奥会张家口赛区（崇礼）气象中心预报员在预报中提供了订正模式气温预报的依据，具有较好的参考价值。

（2）构建了分布式融雪模型

利用积雪模型对张家口赛区（崇礼）积雪聚集 - 消融过程进行实时模拟，开展积雪深度预测，并利用赛区三个气象站点进行精度检验。结果表明，模拟的雪深与实际观测雪深都有着较好的一致性，相关系数均在 0.95 以上，模型能真实反映积雪融化情况。与此同时开展无人机和高分卫星监测，积极协调"吉林一号"卫星进行影像定制采集，及时获取了云顶滑雪场、跳台、越野赛道 0.75 m 空间分辨率遥感数据，通过影像清晰观测赛区及周边自然积雪状况，相关数据成果在冬奥会张家口赛区气象中心得到了应用，为冬奥赛事举办提供技术保障。

（3）聚焦赛事气象风险、用雪风险，构建气象风险指标体系

参考之前 3 届冬奥会气象风险阈值和各单项组织有关规定，应用冬奥会张家口赛区赛事核心区气象观测站数据，对各场馆降雪、风、低温、低能见度、高温融雪、变温等要素进行了本地化气象风险阈值分析，形成了张家口赛区赛事气象风险阈值指标。该指标在冬奥会和冬残奥会气象预报服务、气象风险分析评估方面发挥了重要作用，依托张家口赛区气象风险阈值指标，在冬奥会防风网建设建议、赛事日程确定、赛程调整、决策服务等工作中，具备了参考指标，提升了服务效果。

在张家口赛区气象风险阈值指标基础上，增加了高影响天气风险分析，运用赛场分钟级数据细化了各场地气象风险的超阈值概率，实现了"一项一策"的气象风险分析，增加了造雪气象风险分析，制定了本地化造雪气象指标，进一步完善了张家口赛区赛事气象风险分析评估，为气象预报员了解掌握影响赛事的气象风险和做好今后张家口赛区雪上赛事举办提供了支撑，同时也为后续推广雪上运动发展提供了参考。

【成果应用展望】

构建了山区复杂地形下的局地夜间增温、冷湖、大风、地形降雪的局地动力、热力环流模型，为冬奥会张家口赛区（崇礼）气象中心预报员在预报中提供了订正模式气温预报、局地地形风、地形降雪的依据，有较好的参考价值。后续将在河北省气象台预报业务中进一步推广，特别是在太行山、燕山山区的气象要素预报中进行有效移植和业务应用。

建立了张家口赛区气象风险阈值指标体系。根据张家口赛区气象风险阈值，该模型制定了不同气象要素预警发布规范和模板，基于该模型的衍生产品在决策服务中得到了领导的批示，为场馆运行、铲冰除雪作业提供了技术保障，同时也为今后国内雪上赛事的举办探索了服务方法。

【成果代表图片】

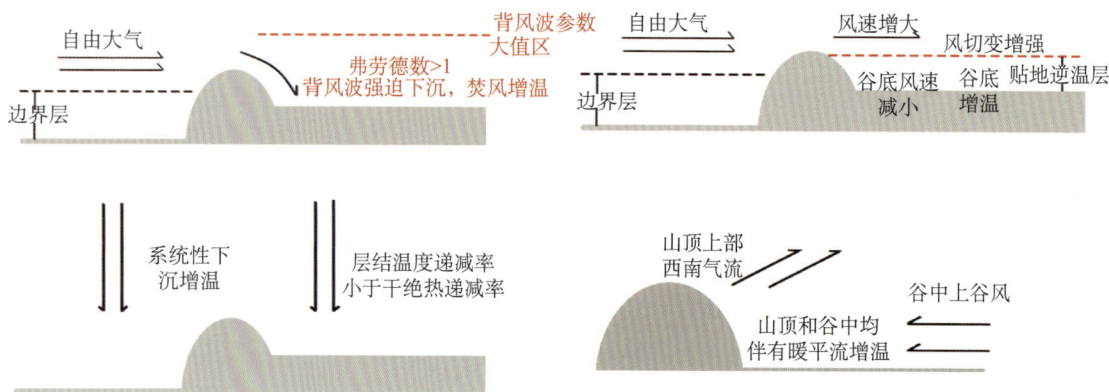

代表图片 1　冬奥会张家口赛区夜间增温机制模型（焚风增温、逆温层混合增温、高压控制下的下沉增温机制模型）

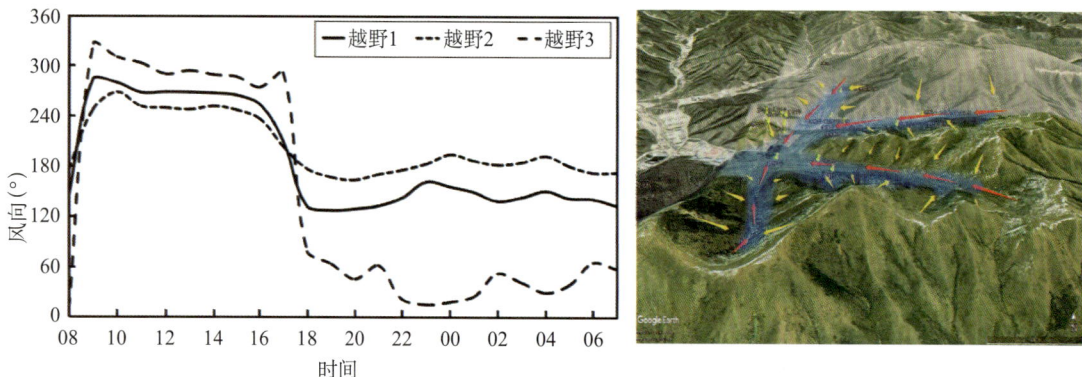

代表图片 2　弱冷空气条件下越野赛区三站点风向平均日变化和夜间地形风示意图

（撰写人：段宇辉）

3.2.8　新增积雪等物理机制研究和预报技术研发及应用

【主要完成单位】国家气象中心

【主要贡献人员】符娇兰　陈双　胡宁　胡艺　李嘉睿　张亚妮　陈博宇

【来源项目名称】国家重点研发计划"科技冬奥"专项"冬奥会气象条件预测保障关键技术"

【成果主要内容】

主要成果包括京津冀地区干、湿雪天气形成的关键影响因子研究，冬奥赛区新增积雪客观预报产品开发，以及冬奥赛区复杂地形风、温度等气象要素天气气候学特征分析，具体如下。

（1）完成干、湿雪天气形成的关键影响因子研究

为更深入理解华北地区不同干、湿降雪过程的天气背景及热动力环境条件特征，本研究选取华北地区两次干、湿降雪过程，对其降雪前后的天气形势、热动力条件以及微物理过程等进行对比分析。参考 Roebber 等对雪水比（积雪量/降雪量）等级的划分，将雪水比 $1:1\sim9:1$ 和大于 $15:1$ 分别表示湿、干雪过程，从 2009—2012 年挑选了"20100103"（雪水比 $1:1\sim9:1$）、"20111129"（大于 $15:1$）两次雪水比存在显著差异的降雪过程，从大尺度环流背景、温度层结、垂直抬升、水汽条件等方面分析造成雪密度差异化的天气学原因。"干雪"过程无明显高空槽前西南风气流，降雪区主要位于低涡底部的偏西或偏西北气流当中，伴有较强冷平流，为一次低涡所造成的降雪过程，影响系统主要来自偏北方向；而"湿雪"过程则伴有自西向东移动的西风槽，降雪区主要位于槽前西南气流中，无明显冷平流，为一次西风槽东移所造成的降雪过程，影响系统主要来自偏西方向。此外，"湿雪"过程在低纬度地区，伴有南支槽活动，有利于南方地区水汽向北输送，较"干雪"过程水汽输送条件更为有利"湿雪"的产生。"干雪"过程主要降雪时段（1月3日08—20时）较"湿雪"过程主要降雪时段（11月29日14—20时）温度总体显著偏低。从垂直运动分布来看，"干雪"过程的动力强迫主要位于低层，而"湿雪"过程的动力强迫则位于高层。从相对湿度分布特征来看，"干雪"过程的云顶发展高度，较"湿雪"过程偏低。具体到温度、湿度和垂直运动的垂直配置来看，"干雪"过程最大上升运动中心及 $-18\sim-12$ ℃范围区与云区范围基本重合，且重合区范围较为深厚，而这种情况有利于将降雪粒子较长时间地维持在有利于枝状雪花的形成区域，进而容易产生雪水比较大的降雪粒子；而"湿雪"过程，其最大上升运动中心位置略高于 $-18\sim-12$ ℃温度范围区，且与 $-18\sim-12$ ℃温度范围区重合较少，而这种情况产生的降雪往往其雪水比相对较小。整个降雪时段，"湿雪"过程均为冰相和过冷水滴共存的状态，当云层中上部的冰相粒子下落至云层下部，遇到过冷水滴时，容易发生冰晶粒子和过冷水滴的碰并作用（淞附过程），而通过这种作用所形成的降雪粒子，其雪水比往往不太高，尤其是伴有显著淞附作用所形成的降雪粒子。具体到"湿雪"过程，其冰相粒子和液态水粒子的含量来看，其过冷水滴含量略高于"干雪"过程，为 $0.02\sim0.04$ g/kg，而冰相粒子含量则显著高于"干雪"过程，中心达 0.18 g/kg 左右。由此可见，云中冰相粒子的含量，并不是决定雪水比大小的关键因子，还得看其是否伴有过冷水滴及其云底高度所在处的降水粒子相态。

（2）完成冬奥赛区精细化新增积雪预报技术及产品开发

积雪形成与云内、云外以及地面过程等有关，其中云内微物理过程对积雪形成至关重要。基于 Cobb 算法构建的预报模型重点引入了云内温度、垂直速度等变量计算雪水比。参考 Cobb 算法利用 ECMWF IFS 模式输出的高空温度、相对湿度、垂直速度以及高度场等变量建立了雪水比预报模型，算法具体如下。

首先，需要在模式输出的湿度廓线内识别出云，Cobb 算法利用相对湿度大于 90% 来识别云，根据中央气象台多年预报经验，模式预报的相对湿度达到 85% 就有可能出现降雪，因此，本研究将云定义为相对湿度大于等于 85%。考虑到地形的影响，不同海拔高度云识别的上下边界选择的气压层不一样，云识别范围的下边界气压层位势高度必须大于等于地形高度（H），上边界最高气压层选取标准如下：

当 $H \geqslant 4\,000$ m，最高气压层为 100 hPa；

当 $2\,000$ m $\leqslant H < 4\,000$ m，最高气压层为 200 hPa；

当 $1\,000$ m $\leqslant H < 2\,000$ m，最高气压层为 300 hPa；

当 $H < 1\,000$ m，最高气压层为 400 hPa。

其次，计算云内各层雪水比权重系数，具体如下：

$$W_i = \omega \left(\frac{\omega}{\omega_{\max}} \right)^2 (\phi_2 - \phi_1)$$

式中，$\omega_{\max}$ 为整个云体内最大垂直上升速度；ω 是任意云层内的平均垂直上升速度；ϕ_2、ϕ_1 为云层上、下边界的位势高度。

最后，计算整个云内加权的雪水比，并将各层雪水比累加得到最终雪水比，具体如下：

$$\mathrm{WSR}_i = \mathrm{SR}_i(T) \times \frac{W_i}{\sum W_i}$$

$$\mathrm{WSR} = \sum \mathrm{WSR}_i$$

式中，$\mathrm{SR}_i(T)$ 为云内某一气压层上的雪水比，由雪水比和温度的统计关系得到。

由于 ECMWF IFS 模式空间分辨率为 9 km，为了得到更精细的积雪深度预报产品，利用高分辨率地形数据以及双线性插值和地形融合插值方法将模式温度、相对湿度、垂直速度以及高度场插值到 1 km 空间分辨率，根据上述公式分析得到 1 km 空间分辨率的雪水比预报产品。

在雪水比预报模型的基础上，根据雪水比计算公式，用雪水比乘以降雪量即可得到新增积雪深度。由于数值模式降水量存在一定的预报偏差，预报的精细化程度也无法满足业务预报需求。近年来，中央气象台发展了智能网格降水量和相态预报技术。从预报效果来看，格点化定量降水预报 TS 评分和均方根误差均较 ECMWF IFS 模式降水预报有一定提高。基于集合预报系统的最优概率阈值法构建的相态预报技术较集合预报系统控制成员及 ECMWF IFS 模式预报显著提高了降水相态预报能力。因此，降雪量预报数据来源于中央气象台智能网格降水以及相态预报产品，通过判断逐 3 h 或 6 h 的降水相态类型，将出现降雪时段的降水量确定为相应时段的降雪量，结合雪水比预报模型即可得到相应时段的新增积雪深度预报。

根据上述技术流程，发展了冬奥赛区雪水比、新增积雪深度预报技术，相应的产品空间分辨率为 1 km，1～3 d 预报时效时间分辨率为 3 h、6 h、24 h，4～10 d 预报时效时间分辨率为 6 h、24 h。

（3）冬奥赛区复杂地形下风、温度等气象要素天气气候学特征分析

利用 2020—2021 年赛区观测资料，对延庆赛区、张家口赛区等复杂地形下温度、风时空分布进行统计分析。结果表明：平均来讲，延庆赛区各站点在 15 时或 16 时出现日最高气温，06—08 时出现日最低气温，气温日较差随海拔升高而减小；平均风速和极大风速有一致的日变化特征，以竞速 5 号站为界，高海拔站点白天风速小、夜间风速大，低海拔站点日变化相反，海拔高度超过 1 900 m 站点的风速随海拔升高而增大；位于山脊站点风向无日变化，以西北风为主，位于山坡站点风向日变化较小，白天以西北风为主，夜间为偏西风，而位于低海拔地区的山谷站点风向日变化大，表现出明显的山谷风环流特征。竞速 1 号站阵风因子有明显的日变化，白天阵风因子较大，最大值出现在午后，阵风因子离散度大，夜间阵风因子较小且离散度小。阵风因子与湍流强度呈正比，基于湍流强度拟合得到的阵风因子更接近实际。张家口赛区气温分布受太阳辐射差异与海拔高度的共同制约，盆地或山谷温度日较差大，且逆温现象明显。环境风和日变温影响逆温强度，风速越小，逆温强度越大。赛区风速具有明显日变化特征，中午前后最大，夜间最小。均压场下，古杨树赛场昼夜风向转换明显，而云顶赛场无明显昼夜风向变化；日落后赛区温度开始建立逆温结构，在日出前达到最强，日出后逆温迅速减弱消失，云顶赛场逆温强度弱于古杨树赛场。有较强冷空气活动时，气温随海拔高度增加而降低，两赛场风向均无明显昼夜变化。

【成果应用成效】

为更好评估新增积雪客观预报产品预报性能，利用全国国家站 08 时实况积雪深度观测资料对 2019 年 10 月—2020 年 3 月新增积雪客观预报产品以及 ECMWF IFS 模式新增积雪预报产品的预报情况进行了检验。参照降雪量等级及积雪观测业务规范，评分等级分别为 1、3、5、10、20、30 cm，并进一步计算了相对 ECMWF IFS 模式新增积雪预报产品的 TS 评分提高率。

从提前 1～3 d 预报评分可以看出，基于改进后的 Cobb 算法新增积雪深度预报产品对绝大部分量级积雪深度预报评分要优于 ECMWF IFS 模式，提前 2 d 预报评分提高率基本达到了 10% 以上，尤其是大于 20 cm 新增积雪深度预报，评分相对模式提高率达到了 100%，可见，该方法相对数值模式改进明显。

冬奥会测试赛和赛时保障（2021 年 10 月 1 日—2022 年 3 月 13 日）期间，赛区共出现了三次明显降雪过程，分别为 11 月 6—7 日、1 月 20—22 日、2 月 12—13 日。其中，11 月 6—7 日北京地区出现雨转大到暴雪，最大新增积雪达到 4～8 cm，局地 10 cm 以上；2 月 12—13 日出现了大雪，局地暴雪，新增积雪部分地区达到了 10 cm 以上，且表现出明显的干雪特征。新增积雪客观预报产品为上述降雪过程的预报服务提供了重要参考，特别是对于 2 月 12—13 日降雪过程的积雪预报，干、湿雪天气成因分析为气象预报员分析此次积雪预报关键影响因子以及判断积雪性质提供了科学依据，新增积雪预报产品也显示北京大部地区将出现 10 cm 以上积雪，预报结果与实况基本一致。

赛区风、温度等时空演变特征分析结果，为广大前线以及后方气象保障人员认识和理解复杂地形下气象要素分布提供了科学依据，为气象预报员制作赛区精细化预报产品提供了重要的背景资料。

【成果应用展望】

干、湿雪天气形成的关键因子研究成果可以继续为日常积雪预报提供科学依据，同时也可以基于上述研究成果进一步拓展，针对更多个例或更多区域开展相关研究工作。中央气象台不仅开发了冬奥赛区新增积雪客观预报技术，同时还开发了全国范围内新增积雪预报技术及相应的预报产品，该产品已于 2021 年实现业务化运行，可以为全国范围内冬季降雪预报提供技术支撑。赛区复杂地形下风、温度等时空演变特征对于认识不同海拔高度以及山谷、山顶等气象要素变化具有较好的参考价值，为未来开展山地气象保障提供了很好的基础。

【成果代表图片】

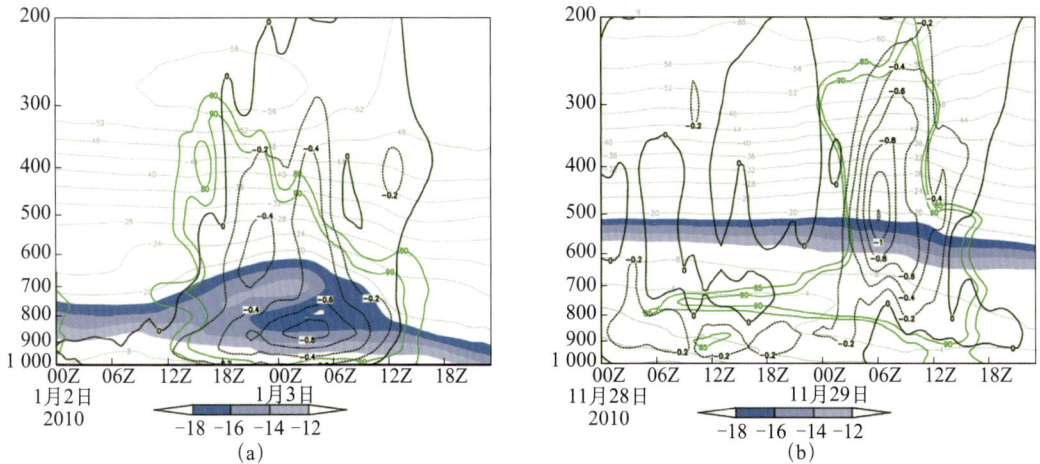

代表图片 1　2010 年 1 月 3 日"干雪"过程（a）和 2011 年 11 月 29 日"湿雪"过程（b）温湿特征及垂直上升运动运动时间高度剖面图

（黑色等值线为垂直速度，小于 0 为上升运动，单位为 Pa/s；绿色等值线为相对湿度，单位为 %，大于 90% 的区域范围表示云区；灰色等值线为温度，单位为℃；阴影填色区为温度为 −18～−12 ℃）

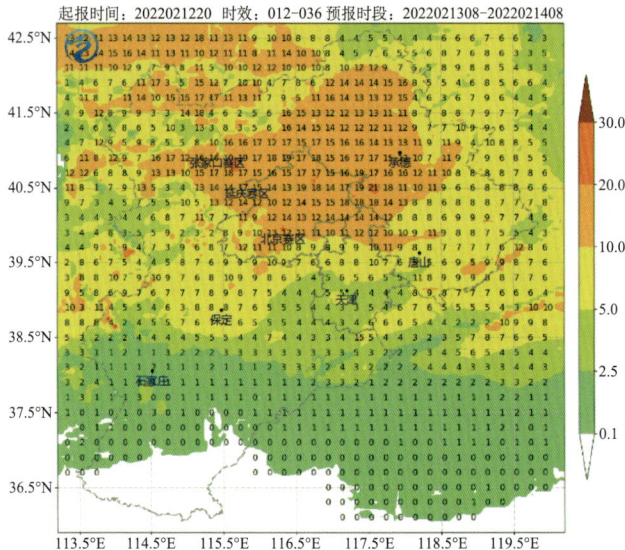

代表图片 2　2022 年 2 月 12 日 20 时—2 月 14 日 08 时 36 h 时效冬奥赛区新增积雪格点预报产品
（基于 Cobb 算法的 24 h 累计新增积雪深度（单位：cm)）

（撰写人：符娇兰）

3.3 预报技术

3.3.1 百米级、分钟级 0 ~ 24 h 融合预报

【主要完成单位】北京城市气象研究院

【主要贡献人员】宋林烨 杨璐 程丛兰 曹伟华 吴剑坤 陈明轩 秦睿

【来源项目名称】国家重点研发计划"科技冬奥"专项"冬奥会气象条件预测保障关键技术";国家自然科学基金项目"京津冀复杂地形下降水相态高分辨率预报改进关键问题研究"

【成果主要内容】

1. 研发完成百米级、分钟级睿思系统

为了满足北京 2022 年冬奥会气象保障服务对"百米级分辨率、分钟级更新"短临预报的刚性需求，需要提供高时空分辨率的快速更新短临分析和预报产品。因此，在前期技术储备和后期自主研发下，形成了新的客观短临集成预报系统——睿图-睿思系统，在中国气象局获得业务准入。该系统可以提供京津冀地区 500 m 空间分辨率、冬奥山地赛区 100 m 空间分辨率、逐 10 min 快速更新循环的精细化融合分析和未来 0 ~ 24 h 预报产品，为北京冬奥气象保障服务提供较高品质的高分辨率短临无缝隙网格预报产品及技术支撑。

2. 百米级多源气象数据快速集成融合分析和预报技术

睿思系统集成了多项百米级多源气象数据快速集成融合分析和预报技术，软件架构合理、分钟级快速循环运行。各项核心技术如下。

（1）研发睿图-临近（RMAPS-NOW）三维风场融合技术。实现 RMAPS-NOW 系统雷达反演分析及临近预报三维风场数据在睿思系统中的快速实时融合，大幅度提升与局地突发强对流密切相关的边界层三维风场的分析精度。批量试验评估结果表明，基于融合 RMAPS-NOW 临近预报风场得到的睿思系统边界层风向与风廓线资料的一致性要远远优于融合睿图-短期预报风场的结果。

（2）研发风场动态偏差订正技术。睿思风场准确率一方面依赖于观测资料，另一方面依赖于模式背景场所提供的风场准确性。以睿图-短期模式背景场为例，其在复杂地形区域对近地面风速模拟存在较大系统性偏差，呈现出对平原、山谷风速高估及对山腰、山顶地区风速低估的现象，因此，可先消除背景场的系统偏差。风场订正步骤主要包括两方面：首先利用距离反比插值方法将数值模式地形下 3 km 分辨率的 10 m 风场产品插值到睿思更高分辨率和更精细的地形上，通过地形降尺度提升分辨率，用降尺度得到的睿思高精度地形高度上的风速去订正模式 10 m 风；然后根据实况观测资料经纬度和海拔高度信息确认观测所在位置，取出对应位置背景场的风速，剔除地形因子及水面阻力等影响后，用观测场风场值订正背景场值，计算格点场在观测位置的误差。由于冬奥山地赛区处于高海拔地区，不同海拔高度上格点风速大小不仅受热力影响，还受山谷逆温、复杂地形等因素影响，故根据不同观测站位置来具体判断偏差订正系数。通过风场偏差订正后，睿思 0 ~ 24 h 风场预报误差显著降低。

（3）研发百米级分辨率阵风技术。基于 2018—2021 年京津冀长时间序列的实况观测资料，建立阵风系数与稳定风速、风向、地形高度各要素之间的关系模型，并结合客观统计分析方法、阵风观测数据融合技术、格点偏差订正技术，形成一种既保留模式物理参数特征和阵风局地气候特征，又发挥格点偏差订正技术的阵风客观预报方法。睿思融合和吸收了阵风观测数据，阵风分析场 $X^{t_0}_{\mathrm{ANA}}{}^{\mathrm{WSX}}(i,j)$ 计算如下：

$$X^{t_0}_{\mathrm{ANA}}{}^{\mathrm{WSX}}(i,j) = \max(X_{\mathrm{RISE}}^{\mathrm{WS2a}}(i,j)) \cdot \mathrm{GF}(i,j) + X_k^{\mathrm{OBS}} - \max(X_{\mathrm{RISE}}^{\mathrm{WS2a}})_k \cdot \mathrm{GF}_k$$

构建阵风预报场时，将经过格点偏差订正的 t_i 预报时次的睿思平均风预报场 $X^{t_i}_{\mathrm{FORC}}{}^{\mathrm{WS2a}}(i,j)$ 作为初猜场，耦合阵风系数格点模型获取阵风预报场，预报时效为 t_i 时阵风预报场 $X^{t_i}_{\mathrm{FORC}}{}^{\mathrm{WSX}}(i,j)$ 计算如下：

$$X^{t_i}_{\mathrm{FORC}}{}^{\mathrm{WSX}}(i,j) = X^{t_i}_{\mathrm{FORC}}{}^{\mathrm{WS2a}}(i,j)\mathrm{GF}(i,j)$$

（4）研发基于高斯模糊的温度三维插值方法。在对数值模式预报产品进行精细化释用处理中，必须要考虑模式地形与实际地形之间的差异性，综合考虑模式地形与实际地形进行精细化三维插值方法，并将该方法应用于北京冬奥会山区 100 m 高分辨率精细化温度产品释用中。算法先根据模式地形和实际地形的临界高度进行不同的三维插值，然后使用高斯模糊算法对插值后的结果进行处理用于模式产品的释用。以自动气象站观测为实况，经过该基于高斯模糊的插值方法得到的高分辨率地面温度场比原始数值模式温度场的均方根误差、绝对误差和偏差均显著减小，并且比原始数值预报产品更加精细化、美观化，实现复杂地形下地面温湿要素高精度降尺度。

（5）研发高分辨率降水相态分析和预报技术。降水相态是冬季重要的天气要素产品，其形成机制包含大气垂直热力学和微物理过程两个方面。一方面，到达地表的降水类型很大程度上取决于大气的垂直温度，而大气的垂直温度通常由高空的暖层和下面的再冻结层组成。另一方面，造成降水相态不同的关键在于云中的成雪机制以及雪花下落过程中发生的变化，粒子在降落的过程中涉及的各种复杂物理过程。因此，基于湿球温度廓线统计模型，采用京津冀地区 1955—2019 年近 65 年气象资料创新性构建了以湿球温度作为判断复杂地形下雪、雨夹雪、雨、冻雨及冰粒 5 类不同降水相态的关键指标，并联合睿图 – 短期模式微物理预报产品、睿思高精度温度和湿度廓线产品、地面观测数据，建立复杂地形下高时空分辨率降水相态客观诊断预报算法。

（6）研发高分辨率降水分析和预报技术。利用自动气象站小时雨量历史资料，确定地形高度对降水增强作用的参数，形成复杂地形降水分析的地形高度依赖参数化方案。基于历史自动气象站降水和雷达资料，建立雷达定量降水估计与雨量筒降水观测之间的本地化定量校准统计关系，消除地形、山区、建筑物等阻挡雷达回波的影响，提高降水分析场的精度。数值预报降水强度和位相订正技术采用两个步骤，首先采用快速傅立叶变换修正雨带整体位移偏差，之后再用多尺度光流变分法调整雨带的走向和小范围降水落区，使得模式预报的降水落区与实况更吻合。通过比较检验，进行位相校正后，降水临界成功指数（CSI）检验高于原数值预报，提高了预报效果。

（7）研发人工智能（AI）预报订正技术。在降水相态传统统计分类研究基础上，进一步基于长序列国家级气象站资料，睿思高分辨率预报产品，统计分析京津冀各类降水相态及其对应的气温、湿球温度平均气候概率的空间分布差异，以及不同降水相态时睿思提供的网格化快速更新精细集成产品中 7 个可能影响降水相态判断的因子信息；构建了基于 AI 分类方法的京津冀复杂地形下降水相态关键判别指标和高分辨率预报模型，大幅度提升雨夹雪复杂降水相态的客观分类预报技巧。采用 XGBoost 方法与睿思预报的高时空分辨率气象数据相结合，构建加入地形特征以及多源气象要素特征的多模式误差分析模型对睿思站点数据的各起报时次进行逐小时间隔订正，实现 AI 技术在阵风、温湿预报误差订正上的应用。

【成果应用成效】

睿思京津冀 500 m 分辨率、冬奥会山地赛区 100 m 分辨率的业务数据和图片产品均接入了各大冬奥会应用与展示平台，包括冬奥会现场气象服务系统、多维度预报业务平台、冬奥气象综合可视化系统、冬奥智慧气象手机 APP、以及冬奥 FDP 平台、LDAD 交互式显示平台、北京城市气象研究院官网等实时显示，在北京冬奥会期间发挥了很好的实际应用，为冬奥气象预报团队提供了较好的技术和产品支撑。

在 2021 年 10 月 8 日—2022 年 3 月 16 日北京冬奥会 FDP 测试期间，睿思 100 m 分辨率地面场风分析产品平均 BIAS < 0.1 m/s，MAE < 0.3 m/s，预报产品 24 h 预报时效内 BIAS 整体为正偏差（< 1 m/s），预报 MAE < 1.5 m/s（前 2 h 为 1 m/s 以下），RMSE < 2 m/s。阵风分析产品 BIAS < −0.2 m/s，MAE < 0.6 m/s，阵风预报产品 24 h 预报时效内 BIAS 整体为正偏差（< 1 m/s），MAE < 2.7 m/s（前 2 h 为 2 m/s 以下），RMSE < 3.5 m/s。温度分析产品 BIAS 接近 0 ℃，MAE=0.18 ℃，准确性较高，预报产品 24 h 预报时效内 RMSE < 2.8 ℃（前 2 h 为 1.5 ℃ 以下），MAE < 2.2 ℃（前 2 h 为 1.0 ℃ 以下）。湿度分析产品 BIAS 接近 0%，MAE=0.72%，预报产品 24 h 预报时效内 RMSE < 15.8%（前 2 h 为 7% 以下），MAE < 12.8%（前 2 h 为 5% 以下）。睿思系统百米级分辨率、分钟级更新的分析和 0～24 h 预报产品为北京冬奥会大风过程、降温升温等重大天气过程提供了重要的气象保障服务支撑。在冬奥会测试赛及正式比赛期间，京津冀地区共 5 次冬季降水过程，从睿思降水相态产品检验结果得出，睿思分析场降水相态雨准确率为 83%，雪 80%，雨夹雪为 62%（分析场准确率受实际融合的天气现象资料限制）。1～24 h 预报，雨准确率较高，为 0.8～0.9；雨夹雪准确率较低，为 0.2～0.4；雪准确率为 0.7～0.83。雨夹雪被误诊断为雨的概率占 40% 左右；雪被误诊为雨夹雪的概率占 15% 左右。另外，在 0.5～2 ℃ 这个温度范围内，降水类型对睿思模式输出的雪和雨混合比相对更敏感。在冬奥会期间，睿思高分辨率降水相态产品为雨雪过程的发生演变提供了较好的预报产品支撑，在相态类别的提前判断中发挥出良好的实际应用价值。

2022 年 2 月 4—6 日冬奥会期间，受高空横槽南亚及地面副冷锋过境影响，赛区出现持续性大风天气，2 月 5 日 06 时竞速 1 号站阵风达 10 级（27.6 m/s）。2 月 5—6 日位于贝加尔湖西南方向的高压主体仍然有冷空气扩散至华北地区，形成副冷锋，从睿思延庆赛区阵风分析场中可知，2 月 5 日和 2 月 6 日上午 11 时，延庆赛区高山滑雪赛道各站点仍处于副冷锋控制的西北气流中，风力较强，尤其是竞速 1 号站，风力接近 17 m/s。7 日张家口及延庆转为短波槽后偏北气流影响，地面上分裂出来的高压中心北抬，延庆地区变压梯度较小，延庆转为

北风，风速较 6 日明显减小。受此次大风过程影响，原定于 2 月 6 日 11:00 举行的高山滑雪速降项目比赛延期到 7 日举行。2022 年 2 月 17—19 日，张家口赛区出现降温过程，同期延庆赛区降温过程也较为明显。从睿思系统张家口赛区温度分析场可知，从 2 月 17 日到 18 日再到 19 日，赛区温度场明显呈现逐渐变冷的快速降温趋势，19 日 15:00 张家口赛区绝大部分区域的地面温度在 −18 ℃以下。从冬两 1 号站实况观测温度序列可以看到，17 日 14:00 冬两 1 号站温度约为 −12 ℃，18 日 14:00 约为 −13 ℃，19 日 14:00 约为 −17 ℃。睿思系统提前预报出此次降温过程，且其临近预报时段的预报效果具有重要的参考意义。受低温影响，原定于 2 月 19 日 17:00—17:55 举行的冬季两项女子 12.5 km 比赛提前到 2 月 18 日举行。因此，睿思系统精细、准确的分析和预报产品为冬奥赛事安排及时间窗口选择提供了一定的客观参考价值。

睿思系统以"百米级分辨率、分钟级更新"为主要特色，以"产品丰富、预报时效长"为次要特色；睿思系统温度、平均风、阵风以及降水、降水相态等产品的分析误差小，基本接近自动气象站实况观测，未来 0～24 h 预报误差也较小，在中国气象局组织实施的"智慧冬奥 2022 天气预报示范计划"各家模式预报结果的对比中处于较领先的位置。同时，睿思系统相关成果和产品在北京 2022 年冬奥会和冬残奥会期间发挥了较好的实际应用，为冬奥气象预报员团队提供了较为可靠的客观产品支撑。北京市气象台指出：睿图－睿思系统高时空分辨率分析和预报产品在实际短临预报业务及第十四届冬运会等重大活动保障服务中发挥了一定的技术支撑作用，是气象台短临预报和冬奥气象保障服务的重要参考产品之一；该产品具有高时效、高分辨率的特点，有利于气象预报员快速分析天气演变过程，得到了预报员的广泛认可。河北省气象台指出：睿图－睿思系统高时空分辨率分析产品在模式订正等方面得到应用，系统分析和预报业务产品在河北省短临预报预警业务中发挥了重要的参考作用。北京 2022 年冬奥会和冬残奥会气象中心指出：睿思系统高时空分辨率分析和预报产品，发挥了较好的技术支撑，是冬奥气象保障服务的重要参考产品之一。

【成果应用展望】

未来几年，睿思 500 m 分辨率系统将继续维持实时运行并继续发展，提供覆盖京津冀区域 500 m 分辨率逐 10 min 更新的网格化温湿风、降水及降水相态等的快速客观分析及短临预报产品。睿思冬奥山地赛区 100 m 分辨率系统将停止运行和值班运维，并将核心技术移植到睿思北京城区 100 m 分辨率系统中实时运行，为北京地区的精细化天气预报预警提供较好的科技支撑。

未来睿思系统拟发展的主要技术要点包括：基于高分辨率集合预报和多模式集成预报的集合短临概率预报技术；基于国内外多模式背景场最优融合策略技术；基于机器学习（包括深度学习）的多源数值模式误差订正及自适应集成预报技术；基于偏差订正方法、机器学习方法的雷达回波及降水临近预报技术；新一代静止气象卫星资料短临应用技术（重点是对流识别及对流新生临近预报）及卫星对流产品应用；基于双偏振雷达组网观测的冷暖季降水相态模糊逻辑综合识别技术；考虑温度预报较实况偏高，可以根据长期检验结果，针对不同预报时效建立睿思降水相态动态诊断阈值等。

通过新技术的研发、测试和应用，推动睿思系统产品性能的进一步提升和在水文、能源、旅游等其他行业应用的进一步拓展，在后冬奥时代继续发挥其应用价值。

【成果代表图片】

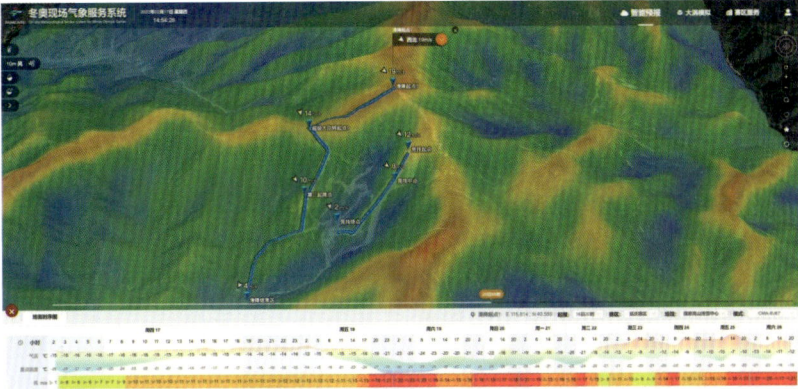

代表图片 1　冬奥现场气象服务系统

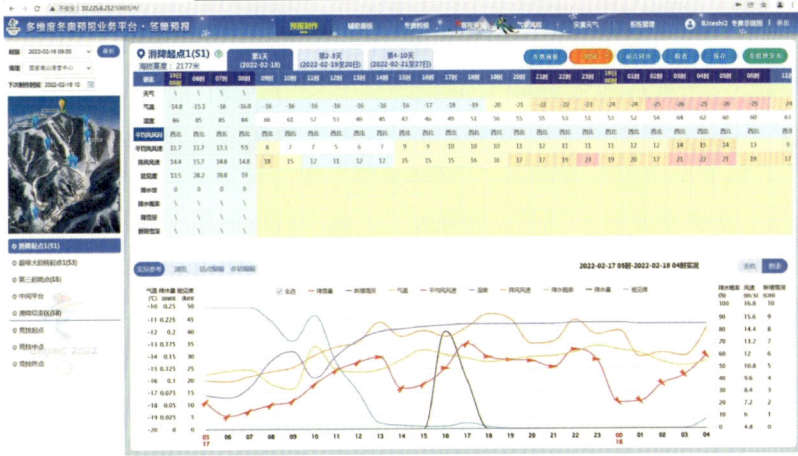

代表图片 2　多维度预报业务平台

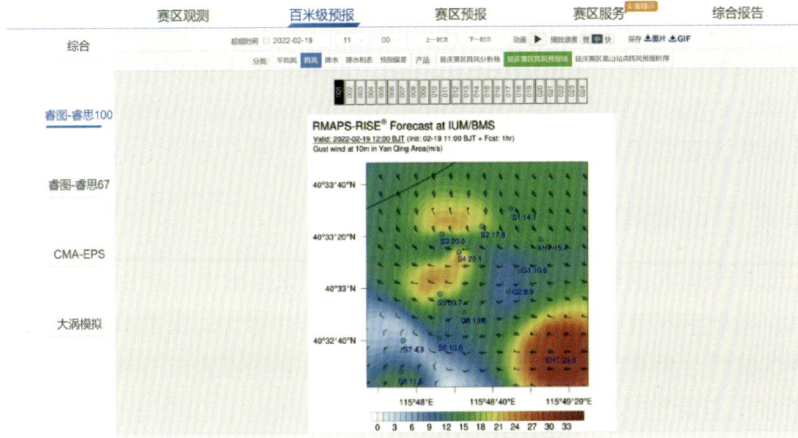

代表图片 3　冬奥气象综合可视化系统

（撰写人：宋林烨　杨璐　程丛兰　陈明轩）

3.3.2 百米级 0～10 d 大涡模拟预报

【主要完成单位】北京城市气象研究院

【主要贡献人员】秦睿 刘郁珏 黄倩倩 杨璐 陈明轩 苗世光

【来源项目名称】国家重点研发计划"科技冬奥"专项"冬奥会气象条件预测保障关键技术";北京市科技计划重大项目"复杂地形冬季气象综合保障技术研究"一期;国家自然科学基金项目"复杂地形边界层中尺度气象与大涡模拟耦合模式研究"

【成果主要内容】

1. 开展复杂山地百米级大涡模拟关键配置及物理方案优化

(1)高分辨率地形高程及地表覆盖类型数据应用。在基于天气研究预报模式 WRF 真实大气大涡模拟中,引入 30 m 分辨率高精度地形和土地利用数据,减小山区真实大气大涡模拟的模式地形误差,缩减因地形和地表类型差异影响 Monin-Obukhov 相似理论对地表湍流通量计算造成的误差,提升近地面风场大涡模拟精度。

(2)尺度适应次网格地形修正方案优化。在基于 WRF 的真实大气风场大涡模拟中,复杂地形区域对近地面风速的大涡模拟存在系统性误差,一般可通过在 YSU(Yonsei University)边界层方案中加入 Jiménez 次网格地形方案以订正这一系统性误差。但在实际模拟中发现 Jiménez 次网格地形方案订正效果较差,其方程组中用于判断山体形态特征的判据值 $\Delta^2 h = -20$ 在过低和过高分辨率下均无效。针对冬奥延庆赛区小海陀山,构建不同分辨率下与网格分辨率的拟合关系,修正了原始 Jiménez 方案。

(3)优选次网格湍流闭合模型。在大涡模式中,次网格湍流闭合模型对模拟结果影响很大,通过分析 1.5 阶 TKE 闭合(1.5TKE)、SMAG 一阶 3D 变形闭合(SMAG)、非线性后向散射闭合(NBA)三种常用的次网格湍流闭合模型,表明 1.5TKE 和 NBA 次网格模型更适用于复杂地形区域,且 1.5TKE 计算资源消耗较小,不易溢出,是真实大气大涡模拟业务应用较佳的选择方案。

(4)引入入流边界湍流生成方案。从中尺度到微尺度转变,出现了在大涡模拟区域的入流边界下风方向范围内出现湍流生成不足的现象。因此,在大涡模拟入流边界附近加入基于位温细胞微扰动(6～8 个水平网格)的入流边界湍流生成方案(CPM),能加速大涡模拟区域入流边界的湍流快速发展。

2. 研发完成 67 m 分辨率睿思细系统

在复杂山地百米级大涡模拟关键配置及物理方案优化基础上,根据冬奥"一场一策""一项一策"气象保障要求和 0～10 d 气象预报服务需求,针对实时大涡模拟预报关键物理方案和配置进行再次优化,着重反映对冬奥山地赛场最为重要的百米以下网格尺度风和温度预报的关键影响因素(主要包括复杂地形、辐射、摩擦的影响);以全球模式预报数据为背景、以 1 km、200 m、67 m 分辨率三层嵌套方式,构建冬奥三个赛区 6 个室外核心场地 67 m 分辨率 0～10 d 实时大涡模拟预报,该系统简称为"睿图 - 睿思细";使用垂直速度、模式高层和声波三个常规抑制参数进行调稳提速,67 m 大涡模拟可实现 0.4 s 稳定积分时间步长,达到分辨率"公里数"的 6 倍，大幅提升复杂地形下大涡模拟计算稳定性和效率。睿思细核心技术如下。

（1）创新性地构建了 0～10 d 大涡模拟预报分段并行运算方案。睿思细系统背景场使用 ECMWF 背景驱动，同时热备运行一套 CMA-GFS 背景驱动；用 ASTER 1″ 约 30 m 分辨率 DEM 做地形插值；3 层嵌套，分别为水平 1 km、200 m、67 m 分辨率；水平格点数均为 151×151，对应 3 层嵌套区域边长约为 150 km、30 km、10 km。该配置跑 6 套，分别以冬奥 6 个场馆群为区域中心：延庆—高山滑雪、延庆—雪车雪橇、张家口—云顶、张家口—古杨树、北京—首钢、北京—鸟巢，落实一场一策。

（2）睿思细大涡模拟的网格设置技术方案。①睿思细的大涡模拟基于 WRF 模式，而 WRF 动力核（dycore）原型始于理想超级单体雷暴模拟，WRF 发行版的理想超级单体雷暴默认参数表是 2 km、667 m、222 m 分辨率，计算稳定。睿思细系统将该分辨率除以 10，得到 200 m、67 m、22 m 分辨率，希望在大涡模拟的设置中，从浮点位移角度继承一部分计算的稳定性。②200 m 外套 1 km 分辨率，外层区域边长约 150 km。ECMWF、CMA-GFS 背景分辨率 0.25° 约 25 km，按 6 倍格距解析估算，可以解析 150 km 边长尺度。同时 1 km 套 200 m 尽量避开模式灰区，不希望复杂问题进一步复杂化。③67 m 区域边长约 10 km。按 WRF 大涡模拟的测试建议，将区域边长增至边界层高度 5 倍以上，以降低侧边界不良影响。因此区域边长 10 km 合适。

（3）睿思细的垂直设置方案。垂直层设置为 33 层，底层厚度、0～6 km 层数与睿图-大涡相近，6 km 以上稀疏化。相对于模式 dx 67 m：模式底层 dz 50 m，达到 dx～dz；但在 0～1 km 有 8 层，0～2 km 有 11 层，dz 明显粗于 dx。从模拟结果看，明确造成边界层特征沿 z 方向变化较粗糙。测试试验反映，对于冬季山地赛场气象预报，特别是百米级风的预报，复杂地形是主要矛盾，边界层是次要矛盾。牺牲次要矛盾，换取计算速度和稳定性；保留主要矛盾，基本保障预报效果。

（4）睿思细的时间设置方案。内层嵌套时间步长 0.4 s，达到分辨率公里数 6 倍（0.067×6=0.4），确保速度。实测睿思细积分 24 h 预报的墙钟用时小于 2 h，比睿图-大涡快 1 倍多，与估算吻合。睿思细采用睿图-临近的时效分段降尺度加速，时效分段是动力降尺度常用做法，就是任取背景时效时刻，作为降尺度起算时刻。使用逐时效日分段降尺度，每时效日在预报时刻 02 BJT 起算，起转保白天可用。逐 12 h 循环，受此墙钟约束，并发 2 组，一组跑时效 1、3、5、7、9 日，一组跑时效 2、4、6、8、10 日，则墙钟 10 h 算出 0～10 d 预报。以分段冷启负作用为代价，换取 T 维并发，快速得到精细的前瞻预览。①比如以 22 m 分辨率为例，24 h 预报的积分墙时是 5.5 h，如果几日分段就配几组并发的话，那么报 0～10、0～20、0～30 d 都是墙钟 5.5 h 算完。②同化初值依赖的话，可以先粗分辨率积到底，再细分辨率分段降尺度。③分段起转造成粗糙与不连续的话，粗糙可以用分段首尾重叠来改善，不连续难以解决。

睿思细系统 d02（200 m）、d03（67 m）用大涡，使用基础快速的参数化组合，使用常规抑制参数进行调稳提速。裸报订正使用基础的一元线性回归。睿思细的产品开发目标是简化，而不是复杂化；是删减，而不是增加。基于大涡模拟的睿思细系统实现了业务实时运行，且采用 ECMWF 与 CMA-GFS 双背景驱动。最后，睿思细的产品经睿图-睿思无缝集成发布。

【成果应用成效】

　　睿思细系统的 67 m 分辨率 0～10 d 实时预报产品广泛应用于北京冬奥会，产品显示平台包括多维度冬奥预报业务平台、冬奥现场气象服务系统、冬奥气象综合可视化系统、"智慧冬奥 2022 天气预报示范计划"集成显示平台。睿思细系统提供了预报产品，也提供了检验产品；提供了格点产品，也提供了站点产品；提供了裸报产品，也提供了订正产品；提供了数据交互产品，也提供了图片检索产品。产品发布时间及时，预报时效长达 10 d，为气象预报员提供了较好的客观支撑，为冬奥天气会商提供了较好的预报服务。以前一日 20 BJT 起报循环为例，全球背景到报后，在墙钟 02:30 BJT 启动睿思细，因墙钟 2 h 积分 1 天预报时效、并发 2 组，则墙钟每过 2 h 增加 2 d 预报时效产品，例如，约在墙钟 04:30 BJT 发布完第 1、2 天时效预报产品，支撑 06 BJT 会商；约在墙钟 06:30 BJT 发布完第 3、4 天时效预报产品，支撑 08 BJT 会商；约在墙钟 12:30 BJT 发布完第 9、10 天时效预报产品。预报时效逐 10 min 间隔输出，流传输，即出一个推一个，相对于列表时刻，只早不晚，在冬奥会气象保障服务中发挥了积极的效果。

　　百米级 0～10 d 大涡模拟预报技术相关成果聚焦复杂山地冬奥小尺度高影响天气特点，针对数值模式大涡模拟关键物理方案和核心配置进行"目标优化"，"简化但不简单"，重点提升了阵风等冬奥小尺度高影响天气预报精度，以及复杂地形下大涡模拟计算效率和稳定性，形成了复杂山地冬季天气 0～10 d "百米级、分钟级"无缝隙预报系统，在中国气象局"智慧冬奥 2022 天气预报示范计划"对气象部门内外 22 家 57 项高精度冬奥气象产品评比中，阵风产品成绩名列前茅。睿思细系统提供了次百米分辨率 0～10 d 数值预报，重点解决了"5 d 以上精细化"决策服务需求，为冬奥气象预报团队增加了支撑力量。

【成果应用展望】

　　睿思细系统实现了冬奥"一场一策"的实时大涡业务化，沿用了睿图－临近的"时效分段"方法进一步提速，研究成果可以为百米级大涡模拟的运行提速提供一定的借鉴思路，在一定程度上改善大涡模拟难以实时业务运行的短板。

　　睿思细系统部署了 ECMWF、CMA-GFS 双背景驱动的业务实时比较，预报效果坚定了未来基于 CMA-GFS 开展区域增值业务的决心。

【成果代表图片】

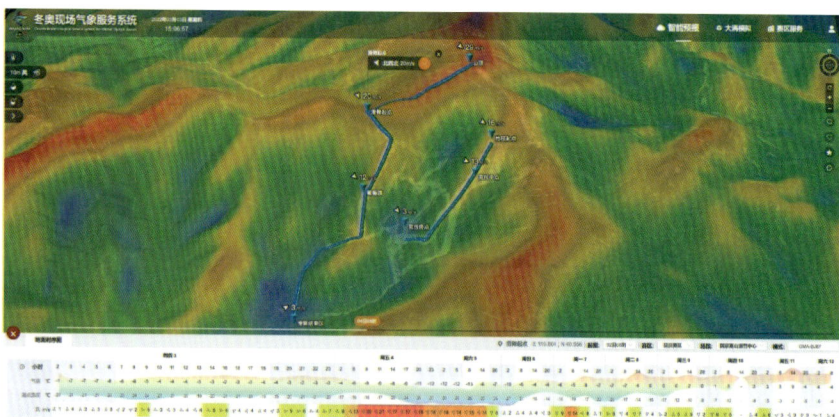

代表图片 1　睿思细系统在延庆赛区的近地面预报

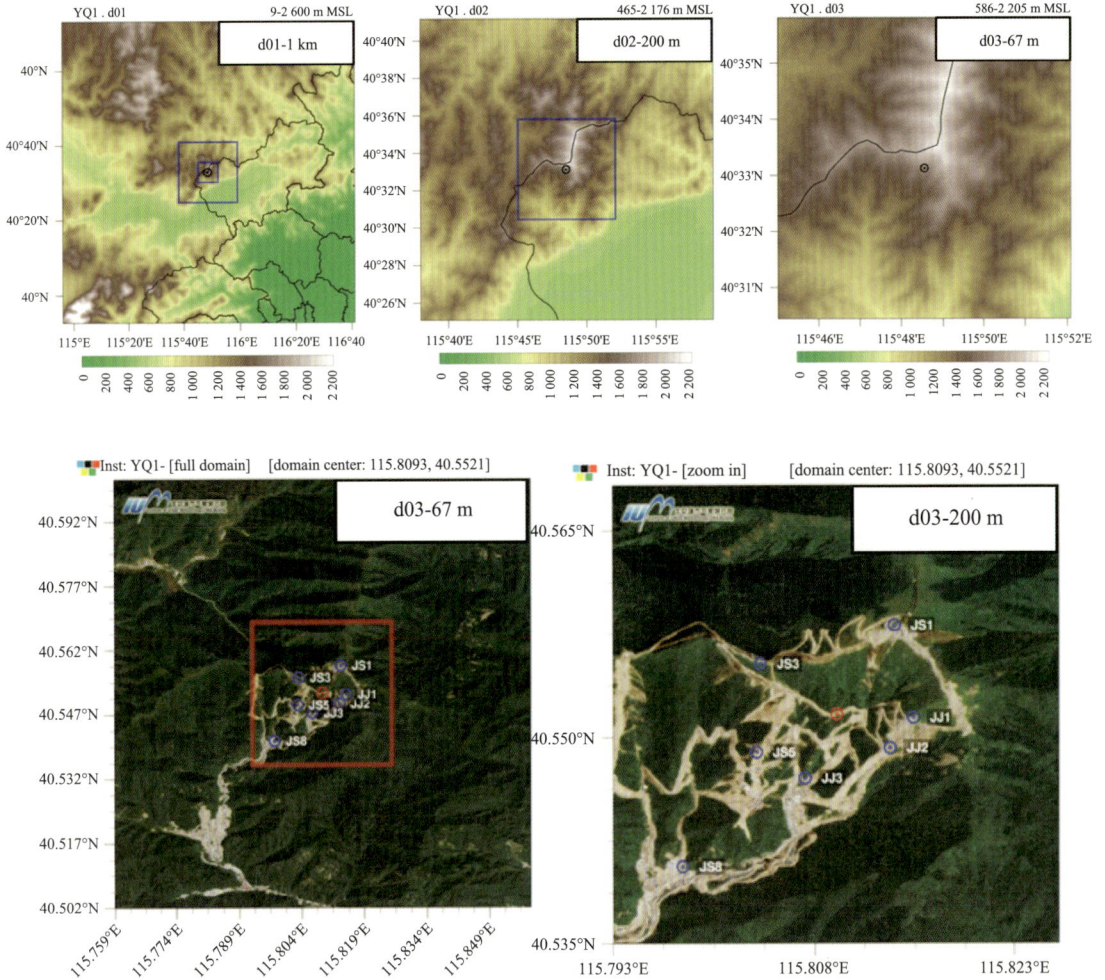

代表图片 2　睿思细系统的模式嵌套区域示例（模式 3 层嵌套，以延庆高山为例）

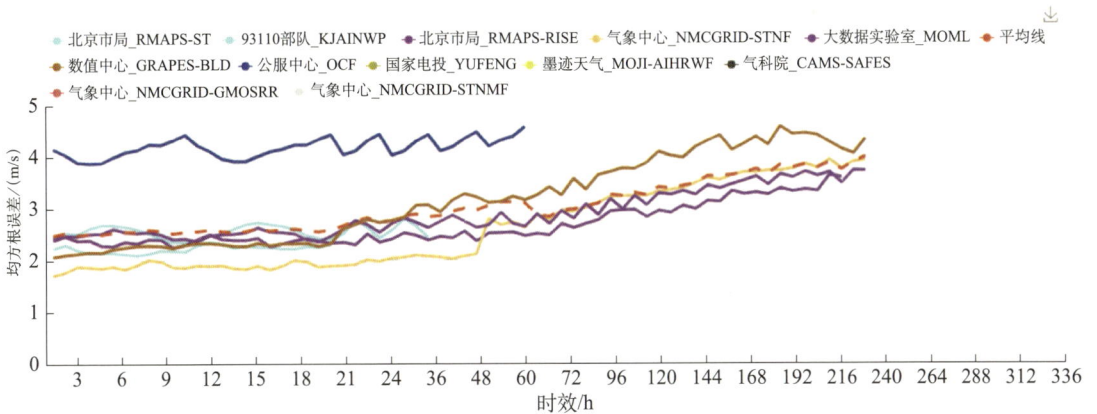

代表图片 3　"智慧冬奥 2022 天气预报示范计划"的各家阵风的逐小时时效检验（2022 年 1 月 1 日—3 月 16 日样本）

（撰写人：秦睿　刘郁珏　陈明轩）

3.3.3　京津冀冬奥分钟级临近降水预报系统

【主要完成单位】国家气象中心

【主要贡献人员】曹勇　郭云谦　徐成鹏

【来源项目名称】中国气象局创新发展专项"基于大数据深度学习技术的多源预报订正融合技术研究"

【成果主要内容】

为迎接冬奥气象保障服务，做到预报精准、服务精细，国家气象中心天气预报室集中自身技术优势组建降水预报研发团队，针对京津冀开展 1 km 分辨率精细化降水分钟级预报技术研发，打造了京津冀冬奥分钟级临近降水预报系统，实时为冬奥赛区提供滚动更新的 0～2 h 逐 10 min、逐 1 km 降水网格预报。这套系统研发和后续升级主要从精细化分钟级降水实况分析场构建以及基于运动学和物理机理的降水智能临近预报技术两方面着手：分析场实况采用空间和时间连续性、雷达和卫星数据联合质控，并打造基于地形背景的 OI 多源实况（自动气象站、卫星、雷达）变分融合系统，形成 1 km 分辨率逐 10 min 精细化降水分析场；同时，发展多尺度变幅光流临近预报技术（MSCOP-Nowcasting），融合实况外推及模式预报改进外推降水强度及位置预报准确性。

【成果应用成效】

京津冀冬奥分钟级降水预报系统在冬奥气象服务期间运行状况一直良好，产品服务时效性高，预报服务效果提升显著。整个冬奥测试赛期间赛区预报，强降水准确率较高分辨率快速同化模式提高了 20%～50%。分钟级降水预报对 2022 年 2 月 13 日、3 月 11 日下午、3 月 18 日北京地区降雪的强度变化及结束时间等与实况一致。上述产品逐 10 min 更新，为冬奥气象服务和快速决策提供有力支撑。

【成果应用展望】

国家气象中心将继续加强对复杂地形下气象特征演变特征的深入分析研究，结合国家战略方针和中国气象局重点工作方案加强对于西南地区复杂地形下降水、气温、风等相关要素的研究，加快提升复杂地形预报能力。一是提升硬件保障，特别是计算能力、存储能力、网络传输能力，将分钟级预报及短时多源融合降水系统工程化封装，基于云平台数据环境打造敏捷性易部署的重大活动保障预报支撑体系，将在成都大运会、杭州亚运会等重大活动保障及大城市安全运行、极端灾害天气应对等突发保障中持续发挥作用。二是针对冬奥气象服务开发的客观预报产品，将继续开展相关技术的总结和持续完善工作，开展向全国区域范围预报产品转化试验。三是开发针对其他关键气象要素的集合预报的异常天气客观预报产品，为我国极端天气预报提供支撑产品，并实现相关产品业务化，进一步提升中央气象台技术辐射能力。

【成果代表图片】

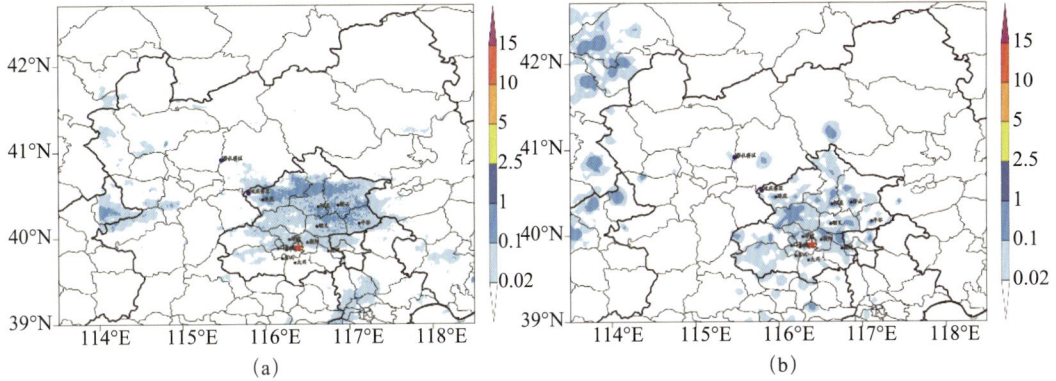

代表图片 1　2022 年 2 月 13 日 08 时起报 60 min 时效逐 10 min
降水量预报（a）和实况（b）（单位：mm）

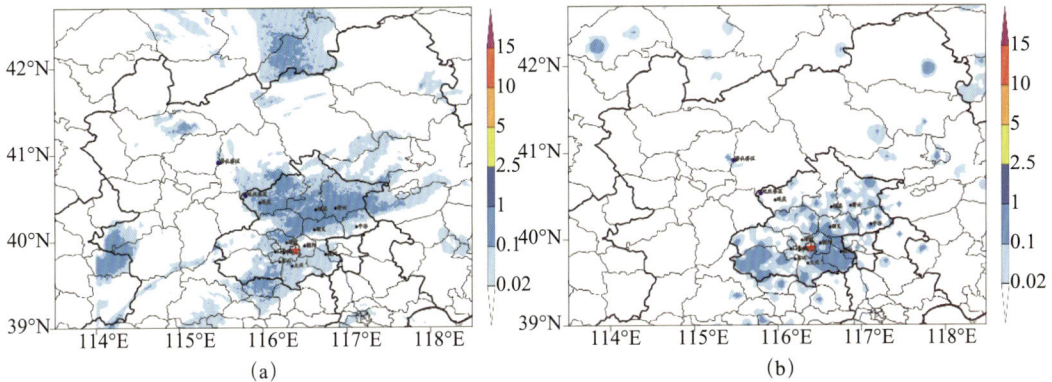

代表图片 2　2022 年 2 月 13 日 11 时起报 120 min 时效逐 10 min
降水量预报（a）和实况（b）（单位：mm）

（撰写人：徐成鹏）

3.3.4　基于机器学习开展冬奥的客观预报技术

【主要完成单位】北京市气象台；北京大学

【主要参与单位】中国科学院大气物理研究所

【主要贡献人员】郝翠　李昊辰　夏江江　亢妍妍　徐路扬　邢楠　戴翼

【来源项目名称】国家重点研发计划项目"冬奥赛场定点气象要素客观预报及风险预警技术研究及应用"；北京市科技计划"基于机器学习的冬奥精细天气预报技术研发及示范应用"

【成果主要内容】

北京和张家口作为 2022 年冬奥会和冬残奥会的举办地，地势复杂、海拔落差大，模式产品对风、气温等气象要素的预报偏差更大，单纯依赖数值模式将会使赛事预报服务效果大打折扣，因此，对模式产品进行后处理，有效的本地化订正提升预报准确率是一项重要的研究工作。

在尽可能减小模式预报误差并提升要素预报水平方面，多采用统计方法对模式输出结果进行订正，形成了基于多元线性回归的模式输出统计法和完全预报法等；基于统计学习理论的卡尔曼滤波、支持向量机、人工神经网络等作为解决非线性、高维数的统计方法，逐渐应

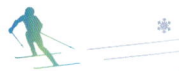

用在数值预报产品释用研究中。近年来，随着计算机硬件系统的飞速发展，极大缩减了大数据相关技术方法的运算时间，机器学习等算法在气象预报领域中得到广泛应用，其在气象要素多特征的分析和处理方面具有明显优势。

基于此，本项目针对冬奥赛区的复杂地形和精细预报需求，首次综合采用基于相似天气集合预报理论的 AnEn（Analog Ensemble，AnEn）和基于模式输出的机器学习算法 MOML（Model Output Machine Learning，MOML）进行要素预报。

（1）"AnEn 方法"从历史资料中寻找相似的天气形势或相似个例，对当前的预报进行订正，是气象学中的经典方法，也是最为接近预报业务的方法。大气可预测性是由于自然发生的相似天气形势决定，在某一有限区域，在观测误差范围内寻找相似天气形势是可以在相对短时间内实现的。因此，相似预报法"从众多的历史个例中找出一个与当前形势相似程度非常高的个例，则可以认为引起当前形势演变的全部机制都基本上隐含在这个历史个例中，因此，可以直接将历史相似个例的演变作为当前预报的基础"。该方法假设长期、稳定的数值模式对于同一地点、相同起报时间和预报时效具有稳定的预报性能，通过寻找与当前预报最相似的若干历史预报，由其预报量的观测值组成相似集合，运用集合预报概念形成订正后的确定性预报及概率预报。该方法改进了由数值模式不确定性引起的误差，尤其是系统偏差部分，对复杂地形和复杂边界层引起的误差改进效果尤为明显。AnEn 提供基于北京睿图等模式产品的后处理订正，提供北京赛区、延庆赛区、张家口赛区的气温、风等要素的 0～24 h 内逐 1 h 预报。

（2）"MOML 方法"利用多元线性回归（LR）、随机森林（RF）、支持向量回归（SVR）、梯度提升树（GBDT）和极端梯度提升（XGBoost）等机器学习算法，基于数值模式的 87 个预报变量，将与站点对应的格点及格点周边 9 个格点的预报以及该预报时次之前（含）四个时次的模式预报数据综合作为 MOML 的特征工程，充分考虑到了数据的时空结构，最终得到站点模式后处理的预报结果。由于数据量巨大，模型复杂，本项目在模型训练及业务应用中研发了专门的机器学习数据处理技术，实现多模块、多步骤机器学习，提升了模型计算效率并保证了业务应用效果。其算法特征工程考虑得较为详细具体，MOML 提供北京赛区、延庆赛区和张家口赛区 0～24 h 内逐 1 h、24～240 h 内逐 3 h 的站点气温、风、阵风、能见度、降水预报产品。

【成果应用成效】

在北京 2022 年冬奥会和冬残奥会气象预报服务中，客观预报技术产品所有数据产品到报率和及时率均达 100%，在地形复杂赛区的预报性能表现优异，气温预报准确率北京赛区为 44.9%～57.6%、延庆赛区为 49.8%～63.1%、张家口赛区为 47.1%～58.5%，阵风预报准确率北京赛区为 70.5%～79.3%、延庆赛区为 57.5%～62.5%、张家口赛区为 59.6%～78.5%，满足三大赛区的精细要素预报需求，有效减少气象预报员人工订正的工作量，有力保障了相关赛事的圆满完成。

【成果应用展望】

AnEn 和 MOML 方法预报在平原、山区等不同区域均具有很好的预报效果，相关成果在北京日常气象预报业务和冬奥气象预报服务中被广大预报员认可和广泛使用，具有非常好的应用和推广前景。

【成果代表图片】

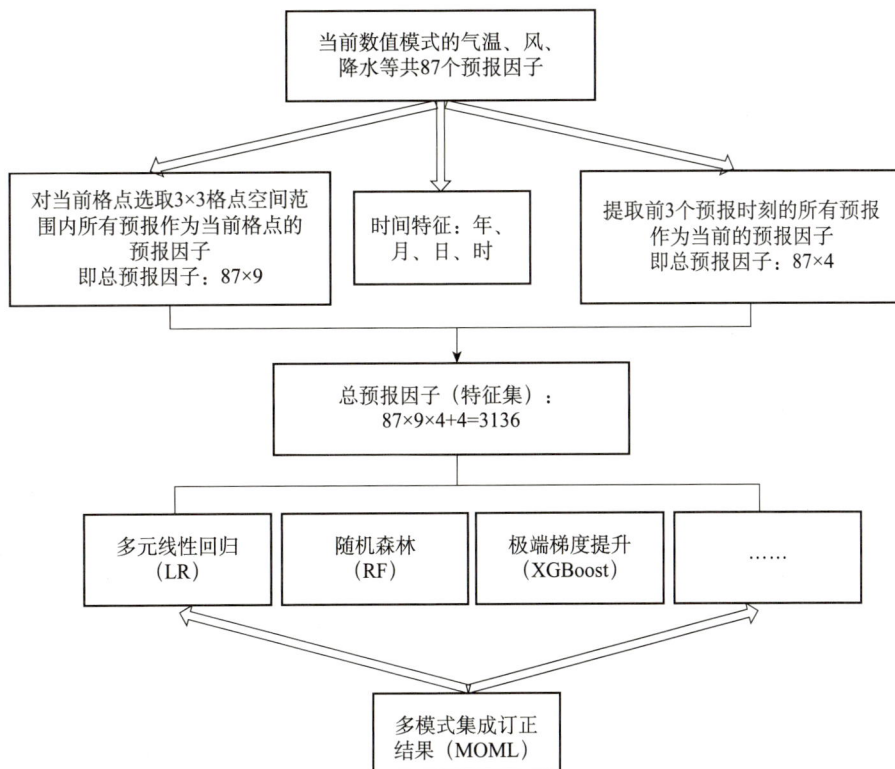

```
                    ┌────────────────────────┐
                    │  当前数值模式的气温、风、  │
                    │  降水等共87个预报因子      │
                    └────────────────────────┘
          ┌──────────────┼──────────────┐
┌──────────────────┐ ┌──────────┐ ┌──────────────────┐
│ 对当前格点选取3×3格点空间范 │ │ 时间特征：年、 │ │ 提取前3个预报时刻的所有预报 │
│ 围内所有预报作为当前格点的 │ │ 月、日、时   │ │ 作为当前的预报因子    │
│ 预报因子          │ │          │ │ 即总预报因子：87×4   │
│ 即总预报因子：87×9  │ │          │ │                  │
└──────────────────┘ └──────────┘ └──────────────────┘
          └──────────────┼──────────────┘
                ┌────────────────────┐
                │ 总预报因子（特征集）：  │
                │ 87×9×4+4=3136      │
                └────────────────────┘
        ┌──────────┬──────────┬──────────┐
  ┌─────────┐ ┌─────────┐ ┌─────────┐ ┌─────────┐
  │ 多元线性回归 │ │ 随机森林  │ │ 极端梯度提升 │ │  ……    │
  │ （LR）   │ │ （RF）  │ │（XGBoost）│ │         │
  └─────────┘ └─────────┘ └─────────┘ └─────────┘
        └──────────┴────┬─────┴──────────┘
                ┌────────────────┐
                │ 多模式集成订正     │
                │ 结果（MOML）    │
                └────────────────┘
```

代表图片 1　MOML 方法技术路线图

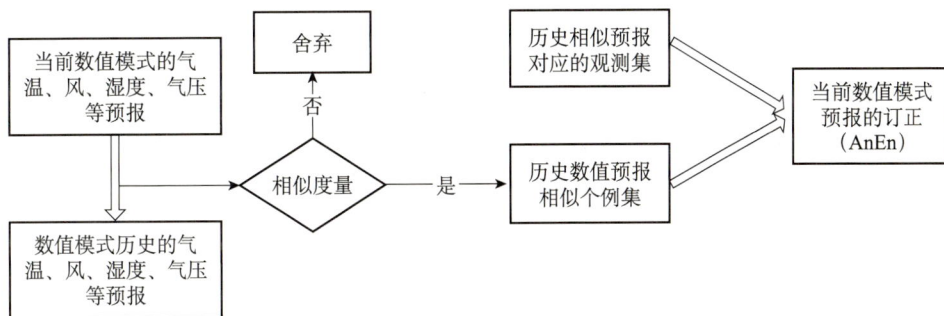

```
┌──────────────┐   ┌────────┐      ┌──────────────┐
│ 当前数值模式的气  │   │ 舍弃    │      │ 历史相似预报     │      ┌──────────────┐
│ 温、风、湿度、气压 │   └────────┘      │ 对应的观测集     │      │ 当前数值模式     │
│ 等预报        │       ↑否             └──────────────┘      │ 预报的订正      │
└──────────────┘       │                                    │ （AnEn）     │
        │          ◇─────────◇  ─是→  ┌──────────────┐      └──────────────┘
        │          │ 相似度量  │        │ 历史数值预报     │
        │          ◇─────────◇        │ 相似个例集      │
┌──────────────┐                      └──────────────┘
│ 数值模式历史的气  │
│ 温、风、湿度、气压 │
│ 等预报        │
└──────────────┘
```

代表图片 2　AnEn 方法技术路线图

（撰写人：郝翠）

3.3.5　多方法优选的数值模式释用预报

【主要完成单位】北京城市气象研究院

【主要贡献人员】王在文　仲跻芹

【来源项目名称】国家重点研发计划"科技冬奥"专项"冬奥会气象条件预测保障关键技术"

【成果主要内容】

（1）研发完成基于多种预报方法优选的数值模式偏差订正技术。通过优选包括相似集合 (AnEn)、邻域法（ND）在内的多种预报方法开展数值模式地面要素解释应用技术研究，通过对多源数值天气预报数据和气象观测数据进行"再解读"，构建数值天气预报冬奥关键气象要素在复杂山地精细的预报误差模型，从而实现客观气象预报的"再订正"，进一步提升了复杂山地冬奥气象预报的精准度。

（2）AnEn、ND 等多种算法对比。AnEn 算法是基于相似理论、大数据挖掘和集合预报思路的统计释用方法。该方法假设长期、稳定的数值模式对于同一地点、相同起报时间和预报时效是具有稳定的预报性能的，通过寻找与当前预报最相似的若干历史预报，由其预报量的观测值组成相似集合预报集，从而得到相应概率预报或通过权重平均后得到确定性预报。该方法在站点气象要素预报中已经获得初步成功，但相对传统的线性回归（LR），AnEn 方法在极端天气（极端低温、极端高温，即历史样本集中观测未出现过的高、低温）的预报方面，存在较大缺陷，由于历史样本中不存在极端天气的观测数据，因而根据预报因子构建空间寻找的相似样本，也不可能给出极端天气观测数据，相对于线性拟合等传统统计释用方法，预报效果会很差。

ND 算法是一种基于历史样本的时空邻近、嵌套线性拟合的预报方法，该方法不再从全部历史样本中选取最相似的历史样本，而是根据预报量的历史观测统计的时间分布特征，在时间上对样本进行分类，只在同类样本中寻找最相似的历史样本；空间上根据给定判据，寻找与当前预报最临近的 n（成员数）个历史样本，以其相应观测值权重平均以得到最终确定性预报；同时利用数值模式预报的相应预报量，来判定是否可能出现极值（极大或极小值），判定出现极值，则启动嵌套的线性拟合法来提供预报。ND 方法在极端天气（极端高、低温）的预报方面，可以修正 AnEn 方法的预报缺陷，出现极端天气时仍能提供较精确的预报结果。ND 距离计算公式类同于 AnEn，区别在于增加了预报时效权重，越临近的预报时效权重越大，建模和预报时能更有效突出当前预报时次的影响；ND 最优权重是针对单站逐预报时效，相对 AnEn 只针对单站的最优权重更为精细；在出现极端高、低温时，嵌套的线性拟合方法能有效纠正 AnEn 可能造成的高误差预报；计算资源需求上，同样数据集、同样的预报因子数，ND 建模所需计算资源是 AnEn 的 1/17，大大提高了计算速度，减少计算资源消耗。

对应每个冬奥测站，睿图－短期（ST）、相似集合（AnEn）、一元线性回归（LR）和邻域法（ND）的预报结果，按起报时间统计 2 m 温度的 1～72 h 预报均方根误差，以箱线图展示其分布特征。可以看到，AnEn 误差箱线图的奇异值大且多，表明预报时段内对应某些起报时间 AnEn 预报 2 m 温度均方根误差很大，事实上，包含极端低温时段的对应预报检验，AnEn 的均方根误差都出现奇异大值；ND 由于嵌套了线性拟合，在判定出现极端温度时，启用线性拟合来提供温度预报，因而对于 AnEn 均方根误差奇异大值能有较好的订正效果；ST、AnEn、LR 分站统计的最大四分位距在 2 ℃左右，ND 各站四分位距均在 1 ℃左右，表明对应每个起报时间的均方根误差分布，ND 稳定性最好，且 ND 各站之间的差异相对其他三种预报也最小，表明 ND 方法在时间上（对应每个起报时间均方根误差分布）和空间上（对应各站均方根误差分布）均表现出更好的稳定性。从整个预报时段，所有站点 1～72 h 预报统计均方根误差对比，ND 均方根误差相对 ST 减小 20.4%，相对 AnEn 减小 23%，相对

LR 减小 3.7%。对比检验北京 2022 年冬奥会和冬残奥会期间（2022 年 2 月 1 日—3 月 15 日）03 UTC 起始 1～72 h 冬奥气象站点 10 m 风速的 ST、AnEn、ND 业务预报结果表明：释用预报和 ST 模式预报的 10 m 风速差距明显，释用预报四分位距相对 ST 明显减小，其中最大四分位距 ST 为 1.8 m/s、AnEn 为 1.5 m/s、ND 为 1.14 m/s，延庆赛区各站之间的差异释用后仍较明显，张家口赛区（崇礼）相对稳定，分站四分位距小且站点间差异亦小。整个检验时段，所有站点的 1～72 h 预报一起统计检验，ND 预报均方根误差相对 ST 减小 35.8%，相对 AnEn 预报减小 5.5%。

（3）基于多方法优选的睿图－短期释用预报。基于 AnEn 和 ND 释用预报效果，以多种释用预报结果优选来替代单方法预报结果就显得可行。因此，利用分站多日滚动均方根误差最小择优来提供冬奥 26 个气象站（延庆赛区 8 站，张家口赛区 11 站，北京赛区 7 站）每天 8 次（00，03，…，21 UTC 起报）1～24 h 逐小时站点要素预报结果，具体为基于睿图－短期系统的数值预报，利用相似集合（AnEn）、邻域法（ND）、一元线性回归（LR）以及支持向量机（SVM）等释用方法，对 26 个气象站 2 m 温度、10 m 风速和 10 m 极大风速等要素分别开展解释应用，按照最近 5 日分站检验均方根误差最小择优选取要素最终预报，以下统一称为睿图－短期释用预报。

睿图－短期释用预报每天 03、18 UTC 提供 2 次 1～72 h 预报，因此，相应前一天 21 UTC 和当天 00、03 UTC 选用前一天 18 UTC 相应释用预报，06、09、12、15 和 18 UTC 选用当天 03 UTC 相应释用预报。释用预报 10 m 风速均方根误差整体较短期模式减小 36.7%，其中北京赛区、延庆赛区、张家口赛区均方根误差分别减小 22.6%、29.9%、49.1%，释用后仍存在较弱的日变化特征，释用预报预报偏差均接近 0 m/s。基于睿图－短期模式 10 m 风速诊断的 10 m 极大风速整体偏小，夜间偏小幅度大，白天偏小幅度小，睿图－短期释用预报白天略偏小，夜间略偏大，睿图－短期释用预报 10 m 极大风均方根误差整体较模式减小 46.4%，其中北京赛区、延庆赛区、张家口赛区分别减小 17.2%、53.2%、50.4%。所以，基于 AnEn、ND 等多种预报方法优选的数值模式偏差订正技术，大幅减小了冬奥复杂山地站点预报误差。

【成果应用成效】

基于多种预报方法优选的数值模式偏差订正技术得到的睿图－短期释用预报结果比睿图－短期模式分站 10 m 风速、10 m 极大风速、2 m 温度、2 m 相对湿度均有明显的性能提升，睿图－短期释用预报更加稳定、准确性更高。睿图－短期释用预报的相关成果和产品在北京冬奥会期间实时应用，也参与了冬奥 FDP。北京冬奥会期间，释用后分站点按起报时间统计 10 m 风速预报偏差中值基本集中在 0 m/s 附近，较小的四分位距和较小的各站分布差异表明释用后 10 m 风速预报偏差的时空稳定性较睿图－短期模式预报大大增强，较强的时空稳定性表明其为冬奥会提供了更稳定可靠的预报参考。

【成果应用展望】

可用于各种数值模式释用预报研究等。

【成果代表图片】

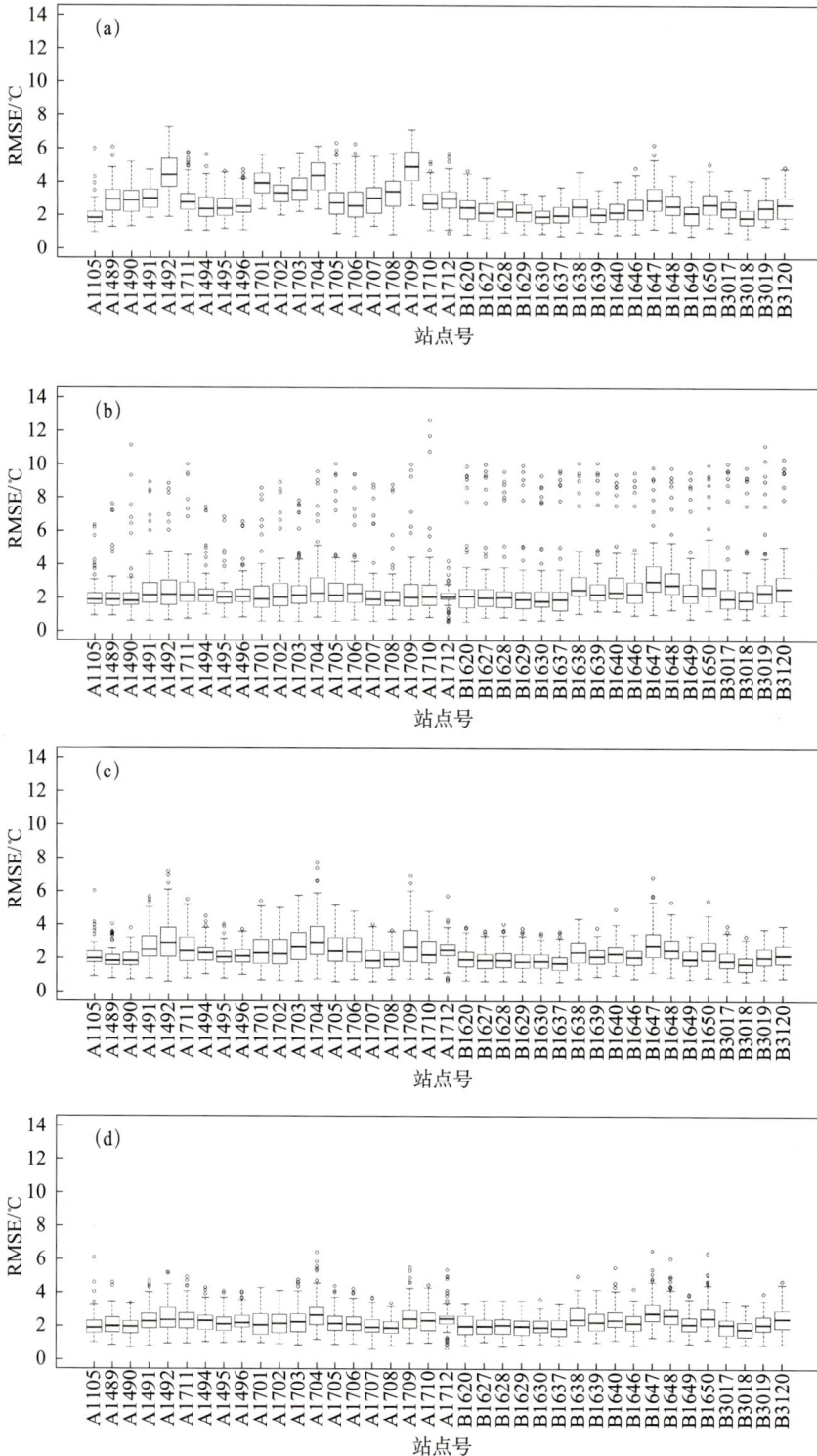

代表图片 1　2020 年 12 月 15 日—2021 年 3 月 15 日 03 UTC 起始 1～72 h 睿图－短期（ST）（a）、相似集合（AnEn）（b）、一元线性回归（LR）（c）和邻域法（ND）（d）预报 2 m 温度分站点按起报时间统计均方根误差（RMSE）箱线图

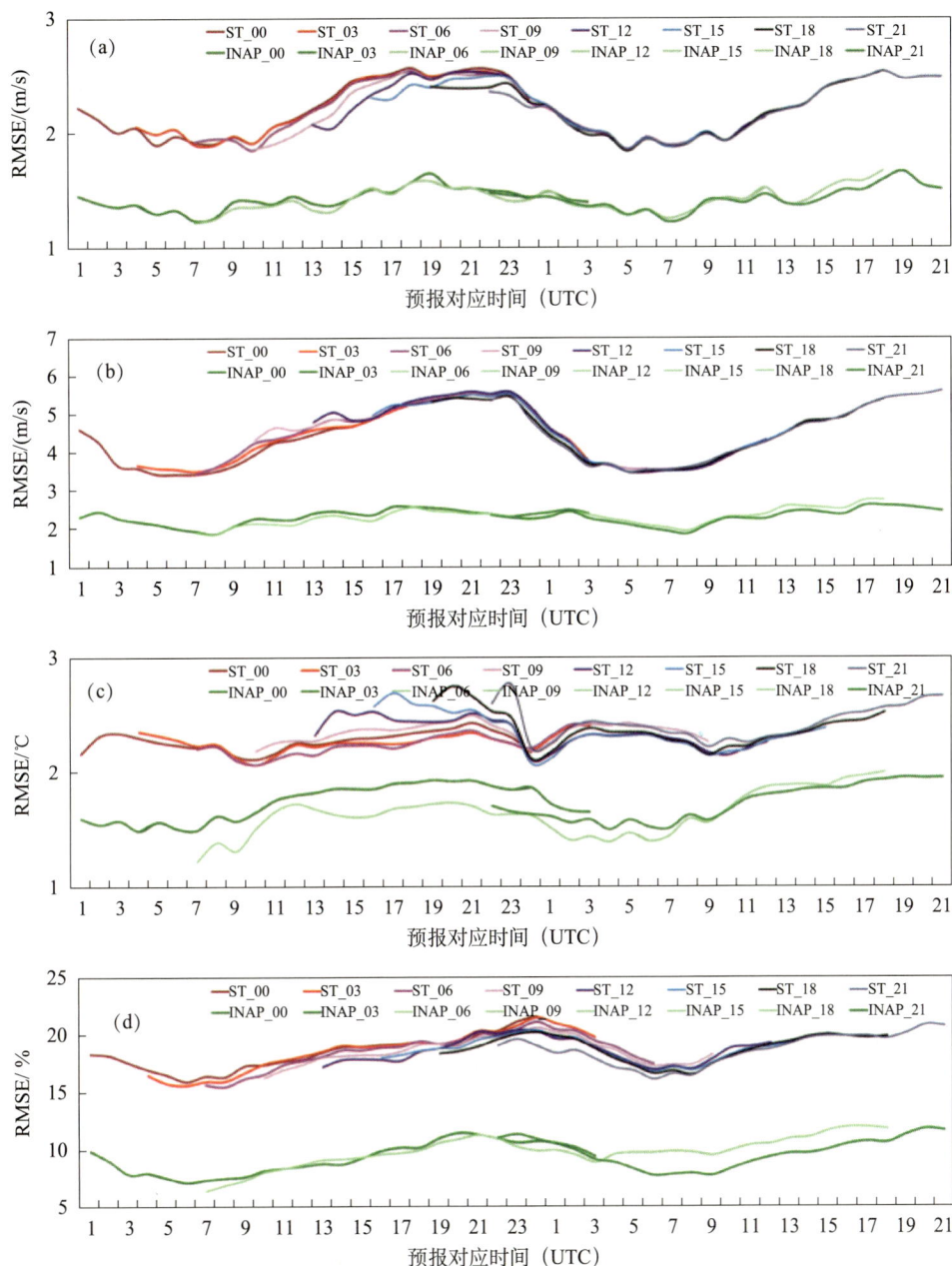

代表图片2 26个冬奥赛区气象站点10m风速（a）、10m极大风速（b）、2m温度（c）、2m相对湿度（d）预报均方根误差（RMSE）

（撰写人：王在文）

3.3.6 数值预报冬季复杂地形条件改进

【主要完成单位】北京城市气象研究院

【主要贡献人员】仲跻芹 卢冰 全继萍 曲艺

【来源项目名称】国家重点研发计划"科技冬奥"专项"冬奥会气象条件预测保障关键技术"

【成果主要内容】

1. 研发完成多项数值预报冬季复杂地形改进技术

针对复杂山地快速更新多尺度分析及预报系统短期预报，研发了基于土壤湿度调整的 2 m 温湿度预报性能优化、基于土壤类型和水力学参数等静态数据更新的 2 m 温湿度预报性能优化、10 m 风诊断方案优化技术、10 m 阵风诊断等核心技术，集成构建具备完全自主知识产权、适用于支撑复杂地形下冬奥气象保障服务的 0～72 h 数值模式预报体系，形成高效、稳定的冬奥业务预报睿图－短期系统，在中国气象局获得业务准入。各项改进技术如下。

（1）研发基于土壤湿度调整的 2 m 温湿度预报性能优化技术。睿图－短期系统 2016—2017 年冬季业务预报评估结果表明，其在北方冬季存在 2 m 最低温度偏暖和 2 m 最高温度偏冷的现象。此外，2 m 比湿也存在明显的偏湿现象。通过设计与业务系统同参数化方案配置，但采用冷启动且无资料同化的控制试验，冬季数值模拟结果表明：更新循环预报运行方式、资料同化应用、地面入射短波辐射、地面积雪覆盖均不是导致 2 m 温湿度预报偏差的直接和主要原因。通过对控制试验中各类地表热通量的空间分布特征分析表明，白天地表能量大量分配给潜热和地面向下的感热，导致感热通量偏少，造成白天最高温度偏低，湿度偏湿；而白天地面向下的热量在夜间通过地面向下负的感热通量（向上的感热通量）加热大气，造成夜间最低温度偏高。地面潜热通量偏大显然和土壤、植被的蒸发蒸腾密切相关。华北地区的冬季植被凋萎，植被蒸发蒸腾可忽略，因此，显著的潜热通量很有可能是土壤中水分蒸发引起。睿图－短期系统初值场中土壤湿度取自欧洲中心全球数值预报场（EC 预报），北京城市气象研究院的陆面同化系统（HRLDAS）土壤湿度分析场在太行山、六盘山一带，辽宁吉林一带与初值场土壤湿度有显著的差异。通过设计使用 HRLDAS 土壤湿度分析场的敏感性试验，数值模拟结果显示初值场中使用 HRLDAS 土壤湿度分析场，2 m 最高温度的负偏差明显降低，2 m 最低温度的正偏差也得到较好的改善。

（2）研发基于土壤类型和水力学参数等静态数据更新对冬季 2 m 温湿度的偏差订正技术。不同土壤质地的热传导能力、储水能力都有明显的差别，而这些能力的强弱是通过相应土壤质地的水力学参数值的大小来表达的。在数值预报中土壤质地及其对应的水力学参数通过影响土壤的热传导和涵水能力，对地表的热量交换和水分交换及能量平衡起着至关重要的作用。睿图－短期模式中业务应用的 Noah 缺省土壤数据集里预报区域内土壤质地与北京师范大学（BNU）数据集里预报区域内土壤质地有明显差别。缺省数据集中大面积黏壤土，在 BNU 数据集中被壤土所取代，该区域恰好分布着许多存在比湿显著干偏差站点的区域。因此，设计土壤质地试验，在土壤湿度敏感性试验基础上采用 BNU 数据集。控制试验和土壤湿度敏感性试验、土壤质地试验的评估结果表明：通过土壤湿度调整、土壤质地数据集和水力学参数表更新，华北地区冬季 2 m 最高温度、最低温度和湿度预报性能得到了显著的提升，区域平均的均方根误差比控制试验分别提高 25%、29% 和 18%。

（3）研发基于 10 m 风诊断方案对冬季 10 m 风速的改进技术。在实时业务服务中发现睿图－短期 V2.0 系统 10 m 风速的预报普遍偏大现象，究其原因，有一部分来源于未考虑地面建筑物或植被的零平面位移，因此，为了达到考虑零平面位移的效果，同时又可以保证风速预报的基本稳定，修订了现有的 10 m 风诊断方案，引入零平面位移系数的方法来减轻现有风速预报偏差，以获得更好的 10 m 风速预报性能。从通过 10 m 风速在全国站点的预报偏差来看，并不是所有站点都需要这种改进，因此根据不同土地利用类型进行有针对性的改进。土地利用类型代码 2、3、5、7 所占比例较大，对应的土地利用为旱地农田和牧场、灌溉农田和牧场、农田草地、草地，这四种土地利用类型的站点数在全国 3 km 分辨率的情况下占 80% 以上，而且 10 m 风速预报偏大也较明显。将冬奥赛区所在站点的土地利用类型考虑其中，冬奥赛区站点的土地利用类型序号主要为 7、10、31、32、33，对应土地利用类型为草地、稀疏草原、低密度居民区、中密度居民区、高密度工业区，因此，考虑地表建筑或植被零平面位移的方法应用于 2、3、5、7、10、31、32、33 这八种土地利用类型。将上述零平面位移系数引入睿图－短期 V2.0 系统，开展 2021 年 1 月 1 日—3 月 31 日的数值试验，结果表明：在 D01 和 D02 区域，引入零平面位移系数试验比业务风速预报效果提升 15%～16%，在冬奥赛区的改进效果更为明显，改进后 10 m 风速均方根误差比业务试验降低 1.0 左右，提升效果达 33.3%。

（4）研发 10 m 阵风诊断技术。目前，比较常用的有两种阵风参数化方案。第一种是美国空军气象局（AFWA）强对流天气诊断模块里的阵风诊断方案，认为模式输出间隔内每个积分步长地面阵风的最大值为该输出间隔内的地面阵风。AFWA 方案只考虑了强降水拖曳作用对地面风速的影响，没有考虑湍流对地面风速的影响，对非强对流条件下的阵风诊断具有局限性。第二种是应用后处理系统（UPP），通过计算大气边界层顶向下传输到地面的动能来诊断阵风）。UPP 诊断方案利用模式输出时刻的预报来计算，没有考虑模式输出间隔内每个积分步长的大气状态，其预报效果对预报输出频率存在依赖，对与快速移动系统有关的阵风诊断具有明显局限性。为了弥补两种方案的局限性，睿图－短期系统发展了 IUM 阵风诊断方案，IUM 方案考虑每个积分步长的阵风，并使用基于湍流强度的方法计算阵风，有利于捕捉快速移动中小尺度系统导致的阵风，且比基于降水拖曳的方法更具有普适性。三种阵风诊断方案的应用评估表明：IUM、UPP 和 AFWA 三种方案的阵风预报存在明显差异，IUM 方案的阵风预报能力优势明显。通过开展三种阵风诊断方案（IUM、UPP、AFWA）在北京地区大风预报中的应用评估比较，实现阵风诊断参数化方案的优选，最后将最优 10 m 阵风诊断方案应用到睿图－短期系统中，提供阵风诊断预报产品。

【成果应用成效】

睿图－短期系统作为北京市气象局业务数值预报系统，除了承担日常天气预报服务的技术支撑任务，也为北京市气象局服务冬奥会和冬残奥会提供客观预报支撑。睿图－短期系统参加了"智慧冬奥 2022 天气预报示范计划"（SMART2022-FDP），基于该 FDP 平台与其他数值预报模式产品的同台展示和性能对比。在预报示范期（2022 年 1 月 1 日—3 月 15 日）投入了预报服务和示范应用。

对预报示范期内睿图－短期系统 08 时和 20 时起报的冬奥赛区 29 个气象站的 2 m 温度、10 m 风速、小时阵风预报要素进行预报性能客观评估，同时对比参加 FDP 的其他数值预报系统广东 3 km、上海 3 km 和中国气象局地球系统数值预报中心的预报检验结果进行分析。应用效果显示：对冬奥赛区 29 个气象站 2 m 气温预报的均方根误差来看，睿图－短期系统的均方根误差为 2～2.5 ℃，低于四个模式平均线，优于上海和数值中心预报效果，与广东

3 km 模式相当；对冬奥赛区 29 个气象站 10 m 风速预报的均方根误差来看，睿图－短期模式的均方根误差为 2 m/s 左右，低于四个模式平均线，优于上海和数值中心预报效果，与广东 3 km 模式相比略差一些；对冬奥赛区 29 个气象站 10 m 风矢量分布统计图来看，睿图－短期模式的预报基本与观测一致，细节上来看，U 分量略偏小，V 分量略偏大；对冬奥赛区 29 个气象站小时阵风预报的均方根误差来看，睿图－短期模式的均方根误差为 3.5 m/s 左右，低于四个模式平均线，优于数值中心预报效果（上海 3 km 模式无阵风产品），与广东 3 km 模式相当。

睿图－短期模式改进后的温湿风及阵风等产品在北京冬奥会中获得了广泛的实际应用，该 0～72 h 数值模式预报体系较好地支撑了复杂地形下冬奥气象保障服务工作。睿图－短期模式预报产品，尤其是平均风和阵风产品，对北京地区和延庆冬奥赛区各季节大风过程预报均具有指示意义。例如，2022 年 3 月 4 日白天京津冀地区有 4、5 级偏北风，阵风 7、8 级，局地风力达 9 级以上，且是冬残奥会开幕式当天，大风的影响备受关注。比较不同起报时间模式产品在北京冬奥会三个赛区综合的阵风 RMSE，模式产品中睿图－短期预报提前 24 h 时效的阵风 RMSE 约为 5.4 m/s，是预报性能较好的数值预报产品。应用 IUM 方案制作的阵风预报产品对各个季节达到或超过 5 级阵风的等级预报较为准确，为业务大风预报、冬奥和重大活动保障等气象服务提供了支撑。

【成果应用展望】

睿图－短期系统作为北京市气象局最核心的业务数值预报系统之一，未来将继续开发新的预报技术，承担日常天气预报服务的技术支撑任务，同时也将继续为首都其他重大活动气象保障服务提供客观预报支撑。

【成果代表图片】

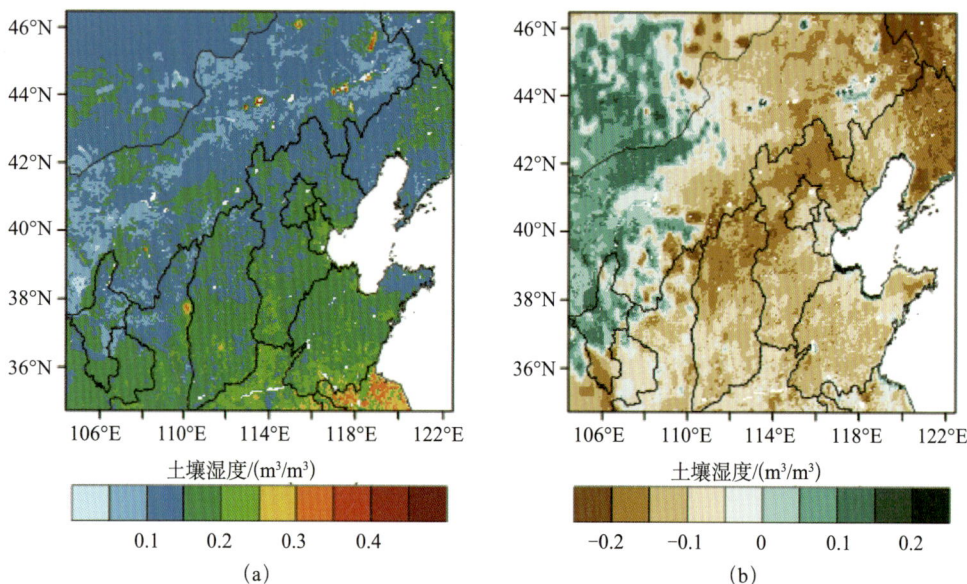

代表图片 1　土壤湿度空间分布

（（a）EC 预报；（b）陆面同化系统分析场与 EC 预报之差）

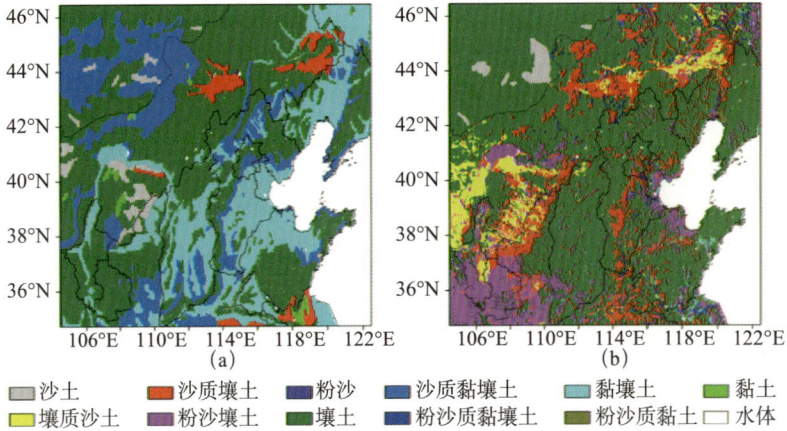

沙土　　沙质壤土　　粉沙　　沙质黏壤土　　黏壤土　　黏土

壤质沙土　　粉沙壤土　　壤土　　粉沙质黏壤土　　粉沙质黏土　　水体

代表图片 2　土壤质地数据集

((a) Noah 缺省数据集;(b) 北京师范大学数据集)

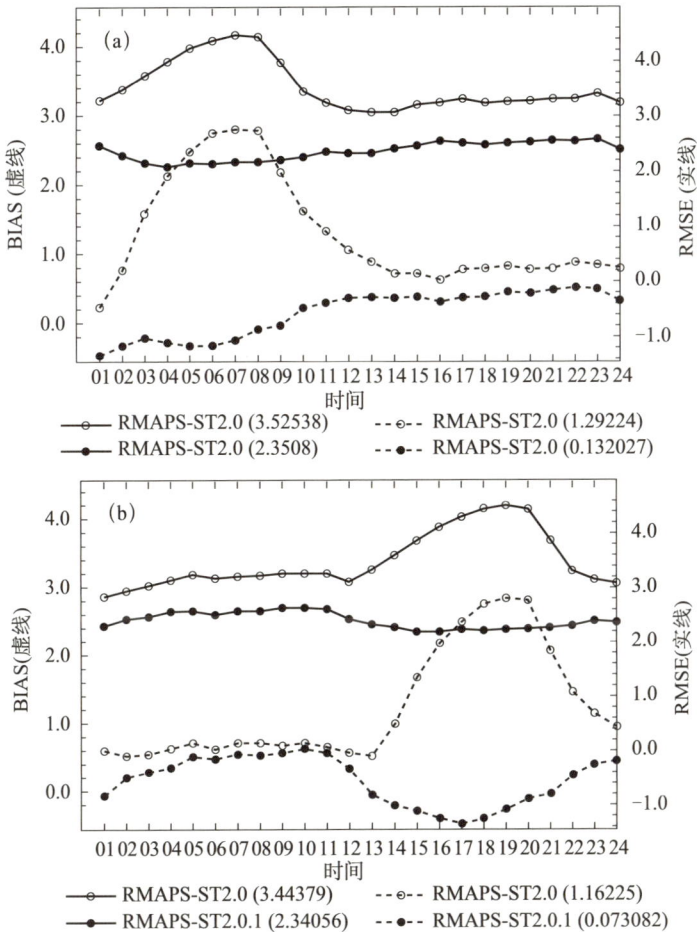

代表图片 3　2021 年 1 月 1 日—3 月 31 日在冬奥赛区 29 个气象站的 10 m 风速检验结果

((a) 00 UTC 起报;(b) 12 UTC 起报;空心标记的线为睿图 - 短期 V2.0 系统;

实心标记的线为睿图 - 短期 V2.0.1 系统;实线为 RMSE;虚线为 BIAS)

(撰写人:仲跻芹　卢冰　全继萍)

3.3.7　多种降尺度技术及产品对比应用

【第一完成单位】河北省气象台

【主要参与单位】成都信息工程大学

【主要贡献人员】张南　王玉虹　张延宾　曹晓冲　张珊　金晓青

【来源项目名称】国家重点研发计划"科技冬奥"专项"冬奥赛场精细化三维气象特征观测和分析技术研究"

【成果主要内容】

基于张家口赛区加密观测资料、中尺度数值模式预报资料、超高分辨率地形资料，研发多种降尺度技术，模拟赛区复杂地形下局地环流特征。开发基于降尺度技术的多种分析和预报产品，集成于崇礼精细化气象要素实时分析系统等多个冬奥预报平台，对产品实时运行状态进行监控、对预报产品进行多种方式的展示，供一线气象预报员使用，大部分产品分辨率达到 50 m。

（1）基于 INCA 降尺度技术的高分辨率融合分析和短临预报系统（INCA-HR）

该系统主要解决复杂地形下气象要素分布特征的分析问题和多种要素的短临预报问题，其分析产品能够刻画冬奥赛区温度、风等气象要素的分布特征，预报产品能够提供未来 24 h 的温度、平均风、阵风等要素的预报，空间分辨率达到 50 m，更新频率达到 10 min。

该方法以奥地利气象局的 INCA 1 km 分辨率系统为基础，以中尺度数值模式预报为背景场，考虑复杂地形对气象要素的影响，利用冬奥赛区加密自动气象站观测，对背景场进行误差订正，并利用高分辨率地形数据和坐标系设计，利用质量守恒关系，实现风场的连续性。

通过框架的改造，实现了 50 m 分辨率的降尺度技术；并根据背景模式的偏差统计，通过订正风场平均误差，实现了平均风预报性能的提升；基于平均风和阵风的统计关系，构建阵风预报方程，提高了小时极大风预报效果。

（2）基于 CFD 的崇礼精细化风场分析和预报系统

基于 CFD（计算流体力学）技术，利用 Meteodyn WT 软件，结合高精度 ALOS-12m 卫星地形数据和航拍超高精度地形数据，通过调整计算半径、计算最小水平 / 垂直分辨率、稳定度等条件，对冬奥张家口赛区（崇礼）进行精细化风场模拟，不断调整优化计算参数，确定最佳模拟方案，制作 36 个不同系统风向（间隔 10°）条件下高精度风场模型。根据不同系统风向条件下风场模型，分析总结了不同赛区三维风场结构特征，提高对赛区复杂地形条件下风场结构的认识，例如，跳台赛区小尺度环流结构，沿山谷绕绕山气流从西南方山谷吹来的风到达跳台区域向东北转向，与山顶越山气流汇合，在跳台底部小区域内形成弱的偏东风。

在高精度风场模型的基础上自主开发建立基于 CFD 的崇礼精细化风场分析和预报系统。挑选赛区位于山顶的观测站点作为指标站，利用数值预报释用得到的指标站风场预报制作逐 10 min 的实时客观风场，每天两次制作核心赛区风场预报产品，解决了 CFD 降尺度技术智能用于模型研究而无法开展实时分析与预报的问题，提升了该技术的业务应用价值。

（3）CALMET 精细化风场预报和分析业务系统

CALMET 方法是基于中尺度气象模式的输出场，在三维风场模拟过程中考虑地形的动力学影响、倾斜气流和阻塞效应，通过质量守恒连续方程对风场在高分辨率地形下进行诊断并生成三维气象场资料，是一种适用于复杂地形研究的动力降尺度技术。引入高分辨率地形和土地利用数据，基于 CALMET 方法构建精细化风场动力降尺度流程。开展参数化方案组合的敏感性试验，通过调整描述地形对风场的热动力闭合效应的局地弗劳德数参数，优化风场模拟效果，并构建了 CALMET 精细化风场预报和分析业务系统。系统在冬奥会和冬残奥会期间稳定运行，每天生成 24 h 内逐小时 50 m 风场预报产品，实时提供高分辨率降尺度风场供气象预报员进行参考。

（4）张家口赛区复杂地形大涡模拟系统（WRF-LES）

采用中尺度模式 WRF，基于超高分辨率地形和土地利用数据，构建张家口赛区大涡模拟系统（WRF-LES），内层核心区域关闭边界场方案，开通大涡模拟，使用 TKE 次网格闭合方案，分辨率达到 50 m。

利用 WRF-LES 系统开展冬奥赛区精细化风场模拟和评估工作：在 Lamb-Jenkinson（L-J）客观分型法基础上，根据风向和风速将张家口赛区赛事期间天气分为 93 种客观类型，使用 WRF-LES 进行模拟，给出不同天气类型下张家口云顶公园、冬季两项和跳台滑雪核心赛场的精细化风场效果评估，并分别给出不同赛场的大风风险区范围和风险发生概率。

大涡技术受计算资源制约，每积分 1 h 用时 30 min 左右。冬奥会和冬残奥会期间，通过构造运行流程，进行提前错时起报、边运行边发布，尽可能满足业务应用需求，实现大涡模拟的业务实时运行，解决了大涡技术不能提供实时预报的问题。每天 07:30（北京时）启动，起报时间为每天 12 时（北京时），预报时效为 36 h，上午预报提供短时预报产品，下午提供未来 24 h 预报产品，为崇礼气象预报服务提供支撑。

（5）利用山地加密自动气象站观测资料、河北 RMAPS-ST 数值模式资料和高分辨率的地形数据的统计降尺度技术

考虑不同类型地形的影响，引进成都信息工程大学的风场订正模型，给出了综合风速风向与坡度坡向关系表示不同类型定量的地形特征，通过风矢量（风速和风向）和全风速以及坡度、坡向、地形散度、风矢量的矢量积等因子，获得平坝、迎风坡和背风坡、山脊、山（河）谷、风口等地形分类。使用 RMAPS+AWS 融合的客观分析风场与表示不同格点的地形特征参数的组合因子，分别对逐个时次的纬向风 U 和经向风 V 进行回归拟合建立风场的订正模型。使用该订正模型对 RMAPS-ST 模式的风场进行降尺度，每 3 h 提供张家口赛区400 m 分辨率的风场格点分析场以及未来 48 h 的逐小时风场预报产品。

【成果应用成效】

（1）基于 INCA 降尺度技术的高分辨率融合分析和短临预报系统（INCA-HR）在 2022年冬奥会和冬残奥会以及 2021 年 2 月测试赛以及各种气象预报服务、训练中，供冬奥气象预报服务团队使用。INCA-HR 系统预报产品的优势主要在于融合了分析外推的前 6 h 预报和快速滚动的更新频率上，可以为气象预报员提供近实时的、较准确的短时临近预报。以 2022年 2 月 7 日的天气过程为例，该系统预报的平均风分布与地形关系密切，在环境气流为西北风的大背景下，赛区局地环流受地形影响出现绕流、分支、汇合等现象。对于云顶山顶站（B3017），该系统预报的未来 6 h 内的平均风与实况较为一致，风向均为西北风，风速均在5 m/s 左右，但预报时效超过 6 h 后，预报风速明显大于实际风速，这主要是因为 6 h 以后的

预报质量依赖于数值模式预报的性能。数值模式预报平均风速有偏大的系统性误差，但预报的风速变化趋势与实况较为吻合。INCA-HR 系统的平均风和阵风产品参加"智慧冬奥 2022 天气预报示范计划"，在同类预报产品中表现可观。根据 FDP 网站的检验结果，2022 年 2 月 4—20 日冬奥会期间，INCA-HR 平均风的均方根误差约为 1.5 m/s，在所有产品中排名第四；阵风的均方根误差约 2.78 m/s，在所有产品中排名第四，两种产品预报效果均高于所有产品的平均水平。

（2）基于 CFD 的崇礼精细化风场分析和预报系统稳定运行，产品接入"崇礼精细化气象要素实时分析系统"和"冬奥雪务气象预报预测系统"，在北京 2022 年冬奥会和冬残奥会以及 2021 年 2 月测试赛以及各种气象预报服务、训练中，供冬奥气象预报服务团队使用。北京 2022 年冬奥会和冬残奥会期间（2 月 4 日—3 月 13 日）风速预报平均误差为 0.87 m/s，平均绝对误差为 1.74 m/s，均方根误差为 2.27 m/s。对一些关键站点预报质量更优，云顶山腰站风速预报平均绝对误差为 1.31 m/s，云顶山底站风速预报平均绝对误差为 0.91 m/s，跳台终点站平均绝对误差为 0.78 m/s。越野 1 号、2 号、3 号站平均绝对误差分别为 1.13 m/s、0.74 m/s、1.09 m/s。冬两 1～5 号站平均绝对误差分别为 1.08 m/s、1.45 m/s、1.33 m/s、1.36 m/s、1.21 m/s。

（3）CALMET 高分辨率精细化风场预报产品可展示出复杂地形下的风场分布。以 2022 年 2 月 7 日为例，环境风为西北气流，CALMET 预报风场在山顶与迎风坡地区风力较大，山谷与背风坡地区风力较小，且风向分布与地形关系密切，山顶出现越山气流与绕流气流，山谷地区有气流汇合。白天 14 时，由于热力作用，风吹向山体时更容易越过山脉，形成越山气流，跳台地区的风向与环境气流较为一致，为西北风；而在夜间 21 时，同一地区，风吹向山体时，风向会调整为与地形相切，跳台地区气流沿山谷汇合，风场转为偏西风。

系统在冬奥会和冬残奥会期间稳定运行，对赛事期间（2022 年 2 月 4 日—3 月 13 日）风场预报进行检验，冬奥会和冬残奥会期间所有站点风向平均绝对误差为 52.79°，均方根误差 68.11°，误差 45° 以内的风向准确率为 59.09%，所有站点风速预报均方根误差为 1.65 m/s，误差 2 m/s 以内的风速准确率为 78.76%，整体预报略偏大。

（4）应用 WRF-LES 系统，针对张家口赛区（崇礼）开展局地风场模拟，不同天气分型下不同赛场的精细化风场效果评估和大风风险评估可为防风设施的布置提供依据和参考，另外，93 类大涡模拟数据集接入气象风险可视化系统，根据环流形势参考相应模型预报为决策提供参考。

基于地面自动气象站和激光雷达观测资料，对一次晴空高压系统控制下的具有明显局地风环流特征的天气个例模拟结果进行检验评估。结果表明，WRF-LES 能够呈现出复杂地形下局地风场的时空变化特征，各站风向绝对误差为 10°～60°，风速绝对误差为 0.5～2 m/s。在山谷和山沟区域，模拟风场和观测风场都表现出明显的日变化特征，海拔较高站点的误差比海拔相对较低站点的误差更小。海拔较低站点在山谷风或上下坡风发展稳定时段风向误差较小，风向转换时段误差较大。

（5）统计降尺度订正模型采用基于地形参数变化的气象降尺度技术，基于高精度地形数据，开展了高分辨率数值模式风场预报产品的释用工作，优化了数值模式的风场预报结果。在北京冬奥会和冬残奥会期间运行稳定，可用预报时效长，为冬奥会和冬残奥会气象保障提供有力支撑。对 2022 年 2—3 月风场预报进行检验发现，0～6 h 风速预报可用性较强，但 6 h 后风速预报趋势存在一定偏差，高海拔站点的预报能力需提高。在 2022 年 2 月 19 日大风过程中，站点风速 24 h 平均误差为 1.7 m/s，较模式 3.6 m/s 的误差有显著下降，且风场空间分布较为合理，与地形关系密切。

【成果应用展望】

基于三维分析场构建的局地天气概念模型，揭示出赛区局地环流特征，能够为中小尺度分析和预报提供理论支撑。由地形引起的风场局地环流对山区局地对流天气发生、发展以及污染输送有着重要影响，后期可以应用降尺度分析技术进一步加强对流天气、污染过程天气机理的研究。

针对赛区复杂地形开展了多种降尺度技术的研究，通过赛事应用充分了解了不同技术优势（表 1），下一步将开展降尺度技术融合应用，提升局地精细化分析预报效果，可为重大活动气象保障服务、森林火灾救援、乡村振兴提供精细化预报支撑。

表 1　张家口赛区多种降尺度产品业务运行情况对比

	大涡系统	INCA-HR	CALMET	CFD	统计降尺度
50 m 产品格点数	201×201	207×209	220×240	247×186	12×10×2（400 m 分辨率）
产品类型	预报	分析/预报	分析/预报	分析/预报	分析/预报
背景场	WRF-1 km			CFD 模型	RMAPS-ST 3 km
产品时间分辨率	逐小时				
产品时效	36 h	24 h	24 h	48 h	48 h
更新频次	1 次	逐 10 min	逐小时	逐小时	逐 3 h
运行时间	17 h	2 min	1 h	1 min 内	2 min
优势	满足物理定律	快速、融合观测	符合动力学定律	运行快速、符合流体原理	考虑不同地形分类
不足	计算资源需求大	缺少观测站地区效果有待提高	效果取决于关键参数的选取，需要一定的计算资源	前期建模工作量大，指标站需要一定的历史资料用于构建订正模型	与观测站分布及背景模式本身效果有关

多种降尺度产品的综合显示系统——崇礼精细化气象要素实时分析系统，能够针对重点关注区域进行整体移植，直接提供数据监控、运行状态监控、服务器状态监控以及产品展示和检验。

【成果代表图片】

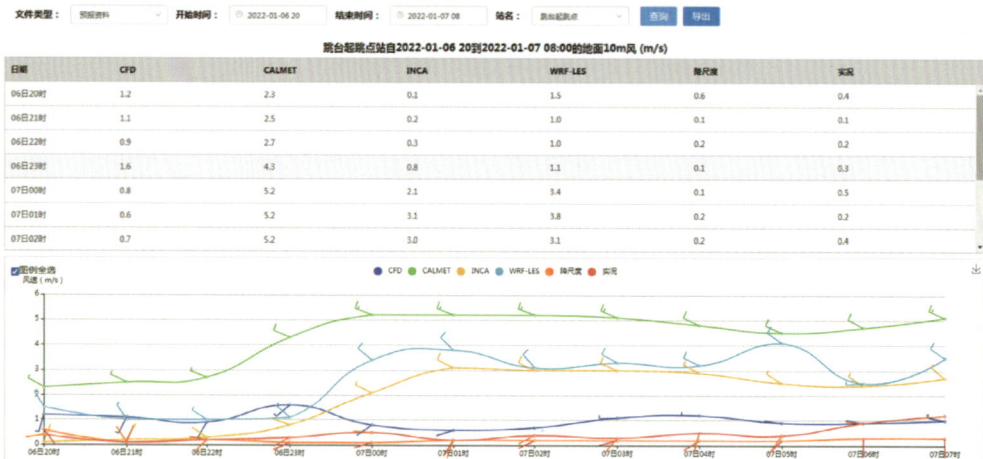

代表图片 1　崇礼精细化气象要素实时分析系统界面

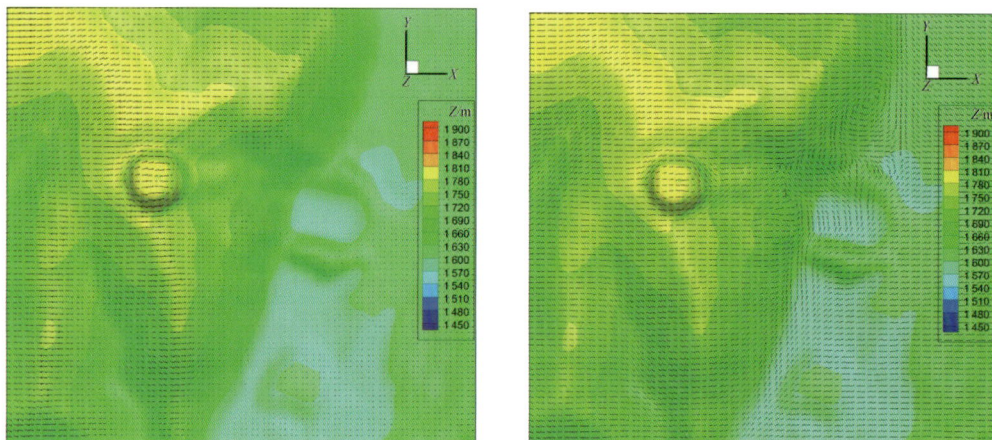

代表图片 2　基于 CFD 的国家跳台滑雪中心区域精细化风场

（2021 年 3 月 21 日 00 时（a）风向风速和（b）匀速显示风向）

（撰写人：张南）

3.3.8 张家口赛区精细化集合预报和订正技术研究

【第一完成单位】河北省气象台

【主要参与单位】中国科学院大气物理研究所

【主要贡献人员】连志鸾 平凡 张南 李宗涛 段宇辉

【来源项目名称】河北省"科技冬奥"专项"冬奥会崇礼赛区赛事专项气象预报关键技术"

【成果主要内容】

1. 主要内容

（1）云分辨尺度精细化天气集合预报和精细化到赛道预报产品的偏差订正技术

针对张家口赛区（崇礼），发展了云分辨尺度集合扰动技术、对流尺度混合同化及增量分析更新（IAU）技术，同时构造了适合我国北方区域的陆面方案、边界层方案以及云微物理方案及组合。以此为基础，利用多重嵌套技术，建立和发展了针对张家口赛区的精细气象要素的集合预报系统，达到了张家口赛区天气及气象要素的百米级、分钟级精细化预报的技术目标，为张家口赛区的精细化气象服务及保障提供了坚实的技术支撑。

针对张家口赛区云顶、跳台、冬两及越野等各个赛点测站的精细化气象要素预报需求，基于长时间序列精细化模式预报的回报产品以及赛区站点气象要素观测的大样本统计分析和大数据挖掘，发展了相似误差订正、递减平均误差订正等多项数值预报产品的客观订正技术，有效地提高了模式产品在赛点测站的预报准确度。

（2）快速更新订正和多种客观预报方法技术研究应用于赛区冬季复杂地形下气象要素预报

利用山地加密自动气象站观测资料、河北 RMAPS-ST 数值模式资料和高分辨率的地形数据，采用统计降尺度技术，建立复杂地形下山地与风场的订正模型，每 3 h 提供张家口赛区 400 m 分辨率的风场格点分析场以及未来 48 h 的逐小时风场预报产品。产品接入崇礼精细化气象要素实时分析系统，在冬奥会和冬残奥会期间运行稳定，0～6 h 风速预报可用性较强，但 6 h 后风速预报趋势存在一定偏差，高海拔站点的预报能力需提高。

基于多模式集成偏差订正、机器学习、MOS 等技术，研发了温度、风向、风速等气象要素客观方法，并对各类预报效果进行检验分析。开展了风速偏差订正以及阵风经验公式研究：对数值预报产品进行评估发现，在大风背景形势下，风速的误差较大；在小风背景形势下，风向的偏差较大；依据偏差规律对模式客观预报结果进行偏差订正，效果明显；开展了基于偏差订正的多模式集成温度预报研究；采用混合训练期内平均偏差订正法和四分位偏差订正法对各家数值预报的温度预报进行订正，再对订正结果进行集成，得到最优预报的方法。不断调整优化订正参数和集成参数，以制作出高质量的预报产品。

2. 技术特点和创新性

（1）云分辨尺度精细化天气集合预报技术。张家口赛区精细化天气集合预报系统发展了多项自主研发的关键数值预报技术，实现了上述技术的集成应用。云分辨尺度的集合预报采用了多初值及多物理过程的扰动技术，其包括了初值扰动、随机扰动、物理过程倾向、边界层及陆面扰动等多个成员。多源观测资料的融合同化则采用了三维混合变分以及集合卡尔曼

滤波的云分辨尺度混合同化技术，同时采用了增强分析更新（IAU）和当地区域的背景协方差 B 矩阵的构造技术，有效提高了模式初始场的精度和准确度。模式的物理方案组合则包括了张家口赛区 30 m 分辨率的地形高度和地表类型的陆面方案、具有尺度感知能力的灰区边界层方案以及拟合了我国北方降水及云系特征的云微物理方案。

（2）快速更新的多源资料融合临近预报技术。基于多源观测和模式预报产品融合技术、复杂地形订正技术和动力降尺度技术，构建了张家口赛区的精细化综合分析和临近预报系统，实现了 1 km 空间分辨率、10 min 更新循环的网格化三维气象要素客观分析和未来 0～12 h 地面要素及降水的预报。由于技术先进、时空分辨率高、产品质量好、运行速度快等优点，该系统在多个国家气象部门得到推广和运行，尤其在加拿大冬奥会、韩国平昌冬奥会等奥运会赛事中也作为气象部门进行赛事服务的有力手段之一，得到广泛应用。

3. 所解决的主要问题

（1）云分辨尺度精细化天气集合预报技术的集成应用。有效提高了张家口赛区天气及气象要素的精细化预报精度及准确度。在北京 2022 年冬奥会和冬残奥会举办期间，该模式系统进行了业务应用，其百米级、分钟级的气象要素预报数据通过数据接口实时传送到河北省气象台的雪雾系统等业务平台，有力支撑了冬奥会和冬残奥会的精细化气象服务与保障。例如，该模式系统准确地预报出了冬奥会和冬残奥会期间的低温、大风及降雪过程。目前张家口赛区天气精细化集合预报系统作为项目的代表性成果，正在申请专利。

（2）快速更新的多源资料融合临近预报技术。对 INCA 系统中使用的主要技术方法进行了深入研究，利用其多源观测和模式预报产品融合技术和复杂地形订正技术，结合张家口赛区布设的观测网，构建了一套空间分辨率为 50 m 的多源观测和预报数据融合的临近预报系统，能够实现逐 10 min 滚动更新，提供未来 12 h 逐小时气温、相对湿度、平均风和阵风预报。

【成果应用成效】

（1）快速更新的多源资料融合临近预报技术。建立了复杂地形下山地与风场的订正模型，每 3 h 提供张家口赛区 400 m 分辨率的风场格点分析场以及未来 48 h 的逐小时风场预报产品。产品接入崇礼精细化气象要素实时分析系统，北京 2022 年冬奥会和冬残奥会期间运行稳定，0～6 h 风速预报可用性较强。

（2）云分辨尺度精细化天气集合预报和精细化到赛道预报产品的偏差订正技术。精细化到赛道预报产品的释用及订正技术成果，在冬奥会和冬残奥会期间得到了较好的释用，在 2022 年 2 月 4—5 日的大风过程、2 月 13 日的强降雪过程、2 月 18—19 日的大风强降温天气过程中，低温和大风的预报较为准确，有力地支撑了冬奥会和冬残奥会的精细化气象服务与保障。

【成果应用展望】

针对张家口赛区研发的云分辨尺度精细化天气及气象要素精细化集合预报系统、数值产品的释用及客观订正技术，有效地提高了复杂山地天气及气象要素的精细化预报水平及能力。在后冬奥时代的冰雪经济发展中，精细化的气象服务及保障将发挥极其重要的作用。如何基于上述模式系统和观测站点的客观订正技术，更好地服务和保障于冰雪经济发展，将是本项目成果深度开发和持续应用的重要课题。寻找山地气象的新服务场景，开发冰雪经济的气象预报产品，将助力和推动我国冰雪经济的发展和繁荣。

【成果代表图片】

时效/h	平均风风速			极大风风速			瞬时风风速		
	平均误差/(m/s)	平均绝对误差/(m/s)	准确率/%	平均误差/(m/s)	平均绝对误差/(m/s)	准确率/%	平均误差/(m/s)	平均绝对误差/(m/s)	准确率/%
0	0.02	0.19	98.25	0.06	0.09	99.24	0.01	0.09	99.47
1	0.31	1.02	87.09	0.35	0.87	91.65	0.38	1.23	81.34
2	0.5	1.23	81.31	0.53	1.12	84.77	0.58	1.44	75.72
3	0.89	1.47	74.52	0.88	1.36	77.73	0.98	1.67	68.77
4	1.37	1.83	63.48	1.3	1.72	66.29	1.47	2.02	59.13
5	1.87	2.27	53.06	1.75	2.13	54.9	1.98	2.46	49.53
6	2.37	2.73	45.72	2.2	2.54	47.29	2.49	2.92	43
7	2.36	2.72	45.85	2.19	2.54	47.45	2.47	2.91	43.17
8	2.34	2.71	45.96	2.17	2.52	47.58	2.45	2.9	43.33
9	2.33	2.71	45.91	2.16	2.52	47.49	2.45	2.89	43.3
10	2.32	2.7	45.89	2.15	2.52	47.57	2.43	2.89	43.35
11	2.32	2.71	45.83	2.15	2.52	47.52	2.43	2.89	43.3
12	2.32	2.71	45.89	2.15	2.52	47.56	2.43	2.89	43.37

时效/h	平均风风向			气温			相对湿度		
	平均误差/(°)	平均绝对误差/(°)	准确率/%	平均误差/℃	平均绝对误差/(°)	准确率/%	平均误差/%	平均绝对误差/(°)	准确率/%
0	−0.01	8.72	89.92	−0.01	0.12	99.77	0.11	0.56	99.69
1	0.36	41.1	49.59	0.01	0.8	92.65	0.15	5.03	88.41
2	0.3	46.1	44.36	0.03	1.17	83.25	0.09	7.38	76.12
3	−0.74	49.74	40.23	0.06	1.45	76.53	0.06	9.05	68.15
4	−1.82	52.23	37.43	−0.08	1.59	72.68	0.82	9.93	64.17
5	−1.76	53.68	35.74	−0.32	1.69	69.15	2.22	10.59	60.59
6	−2.47	54.97	34.33	−0.56	1.8	65.08	3.77	11.38	55.82
7	−2.41	55.16	34.18	−0.74	1.89	61.35	5.08	12.15	51.93
8	−2.4	55.17	34.09	−0.85	1.95	59.36	6.06	12.67	49.99
9	−2.38	55.23	34.02	−0.92	1.97	58.41	6.67	13.08	48.37
10	−2.19	55.27	33.95	−0.96	2	57.66	6.98	13.35	47.56
11	−2.08	55.3	33.99	−0.96	2.01	57.44	7.01	13.41	47.47
12	−2.14	55.29	34.03	−0.97	2.01	57.29	6.97	13.42	47.44

代表图片1 "快速更新的多源资料融合临近预报技术"各要素预报效果

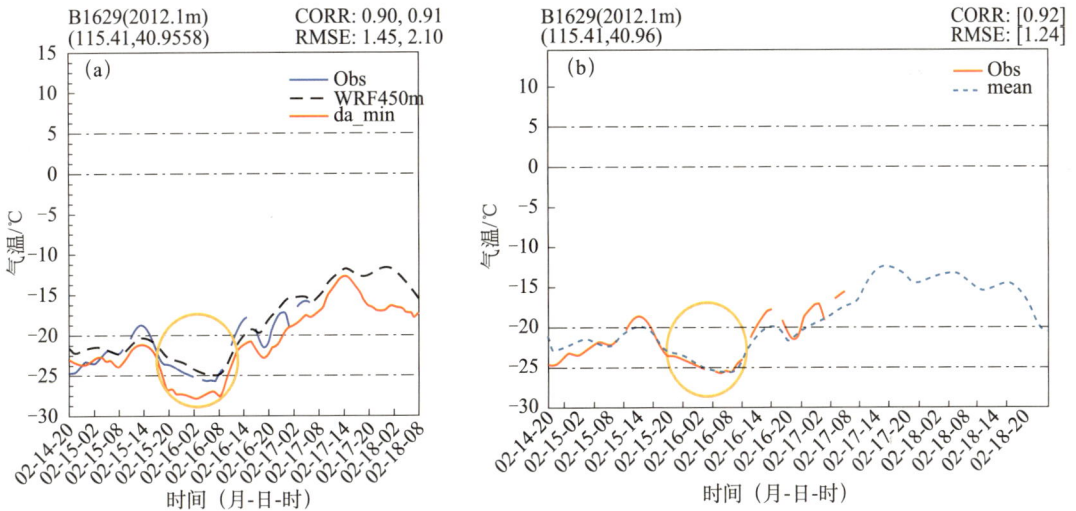

代表图片2 2022年2月15—16日低温过程中张家口赛区障碍技巧赛场（云顶4号站）的预报检验
（a）蓝实线：2 m温度观测；黑虚线：2 m温度确定预报；红实线：2 m温度订正预报；
（b）红实线：2 m温度观测；蓝虚线：2 m温度集合平均预报

（撰写人：段宇辉）

3.3.9　冬奥会张家口赛区雪温预报技术

【主要完成单位】张家口市气象局

【主要贡献人员】郭宏　姬雪帅　黄若男　石文伯　杨玥

【来源项目名称】河北省气象局科研项目"冬奥会张家口赛区雪温对比观测试验"

【成果主要内容】

（1）统计分析了 2019 年 2—3 月云顶赛区雪面温度空间分布特征。雪面温度在不同地形环境下分布差异较大，阳坡的雪面温度日较差明显高于阴坡的雪面温度日较差，而山顶的雪面温度日较差较小则说明环境温度和雪面温度的相关性很高。通过对比云顶 1、2 号站和云顶 4、5、6 号站雪面温度日变化发现，在相近的海拔高度下，太阳辐射对雪面温度的影响最明显，受到太阳直射的地方，白天雪温升幅最明显，傍晚雪温降幅也最明显，雪温日变化最大；在白天，受到地形遮挡的区域，即使在正午，也可能出现雪温下降的现象。积雪深度会影响雪面温度的日变化幅度，积雪深的区域，雪面温度日变化幅度更小；积雪浅的区域，在没有太阳辐射的情况下，会出现更明显的雪温波动，主要受到下垫面的影响。降雪对雪面温度日变化影响较为明显，在降雪时段，各站雪温变化趋势基本一致，且日变化不明显；而在晴天，由于不同区域受到辐射作用不同，各站雪温变化差别明显，且日较差变大。另外，各站在同时段风速相差较小，从空间分布分析，风对不同站的雪温影响较小。

（2）统计分析了 2018 年 11 月—2019 年 3 月 11 个自动气象站有积雪情况下雪面温度日变化特征。影响雪面温度日变化的因素有日照、积雪深度、气温以及风力。其中，在其他条件相同的情况下，日照越长，温差越大，最高温越高；积雪深度越深，温差越小，最高温越低；气温越高，温差越大，最高温越高；风力越小，温差越小，最高温越低。

（3）统计分析了 2019 年 2 月 14 日和 3 月 10 日两次降雪过程雪面温度变化特征。在日出之前，降雪过程开始时会使雪温快速跃升，跃升幅度在 5 ℃左右，雪面温度对降雪开始时刻的敏感性高于气温，在白天伴随着降雪的稳定出现，雪面温度变化趋于稳定，接近正常日变化规律，同时降雪在很大程度会抑制地形对于雪面温度的影响，特别是太阳辐射的影响，雪面温度的日较差基本在 10 ℃左右。当出现阵性降雪时，白天降雪开始时雪面温度会有些许的下降，同时气温也呈现相同特征，而在降雪中断期，雪面温度会快速升高，这主要是由于地形作用的影响，而在夜间，雪面温度与正常日变化特征基本一致，降雪只会减缓雪面温度的下降速度。

（4）统计分析了 2019 年 1 月 14—15 日和 2 月 14—15 日两次大风过程雪面温度变化特征。大风对于雪面温度的影响主要体现在环境温度的变化上，因此，雪面温度的变化和气温呈现出高度的一致性，在雪面温度预报时不用特别关注大风对雪面温度的影响，只需要关注大风过程的气温变化规律。

（5）利用相关性分析和机器学习方法，建立了雪温预报模型，实现雪温的客观预报，并在冬奥雪务平台开展了实际应用。

【成果应用成效】

1. 关键技术

（1）通过观测获取冬季赛区雪温资料；

（2）通过统计分析，确定雪温相关系数，建立雪温预报经验公式；

（3）根据雪温预报经验公式，依靠 EC 细网格预报产品进行赛区精细化雪温预报。

2. 创新点

（1）现场观测雪温资料。当前我国对于雪温的观测基本处于空白，关于雪温预报的相关科研成果较少，缺乏理论研究，冬奥会雪上赛事对于雪温的预报要求较高，建立雪温观测数据库能够掌握最新资料，便于相关科研的开展和后续研发。

（2）建立雪温预报模型。通过资料的对比分析，寻找利用气温预报雪温的模型，将有利于未来张家口赛区雪上赛事专业气象预报服务的开展，同时尽早提出预报模型也可以在今后的服务中进行检验，进一步改进预报模型，实现雪温客观预报。

在众多影响比赛的气象要素中，雪温是研究最少，同时也是对比赛影响较大的因素，冬奥会雪上项目运动员成绩的好坏主要由两方面组成，其一是外部天气条件对运动员比赛的影响，如降雪、大风、低温、低能见度等外部条件，会影响雪质以及运动员做空中动作的稳定度和难度、运动员的身体机能和运动员的视野，其二就是器材对运动员比赛的影响，雪上项目运动员最重要的器材就是滑雪板，雪板的好坏将直接决定运动员表现的好坏，影响运动员的最终成绩，而雪板除了材质外，考量一个雪板好坏的最重要因素就是打蜡。目前世界上的雪上运动强国均有特别丰富的雪板打蜡经验，而雪板打蜡最重要的参考要素就是雪面温度。由于我国雪上项目开始时间较晚，专业滑雪队伍主要依靠教练员的经验进行雪板打蜡，同时我国各地专业雪场之前均没有专业的长期雪温观测仪器设备，关于复杂地形下赛道雪温的研究基本空白。

"冬奥会张家口赛区雪温对比观测试验"项目正是从提升冬奥会气象保障服务能力，加强张家口赛区雪面温度特征理解的实际出发，详细研究了不同站点雪面温度的时空变化分布规律，研究了降雪和大风典型特征天气下雪面温度的变化规律，同时统计计算了各个站点的雪温预报公式模型，并在此基础上研发了冬奥赛区雪温预报系统，取得了较好的业务效益和社会效益。

3. 业务效益

项目研究成果填补了目前赛区没有雪面温度预报客观公式的空白，提出了复杂地形下雪面温度的时空分布特征，分析了降雪和大风对于雪面温度的影响，从几个方面丰富了雪面温度的理论知识，为做好雪温预报和开展后续的深入性研究打下了基础。

4. 社会效益

基于项目研究成果研发的雪温预报平台集合了实况数据显示、雪温预报和多种预报产品，目前张家口市气象局为云顶雪场开展了种类丰富的定制化气象服务，该系统的发布将提

供更好的服务效果和服务体验，为张家口市气象局今后开展雪场气象服务提供技术支撑。

【成果应用展望】

项目研究成果初步解决了雪温预报缺乏客观方法的问题，但是研究成果还存在很大的发展潜力，利用机器学习、神经网络等算法，同时通过大量的数据积累进一步提升雪温客观预报的准确率，为冰雪赛事举办、冰雪经济发展、冰雪装备制造等提供科技支撑。

同时通过本项目研究也发现现有的雪温自动观测设备在使用上具有一定的缺陷，主要是无法监测雪面状况、测量数据不准确、受外界影响大，通过本项目的研究，对于后续雪温监测设备的研发、改进能够提供参考。

【成果代表图片】

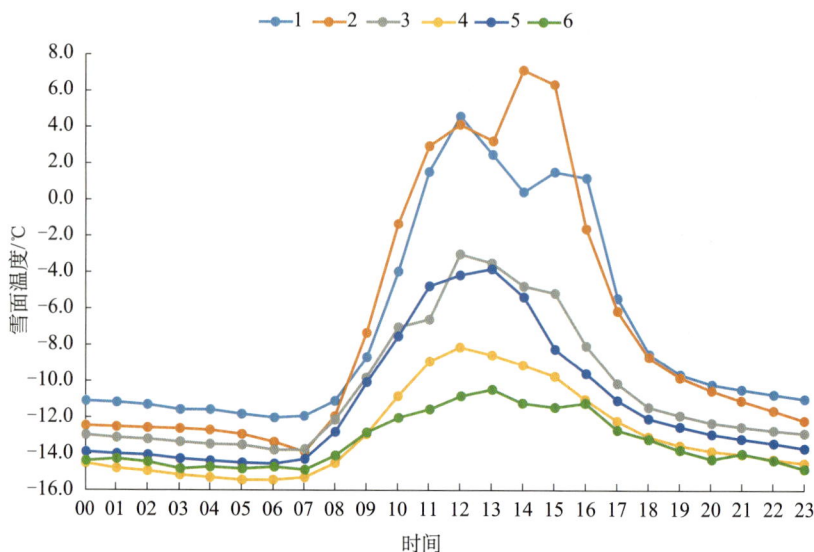

代表图片 1　云顶 1～6 号站 2018 年 11 月—2019 年 3 月雪面温度日变化特征

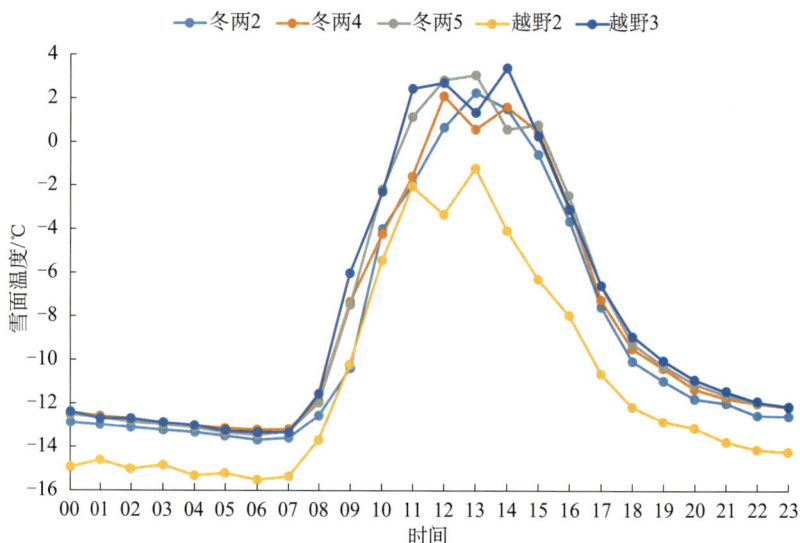

代表图片 2　冬两 2、4、5 号站和越野 2、3 号站 2018 年 11 月—2019 年 3 月雪面温度日变化特征

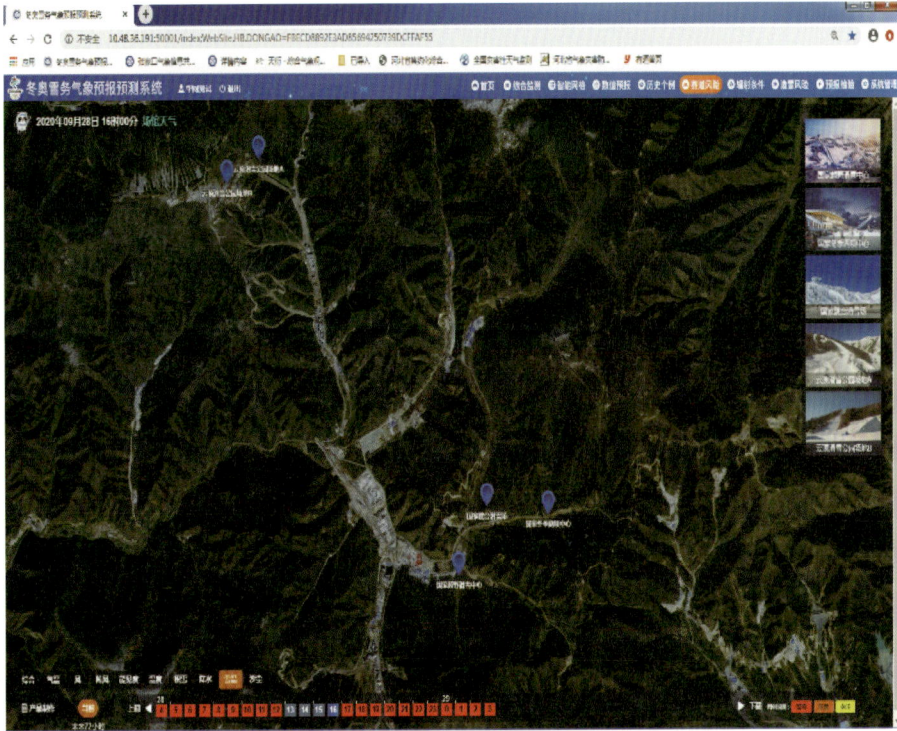

代表图片 3　河北省冬奥雪务气象预报预测系统雪面温度风险展示

（撰写人：郭宏）

3.3.10　冬奥会张家口赛区（崇礼）地形性环流和阵风预报

【主要完成单位】唐山市气象局

【主要贡献人员】付晓明　郭宏　张晓瑞

【来源项目名称】河北省气象局科研项目"2022 年冬季奥运会崇礼赛区地形性环流分析"

【成果主要内容】

1. 归纳古杨树赛场和云顶赛场冬季风速风向分布特征

（1）古杨树赛场。冬季两项赛场与越野赛场位于古杨树村，两处赛场山谷走向均接近正东西向，存在山谷风现象。以冬季两项 1 号站为代表站：平均风方面，WNW 风最多占 37%，其次为 ESE，西（W）风时风速大多为 1.8～5.5 m/s，而东（E）风时风速大多为 0～3.6 m/s，极值不超过 5 级风；极大风方面，WNW 风最多占 38%，其次为 ESE，西风时极大风速大多为 4.4～13.3 m/s，东风时极大风速大多为 4.4 m/s 以下，极值为 9 级偏西风。冬两赛场白天多上坡风及上谷风，夜间多下坡风及下谷风；冬两赛场内的山谷风环流一天具有两次风向的转变，下谷风转上谷风一般在日出后，而上谷风转下谷风一般在日落后。实际预报业务当中，对于山谷风的预报需要综合考虑环境风场强弱、风向的转换时间、风速的时间分布、风向转换时气温的变化等，并且应依据预报结果对赛事安排提出合理建议。

（2）云顶赛场。山谷走向为西北—东南向，与盛行环境风向较一致。以云顶 6 号站为代表站：平均风方面，WNW 风最多占 37%，其次为 W 风，风速大多为 2～6 m/s，极值不超过 5 级风；极大风方面，W 风最多占 40%，其次为 WNW，风速大多为 4.5～13.0 m/s，极值为 9 级风。经统计，云顶赛场出现偏东风的次数非常少，只有高空风偏南风时，赛场内才会出现长时间的偏东风。

2. 分析不同强度冷空气下各个赛场的风速风向变化规律，提炼跳台赛场的最优阵风系数，总结赛场风速风向预报方法和着眼点

（1）不同强度冷空气下各赛场的风速风向变化规律

在弱冷空气或暖气团条件下，赛区风速随着风向的转变在早晨和傍晚前后均有先减小后增大的现象，且站点日平均风速大小与地形风尺度大小有关，受山谷风影响的站点风速往往大于受山坡风影响的站点风速，同时与该站点所处的具体位置及地形（如谷深、谷长等）有密切关系；地形对风速的影响还表现在强冷空气环境下，若有山脉阻挡，在夜间及中午时段内站点风速往往比弱冷空气环境下地形风小。

（2）跳台最优阵风系数分析

若沿用平昌冬奥会进行跳台比赛的时间，为方便阵风预报，根据阵风系数的分布选出一个最优系数，即利用实际平均风速与系数计算出的预报阵风值与实际阵风值的误差概率最小的系数，得到 19—23 时阵风系数取 3.75 时，误差小于 2 m/s 的概率在 90% 左右（表 1）。

表 1 跳台起点、终点比赛时段最优系数

站点	时段	最优系数	误差≤2 m/s 概率
跳台起点	19—23 时	3.75	89.8%
跳台终点			86.1%

不同平均风速条件下，通过最优系数得到的预报阵风值与实际阵风值误差大于 2 m/s 的概率在 15% 左右（表 2）。

表 2 跳台起点、终点不同风速最优系数

站点	平均风速	最优系数	误差≤2 m/s 概率
跳台起点	1～2 m/s	3.75	86.3%
	2～3 m/s	3	80%
跳台终点	1～2 m/s	3.5	84.9%
	2～3 m/s	3.2	81.4%

（3）赛场风速风向预报方法和着眼点

云顶赛场：风向较为单一，预报以 WNW 或 W 为主，风速预报考虑环境风场强度在统计的大概率风速区间内进行调整；但当近地面（800 hPa 附近）有较强偏南风时，应考虑赛场山谷内的偏东风。

冬两及越野赛场：强冷空气影响下，冬两及越野赛场山谷风环流消失（或被破坏），风向以单一的偏西风为主，并且风速没有明显日变化。在环境风场较弱时，冬两及越野赛场山谷风现象明显，由于地面气温骤变与风向突变有十分紧密的关系，因而在预报风向转变时必须考虑对气温造成的影响，在日出后上谷风发展时，需适当增加升温的幅度，在日落后下谷风发展时，须适当增加降温的幅度，升降温的幅度考虑在 5 ℃左右。

跳台赛场：各站点处于山脉背风坡一侧，地形对风有明显阻挡作用。在冷空气活动较弱背景下，跳台的风速同样会受到风向转变的影响。而在强冷空气条件下，除海拔较高的山顶站与跳台山顶左侧站风速较大，山坡及山下的站点风速都较小，且没有明显的日变化特征。在 19—23 时（即比赛时段），阵风系数取 3.75 时，误差小于 2 m/s 的概率在 90% 左右；不同平均风速条件下，通过最优系数得到的预报阵风值与实际阵风值误差大于 2 m/s 的概率在 15% 左右。

【成果应用成效】

得益于数值预报的不断改进和机器学习等方面的发展，气象预报员在针对各个站点的逐小时预报已经不需要太多主观的预报意见，此项研究的主要目的在于一方面帮助气象预报员给整体环流情况定性，比如是否会出现山谷风，出现山谷风的环境风阈值如何，如果预报山谷风应该考虑风向何时转变，风速大小如何，等等；另一方面数值预报无法给出一些显著特征的预报，还是以山谷风为例，当风向转换时，会伴随剧烈的气温升降，并且山谷风伴随的冷池现象往往会带来异常低的夜间气温，而数值预报经常难以凸显这种转变以及极值，预报的结果往往比较平滑，这时候就需要气象预报员根据研究结论给予主观订正。

因此，本项目针对 2022 年冬奥会张家口赛区各赛场环流特征进行分析，归纳了因地形影响下的风向、风速、温度特征及发展变化规律，并提出了预报思路和方法，已在冬奥核心团队天气预报中实现推广应用，并且张家口市气象台出具了应用证明。

效果方面，在各项研究成果的共同促进下，在冬奥气象服务预报员的努力下，预报准确率有了明显的提升，以古杨树赛场为例，2019—2020 年，平均风预报绝对误差由 1.17 m/s 降至 1 m/s，阵风预报绝对误差由 2.42 m/s 降至 1.95 m/s。

【成果应用展望】

我国的冬季运动在经过冬奥会之后将会呈现蓬勃发展的趋势，而大部分雪上运动都位于地形复杂的山区，所以对雪上运动的气象服务会有相当大且专业的需求。对地形性环流的分析研究在一定程度上为山地气象服务奠定了基础，并且培养了一部分合格的气象预报员。当然，限于资料年限较少，且起步水平较低，目前的研究成果还只能停留在表层，未来面对更专业的服务需求时，需要对更复杂的地形及天气条件进行更深入的研究，如越山背风坡对镶嵌在山体内的运动场馆会有怎样的影响等。

【成果代表图片】

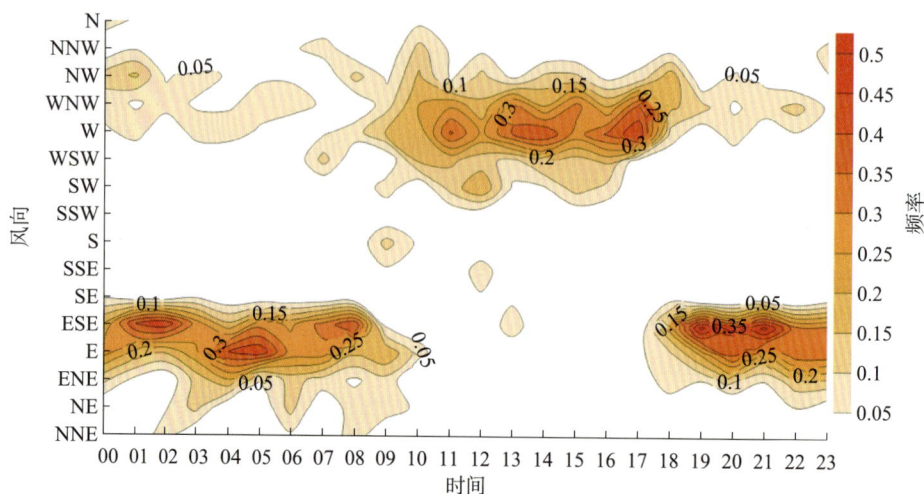

代表图片 1　冬两 1 号站山谷风日局地风每小时风向频率分布

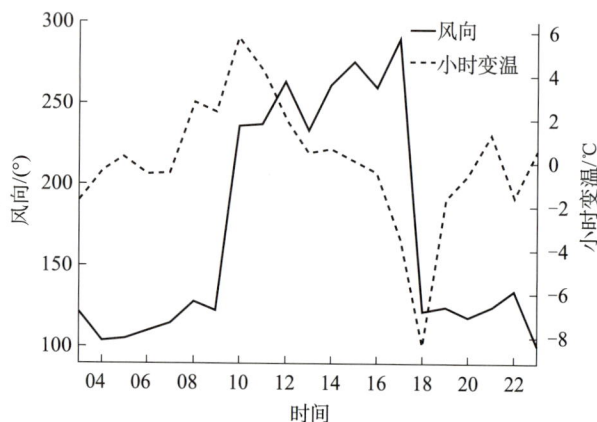

代表图片 2　2019 年 1 月 23 日冬两 1 号站每小时风向与变温

（撰写人：付晓明）

3.3.11　北京冬奥会和冬残奥会降水相态客观预报产品

【主要完成单位】国家气象中心

【主要贡献人员】董全　胡宁　张峰　李晓兰　陶亦为

【来源项目名称】国家重点研发计划"科技冬奥"专项"冬奥会气象条件预测保障关键技术"；中国气象局创新发展专项"基于大数据深度学习的多源多尺度数值模式融合预报技术"

【成果主要内容】

基于最优概率阈值法、地面 2 m 气温阈值法和地形融合降尺度算法，运用集合预报系统降水相态概率预报结果、中央气象台智能网格气温预报结果和地形地理等信息，生成京津冀地区 1 km 分辨率和冬奥气象站点 3～240 h 内，逐 3 h 间隔雨、雨夹雪、雪和冻雨四类降水相态的客观预报产品，能较好地预报和分辨不同赛区、相同赛区不同场馆之间的降水相态差异。在2022年3月的冬残奥会期间，准确地预报出了张家口赛区云顶场馆群的降雪和古杨树场馆群的雨夹雪，有力地支撑了预报决策的做出。

（1）技术特点和创新性

系统性评估检验了集合预报系统的降水相态概率预报和细网格模式的降水相态确定性预报，结果发现对各类降水相态，概率预报都较确定性预报有更高的预报技巧。基于这一结论，针对降水相态这一多分类事件，研发了多分类事件最优化问题中的梯度下降算法，估计了最优的降水相态概率阈值，基于这一阈值，将概率预报转换为确定性预报。结果显示，集合最优概率阈值法预报效果最好，相对于模式预报，明显提高了雨、雨夹雪、雪和冻雨四类降水相态预报正确率和HSS评分。

集合预报的模式分辨率低，无法满足冬奥会复杂山地条件下降水相态精细化预报的需求，需要在这一产品的基础上，进行降尺度。首先运用5 km分辨率的中央气象台智能网格气温预报产品，开发基于地面2 m气温阈值法的降水相态预报方法，生成降水相态的初猜场。降水相态与整层的温湿廓线相关，但是随着高度的降低，敏感性越来越强。运用我国1 000多个站点的地面观测资料，基于1981—2010年天气现象和地面2 m气温观测，用频数分析方法，以雨和雪频数达到50%分别作为雨和雪的气温阈值。选取克里金插值方法，插值生成空间分辨率为0.05°的雨和雪格点化气温阈值。基于智能网格气温预报就可以生成格点化雨、雨夹雪和雪预报产品，作为降尺度的初猜场。

对张家口赛区雨雪过程的观测显示，降水发生时，气温较为严格地遵从湿绝热递减率，同时雨雪气温阈值也显示，0.5 ℃的气温变化会导致降水相态的变化。基于上述特征，结合高精度的地形数据，将最优概率阈值法预报结果进行空间降尺度，在保证降水相态预报准确率以及提高空间分辨率同时，满足冬奥会和冬残奥会高分辨率的预报需求。

地面2 m气温阈值法发挥地面观测和智能网格预报资料高时空分辨率优势，在地形复杂地区，可更为细致地刻画出受海拔高度等因素影响的降水相态差异，但由于降水相态受整层温湿层结影响，该方法存在较大局限性。基于集合预报系统的集合最优概率阈值法，可进一步改进雨雪相态预报效果，但受模式分辨率影响，无法满足精细化预报要求。两者融合产品，可发挥各自优势，进一步改进现有降水相态格点预报效果。

（2）解决的主要问题

数值模式的降水相态预报，存在三个问题：第一，时空分辨率低，尤其较低的空间分辨率无法满足山地精细预报的需求；第二，预报准确率较低，尤其在我国北方和山区，雨夹雪预报频次明显较低，北方冻雨预报误差明显；第三，模式预报无降水的地方无降水相态预报，导致降水漏报时降水相态无可参考的预报。本成果主要针对上述问题和北京2022年冬奥会和冬残奥会的特殊需求，研发了多分类事件最优化中的梯度下降算法和基于地形的降尺度融合算法，开发了京津冀地区1 km分辨率和冬奥气象站点的降水相态客观预报产品。

【成果应用成效】

北京2022年冬奥会和冬残奥会降水相态客观预报产品，自2021年8月实时运行以来，在"相约北京"系列测试赛和测试活动、北京冬奥会和冬残奥会的气象预报服务中，准确预报了历次雨雪天气过程，为活动的气象保障服务提供了有力的支撑。例如，2021年11月6

日张家口赛区的雨雪过程、2022 年 2 月 13 日冬奥会期间赛区的大到暴雪、2022 年 3 月 11 日夜间冬残奥会期间的雨雪过程，都进行了很好的预报。

（1）准确预报 3 月 11 日夜间冬残奥会期间的雨雪过程

尤其冬残奥会期间 3 月 11 日夜间的雨雪过程，由于前期气温持续偏高，融雪严重，雪道破坏厉害，冬季两项中心的部分雪道已经裸露出泥土。如果 3 月 11 日夜间为降雨，受损的雪道将加速融化，会为 3 月 12 日的雪道修复带来巨大的压力，有可能影响到 3 月 12 日比赛的顺利进行。如果 3 月 11 日夜间为降雪，那么对 3 月 12 日雪道的修复和赛事的按期举办，压力就会比较小。赛区降水相态客观预报产品，准确预报了张家口赛区高海拔的云顶场馆群为降雪，而较低海拔的古杨树场馆群为雨夹雪，与实况一致。不仅有效分辨出不同赛区之间不同的降水相态（代表图片），而且预报与实况一致。这一客观预报结果，有力地支撑了赛区预报结论的做出，云顶场馆群基于气象团队的预报和建议，将 3 月 12 日的男女残疾人坡面回转决赛，提前至 3 月 11 日举行，圆满顺利地结束了云顶场馆群的所有比赛。古杨树场馆群基于气象团队的预报和建议，做好 3 月 12 日一早压雪和赛道修复的准备，为 3 月 12 日等后续赛事的顺利开展，提供了有力的保障。

（2）准确预报 2 月 13 日等多次降雪天气过程

2022 年 2 月 13 日的大雪，是此次北京冬奥会期间最强的降水过程，也是影响最大的天气过程之一，是北京冬奥会自开幕以来影响最大的天气过程，导致空中技巧等多项赛事延期。客观预报产品准确预报了北京赛区和张家口赛区的降雪，为赛事的气象预报服务提供了有力的支撑。

在北京冬奥会之前的 2021 年 11 月 6 日，张家口赛区迎来近几年来最大的一场降雪，降雪量达 20 mm 以上，达到大暴雪量级。此次降雪过程前期气温较高，而且降雪期间气温也在 0 ℃左右，降水相态预报难度很大。客观预报产品准确地预报了此次张家口赛区的降雪过程，为"相约北京"测试赛的开展奠定了很好的基础。

【成果应用展望】

超高分辨率的降水相态客观预报产品和系统，可以对山地等复杂地形条件下的冬季降水相态进行很好的预报。雪线在我国山区普遍存在，以张家口崇礼为例，在秋季的 11 月和初春的 3 月，山区常常出现雪线的特征，即山区山顶为降雪，山脚为降雨。类似冬奥会和冬残奥会等户外活动对降水相态的要求很高，如果是降雨，将直接导致雪道的融化。以冬奥会和冬残奥会张家口赛区为例，云顶场馆群海拔高度近 2 000 m，常常是降雪，距离 2 km 左右的古杨树场馆群，由于海拔高度较低（约 1 600 m），有时会出现雨夹雪甚至降雨。在气象预报服务中，需要精确地区分两个场馆群的降水相态。过去由于社会和经济发展的限制，对这一现象缺乏关注，同时也缺乏预报和服务的需求。近年来，随着冬奥会和全国冬季运动会的举办，对此类山区雪线的预报和服务的需求越来越旺盛，将来，随着"三亿人上冰雪"和经济社会的发展，我国对秋、春季山区此类气象预报服务的需求将越来越高。目前，数值模式还无法满足此类 1 km 甚至次公里级别的气象预报服务需求，同时大部分数值模式还没有降水相态的预报，因此，这一基于大数据统计方法的降水相态高分辨率智能网格预报系统，将来可以弥补这一预报和服务中的短板，在精细化降水相态的预报中发挥重要作用。

【成果代表图片】

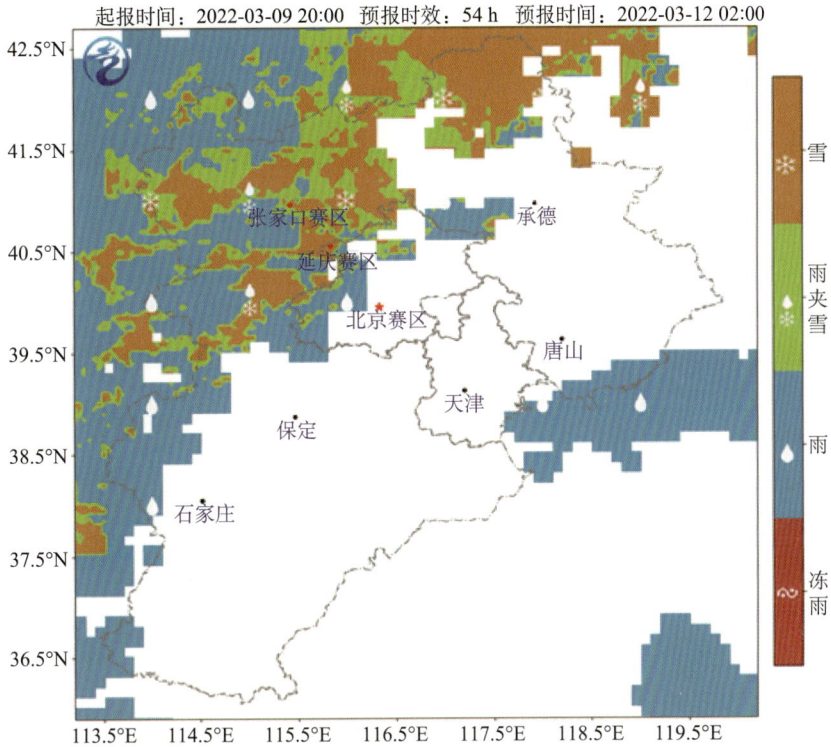

起报时间：2022-03-09 20:00　预报时效：54 h　预报时间：2022-03-12 02:00

代表图片1　2022年3月9日20时起报的3月12日02时京津冀地区1 km降水相态客观预报

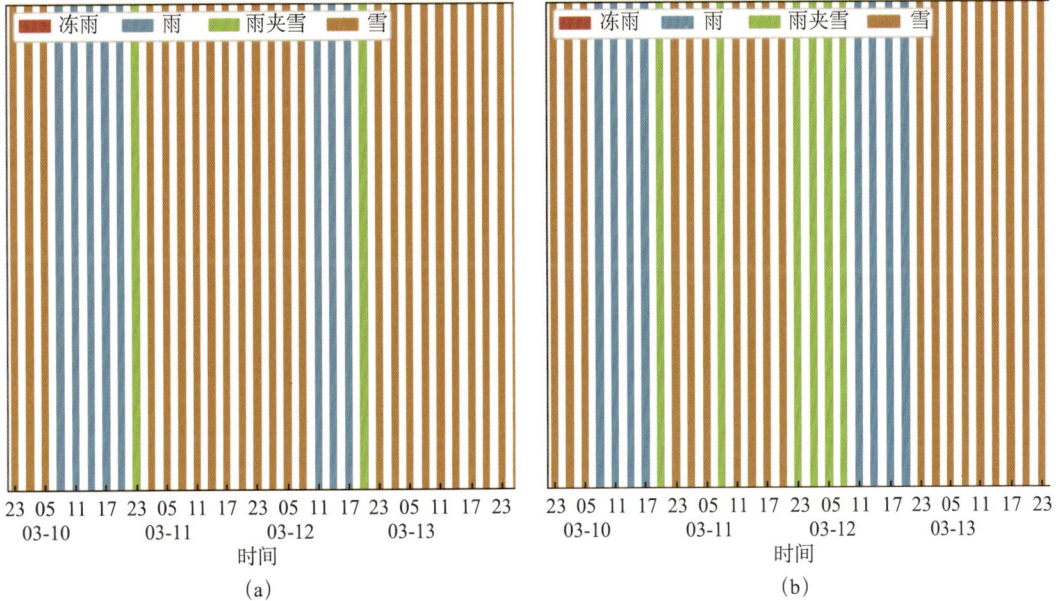

(a)　　　　　　　　　　　　　　　　(b)

代表图片2　2022年3月9日20时起报的张家口赛区云顶6号站（a）和冬两1号站（b）3 h间隔降水相态预报

（撰写人：董全）

133

3.3.12 基于集合预报的异常天气概率预报技术研发和应用

【主要完成单位】国家气象中心

【主要贡献人员】陶亦为 张恒德 代刊 李嘉睿 胡艺

【来源项目名称】国家重点研发计划"科技冬奥"专项"冬奥会气象条件预测保障关键技术"

【成果主要内容】

大气是一个混沌系统，小概率极端天气事件发生具有较大的不确定性，尤其是在冬奥会期间出现极端天气将会对冬奥赛事的举办和城市运行产生巨大的影响，针对冬奥会对于异常天气预报需求，研发基于集合预报异常天气概率预报技术，构建"集合预报异常天气概率预报""异常天气影响矩阵"等技术，研发京津冀地区范围内空间分辨率 5 km 格点以及冬奥关键站点，时间分辨率 $0\sim72\,h$ 逐 3 h、$72\sim240\,h$ 逐 6 h、$0\sim240\,h$ 逐 12 h，预报间隔逐 24 h 降水、温度、风速、湿度等与冬奥用雪相关的气象要素异常天气预报系列产品，产品类型包括集合成员标准化异常度、集合平均标准化异常度、集合平均标准化异常概率、集合平均距平、集合成员标准化异常最大（最小）值、异常程度预报产品和模式气候值等异常天气预报系列产品。为冬奥会早期灾害性天气预报预警提供支撑。具体如下。

应用"集合预报异常天气概率预报技术"，对模式再预报资料和再分析资料进行计算处理，建立集合预报模式的气候背景场（气候平均、方差）。对于再分析资料（ERA5）计算日历日以后 15 d，共 31 d，1981—2010 年的 30 年共计 930 个样本的资料组成气候背景。在这基础上用下式分别计算应用再分析数据组建气候背景的集合预报系统成员和集合平均 $1\sim10\,d$ 预报时效的气象要素的"标准化的异常度"，得出每个成员的气象要素偏离气候态的情况。

$$\mathrm{SA\_Model}(x,t) = \frac{\mathrm{FCST}(x,t) - \mathrm{Mean\_Model}(x,t)}{\mathrm{SD\_MODEL}(x,t)}$$

式中，SA_Model 为模式的标准化异常度；FCST 为模式预报场；Mean_Model 为模式气候背景场；SD_MODEL 为模式的方差。进一步对标准化异常度进行统计后处理，计算温度、风速、降水等关键气象要素的标准化异常度最大值和最小值、异常成员概率等产品。

为更好分析异常天气预报的不确定性和影响程度，提出综合异常天气影响度和预报概率信息构建一个二维定量的异常天气预报矩阵思路。在异常天气预报矩阵思路的基础上，构建"异常天气影响预报矩阵"开发异常温度影响程度预报产品，"异常天气影响预报矩阵"的横坐标和纵坐标分别从 $0\sim10$ 定为 11 个等级，纵坐标为异常天气预报概率（$\geqslant2$ 或 $\leqslant-2$ 标准差概率），横坐标代表异常天气影响程度，可以理解为天气事件越异常影响程度越大，因此，本研究基于实况气候样本计算不同级别气候百分位所对应标准差的值来确定不同级别的异常天气影响程度，例如，北京南郊观象台 0.5% 气候百分位低温事件所对应的标准差为 -2.6，再把所确定各站点的值插值到格点上。异常温度影响程度预报产品则由异常天气预报概率与异常天气影响程度各自所对应矩阵中的等级相乘得到，当该值 < 40 表明异常温度预报概率很低或影响程度很小，当 $\geqslant40$ 且 < 60 时就需要关注异常温度事件可能产生的影响，当 $\geqslant60$ 则表明异常温度预报概率或影响程度都变大，需要针对异常温度事件的预报预警有所准备，

总之，当异常温度影响程度预报的值越大，代表异常天气发生的概率和影响就越大。异常天气影响程度预报产品结合了异常天气的概率预报信息和异常天气影响程度的预报信息，可以定量给出异常天气的影响程度，对于异常天气预报有比较好的指示意义，可以提供给冬奥气象预报员对异常天气预报预警更为科学直观的预报产品。

【成果应用成效】

利用 2016—2019 年京津冀地区冬季最高温度、最低温度实况对集合平均异常气温预报产品进行检验，无论对于冬季的最高温度还是最低温度，集合平均异常气温预报产品均表现出比较好的预报性能，在短期时效 TS 评分均大于 0.2，对于最低温度在 168 h 预报时效 TS 评分为 0.157，可以在中期时效（大于 3 d）发现异常天气的信号（表 1），说明该产品可以有效地预报出异常天气的程度。

表 1　2016—2019 年 08 时起报京津冀冬季最高和最低低温度标准化异常度 TS 评分

（标准差＞ 2σ 或＜ -2σ 事件）

	24 h	48 h	72 h	96 h	120 h	144 h	168 h
最高温度	0.244	0.241	0.198	0.176	0.131	0.077	0.072
最低温度	0.287	0.277	0.252	0.230	0.225	0.194	0.157

该系列异常天气预报产品在 2021 年冬奥测试赛期间预报出大风（2021 年 2 月 15—17 日上午）、异常升温（2021 年 2 月 18—21 日）。对于冬（残）奥会期间的异常天气，如 2022 年 2 月 13 日强降雪过程，代表图片 1 为京津冀冬奥区域标准化降水大于 3 个标准差的概率，可以看到张家口赛区和延庆赛区大于 3 个标准差概率大于 70%，实况在延庆赛区出现了暴雪到大暴雪；对于 2022 年 2 月 18—19 日异常低温，如代表图片 2 所示为张家口赛区越野 2 号站最高气温标准化异常集合成员箱线图，显示 19 日最高温度集合成员标准化异常度最低达到 -2 标准差，当天越野 2 号站最高气温为 -13.4 ℃，最低气温达到 -22.6 ℃，预报出了异常低温。

以上个例均显示异常天气系列预报产品对于异常天气有比较好的预报效果，尤其是在中期时段（3 d 以上）可以提早发现异常天气的信息，帮助气象预报员提早对于异常天气影响时段和异常程度做出判断，为做好冬奥会期间极端天气的早期预报预警提供支撑产品。

【成果应用展望】

经过冬（残）奥会的预报业务应用，中央气象台开发的异常天气系列预报产品可以有效地发现异常天气的信号，通过该产品可以让气象预报员了解极端天气的异常程度、极端天气发生的概率、极端天气的影响程度，为极端天气发生和异常程度提供早期预报预警的支撑，且该类产品使用原理相较 EFI 原理更为简单，并且该方法对小概率的极端天气事件预报相对更有优势，可作为对异常事件预报重要的补充产品，为未来异常天气预报预警提供良好的技术基础。

【成果代表图片】

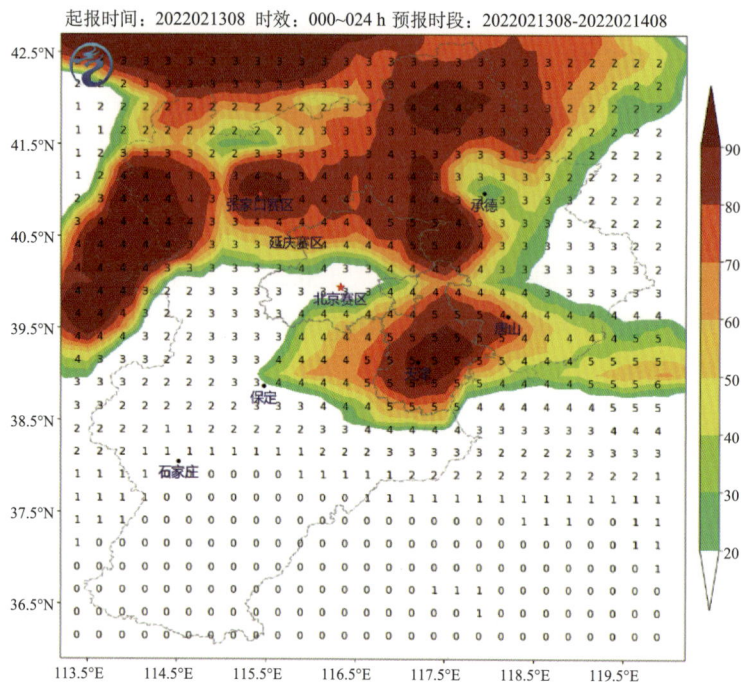

起报时间：2022021308 时效：000~024 h 预报时段：2022021308-2022021408

代表图片 1 京津冀冬奥区域标准化异常概率（＞3 个标准差）（%）
（格点值：集合平均预报降水值；填色：集合平均标准化异常概率（＞30））

张家口−越野滑雪中心：越野2号站（B1649）坐标：[115.47°E, 40.90°N] 海拔：1 687.5 m 起报时间：2022-02-17 08:00:00 预报时效：000~240 h

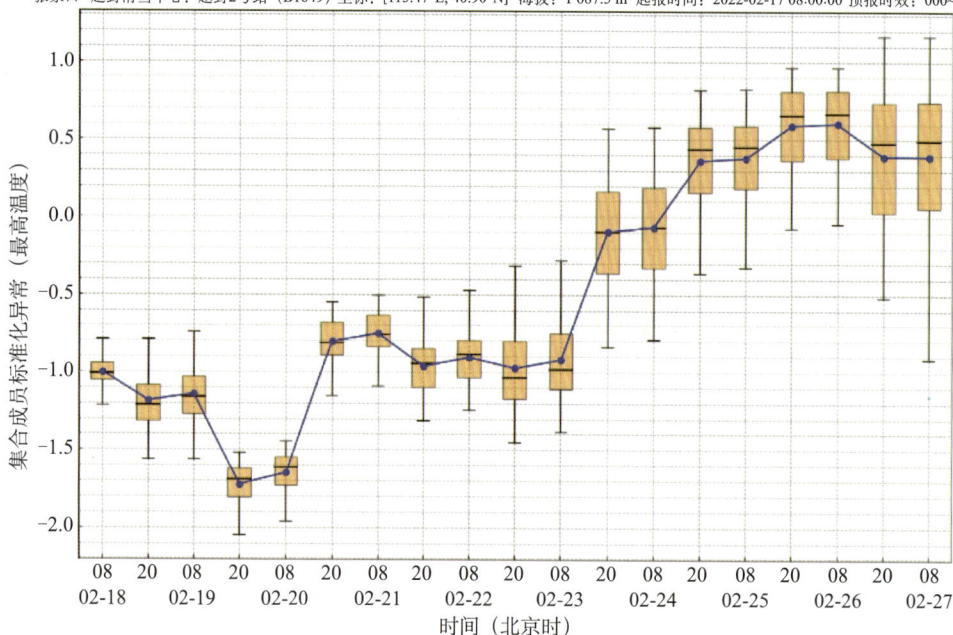

代表图片 2 越野 2 号站 2 月 17 日 08 时起报 0~240 h 最高气温标准化异常集合成员箱线图
（箱线图：集合成员标准化异常度预报；蓝色线：集合平均标准化异常度预报）

（撰写人：陶亦为）

3.3.13　冬奥气象保障要素（风、气温、湿度）客观预报系统

【第一完成单位】国家气象中心

【主要参与单位】清华大学软件学院

【主要贡献人员】宫宇　唐健　赵声蓉　代刊　熊敏铨　曾晓青　刘凑华、朱文剑　郭云谦
赵瑞霞　王玉　吴海旭

【来源项目名称】国家重点研发计划项目"基于多尺度模式的强降水短期精细化概率预报方法"和"气象灾害监测预测与风险管理技术联合研发与示范"；国家卫星气象中心 2020 和 2021 年度现代化专项"冬奥精细化气象要素预报支撑示范技术研发"和"冬奥精细化气象要素预报支撑示范技术研发升级"

【成果主要内容】

1. 主要内容

冬奥会赛事开展对天气预报精细化程度要求极高。赛场多处于复杂地形环境中，赛场气象条件受周边环境影响，数值预报模式的直接输出预报难以表现局地特征，气象预报员面临巨大挑战，一方面，需要积累大量经验进行可能订正，另一方面，精细化的预报需求要耗费大量时间进行手工产品制作。为解决上述问题，为一线气象预报员提供最优预报起点，冬奥技术支撑团队研发了"重大活动（冬奥）气象保障要素（风、气温、湿度）客观预报系统"。

该系统涵盖短临至延伸期无缝隙客观预报支撑技术和快速响应开发支撑应用平台。基于前期深入调研及开发者的气象预报员工作经验理解，采用多种机器学习和统计后处理等技术方法，将气象预报员预报制作判断流程客观化，研发了基于复杂地形模式诊断结合多机器学习方法滚动遴选的赛场短期逐小时预报和基于该预报结果的误差一阶衰减滚动订正的短临预报，基于逐格点卡尔曼滤波建模的滚动短时 1 km 网格预报，基于 MOS 方法、DMO 方法实时检验优选的短中期赛场要素预报，基于 BP 神经网络–自忆（简称 BP-SM）方法的冬奥赛场延伸期预报，基于集合模式输出统计（EMOS）方法冬奥赛场 0～10 d 概率客观预报，并为更好地帮助气象预报员高效应用以上客观预报产品，基于 Streamlit 可视化平台工具以及自研 MetEva 全流程检验工具包，实时获取预报平台应用需求，快速响应搭建冬奥短临、实况、延伸期预报支撑应用平台。

所提供技术产品先后完成对 2021 年 2—3 月、10—12 月两轮冬奥测试赛应用，代表国家气象中心参加"冬奥示范计划"横评遴选工作，期间继续通过实践持续改进，提供最优化技术方案，为北京 2022 年冬奥气象保障服务提供支持。

测试赛后，由二十余家组织或单位参加的"冬奥示范计划"横评工作结果中，所提供的冬奥场馆阵风、平均风、气温预报均名列前茅，其中对赛事开展影响最重要的阵风要素短期预报均方根误差取得了较同类预报产品近 20% 的性能优势。

2. 技术特点

重大活动（冬奥）气象保障要素（风、气温、湿度）客观预报系统涵盖短临至延伸期无

缝隙客观预报支撑技术和快速响应开发支撑应用平台，即面向延伸期天气展望、中长期天气过程辨识、中短期赛事窗口期决策、临近时段赛事现场奥运气象顾问高频咨询等不同的应用需求，技术支撑团队发挥不同类型技术特点，分别针对性完成了覆盖 0～15 d 无缝隙多类型客观预报技术研发支撑和应用平台。具体技术内容如下。

短临时段，针对赛场间海拔高度跨度大、模式对部分山区赛场局地尺度天气过程估计不足等挑战。采用逐赛场单独建模方案，构建描述大尺度变压风、梯度风、中尺度静稳天气、回流天气、局地尺度背风坡大风回流、静风天气局地热力循环等概念模型表征诊断量，采用多维不规则场插值的模式位置定标方法改进对赛场地形描述的不足，结合 Catboost 等五种机器学习方法逐日建模优选，提供了基于复杂地形模式诊断结合多机器学习方法滚动遴选的 0～36 h 赛场要素预报。加入预报误差线性衰减订正，提供逐小时滚动更新的赛场预报，支撑赛场气象顾问高频咨询应用。融合全球模式 ECMWF 天气尺度系统预报优势和中尺度模式 CMA-MESO 局地尺度预报性能优势，对逐格点进行基于一阶卡尔曼滤波建模，提供 1 km 分辨率京津冀地区逐小时滚动更新的 0～24 h 要素网格预报。

短中期时段，针对重大天气过程辨识、窗口期决策中可能出现的重大天气调整、高影响弱天气过程因可预报性弱而被漏报等可能，提供基于 MOS 方法、DMO 方法和相应的滚动偏差订正的实时评估优选的确定性 36～240 h 客观预报，以及基于 EMOS 方法订正模式预报不确定性估计的 0～240 h 集合客观结合概率预报。实现提供优化的客观预报的同时，给出更准确的预报不确定性估计，支持赛事决策服务。

面向延伸期异常天气早期识别，基于 EC 延伸期集合预报，使用"BP 神经网络－自忆（简称 BP-SM）"建模方法，利用模式预报误差时序的一阶或二阶记忆特征，利用 BP-SM 方法进行自回归动态建模，构建延伸期预报客观订正方法。

基于 Streamlit 可视化平台工具和自研 MetEva 检验工具包，通过团队合作敏捷研发部署，快速响应一线预报应用需求，搭建冬奥历史和实时观测分析、冬奥中长期集合预报、冬奥气象站点逐小时快速滚动 FDP 预报等多类型轻量级交互应用平台和实时检验产品，支撑预报员高效运用客观预报技术产品。

3. 创新性

（1）预报员天气学经验同机器学习技术结合，客观固化各类天气概念模型

区别于国内外经常出现的人工智能技术在天气预报领域直接套用的方式，加强了基于对天气预报思维过程理解，以模拟构建气象预报员的预报制作思维流程为路线，将模式诊断分析技术与多种机器学习技术结合，构建描述大尺度变压风、梯度风、中尺度静稳天气、回流天气、局地尺度背风坡大风回流、静风天气局地热力循环等多种天气形成机理概念模型表征诊断量，并采用多维不规则场插值的位置定标方法改进模式对赛场地形描述的不足，实现构建模型训练特征工程，结合国际上新型机器学习技术对非线性过程描述的能力，构建预报模型。客观上实现了对不同尺度天气型、不同季节、不同站点地理环境、不同时效预报偏差的刻画。实践了将气象预报员对天气过程形成机理的理解与机器学习非线性表达能力的结合，将气象预报员主观经验固化体现在客观预报中，显著提升要素预报效果的同时，提升气象预报员的工作效率。

（2）确定性客观预报与预报不确定性估计结合，支撑中长期延伸期预报

注重预报不确定性估计在决策服务中的重要作用，采用国际先进集合预报后处理技术，提供优化客观产品，并提供延伸期 10～15 d 气象要素客观预报，成为"冬奥示范计划"十余家参加单位唯一能够延伸期气象要素客观预报的系统，为异常天气早期辨识提供更为可靠支撑。

（3）构建流程化检验评估技术快速反馈迭代

客观预报技术研发中，基于自研的全流程检验分析工具包 MetEva，构建流程化客观预报产品检验报告和实时检验产品，支撑客观速发研发的快速迭代发展，并在产品应用环节，提供相应海量数据信息提取的检验产品，显著提升偏差一般特征。

（4）快速响应的轻量级应用平台搭建

区别于传统应用平台搭建流程，通过与一线气象预报员紧密沟通，实时对接技术产品应用需求，敏捷开发交互式预报技术应用轻量化平台，快速实现了技术迭代推送和用户友好的应用方式，从而更高效地实现冬奥技术支撑。

（5）解决的主要问题

办好北京 2022 年冬奥会和冬残奥会，是全国人民的共同期盼。而冬奥赛事的举办，受气象条件影响非常大，往届冬奥会受天气条件影响遇到的种种状况，无不对做好冬奥气象保障提出了更高的要求。

重大活动（冬奥）气象保障要素（风、气温、湿度）客观预报系统的搭建和应用，通过将气象预报员的不同天气过程思维理解与机器学习的非线性过程拟合能力结合，提升要素预报效果的同时，降低气象预报员工作量，帮助气象预报员在新的平台进一步发挥力量，提升气象预报服务效果。

【成果应用成效】

重大活动（冬奥）气象保障要素（风、气温、湿度）客观预报系统所提供客观预报技术产品登录天气业务内网、MOAP 分析平台、冬奥多维度预报制作平台、冬奥高影响天气预报支撑平台等多个业务应用支撑平台，以及团队面向一线应用反馈快速搭建的轻量化应用平台，完成对 2021 年北京冬奥系列测试赛的保障支撑，持续支撑中央气象台、延庆赛区和张家口赛区预报中心保障服务团队进行冬奥会商决策等方面应用。

代表国家气象中心参加了"冬奥示范计划"横评遴选，所提供的冬奥场馆阵风、平均风、气温预报在由二十余家组织或单位参加的"冬奥示范计划"横评工作结果中均名列前茅，其中对赛事开展影响最重要的阵风要素短期预报均方根误差取得了较同类预报产品近20% 的性能优势，并且是所有参加者中是唯一提供延伸期客观预报产品的单位，客观预报技术支撑产品被正式选入北京 2022 年冬奥支撑产品名列。

系统所提供的赛场湿度预报产品，同时作为预报输入因子提供给兄弟单位环境气象预报中心用于制作能见度客观预报产品，有效提升能见度客观预报效果。

实时跟进一线应用人员需求，通过团队敏捷开发，快速搭建和更新冬奥历史和实时观测分析、冬奥中长期集合预报、冬奥气象站点逐小时快速滚动 FDP 预报等多类型轻量级产品应用平台，支撑气象预报员高效运用客观预报技术产品。

此外，系统所集成的 MOS 预报、DMO 预报以及基于多预报产品综合集成的站点预报

技术，应用于国家气象中心精细化气象要素指导预报系统，预报产品作为国家级指导预报通过国家气象信息中心 MUSIC 接口和天气业务内网各级业务部门提供格点产品的数据展示和下载服务，提供各级业务、服务部门使用，为国家级精细化预报业务流程建设提供基础产品支持。

【成果应用展望】

通过此轮技术练兵，逐步磨炼塑造出更加成熟的重大气象活动保障流程体系，面向突发性、需求特殊的任务工作，形成模式化的需求沟通、技术研发、平台搭建的机制，有效帮助提升响应速度和预报效果。同时，作为冬奥支撑攻关技术和研究型业务的宝贵实践机会，这次冬奥预报技术支撑，特别是对复杂地形下客观预报技术研发经验积累，是对智能网格技术的持续向前发展的一项技术探索铺垫，随着冬奥支撑技术应用的逐步沉淀，未来会反哺于智能网格预报业务的发展，比如对西南地区复杂地形预报的升级加强，对阵风等新要素预报的加入等，从而助力全国气象预报服务水平持续提升。

【成果代表图片】

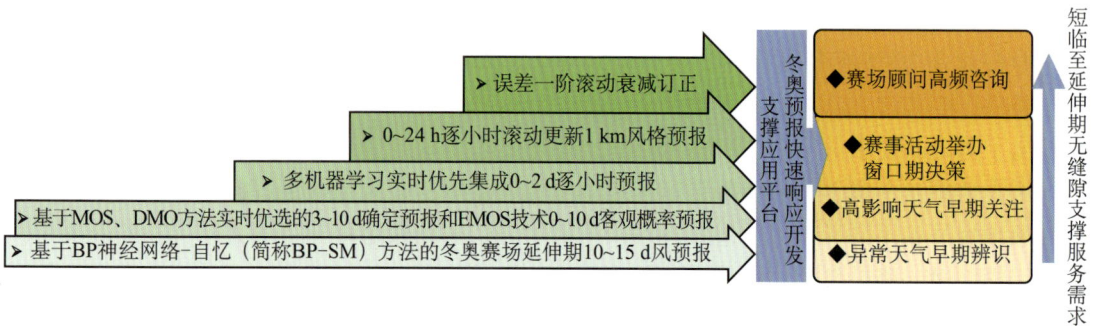

代表图片 1　重大活动（冬奥）气象保障要素（风、气温、湿度）客观预报系统

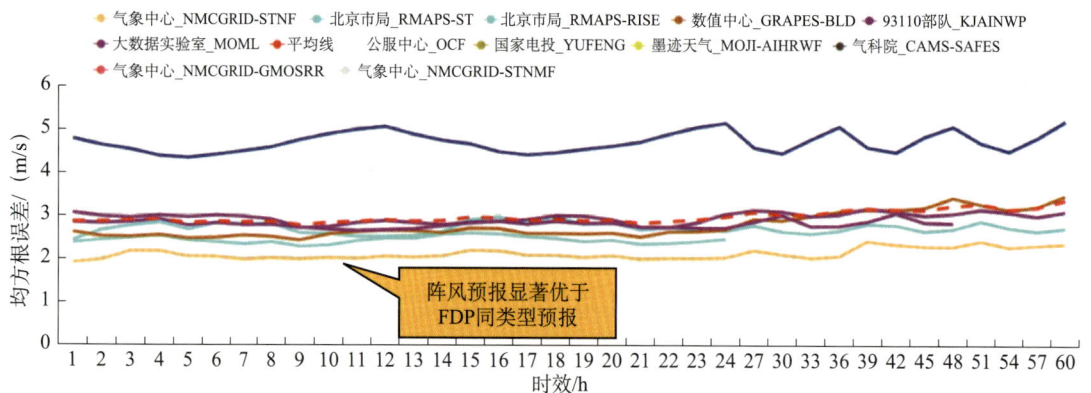

代表图片 2　系统阵风预报冬奥 FDP 检验结果
（摘自"智慧冬奥 2022 天气预报示范计划"集成显示平台）

（撰写人：宫宇　唐健）

3.3.14　冬奥气象站点能见度预报产品

【**主要完成单位**】国家气象中心

【**主要贡献人员**】谢超　马学款

【**来源项目名称**】国家气象中心青年基金"基于神经网络的能见度集成预报"

【**成果主要内容**】

面对冬奥气象保障服务对能见度等环境气象预报技术产品支撑的迫切需求，国家气象中心环境气象室开发了服务于冬奥能见度预报的客观产品。冬奥气象站点能见度预报基于多年冬奥气象站点气象实况观测数据以及模式再分析资料，在冬奥气象站点历史数据存在一定缺失的情况下，对数据进行了修复和替代，研究了冬奥气象站点复杂地形条件下大雾和能见度的精细时空变化特征，设计了神经网络结构模型和参数，完成了冬奥气象站点 10 d 逐小时能见度预报产品。

多年冬奥气象站点气象实况观测数据中的北京市区站点涉及能见度数据缺失较多，无法用于建模，但由于北京地形较为简单，将七个北京市冬奥气象站点分为三个部分：首钢一号站、二号站、四号站（A1105、A1106、A1108）利用相近的门头沟（54505）和石景山（54513）国家站观测数据，国家体育场、国家速滑馆（A1007、A1017）利用相近的海淀（54399）和朝阳（54433）国家站观测数据，五棵松体育馆、首都体育馆（A1013、A1065）利用相近的海淀（54399）和丰台（54514）国家站观测数据。这些数据经过处理后用于北京市区站点的建模。

冬奥团队提供数据中的河北崇礼站点涉及能见度数据较为齐全，可用于建模。其中云顶赛区六个站点经纬度类似，观测站在山谷赛道两侧的山坡上，海拔高度为 1 800～2 000 m，受山谷地形影响，风速较大。古杨树赛区五个站点经纬度类似，观测站在盆地赛道两侧的山坡上，海拔高度为 1 600～1 700 m，受盆地地形影响，风速较小。为了增大数据量并提高预报准确率，将云顶赛区六个站点合并后进行训练，将古杨树五个站中有数据的两个站结合崇礼国家观测站数据合并后进行训练。

冬奥团队提供数据中的延庆赛区数据涉及能见度数据，只有山底的 A1708 以及远离赛道的 A1489 覆盖该数据，山顶、山腰两个区域没有数据，而且附近的自动气象站无能见度数据，故而无法使用。延庆赛区地形复杂，山顶区域海拔高度为 1 800～2 200 m，山腰区域海拔高度为 1 500～1 700 m，山脚区域海拔高度为 1 289 m，西大庄科海拔高度为 928 m，山体南侧有延庆官厅水库，水汽较其他地区更为充沛，有利于出现大雾天气，附近的国家观测站点佛爷顶位于山顶，海拔高度超过 1 200 m。结合附近国家站点和冬奥气象站点，利用高度基本相同的云顶赛区数据和佛爷顶数据作为山顶站点（A1701、A1703、A1710）的建模数据，古杨树赛区数据和佛爷顶数据作为山腰站点（A1705、A1711、A1712）的建模数据，山底数据和佛爷顶数据作为山底站点（A1708）的建模数据，西大庄科数据和佛爷顶数据作为西大庄科站点（A1489）的建模数据。

针对不同海拔高度的各个赛区，采用独立的建模思路和方案。通过天气学理论及统计分析方法，确定与低能见度天气的形成、发展、消散相关的天气因子，构建神经网络训练样本诊断因子库；搭建针对能见度预报的神经网络结构；通过不断实验确定神经网络各项参数；

建立神经网络预测模型，实现能见度的模拟预测。在针对冬奥气象站点的能见度产品稳定运行后，持续进行迭代检验，不断优化预报模型，并引入由技术研发室开发的气象要素订正产品，最终 V3.0 版本的能见度产品取得了较好的预报效果。具体流程见代表图片 1。

【成果应用成效】

冬奥气象站点能见度预报提高了国家气象中心环境气象室在特定重大保障服务过程中的气象预报服务水平，所提供的冬奥气象站点能见度预报产品为环境气象冬奥预报团队在低能见度预报预警决策气象服务中提供了有效的支撑。

冬奥会期间主要出现一次长时间低能见度过程，为 2022 年 2 月 12 日凌晨至 13 日下午，延庆赛区多个站点能见度小于 1 km，竞速一号站能见度小于 200 m，持续时间长达十余个小时。冬奥气象站点能见度预报产品在 2 月 2 日起报 240 h 时效的预报中就已经开始提示 10 d 后该区域出现低能见度天气的趋势，在临近多个起报时效的预报产品中，均准确预报了这一次低能见度过程（预报能见度小于 0.1 km），预报结果与实况基本一致，效果明显优于其他模式产品。

【成果应用展望】

冬奥气象站点能见度预报产品能够根据用户不同需求，对非气象站点提供个性化预报方案，有能力针对需求修正模型以应对不同区域不同特征的能见度预报要求。同时，国家气象中心环境气象室不断优化建模方案，延长预报时效、增强预报准确率、提供更精细化的预报产品，该产品在未来重大保障服务中将积极发挥作用。

【成果代表图片】

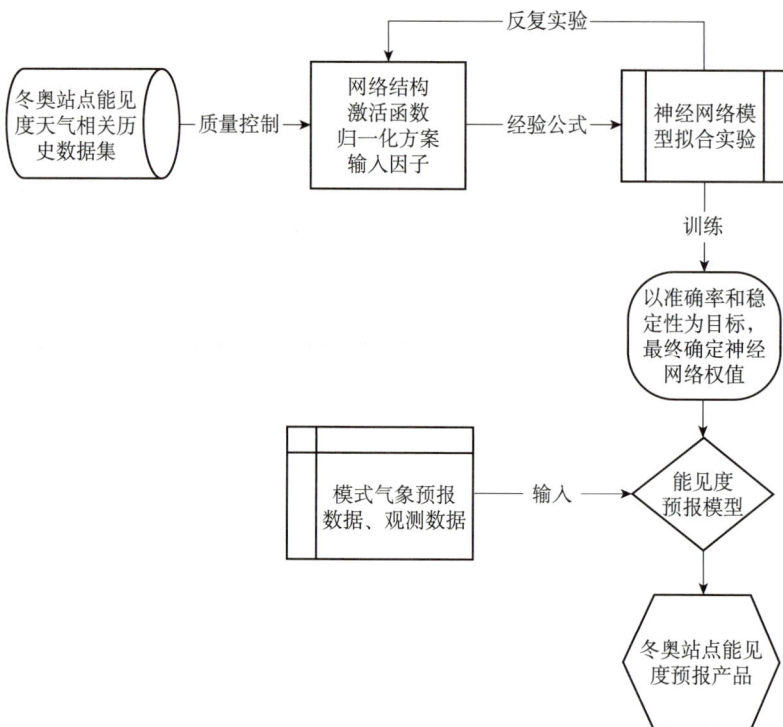

代表图片 1　冬奥气象站点能见度预报流程图

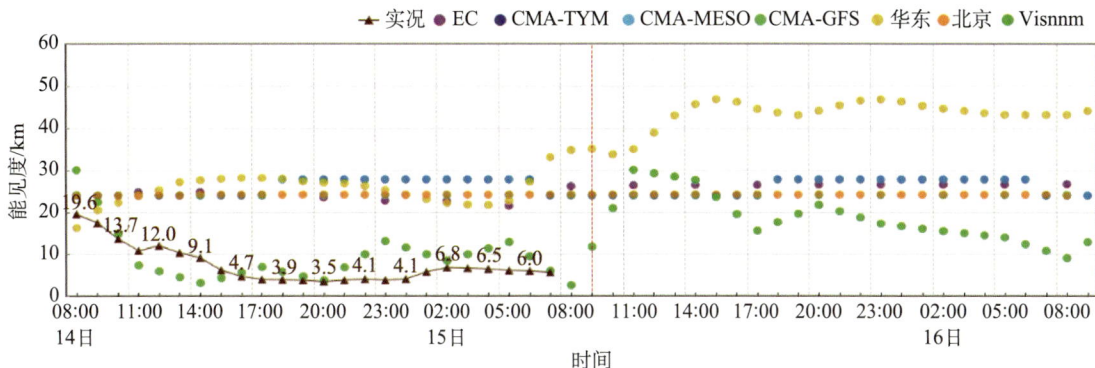

代表图片 2 2022 年 1 月 14—16 日冬奥气象站点（国家体育场）能见度预报产品与其他模式能见度预报产品实况对比图

（撰写人：谢超）

3.3.15 污染过程客观判识预报产品

【主要完成单位】国家气象中心

【主要贡献人员】刘超 饶晓琴

【来源项目名称】国家重点研发计划项目"中国气象局全球中期数值预报系统 GRAPES 与 CUACE 在线耦合及雾－霾国家级业务示范"；中国气象局预报预测核心业务发展专项"雾霾中期预报技术研究与应用"

【成果主要内容】

考虑中长期预报随着预报时效延长导致的系统性偏差，基于中长期 $PM_{2.5}$ 集合预报的控制预报，研发污染过程客观判识预报产品。

该技术基于 2018—2020 年影响冬奥三个赛区的污染天气过程，对区域内（[114.50°E，116.75°E]，[39.5°N，41.0°N]（包括所有冬奥场馆））不同污染级别的站点比例进行回算，研究区域污染程度与不同污染级别的站点比例分布之间的关系，并选取了不同预报时效污染站点预报比例的 25%、50% 以及 75% 分位数作为区域污染判识参考阈值，在此基础上采用不同时效站点比例的 25% 分位数作为未来 1～15 d 京津冀及周边地区的污染天气过程的客观判识阈值。该技术提取了 $PM_{2.5}$ 集合预报关键信息，对未来 15 d 区域污染过程和污染等级预报进行图形化展示。

【成果应用成效】

未来 15 d 污染过程客观判识预报产品准确把握了 2022 年 3 月初京津冀污染过程，量级与实况较为吻合，并作为冬奥气象保障产品，在与生态环境部门、京津冀及周边省份会商中得到应用。

【成果应用展望】

基于 $PM_{2.5}$ 集合预报的未来 15 d 污染过程客观判识预报产品，在未来重大保障服务中将积极发挥作用主要表现为以下方面：①未来可将预报时效延长至 30 d，为当地空气质量保障提供更长时间保障空间；②未来将基于该产品研发概率预报，更加直观体现污染过程的量化指标。

【成果代表图片】

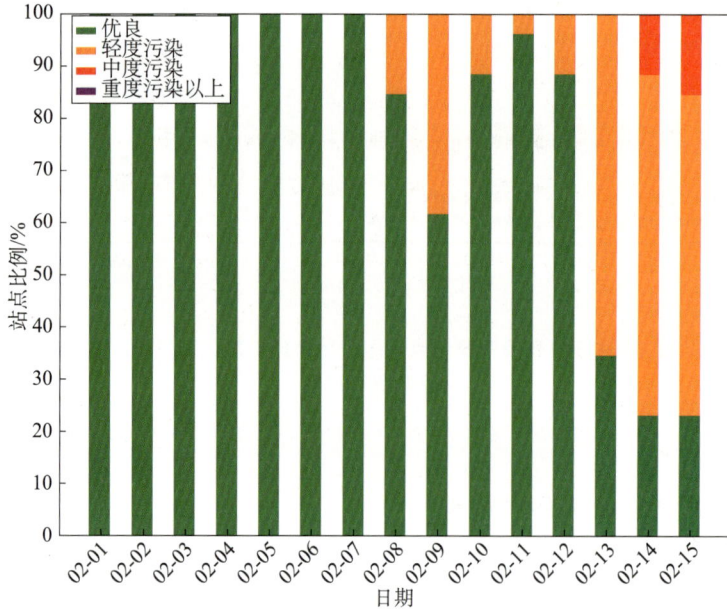

代表图片 1　2022 年 2 月 1 日 08 时起报未来 15 d 冬奥场馆区域逐日 PM$_{2.5}$ 不同等级时序图

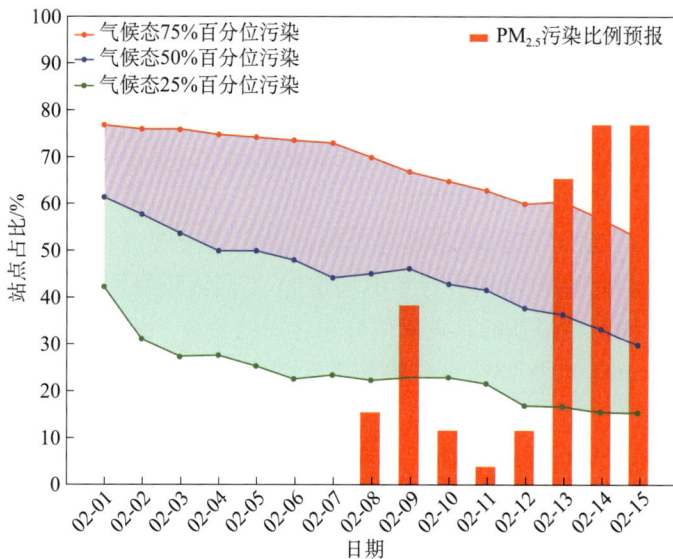

代表图片 2　2022 年 2 月 1 日 08 时起报未来 15 d 冬奥场馆区域 PM$_{2.5}$ 污染过程预报

（撰写人：刘超）

3.3.16　冬奥多模式沙尘集成预报

【主要完成单位】国家气象中心

【主要贡献人员】张天航　徐冉

【来源项目名称】国家气象中心青年基金"多种神经网络方法在沙尘集成预报系统中的应用"

【成果主要内容】

面对冬奥气象保障服务对沙尘等环境气象预报技术产品支撑浓度预报的迫切需求，国家气象中心环境气象室利用冬奥团队提供的观测数据，在多家亚洲区域沙尘数值预报模式（CMA，KMA，JMA，ECMWF，NCEP，FMI）的基础上，采用均值集成、权重集成、多元线性回归集成和人工神经网络集成等方法分别建立沙尘集成预报，根据预报时刻前 7 d 各数值模式和集成预报的预报效果评估结果等多模式集成方法研发建模，开发了多模式最优集成沙尘预报产品。建模所用冬奥气象站点沙尘浓度的资料观测值可以通过邻近空气质量站点的长时间序列的 PM_{10} 质量浓度监测数据进行替代，根据历史相关关系换算而来，在一定程度上弥补了冬奥气象站点观测数据存在缺失的问题。实际建模过程中，由于各集成方法在不同地区和不同季节的预报效果并不稳定，需要利用预报时刻前 7 d 观测和预报的沙尘浓度，结合均值集成 (Mean)、权重集成（Weight）、多元线性回归集成（MLR）和人工神经网络集成（ANN）算法分别建立集成预报，从而为最优集成提供素材。各集成方法描述如下。

（1）均值集成

在无检验结果的情况下，无法评定各模式优劣，假设各模式预报效果相同，以算术平均方式获得均值集成如下：

$$F_{\text{ave}} = \frac{1}{m} \sum_{\text{model}=1}^{m} F_{\text{model}}$$

式中，F_{ave} 是以算术平均方式获得的均值集成；F_{model} 是各模式。

（2）权重集成

不同于算术平均集成，在一定模式性能评估基础上，权重集成是考虑不同模式预报结果权重的集成：

$$F_{\text{wight}} = \sum_{\text{model}=1}^{m} W_{\text{model}} \times F_{\text{model}}$$

式中，m 为第 m 个模式；W_{model} 是第 m 个模式的权重因子，且 $\sum_{\text{model}=1}^{m} W_{\text{model}} = 1$。

权重因子的确定方法有多种，此处采用预报时刻前 7 d 的预报结果为先验，各模式前 7 d 预报与观测值之间偏差越小，则权重越高，各模式的权重值为 $\frac{1}{|F_{\text{model}} - \text{obs}|}$。那么任一模式在第 i 日预报权重因子为

$$W_{\text{model},i} = \frac{\dfrac{1}{|F_{\text{model},i-1} - \text{obs}_{i-1}|}}{\sum_{\text{model}=1}^{m} \dfrac{1}{|F_{\text{model},i-1} - \text{obs}_{i-1}|}}$$

则第 i 日权重集成预报结果为

$$F_{\text{wight},i} = \sum_{\text{model}=1}^{m} \frac{\dfrac{1}{|F_{\text{model},i-1} - \text{obs}_{i-1}|} \times F_{\text{model},i}}{\sum_{\text{model}=1}^{m} \dfrac{1}{|F_{\text{model},i-1} - \text{obs}_{i-1}|}}$$

（3）多元线性回归集成

针对目标区域利用观测历史数据进行线性回归，以单模式的预报结果作为回归集成的因子，对历史观测和预报值构成的样本进行回归，求得的系数用于对应格点预报结果的集成，回归方程为

$$F_{reg}^{t} = \sum_{model=1}^{m} a_{model} M_{model} + a_0$$

式中，m 为参与集成的模式个数；a_{model} 为利用训练阶段数据回归求解的权重系数；a_0 为常数项；t 为训练时长，表征需要多长时间的历史观测数据才能构建好回归集成模型，是多元回归集成的关键因素。通过敏感性实验发现，针对沙尘这种季节性较强的过程，当训练时长为 7 d 时，预报效果和计算时长适中。

（4）人工神经网络集成

采用应用最广泛的 BP 神经网络。BP 神经网络包含一个输入层、一个或多个隐含层和一个输出层，每一层可以有多个神经元。3 层 BP 神经网络拓扑结构，输入层节点数为 M，隐含层节点数为 N，输出层节点数为 K。x_i 为输入层第 i 个神经元，输入层到隐含层的权重为 w_{ij}，θ_j 为阈值，隐含层到输出层的权值为 w_{jk}，θ_k 为阈值。BP 网络的训练过程主要是信息的前向传播和误差的反向传播。首先网络输入信息向前传播到隐含层，通过权重和传递函数 $f(x)$ 逐层向后传播，最终由输出层输出得到预测结果。所以隐含层第 j 个神经元的输出 x'_j 为

$$x'_j = f(\sum_{i=1}^{M} w_{ij} x_i - \theta_j), j = 1, 2, \cdots, N$$

输出层第 k 个神经元的输出 y_k 为

$$y_k = f(\sum_{j=1}^{N} w_{jk} x'_j - \theta_k), k = 1, 2, \cdots, K$$

如果预测结果与期望输出存在误差较大，那么将误差值沿网络反向传播，对网络权值和阈值进行调整。定义网络的学习规则为最小均方误差准则，网络训练一个样本产生的均方误差为每个输出单元误差平方之和，即

$$E^{(p)} = \frac{1}{2} \sum_{k=1}^{K} (d_k^{(p)} - y_k^{(p)})^2$$

式中，P 表示学习样本的个数；$y_k^{(p)}$ 表示网络的输出值；$d_k^{(p)}$ 表示期望输出值。重复上述过程，直到网络输出的误差减小到一定程度或达到最大训练次数为止。通过敏感性实验发现，针对亚洲沙尘过程 BP-ANN 最优训练函数、隐含节点数和样本长度分别为贝叶斯归一化法 trainbr、10 层和 7 d。

（5）最优集成

基于上述方法得到各集成的拟合函数，针对目标格点，利用预报时刻前 7 d 观测和各国以及各集成预报的沙尘浓度，分别通过归一化平均偏差的绝对值（|NMB|）、均方根误差（RMSE）和相关系数（R）3 个指标，得到各国模式和各集成的预报效果综合评分。再将综合评分最高的数值预报或集成预报作为该格点未来 3 d 所使用的集成方法，进而得到基于最优集成方法的沙尘浓度预报。

【成果应用成效】

冬奥多模式集成沙尘预报提高了国家气象中心对沙尘天气的预报服务水平。所提供的各站点未来 3 d 逐 3 h 的沙尘浓度预报对北京冬奥会期间沙尘天气的预报预警及决策气象服务提供了有效的支撑。2022 年 3 月 3—5 日，冬残奥会期间北方地区出现了一次大范围的扬沙天气过程。其中，4 日凌晨至上午时段张家口赛区能见度数小时小于 10 km，最低能见度 8.6 km，PM_{10} 浓度急剧攀升至重度以上污染水平，在维持 4 h 后缓慢下降，期间峰值达 667 μg/m^3；北京延庆赛区早上至上午时段达到了轻度污染水平，PM_{10} 峰值浓度为 197 μg/m^3；国家奥林匹克体育中心在 4 日中午 11 时 PM_{10} 最高达 282 μg/m^3，为中度污染。针对此次过程，多模式集成沙尘预报在 3 月 1 日起报的未来 3 d 预报中就已经体现了 4 日沙尘浓度跃升的变化趋势，并在临近多个时效预报产品中，将峰值浓度逐渐向高值调整，准确预报出了本次沙尘天气过程，预报与实况浓度变化趋势基本一致，预报效果优于其他模式产品。

【成果应用展望】

目前，冬奥多模式集成沙尘预报产品的预报时效（3 d）较短，后期将延长预报时效，以满足中长期沙尘天气预报的需求。将基于现有沙尘浓度预报产品进一步研发沙尘等级预报产品，为气象预报员提供更为直观的客观支撑产品，也将进一步提高预报准确率和产品分辨率，在未来重大保障服务中发挥更大作用。

【成果代表图片】

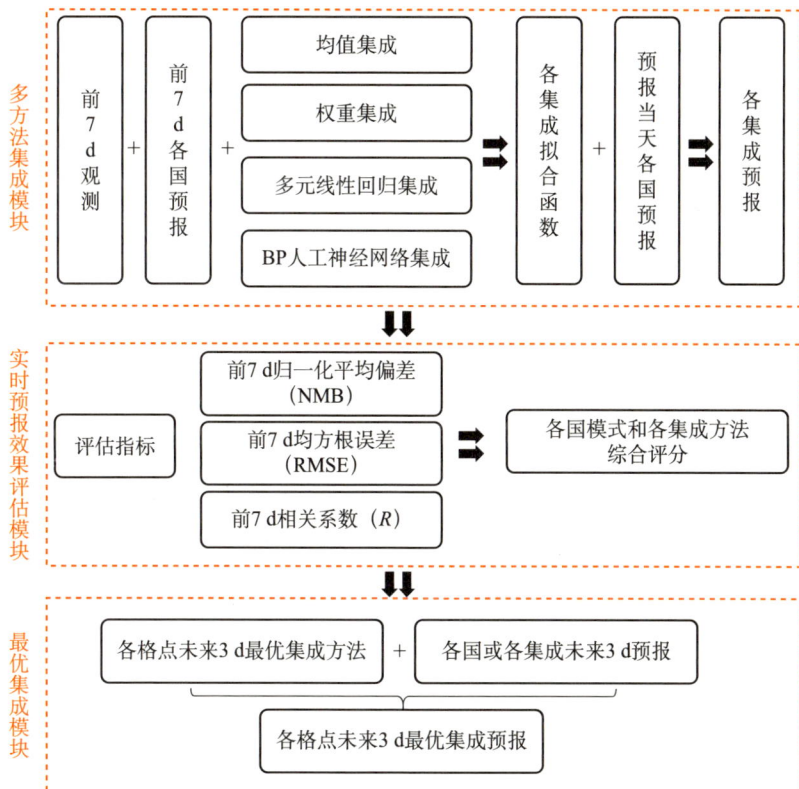

代表图片 1　沙尘最优集成技术路线示意图

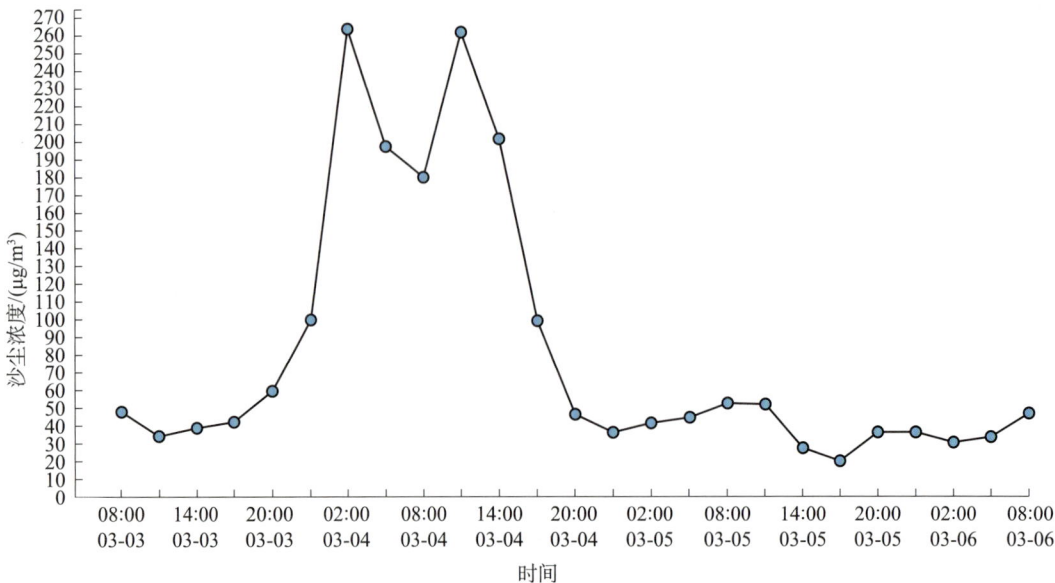

代表图片 2　奥体中心站（A1007）沙尘浓度预报（2022 年 3 月 3 日未来 3 d 逐 3 h 预报）

（撰写人：徐冉）

3.3.17　沙尘中长期逐小时预报产品

【主要完成单位】国家气象中心

【主要贡献人员】王继康　桂海林　张碧辉

【来源项目名称】中国气象局创新发展专项"基于多源资料的沙尘溯源及源区检测"

【成果主要内容】

沙尘天气预报目前缺乏中长期预报客观产品，国家气象中心环境气象室针对冬奥会期间高影响天气沙尘开发了沙尘中长期逐小时预报产品。沙尘天气中长期预报产品在沙尘数值模式基础上做了三方面的创新：沙尘源区地表信息更新，建立了适用于不同沙源地的起沙机制，融合了阵风谱预报模型。

（1）沙尘源区地表信息更新。基于 MODIS 卫星的地表覆盖产品更新了沙源地的地表信息，并融合 Zhou 等的结果对主要沙源地信息进行了修正。主要包括对增强蒙古国北部、中国内蒙古中部起沙，减弱浑善达克、科尔沁沙地、毛乌素等地的起沙。蒙古国北部等地近年来由于蒙古国畜牧业和经济的发展导致土壤植被破坏严重，使得蒙古国中南部传统沙源地北扩。中国内蒙古中部地区存在大量的戈壁区域，但是传统沙尘模式中对该地的起沙存在明显的低估，因此，对内蒙古中部地区的起沙进行增强。由于近年来我国防沙治沙效果显著，毛乌素、浑善达克等地的沙源地植被覆盖度增加，沙源地明显减少，因此，对植被恢复较好的沙地进行弱化。

（2）建立了适用于不同沙源地的起沙机制。基于多地起沙观测的实验数据发现不同沙源地并不能适用于同一种起沙方案。基于塔克拉玛干沙漠的观测结果发现，临界起沙速度的值低于传统起沙方案（MB 方案）。传统起沙方案中土壤湿度对临界起沙速度的影响受黏土含量的影响，如下式所示：

$$f(\omega) = \sqrt{1 + 1.21(\max(0, (\omega - (0.0014\phi_{\text{clay}}^2 + 0.17\phi_{\text{clay}})))^{0.68}}$$

式中，ω 为土壤湿度；$f(\omega)$ 为土壤湿度对临界起沙摩擦速度的影响因子；ϕ_{clay} 为土壤中黏土含量。

但是，塔克拉玛干沙漠的观测结果显示，土壤湿度对起沙速度的影响低于上式的结果，因此，采用新的方案对与塔克拉玛干沙漠相似的沙源地的起沙机制进行替代。如下式所示：

$$f(\omega) = \sqrt{1 + 0.45(\max(0, (\omega - 1.5)))^{0.61}}$$

通过对不同沙源地起沙机制的更新显著改善了对主要沙漠区域沙尘天气低估的情况。

（3）融合阵风谱预报模型的沙尘模式。一些研究认为，正是阵风对起沙有较大作用，但是目前沙尘模式中没有考虑阵风的作用，通常采用模式的平均风计算沙尘的起沙通量，这样就低估了沙尘模式的起沙作用。为评估阵风在此次沙尘天气中所起的作用，构建了一个基于统计的阵风谱分布预报方案并应用到沙尘模式中。阵风谱分布预报模式参考 Efthimiou 等的研究结果，阵风谱分布符合 Beta 分布，而且可用极大风速和平均风速进行描述：

$$pdf\left(\frac{V}{V_{\max}}\right) \propto \frac{V}{V_{\max}}^{\alpha-1}\left(1 - \frac{V}{V_{\max}}\right)^{\eta\alpha-1}$$

$$\alpha = \frac{1}{1+\eta}\left(\frac{\eta}{I} - 1\right)$$

$$\eta = \frac{V_{\max} - V_a}{V_a}$$

$$I = \frac{\sigma_V^2}{V_a^2}$$

$$\sigma_V = \frac{V_{\max} - V_a}{a_\sigma}$$

$$V_{\max} = b_g V_a$$

式中，V 为风速；$V_{\max}$ 为一段时间的极大风速；V_a 为一段时间内的平均风速；σ_V^2 为一段时间内的风速方差；a_σ 和 b_g 分别为均一化阵风风速和阵风系数。

均一化阵风风速和阵风系数通过对沙尘天气过程中主要沙源地的阵风谱分布的观测统计得出。基于统计结果，主要沙源地的 a_σ 可取 2.5，b_g 可取 1.25。由于阵风谱分布模型中的极大风速为一个假设值，而不是一个观测值，因此，对极大风速的计算采用假设值进行计算，假设为 1.5 倍的最大观测风速。通过观测和模拟的阵风谱分布进行对比，我们建立的阵风谱分布模型可以很好地再现阵风的概率密度分布。

根据融合阵风后的模拟结果，加入阵风后，起沙通量和 PM_{10} 峰值浓度相对于平均风都有显著的提高。在沙源地阵风作用下可以提高 10%～20% 的起沙通量，在一些沙源地边缘区域可提高 200%。对于 PM_{10} 峰值浓度的增加幅度大于对于起沙通量的影响。在我国中东部的部分非沙源地区域，PM_{10} 峰值浓度可以增加 20%～30%，部分地区超过 200%。上述结果说明阵风强度可以显著提高起沙通量和沙尘强度。强的阵风作用将更多的沙尘带入大气中，

并传输至下游区域。

【成果应用成效】

2022 年 3 月 3 日夜间至 4 日，张家口赛区和北京赛区先后经历了沙尘天气过程，受沙尘天气影响，张家口赛区最低能见度为 4.1 km，PM_{10} 浓度超过 600 μg/m³；延庆赛区最低能见度为 6.5 km，PM_{10} 浓度接近 200 μg/m³；北京赛区最低能见度为 6.6 km，PM_{10} 浓度超过 300 μg/m³。

针对本次沙尘过程的预报存在较大分歧，而且缺乏有效的中长期预报结果。对于本次沙尘过程，国家气象中心环境气象室研发的沙尘中长期逐小时预报产品提前一周（2 月 25 日）预报出了 3 月 3 日夜间至 3 月 4 日沙尘天气将影响冬奥赛区，较现有业务模式提前了 4 d 对本次沙尘天气过程给出了较为准确的预报。沙尘中长期逐小时预报产品在 2 月 25 日的预报中，限制主要赛区的 PM_{10} 浓度为 300～400 μg/m³，提前预报出了本次沙尘天气过程的影响程度，为气象预报员的预报提供了有效的客观产品，气象预报员在会商中指出本次沙尘过程将会影响赛道积雪。

随着预报时效的临近，主要的业务模式提前 3 d 均对本次沙尘过程进行了预报，为进一步提升沙尘预报的确定性，国家气象中心环境气象室研发人员基于沙尘中长期逐小时预报产品开发出沙尘剖面等产品，为预报沙尘传输高度提供了有效的参考，为高山赛区沙尘天气的预报提供了参考。临近预报结果显示，沙尘中长期逐小时预报产品的预报误差低于现有业务模式产品。

【成果应用展望】

后冬奥时代，沙尘中长期逐小时预报产品将继续为我国的沙尘天气预报提供有效的预报参考。现有沙尘业务模式预报时效和预报精度均不能满足目前气象预报员对于沙尘天气的预报需求，沙尘中长期逐小时预报产品将弥补现有业务模式在预报时效和精度上的不足，为气象预报员应对影响我国北方地区的沙尘天气提供有效的客观产品。后冬奥时代，将继续优化沙尘产品性能，提升预报精度，为高影响的沙尘天气过程、重大活动保障提供有效、准确的沙尘预报客观产品。

【成果代表图片】

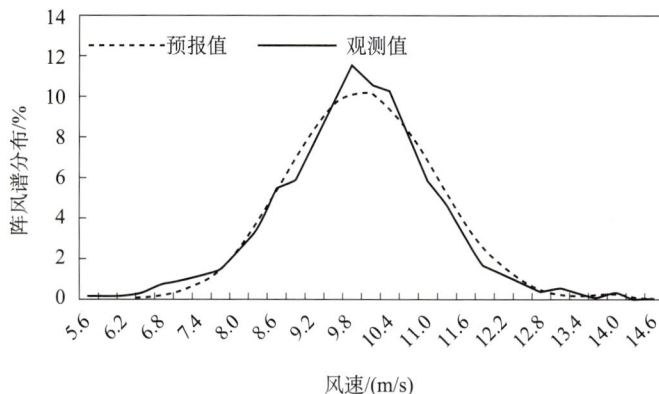

代表图片 1　预报值和观测值在平均风速为 10 m/s 时的阵风谱分布对比

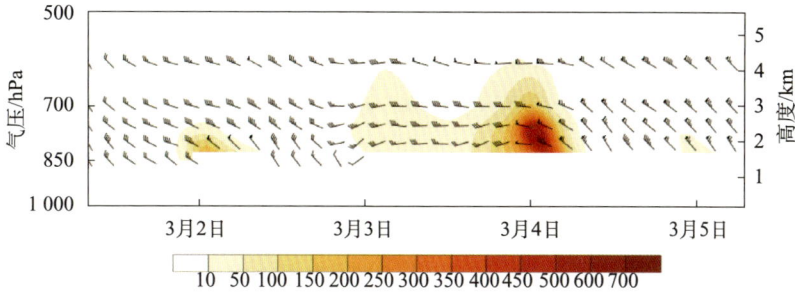

代表图片 2　2022 年 3 月 1 日预报张家口赛区受沙尘影响 PM$_{10}$ 浓度垂直分布
（横轴为时间，填色为 PM$_{10}$ 浓度（μg/m^3））

（撰写人：王继康）

3.3.18　PM$_{2.5}$ 中长期集合预报系统

【主要完成单位】国家气象中心

【主要贡献人员】饶晓琴　黄威

【来源项目名称】国家重点研发计划项目"中国气象局全球中期数值预报系统 GRAPES 与 CUACE 在线耦合及雾－霾国家级业务示范"；中国气象局预报预测核心业务发展专项"雾霾中期预报技术研究与应用"

【成果主要内容】

PM$_{2.5}$ 是我国冬季大气污染物的首要类型，且具有明显的区域传输特征。为保障北京 2022 年冬奥会和冬残奥会赛事期间北京城区、延庆和张家口赛区的空气质量达标，须提前制定大气污染区域协同控制措施，这对 PM$_{2.5}$ 中长期预报提出了高质量要求。针对 PM$_{2.5}$ 中长期预报不确定性的来源，基于天气集合预报产品开展 PM$_{2.5}$ 中长期可预报性研究。利用长时间序列的气象和环境监测数据，建立典型 PM$_{2.5}$ 污染过程背景资料库，开展 PM$_{2.5}$ 浓度变化与天气系统及气象要素的关系研究，提炼出表征大气静稳程度、污染水平和垂直扩散能力、干沉降、湿清除以及吸湿增长条件的关键气象预报指标，并引入中长期时效预报性能比边界层要素更好的大气环流因子项参与建模。针对不同站点特殊的复杂地理环境，采用逐站单点建模方法。考虑污染的时间累积效应，建立了 PM$_{2.5}$ 浓度的动态迭代多因子回归预报模型。基于天气集合预报产品进行释用，开发了全国 1～15 d PM$_{2.5}$ 浓度集合定量和概率预报产品。借助集合预报提供的多成员、多种可能性的丰富预报信息，采用集合成员优选技术将集合模式的有效信息集成起来获得精度更高的 PM$_{2.5}$ 预报，达到延长预报时效和提升预报效果的目的。

【成果应用成效】

PM$_{2.5}$ 中长期集合预报系统在北京 2022 年冬（残）奥会赛事及 2021 年测试赛期间作为中央气象台指导产品在 MOAP 冬奥专栏集成显示应用，为冬奥气象预报服务团队提供长时效的客观定量预报产品支持。预报检验显示，与同类预报产品——FDP 示范项目北京市气象局模式（RMAPS）16 d 空气质量预报产品相比，对于污染天气，集合预报产品在轻度至中度污染等级显现出更优的预报性能，其中 1～3 d、4～7 d 和 8～15 d 的轻度污染 TS 评分分别为 0.17、0.25 和 0.21，RMAPS 为 0.21、0.18 和 0.20；针对中度污染，集合预报产品不同预报时效的 TS 评分均高于同期 RMAPS 模式（Ensemble 为 0.38、0.31 和 0.17；RMAPS 为

0.18、0.23 和 0.11）。

北京 2022 年冬（残）奥会赛事期间，$PM_{2.5}$ 中长期集合预报系统提前两周预报出 2 月 4—20 日冬奥会期间北京赛区和张家口赛区的 $PM_{2.5}$ 浓度在优良区间，对比赛无影响；对冬残奥会期间 3 月 9—11 日的污染过程，2 月 23 日提前 360 h 有多个集合成员预报出北京赛区将出现明显污染过程，且 10 日污染有加重趋势，河北张家口赛区空气质量则较好（代表图片 1）。360 h 集合概率预报也显示 3 月 10 日北京、天津和河北中部发生 $PM_{2.5}$ 中度及以上污染的概率较大，接近 60%～80%（代表图片 2）。$PM_{2.5}$ 中长期集合预报系统对污染强度变化、发展、维持和减弱消散的时间节点预报都较准确。

【成果应用展望】

$PM_{2.5}$ 中长期集合预报系统通过预报集合技术，取得了比单一确定性预报更优的预报效果，并延长了预报时效，在近年来国家气象中心秋、冬季发布污染过程气象预报服务中发挥了较强指导作用，并多次应用到中国国际进口博览会、新中国成立 70 周年、武汉军运会等重大活动气象保障服务中，为提前制定空气质量保障方案和公众健康应对措施提供关键预报参考。该产品在河南、青海等省级业务单位应用，为地方开展大气污染治理和生态环境保护提供定量产品支持。后冬奥时代，该产品将继续为秋、冬季我国大气污染治理提供长时效的预报参考，可以逐步实现全国业务应用，为国家大气污染防治、重大活动预案制定、污染早期预警防范等提供长时效的预报参考，发挥气象预报在大气污染防治和公众健康应对中的社会服务效益。

【成果代表图片】

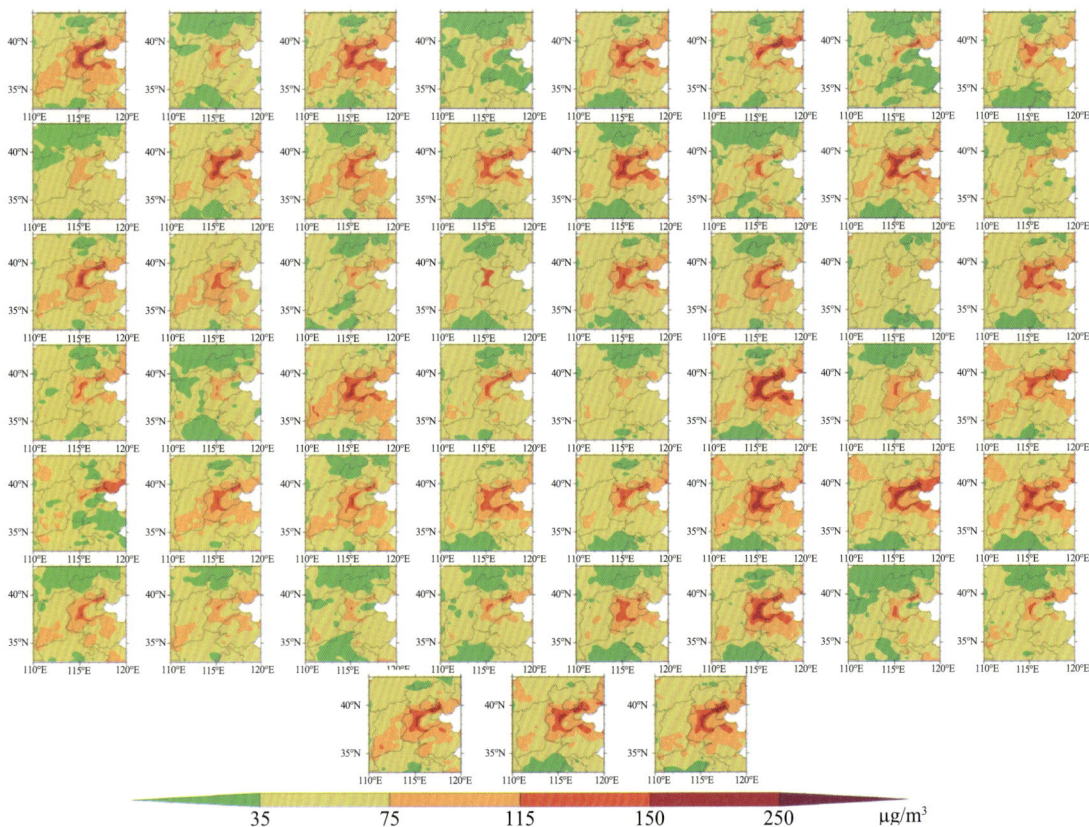

代表图片 1　2022 年 2 月 23 日 20 时起报 360 h 集合成员 $PM_{2.5}$ 浓度预报邮票图

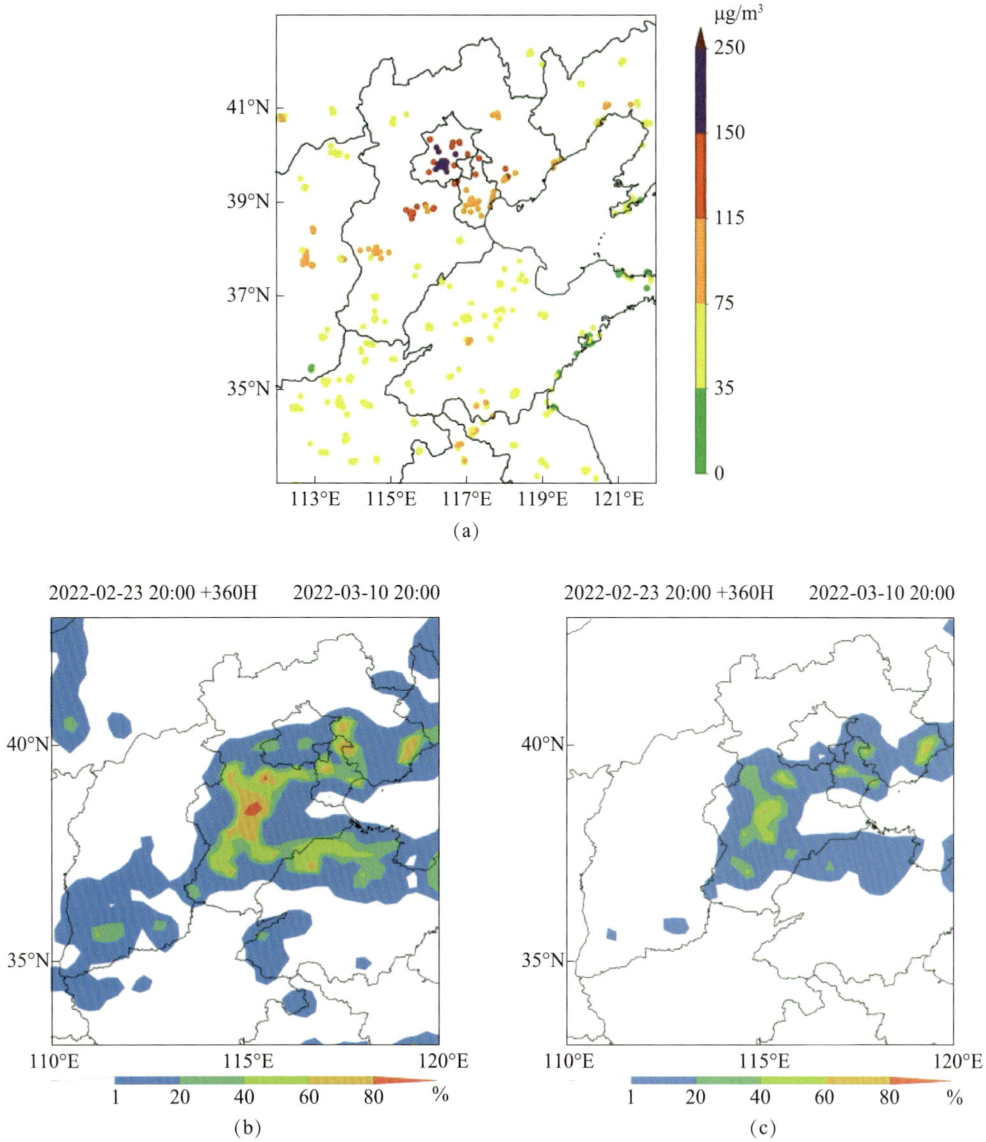

代表图片 2　2022 年 3 月 10 日 PM$_{2.5}$ 实况（a）与 2 月 23 日 20 时起报 360 h PM$_{2.5}$ 中度（b）和重度（c）污染概率预报

（撰写人：饶晓琴）

3.3.19　CMA-1 km 逐小时快速更新同化循环系统的建立

【主要完成单位】中国气象局地球系统数值预报中心

【主要贡献人员】黄丽萍　庄照荣　邓莲堂　朱立娟　于翡　王瑞春　徐枝芳　王莉莉　江源

【来源项目名称】中国气象局创新发展专项"GRAPES 模式系统业务运行和改进"

【成果主要内容】

针对北京冬奥气象保障服务需求，中国气象局地球系统数值预报中心完成了高分辨率 1 km 逐小时快速更新同化预报循环系统研发。系统覆盖京津冀地区，垂直 51 层，预报时效

为 24 h，为冬奥会提供了高分辨率近地面要素产品。该系统的关键科技成果如下。

（1）冬奥 1 km 三维变分同化系统。模式采用内外循环不同分辨率三维变分同化框架设置，外循环采用 1 km 分辨率来计算精度更高的新息向量（观测与背景场的差），内循环采用 3 km 分辨率进行目标泛函的极小化迭代过程，内外循环设置的三维变分系统不仅缓解了复杂地形和同化高频观测带来的分析噪声，同时也有效缩短计算时间。考虑湿度和温度之间的平衡约束，引入非平衡拟相对湿度作为新的湿度控制变量，实现了对湿度控制变量重构，采用新的湿度控制变量能更好同化中小尺度观测信息，有效提高降水预报效果。开展地面温度观测资料同化应用，通过地面温度观测算子设计，同时根据测站地形和模式地形差异，设计不同的地面温度观测资料同化方案，提高了地面 2 m 温度和 10 m 风场预报效果。

（2）冬奥 1 km 预报模式系统。针对 1 km 高分辨率模式，引入高分辨率静态资料以更好地表征复杂下垫面信息，诊断土地利用类型、植被覆盖、土壤类型和相关参数对陆面过程参数化方案计算的地表温度和感热通量等预报量的影响。改进优化地表温度和感热通量在辐射参数化方案中的应用方案，有助于降低 2 m 温度预报误差。选择调试物理过程参数化方案组合以更好地描述复杂地形下的冬季天气特征。优化模式三维参考廓线算法，改进侧边界松弛方案，提高模式动力框架计算精度和稳定性。

（3）冬奥 1 km 陆面资料同化系统。采用土壤湿度和近地面湿度等资料，优化陆面同化系数和增量，对多个重要参数开展敏感性测试以确定 1 km 分辨率下更适合冬季天气特征的敏感参数组合，能够较好地控制土壤湿度分析增量噪声，同时能够提高模式陆面同化效果，进而提高了地面 2 m 温度预报效果。

（4）增量更新初始化技术。针对高分辨率模式的初始场多变量不平衡引起的高频振荡噪声问题，发展分析增量更新初始化技术（IAU）循环噪声技术，分别发展了和正向资料截断时间匹配的 IAU 流程及与正负向资料截断时间匹配的 IAU 流程。通过测试和分析，最终在冬奥气象服务模式中采用了正负向全流程资料截断时间匹配的 IAU 流程，同时优化云分析信息同化应用方案。结果表明，IAU 方案的地面气压倾向比数字滤波方案更快地达到平衡，有效降低了模式的高频振荡噪声。

（5）冬奥 1 km 混合尺度方案。在逐小时快速更新循环中，采用混合背景场方案，即将全球最临近预报场的大尺度信息与区域预报的中小尺度信息结合起来形成新的背景场，不仅缓解循环中固定侧边界的不利影响，还有效保留区域分析中的观测信息，研究表明混合背景场方案明显提高地面 2 m 温度和 10 m 风场的预报质量，同时对前 6 h 降水 ETS 评分有显著提高。

【成果应用成效】

建立的覆盖京津冀区域逐小时循环 1 km 分辨率的快速循环同化预报系统于 2021 年 9 月中下旬实现实时运行，产品通过了中国气象局"智慧冬奥 2022 天气预报示范计划"遴选，为冬奥气象保障提供次公里级网格产品，包括公里级格点预报、公里级空间剖面产品以及探空产品，同时为 CMA 站点多模式融合产品提供基础产品支撑。实时运行结果表明，其对全赛季阵风风速以及相对湿度预报效果较好。

【成果应用展望】

在 CMA-MESO 3 km 业务系统的基础上，地球系统数值预报中心研发建立了覆盖京津冀地区的 1 km 逐小时循环同化预报系统，为冬奥会提供高分辨数值预报产品。相关成果一方面通过改进升级以及本地化后可以进一步在杭州亚运会和成都大运会等重大活动气象保障服务工作中进行转化应用；另一方面，以此京津冀 1 km 逐小时循环同化预报系统为研发基础，充分考虑我国西部复杂地形以及夏季强对流预报预警需求，进一步开展覆盖全国范围的 1 km 逐小时循环的系统研发，为升级 CMA-MESO 3 km 业务系统更好地提升强对流预报准确率提供支撑。

【成果代表图片】

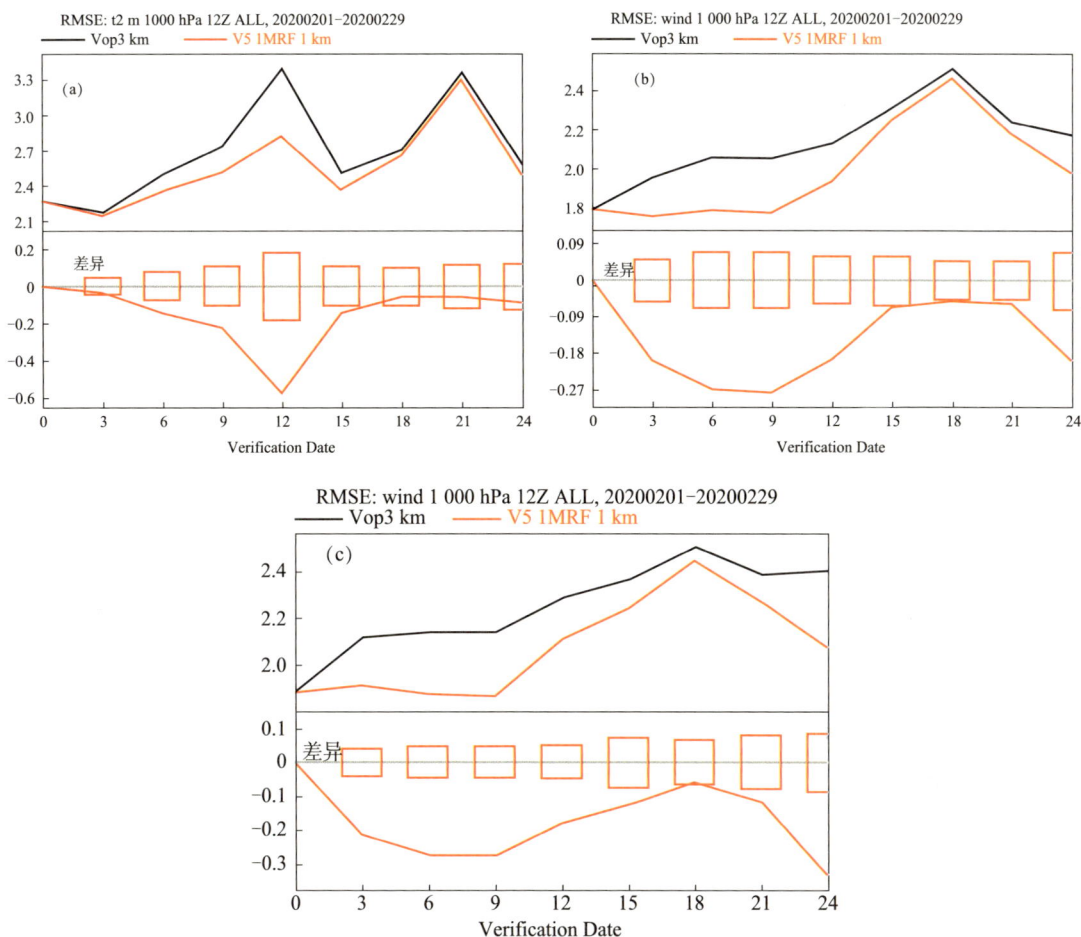

代表图片 1　2020 年 1—2 月 CMA-MESO 业务 3 km 以及实时 1 km 的近地面要素均方根误差

（黑线：业务 3 km，红线：实时 1 km；（a）2 m 温度；（b）10 m 纬向风；（c）10 m 经向风；两个试验评分的差异超出了竖条范围，表示对比试验的评分差异通过了显著性水平为 0.95 的检验）

（撰写人：黄丽萍）

3.3.20　CMA-MESO 中三维参考廓线计算方案研发

【主要完成单位】中国气象局地球系统数值预报中心

【主要贡献人员】邓莲堂

【来源项目名称】国家重点研发计划"科技冬奥"专项"冬奥会气象条件预测保障关键技术"；河南省科技厅 2020 年度国家超级计算郑州中心创新生态系统建设科技专项"基于大数据分析的智能精细化预报关键技术研究"

【成果主要内容】

参考大气的选取对于半隐式半拉格朗日模式动力框架的计算精度至关重要。针对 CMA-MESO 的动力框架中等温大气精度不高的问题，引入不随时间变化且满足静力平衡的三维参考大气，使得积分过程中参考大气可以尽量地接近模式大气，提高空间计算精度的同时，减小非线性项的数量级，进而提高时间积分的计算精度。

在 CMA-MESO 中引入三维参考大气之后，需要对原 CMA-MESO 动力框架的求解过程重新进行设计，从以下湿空气球坐标系下完全形式的控制方程组出发：

$$\frac{\mathrm{d}u}{\mathrm{d}t} = -\frac{C_P\theta_v}{r\cos\phi}\frac{\partial\Pi}{\partial\lambda} + fv + F_u + \delta_M\left\{\frac{u\cdot v\cdot\tan\phi}{r} - \frac{u\cdot w}{r}\right\} - \delta_\phi\left\{f_\phi w\right\}$$

$$\frac{\mathrm{d}v}{\mathrm{d}t} = -\frac{C_P\theta_v}{r}\frac{\partial\Pi}{\partial\phi} - fu + F_v - \delta_M\left\{\frac{u^2\cdot\tan\phi}{r} + \frac{v\cdot w}{r}\right\}$$

$$\delta_{\mathrm{NH}}\frac{\mathrm{d}w}{\mathrm{d}t} = -C_P\theta_v\frac{\partial\Pi}{\partial r} - g + F_w + \delta_M\left\{\frac{u^2+v^2}{r}\right\} + \delta_\phi\left\{f_\phi u\right\}$$

$$(\gamma-1)\frac{\mathrm{d}\Pi}{\mathrm{d}t} = -\Pi\cdot D_3 + \frac{F_\theta^*}{\theta_v}$$

$$\frac{\mathrm{d}\theta}{\mathrm{d}t} = \frac{F_\theta^*}{\Pi}$$

式中，u、v、w 为东西、南北、垂直方向的速度矢量；Π 为无量纲气压；θ 为位势温度；θ_v 为虚位势温度；λ、ϕ 为经、纬度坐标；r 为质点与地心的距离；f 为科氏力参数；g 为重力加速度；C_P 为定压比热容；δ_M 为曲率修正项开关；δ_ϕ 为地转偏向力开关；δ_{NH} 为静力平衡开关；F_u、F_v、F_w 为东西、南北、垂直方向的摩擦力；$\gamma = \frac{C_p}{R}$；R 为气体常数，D_3 为 三维散度；$F_\theta^* = \frac{Q}{C_p}$，$Q$ 为热量源汇。

引入三维参考大气之后需要重新对控制方程进行线性化的推导。按照三维参考大气的设计思路，在自然高度坐标系下有如下关系式：

$$\Pi(\lambda,\phi,z,t) = \tilde{\Pi}(\lambda,\phi,z) + \Pi'(\lambda,\phi,z,t)$$

$$\theta(\lambda,\phi,z,t) = \tilde{\theta}(\lambda,\phi,z) + \theta'(\lambda,\phi,z,t)$$

式中，z 为自然高度；$\tilde{\Pi}$ 为 Π 的参考大气；Π' 为扰动量；$\tilde{\theta}$ 为 θ 的参考大气；θ' 为 扰动量；$\tilde{\Pi}$ 和 $\tilde{\theta}$ 满足静力平衡的关系式。将上述两式代入方程组，整理后可以得到下列线性方程组：

$$\frac{\mathrm{d}u}{\mathrm{d}t} = L_u + N_u$$

$$L_u = -C_P\tilde{\theta}\cdot[\frac{1}{a\cos\phi}\frac{\partial\Pi'}{\partial\lambda} + zsx\cdot\frac{\partial\Pi'}{\partial\hat{z}}] - C_P\tilde{\theta}\cdot[\frac{1}{a\cos\phi}\frac{\partial\tilde{\Pi}}{\partial\lambda} + zsx\cdot\frac{\partial\tilde{\Pi}}{\partial\hat{z}}] + f_u v - \delta_\phi\left\{f_\phi w\right\}$$

$$N_u = -C_P\theta'\cdot[\frac{1}{a\cos\phi}\frac{\partial\tilde{\Pi}}{\partial\lambda} + zsx\cdot\frac{\partial\tilde{\Pi}}{\partial\hat{z}}] - C_P\theta'\cdot[\frac{1}{a\cos\phi}\frac{\partial\Pi'}{\partial\lambda} + zsx\cdot\frac{\partial\Pi'}{\partial\hat{z}}] + F_u + \delta_M\left\{\frac{u\cdot v\cdot\tan\phi}{a} - \frac{u\cdot w}{a}\right\}$$

$$\frac{dv}{dt} = L_v + N_v$$

$$L_v = -C_P\tilde{\theta} \cdot [\frac{1}{a}\frac{\partial \Pi'}{\partial \phi} + zsy \cdot \frac{\partial \Pi'}{\partial \hat{z}}] - C_P\tilde{\theta} \cdot [\frac{1}{a}\frac{\partial \tilde{\Pi}}{\partial \phi} + zsy \cdot \frac{\partial \tilde{\Pi}}{\partial \hat{z}}] - f_v u$$

$$N_v = -C_P\theta' \cdot [\frac{1}{a}\frac{\partial \tilde{\Pi}}{\partial \phi} + zsy \cdot \frac{\partial \tilde{\Pi}}{\partial \hat{z}}] - C_P\theta' \cdot [\frac{1}{a}\frac{\partial \Pi'}{\partial \phi} + zsy \cdot \frac{\partial \Pi'}{\partial \hat{z}}] + F_v - \delta_M\left\{\frac{u^2 \cdot \tan\phi}{r} + \frac{v \cdot w}{r}\right\}$$

$$\delta_{\mathrm{NH}}\frac{dw}{dt} = L_w + N_w$$

$$L_w = -C_P\tilde{\theta} \cdot zst \cdot \frac{\partial \Pi'}{\partial \hat{z}} - C_P\theta' \cdot zst \cdot \frac{\partial \tilde{\Pi}}{\partial \hat{z}} + \delta_\phi\left\{f_\phi u\right\}$$

$$N_w = -C_P\theta' \cdot zst \cdot \frac{\partial \Pi'}{\partial \hat{z}} + F_w + \delta_M\left\{\frac{u^2 + v^2}{r}\right\}$$

$$\frac{d\Pi'}{dt} = L_\Pi + N_\Pi$$

$$L_\Pi = -\left[u\frac{\partial \tilde{\Pi}}{a\cos\phi\partial\lambda} + v\frac{\partial \tilde{\Pi}}{a\partial\phi} + \hat{w} \cdot \frac{\partial \tilde{\Pi}}{\partial \hat{z}}\right] - \frac{1}{\gamma-1} \cdot \tilde{\Pi} \cdot \left[D_3\big|_{\hat{z}} - \frac{1}{\Delta Z_s}(u\varphi_{sx} + v\varphi_{sy})\right]$$

$$N_\Pi = -\frac{1}{\gamma-1} \cdot \Pi' \cdot \left[D_3\big|_{\hat{z}} - \frac{1}{\Delta Z_s}(u\varphi_{sx} + v\varphi_{sy})\right] + \frac{1}{\gamma-1} \cdot \frac{F_\theta^*}{\theta_v}$$

$$\frac{d\theta'}{dt} = L_\theta + N_\theta$$

$$L_\theta = -u\frac{1}{r\cos\phi}\frac{\partial \tilde{\theta}}{\partial\lambda} - v\frac{1}{r}\frac{\partial \tilde{\theta}}{\partial\phi} - \hat{w}\frac{\partial \tilde{\theta}}{\partial \hat{z}}$$

$$N_\theta = \frac{F_\theta^*}{\tilde{\Pi} + \Pi'}$$

式中，L_u、L_v、L_w、L_θ 为线性项；N_u、N_v、N_w、N_θ 为非线性项。

上述方程组的最后两式都将参考大气的水平平流项放入线性项部分，虽然这样会导致后续求解过程较为复杂，但可以保证线性项远远大于非线性项，确保了线性化过程的合理性；反之，若将其放入非线性项，虽然后续求解过程大为简化，但非线性项将大于线性项，时间离散过程的计算精度将大大降低，同时模式也容易不稳定，背离了利用参考大气对方程组进行线性分离这种做法的初衷。

对线性化之后的方程组做 SISL 时间离散化的处理，并在动量方程中考虑三维矢量离散化，可以得到以下时间离散化之后的方程组：

$$u^{n+1} = \Delta t\alpha_\varepsilon(L_u)^{n+1} + A_u$$

$$v^{n+1} = \Delta t\alpha_\varepsilon(L_v)^{n+1} + A_v$$

$$\delta_{\mathrm{NH}} \cdot w^{n+1} = \Delta t\alpha_\varepsilon(L_w)^{n+1} + A_w$$

$$(\theta')^{n+1} = \Delta t\alpha_\varepsilon(L_\theta)^{n+1} + A_\theta$$

$$(\Pi')^{n+1} = \Delta t\alpha_\varepsilon(L_\Pi)^{n+1} + A_\Pi$$

式中，α_ε 为半隐式系数；A_u、A_v、A_w、A_θ、A_Π 为各预报方程时间离散化之后的相关项（表达式略）。做进一步推导，可以得到下列模式的预报方程组：

$$u^{n+1} = \left(cu1 \cdot \frac{1}{a\cos\phi}\frac{\partial}{\partial\lambda} + cu2 \cdot \frac{1}{a}\frac{\partial}{\partial\phi} + cu3 \cdot \frac{\partial}{\partial\hat{z}} \right)\Pi' + cu0$$

$$v^{n+1} = \left(cv1 \cdot \frac{1}{a\cos\phi}\frac{\partial}{\partial\lambda} + cv2 \cdot \frac{1}{a}\frac{\partial}{\partial\phi} + cv3 \cdot \frac{\partial}{\partial\hat{z}} \right)\Pi' + cv0$$

$$\hat{w}^{n+1} = \left(cw1 \cdot \frac{1}{a\cos\phi}\frac{\partial}{\partial\lambda} + cw2 \cdot \frac{1}{a}\frac{\partial}{\partial\phi} + cw3 \cdot \frac{\partial}{\partial\hat{z}} \right)\Pi' + cw0$$

$$\theta'^{n+1} = \left(cth1 \cdot \frac{1}{a\cos\phi}\frac{\partial}{\partial\lambda} + cth2 \cdot \frac{1}{a}\frac{\partial}{\partial\phi} + cth3 \cdot \frac{\partial}{\partial\hat{z}} \right)\Pi' + cth0$$

$$(\Pi')^{n+1} = cpi1 \cdot u^{n+1} + cpi2 \cdot v^{n+1} + cpi3 \cdot \hat{w}^{n+1} + cpi4 \cdot (D_3)_{\hat{z}} + A_\Pi$$

式中，$cv1$、$cv2$、$cv3$、$cv0$ 为 V 预报方程的各个系数；$cw1$、$cw2$、$cw3$、$cw0$ 为 W 预报方程的各个系数；$cth1$、$cth2$、$cth3$、$cth0$ 为 θ 预报方程的各个系数；$cpi1$、$cpi2$、$cpi3$、$cpi4$ 为 Π 预报方程的各个系数。上述方程组与原来一维参考大气情况下的模式预报方程组相类似，从形式上看，区别在于 θ 的预报方程中出现了水平变化项，但大部分系数的表达式都发生了变化。原来的一维参考大气情况下，$cu1$、$cu2$、$cu3$ 等不随积分时间发生变化的项中只包含参考大气的垂直变化；现在三维参考大气中，$cu1$、$cu2$、$cu3$ 等则同时包含了参考大气的水平变化和垂直变化，$cu0$ 等每步发生变化的系数只包含量级很小的扰动量，以此来提高框架的计算精度，但同时也对参考大气部分的计算精度提出了很高的要求。另外，上式可以直接套用模式中现有的亥姆霍兹方程求解器进行求解，不用对繁杂的亥姆霍兹方程离散化过程做调整。求解亥姆霍兹方程得到 $n+1$ 时刻的 Π' 之后，代入公式即可得到 $n+1$ 时刻的其他预报变量。

【成果应用成效】

针对冬季奥运会季节，开展了一个月的批量试验。由于北京 2022 年冬奥会在 2022 年 2 月 4—20 日举行，因此，批量试验的时间选取了 2020 年 2 月 1—28 日。对试验的高度场进行了统计检验。试验方案见表 1。

表 1　试验方案

	控制试验	3D 参考廓线
时间	2020-02-01—2020-02-28	
时效	24 h	
分辨率	1 km	
垂直层次	50 层	
微物理	WSM6	
辐射	RRTM	
边界层	MYJ	
陆面过程	NOAH	
积云参数化	KFeta	
参考廓线	1D 平均参考廓线	3D 参考廓线

代表图片1表征了高度场垂直方向均方根误差试验结果，红线表示三维参考廓线均方根误差，黑线为原来一维参考廓线均方根误差。试验结果表明，随着预报时效的延长，即到12 h以后，三维参考廓线方案对模式的中上层预报效果有明显的改进。

研究成果应用于冬奥会正赛期间的业务运行的CMA-MESO模式中，为冬奥数值预报服务提供支撑。

【成果应用展望】

三维参考廓线计算方案研究成果已经成功地应用于冬奥重点区域1 km分辨率数值预报模式中。在后冬奥时代，这一成果也可以应用到高分辨率气象数值预报业务服务中，为杭州亚运会、成都大运会等赛事活动提供技术支撑。

【成果代表图片】

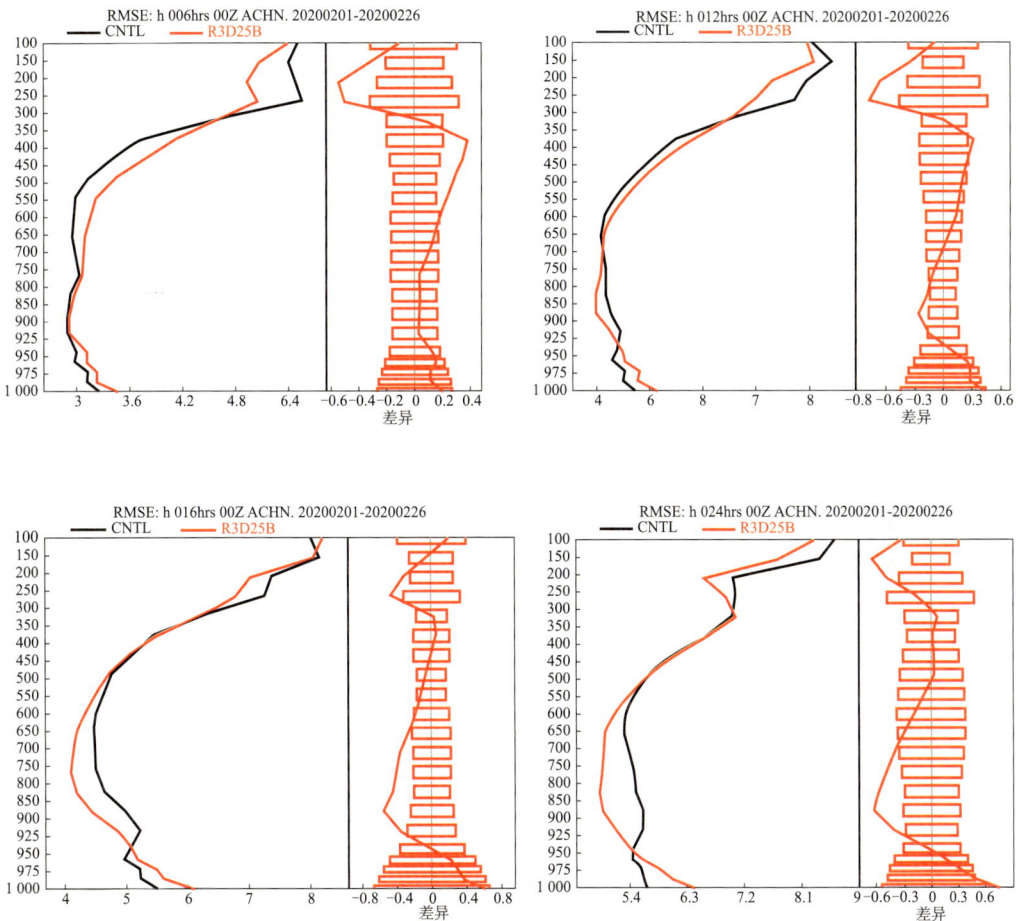

代表图片1 CMA-MESO 24 h预报高度场均方根误差垂直廓线对比
（黑线：一维参考廓线；红色：三维参考廓线；两个试验评分的差异超出了横条范围，表示对比试验的评分通过了显著性水平为0.95的检验）

（撰写人：邓莲堂）

3.3.21　CMA-MESO 侧边界松弛方案改进

【主要完成单位】中国气象局地球系统数值预报中心

【主要贡献人员】邓莲堂

【来源项目名称】国家重点研发计划"科技冬奥"专项"冬奥会气象条件预测保障关键技术";河南省科技厅 2020 年度国家超级计算郑州中心创新生态系统建设科技专项"基于大数据分析的智能精细化预报关键技术研究"

【成果主要内容】

数值模式的边界条件可以分为垂直边界条件和水平边界条件。对全球大气而言,不存在水平边界问题。但是对区域模式来说,必须在预报区域的水平侧边界上给出侧边界条件,以满足数值计算的需求。数值模式中常见的边界条件通常有指定边界条件、周期边界条件、对称边界条件、开放边界条件等。在真实大气的模拟和业务预报中,一般采用指定边界条件,通常称为松弛边界条件或逼近边界条件。边界条件在模式中有两种用途:一种是用于模式粗网格,另一种是用于细网格的时变边界条件。不管粗网格是取何种边界条件,细网格的边界条件都是自动取为指定边界条件。对粗网格而言,一旦设定为指定边界条件,则所有的侧边界(包括东、西、南、北四边界)都设定为指定边界条件。

指定边界条件中包含指定区和松弛区。粗网格指定区中的值完全取决于其他模式预报或者分析值。指定区的大小在程序运行时可以动态指定,不过通常是设为 1。松弛区的作用是使模式逼近大尺度模式的预报或者缓解模式与大尺度模式之间的差别。

在使用指定边界条件时,通常需要一个额外的数据文件提供边界条件信息。对于模式中的任意一个提供有边界值的预报变量有以下关系:

$$\left.\frac{\partial \psi}{\partial t}\right|_{n} = F_1(\psi_{\mathrm{LS}} - \psi) - F_2 \Delta^2 (\psi_{\mathrm{LS}} - \psi)$$

式中,n 是松弛区自外向里的格点数,取值范围为 $n_{\mathrm{spec}} + 1 \leqslant n \leqslant n_{\mathrm{spec}} + n_{\mathrm{relax}} - 1$;$n_{\mathrm{spec}}$ 是指定区的格点数;n_{relax} 是松弛区格点数;ψ_{LS} 是通过时空插值而得到的大尺度预报或分析值;Δ^2 是 η 面上的水平五点平滑算子;F_1 和 F_2 是权重系数,可按如下形式计算:

$$F_1 = \frac{1}{10\Delta t} \frac{n_{\mathrm{spec}} + n_{\mathrm{relax}} - n}{n_{\mathrm{relax}} - 1}, \quad F_2 = \frac{1}{50\Delta t} \frac{n_{\mathrm{spec}} + n_{\mathrm{relax}} - n}{n_{\mathrm{relax}} - 1}$$

在选取 F_1 和 F_2 做权重系数时,考虑到高分辨率模式的情况,我们采用以下形式计算:

$$F_1 = \frac{n_{\mathrm{spec}} + n_{\mathrm{relax}} - x}{n_{\mathrm{relax}}} \exp\left(\frac{1 - x^2}{(n_{\mathrm{spec}} + n_{\mathrm{relax}}) \cdot \mathrm{kc}}\right), \quad F_2 = 0$$

式中,n=25;n_{spec}=1;n_{relax}=24;(kc (1:50)=(/1,1,1,1,1, 1,1,1,1,1, 2,3,4,5,6,7,8,10,50,100,500,1000,500,100,50, 10, 8,7,6,5, 4, 3,2,1,1, 1,1,1,1,2, 3,4,5,6,7, 8,10,50,100,500,1000/)

【成果应用成效】

对比试验选取 2020 年 2 月 1—28 日的 00 时做冷启动,共 28 d 的 24 h 预报。区域范围为覆盖全国的范围,水平分辨率为 1 km,时间步长为 15 s。下图是 24 h 高度场检验的结果。

红线表示改进侧边界方案，黑线为原来侧边界方案。试验结果表明，随着预报时效的延长，即到 12 h 以后，改进侧边界方案对模式的预报效果有明显的改进。

针对北京冬奥会开展业务应用工作，在中国气象局地球系统数值预报中心的冬奥重点区域 1 km 分辨率 CMA-MESO 模式中获得了实际应用。业务应用后减少了模式边界噪声，避免了侧边界冲击造成的模式积分中断问题，提高了模式计算稳定性。与此同时，提高了模式的预报性能。

【成果应用展望】

CMA-MESO 中侧边界松弛方案改进研究成果已经成功地应用于冬奥重点区域 1 km 分辨率数值预报模式中。在后冬奥时代，这一成果也可以应用到高分辨率气象数值预报业务服务中，为杭州亚运会、成都大运会等赛事活动提供技术支撑。

【成果代表图片】

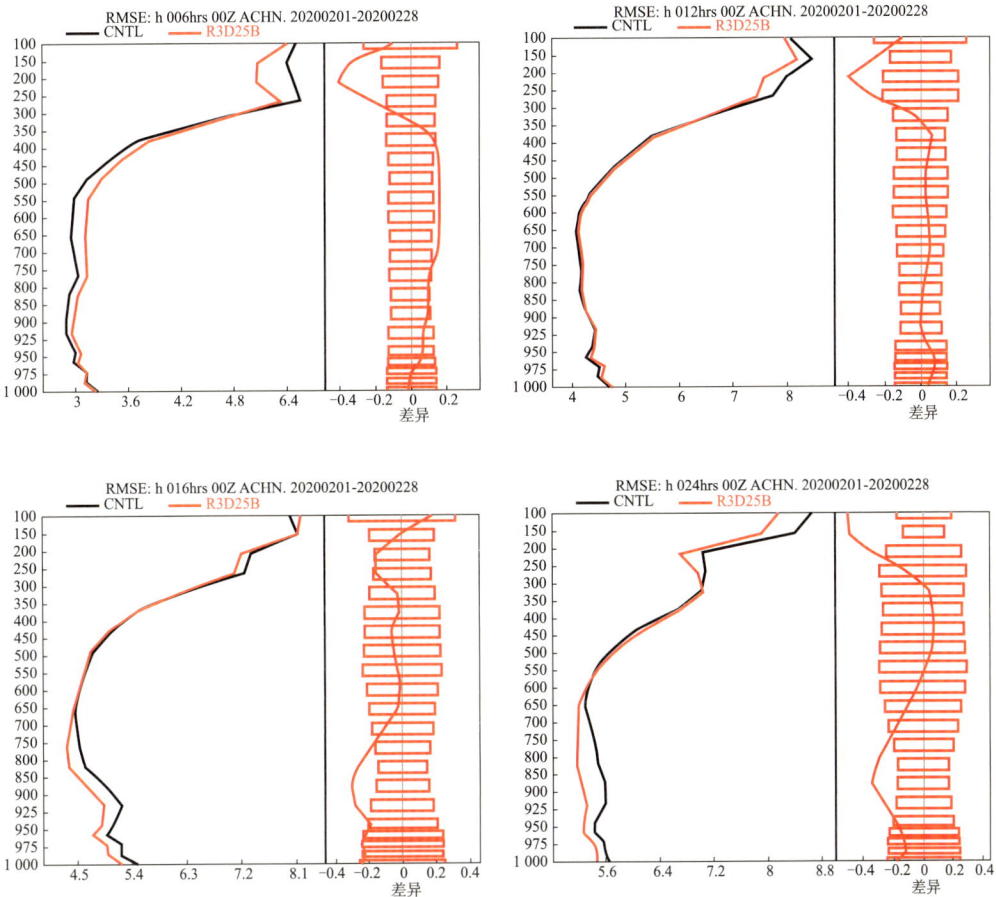

代表图片 1　高度场垂直方向均方根误差

（红色：改进侧边界方案；黑线：原方案；两个试验评分的差异超出了横条范围，
表示对比试验的评分差异通过了显著性水平为 0.95 的检验）

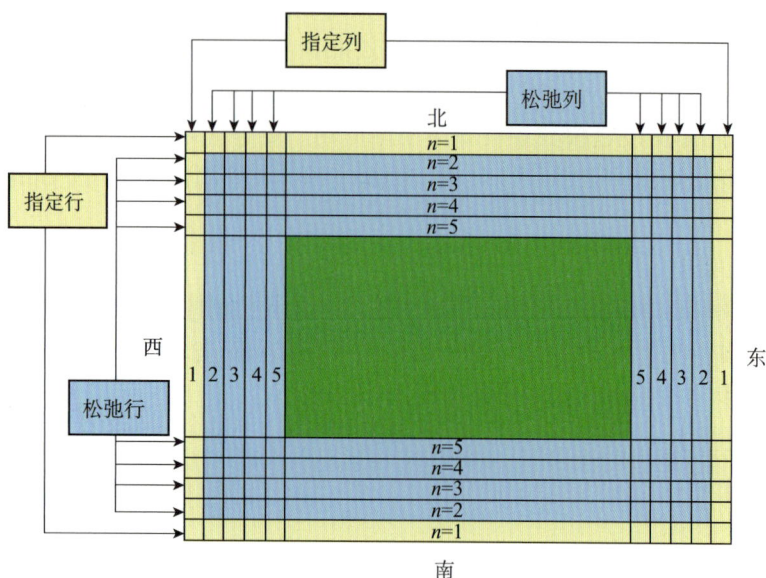

代表图片 2 模式中具有 1 个格点的指定区和 4 个格点的松弛区示意图

（撰写人：邓莲堂）

3.3.22 CMA-MESO 2 m 温度和湿度资料同化

【主要完成单位】中国气象局地球系统数值预报中心

【主要贡献人员】徐枝芳 龚建东 吴洋

【来源项目名称】国家重点研发计划"科技冬奥"专项"冬奥会气象条件预测保障关键技术"

【成果主要内容】

在 CMA-MESO 千米尺度三维变分同化系统中建立和完善 2 m 温度和湿度同化，提高了 CMA-MESO 千米尺度三维变分同化系统 2 m 温度和湿度资料同化应用，改善了 CMA-MESO 千米尺度系统的分析及预报效果。相关技术和成果介绍如下。

在 CMA-MESO 千米尺度同化系统中构建了 2 m 温度资料正演同化算子、切线性算子和伴随算子。通过将 2 m 温度资料分为 3 种情况（测站地形高于模式地形高度 100 m，测站地形低于模式地形，以及测站地形高于模式地形且二者差量小于 100 m）同化，实现了 2 m 温度资料同化应用，并有效解决了模式地形与测站地形高度差异影响。结果显示，2 m 温度资料同化观测算子伴随切线检验精度满足要求，2 m 温度观测信息向量和分析残差呈高斯分布，分析增量大小合理。2020 年 2 月 2—28 日冬奥 1 km 分辨率测试系统试验结果表明，2 m 温度资料参与同化，不仅 2 m 温度分析和预报偏差减小 5%～10%（代表图片 1），10 m 风场分析和预报偏差也同时减小，降水 ETS 评分明显提高（代表图片 2）。

通过分析 T639（T639L60 全球中期数值预报系统，0.28125°×0.28125°）3 个月分析场低层相对湿度和 2 m 相对湿度之差与表征稳定度理查森数（Ri）的关系，发现二者有很好的相关性，当 $Ri < 0$ 时，模式低层相对湿度与 2 m 相对湿度的差异较小，基本在同化观

测误差范围内。依据该统计结果，对 CMA-MESO 3 km 分辨率同化系统中 2 m 相对湿度同化方案进行优化，当 $Ri < 0$ 时，将观测站地形低于模式地形下的 2 m 相对湿度观测由观测站高度改为模式最低层高度进行同化，形成新的 2 m 相对湿度同化方案，意在解决 2 m 相对湿度资料同化时模式地形与观测站地形差异的影响。结果显示，新的 2 m 相对湿度同化方案同化分析资料数量明显增加，分析残差偏差和均方根误差减小，降水预报效果明显改善。

【成果应用成效】

2020 年 2 m 相对湿度同化方案在 CMA-MESO 3 km 业务系统集成并实现业务应用。CMA-MESO 3 km 业务系统是冬奥气象服务数值系统之一。2 m 温度资料同化方法集成到了 1 km 冬奥测试系统。

【成果应用展望】

CMA-MESO 系统是中国气象局日常天气预报和重大活动气象保障的数值预报系统，集成在该系统的 2 m 温度和湿度同化方法将会发挥积极的作用，可提高 2 m 温度和湿度资料应用成效，改善 CMA-MESO 近地面要素预报。

【成果代表图片】

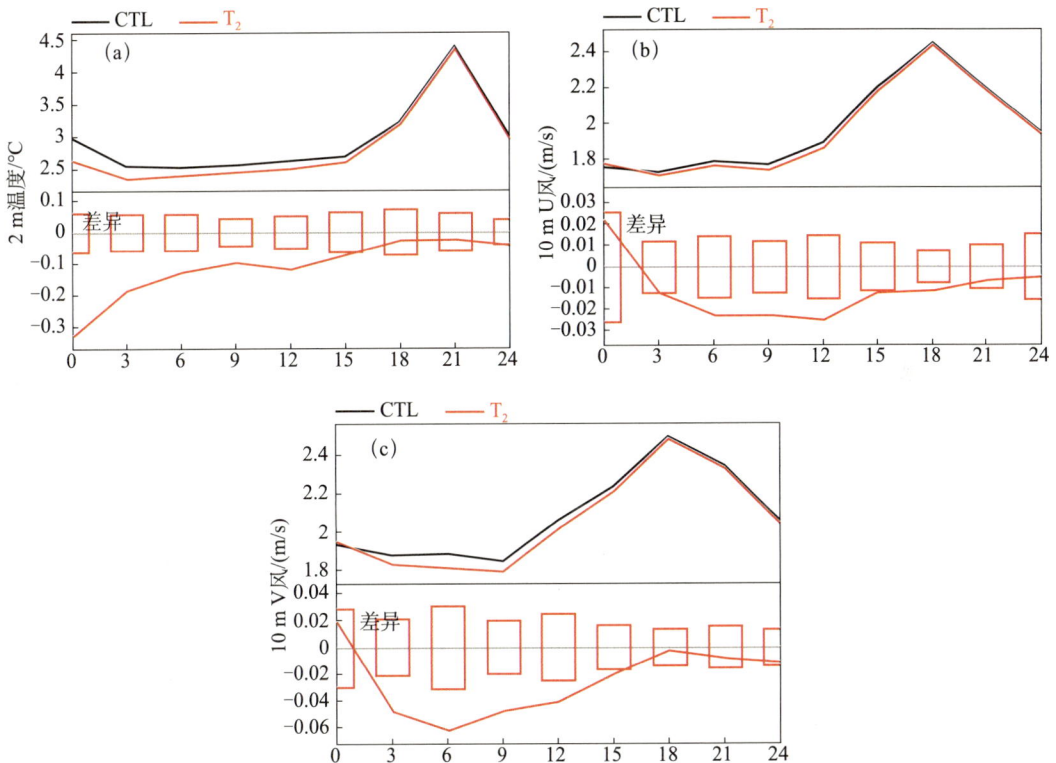

代表图片 1　2020 年 2 月 2—28 日逐 3 h 预报检验 RMSE 值

（CTL 为无 2 m 温度资料同化；T_2 为 2 m 温度资料参与同化；（a）2 m 温度；
（b）10 m U 风场；（c）10 m V 风场；两个试验评分的差异超出了竖条范围，表示对比试验的评分差异通过了 0.95 的显著性水平检验）

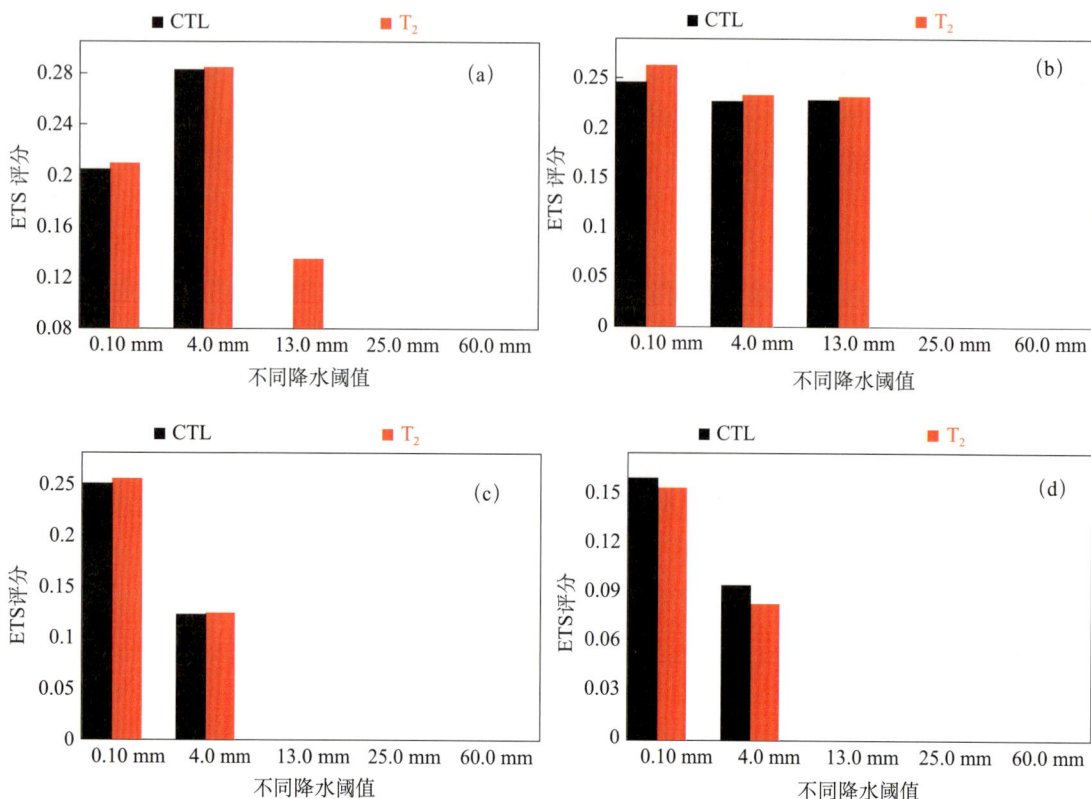

代表图片 2　2020 年 2 月 2—28 日逐 6 h 降水 ETS 评分

（CTL 为无 2 m 温度资料同化；T_2 为 2 m 温度资料参与同化；（a）00—06 时；（b）06—12 时；
（c）12—18 时；（d）18—24 时）

（撰写人：徐枝芳）

3.3.23　背景误差尺度分离与多尺度混合滤波技术在 CMA-MESO 系统中的应用

【主要完成单位】中国气象局地球系统数值预报中心

【主要贡献人员】徐枝芳　王瑞春

【来源项目名称】国家重点研发计划"科技冬奥"专项"冬奥会气象条件预测保障关键技术"

【成果主要内容】

采用二维离散余弦变换对 2018 年 6 月 2 日—8 月 31 日 3 个月格点背景误差样本结合模式分辨率和天气系统尺度范围划分进行 3 种尺度分离，并对这 3 种尺度背景误差样本分别进行水平协相关尺度拟合，通过采用 3 个不同水平特征相关尺度的递归滤波器在 CMA-MESO 3DVAR 系统中实现 3 种拟合水平协相关尺度应用，替代业务测试系统单一水平特征相关尺度，开展个例和连续试验分析。研究结果表明，采用二维离散余弦变换尺度分离背景误差样本的 3 种水平特征相关尺度垂直结构相似，水平特征尺度的水平尺度相隔几十至百公里。拟合水平特征相关尺度在 CMA-MESO 3 km 系统应用结果显示，3 种水平特征相关尺度试验对 U 风和 V 风、湿度分析有明显正影响，分析更接近实况，对温度分析影响较小，对降水预报有改善，ETS 评分提高（代表图片）。

【成果应用成效】

2020 年采用二维离散余弦变换尺度分离背景误差样本的 3 种水平特征相关尺度结果和与多尺度混合滤波同化技术在 CMA-MESO 3 km 业务系统集成并实现业务应用。CMA-MESO 3 km 业务系统是冬奥气象服务数值系统之一。

【成果应用展望】

CMA-MESO 系统是中国气象局日常天气预报和重大活动气象保障的数值预报系统，集成在该系统的 3 种水平特征相关尺度结果和与多尺度混合滤波同化技术将会发挥积极的作用，改善 CMA-MESO 系统的分析与预报。

【成果代表图片】

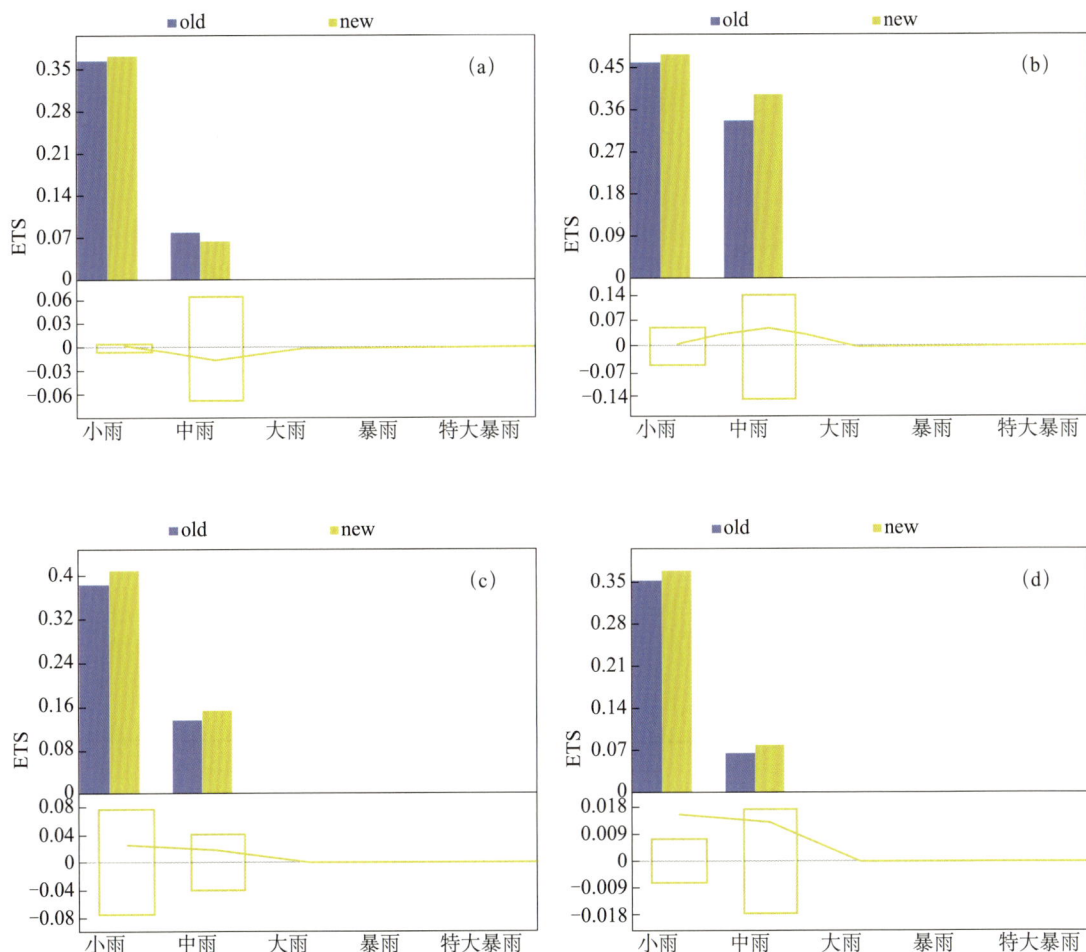

代表图片 1　2019 年 2 月 11—14 日逐 6 h 降水 ETS 评分

（old: 控制试验 CTL；new: 敏感试验 MF；（a）00—06 时；（b）06—12 时；（c）12—18 时；（d）18—24 时）

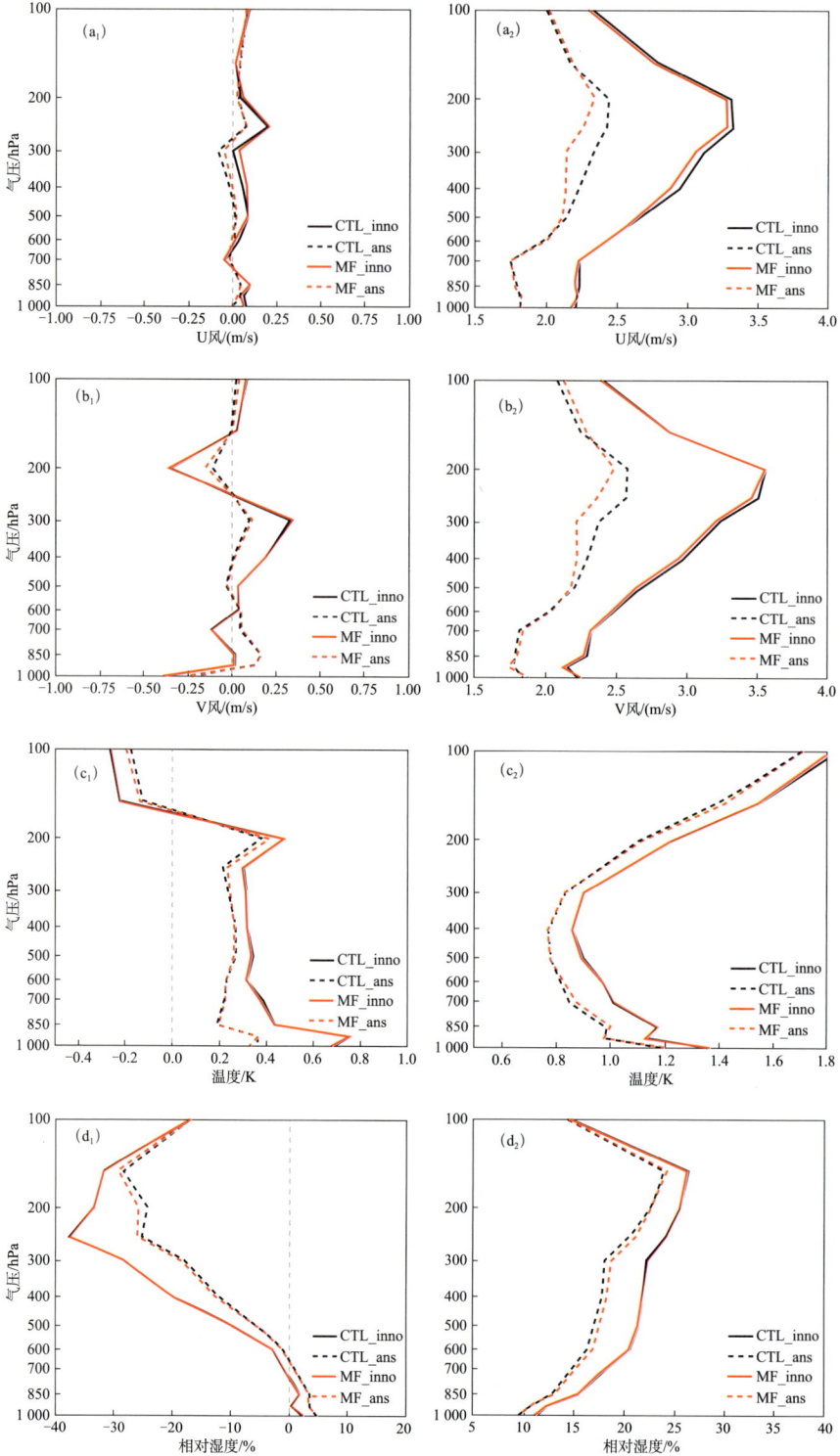

代表图片 2　背景和分析与探空观测的偏差（BIAS）（左列）和标准差 (Std)（右列）

（a_1、a_2 为 U 风场，单位为 m/s；b_1、b_2 为 V 风场，单位为 m/s；c_1、c_2 为温度，单位为 K；d_1、d_2 为相对湿度，单位为 %；
实线为背景减观测，虚线为分析减观测；黑线为控制试验 CTL，红线为敏感试验 MF）

（撰写人：徐枝芳）

3.3.24　FY-4A AGRI 成像仪资料在科技冬奥中的同化应用

【主要完成单位】中国气象局地球系统数值预报中心

【主要贡献人员】王皓　韩威

【来源项目名称】国家重点研发计划"科技冬奥"专项"冬奥会气象条件预测保障关键技术"

【成果主要内容】

在冬奥 1 h/1 km 高时间和空间分辨率的快速循环同化版本中，构建 FY-4A AGRI 成像仪水汽通道辐射率资料的同化框架，补充除 00 时和 12 时以外各时刻分析场精度，提升风云卫星在我国自主研发的数值预报系统中应用能力。完成满足业务化运行的资料预处理流程，在同化系统中构建了 FY-4A AGRI 成像仪资料的观测算子模块，并通过模式的切线性检验和伴随检验，研发了云检测、观测误差重估计、质量控制、偏差订正等关键技术模块，在模式中完成正确性测试。个例试验的研究表明，同化 FY-4A AGRI 成像仪水汽通道资料对冬季降水预报有一定的正效果。FY-4A AGRI 成像仪资料有助于提升我国区域数值天气预报卫星资料的应用水平及灾害天气预报预警的能力，加快卫星资料在国家级区域数值预报中的应用。

【成果应用成效】

在冬奥会期间建立了业务化的资料获取渠道，能够及时稳定地提供 1 h 时间分辨率的 FY-4A AGRI 成像仪资料，满足同化的时效性要求，在冬奥会模式运行期间提供卫星资料同化支持，逐小时的 FY-4A AGRI 成像仪资料的同化逐步改善背景场中水汽场的分布，为模式运行提供更加准确的初始场。

【成果应用展望】

建立的 FY-4A AGRI 成像仪资料同化，可以满足后续重大活动的保障需求，如继续为杭州亚运会提供卫星资料同化服务，将卫星观测重点区域移到杭州，进一步发挥 FY-4A AGRI 成像仪资料同化的作用。

（撰写人：王皓）

3.3.25　云可分辨尺度区域集合预报初值扰动方法研究

【第一完成单位】中国气象局地球系统数值预报中心

【主要参与单位】北京城市气象研究院；南京信息工程大学；重庆气象科学研究所

【主要贡献人员】邓国　陈静　李红祺　张涵斌　王勇　马旭林　高郁东　王远哲　王婧卓　徐枝芳　庄照荣

【来源项目名称】国家重点研发计划"科技冬奥"专项"冬奥会气象条件预测保障关键技术"

【成果主要内容】

基于 CMA-MESO 区域模式，分析冬奥赛区复杂地形地貌特征对数值天气预报影响，统计区域模式初始场误差分布规律和模式预报误差演变特点，考虑区域集合预报初值扰动方法特点、计算资源消耗、稳定性、检验评分等多种因素，发展和研究了多种云可分辨尺度区域集合预报初值扰动方法。

（1）基于滤波技术的 CMA-MESO 区域集合预报多尺度混合初值扰动技术，考虑全球集合预报代表大尺度天气系统预报不确定性和区域集合预报代表中尺度影响系统预报不确定的

特性，利用滤波技术和谱分析方法，对全球集合预报大尺度扰动进行低通滤波而保留较大尺度扰动结构；对区域集合预报小尺度扰动进行高通滤波而保留中小尺度扰动结构，由此获得不同尺度的初值扰动量。将全球大尺度扰动与区域模式产生的中小尺度扰动混合，产生既包含较准确的大尺度信息，又具有高质量的中小尺度信息的多尺度混合扰动初始扰动场。

（2）基于同化方法的 CMA-MESO 区域集合预报多尺度混合初值扰动技术研究，提出并实现了基于资料三维变分同化技术框架的多尺度信息混合新方案。该方案将大尺度扰动信息以常规观测资料的方式同化进入区域集合预报场，以调整或弥补区域集合预报中质量偏低的大尺度大气运动信息，同时也避免了大尺度和中小尺度信息的分离，是多尺度混合区域集合预报初始扰动构建有效新方案。

（3）具有三维尺度调整扰动结构的高分辨率区域集合预报试验。由于集合预报成员远远小于模式空间自由度，集合预报初值扰动方法直接产生的扰动初值一般与分析场误差存在明显的差异，需要通过尺度调整的方法调整扰动幅度，使分析误差与集合扰动相符。针对目前区域集合预报扰动初值调整垂直方向上普遍采用单个调整因子不能准确合理地描述大气三维空间的不确定性特征的现状，发展具有三维结构的尺度调整因子来调整集合预报扰动场，在模式面上通过分析误差和集合扰动场之间的关系，逐层调整扰动初值，从而得到具有三维尺度调整扰动结构特征的高分辨率区域初始扰动场。

（4）基于集合变换（Ensemble Transform，ET）技术的集合预报初值扰动方案，考虑集合预报系统与资料同化系统的一致性，采用集合变换技术对已有 ETKF 集合预报系统进行改造和升级。ET 方法考虑了冬奥赛区复杂地形地貌特征对数值天气预报影响，在初值扰动计算中直接应用了区域模式初始场误差信息并考虑了模式预报误差演变特点，实现高分辨初值扰动信息高效生成和具有更好的离散特征，增加有效集合成员样本容量。

（5）EnKF 分析 - 集合预报方法。将集合预报和 EnKF 同化方法联系起来，通过合作方式建立高分辨率（3 km）区域 CMA-EnKF 集合 - 同化系统：利用 EnKF 同化常规探空、多普勒天气雷达等常规和非常规高时空密度资料，利用中国气象局地球系统数值预报中心已经开发的 CMA 观测资料质量控制和分析处理软件，采用"超级观测"等方法解决资料质量控制、资料观测误差分析、高密度资料取样、背景误差协方差调整和局地化等集合同化技术，生成高时空分辨率的气象分析预报资料，为高分辨率集合预报提供最佳分析场和随天气流型变化的背景误差信息，而 EnKF 分析循环的预报误差协方差和增益矩阵更新信息来自集合预报。

【成果应用成效】

初值扰动方案构建是集合预报系统的核心和关键。为确定冬奥气象保障业务系统初值扰动方法，对所有研发方法开展了统计学和冬奥气象保障同期预报效果试验。

（1）集合变换与 ETKF 方案比较

代表图片 1 是 ETKF 和 ET 两种初始扰动方案的地面要素（地面温度、纬向风和经向风）CRPS 评分和 Outlier 评分随预报时效的演变。CRPS 表示预测分布和真实分布间的差异，可检验集合预报系统整体预报性能。T_{2m} 要素 36 h 预报时效内，U_{10m} 和 V_{10m} 要素 18 h 预报时效内，ET 方案的 CRPS 评分值小于 ETKF 方案，说明在该预报时效内 ET 方法的概率预报技巧优于 ETKF。U_{10m} 和 V_{10m} 要素在 18～36 h 预报时效之间，ETKF 方案比 ET 方法的概率预报技巧较优。Outlier 的值越大，表明预报失误的概率也越来越大。地面要素预报时效 24 h

之内，ET 方案的 Outlier 值小于 ETKF 方案，预报失误概率减小；但是在 24 h 之后 ET 方案 Outlier 值偏高，即预报失误概率增大。

（2）多尺度混合方案比较

区域集合预报的尺度混合初始扰动（滤波和同化两种方法）构造方法，本质上是将全球集合预报中质量相对较好的大尺度扰动信息融合到区域集合预报，使得区域集合预报的初始扰动既包含原有的中小尺度扰动信息，又包含大尺度扰动结构，从而改善区域集合预报初始扰动和随后预报的质量。为比较两种混合初值扰动方法的差异，开展了基于滤波方法和同化方法的多尺度混合初值扰动对比试验，试验区域为包含冬奥赛区的华北区域，模式分辨率为 3 km，每天预报循环两次，预报时效为 36 h，试验时间为冬奥气象保障同期的 2019 年 2 月 1—9 日（见代表图片 2：蓝色 TEST2 为基于滤波方法的多尺度混合方案，红色 TEST7 为基于同化思想的混合方法）。

从位势高度场的 CRPS 评分来看，高层基于同化方法的位势高度场数值高于滤波方法，说明同化方法在高层预报误差偏高；而中层和低层的 CRPS 则小于滤波方法，说明同化方法在中低层预报误差较小。从集合离散度来看，从低层到高层，同化方法的离散度均略高于滤波方法，而且基本保持了增长的态势，说明同化方法可以更好地将增长的扰动信息包含进来。通过对多个层次、多个变量进行概率预报检验，说明两种方法对不同要素预报效果预报误差存在差异，但离散度增长情况，则采用同化方法略优。通过以上及其他时段试验，并考虑同化方法在产生多尺度混合初值扰动时不需要逐层确定滤波函数过渡区间临界波长等烦琐易错工作，选定采用基于同化方法的初值扰动方法作为冬奥气象保障业务系统初值扰动方法。

（3）多尺度混合方案对奥运同期高影响天气过程典型测站单点检验评估

集合箱线图是显示集合预报值概率分布情况的图形，能够定点地显示特定气象要素随时间的分布特征和演变趋势，可以同时显示集合预报的平均信息（中位数）和集合预报的不确定性（盒子的长度）。以 2019 年 2 月 14 日北京周边降雪过程为例，主要针对地形比较复杂、预报难度较大的张家口赛区和延庆赛区典型测站的单点集合预报结果开展检验评估。评估要素为冬奥赛事最关注的地面要素，代表图片 3 给出崇礼站（54304）和延庆佛爷顶站点（54410）2 m 温度、逐小时降雪、10 m 风速和比湿箱线图。从崇礼和延庆地区代表站点（海拔高度均超过 1 200 m）箱线图要素的结果来看，单站预报要素与实况无论分布特征还是演变趋势均有较好的一致性，预报误差除降雪以外都较小，大部分时效集合平均温度预报误差在 2 ℃左右，负偏差居多（预报低于观测值），风速相较于瞬时风速大部分是正偏差，偏大 1～2 m/s（实况风速包括瞬时风、2 m 平均风速和 10 m 最大风速，差别很大），湿度偏差整体效果也较好。针对这次高影响天气过程，不同集合成员对各个要素总体预报差别较小，大部分时刻分位数和极值均比较集中。然而，这并不意味着集合预报同一预报时刻针对不同地点预报的差异也相同：以地面温度为例，崇礼 6 h 和 24 h 预报箱线图盒子距离比较长，说明这两个时刻集合成员预报不确定性较大，而在延庆佛爷顶则在初始时刻和 18 h 预报不确定性大，特别是 18 h 预报，不同成员预报最大差别可以达到 4～5 ℃。降雪单点要素预报结果与实况差别较大，但总体趋势与实况很接近，原因除了模式预报偏差以外，可能与实况观测的特点有关，因为分析降雪实况资料发现，逐小时降雪资料通常很小或者没有明确的观测值，但 24 h 累计值却可能较大。此外，箱线图同时给出了集合平均和控制预报结果，可以为预报

提供更丰富的信息。总体来说,针对 2 月 14 日降雪过程,地面要素 36 h 预报时效内,各个要素预报误差特别是赛事特别关注的 2 m 温度和 10 m 风,基本能满足比赛要求的 24 h 预报误差温度低于 2 ℃、风速小于 2 m/s 的要求,同时给出预报不确定性信息,这对于观测资料缺乏、地形复杂、海拔高度较高的地区具有较好的参考价值。

【成果应用展望】

以北京冬奥气象保障服务为契机,针对重大气象保障服务需求及中国气象局数值预报发展规划要求,中国气象局地球系统数值预报中心以 CMA-MESO 模式为基础,研究区域模式初始误差多尺度增长特征及传播机制,夯实初始扰动方法基础;率先开展了面向业务预报的多种高分辨区域集合预报初值扰动关键技术研发,发展 CMA 集合－同化一体化初值扰动方法,实现区域集合预报研究水平跨越式升级;国内率先建立了 3 km 高分辨区域集合预报实时系统,实现区域集合预报公里级分辨率提升,极大地推进了区域集合预报技术的发展,为未来开展全国 3 km 对流尺度集合预报系统奠定基础。

【成果代表图片】

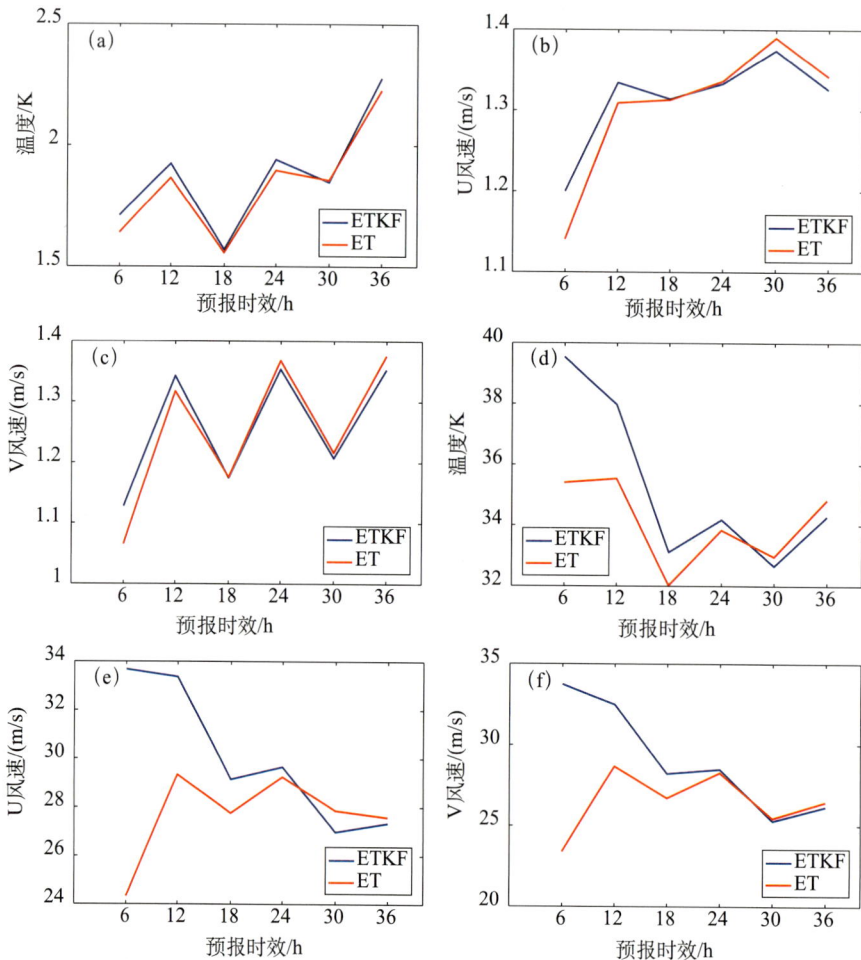

代表图片 1　2019 年 2 月 2 日 00:00—15 日 00:00(每日两次,共计 27 次)平均的地面要素 CRPS 评分和 Outlier 评分随预报时效的演变

((a)(b)(c)为 CRPS 评分;(d)(e)(f)为 Outlier 评分;(a)(d)为温度;(b)(e)为纬向风 U;(c)(f)为经向风 V)

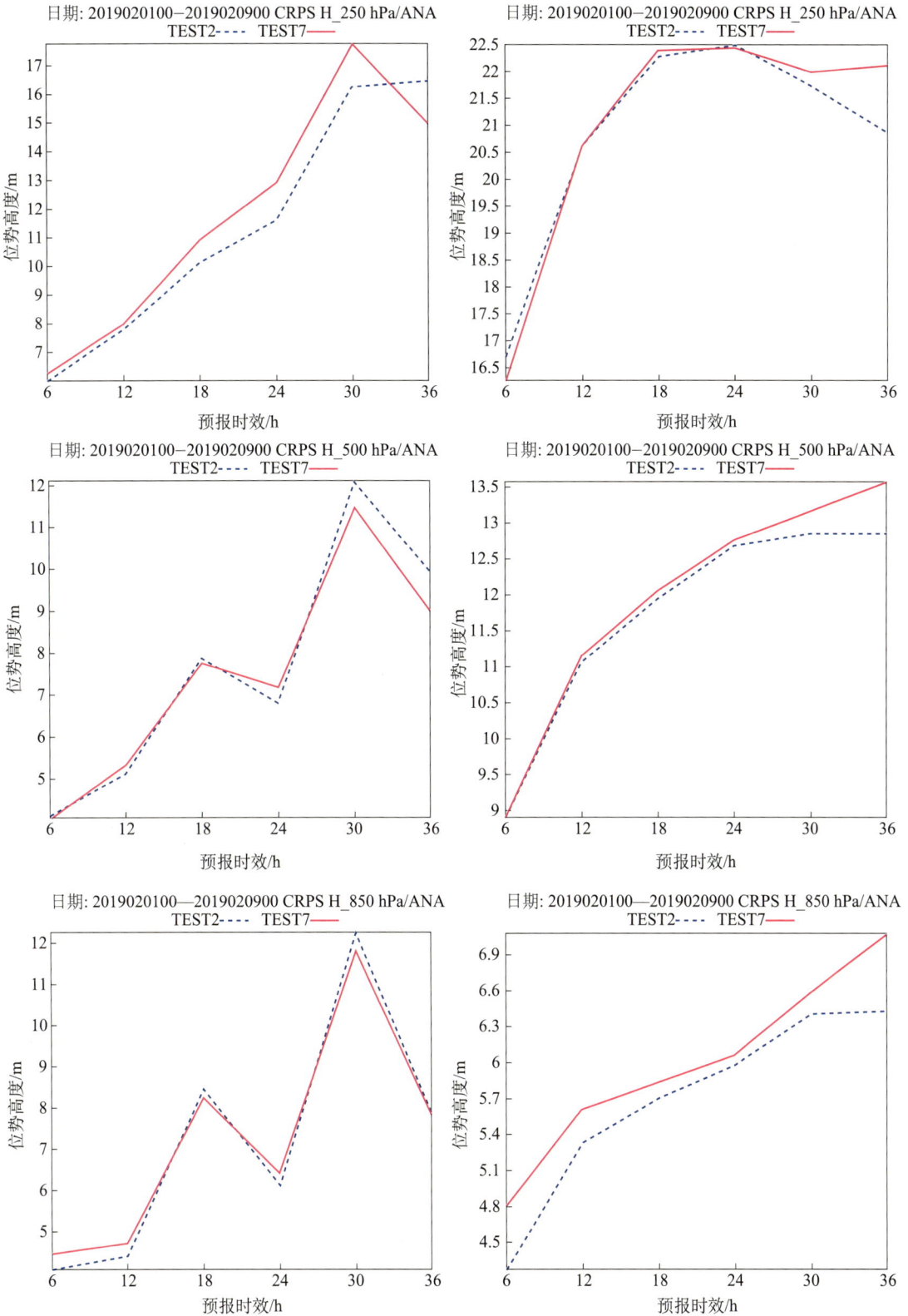

代表图片 2　基于滤波和同化方法的多尺度混合初值扰动比较试验

（位势高度场，自上而下分别为 250、500、850 hPa；左边为 CRPS 评分；右边为离散度）

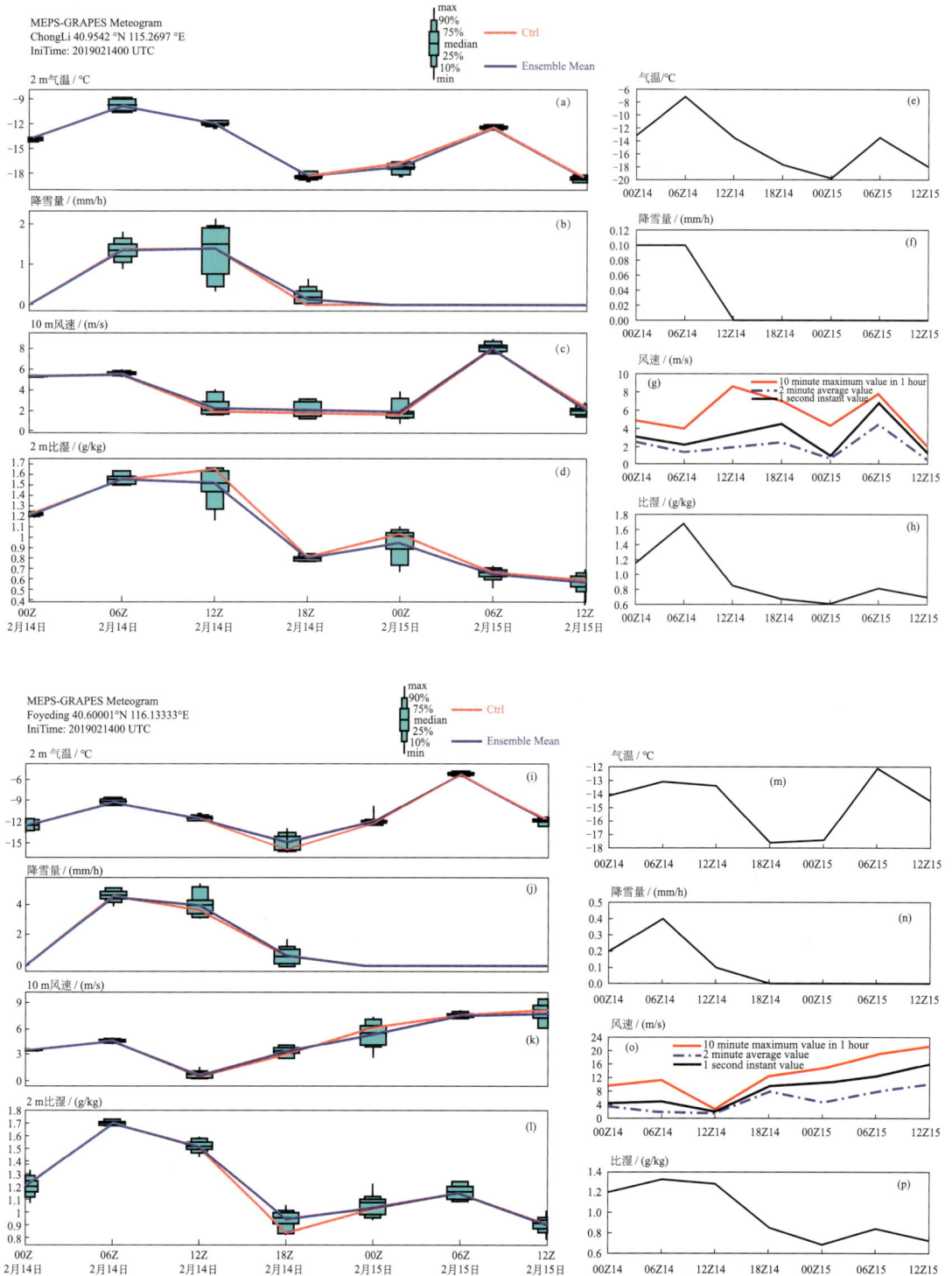

代表图片 3　两个典型代表站 2019 年 2 月 14 日 00 起报 36 h 箱线图要素的天气学检验分析

（（a）～（d）、（i）～（l）为预报；（e）～（h）为实况；（a）～（h）是崇礼站（54304）；（i）～（p）是延庆佛爷顶站（54410））

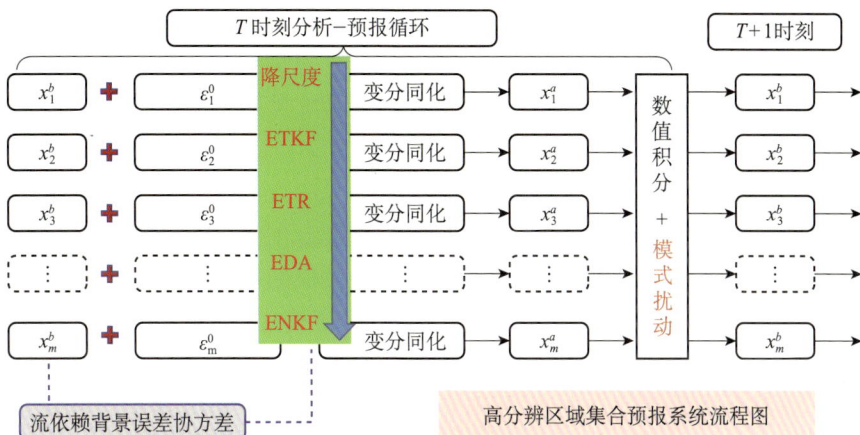

代表图片 4　云可分辨尺度区域集合预报初值扰动研发方法

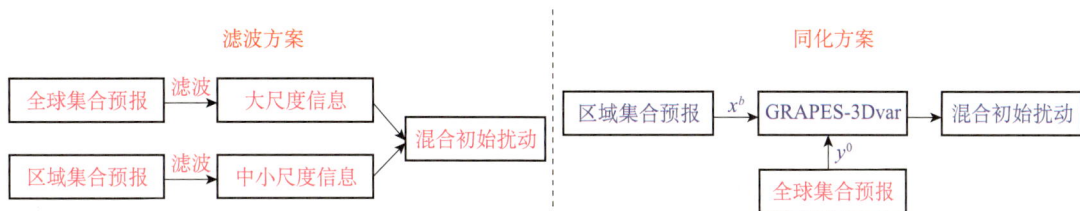

代表图片 5　CMA 区域集合预报多尺度混合初值扰动方案设计

（撰写人：邓国）

3.3.26　冬奥气象保障 3 km 高分辨率集合预报系统

【第一完成单位】中国气象局地球系统数值预报中心

【主要参与单位】国家气象中心；北京市气象台；国家气象信息中心

【主要贡献人员】邓国　陈静　李红祺　远哲　高丽　胡江凯　陈法敬　王婧卓　佟华　时少英　于波　季崇萍　荆浩　付宗钰　孙婧　李娟　董全　陶亦为

【来源项目名称】国家重点研发计划"科技冬奥"专项"冬奥会气象条件预测保障关键技术"

【成果主要内容】

针对冬奥比赛区域复杂地貌特征，开展冬奥 3 km 高分辨率集合预报系统研发，基于模式版本升级、初值扰动和模式扰动研发建立了冬奥气象保障对流尺度集合预报系统，系统包含 15 个集合成员，预报时效为 36 h（后期应会商需要延长至 60 h）。主要内容如下。

（1）冬奥赛区复杂下垫面条件下高分辨区域模式误差特征分析。考虑冬奥赛区复杂地形地貌特征对数值天气预报影响，基于 CMA-MESO 3 km 数值预报产品，采用 NMC 方法和高斯函数线性拟合方案，统计冬奥气象保障区域背景误差及水平相关尺度特征。比较

背景误差和观测误差分布特征对冬奥气象保障高分辨模式初始扰动场的影响，分析三维大气分析场多尺度初始误差结构和相互作用关系，完善集合预报初始概率密度分布描述方法，分析集合预报误差增长和演变特征，为发展云可分辨集合预报初始扰动方法奠定基础。

（2）高分辨区域集合预报多尺度混合初始扰动构造方法。针对冬奥赛区复杂地形地貌特征，将全球集合预报场作为观测资料，将区域集合预报作为背景场，考虑全球集合预报不同成员误差分布特征，把全球集合预报场转换成新的观测资料，利用模式面三维变分同化系统将全球集合预报产生的大尺度扰动与区域模式产生的中小尺度扰动融合，产生既包含较准确的大尺度误差结构又具有高质量的中小尺度扰动信息的多尺度混合扰动初始扰动场，将混合扰动信息与控制预报分析场相结合产生高分辨集合成员初始场，并与侧边界条件协调性更好，减少由于侧边界扰动与初始扰动不匹配而产生的虚假重力波影响。

（3）具有三维尺度调整结构的高分辨率区域集合预报初值扰动方法。针对中小尺度天气系统尺度小、多尺度相互作用明显和非线性强等特征，基于 CMA-MESO 模式特点，发展既可产生模式可分辨的多尺度大气运动初始误差结构，又具有误差快速增长特性的集合变换卡尔曼滤波初值扰动方法，利用奇异值分解技术求取集合转换矩阵，并通过中心化等处理计算得到有动力学意义的正交化扰动初值。考虑集合预报初值扰动方法直接产生的扰动场与模式分析场误差存在明显的差异，研究通过三维地理掩膜调整集合扰动幅度，使集合成员扰动场构成的概率密度分布与分析误差保持一致，最终产生反映三维大气分析场不确定性特征的区域集合预报扰动初值。

（4）高分辨区域模式物理过程随机扰动应用方案。进一步应用和完善基于一阶 Markov 过程的模式随机扰动技术，对时间和空间尺度相关随机扰动场产生技术进行深入研究，结合 CMA-MESO 模式误差分析，发展适合 CMA-MESO 模式误差特征的随机扰动分布的时空尺度特征，对模式物理过程倾向和物理过程敏感参数进行随机扰动，对比分析检验选择预报效果好并且计算稳定的模式物理过程随机扰动试验的设置，以确定适合业务应用为目标的模式物理过程随机扰动方案。

（5）高时空分辨率常规和非常规观测资料分析同化应用技术。吸收 CMA-MESO 高分辨率数值预报模式及分析同化技术成果，完成集合预报系统预报模式升级，首次在区域集合预报系统中实现地面、探空、卫星等高时空分辨率常规和非常规观测资料的分析同化功能，显著提高控制预报及集合预报系统整体预报能力，在集合预报和分析同化技术间建立了更紧密的联系，为发展集合-同化一体化系统奠定了基础。

（6）区域集合预报站点订正。将自适应的卡尔曼滤波方法及 EMOS 方法分别应用在 CMA-3 km 区域集合预报的站点偏差订正中，对集合预报每个成员进行偏差订正。订正后集合预报地面要素除相对湿度外，温度和风速预报水平均显著提升，订正后赛区 24 h 温度预报绝对误差基本低于 2 ℃，风速误差多在 2 m/s 以下，基本满足赛事服务要求。EMOS 站点偏差订正除降低预报误差的同时，对离散度提高也有帮助。

（7）高分辨集合预报和检验产品。根据冬奥气象服务特别是赛事风险阈值保障需求，与冬奥气象保障服务团队（北京冬奥气象中心、北京市气象台、河北省气象台、北京城市气象研究院等）就概率预报产品内容、形式、阈值和范围等充分调研和协商，实时提供赛区 3 km 格点和比赛站点概率预报产品，上传至冬奥预报服务业务平台，为一线气象预报专家提供支持。基于集合预报检验系统对冬（残）奥会期间业务全球集合预报、区域集合预报以及 3 km 高分辨区域集合预报地面降水、2 m 温度和 10 m 风速对比检验，表明高分辨区域集合预报总体预报能力优于其他集合预报系统，可为冬奥气象保障提供更可靠的产品。

（8）整合冬奥赛区复杂下垫面条件下高分辨区域模式误差特征分析成果、高分辨区域集合预报多尺度混合初值扰动构造方法，参考具有三维尺度调整结构的高分辨率区域集合预报初值扰动方法，应用区域模式物理过程随机扰动应用方案，引入中国气象局地球系统数值预报中心高时空分辨率常规和非常规观测资料分析同化技术和精细区域模式改进成果，发展产品后处理模块、偏差订正模块、集合预报检验模块等，建立完成冬奥 3 km 高分辨集合概率预报系统（代表图片 1）。

【成果应用成效】

冬奥气象保障 3 km 高分辨集合预报系统于 2021 年 11 月底开始实时业务运行，概率预报产品分别上传至冬奥预报服务业务平台，在冬奥赛事保障服务中得到实时应用。统计结果表明，比赛站点北京和崇礼赛区 24 h 预报温度误差总体低于 2 ℃，风速误差最高的竞速 1 号和 3 号站均低于 4 m/s，其他站点误差多在 2 m/s 以下；崇礼区域大部分站点逐时预报误差也接近 24 h 内预报误差小于 2 m/s 的要求。天气学检验结果表明，高分辨概率预报产品对冬奥气象保障主要高影响天气过程都有预报能力，对赛事保障有参考价值，有效提高了冬奥赛事运行和风险管理能力。

在北京 2022 年冬奥会和冬残奥会期间，中国气象局地球系统数值预报中心冬奥气象保障服务团队多次参加北京市气象台组织的冬奥大会商并在中央气象台发言。针对冬奥气象保障中短期无缝隙预报需求，制作了包含高分辨区域集合信息在内的自主可控保障产品。面对冬奥气象服务关键节点需求，利用统计学和天气学检验方法，比较了概率预报冬奥气象保障产品与国内外先进产品预报能力，表明集合预报产品在高影响天气及关键要素预报服务能力方面位居前列。针对 2022 年 1 月 27 日以来开幕式演练鸟巢及周边逐小时天气、2 月 2—4 日火炬接力活动区域逐 3 h 天气、2 月 4 日冬奥会开幕式鸟巢及周边逐小时天气预报精细预报需求，以及 3 月 2 日冬残奥会开幕式、3 月 11 日冬残奥会闭幕式专题会商，应用包含高分辨集合预报产品在内的多种综合预报产品，对可能影响赛事活动的高影响天气过程给出预报意见。预报结果跟实况吻合较好，发挥了中国气象局地球系统数值预报中心自主可控产品体系的特长和优势，利用精准的预报服务和积极的沟通会商助力冬奥气象服务。

【成果应用展望】

北京冬奥会气象服务创造了很多第一次，包括首次在中国实现云分辨尺度实时集合概率预报业务应用，区域集合预报技术和能力实现了跨越式发展。CMA 云分辨尺度集合预报系统已经与浙江省气象局和成都市气象局开展产品对接，高分辨区域集合预报产品将在杭州亚运会、成都大运会气象保障服务中进一步推广使用。

【成果代表图片】

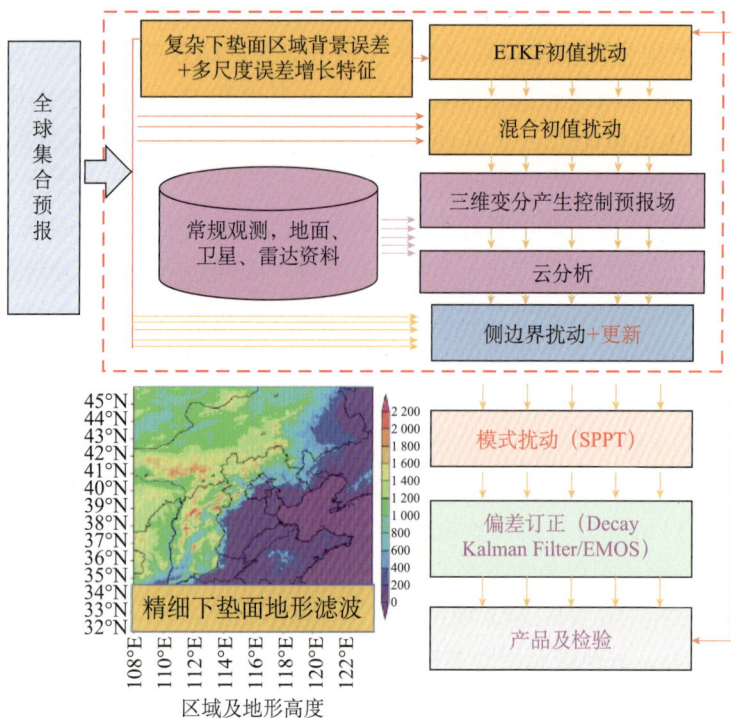

代表图片 1　冬奥 3 km 高分辨集合概率预报系统框架

（撰写人：邓国）

3.3.27　基于 CMA 模式体系的京津冀地区复杂地形下冬季地面要素多模式集成预报技术

【主要完成单位】中国气象局地球系统数值预报中心

【主要贡献人员】佟华　张玉涛　王远哲　邓国　王大鹏　刘志丽

【来源项目名称】国家重点研发计划"科技冬奥"专项"冬奥会气象条件预测保障关键技术"

【成果主要内容】

北京 2022 年冬奥会和冬残奥会在冬季季风性大陆气候地区举行，大部分户外雪上赛事在地形复杂的延庆赛区和张家口赛区举行，气象条件在不同地点的差异非常大，而且赛事对气象要素的要求也非常严格，迫切需要得到京津冀高精细化次公里级分辨率和各赛事场馆的近地面气象要素预报，而以往对北方冬季复杂地形下近地面气象要素的精细化预报研究较少。同时，CMA 模式体系各模式对京津冀地区复杂地形下冬季近地面温度、平均风和阵风、湿度、降水等各要素的预报效果和误差特点各有优劣。因此，针对 CMA 模式体系不同分辨率模式对不同要素预报技巧存在差异并各有优势的特点，对 CMA 不同分辨率模式进行集成，以获得复杂地形下更准确的近地面要素预报及其概率特点，为北京冬奥会气象预报服务提供更精细化、更准确的要素预报产品。

针对 CMA 模式体系各模式对京津冀地区复杂地形下冬季近地面要素的预报效果和误差特点各有优势的特点，基于 CMA 模式体系的 CMA-GFS、CMA-REPS、CMA-TYM、CMA-MESO 3 km、CMA-MESO 1 km 等模式的 2 m 温度、10 m 风速、2 m 相对湿度、阵风等近地面要素预报，对京津冀地区进行基于贝叶斯模式平均技术的多模式集成研究。贝叶斯模式平均（Bayesian Model Averaging，BMA）方法是一种非常有效的提高模式预报准确率的多模式集成方法。此方法将观测结果与不同模式得出的预报结果作为先验信息，通过求解参数，计算各模式相对最优的权重等参考值。其中的权重是预报变量后验概率分布，代表每个模型在训练阶段相应的预报技巧。再对偏差校正后的单个模型概率密度函数（Probility Density Function，PDF）加权平均，得到多模式成员预报的连续 PDF。它不偏好也不摒弃各个模型，而是对各个模型结果进行综合，融合更多信息，能够发挥各模型优势，因此，其预测均方根误差通常小于单个预测的误差。

对比每种模式的原始误差、订正后的误差以及多模式集成误差结果显示，每种模式订正后的均方根误差都较原始模式预报有明显的减小，而之后多模式集成的预报效果比其中任一模式订正后的误差更优。2 m 温度集成预报误差较原始模式的改善为 0.5～1.4 ℃，改善率为 20%～40%；10 m 风速和 2 m 相对湿度的均方根误差改善率分别为 12%～45% 和 25%～35%。

BMA 方法的集成权重系数对比显示，各要素各时效的集成权重根据各模式的预报效果动态改变，当某一模式预报误差相对较小时，集成权重系数相对较大，反之亦然。如 CMA-GFS 模式的风速误差明显小于其他三种模式，其权重系数达到 0.40～0.55。

对比 CMA-MESO 1 km 模式原始及订正、集成后的各要素预报，从均方根误差的多日平均水平分布和个例分析发现，不同要素在不同地形高度处误差分布明显不同，温度误差较大的地方分布在北京城区西北地势较高的山区；10 m 风速和 2 m 相对湿度的误差分布与温度分布正相反，误差相对较大的地区分布在城区及以南地区。经过订正集成后整个地区的误差都有明显减小，要素水平分布通过订正和集成逐渐向观测结果靠近，温度误差减小 1～2 ℃，风速误差减小 0.5～4 m/s，相对湿度降低 10%～20%。

BMA 方法通过分析其百分位预报数据，对不确定性给出定量的预计。BMA 预报的概率分布情况能较好地说明预报的不确定性，并将实际大气可能发生状态缩小到一个更小的区间范围，减小预报的不确定性。

【成果应用成效】

基于自主研发的全球及区域一体化数值天气预报模式，利用后处理订正集成技术开发了冬奥气象保障中短期精细数值预报产品，包括 1 km 分辨率 CMA 格点订正集成产品及冬奥气象站点 CMA 多模式订正集成产品。这些产品在赛时实时推送至 FDP 网站、中央气象台业务内网、多维度冬奥气象预报业务平台和冬奥气象综合可视化系统等主要冬奥气象服务支撑平台，在冬奥会和冬残奥会期间稳定及时地提供给气象预报员作参考，圆满完成了冬奥会和冬残奥会期间的赛事气象保障服务工作。其中，24 h 各赛场平均温度、平均风、阵风和湿度均方根误差分别为 1.71 ℃、2.17 m/s、2.38 m/s、11.1%，降水小雨 TS 评分为 0.4，较各原始模式误差减小 10%～50%。

在格点产品集成方面，对冬奥会测试赛期间 00 时起报的 24 h 内的逐小时多模式集成预报进行了评估检验。代表图片 1 分别为 CMA-GFS、CMA-REPS、CMA-MESO 3 km、CMA-MESO 1 km 四种模式的 2 m 温度、10 m 风速和 2 m 相对湿度在原始、订正后和 BMA 集成的 0～24 h 预报均方根误差结果。代表图片 2 分别是京津冀地区 2021 年 3 月 9 日 00 时起报的 24 h 预报中 2 m 温度、10 m 风速、2 m 相对湿度的水平分布个例分析。由两图可见，三个要素各个预报时效误差订正后都较模式原始预报有明显改进，而模式集成后的误差在各个时效都明显优于每种模式的订正结果。

在 2 m 温度方面，四种模式的原始误差、订正及集成后的误差都是随着预报时效的增加呈逐渐增大的趋势。对于不同时效，订正后的温度预报误差较订正前有了明显减小，均方根误差减小 0.2～1.0 ℃。四种模式总体效果比较来看，CMA-MESO 1 km 分辨率模式温度的原始预报与订正后的预报效果优于其他三种模式，其中，原始误差较其他模式优势在 0.5 ℃左右，订正后优势为 0.2 ℃，可见原始误差越大的订正效果越明显。多模式集成后虽然仍像原始结果一样存在一定日变化，总体均方根误差为 1.8～2.2 ℃，较订正后预报误差最小的模式又有 0.3 ℃的改善，较几种模式原始误差的改善为 0.5～1.4 ℃，误差改善率为 20%～40%。

在 10 m 风速方面，总体来看，四种模式的预报效果相差明显，尤其在 09 h 时效以后。区域格点平均的均方根误差从小到大分别是 CMA-GFS、CMA-MESO 1 km、CMA-MESO 3 km、CMA-REPS，而且误差小的模式原始误差甚至优于误差稍大的模式的订正后误差。各模式中，CMA-GFS 的风速误差最小且优势明显，原始误差在 2 m/s 左右，订正后误差约为 1.8 m/s，并且不同时效的预报误差很稳定，并没有其他三种模式误差随时效延长而增长的趋势。这些都和日常的风速预报中全球模式的误差如 ECMWF、CMA-GFS 和 NCEP-GFS 模式误差稳定小于区域模式的情况相符，分析原因认为，对于大的形势场预报全球模式较区域模式更稳定。四种模式集成后，结果仍略优于 CMA-GFS 订正结果，均方根误差在 1.75 m/s 左右，并且预报误差稳定，随预报时效的增加误差增大不明显。BMA 集成后较几种模式原始误差的改善为 0.3～1.4 m/s，误差改善率为 12%～45%。

2 m 相对湿度的订正和集成效果非常明显，每种模式经过订正后均方根误差都减小了 4% 左右，多模式集成之后误差又减小了 1%～4%。随着预报时效的增加四种模式均方根误差表现有所不同，其中 CMA-REPS、CMA-MESO 3 km、CMA-MESO 1 km 的原始误差非常接近，订正后的误差结果也非常相似，都是在 01～06 h 时效误差有所下降，之后开始逐渐上升，订正后的误差从 10% 左右增加到 24 h 预报的 15%。而 CMA-GFS 的误差随时效的变化明显与其他三种模式不同，它在 09 h 时效之前的误差是稳定上升的趋势，均方根误差比其他三种模式大 3% 左右，而 09 h 时效后误差开始逐渐下降，总体误差在 12%～14%，到 15 h 时效后均方根误差开始比其他三种模式更低。多模式集成预报同样随着时效增加误差改善得越明显，最终误差为 9%～12%，改善率为 25%～35%。

在站点集成方面，基于CMA模式体系的0～240 h无缝隙冬奥气象保障服务产品对冬奥会和冬残奥会期间的2022年2月5日—3月7日的26个冬奥气象站点进行了预报检验（代表图片3），产品预报效果稳定可靠，较各原始模式误差减小10%～50%，为预报员提供了有益的参考。

从各数值模式RMSE评分和预报偏差BIAS情况看，CMA-MESO 3 km区域模式（ORG-3 km）2 m温度预报效果，在10 h预报时效后明显好于CMA-GFS全球模式（ORG-GFS）和MESO1 km模式（ORG-1 km）预报。各模式订正后的2 m温度预报效果明显好于原始预报，而且采用BMA方法获得的融合产品预报误差和偏差最小，融合产品预报效果最好。

对于10 m风速，CMA-GFS全球模式10 m风速预报效果明显好于CMA-MESO 3 km区域模式和MESO 1 km模式预报。各模式订正后的10 m风速预报效果明显好于原始预报，而且采用BMA方法获得的融合产品预报误差和偏差相对较小。

对于2 m相对湿度，CMA-MESO 3 km区域模式和MESO 1 km模式2 m相对湿度预报效果明显好于CMA-GFS全球模式预报。各模式订正后的2 m相对湿度预报效果明显好于原始预报，而且采用BMA方法获得的融合产品预报误差和偏差最小，融合产品预报效果最好。

对于阵风，CMA-GFS全球模式、CMA-MESO 3 km区域模式和MESO 1 km模式阵风预报效果相当，并且CMA-MESO 3 km区域模式阵风预报存在明显的系统性正偏差，MESO 1 km模式阵风预报存在明显的系统性负偏差，而CMA-GFS全球模式系统性偏差不明显。各模式订正后的阵风风速预报效果明显好于原始预报。

综上所述，通过将每种模式分别进行误差订正后再进行多模式集成的方法，既能够明显减小单种模式的预报误差，又能对各种模型结果进行综合集成，发挥各模型优势，使模式集成预报效果优于任一单个模式。因此这一方法切实有效，既汇集了CMA模式体系总体优势，获得可靠的确定性预报结果，又提供完整的概率密度函数PDF，对极端天气事件的概率预报技巧进行研究和评估。

【成果应用展望】

基于自主研发的全球及区域一体化数值天气预报模式，地球系统数值预报中心不断优化开发全球和区域、确定性和集合预报等CMA模式体系，预报效果不断提升，误差逐年减小，但仍迫切需要一套高分辨率、无缝隙、集各模式优势的CMA多模式集成产品，应用于各种气象业务服务和重大活动保障中。而基于北京2022年冬奥会和冬残奥会的服务需求研发的多模式集成技术可以初步满足无缝隙、精细化、高质量的数值预报产品。随着自主研发的全球及区域一体化数值天气预报模式不断优化改进，模式时空分辨率越来越高，模式本身的系统性误差不断减小，模式预报稳定性增加，更多模式系统、更长时间产品应用于多模式集成，以及多模式集成技术的升级，相关科技成果会进一步在杭州亚运会和成都大运会等重大活动气象保障服务工作和各类气象预报服务中进行转化应用。加强基于数值模式系统后处理领域的新技术研发和应用，是短期内提升预报准确性的有效方法之一，是提供精细化气象保障服务的重要保障。

【成果代表图片】

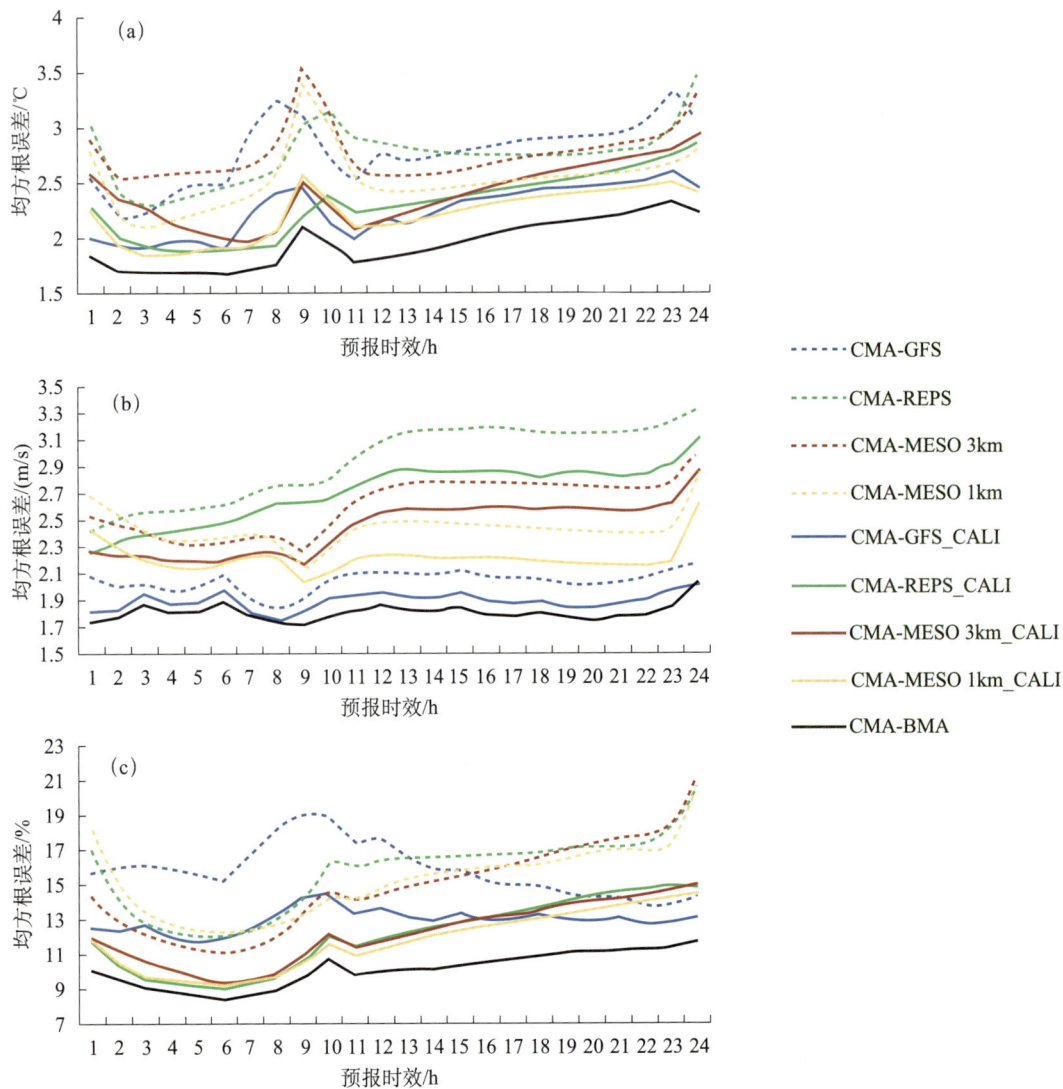

代表图片 1　四种模式原始、订正后和集成的 0～24 h 预报均方根误差对比图
（（a）2 m 温度；（b）10 m 风速；（c）2 m 相对湿度）

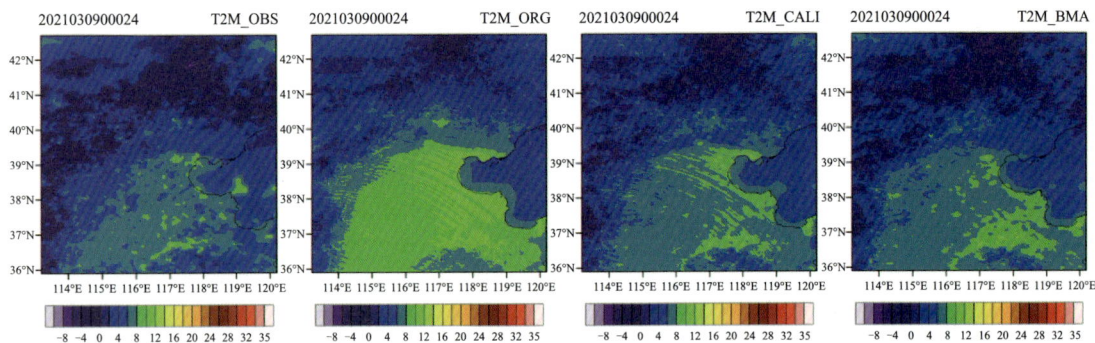

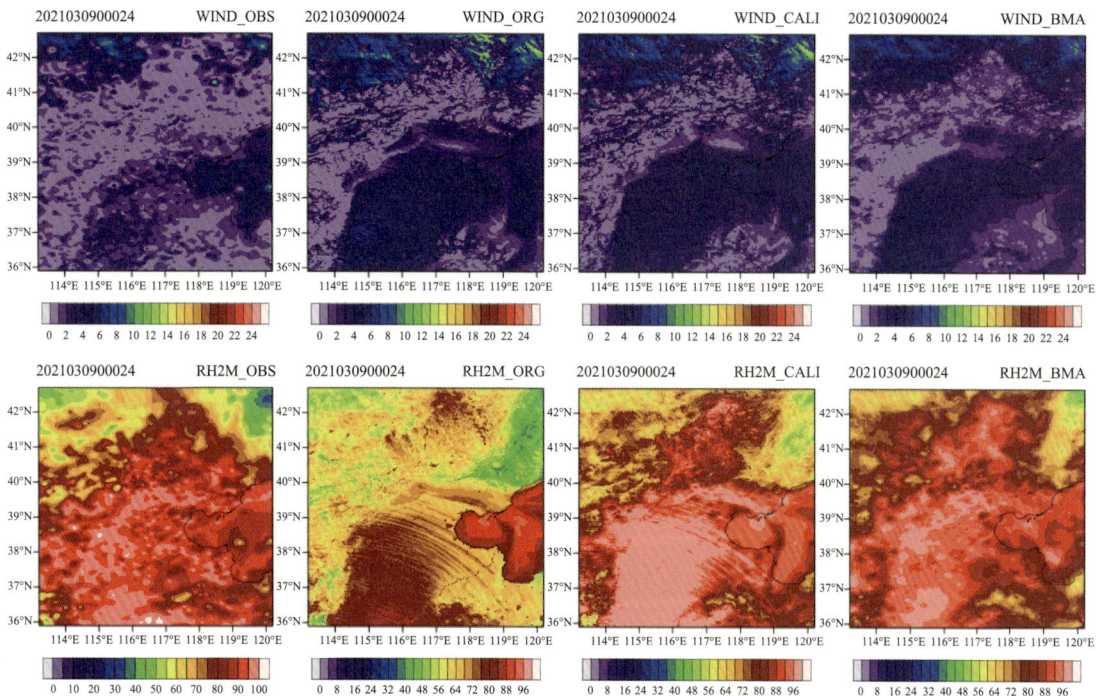

代表图片2 2021年3月9日00时起报24h预报各要素水平分布的订正效果对比
（每列从上至下：2 m温度（℃）、10 m风速（m/s）、2 m相对湿度（%）。每行从左至右：观测结果、CMA-MESO 1 km模式原始预报、CMA-MESO 1 km订正结果、多模式集成结果）

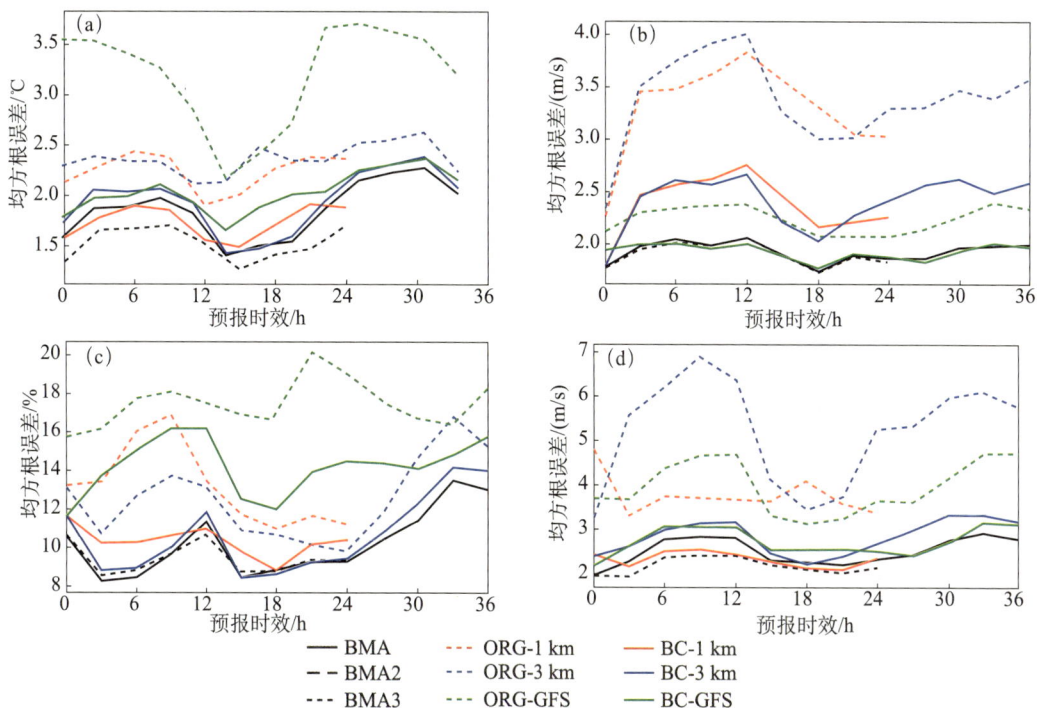

代表图片3 2022年2月5日—3月7日平均模式原始、订正和多模式集成预报均方根误差对比
（（a）2 m温度；（b）10 m风速；（c）2 m相对湿度；（d）10 m阵风风速）

（撰写人：佟华）

3.3.28　CMA 模式偏差订正技术

【第一完成单位】中国气象局地球系统数值预报中心

【主要参与单位】清华大学

【主要贡献人员】张玉涛　佟华　左浩佳

【来源项目名称】国家重点研发计划"科技冬奥"专项"冬奥会气象条件预测保障关键技术"

【成果主要内容】

研发了基于 CMA 系列模式的偏差订正技术，既包括业务上可成熟应用的传统统计方法（自适应的卡尔曼滤波方法），也包括机器学习算法 XGBoost 和深度学习算法 ResUnet 在 CMA 多模式融合订正中的应用。

1. 基于自适应的卡尔曼滤波订正算法

该技术是中国气象局地球系统数值预报中心经过大量业务检验，订正效果比较稳定可靠且消耗资源少，比较适用于业务应用的一种偏差订正算法。该技术可以广泛应用于 CMA 确定性模式和集合预报模式的站点订正和格点订正，对温度、风等连续性变量的订正有明显效果，可提高数值模式在复杂地形和精细化预报中的预报能力。

一阶自适应的卡尔曼滤波算法是一种基于卡尔曼滤波思想，通过不断对模式误差进行更新，获得当前时刻的误差估计值来降低偏差尺度的方法。该方法既考虑了气候平均预报误差特征，保证了估计误差整体的稳定性，又加入了临近时刻的误差信息，融入了天气系统的连续性特点，将二者用权重系数相结合，共同估计递减平均误差。权重系数的选择与预报系统、订正变量和表征气候平均预报误差的训练资料时长有关，需要进行权重系数敏感性试验，根据不同权重系数的偏差订正效果选取最优权重。该方法最早应用于 NCEP 模式，也称之为 decaying-average 方法，公式如下：

$$B_i(t) = (1-\omega)B_i(t-1) + \omega[f_i(t-1) - O_i(t-1)]$$

$$F_i(t) = f_i(t) - B_i(t)$$

式中，t 代表当前预报时间；i 代表各站点；f_i 和 O_i 分别代表各站点的预报值和对应时间的观测值；$B_i(t)$ 代表系统平均加权误差，定义为当前预报时间经过权重平均后的模式预报偏差估算值，通过权重系数的选择，对两个不同时段（前一天和历史累积）的模式预报偏差加权平均而获得。使用离散逼近法，模式预报偏差值随时被更新。利用系统平均加权误差 $B_i(t)$ 对预报值 $f_i(t)$ 进行误差订正，得到各站点当前预报时间订正后的预报值 $F_i(t)$。

2. 基于 XGBoost 的偏差订正算法

该技术将机器学习中的 XGBoost（eXtreme Gradient Boosting）算法，应用到 CMA 模式的温度偏差订正问题上。XGBoost 由华盛顿大学的陈天奇博士提出，在 Kaggle（开发商和数据科学家提供举办机器学习竞赛、托管数据库、编写和分享代码的平台）的希格斯子信号识别竞赛中使用，因其出众的效率与较高的预测准确度引起广泛的关注，是基于梯度增强机器学习（GBDT）算法的扩展和优化版本。GBDT 是一种 boosting 集成思想的加法模型，训练时采用前向分布算法进行贪婪的学习，每次迭代都学习一棵 CART 树来拟合之前 *t*-1 棵树的预测结果与训练样本真实值的残差。XGBoost 算法的基本思想和 GBDT 类似，不断地进行特征分裂来生长一棵树，每一轮学习一棵树，其实就是去拟合上一轮模型的预测值与实际值之间的残差。当训练完成得到 *k* 棵树时，我们要预测一个样本的分数，其实就是根据这个样本的特征，落到每棵树中对应的一个叶子节点，每个叶子节点就对应一个分数，最后只需将每棵树对应的分数加起来就是该样本的预测值。这个思想和我们做偏差订正的思想类似。但是 XGBoost 的损失函数（目标函数）与 GBDT 不同，它不仅衡量模型的拟合误差，还增加了正则化项，即对每棵树复杂度的惩罚项，来限制树的复杂度，防止过拟合，其泛化性能优于 GBDT。此外，因其效率高、性能好、易用性等特点，XGBoost 在各大机器学习竞赛中备受青睐。基于其算法原理和优势，我们选用 XGBoost 回归模型来实现对模式预报的 2 m 温度的订正。通过提取 CMA 模式与温度相关的特征变量，制作样本数据，利用 XGBoost 回归模型进行训练，即可得到一个 2 m 温度的预测模型，从而得到订正后的预报数据。

3. 基于 ResUnet 的偏差订正模型

该技术使用基于 ResNet 主干的 U-Net 模型，并将该模型应用到 CMA 模式中温度和风速的偏差订正问题上。

U-Net 模型是一个用于图像分割的神经网络，和普通的图像分类问题不同，U-Net 模型所解决的是医学图像分割问题，需要对每个像素点进行分类。而本研究要解决的气象预报偏差订正问题也是将若干通道的格点预报作为输入，期望得到相同大小的订正后的格点预报作为输出，因此，适合使用 U-Net 网络结构。残差网络的提出基于一个实验现象，即当网络深度加深到一定程度时，在训练集上的误差也会增大，这是违反常理的，因为网络的参数增加本应会使拟合能力增强。这种现象可能是由深度网络的梯度消失导致的。残差网络增加了跳跃连接（skip-connection）来解决这个问题。结合 U-Net 模型和残差网络的网络结构，将不同模式、不同步长、不同分辨率的气象预报数据作为输入，先通过插值得到相同分辨率、相同格式、相同大小的特征，然后将多通道的特征作为 U-Net 网络的输入，以高分辨率真实观测数据为训练目标进行训练，最终可得到一个预测模型进行预测（图 1）。

【成果应用成效】

对研发的三种偏差订正技术的熟练应用程度、订正效果稳定性、业务运行可行性等情况进行评估，最终选择基于自适应的卡尔曼滤波偏差订正算法作为在冬奥气象保障服务中的实时业务方案，另外两种技术仅作为试验研究进行检验评估。

1. 基于自适应的卡尔曼滤波订正算法在冬奥气象保障业务中的应用情况

该技术集成在中国气象局地球系统数值预报中心研发的 CMA 多模式订正集成冬奥气象保障服务产品系统中，实际应用、展示在智慧冬奥 2022 天气预报示范计划集成显示平台。该技术也应用在 CMA-3 km 区域集合预报赛场站点气象预报服务中，为概率预报产品提供更准确的预报数据。产品展示在多维度冬奥气象预报业务平台、冬奥气象综合可视化系统和中央气象台冬奥专栏等平台，这些成果均在冬奥会测试赛、正式赛期间发挥重要作用，明显提高了 CMA 模式对复杂地形、精细化预报、概率预报的支撑能力。

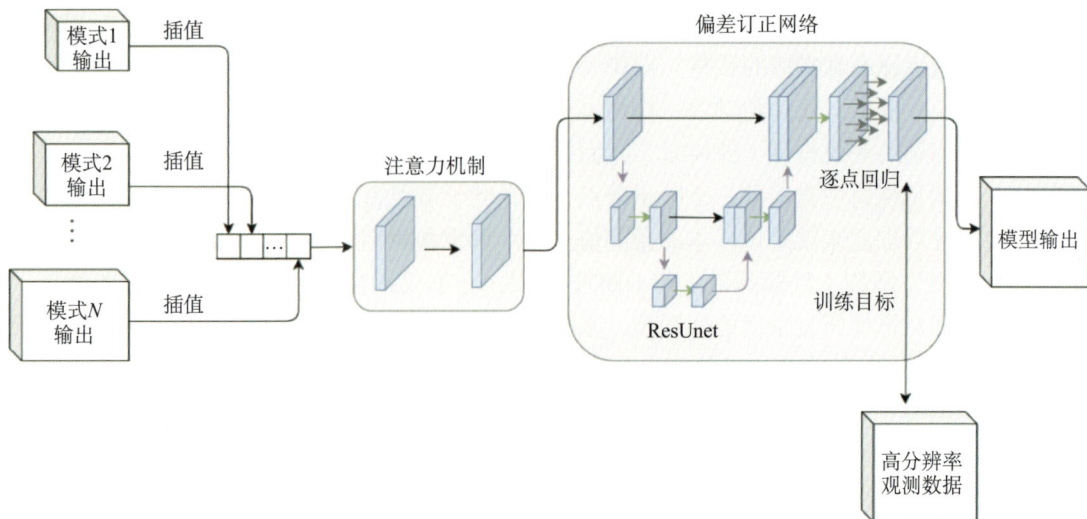

图 1　基于 ResUnet 的偏差订正模型流程图

（1）CMA 确定性模式的站点订正

将自适应的卡尔曼滤波方法偏差订正技术应用在 CMA 确定性模式的站点订正中，需要将 CMA 确定性模式的原始预报采用合适的插值算法插值到需要预报的站点，利用站点的观测值作为真值进行偏差订正。因为该算法既考虑了历史累积误差的贡献，也考虑了实时更新误差的贡献，在一定程度上，除了可以订正数值预报模式动力框架或者物理过程因素等导致的对某种要素预报的误差，也可以订正由于复杂地形带来的模式地形和实际地形差异导致的误差。经过偏差订正之后的预报结果比模式原始预报有明显改善，如图 2 所示。横坐标表示 000～036 h 预报时效，纵坐标表示 26 个冬奥气象站点，填色（0～5）表示平均绝对误差，颜色越红，平均绝对误差越大。可见，经过偏差订正之后的 2 m 温度、10 m 风速、10 m 阵风风速的平均绝对误差都有明显减小。2 m 温度订正前误差大值主要在 A1701、A1703 等海拔高的站，经过订正后，平均绝对误差从 4～5 ℃降低到 2 ℃左右，其他站基本在 2 ℃以下。10 m 风速和阵风风速的模式原始预报误差主要在延庆赛区和张家口赛区几个海拔高的站点（B1630～B3159），经过订正后，张家口赛区的风速预报有了非常明显的改善。

（2）CMA 确定性模式的格点订正

将自适应的卡尔曼滤波方法偏差订正技术应用在 CMA 确定性模式的格点订正中，相比站点订正产品，更满足数值预报中心平时的业务需求。选用合适的格点分析场数据，可以通过自适应的卡尔曼滤波偏差订正技术实现对 CMA 确定性模式的格点订正，提高模式对近地面要素的预报准确性。该技术要求作为真值的格点分析场的准确性足够高，在实际应用中，我们选用的是国家气象信息中心的 1 km 分辨率的 CLDAS 数据作为真值进行订正。图 3 给出了 CMA-GFS、CMA-MESO 10 km、CMA-MESO 3 km 三种模式在订正前后 2 m 温度、10 m 风速、2 m 相对湿度的均方根误差对比。其中，黑色（点、实线、虚线）代表订正前的模式误差，红点代表 CMA-GFS 订正后的均方根误差，蓝色虚线代表 CMA-MESO 模式订正后的均方根误差，绿色实线代表 CMA-3 km 模式订正后的均方根误差。由图 3 可以看出，经过误差订正，三种模式的 2 m 温度、10 m 风速、2 m 相对湿度均有明显改善。2 m 温度订正后的均方根误差在 2.5 ℃ 以下，10 m 风速订正后的均方根误差在 2 m/s 以下，2 m 相对湿度订正后的均方根误差在 15% 以下，均比订正前有所提高。

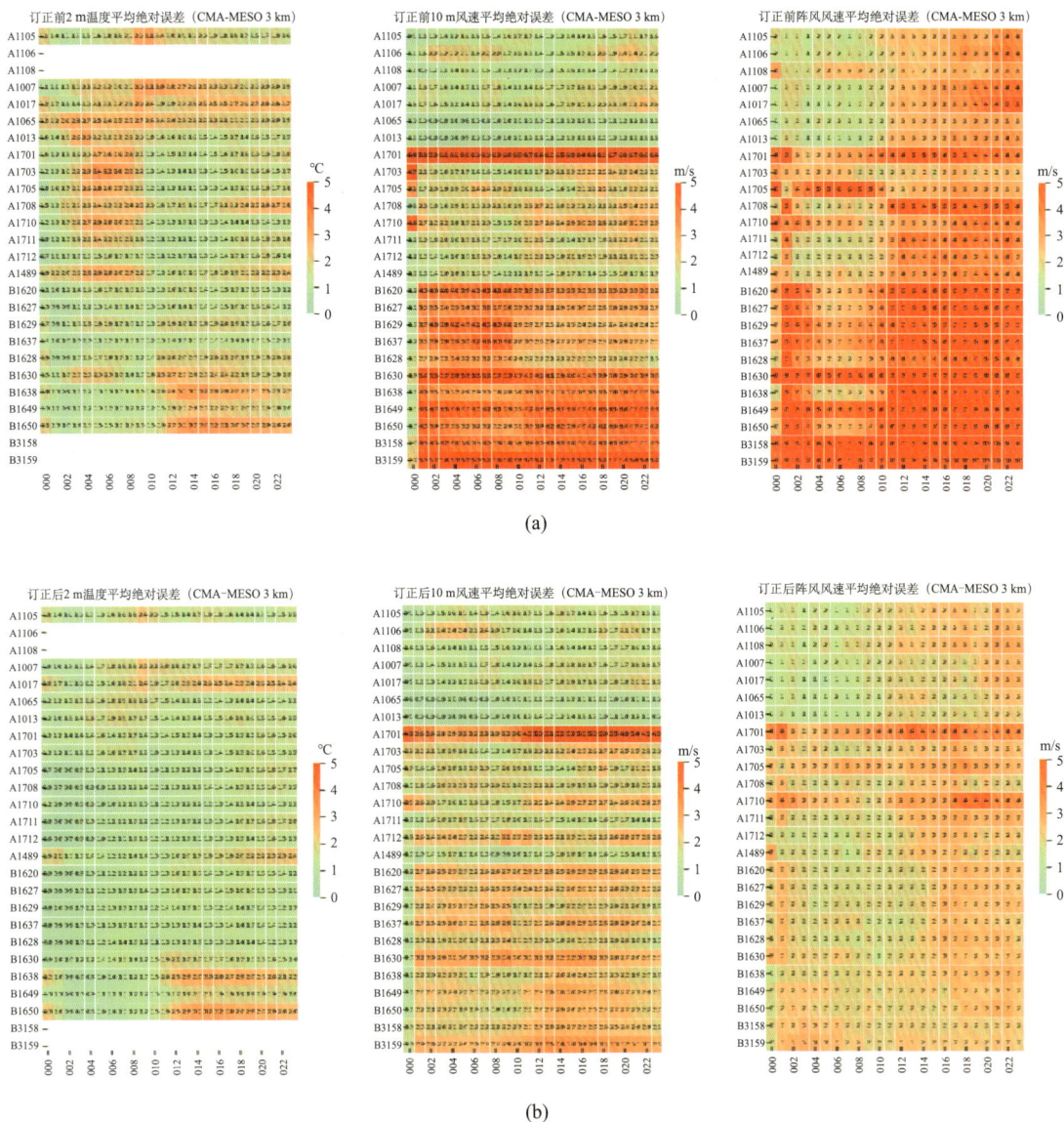

(a)

(b)

图 2　CMA-MESO 模式站点误差订正前后 2 m 温度、10 m 风速、阵风风速预报绝对误差对比
（（a）订正前；（b）订正后；左列：2 m 温度；中列：10 m 风速；右列：阵风风速）

（3）CMA-3 km 区域集合预报站点订正技术

将自适应的卡尔曼滤波方法扩展应用在 CMA-3 km 区域集合预报的站点偏差订正中，分别对集合预报每个成员进行偏差订正。订正后集合预报地面要素除相对湿度外，温度和风速预报水平均显著提升，北京地区温度绝对误差基本低于 2 ℃，风速误差最大的竞速 1 号站和竞速 3 号站均低于 4 m/s，其他站点误差多在 2 m/s 以下；崇礼区域大部分站点逐时预报误差也接近 24 h 内预报误差小于 2 m/s 的要求。

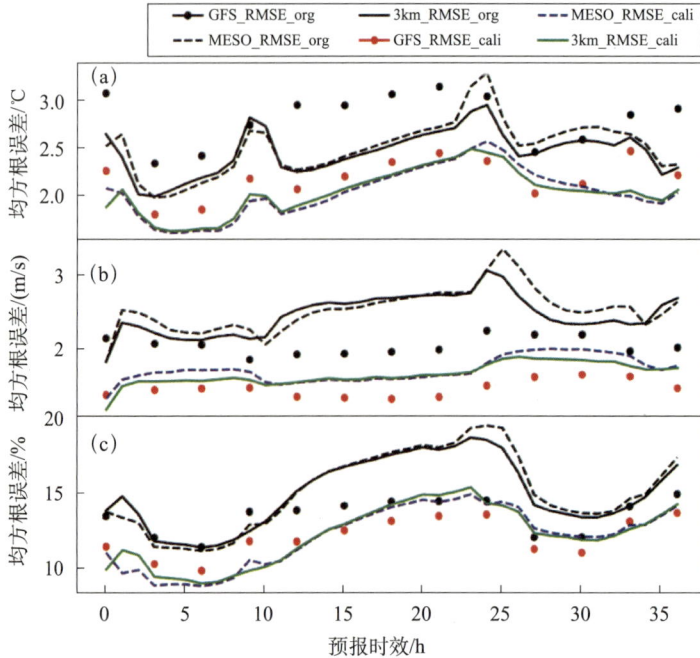

图 3　CMA 三种模式偏差订正前后均方根误差对比

（（a）2 m 温度；（b）10 m 风速；（c）2 m 相对湿度）

2. 基于 XGBoost 算法的 CMA 多模式融合的温度预报

针对冬奥山地赛区，利用 XGBoost 机器学习偏差订正模型，对 CMA-GFS 模式、CMA-MESO 模式、CMA-MESO 3 km 模式的 2 m 温度格点融合预报进行了初步的试验和检验。选用国家气象信息中心 1 km 分辨率的格点分析场作为训练的真值。试验所使用的训练集数据时间范围为 2020 年 9 月 12 日—2021 年 1 月 25 日，测试集时间段为 2021 年 2 月 1—28 日。模型输入的特征要素集为三种模式的 2 m 温度（℃），2 m 相对湿度（%），10 m U 风、V 风（m/s），地面气压（hPa）以及观测的 2 m 温度（℃）（当前起报时间可以获取的前 3 h 观测数据），训练目标为不同预报时效所对应观测时刻格点分析场预报的 2 m 温度。

结果表明，用 XGBoost 机器学习训练好的模型对 2021 年 2 月 1—28 日的温度进行预报，多模式融合的结果要优于原始模式预报，且不同预报时效改善率不同，009 h 预报时效改善率可达 40%，036 h 预报时效改善率最低，约 8%。详见代表图片 3。

3. 基于深度学习模型的 CMA 多模式融合的温度、风速预报

针对京津冀地区，利用 ResUnet 深度学习偏差订正模型，对 CMA-GFS 模式、CMA-MESO 3 km 模式的 2 m 温度、10 m U 风和 V 风格点融合预报进行了初步的试验和检验（图 4）。选用国家气象信息中心 1 km 分辨率的格点分析场作为训练的真值。试验所使用的训练集数据时间范围为 2020 年 1 月 1 日—3 月 16 日、2020 年 12 月 1 日—2021 年 3 月 16 日、2021 年 12 月 1 日—2022 年 2 月 3 日，共计 607 条数据。测试集数据时间范围为冬（残）奥会赛事期间（2022 年 2 月 4 日—3 月 16 日），共计 80 条数据。首先，将 CMA-GFS、CMA-

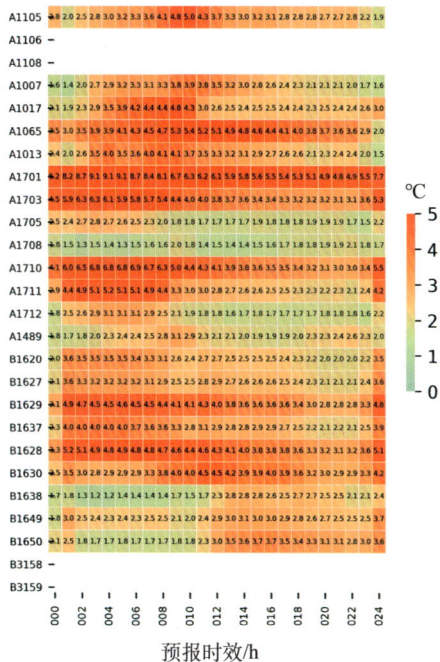
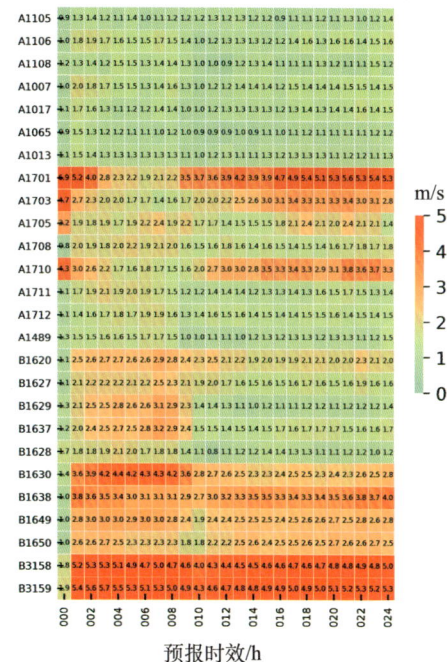

(a)

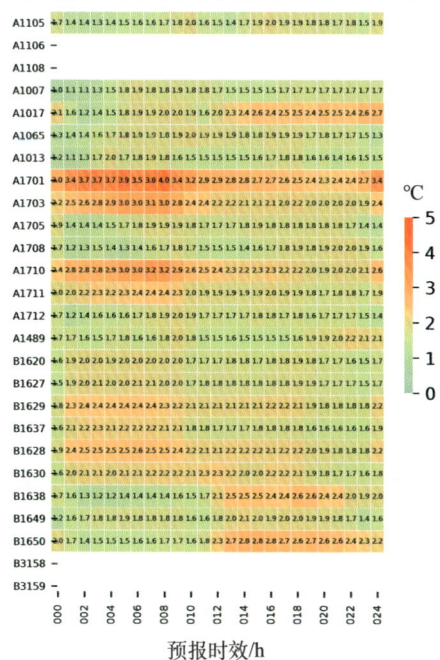
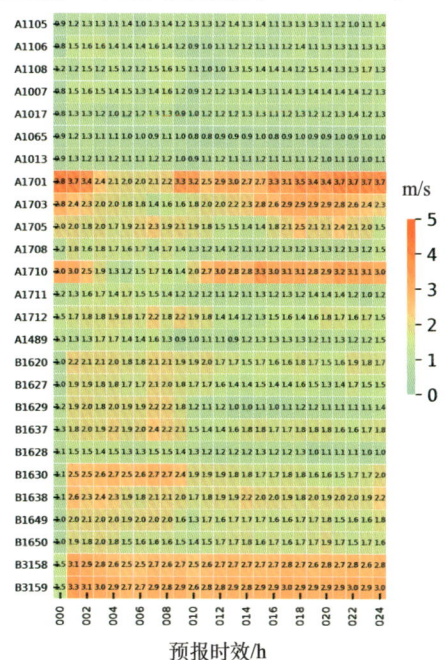

(b)

图4 冬奥赛事期间（2022年2月4日—3月15日）3 km集合预报赛事站点误差订正前后2 m温度、10 m风速预报绝对误差对比
（（a）订正前；（b）订正后）

MESO 3 km 模式数据插值到和分析场相同的 1 km 分辨率网格。订正 2 m 温度时，模型输入的特征变量包括 CMA-GFS、CMA-MESO 3 km 模式的 000 h 和 024 h 预报的 2 m 温度，训练目标为 024 h 预报对应格点分析场的 2 m 温度。订正 10 m U 风或者 10 m V 风时，模型输入的特征变量包括 CMA-GFS、CMA-MESO 3 km 模式的 000 h 和 024 h 预报的 10 m U 风和 10 m V 风，训练目标为 024 h 预报对应格点分析场的 10 m U 风或 10 m V 风。

结果表明，在偏差订正模型上对冬奥赛期的测试集 2 m 温度、10 m U 风、10 m V 风进行测试，平均 RMSE 结果如表 1 所示。从逐日的均方根误差对比（图略）可以看出，ResUnet 模型的预测结果优于 CMA-GFS 和 CMA-MESO 3 km 的预测结果。

表 1　测试集预测结果的平均 RMSE

	ResUnet 模型	CMA-MESO	CMA-GFS
2 m 温度 /℃	2.156	2.988	3.276
10 m U 风 /（m/s）	1.297	2.351	2.020
10 m V 风 /（m/s）	1.275	2.517	1.953

【成果应用展望】

该成果研发的 CMA 模式的三种偏差订正技术各有优缺点，基于自适应的卡尔曼滤波偏差订正算法技术最成熟，在业务使用中稳定可靠且节省资源，是没有长期历史数据、硬件条件不够完善情况下的首选技术，在后冬奥时代，因其简单易用的特性可以广泛应用于后续的各种重大活动保障中，提高 CMA 模式的预报能力。基于 XGBoost 的偏差订正技术作为相对简单易用的机器学习模型，在模式后处理中的应用可以逐步优化完善，在后续的 2 m 温度等连续性变量的订正中发挥作用，应用在气象业务服务和重大保障中，满足中国气象局地球系统数值预报中心对新技术应用的需求。基于深度学习模型的偏差订正技术在实时业务运行时，对数据资源和硬件资源的要求都比较高，但是这种技术具备解决更复杂问题的潜力，比如降水订正、台风路径强度等的智能预报，在后续工作中，通过对模型的不断学习和掌握，有望在数值预报模式后处理技术应用中发挥更多的作用。

【成果代表图片】

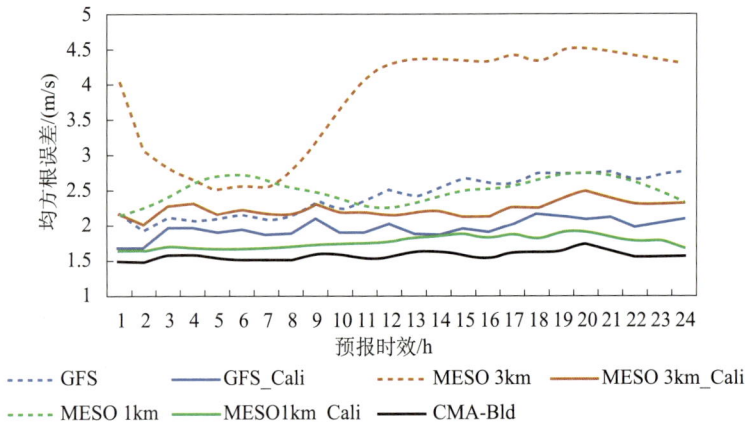

代表图片 1　自适应的卡尔曼滤波偏差订正技术和 CMA 模式原始预报的阵风风速均方根误差对比

（蓝色：CMA-GFS；橙色：CMA-MESO 3 km；绿色：CMA-MESO 1 km；黑色：多模式集成产品；虚线：模式原始预报结果；实线：偏差订正后的预报结果；横坐标：0～24 h 预报；纵坐标：冬奥会测试赛期间站点的平均阵风风速均方根误差）

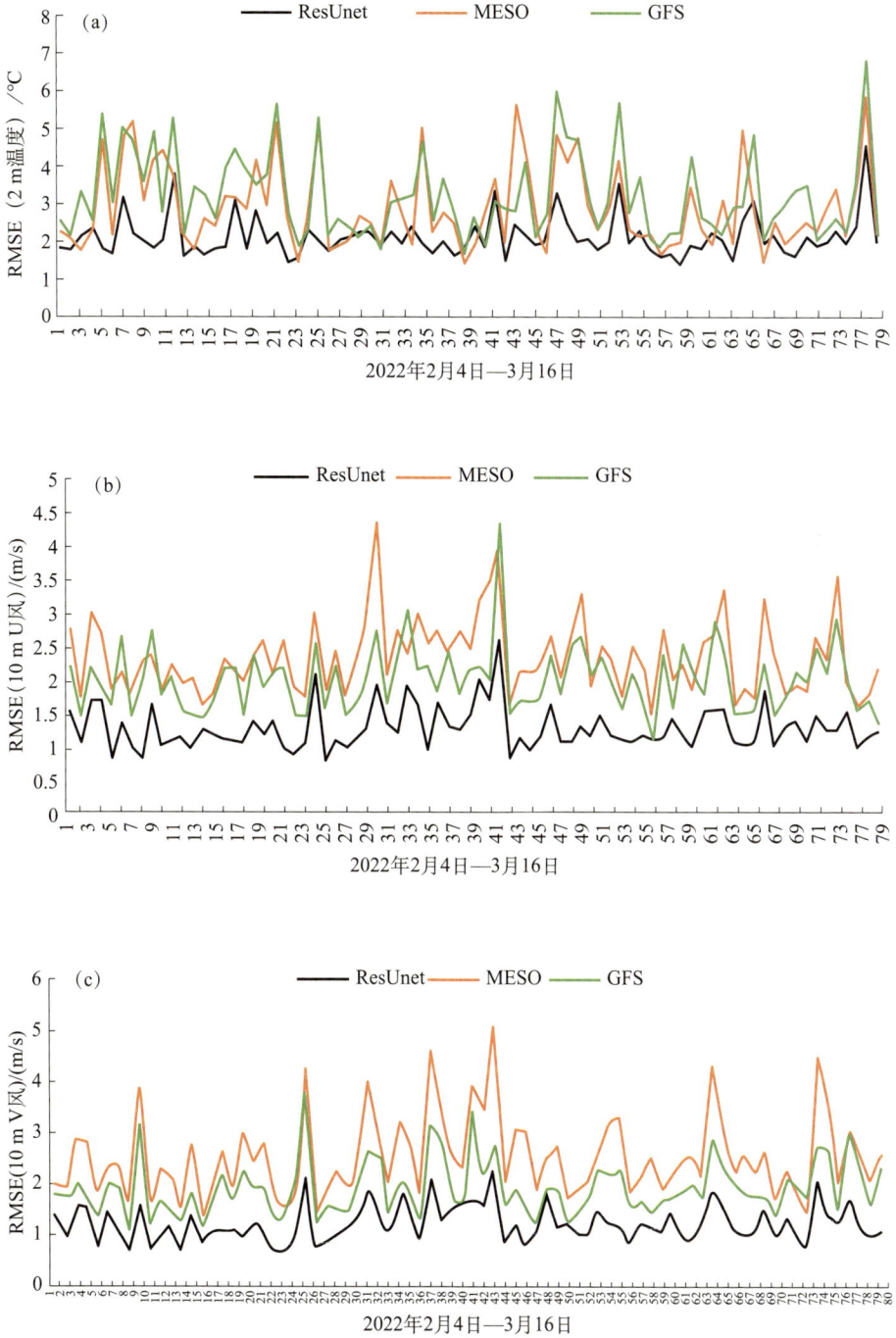

代表图片 2　ResUnet 偏差订正模型与 CMA 模式原始预报的均方根误差对比

（（a）2 m 温度；（b）10 m U 风；（c）10 m V 风；横坐标：冬奥赛事期间的逐日变化；纵坐标：024 h 时效的均方根误差）

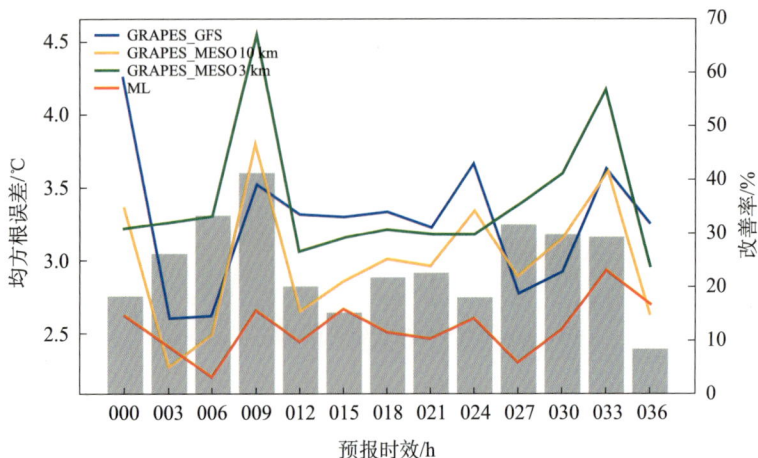

代表图片 3　XGBoost 偏差订正模型和 CMA 模式原始预报的 2 m 温度均方根误差对比和气象预报改善率
（蓝色：CMA-GFS；橙色：CMA-MESO 10 km；绿色：CMA-MESO 3 km；红色：XGBoost 模型预报（ML）；
横坐标：000～036 h 预报时效；纵坐标（左）：冬奥会测试赛期间 2 m 温度的平均均方根误差；
纵坐标（右）：机器学习模型订正后的气象预报改善率）

（撰写人：张玉涛）

3.3.29　冬奥气象预报产品订正融合方法及产品开发

【第一完成单位】中国气象局地球系统数值预报中心
【主要参与单位】南京信息工程大学
【主要贡献人员】王勇　尹志聪　邓国　霍自强　李雨嬝　佟华
【来源项目名称】国家重点研发计划"科技冬奥"专项"冬奥会气象条件预测保障关键技术"
【成果主要内容】

研究从海量模式预报大数据中快速、有效提取关键预报信息的方法，采用复杂地形差异扣除和偏差订正方法对不同模式预报结果进行订正，形成比赛场馆及重要地点地面要素概率和确定性产品；针对海量数值预报产品，考虑不同来源数值预报结果在分辨率、预报持续性、可靠性等方面的差异，在合理匹配预报产品和站点观测的基础上，给出冬奥产品保障的确定性预报和概率预报产品实时检验；基于统计相关、邻域法处理、大数据挖掘、机器学习等方法，结合历史预报库大数据信息和实时更新的检验评分结果，产生各模式的最优预报权重，建立多模式产品融合方法；最后经过偏差订正得到包含概率预报信息的冬奥气象保障多模式融合产品。

试验方法包括 EMOS（Ensemble Model Output Statistics）方法和 gEMOS（global Ensemble Model Output Statistics）方法。利用冬奥观测资料及 CMA 全球集合预报（分辨率 50 km）、区域集合预报（分辨率 10 km）、CMA 全球预报（分辨率 50 km）、CMA 区域预报（分辨率 10 km）、区域 CMA-3 km 预报资料，考虑数值预报偏差的季节变化，实现 CMA 多模式预报产品的订正融合，提高模式对温度和风等对冬奥赛事有影响的地面气象要素的预报能力。

1. EMOS 方法

假设所订正气象要素的概率分布符合正态分布，而描述概率分布状况的位置参数和形状参数由以下线性模型表示：

设所订正气象要素的概率分布符合正态分布 $N(\mu,\sigma)$，而描述概率分布状况的位置参数 μ 和形状参数 σ 由以下线性模型表示：

$$\mu(t) = \alpha_0 + \alpha_1 \overline{x(t)} + \alpha_2 (\text{doy})$$
$$\sigma(t) = \beta_0 + \beta_1 (\text{sd}(x(t))$$

式中，$\overline{x(t)}$ 是 t 时刻下模式集合预报的平均值；$\text{sd}(x(t))$ 是模式集合预报的标准差；doy 是季度参数，代表季节性变化的影响。通过使用极大似然估计来对概率分布的系数（α_0，α_1，α_2，β_0，β_1）进行回归拟合，从而完成基于 EMOS 方法的 CMA-3 km 区域集合预报产品测试。

2. gEMOS 方法

与 EMOS 方法类似，但所有的观测站点数据一同训练，同时添加一些统计变量（比如海拔高度等）：

$$\text{平均：} \quad \mu_i = a + a + b_1 \overline{x_i} + b_2 \text{static predictors}$$
$$\text{标准差：} \quad \sigma_i = \sqrt{c + dS_i^2}$$

式中，a、b_1、b_2 等为线性回归方程的回归系数；static predictors 为经度、纬度、海拔高度等信息；c、d 为非负系数；S_i^2 为集合方差。

EMOS 方法的优点是区域内每个需要的校正点都有独立的模型权重参数，代表各自的气候特征，gEMOS 方法对区域内的各个校正点共用一个模型权重参数，计算耗时短，但无法描述各点自身的气候特征。

【成果应用成效】

针对 2020 年 9 月 23 日—2021 年 8 月 12 日（323 d 训练期），每日 00 时起报，取一天作为验证，其余作为训练，反复交叉，结果表明融合产品 2 m 温度、10 m 风速和相对湿度预报误差都有明显降低，而集合预报离散度有明显提高，相对于一般的订正方法具有明显优势。

在冬奥气象保障期间，考虑计算资源限制，建立了基于数值预报中心 3 km 分辨率区域集合预报（水平分辨率 3 km，包含 14 个集合成员和 1 个控制预报）产品 EMOS 实时订正系统，针对所有冬奥会赛区站点进行订正。订正后产品预报误差降低显著，离散度提高。

【成果应用展望】

EMOS 方法将应用于成都大运会和杭州亚运会高分辨率区域集合预报产品偏差订正，直接为比赛场馆提供预报产品。

【成果代表图片】

表 1　CMA 多模式订正集成气象预报服务产品列表

产品类型	要素	分辨率	预报时效	时间间隔	更新频率
CMA 多模式无缝隙赛场站点预报产品(CMA-BLD 站点）	2 m 温度，2 m 相对湿度，10 m 平均风速，10 m 平均风向，总降水量，降雪量，1 h 10 m 阵风	26 个站	0～240 h	0～36 h 逐 1 h；36～120 h 逐 3 h；120～240 h 逐 6 h	4 次/d
CMA 多模式订正集成次公里级网格预报产品(CMA-BLD 网格）	10 m 平均风速（东西风），10 m 平均风速（南北风），2 m 温度，2 m 相对湿度	1 km	0～36 h	1 h	4 次/d

（1）0～240 h 的 CMA 多模式无缝隙赛场站点预报产品

0～240 h 的 CMA 多模式无缝隙赛场站点预报产品（简称 CMA-BLD 站点预报产品）技术路线参考代表图片 1，将冬奥会赛事期间包括延庆赛区、张家口赛区、北京赛区的共计 26 个站点的自动气象站观测资料作为真值，对 CMA-MESO 1 km、CMA-MESO 3 km 和 CMA-GFS 三种模式的原始预报进行偏差订正和多模式集成，最终得到多模式融合的站点无缝隙预报产品。在实际应用中，根据效果对技术方案进行了优化和改进。比如，考虑冬奥会赛事的复杂地形因素，大部分冬奥气象站都在海拔高度 1 000 m 以上，甚至在海拔高度 2 000 m 以上，模式地形与实际地形的较大差异会对 2 m 温度预报有比较大的影响，所以需要对模式地形进行校正处理。通过分析评估，在将三种模式的格点预报数据分别插值到 26 个冬奥气象站点上时，没有选择用模式输出的 2 m 温度进行二维双线性插值，而是选择与实际地形接近的模式层数据进行插值作为模式原始的 2 m 温度，然后再对其进行误差订正和多模式集成。经过检验，这种方案的改进效果要优于直接采用 2 m 温度。另外，在多模式集成时，针对不同分辨率模式对不同要素的预报性能问题，采用了动态确定权重的融合技术进行调整；对于因为不同分辨率模式、不同预报间隔导致的临界不平滑问题，采用了滑动融合技术进行处理。最终产生一套 0～240 h 的 CMA 多模式无缝隙订正集成赛场站点预报产品，每 6 h 更新一次。检验评估结果表明，经过偏差订正技术处理后的各模式预报产品的误差均小于原始模式，而经过多模式集成之后的产品效果要优于订正后误差最小的单一模式。最后，根据产品规范需要将站点预报产品转为 XML 格式。XML 格式文件由 XML 声明和实体数据两部分构成。XML 声明位于数据格式的第一行，表示 XML 数据的开始。实体数据包括若干数据段，每个数据段包括若干元素集和元素。

（2）0～36 h 的 CMA 多模式订正集成次公里级网格预报产品

0～36 h 的 CMA 多模式订正集成次公里级网格预报产品（简称 CMA-BLD 次网格预报产品），技术路线参考代表图片 1。使用国家气象信息中心 1 km 分辨率的分析场作为标准值，对 CMA-GFS、CMA-TYM、CMA-MESO 3 km、CMA-MESO 1 km 模式分别进行误差订正。首先通过要素提取、范围切割、双线性插值等预处理技术，将四种模式预报数据均插值到覆盖京津冀范围的 1 km 分辨率格点数据，并且对 3 h 输出 1 次的 CMA-GFS 进行时间维度的线性插值，得到 1 km 分辨率 1 h 间隔的空间时间降尺度后的时空一致性模式原始数据，然后再经过偏差订正技术，得到四种模式订正后的预报结果，最后通过多模式集成技术，采用 30 d 训练期动态生成每种模式的权重，最终得到单一的 1 km 分辨率的覆盖京津冀地区的格点预报产品，包括 2 m 温度、10 m U 风、10 m V 风、2 m 相对湿度，提供给冬奥气象预报团队使用。

（3）冬奥气象保障服务多模式订正集成 Ecflow 实时业务系统

为了更好地完成冬奥会赛事期间的气象保障工作，建设了冬奥气象保障服务多模式订正集成 Ecflow 实时业务系统。该系统使用统一框架，建设了两套任务系统，分别完成对 CMA 多模式站点和格点订正集成产品的业务支撑，满足了实时业务运行时需要方便从天擎平台获取、上传数据，及时获取模式进行预处理，并行处理不同模式不同预报时效的产品，赛事期间专人维护保障、及时发现问题等业务需求。该系统自 2020 年 11 月建成，经过多次优化改进和调整，圆满完成了几次冬奥会测试赛和正式赛期间的实时业务运行任务。

【成果应用成效】

基于 CMA 模式体系的 0～240 h 无缝隙冬奥气象保障服务产品于冬奥会和冬残奥会期间在智慧冬奥 2022 年天气预报示范计划集成显示平台、多维度冬奥气象预报业务平台、冬奥气象综合可视化系统等多个平台实时显示，在冬奥气象保障服务期间发挥重要服务支持作用，产品预报效果稳定可靠，为预报员提供了有益的参考。检验结果表明，CMA-BLD 站点预报产品在前 24 h 各赛场 2 m 平均温度、10 m 平均风速、10 m 阵风风速和 2 m 湿度均方根误差分别为 1.71 ℃、2.17 m/s、2.38 m/s、11.1%，较各原始模式误差减小 10%～50%。冬（残）奥会赛事期间 CMA 多模式订正集成预报产品（CMA-BLD）统计检验如下。

针对冬（残）奥会赛事期间（2022 年 2 月 4 日—3 月 15 日）CMA 各模式产品的预报分别做了统计检验，包括 CMA-BLD 预报产品、CMA-GFS、CMA-MESO 3 km、CMA-MESO 1 km 模式的原始预报及各模式经过偏差订正之后的预报产品，检验要素包括 2 m 温度、10 m 平均风速、2 m 相对湿度、10 m 阵风风速四个变量，具体介绍如下。

（1）2 m 温度预报检验

从 2022 年 2 月 4 日—3 月 15 日 CMA 各模式产品预报的 2 m 温度均方根误差对比（代表图片 2）来看，CMA-GFS 模式原始预报（绿色虚线）的 2 m 温度均方根误差最大，最高达 3.5 ℃，经过订正后（绿色实线），均方根误差明显减小，基本在 2 ℃以下；CMA-MESO 3 km 模式预报（蓝色虚线）在前 9 h 均方根误差大于 CMA-MESO 1 km（橙色虚线），但 9 h 之后的预报要优于 CMA-MESO 1 km；经过偏差订正的 CMA-MESO 3 km（蓝色实线）和 CMA-MESO 1 km（橙色实线）均比模式原始预报均方根误差明显减小，总体来看，CMA-MESO 3 km 的订正结果要优于 CMA-MESO 1 km 的订正结果；而经过 BMA 多模式集成后的 CMA-BLD 站点预报产品（黑色实线）要比三种模式订正后的结果都更好一些，2 m 温度的均方根误差最高在 1.7 ℃左右。

（2）10 m 平均风速预报检验

根据 2022 年 2 月 4 日—3 月 15 日 CMA 各模式产品预报的 10 m 平均风速均方根误差（代

表图片 3）对比结果，对 10 m 平均风速预报效果最好的原始模式是 CMA-GFS 模式（绿色虚线），均方根误差在 2.25 m/s 左右，经过订正后（绿色实线），均方根误差减小到 2 m/s 左右；CMA-MESO 3 km 模式预报（蓝色虚线）的 10 m 平均风速在前 9 h 优于 CMA-MESO 1 km（橙色虚线），但 9 h 之后的预报还是 CMA-MESO 1 km 模式更好；经过偏差订正的 CMA-MESO 3 km（蓝色实线）和 CMA-MESO 1 km（橙色实线）预报的 10 m 风速均比模式原始预报有较大幅度的改进，均方根误差从原始的平均 3.5 m/s 左右降到了平均 2.5 m/s 左右；而经过 BMA 多模式集成后的 CMA-BLD 站点预报产品（黑色实线）要比三种模式订正后的结果都更好一些，10 m 平均风速的均方根误差在 2 m/s 左右。

（3）2 m 相对湿度预报检验

根据 2022 年 2 月 4 日—3 月 15 日 CMA 各模式产品预报的 2 m 相对湿度均方根误差对比（代表图片 4）结果，CMA-GFS 模式原始预报（绿色虚线）的 2 m 相对湿度均方根误差最大，最高达 18% 以上，经过订正后（绿色实线），均方根误差明显减小；CMA-MESO 3 km 模式原始预报（蓝色虚线）2 m 相对湿度在前 12 h 优于 CMA-MESO 1 km（橙色虚线），但 12 h 之后的预报还是 CMA-MESO 1 km 略好；经过偏差订正的 CMA-MESO 3 km（蓝色实线）和 CMA-MESO 1 km（橙色实线）均比模式原始预报均方根误差明显减小，总体来看，CMA-MESO 1 km 的订正结果要优于 CMA-MESO 3 km 的订正结果；而经过 BMA 多模式集成后的 CMA-BLD 站点预报产品（黑色实线）要比三种模式订正后的结果都略好一些，2 m 相对湿度的均方根误差基本在 11% 以下。

（4）阵风风速预报检验

根据 2022 年 2 月 4 日—3 月 15 日 CMA 各模式产品预报的阵风风速均方根误差对比（代表图片 5）来看，10 h 以后的预报，对阵风预报最差的是 CMA-MESO 3 km 模式原始预报（蓝色虚线），其次是 CMA-GFS 模式原始预报（绿色虚线）和 CMA-MESO 1 km 模式原始预报（橙色虚线）。经过订正（实线）后，三种模式对阵风预报都有较大幅度的改进。其中，效果最好的是 CMA-MESO 1 km 订正后的预报，基本为 2.2～2.3 m/s；而经过 BMA 多模式集成后的 CMA-BLD 站点预报产品（黑色实线）要比三种模式订正后的结果更好一些，阵风风速的均方根误差基本在 2.2 m/s 左右。

【成果应用展望】

从技术成熟性、效果可靠性、业务可行性三方面来看，这套 CMA 多模式订正集成产品具备后冬奥时代将其持续应用在业务服务和重大保障活动中的能力，比如将其应用在将来的成都大运会和杭州亚运会等的气象保障服务中，比如在实际业务中作为常规服务产品下发进而提高 CMA 模式产品的服务能力。而且，对结果的检验评估可以不断认识和发现 CMA 各模式存在的系统性误差，进而发现问题，总结经验，推动 CMA 模式在研发过程中的改进和优化。此外，基于该成果的思路和系统框架，对偏差订正技术和多模式集成技术的持续研发改进成果，也可以集成迭代到新一代的 CMA 多模式订正集成气象预报服务产品系统中，不断提高中国气象局地球系统数值预报中心对外服务和气象保障的能力。

【成果代表图片】

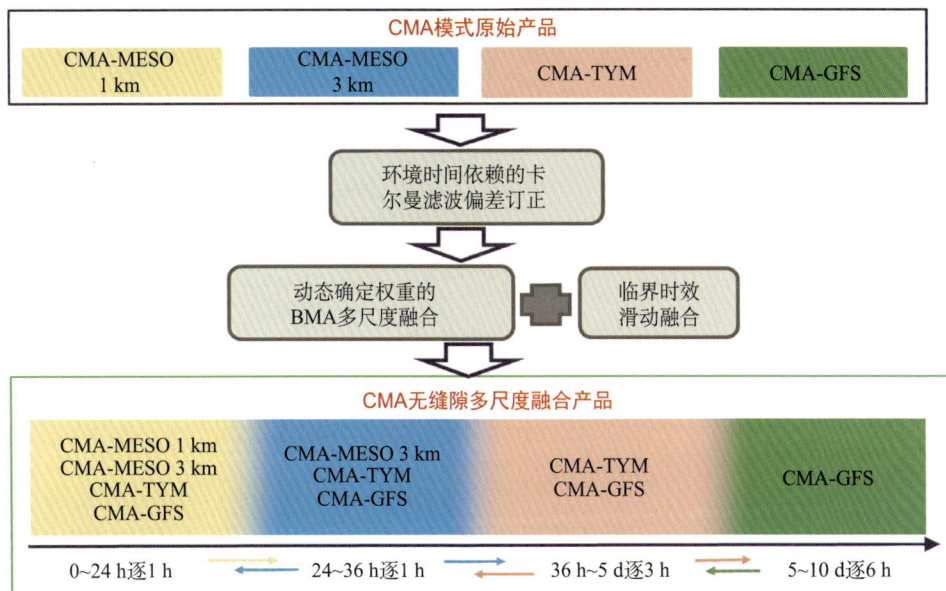

代表图片 1　CMA 多模式订正集成技术流程图

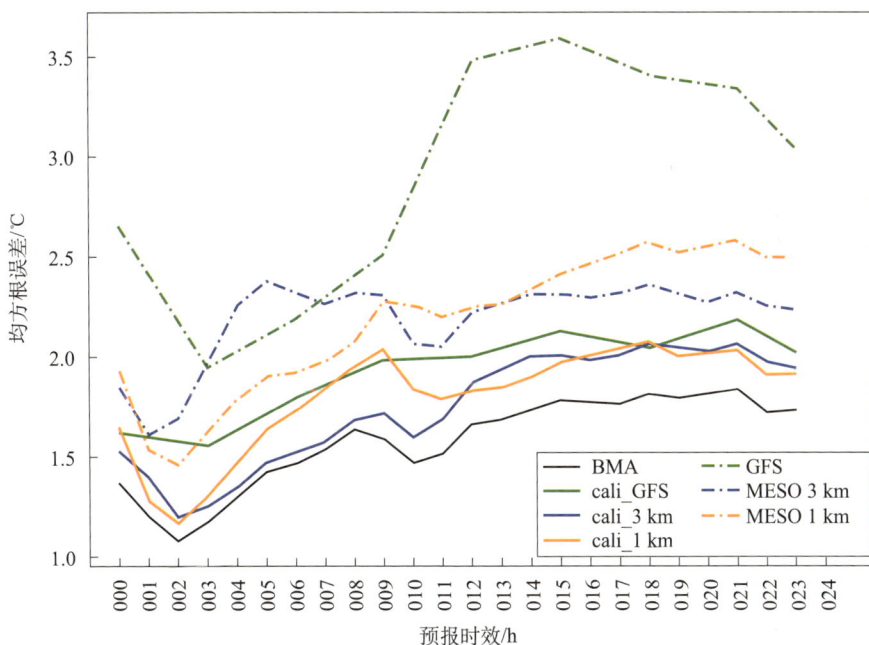

代表图片 2　2022 年 2 月 4 日—3 月 15 日 CMA 各模式产品预报的 2 m 温度均方根误差对比
（黑色：CMA-BLD 站点预报产品；橙色：CMA-MESO 1 km 模式；蓝色：CMA-MESO 3 km 模式；绿色：CMA-GFS 模式；实线：偏差订正后产品；虚线：模式原始预报；横坐标：000～024 h 预报；纵坐标：2 m 温度均方根误差）

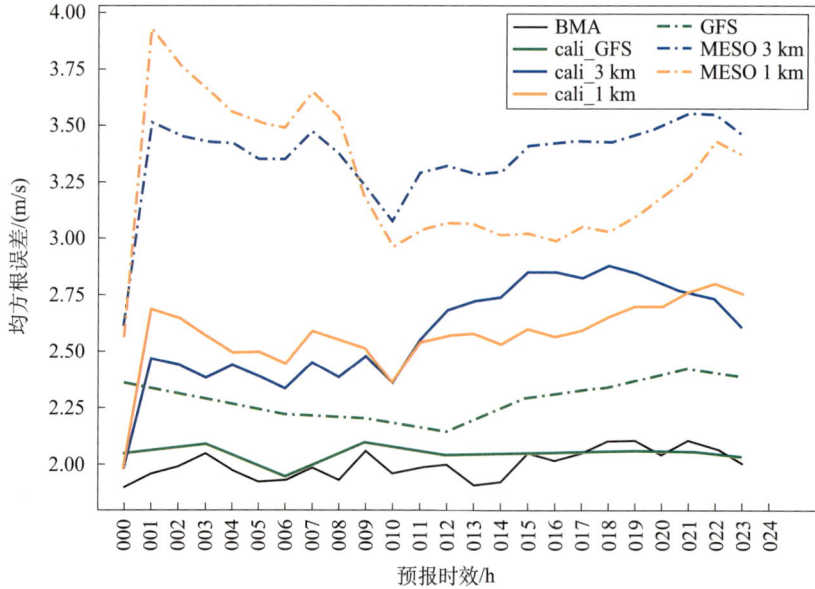

代表图片 3　2022 年 2 月 4 日—3 月 15 日 CMA 各模式产品预报的 10 m 平均风速均方根误差对比

（黑色：CMA-BLD 站点预报产品；橙色：CMA-MESO 1 km 模式；蓝色：CMA-MESO 3 km 模式；绿色：CMA-GFS 模式；实线：偏差订正后产品；虚线：模式原始预报；横坐标：000～024 h 预报；纵坐标：10 m 平均风速均方根误差）

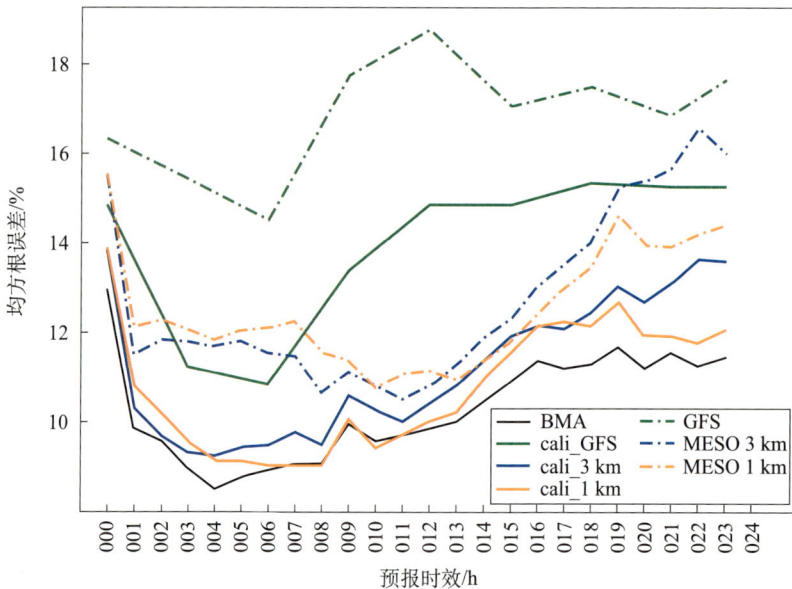

代表图片 4　2022 年 2 月 4 日—3 月 15 日 CMA 各模式产品预报的 2 m 相对湿度均方根误差对比

（黑色：CMA-BLD 站点预报产品；橙色：CMA-MESO 1 km 模式；蓝色：CMA-MESO 3 km 模式；绿色：CMA-GFS 模式；实线：偏差订正后产品；虚线：模式原始预报；横坐标：000～024 h 预报；纵坐标：2 m 相对湿度均方根误差）

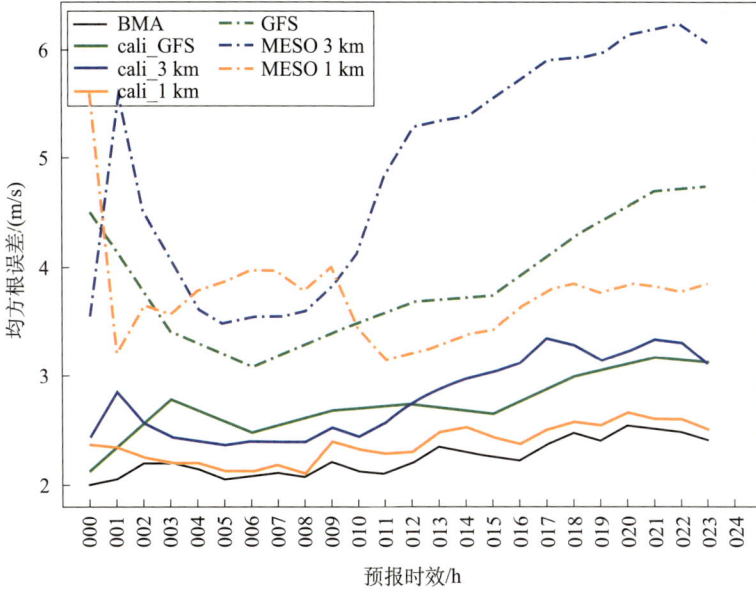

代表图片 5　2022 年 2 月 4 日—3 月 15 日 CMA 各模式产品预报的阵风风速均方根误差对比

（黑色：CMA-BLD 站点预报产品；橙色：CMA-MESO 1 km 模式；蓝色：CMA-MESO 3 km 模式；绿色：CMA-GFS 模式；实线：偏差订正后产品；虚线：模式原始预报；横坐标：000 ～ 024 h 预报；纵坐标：阵风风速均方根误差）

（撰写人：张玉涛）

3.3.31　基于偏差订正的中期集合预报距平概率预报产品

【主要完成单位】中国气象局地球系统数值预报中心

【主要贡献人员】李莉

【来源项目名称】国家重点研发计划"科技冬奥"专项"冬奥会气象条件预测保障关键技术"

【成果主要内容】

1. 卡尔曼滤波方法

卡尔曼滤波广泛应用在气象研究领域中，这种方法已用于美国国家环境预报中心业务集合预报系统。卡尔曼滤波偏差订正是在整个模式积分完成后进行的，通过计算滞后平均模式系统性偏差对预报产品进行订正处理。本研究使用一阶偏差订正的方法对预报产品进行偏差订正。其原理如下：

$$b_{i,j}(t) = \text{F\_MEAN}_{i,j}(t) - A_{i,j}(t)$$

$$B_{i,j}(t) = (1-w) \times B_{i,j}(t-1) + w \times b_{i,j}$$

$$w_{n\text{day}} = \frac{1}{n} \times \left(\frac{n-1}{n}\right)^{n\text{day}-1}$$

$$\text{F\_CALI}_{i,j}(t) = \text{F\_RAW}_{i,j}(t) - B_{i,j}(t)$$

式中，$b_{i,j}(t)$ 为集合平均的误差；$\text{F\_MEAN}_{i,j}(t)$ 为对应 t 时刻的集合预报平均值；$A_{i,j}(t)$

为 t 时刻的集合预报分析场；$B_{i,j}(t)$ 为 t 时刻的预报偏差值；w 为订正系数；w_{nday} 为所用样本在订正中所占的权重；n 为偏差订正使用样本的天数；$nday$ 为样本距离订正时效的天数；$\text{F\_CALI}_{i,j}(t)$ 为偏差订正后 t 时刻的集合预报；$\text{F\_RAW}_{i,j}(t)$ 为订正前 t 时刻的集合预报。式中的 w 决定了近期多长时间段的样本将对当天的预报订正产生影响，不同的 w 对应不同的权重变化曲线。对于不同的 w，曲线衰减速度是不同的，w 越大，衰减越快。另外，对不同的 w，同一天的样本资料对递减平均偏差的影响是不同的。w 越大，临近日期的样本所占的权重越大，距离订正日期时间较长的样本所占的权重越小；反之亦然。模式的不同网格点、不同的预报时次、不同的物理量以及不同的天数都对应不同的递减平均偏差。

经过试验，本研究确定使用 50 d 样本进行偏差订正，临近第一天的权重系数 w 为 2%。偏差估计和订正的步骤如下：

（1）当 $t=1$ 时实施"冷启动"，即 $B_{i,j}(t-1)=0$；

（2）给定适当的权重，按照上述公式计算滞后平均 $B_{i,j}(t)$；

（3）重复步骤（2），经过一段时间（大约为 2 个月）的迭代累加之后，得到的误差已经趋于稳定并能在一定程度上表征系统误差的情况；

（4）在每个集合成员预报上扣除当下时次的误差，得到订正后的预报结果。

2. 基于偏差订正产品的气候距平概率计算方法

集合预报要素距平中期概率预报产品研发主要针对未来 1～15 d、候天气趋势、旬天气趋势三种中期预报业务，在对模式产品进行偏差订正的基础上，收集整理全球模式气候资料，制作 500 hPa 高度场和 850 hPa 温度场集合平均及距平、距平概率产品，用来表征事件的极端程度。使用的气候态资料为 WMO 各个要素逐日平均偏差和标准偏差资料。

$$\delta_{i,j}(t) = \frac{F_{i,j}(t) - \text{MEAN}_{i,j}(t)}{\text{STD}_{i,j}(t)}$$

式中，$\delta_{i,j}(t)$ 为 t 时刻气候距平；$F_{i,j}(t)$ 为 t 时刻集合预报值；$\text{MEAN}_{i,j}(t)$ 为 t 时刻气候态平均偏差；$\text{STD}_{i,j}(t)$ 为气候态标准差。

在集合预报气候距平产品的基础上，计算格点上的气候距平大于 δ、2δ、3δ 以及小于 $-\delta$、-2δ、-3δ 的集合概率产品，并给中期预报提供 3 d、5 d 和 10 d 滑动平均概率作参考。

【成果应用成效】

2022 年冬奥会和冬残奥会期间，CMA 全球集合预报气候距平概率订正产品提供给北京气象台和中央气象台使用。

2 月 13 日，冬奥赛场出现明显的降温过程，CMA 全球集合预报气候距平概率订正产品对冬奥赛场的强降温过程做出了准确的预报。小于 -1 倍 sigma 的全球集合预报 T850 气候概率产品提前 5 d 以大于 80% 的概率预报出关键区域的降温，提供了较为准确、可靠的降温中期预报，提示了这次温度异常变化情况。

【成果应用展望】

在后冬奥时代，CMA 全球集合预报气候距平概率订正产品将继续为各种中短期预报提供支撑和服务，为预报极端天气现象提供较为准确可靠的数据。

【成果代表图片】

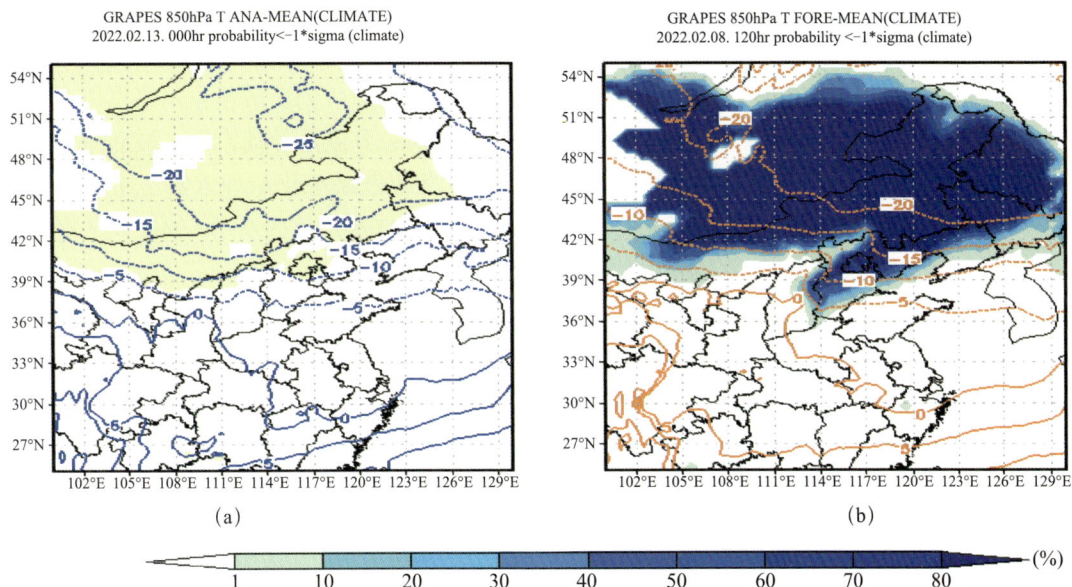

GRAPES 850hPa T ANA-MEAN(CLIMATE)
2022.02.13. 000hr probability<−1*sigma (climate)

GRAPES 850hPa T FORE-MEAN(CLIMATE)
2022.02.08. 120hr probability <−1*sigma (climate)

(a) (b)

代表图片1 2022 年 2 月 13 日 12 UTC 850 hPa 温度分析场气候距平＜−δ 分布图（a）和 2022 年 2 月 8 日 12 UTC 120 h 偏差订正后预报场气候距平＜−δ 概率分布图（b）

（撰写人：李莉）

3.3.32　CMA 风场动力降尺度和小尺度烟花扩散预报技术

【主要完成单位】中国气象局地球系统数值预报中心

【主要贡献人员】盛黎 李炬

【来源项目名称】国家重点研发计划"科技冬奥"专项"冬奥会气象条件预测保障关键技术"

【成果主要内容】

为满足北京 2022 年冬奥会对"百米级、分钟级"精细化天气预报的需求，中国气象局地球系统数值预报中心开发了基于 CMA-MESO 的风场动力降尺度预报技术和小尺度烟花扩散预报技术，以满足预报员对精准预报的需求。

1. 基于 CMA-MESO 的风场动力降尺度预报技术

为满足北京 2022 年冬奥会对"百米级、分钟级"精细化天气预报的需求，更好地为冬奥会提供气象保障服务，基于 CMA-MESO 3 km 和 1 km 数值预报产品开发了风场动力降尺度模型。根据冬奥会赛场复杂山地条件的实际，通过求解质量守恒方程，对不同高度层的风场进行降尺度，得到张家口赛区和延庆赛区范围不同垂直高度上的"百米级、分钟级"风场格点预报产品，为预报员提供更高时空分辨率的预报产品。

风场动力降尺度技术是基于 CMA-MESO 1 km 高分辨率模式开展的风场诊断模型，分为静态数据预处理、气象数据预处理和降尺度诊断三部分。预处理的静态数据包括地形高度、下垫面类型、静态信息融合等。地形高度数据采用 90 m 分辨率的高程数据，能较好刻画冬奥会延庆和张家口（崇礼）两个山地赛区复杂地形的地貌特征，为风场降尺度数据提供了基础数据。气象数据预处理提取出模拟区域垂直层次的气象参数及地面气象要素，由于中尺度的网格与扩散预报的网格定义不同，需要将中尺度的气象场插值到扩散预报网格格点上，形成三维气象数据文件。降尺度诊断基于质量守恒方程，通过开展地形动力学、坡面流、地形阻塞效应调整，采用插值、平滑处理、垂直速度计算和辐散最小化原理求解三维风场，最终获得百米级高时空分辨率的预报产品。风场动力降尺度技术是首次基于 CMA 模式提供的 100 m 分辨率、逐 10 min 的高分辨率风场预报产品。

2. 小尺度烟花扩散预报技术

为满足北京 2022 年冬奥会和冬残奥会的气象保障服务需求，开发了 100 m 分辨率的烟花扩散预报技术，为冬奥烟花扩散方向和影响范围提供了准确及时的气象预报服务产品。该技术基于 CMA-MESO 3 km 数值预报产品气象降尺度模型，开发了非稳态拉格朗日烟团扩散模型。该技术主要包括两个部分：基于 CMA-MESO 的气象降尺度模型和小尺度的非稳态拉格朗日大气扩散模拟。

基于 CMA-MESO 的气象降尺度模型在风场动力降尺度技术基础上，引入了边界层微气象学过程，以此计算小尺度大气扩散所需要的气象要素和湍流场。基于 CMA-MESO 数值预报产品，在风场诊断的基础上，加入边界层和陆面过程等参数化方案。边界层参数化方案采用 Hanna 近地面参数化方案，陆面过程参数化方案采用 Holtslag 和 van Ulden 方案，实现了小尺度边界层湍流参数的计算，为小尺度大气扩散模拟提供了 100 m 高分辨率的气象要素和湍流扩散参数。

小尺度的非稳态拉格朗日大气扩散模型能模拟三维流场中污染物在大气环境中的输送、转化和清除过程，实现了对烟花扩散预报轨迹、浓度扩散的模拟。扩散轨迹的模拟，是在指定的地点、给定的高度，释放一个或多个空气团，模拟在流程中的三维空间的状态。污染物的浓度和沉降模拟采用烟团模型。该模型将瞬时或连续污染的污染物分成若干个分离的污染烟团，每个烟团包含适当比例的污染物质量，并且在平均风场、湍流等的影响下，烟团按照其中心位置的轨迹进行平流和扩散。烟团在水平和垂直方向上随时间扩散，最终通过跟踪每个烟团的位置来计算每个格点上污染物的浓度。大气扩散过程的模拟采用基于拉格朗日模型的三维粒子随机游走模型，扩散方程包括平流项、湍流扩散项和随机项。扩散过程还考虑了粒子的干沉降、湿清除过程。干沉降的计算采用 Van der Hoven 的计算方法，通过计算球形粒子在大气中的重力沉降速度来获取。沉降速度与空气密度和微粒密度等有关。湿清除过程采用 Hicks 方法，包括两个部分：一是云中清除，即在云中演变成凝结核或受水滴影响清除的过程；二是雨洗过程，即污染物受降水影响沉降到地面的过程。

【成果应用成效】

基于 CMA-MESO 的风场动力降尺度预报技术和小尺度烟花扩散预报技术在北京 2022 年冬奥会和冬残奥会的气象保障服务中得到了应用和推广。其中，冬奥会和冬残奥会开闭幕式期间多次使用小尺度烟花扩散预报产品，为重大活动提供了基础的气象预报技术支撑。

1. 基于 CMA-MESO 的风场动力降尺度预报技术应用成效

基于 CMA-MESO 的风场动力降尺度预报技术采用 CMA-MESO 1 km 作为驱动场。每天起报 8 次，分别是 00、03、06、09、12、15、18、21 UTC，风场降尺度预报 24 h。降尺度风场需要用到的 CMA-MESO 变量包括三维变量和地面变量两类。其中，三维变量包括气压、高度、温度、U 风、V 风、相对湿度、垂直速度、水汽混合比、云混合比、雨混合比（可选量）、冰混合比和霰混合比共 12 个变量；地表变量包括海平面气压、降水、雪覆盖、短波辐射、长波辐射、2 m 温度、2 m 湿度、10 m U 风和 10 m V 风共 9 个变量。

基于 CMA-MESO 的风场动力降尺度预报技术降尺度风场产品覆盖张家口和延庆两个山地赛区。张家口赛区覆盖范围为 40.8781°～40.9701°N，115.3832°～115.5052°E，格点数为 123×93；延庆赛区覆盖范围为 40.493460°～40.582460°N，115.7367°～115.8537°E，格点数为 118×90。以上两个赛区的地面及以上的 3 300 m 高度共 16 层垂直分层。具体的垂直分层包 括 10、30、50、80、150、350、500、750、1 050、1 350、1 650、1 950、2 250、2 550、2 850 和 3 150 m。该技术能为预报员提供山地赛区复杂地形高分辨率的风场预报产品。

通过与同期冬奥会观测数据计算风速 BIAS 和 RMSE 可以发现：风场动力降尺度预报结果在张家口赛区（崇礼）的表现远好于延庆赛区（海陀山）。在张家口崇礼地区，11 个站点降尺度预报偏差均较小，风速预报整体偏低，站点风场预报 BIAS 大多为 −1.0～1.0，RMSE 基本小于 2.5 m/s。在延庆海陀山地区，前 12 h 站点风场 BIAS 和 RMSE 较小；12 h 后误差增大，RMSE 为 2～4 m/s。两个地区的误差分布均呈现日变化特征，这可能与风场降尺度没有引入微气象边界层参数化方案有关。

2. 小尺度烟花扩散预报技术应用成效

中国气象局地球系统数值预报中心的小尺度烟花扩散预报技术主要应用到了北京 2022 年冬奥会开闭幕式和冬残奥会开闭幕式的气象保障会商服务中。烟花扩散预报技术的驱动气象场采用 CMA-MESO 3 km 数值预报产品作为驱动数据，每日 00 和 12 UTC 两次提供小尺度烟花扩散预报产品。模拟地点选取国家体育场，经纬度为 39.9915°N、116.392°E，烟花排放高度设置为 100～300 m 的连续排放源。烟花扩散预报产品多次出现在北京 2022 年冬奥会和冬残奥会开幕式的会商 PPT 文稿中，其产品获得气象预报员和首席的一致认可。

【成果应用展望】

基于 CMA-MESO 的风场动力降尺度预报技术可为后续重大活动保障如杭州亚运会、成都大运会等提供高时空分辨率的产品。不过目前该技术只针对风场预报进行了降尺度模拟，未来希望能针对其他气象要素比如温度场、湿度场等开展降尺度方面的研究。该技术主要适用于复杂地形下的风场降尺度，对城市下垫面的情况考虑不足，需要介入城市冠层参数化方案等相关技术，进一步加强城市冠层或城市边界层下的降尺度技术的模拟和预报准确度。另外，小尺度烟花扩散预报技术在冬奥保障服务期间采用 100 m 分辨率的扩散预报产品，可为后续的重大活动如杭州亚运会、成都大运会等提供高时空分辨率的烟花扩散预报产品。目前

扩散预报时间间隔 1 h，不太满足瞬时烟花扩散预报的需求，未来计划发展 10 min 间隔的烟花扩散预报产品。此外，目前考虑的烟花释放按照短时间的持续源排放，未来计划尽量根据烟花瞬时排放的特征发展基于立体排放的大气扩散预报方法。另外，目前气象降尺度和小尺度扩散预报技术均没有考虑城市建筑物等对流场的影响，未来需要进一步开展城市建筑物冠层下的风场和扩散场预报模拟研究。

【成果代表图片】

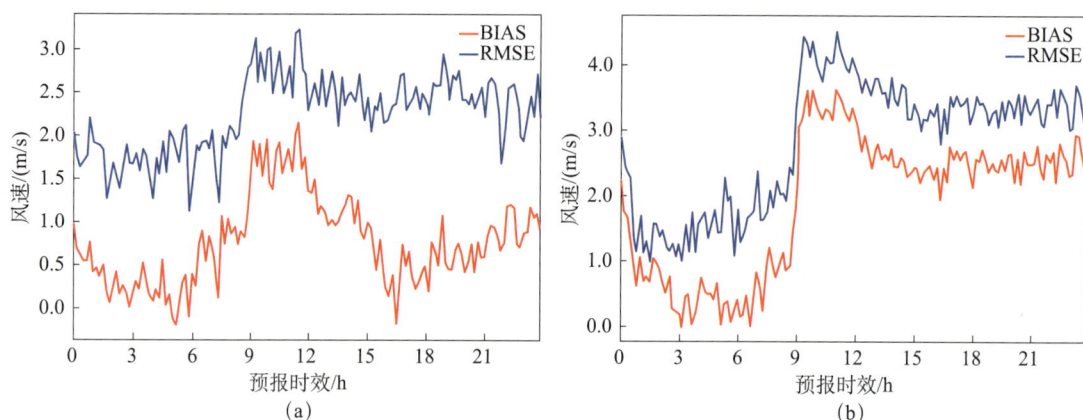

代表图片 1　北京 2022 年冬奥会和冬残奥会期间张家口（a）和延庆（b）赛区
站点降尺度 10 m 风 BIAS 和 RMSE

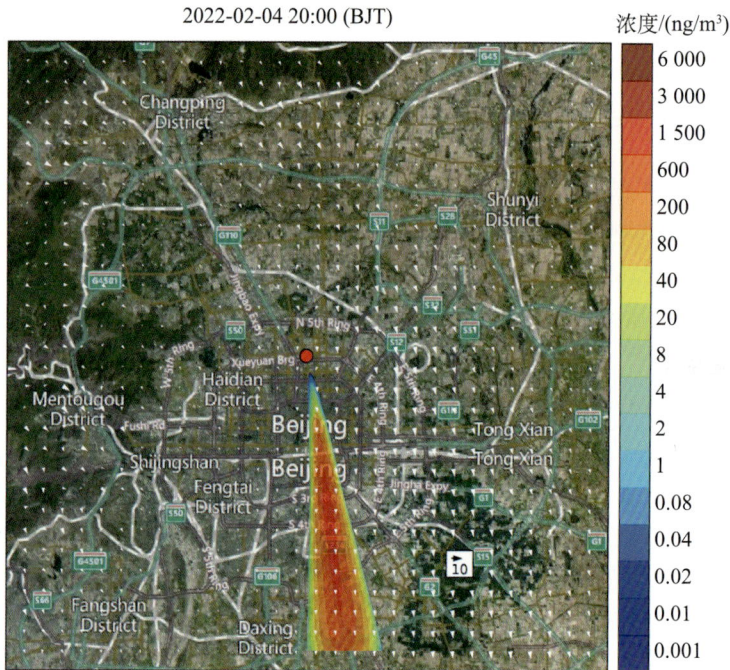

代表图片 2　北京 2022 年冬奥会开幕式期间的烟花扩散浓度图

（撰写人：盛黎 李炟）

3.3.33　无缝隙分析预报前沿系统（CAMS-SAFES）

【主要完成单位】中国气象科学研究院

【主要贡献人员】原新鹏　李丰　尹金方　谢衍新　梁旭东

【来源项目名称】国家重点研发计划项目"东亚区域高分辨率资料同化技术研发及大气再分析资料集研制"

【成果主要内容】

CAMS-SAFES 系统作为示范系统全程参与了"智慧冬奥 2022 天气预报示范计划"。该系统基于中国气象科学研究院"东亚区域再分析系统"技术建立，包括区域高分辨率模式系统和模式后处理订正系统。区域高分辨率模式系统采用 3 层网格嵌套，可实现京津冀地区 1 km 分辨率的数值模拟。结合计算资源和时效性，模式实际使用 4 km 分辨率运行。CAMS-SAFES 模式后处理订正系统基于人工智能算法建立，在贝叶斯滤波方法的基础上，融合人工智能和自适应概率区间法进行开发，具有稳定和高效的特点，采用模块化设计，每个模块独立运行，多区域并行开发。此外，CAMS-SAFES 模式后处理订正系统采用聚类分析法对站点进行预处理分类，将站点依据地形、历史观测信息分成不同的类别，将站点地形信息、历史观测信息考虑到系统结果中。

CAMS-SAFES 系统攻关团队重点解决了现有数值模式对风场、温度场、湿度场等要素的预报大都存在的概率有偏和误差非正态分布对预报结果产生影响的问题，提出了自适应概率法对最大概率点进行估计的贝叶斯模型滤波方法，从而获取更优的后处理订正结果。

【成果应用成效】

CAMS-SAFES 系统每日向预报示范计划提供 2 次 36 h 冬奥会赛场站点精细化预报产品和高分辨率网格预报产品。对比冬奥会赛场预报站点处 CAMS-SAFES 订正结果与原始模式结果的温度、风速、湿度均方根误差发现，2022 年 2 月 1 日—3 月 16 日，总预报次数为 88 次，其中核心站点温度要素 CAMS-SAFES 订正结果优于所有模式直接输出结果 81 次，订正成功率为 92%；核心站点风速要素 CAMS-SAFES 订正结果优于所有模式直接输出结果 82 次，订正成功率为 93.2%；核心站点相对湿度要素 CAMS-SAFES 订正结果优于所有模式直接输出结果 87 次，订正成功率为 98.9%。

【成果应用展望】

CAMS-SAFES 系统针对数值模式预报误差分布非正态、概率有偏导致贝叶斯滤波概率密度函数曲线概率有偏问题，自主提出自适应概率法，对预报结果进行偏差订正，得到更接近真实观测的预报结果。首先，数值模式直接输出结果存在概率有偏和误差非正态分布是一个普遍的问题，所以 CAMS-SAFES 系统通过聚类将观测站点的地形、历史观测信息纳入预报优化过程，既能够提高订正效率，又能将历史极端气象信息融入订正过程，使系统对极端气象问题具有一定的处理能力。再者，CAMS-SAFES 系统采用模块化设计，每个模块独立运行，多区域并行开发，使得该系统具有稳定、高效的特点。基于这些特点，CAMS-SAFES 系统既能够在多种重大气象保障服务中发挥作用，又能够用于极端性天气的预警服务。目前我们已经将 CAMS-SAFES 系统结果做成开放式平台（http://10.32.19.31:8080/safes/safes.html），提供 CAMS-SAFES 系统滚动预报结果和预报效果评估结果，可供气象系统内部人员使用，随时可为气象业务服务、重大活动气象保障提供支撑。

【成果代表图片】

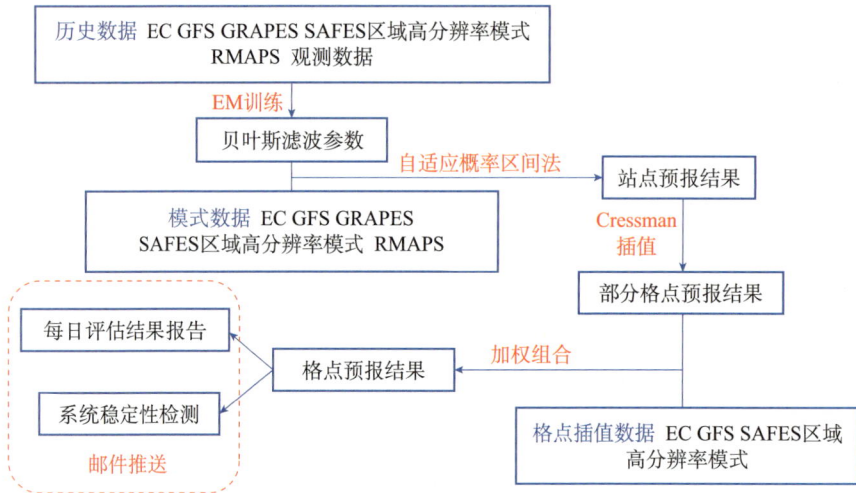

代表图片 1　CAMS-SAFES 模式后处理订正系统流程图

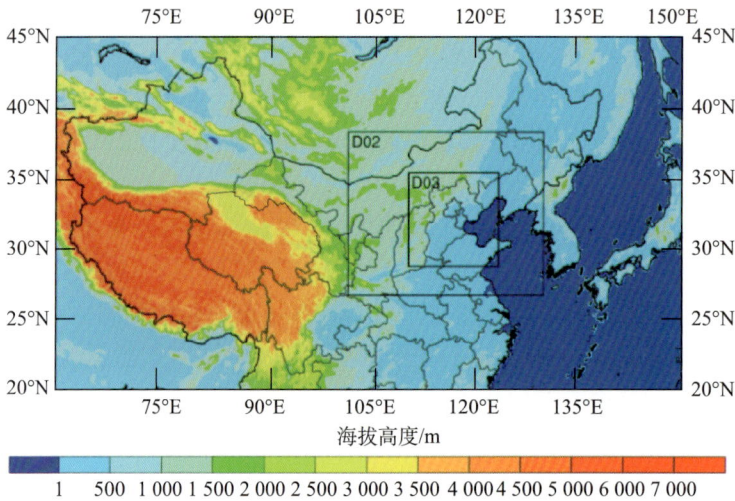

海拔高度/m

代表图片 2　CAMS-SAFES 区域高分辨率模式系统数值模拟

代表图片 3　CAMS-SAFES 模式后处理站点分类图

（撰写人：原新鹏）

3.3.34　基于化学天气预报模式开展环境气象预报服务

【第一完成单位】中国气象科学研究院

【主要参与单位】中国气象局地球系统数值预报中心；国家气象中心；国家气候中心

【主要贡献人员】刘洪利　龚山陵　张小曳　柯宗建　胡江凯　张碧辉　杨建新　饶晓琴　盛黎　马欣

【来源项目名称】国家自然科学基金项目"我国区域/全球一体化数值化学天气耦合预报及再分析系统研究"；国家重点研发计划项目"我国大气重污染累积与天气气候过程的双向反馈机制研究"；国家重点研发计划项目"全耦合多尺度雾-霾预报模式系统"

【成果主要内容】

CMA-CUACE 是天气-大气化学-大气气溶胶双向耦合的数值预报模式。冬奥气象服务期间所用的是 CMA-CUACE V3.0 版本，模式中的能见度计算考虑了气溶胶和云雾滴等各类水粒子的消光，并根据近年的研究成果订正了气溶胶吸湿增长系数，能见度预报准确率有了明显提升。CMA-CUACE V3.0 有雾、霾、混合层高度、逆温强度、大气扩散条件等环境气象要素预报，以及 $PM_{2.5}$、PM_{10}、O_3、NO_2、CO、SO_2 等各种微量大气成分的分布和区域传输预报，为冬奥气象保障措施提供详细的参考信息。CMA-CUACE V3.0 目前已有全国 15 km 分辨率、时效 2 个月的次季节-季节预报版本（S2S-CUACE），全国 9 km 分辨率、时效 5～15 d 中短期预报版本和华北区域 3 km 分辨率、时效 5 d 的精细化短期预报版本，实现了时间、空间上的无缝隙衔接。在冬奥会期间，项目组还根据环境气象指数 EMI 的有关评估结论和减排信息，把排放清单更新至当月，用于 CMA-CUACE V3.0 模式的实时预报工作中。

表 1　CMA-CUACE 版本升级内容

技术方案	CMA-CUACE V1.0	CMA-CUACE V2.0 升级内容	CMA-CUACE V3.0 升级内容
$SO_2 \rightarrow SO_4^{2+}$	SO_2 气相消耗率	增加液相过程	增加 5 个粒子表面非均相反应
$NO_x \rightarrow NO_3^-$	NO_x 气相反应	增加液相过程	
化学方案	RADM2	RADM2	优化有关 VOC、SO_2、NH_3、NO_2、NO_4^-、SO_4^{2-} 的反应机制
自然排放源	无	增加两类烯烃（ISO，TERP）植被排放	增加了烯烃 ISO、TERP 和芳香烃 TOL、CSL、XYL 的自然植被排放模型
气溶胶直接辐射	无	有	有
雾参数化方案	无	简化方案	云雾滴参数化和气溶胶消光
能见度计算方案	气溶胶及吸湿效应	增加水雾的消光和铵盐消光	修订能见度与相对湿度、含水量拟合方案
气溶胶干沉降	直接沉降	分层计算	分层计算，增加地形、植被对沉降速率的影响

续表

技术方案	CMA-CUACE V1.0	CMA-CUACE V2.0 升级内容	CMA-CUACE V3.0 升级内容
气溶胶湿沉降	云中、云下过程	云中、云下过程	修订湿沉降系数
排放源扩散	无	高斯扩散	高斯扩散
嵌套网格技术	无	可任意比例嵌套的精细化模拟能力	可任意比例嵌套的精细化模拟能力，目前已运行模式的最高分辨率为 3 km×3 km
长期预报技术	无	逐步订正长波约束方案	逐步订正长波约束方案，已实现 62 d 的长期预报

【成果应用成效】

在冬奥会开幕前（2021 年 12 月初—2022 年 1 月下旬），每天定时运行次季节-季节尺度化学天气预测模式 S2S-CUACE，预报时效 62 d。累计提供 9 次关于开幕式和冬奥会期间的环境预测，总体预报意见为开幕式和冬奥会期间发生严重污染和中级以上雾-霾天气的概率较低，气象条件总体比较有利于污染物的扩散清除。有关气象预报产品提供给张小曳院士参加生态环境部的奥运保障会商。

冬奥会期间（2022 年 1 月 25 日—2 月 20 日），启动运行基于 CMA-CUACE V3.0 的全国 9 km×9 km 分辨率的两套化学天气预报模式，其一是 NCEP 预报场驱动的 15 d 预报时效，其二是 CMA-GFS 预报场驱动的 9.5 d 预报时效，提供全国、华北地区和重点区域的污染程度、雾-霾等级、能见度等大气环境形势以及风、温、降雪等常规气象预报产品。同时运行华北区域 3 km×3 km 分辨率的预测模式，提供主要冬奥会赛区和场馆的定点和逐小时预报。各类预报产品每天提供给中国气象局环境气象中心，并抄送给张小曳院士，用于参加环境气象专题会商。总体上比较准确地预测了冬奥会开幕式和冬奥会期间的大气污染形势、低能见度风险以及 2 月中旬的大风、低温、降雪等天气过程，分析了赛事可能遇到的风险。

冬残奥会期间（2022 年 2 月 21 日—3 月 13 日），每天运行基于 CMA-CUACE V3.0 的全国 9 km×9 km 分辨率的两套预报模式，由 CMA-GFS 预报场驱动，预报时效 9.5 d；同时运行华北区域 3 km×3 km 分辨率的预测模式，提供主要赛区和场馆的定点和逐小时预报。以上预报产品自 3 月 1 日起提供给中国气象局环境气象中心，每天的主要预报意见抄送给张小曳院士，用于参加生态环境部的有关预报会商。冬残奥会的气象保障服务工作对 3 月 3—4 日的沙尘天气过程、开幕式期间的大气污染形势、10—12 日的污染过程以及高温天气的影响都给出了比较准确的预报。

【成果应用展望】

CMA-CUACE V3.0 模式此前还参与了 2021 年中国共产党建党百年七一庆典活动、中国第十四届全国运动会和中国国际进口博览会等重大活动气象保障工作，取得了良好的服务效果。该模式性能、计算效率、预报时效，模式分辨率和预报准确率以及所用资料的准确性、及时性和丰富程度，都比现业务模式（CMA-CUACE-Haze V2.0）有明显提升。在冬奥气象保障服务期间，CMA-CUACE V3.0 提前 24 h 预报的 $PM_{2.5}$ 浓度与实测值的相关系数全国平均达到 0.68，京津冀、华东、华中等地区超过了 0.7；平均偏差 −0.3 μg/m³，平均误差 16.4 μg/m³；各项指标都优于现业务模式。

CMA-CUACE V3.0 模式中的次季节–季节预报版本（S2S-CUACE V1.0）已经于 2022 年 2 月由中国气象局应急减灾与公共服务司批准，在国家气候中心业务运行，成为我国首个业务运行的长期环境气象数值预报系统。中国气象科学研究院正在与中国气象局地球系统数值预报中心、国家气象中心合作，对 CMA-CUACE V3.0 模式全国 9 km 版本进一步完善，根据业务需求和业务化标准，优化模式运行流程和业务产品制作流程，拟申请业务化升级，替换现有的业务版本，服务于我国的环境气象业务，希冀在重大活动的气象保障、大气污染防治等方面发挥更大的作用。

【成果代表图片】

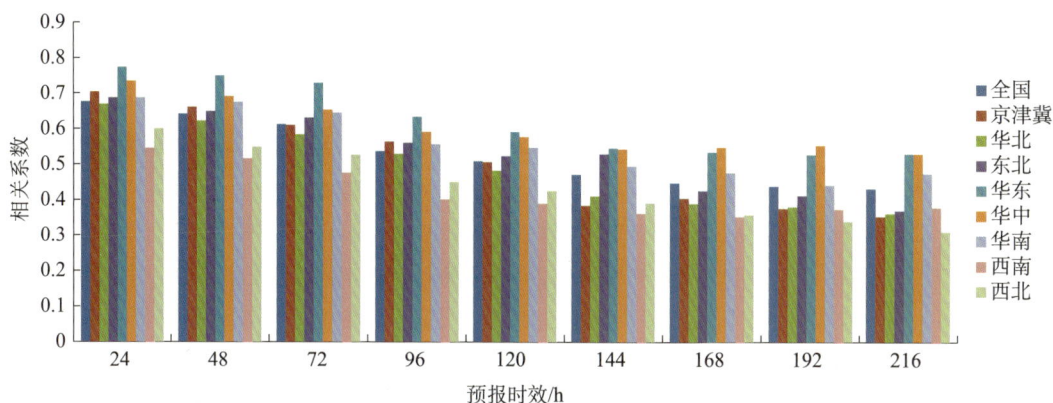

代表图片 1　CMA-CUACE V3.0 各时效预报的 $PM_{2.5}$ 日均浓度与实测浓度的相关系数

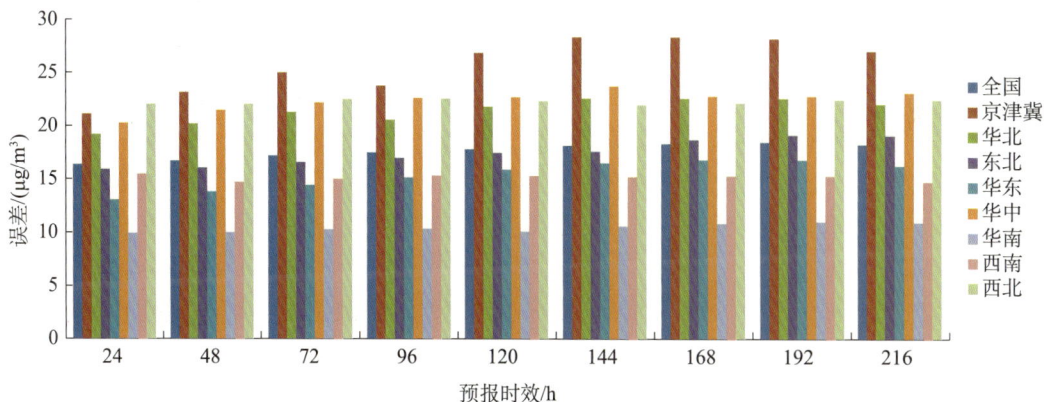

代表图片 2　CMA-CUACE V3.0 各时效预报的 $PM_{2.5}$ 日均浓度与实测浓度的误差

（撰写人：刘洪利）

3.3.35　基于分布式架构的模式预报格点数据处理与服务技术

【第一完成单位】中国气象局地球系统数值预报中心
【主要参与单位】清华大学
【主要贡献人员】胡江凯　王大鹏　贾晓振　杨建新　崔应杰　赵颖　左浩佳

【来源项目名称】国家重点研发计划"全球变化及应对"专项"地球系统模式公共软件平台与研发"

【成果主要内容】

气象数值模式计算产生了海量的三维空间加时间维度输出的多要素预报格点数据。数据通常以标准（GRIB/NetCDF）编码方式按照预报时效进行多要素打包后形成数据文件存储在文件系统中。随着模式时空分辨率的提升，数据量变得越来越大，长序列数据很难直接通过文件拷贝或者网络传输方式为用户提供数据服务，需要针对用户进行定制，用预报要素、空间范围、时间尺度等约束条件对数据文件批处理加工，在抽取、剪裁后形成指定气象要素精简数据进行用户服务。

本成果采用大数据分布式架构技术，发展了面向半结构化模式海量格点数据访问的自动化集群并行处理和可扩展的服务系统。该系统无须改变模式预报格点数据原存储方式，利用数据本身编码信息自动构建元数据索引实现海量数据便捷管理；采用分布式集群调度，实现自动化多任务并行数据加工处理，提供要素级数据定制处理服务；采用 API 封装访问接口，实现跨平台网络访问，远程对接服务系统，能够检索查找要素场，抽取并传输要素场数据，进行本地化应用。

本成果是面向科研用户对海量长序列历史模式数据服务低效的一种技术解决方法，采用轻量级技术体系，具备快速便捷部署的特点，并且可扩展。利用集群分布式并行处理优势，高效快捷地实现对海量气象格点数据的编目、检索、抽取等操作，实现对数据的文件级、场级访问，对历史数据进行编目管理，提升历史数据服务能力。

数据分布式服务系统使用三个核心技术：定制化抽取技术、可扩展的数据处理方法和分布式计算服务架构。定制化抽取和数据处理均部署于分布式服务架构，这使得该系统在定制精准数据集、剔除冗余数据的基础上，使用分布式服务架构将任务发放到多个子节点上进行处理，用并行方法替代传统的串行作业方法，从而提升数据处理时效。

1. 定制化抽取技术

（1）索引生成。建立数据的场级索引，并将索引信息存储于 ES（Elastic Search），当有新数据进入时，读取每个新的 GRIB 数据，将数据中的元信息与试验叙述性信息作为记录，加入 ES 索引。

（2）用户指令解析模块。解析的用户指令中包含功能段和 ES 查询段。功能段用于指定在抽取数据的同时做那些计算任务，当不指定该段时，只进行抽取任务。指定数据计算时，同时提供该计算功能所需参数，即可实现相应的计算功能。ES 查询段则记录用户给定的气象要素定制条件。

（3）ES 查询模块。通过 ES 查询获取结果，将 ES 结果处理为任务队列，用户可对数据进行多维度的详细查询，可在 ES 库中索引到所有满足条件的要素场，生成要素场列表，为数据分布式提取生成任务队列。

2. 可扩展的数据处理方法

基于通用工具（cdo）实现指定区域裁剪。读取用户给定的数据参数，将解析后的各项参数按照调用方法配置到系统中，从而实现对要素场经纬度的裁剪，并实现该方法的并行化处理，部署至分布式服务框架中。

数据处理方法不仅限于支撑对区域进行裁剪，还可扩展数据的累加、求差等功能。扩展数据计算以注册算法的形式实现便捷扩展，通过用户指令解析模块即可调用任何已注册的计算方法，无须重新开发整个框架。

3. 分布式计算服务架构

（1）分布式调度框架。通过分布式调度框架协调集群各节点，并行提取所有的场。系统通过对 ES 查询，会将查询结果的每条场记录生成一条数据抽取任务，并由分发框架发送至子节点并行执行。

（2）任务队列。任务队列将被分发到每个空闲的工作节点（Worker Nodes），工作节点根据记录中的请求数据类型、路径、场名等信息定位该场，读取该场数据，按照用户需求抽取所需要素场数据，最后将数据汇聚到文件。

【成果应用成效】

北京市气象台是北京冬奥气象保障服务的牵头单位，CMA 产品进入冬奥气象预报服务平台和实时应用，是冬奥气象保障的基础性工作。为使用 CMA 数值预报格点数据分布式服务系统，建立了冬奥气象保障服务相关数据集，通过 FTP 和数据服务平台系统，实现对数据的文件级、场级访问，对历史数据进行编目管理，提升历史数据管理、服务水平，保障用户可根据需求定制数据。采用分布式文件系统作为底层存储支撑，建立索引生成模块、用户指令解析模块、查询模块、数据整合模块，建立分布式数据平台，满足用户数据日益增长所产生的存储扩容需求。

按照北京市气象局冬奥气象保障服务数据集需求准备 CMA-GFS、CMA-MESO 3 km 的 2016—2020 年相关数据集，涉及长序列原始存档数据量超过 200 TB。

表 1 数据服务系统已编目管理数据规模

模式名	2016 年	2017 年	2018 年	2019 年	2020 年	合计
CMA-GFS	6 992 GB	14 600 GB	15 330 GB	16 790 GB	17 568 GB	71 280 GB
MESO 3 km	2 328 GB	2 741 GB	11 308 GB	41 564 GB	79 211 GB	137 152 GB
合计						208 432 GB

这些数据量如果使用传统的拷贝至磁盘的方式，需要 50 余块存储容量为 4 TB 的硬盘，且按照主流机械硬盘平均读写速度（40～60 MB/s），拷贝这些数据需要 60 d 左右，且这些原始数据仍需用户自行加工处理，不仅使用不便，而且相当耗时。而使用数值预报格点数据分布式服务系统的新方法对数据进行定制化抽取，指定区域裁剪后，数据量有了明显的变化，配合分布式服务框架，最终用时 7 d 左右就可以完成对指定 43 个要素场的指定时间范围、层次、时效的提取，并提供指定空间范围裁剪功能，形成涵盖 5 年的用于冬奥气象系统的专用数据集，数据集总量 421 GB，其中 CMA-GFS 约 15 GB、MESO-3 km 约 406 GB。该数据

集无须用户再加工，可直接使用，满足了冬奥气象服务系统的数据需求。

【成果应用展望】

长序列模式历史资料在气象科研工作中的应用需求越来越多，对于模式研发用户，长序列数据对模式性能评估更客观；对于模式应用用户，在解释应用建模、机器学习训练等方面都需要准备长序列的模式数据集。不同的应用场景，对于长序列模式数据的要素、区域、频度等不尽相同，模式输出存档的数据往往都是全集数据，在模式数据量越来越大的形势下，每个用户都无法保留一套全集数据，因此，各种定制化数据集快速加工的需求必然增多，本成果正是面向这一需求提出的一种便捷海量模式数据处理与服务的分布式技术架构，可为气象模式数据归档中心、科研团队在长序列半结构化模式数据共享方面提供高效、便捷的数据处理服务，可提供技术参考和原型系统参考，成果能够支撑为智能网格业务提供精细化的预报产品，为业务预报提供基础。

【成果代表图片】

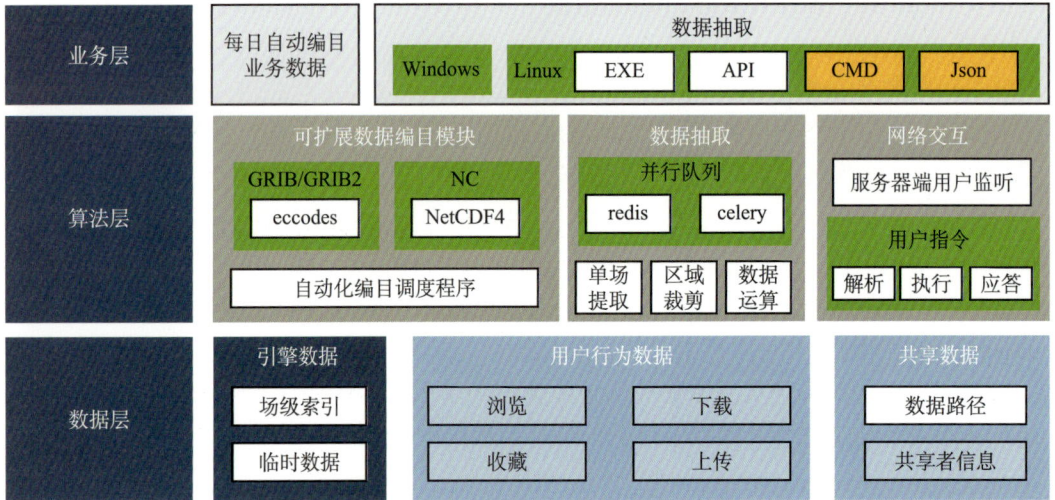

代表图片 1　分布式数据平台功能架构

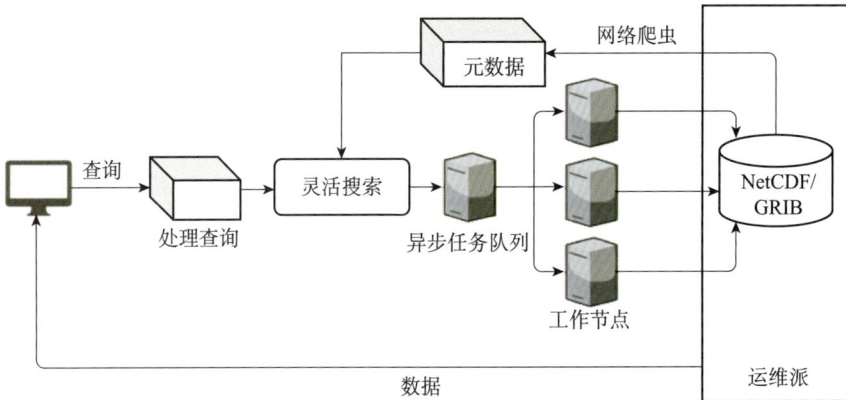

代表图片 2　分布式数据平台技术架构

（撰写人：胡江凯）

3.3.36 天气预报全流程检验评估程序库

【主要完成单位】国家气象中心

【主要贡献人员】刘凑华 代刊 林建 韦青 李妮娜 郭云谦 朱文剑 曾晓青

【来源项目名称】国家重点研发计划项目"西部山地突发性暴雨形成机理及预报理论方法研究"的"预报预警系统检验评估与应用"课题；中国气象局创新发展专项"智慧冬奥2022 天气预报示范计划关键技术"

【成果主要内容】

天气预报全流程检验评估程序库（简称为 MetEva）是一款采用 Python 语言开发的通用检验程序库。它以检验算法的全流程覆盖和检验结果的可对比性为目标，采用基础层（基础函数库和检验算法库）和功能层（数据预处理和检验分析模块）的分层架构设计，基于统一的包含完整时空信息的数据结构，设计了统一的模块化检验计算流程。MetEva 围绕检验流程中数据整理和检验分析的 6 个主要步骤，即数据读取、数据合并和匹配、样本选取、样本分组、检验计算和结果整合输出等，开发了相应的 6 类 400 个以上功能函数。

MetEva 的关键技术包括以下三个部分。

（1）统一的数据结构。根据气象要素分析和检验的需求，MetEva 设计了一套统一的包含完整时空信息（时间、时效、层次、经度、纬度和模式名称）的数据结构，具体包括站点数据和网格数据两种结构。

（2）模块化的检验流程。传统的检验程序计算流程是随检验需求而变化的，因此程序很难模块化。在 MetEva 中，基于统一的数据结构，设计了统一的模块化检验计算流程。该流程包括数据读取、数据合并和匹配、样本选取、样本分组、检验计算和结果整合输出 6 个步骤，通过调整其中的参数来完成不同的检验任务。

（3）并行化的计算技术。传统的检验程序没有设计可并行的检验算法，然而，在大规模预报数据检验中，如果数据规模超出内存大小，则必须采用分块和并行计算来提升效率，为此 MetEva 为大部分检验评估算法设计了并行方案。

MetEva 集成了和检验相关的 400 多个函数功能，覆盖了检验数据处理、检验算法和检验图形产品绘制各个方面。

（1）标准化的数据处理功能。集成了 20 种数据读取接口，以方便用户将各种方式存储的预报观测数据读取到统一的数据结构中；包含了多种插值、诊断、统计和时空坐标匹配的功能函数，实现各种应用场景下的预报和观测数据的合并和匹配。

（2）完善的检验算法。MetEva 集成的 54 种检验算法包含了大部分世界气象组织推荐的检验方法和国内业务规范中的检验算法；MetEva 还集成了 MODE 和 FSS 等空间检验算法。

（3）丰富的检验图形样式。集成了 30 多种检验图形产品形式，支持用户从不同角度对预报进行检验分析。

（4）完整的用户文档。撰写了约 5 万字的在线说明文档，对功能函数的参数进行了详细说明，并附以丰富的示例来帮助更多用户掌握 MetEva。

目前，在国内尚无同类的通用检验程序库。美国国家大气研究中心开发的检验工具 Met是在国际和国内应用较为广泛的通用检验软件。和 Met 相比，MetEva 有以下优势和创新之处。

（1）Met 基于 C 语言开发，MetEva 是基于 Python 语言开发的。Python 语言拥有大量的

开源资源可用，其中包括主流的科学计算和机器学习程序库等。MetEva 采用 Python 语言开发，预报产品研发者便于将预报检验和预报算法研发无缝衔接。

（2）MetEva 的数据接口更加丰富。Met 只能支持几种指定格式的文件作为输入，而 MetEva 不仅包括 NetCDF 和 GRIB 等国际上通用的格式，而且还根据国内业务需求集成了 MICAPS 和 SWAN 格式文件的读取功能以及"天擎"大数据云平台数据的接口。此外，用户还可以将计算产生的数据直接和 MetEva 对接。

（3）MetEva 提供了交互式的检验功能，支持用户开展精细化的分类检验评估。在实践中，预报产品研发和应用者事先并不知道预报可能存在的各种问题，此时需要根据上一步的检验结果制定下一步的检验策略，逐步深入完成由粗到细的检验。采用 MetEva 的综合检验功能，一行代码即可完成分类检验计算和图表绘制，通过更换参数即可实现交互式的检验分析。而 Met 主要以可执行程序的方式运行，用户在完成数据文件准备和检验参数后运行检验程序，批量输出检验结果，之后再编程对结果进行分析。对 Met 检验结果的整理和绘图非常麻烦，如果检验参数需要调整，又需要重新读入数据运行程序，效率也非常低。

（4）MetEva 为大部分检验算法提供了并行计算功能，以提升在大规模数据检验场景（例如基于网格实况的长序列预报检验）中的计算效率，而 Met 不便于并行。

（5）MetEva 便于用作各类针对性的检验系统的底层通用算法库。MetEva 中提供给用户直接调用的功能函数超过 400 个，它们都采用了标准的参数设计，撰写了完整的接口文档和使用示例，满足用户根据自己的数据环境搭建检验评估系统时需要用到数据读取、插值、诊断、统计、数据匹配合并、检验计算和图形绘制等各功能的差异化需求。而 Met 主要是用作独立运行的软件，其功能函数不便于被单独调用。

【成果应用成效】

全流程检验评估程序库 MetEva 支撑了"智慧冬奥 2022 天气预报示范计划（SMART2022-FDP）集成显示平台"中的检验评估模块建设。MetEva 提供的功能支持包括以下三个方面。

（1）MetEva 为 FDP 提供了检验评估数据整理功能，包括站点和网格数据形式的各类气象要素预报和观测数据的读取功能，网格数据到站点的插值功能，观测和预报数据按站号、时间和时效进行匹配的功能。经过整理后的观测和预报数据排列整齐，时空坐标信息完整，为后续开展各类检验评估打下了良好的基础。

（2）MetEva 为 FDP 提供了全套的检验评估算法。冬奥气象保障涉及风向、风速、温度、降水、能见度和湿度等各类气象要素的预报，MetEva 结合预报检验评估规范和冬奥气象保障服务的需求为各类要素提供了相关检验算法函数。具体包括：为风预报检验提供了风速均方根误差、风速平均绝对误差、风速平均误差、风速准确率、风速评分、风向偏强率、风速偏弱率和风速散点回归图、风向预报准确率、风向评分、风向风速综合准确率、风矢量散点分布图、风矢量分布统计图；为温度预报检验提供了均方根误差、平均绝对误差、预报准确率、平均误差、误差综合分析图、误差空间分布图、阈值检验、预报稳定性对比图；为降水预报检验提供了晴雨准确率、空报率、漏报率、TS 评分、BIAS 评分和 ETS 评分；为能见度预报检验提供了平均绝对误差和 $\leqslant 1\ km$、$1\sim5\ km$、$5\sim10\ km$、$\geqslant 10\ km$ 等不同等级的 TS 评分，以及 BIAS 评分、空报率、漏报率检验指标；为相对湿度预报检验提供了预报准确率、平均绝对误差、均方根误差、平均误差、误差综合分析图等。

（3）MetEva 为 FDP 提供了分类检验的方案。MetEva 提供了任意选取起止时段、起止时效和任意多个站点的观测预报样本的功能，可进一步对选取所得样本开展分时间、分时效、分区域或分站点的检验统计。基于 MetEva 的上述功能，FDP 平台具备了交互式的精细化检验分析的能力，可以对不同单位的同类预报在不同时间和不同区域展开更细致的对比。

FDP 平台的统一标准的对比检验为预报员过滤了多数质量欠佳或可靠性差的预报产品，方便预报员精选质量优良可靠的预报产品加以重点参考，节省了宝贵的预报和服务时间。在冬奥气象保障期间，检验的重点是对一些预报准确度高的客观预报产品（例如国家气象中心的 STNF）进行精细化的分析。为此，在赛事期间，每日基于 MetEva 实时制作了《冬奥赛区预报总体检验评估报告》《北京赛区预报检验评估报告》《延庆赛区预报检验评估报告》《张家口赛区预报检验评估报告》和《冬残奥赛区预报总体检验评估报告》。这些检验评估报告侧重发掘其预报误差日变化、站点差异、过程极值差异等信息，为预报员进一步的订正预报提供参考。对日常的检验评估报告未涉及的部分，进一步根据不同过程期间的独特预报检验需求，利用 MetEva 的交互式分析功能，为预报员提供个性化的检验评估产品，提升了冬奥气象预报产品制作、预报会商以及服务的效果。

【成果应用展望】

现代天气预报业务包含从数值模式预报、后处理订正、主客观融合再到精细网格预报的复杂制作流程。开展全流程精细化的检验评估是推动各环节预报产品优化和促进最终气象预报服务效果提升的重要手段。目前，各类气象预报服务和重大活动保障中检验评估的需求非常迫切，MetEva 可以快速响应此类需求。MetEva 通过提供一套通用的检验评估算法和功能，避免了气象业务部门在检验系统建设上的重复建设，也让不同部门或不同预报制作环节的检验结果更具可比性。

MetEva 提供的交互式检验功能为预报产品研发和应用人员在重大灾害性过程或重大气象活动保障期间对数值模式、后处理订正和智能网格预报开展分站点（区域）、分时间（季节和日变化）和分时效的精细化检验提供便利。精细化检验增进了对预报产品性能和偏差特征的了解，促进了气象预报服务质量的提升。

【成果代表图片】

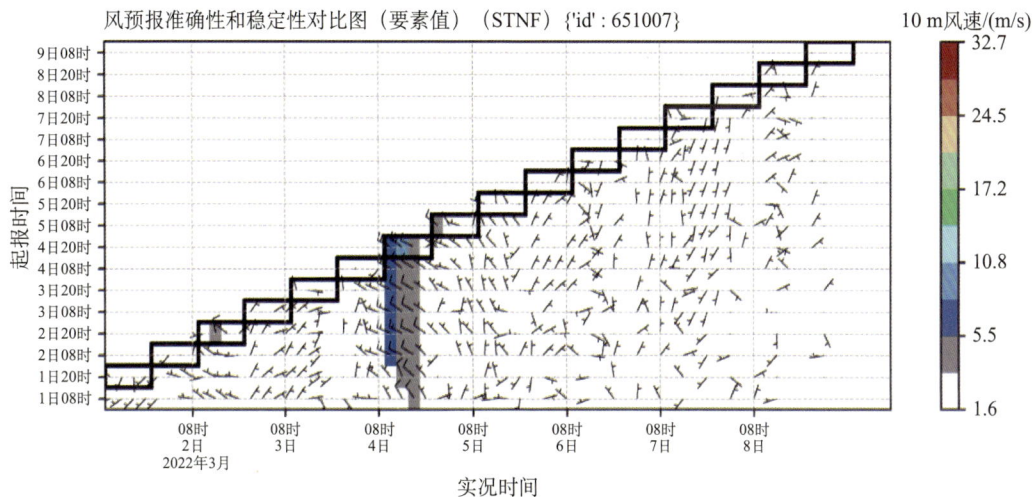

代表图片 1　基于 MetEva 制作的风预报准确性和稳定性对比图

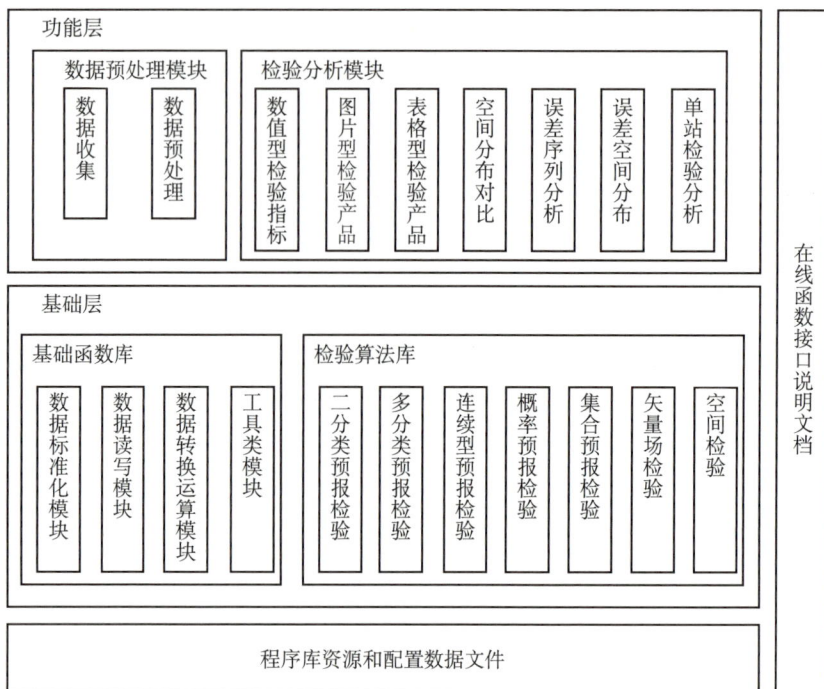

代表图片 2　MetEva 的模块及分层架构图

（撰写人：刘凑华）

3.3.37　冬奥气候预测技术研发及应用

【第一完成单位】北京市气候中心

【主要参与单位】河北省气候中心

【主要贡献人员】王冀　张英娟　施洪波　张潇潇　田青　那莹　车少静

【来源项目名称】国家重点研发计划项目"京津冀精细化强降温预测技术研发及在 2022 年北京冬奥会中的应用"

【成果主要内容】

1. 京津冀气候精细化预测技术研发

（1）统计降尺度解释应用方法研究。基于国家气候中心第二代动力与统计相结合的月动力延伸期预报模式产品，结合京津冀地区天气气候特点，综合运用动力学、统计学等方法进行分析、解释，将月平均环流形势的预报转化为本地区月平均要素的预报。此方法从大尺度大气动力学方程组出发，根据月尺度大气环流的演变特征，推导出月气温距平和 500 hPa 月平均高度距平场的关系，所得到的方程表明预报对象和预报因子两者之间具有明确的物理意义。然后利用动力延伸预报的 500 hPa 月平均高度距平资料和站点的实际降水资料，使用统计学中的反演方法确定出预报方程中的系数，得到所预报站点的月气温预报方程，将该方程应用于实际预报试验，并经过独立样本检验。结果表明动力与统计相结合的方法对月动力延伸集合预报产品的释用具有明显的效果。

（2）低频天气图预测技术研究。基于大气低频振荡客观存在的特征，利用统计学中的滤波方法提取大气中的低频（30～50 d）信号，制作低频天气图延伸期（10～30 d）的降水过程预报。这种低频系统代表了大气低频振荡振幅最大和最小的相位随时间的变化。北京地区低频天气图关键区经不断修改完善，形成了包括低频天气系统、低频波列、低频相位、低频能量和低频遥相关的延伸期预报技术体系。①低频天气系统。从低频天气图范围和低频关键区划分都是针对北京地区的冷空气路径和强度，系统分布着眼于冷空气活动。②低频波列。根据 500 hPa 低频图上的正负中心位移和走向，分析低频波列和冷空气活动的偏北、偏西北和偏西路径。③低频波曲线。根据天气分析的结果，确定低频天气图上的 4、7、8、9 和 10 区的位势高度，分析各区的低频波演变特征和 8 个相位。根据 500 hPa 低频正负中心在各关键区的出现和位移，组成低频波列。

（3）北京智能气候预测技术方法。参考国际上比较先进的气候预测系统，对动力模式数值预报场采用累计概率分布函数构建转换模型，对模式产品进行转移累计概率分布（CDF-t）统计降尺度订正。该方法采用降尺度技术，可将大尺度气候信息转化为区域尺度的气候信息，从而减小区域的模拟误差，提高模式模拟能力。CDF-t 降尺度方法是将两个变量累计概率分布函数建立联系，即较大尺度的原变量和较小尺度是目标尺度的观测变量，通过转移函数使得原变量和观测变量的 CDF 接近。此转移函数的意义其实就是对于某一个变量 x，建立历史时期观测与模式 CDF 的函数关系。此转移函数在验证时期保持不变，通过验证时期模式 CDF 后，最终得到降尺度之后的 CDF。CDF-t 统计降尺度通过建立大尺度变量的 CDF 与区域尺度相同变量的 CDF 之间的函数关系，很大程度上节约了运算资源。

2. 冬奥气候预测与风险评估系统

冬奥气候预测和风险评估系统主要依托在北京市气象局骨干网络、气象大数据存储平台和相关服务器等建设基础上，综合运用多种技术与统计方法，通过融合常用气象观测资料、大气环流及海洋资料、多时间尺度气候模式预测资料建设的业务系统，实现气候风险查询检索及产品制作，生成气候诊断分析产品和多时间尺度气候预测产品，为北京 2022 年冬奥会和冬残奥会期间北京赛区和延庆赛区气候服务提供了重要基础支撑。

【成果应用成效】

（1）冬奥会期间，低频天气图预测 2022 年 2 月整体气温较去年同期偏冷，预测趋势与实况一致，偏冷程序与实况有一定差距。预测冷空气过程与升温过程和实况基本一致，能较好地预测出变温过程，尤其是对 2 月 13 日前后的强降温及降雪过程，提前 15 d 正确预测出此次冷空气过程。2 月底—3 月 2 日，延庆气象站出现 6 级以上大风，极大风速出现在 2 月 28 日，为 18 m/s（8 级）；2 月 28 日—3 月 2 日日极端最低气温降温幅度达 5.3 ℃，低频天气图方法提前 34 d 正确预测出此次天气过程。

（2）北京智能气候预测技术对 2022 年 1 月 31 日—2 月 1 日变温过程的预测。

①在 20～30 d 预报时效内，2022 年 1 月 4—6 日，智能气候预测技术方法提前 27 d 给出了最低气温变温信号，变温幅度为 −1.5 ℃左右；1 月 11—12 日，智能方法提前 20 d 给出了变温信号，变温幅度分别为 −1.2 ℃和 −1.87 ℃。

②在 10～20 d 预报时效内，对过程的预测有滞后，预报变温时段推迟到 2 月 1—2 日，1 月 14、16、18 日分别提前 17、15、13 d 给出了变温信号，其中 1 月 16 日变温幅度接近 −2 ℃。1 月 21 日发布的《2022 年北京冬季奥运会气候预测服务专报》给出了 1 月底前后有

冷空气的预测意见，北京智能气候预测技术具有重要的参考意义。

从检验结果来看，在延伸期时效范围内，北京智能气候预测方法预测的最低气温变温幅度往往不超过 -2 ℃，预测的最大变温幅度为 -3.6 ℃。结合实际使用经验，当北京智能气候预测方法预测的最低气温变温幅度达到 -1.5 ℃及以上时，可认为对冷空气过程有较强的指示意义。

（3）基于冬奥气候风险评估和气候预测系统，利用自动气象站逐时数据，详细分析北京冬奥会和冬残奥会赛区各年度赛期同期气象条件，评估赛区同期气象风险和雪上项目精细化大风风险，有力支撑了《北京 2022 年冬奥会和冬残奥会赛区气象条件及气象风险分析报告》的编写，为相关部门提供无缝隙优质服务，为确定最佳比赛时段、完赛日期等提供科学依据。针对 2021 年"相约北京"系列冬季体育赛事期间出现的阶段性高温、大风、沙尘等高影响天气，及时撰写冬奥核心赛区历史极端高温融雪风险分析报告和冬奥赛区大风、沙尘复杂天气形势分析报告，为上级决策和舆情应对提供了技术支撑。

冬奥会和冬残奥会赛事期间，及时向北京市冬奥组委、中国气象局应急减灾与公共服务司等部门提供国家体育场内外历史 2 月气温比较、历史同期各赛区降水量、赛区 5 级及以上阵风实况等分析报告。在延伸期时段提前研判出 2 月 13 日降雪、降温过程和 2 月 19 日降温过程，冬奥组委对 2 月 13 日前后北京延庆赛区强降温降雪天气的气候预测服务工作高度肯定，北京冬奥组委副主席杨树安表示："早在 2 月 4 日，气象部门就预测到这场降雪过程。11 日之前，我们已基本确定每个场馆的降雪时段和量级，做好了预案。"

【成果应用展望】

北京 2022 年冬奥会和冬残奥会期间建立的气候风险评估及气候预测技术以及气候预测与评估系统是冬奥气候服务丰厚的"奥运遗产"，拓展了气候服务领域，丰富了气候服务产品，提高了气候科技服务的精细与精准。该奥运成果将有效提升气候业务服务能力，更好地满足重大活动气候保障服务需求，为政府做好各项决策部署提供正确和有力的科技支撑。

【成果代表图片】

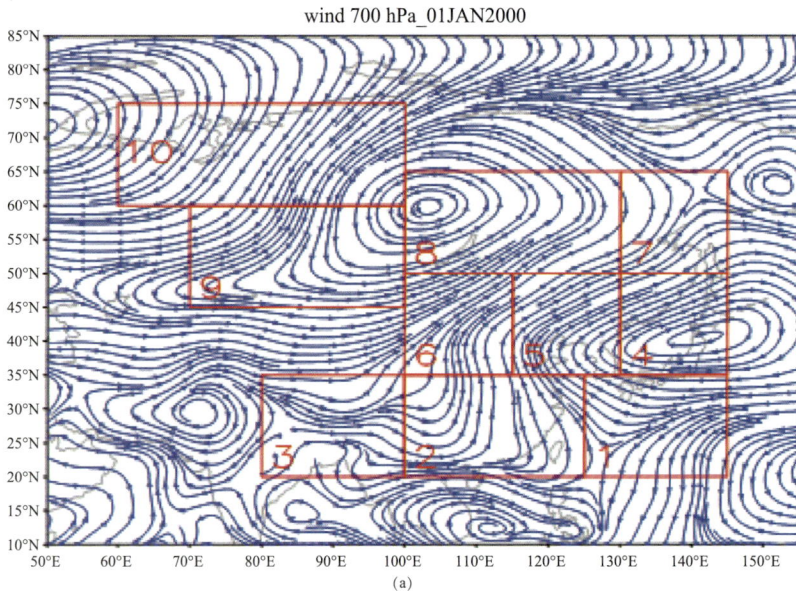

(a)

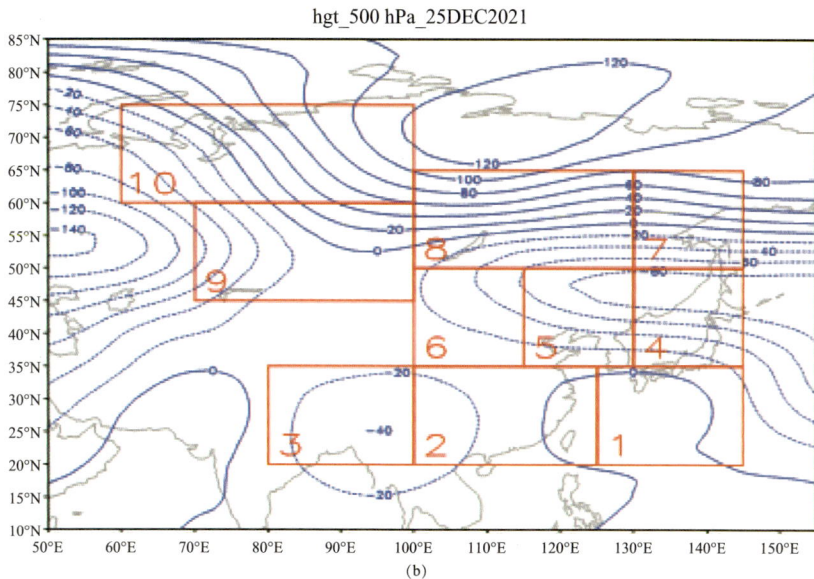

代表图片 1　低频天气图 700 hPa 流场（a）和 500 hPa 位势高度场（b）

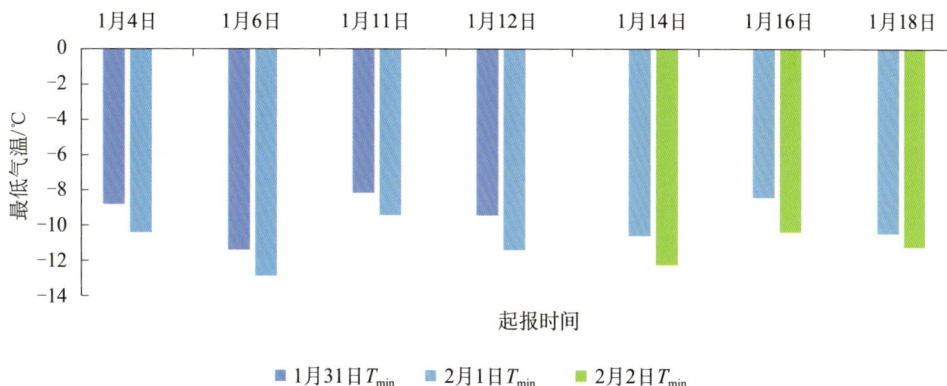

代表图片 2　北京智能气候预测方法对 2 月 1 日前后延庆最低气温不同起报时间的预测

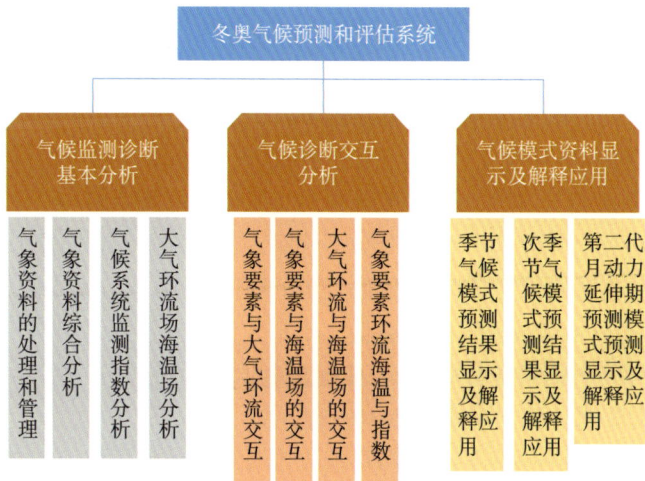

代表图片 3　冬奥气候预测和评估系统

（撰写人：张英娟）

3.3.38　冬奥赛区要素精细化历史数据集和延伸期预测系统建设

【第一完成单位】国家气候中心

【主要参与单位】北京市气候中心；河北省气候中心

【主要贡献人员】高辉 李想 丁婷 袁媛 石柳

【来源项目名称】国家重点研发计划项目"气候变暖背景下极端强降温形成机理和预测方法研究"

【成果主要内容】

（1）冬奥地面自动气象站多要素历史数据集建设。重建了 1960—2018 年张家口和延庆两个赛区附近 54 个冬奥地面自动气象站日平均风速、气温、相对湿度、气压和日累计降水量等多要素历史数据集。检验表明，在年尺度上，重建值与观测值有较好的一致性。这一结果填补了冬奥会赛区自动气象站无 2015 年前长序列观测资料的空白，为精细化的冬奥会赛场气候评估报告提供了有力的数据支撑，也被收录和应用于《北京 2022 年冬奥会和冬残奥会赛区气象条件及气象风险分析报告》，得到国际奥委会技术总监的肯定。利用精细的赛区资料，分析不同赛区关键点的低温风险，给出低温风险概率、出现高风险的时段和日期，并给出适宜比赛的排期表，在冬奥会测试赛期间首次应用。

（2）冬奥会赛区强降温等高影响天气延伸期预测系统建设。冬奥会极端强降温及伴随的大风和雨雪天气是对赛事活动最主要的高影响天气，但其 10 d 以上的超前预报具有很大难度。团队负责人主持的国家重点研发计划项目"气候变暖背景下极端强降温形成机理和预测方法研究"专门设立冬奥精细化预测课题，联合开展技术攻关，尤其是针对冬奥会赛区开展动力模式可预报时效分析，追踪强降温低频信号源和侵袭赛区主要路径，开展动力统计结合的诊断预测方法研发。上述科研成果为提前两周成功预测"开幕式前（1月底）有冷空气过程""开幕式期间天气情况总体有利，无高影响天气""2 月 13 日前后有冷空气和降雪天气"等提供科技支撑，预测结果得到冬奥组委领导表扬和肯定。

【成果应用成效】

（1）提前两周以上准确预测冬奥会开幕式当日天气。1 月 14 日发布的天气预报指出："北京 2022 年冬奥会开幕式前（1 月底）有一次弱至中等强度冷空气过程，需关注大风降温等天气对北京冬奥会最后筹办冲刺工作的不利影响。预计 2 月 4 日前后气温逐步回升，北京城区气温较常年同期偏高。"在 1 月 18 日和 1 月 21 日的滚动预报中均维持这一结论，并在 21 日预报中明确开幕式当天寒潮大风和强雨雪天气发生的可能性较小。上述结果和实况均一致，1 月 31 日前后朝阳气象站有一次弱冷空气过程，2 月 4 日开始气温阶段性回升。

（2）提前两周左右准确预测冬奥会闭幕式当日天气。2 月 8 日发布的天气预报指出："闭幕式当日（2 月 20 日）北京城区气温略偏低。闭幕式活动时段风速有 3～4 级。寒潮大风和强雨雪等高影响天气发生的可能性较小。"实况是朝阳气象站当日气温距平为 -2.5 ℃，闭幕式期间风力较弱，无降水。预报和实况基本一致。

（3）提前两周左右准确预测冬残奥会开幕式当日天气。2 月 22 日发布的天气预报指出："3 月 4 日北京城区气温接近常年同期，强降温和强降水天气发生的可能性较小。"实况是朝阳气象站当日气温距平为 3 ℃，开幕式期间风力较弱，无降水。预报和实况基本一致。

（4）重大过程预测准确。受京津冀地区 2 月 12 日降雪天气影响，北京冬奥会张家口和延庆赛区部分原定 13 日进行的赛事及训练推迟。国家气候中心 2 月 1 日发布的预报指出："2 月 13 日京津冀有弱冷空气和雨雪天气。"2 月 4 日和北京市气候中心、河北省气候中心的滚动会商也维持这一结论。本次预测服务得到肯定。在 2 月 13 日举行的国际奥委会和北京冬奥组委每日例行新闻发布会上，北京冬奥组委副主席杨树安做出回应："今天的降雪天气，我们早在 2 月 4 日便得到了气象部门的预测信息。"

【成果应用展望】

（1）虽然成都大运会和杭州亚运会均在夏季开展，且在南方地区，但可以参考冬奥会赛区强降温天气前兆信号追踪识别的方法，尝试应用于其他高影响天气，如暴雨、高温等的信号源。在此基础上开展动力学、统计学相结合的预报分析，给出最大可能发生日期落区。

（2）2022 年伊始，团队提前进入冬奥气候预测保障服务特别时期，由之前的逐旬会商制迅速升级为每周两次常规会商制，并根据服务需求随时滚动。如此高强度的会商频次在气候预测中当属首次。频率提高的同时注重会商质量，多次邀请丁一汇院士等知名专家给予现场指导，针对高影响天气发生的可能性和预测的不确定性开展详细分析。这种组织方式也可为今后大型活动气象保障提供参考。

（3）对未来冬季预测的启示。寒潮降温是我国冬季最主要的高影响天气之一，对生产生活均有直接影响。目前冬季延伸期尺度降温预报主要基于模式的客观结果开展。针对冬奥会赛区的低频前兆信号识别技术可推广到我国北方其他地区，一方面可以追踪侵袭我国地区强降温的不同影响源地，从而构建精密化要素动态监测，另一方面也可结合模式结果和低频信号传播搭建动力 - 统计结合的变温预测业务系统，为冬季精准预报和精细服务提供一定的技术支撑。

【成果代表图片】

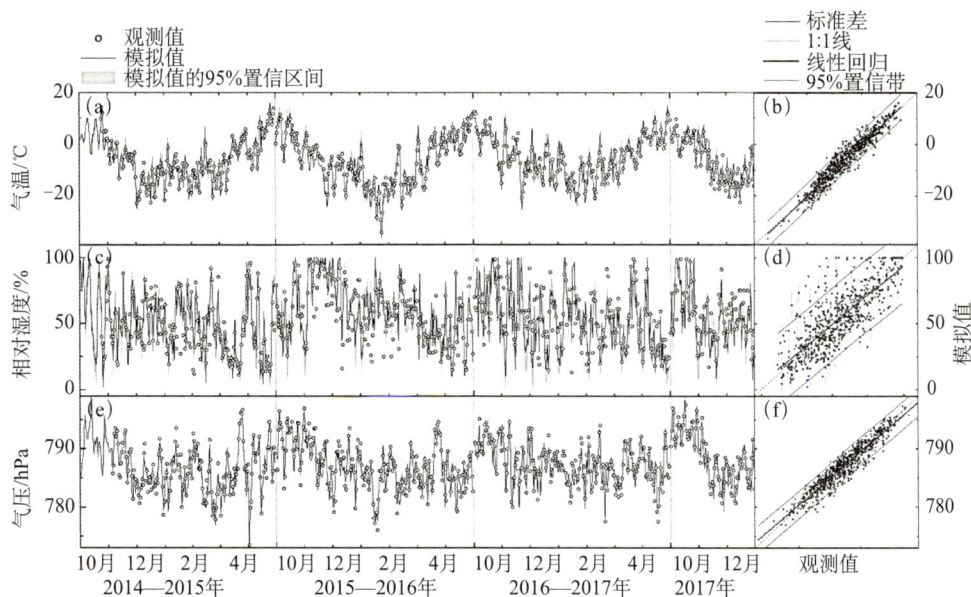

代表图片 1　小海陀气象站气温（（a）、（b））、相对湿度（（c）、（d））和云顶山顶站气压（（e）、（f））观测日值和回算日值时序图（左列）与对比图（右列）

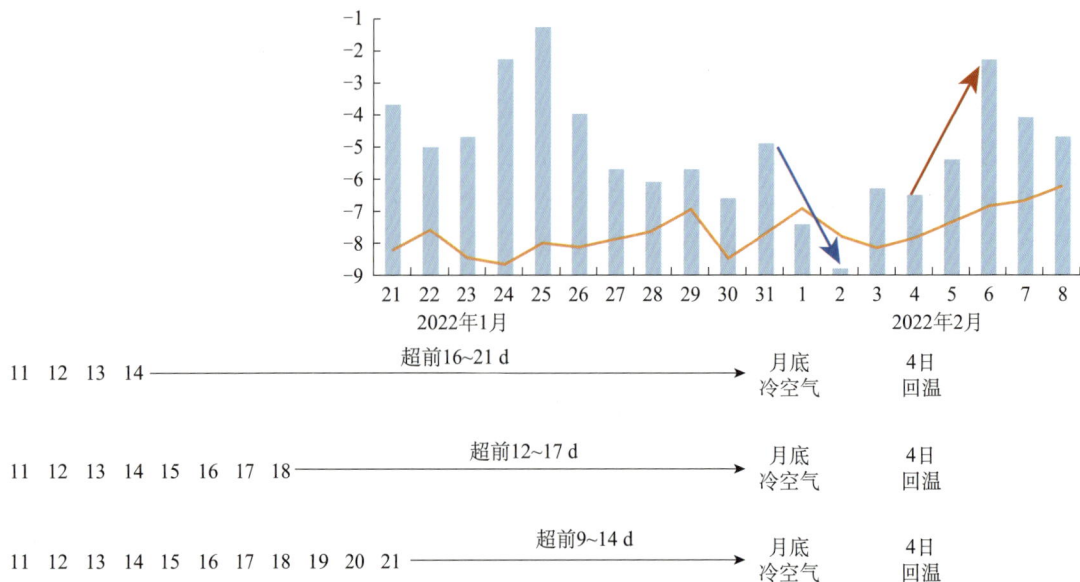

代表图片 2　冬季强降温动力学、统计学预测子系统在 2022 年冬奥会开幕式的预测应用

（撰写人：高辉）

3.3.39　冬奥赛区冬季气温次季节至季节变化机理和预测方法

【主要完成单位】中国气象科学研究院

【主要贡献人员】刘伯奇　鄢钰函　祝从文　马双梅　蒋宁

【来源项目名称】自研项目

【成果主要内容】

针对冬奥赛区冬季气温的次季节至季节变化特征、影响因子和预测方法开展了专题研究，取得了阶段性成果。

（1）通过基础理论的研究，揭示了冬奥会赛区冬季气温的次季节至季节变化规律和主要影响因子。①阐明了全球变暖气候背景下冬奥会赛区大范围冬季气温变率"两极化"的现象及其可能原因，指出赛区冬季遭受极端冷事件和暖事件侵袭的概率仍在不断加大的观测事实。在此基础上，定义了冬奥会期间可能发生的短时极端变温事件（"温度挥鞭"事件），并揭示了该事件发生的气候背景和有利条件。②揭示了冬奥会赛区冬季气温次季节至季节变化的环流成因和大气外强迫因子，证明了冬季西伯利亚高压形态多样性对赛区冬季气温异常的复杂影响，分析了赛区冬季气温年际变率前兆因子的年代际调整现象和机理，从季节循环－次季节变化协同影响的角度，解释了冬季赛区气温次季节调整的原因。以上基础理论研究从全球变暖下的极端气温事件新特征和次季节－季节－年代际变化多时间尺度协同影响赛区气温的新角度，提出了赛区气温次季节至季节预测的新方法，为构建冬奥会赛区气温次季节至季节预测新技术和提高极端变温事件预警能力奠定了科学基础。

（2）建立了适用于冬奥会赛区气温"旬－月"距平的统计预测模型和基于 WMO S2S 多模式预测产品的赛区气象条件预测可视化平台。①基于基础理论研究结果，明确了适用于 2022 年冬季赛区温度季节预测的统计建模训练时段，结合 CAMS-CSM 动力模式预测，在已有"气科院气候统计预测自动化系统"（CAMS-ASPS）的基础上，基于季节循环和次季节过程的数学分解，研发了适用于冬奥会赛区气温"旬－月－季"距平的分级统计预测方法（CAMS-ASPS-H）。该模型不仅能够提前 6 个月输出赛区冬季季节和月平均气温距平预测结果，也能够提前 2 个月输出赛区冬季旬平均气温距平预测结果，回报技巧均高于现有动力学模式。②开发了基于 WMO S2S 多模式预测产品的赛区气象条件预测可视化平台，结合赛区气象条件次季节至季节预测业务需求，研制了赛区"旬－月"平均气温距平、降水距平百分率以及"气温挥鞭"事件（赛区 24 h 变温强度）等多模式展示模块。基于中国气象局 S2S 数据节点和在线传输服务的实时预测，及时获取和滚动更新 S2S 多模式对赛区未来 11～30 d 的逐日地表 2 m 气温、日最低气温和 24 h 累计降水的最新预测和调整。对原始数据进行气候态偏差订正，提供赛区 S2S 各种模式以及集合平均预测的气温降水距平空间分布和时间演变剖面图等。通过 24 h 变温强度对赛区冷空气过程和"气温挥鞭"事件发生风险进行综合研判。以上针对冬奥会赛区的次季节至季节新预测方法和技术总体上加强了业务系统建设能力，为北京冬奥会气象中心在冬奥会和冬残奥会期间及时提供预测产品，并为动力模式产品在冬奥会气象服务中的解释应用提供了技术支持。

【成果应用成效】

上述成果中新研制的次季节预测方法和模型，及时为冬奥会气象中心提供赛区气温和降水的次季节至季节预测产品。2019 年 12 月—2022 年 2 月，先后参加冬奥会气候预测专题会商 15 次，并提供赛区气象条件的次季节至季节预测意见，实施效果良好。测试赛期间，不仅准确预测出冬奥会赛区 2020/2021 年冬季平均气温整体偏高的气候格局，还预测出 12 月赛区异常偏冷和 2 月赛区异常偏暖的逐月气温波动，并给出 2021 年 2 月下旬测试赛期间赛区气温异常偏高的气候趋势，为测试赛的顺利开展提供了重要的气候背景预测信息。在正式比赛期间，于 2021 年 12 月底就准确预测出赛区 2 月上、中旬气温异常偏低的气候异常，并于 2022 年 2 月初准确预测出赛区 3 月份平均气温整体偏高的气候格局，为北京 2022 年冬奥会和冬残奥会的顺利开展提供了有效的次季节至季节气候预测服务和科技支撑，相关预测结果获得冬奥气象中心认可。

【成果应用展望】

上述创新研究成果及其实际应用效果理论研究方面的基础有助于加深对东亚气候次季节至季节变化的特征、成因及可预测性的认识，厘清在全球变暖气候背景下极端气候事件新发、频发的事实，识别更多极端气候事件发生的前兆信号，可以应用于气候预测研究及极端气候事件的应对等。此外，在东亚区域构建的次季节至季节多尺度分级预测（旬－月－季）模型和自动化系统，结合动力预测和统计预测的不同优势，保证在有效的提前期内给出目标区域气候异常格局的预判信息，提供气温和降水的次季节至季节预测产品。可提前 6 个月获取季节和月平均距平预测结果，提前 2 个月获取旬平均距平预测结果，在延伸期结合国际 S2S 多模式实时预测信息进行滚动订正。以上综合预测技术和信息可服务于气象条件次季节至季节预测的业务需要，应用在不同区域和重大活动保障中的次季节至季节气候预测服务和科技支撑等。

（撰写人：刘伯奇 鄢钰函）

3.4 服务技术

3.4.1 冬奥赛场大涡模拟精细风场评估

【第一完成单位】中国气象局北京城市气象研究院

【主要参与单位】北京市气象局

【主要贡献人员】刘郁珏 苗世光

【来源项目名称】国家重点研发计划"科技冬奥"专项"冬奥会气象条件预测保障关键技术";中国气象局创新发展专项"针对复杂地形山火灾害的高分辨率气象精细化模拟及订正关键技术";国家自然科学基金项目"复杂地形边界层中尺度气象与大涡模拟耦合模式研究"

【成果主要内容】

（1）开展冬奥赛场大涡模拟精细风场评估。近地面风对冬奥会赛事活动、日程安排、造雪和储雪以及运动员发挥和比赛公平性影响很大，甚至会影响运动员的人身安全。风是北京冬奥会场外赛事考虑的首要气象因素，精细评估竞赛场地核心区域风环境对赛道施工建设、遴选防风方案及赛事安排非常必要。开展大涡模拟精细风场评估选取位于北京市西北部延庆区的小海陀山，范围约为 10 km×10 km，是北京 2022 年冬奥会和冬残奥会的主竞赛区域之一，包含国家高山滑雪中心、国家雪车雪橇中心两个竞赛场地和延庆冬奥村、山地新闻中心两个非竞赛场馆。小海陀山地形地貌复杂，最高海拔高度为 2 199 m，国家高山滑雪中心雪道起点与终点落差高达 900 m，极大的海拔落差给赛事气象保障服务工作带来很大困难。将高山滑雪赛事风速阈值定为 3 档：影响决策风速 11 m/s、重点影响风速 14 m/s 和关键影响风速 17 m/s。

（2）天气环流分型技术及精细风场评估结果。客观天气环流分型方法如下：首先分型数据采用两种数据拼接，一种为分辨率 1°×1° 的 NCEP FNL 全球再分析数据逐 6 h 平均海平面气压场（2009—2016 年），另一种为分辨率 3 km×3 km 的睿图－短期模式系统分析场逐 6 h 平均海平面气压场（2017—2021 年）。选择冬奥会赛事月份 2—3 月，总样本量为 3 080。天气分型方法采用 Lamb-Jenkinson（L-J）大气环流场分型法，将以北京延庆小海陀山为中心区域的天气环流场进行客观天气环流分型。以小海陀山赛场（40°N，115°E）为中心点，选取 30°～50°N，100°～130°E 范围作为分型研究区域，每 10 个经度、5 个纬度取 1 个差分格点，共 16 个格点。将这 16 个格点的海平面气压，通过中央差分方案计算每 6 h 间隔的 6 个环流因子：地转风、地转风经向分量、地转风纬向分量、地转涡度、地转经向梯度和地转纬向梯度。上述环流因子以 40°N 为基准进行标准化处理，地转风和地转涡度的单位均为 hPa/10°。

根据地转风风速及涡度将环流型划分为平直气流型 D（directional）、气旋型 C（cyclone）、反气旋型 A（anticyclone）、气旋－平直气流混合型 C-h（cyclone-hybrid）和反气旋平直气流混合型 A-h（anticyclone-hybrid）五大类。分析结果表明，2—3 月北京延庆冬奥赛区大类环流型分布情况如下：2 月和 3 月大类环流型组成基本相同，平直气流型 D 最多，其次是反气旋型 A 和 A-h，气旋型 C 和 C-h 最少，3 月出现的气旋型较 2 月偏多近 1 倍。分析 2009—2021 年 2—3 月北京延庆赛区中心点 700 hPa 风玫瑰图可知，小海陀山

700 hPa 风向多集中在西北象限，占总样本量的 83.74%；其次是西南象限，占总样本量的 12.61%，东、南象限内样本量极少。为尽可能细化西北象限内的天气型，将 700 hPa 风向分为不等角度的 8 类：E（22.5°～157.5°），S（157.5°～225°），SW（225°～247.5°），WSW（247.5°～270°），WNW（270°～292.5°），NW（292.5°～315°），NWN（315°～337.5°），N（337.5°～22.5°）。结果表明，除北风方向外，其他风向分类下均以平直气流型 D 最多，其次是反气旋型 A 和反气旋平直气流混合型 A-h。东风和南风方向的样本量明显少于西风、北风。北风、东风分类中气旋型 C 和气旋平直气流混合型 C-h 出现样本空缺现象，说明该风向下气旋型出现概率极小。

研究中共获得大风、平均风、小风的 93 组天气类型，每组挑选 1 个典型个例，共计 93 个典型个例。另外，还挑选了大风组中 700 hPa 最大风速的天气个例作为极大风典型个例，用于评估赛场极大风分布情况。93 个典型个例的高分辨率模拟采用 RMAPS-LES。基于 37 m×37 m 分辨率 10 m 风场的模拟结果，对小海陀山高山滑雪赛场进行详细的风环境评估，评估包括 2—3 月平均风和极大风分布，以及超出高山滑雪赛事举办的风速阈值的风险分布特征。结果显示，2 m 温度、10 m 风速和风向平均偏差分别为 0.45 ℃、1.5 m/s 和 11.23°，预报技巧较高。高山滑雪赛场的平均风与极大风分布特征大体一致：山顶和山脊处风速明显高于山谷，大风速区主要位于小海陀山北部和南部两侧的山脊沿线地带。南侧山脊大风区对赛事并无影响，在此处未设任何赛道。赛道主要建于北部山脊（赛道起点）及其向南快速降低的山洼地带（赛道终点）。北侧山顶赛道起点处及赛道前半部分处风速显著高于其他区域，其平均风速为 15 m/s，极大风速可达 30 m/s，风速值超出高山滑雪设置的影响决策点。而向南的赛道中段和后半段处在背风坡，风速明显较小，大部分区域平均风速小于 10 m/s，基本未超过影响决策点。山顶沿线赛道起点发生风速超出影响决策风速 11 m/s 的概率超过 60%，但风险较大区域仅为山顶沿线赛道起点部分。位于背风坡区域其发生超出影响决策风速 11 m/s 的概率不超过 10%，而大部分中后段赛道基本位于背风坡的山壑内，其概率小于 2%。

【成果应用成效】

此前，北京延庆小海陀山冬奥会赛区从未有过任何风环境相关的评估报告，历史气象观测数据也较匮乏。复杂山地往往形成局地山地小气候、特殊的山地天气现象和局地环流。因此，在复杂地形下开展高分辨率模拟试验以获得大量精细气象场数据非常必要，可以很大程度上补充观测数据。

根据各类天气型所占比例，结合 37 m×37 m 分辨率模拟风场得到冬奥赛区精细化风环境评估结果，给出赛区 2—3 月不同天气型下高分辨率风场分布情况，冬奥会赛事月份平均风、极大风分布特征，精准识别大风速风险区范围和位置。例如，通过冬奥会赛场大涡模拟精细风场评估成果指出：值得关注的大风风险区仅为延庆山顶沿线赛道起点范围，其他赛道部分发生大风风险较小，较适合比赛；山顶沿线赛道起点区域超出重点影响风速和关键影响风速的风险较超出影响决策风速的风险有所下降，但依旧存在一定的大风风险，需要采取对应的防风措施，以加强比赛安全性。

研究成果对北京冬奥会延庆赛场开展精细的风环境评估并基于此提出相应的防风方案，为国际雪联对赛场风环境安全性问题提供有力的技术支撑。采取客观天气环流分型的模拟技术路线可以有效节约计算成本，弥补观测数据不足，以开展长期高分辨率的气候评估。评估

报告结果获得了冬奥组委的肯定，也为后续冬奥会赛事制定、赛时安排、赛道设计及遴选防风等工作提供了有力的技术支撑。

【成果应用展望】

　　未来将继续完善客观天气环流分型方法，解决分型方法中存在的分类不够全面、不够细致的问题，后续将进一步优化，发展更科学、客观的分型方法。另外，北京冬奥会延庆赛场开展精细的风环境评估并基于此提出相应的防风方案，这一整个技术路线可拓展至大型山地户外活动、山地大型建筑群小环境设计、山火防灾减灾、山区污染预报及核扩散评估等强烈依赖风环境信息的气象服务工作。

【成果代表图片】

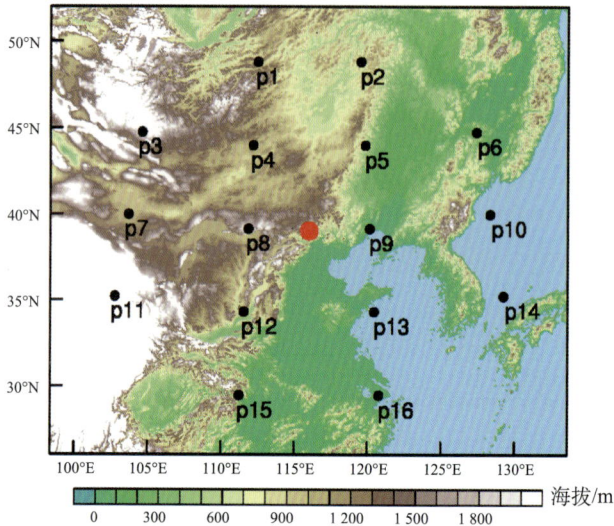

代表图片 1　L-J 分型区域及 16 个计算差分格点（黑色圆点）分布
（红色圆点表示赛场中心点）

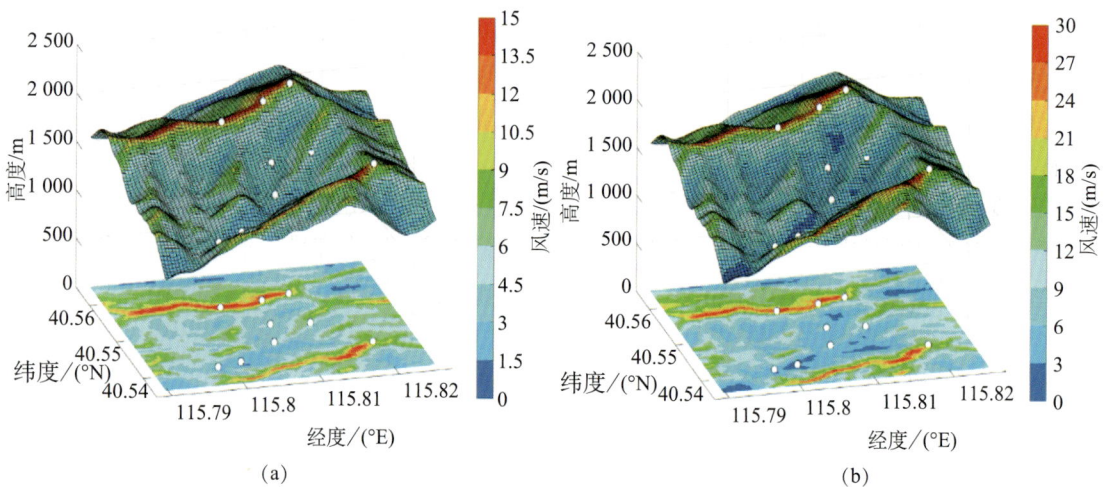

(a)　　　　　　　　　　　　　　　　(b)

代表图片 2　高山滑雪赛场风场分布
（上方为叠加地形的三维图；下方为俯视平面图；白色圆点为自动气象站；（a）平均风；（b）极大风）

（撰写人：刘郁珏）

3.4.2 北京 2022 年冬奥会和冬残奥会赛区气象条件及气象风险分析系列报告

【主要完成单位】北京市气候中心；河北省气候中心

【主要贡献人员】王冀 于长文 等

【来源项目名称】自研项目

【成果主要内容】

北京市气候中心、河北省气候中心持续 5 年共同完成了《北京 2022 年冬奥会和冬残奥会赛区气象条件及气象风险分析报告》（中、英文版）的编写工作，内容涵盖北京冬奥会赛区 2017—2021 年赛期同期气象条件分析、气象风险评估。该系列报告分析了冬奥会赛区在赛事同期出现的主要影响天气，包括强降温、大风、高温融雪、沙尘暴等，利用相关统计方法比较 2021 年与历史同期三大赛区出现的极端天气气候事件，开展风险评估；并针对三大赛区发生的极端天气气候事件给赛场带来的综合影响，给出精细化分析结果。同时，首次利用赛区分钟级和秒级风资料，采用能量谱、小波分析等方法对延庆赛区高山滑雪不同高度、张家口赛区雪上空中技巧（张家口云顶）、冬季两项终点区、跳台滑雪场馆等核心竞赛场地的大风特征进行详细的分析，给出阵风中可以比赛的窗口期。开展了张家口赛区雪质观测数据分析，通过 K- 均值聚类、叠加决策树等分析方法，构建了张家口赛区雪质判别模型，提出了张家口赛区 2021 年冬奥会赛事同期逐小时雪质风险等级的变化特征。报告分析总结了赛区的风险特征，制作了冬奥赛事日程气象风险适宜性分析，给出了比赛的最佳时段。

【成果应用成效】

该系列报告的编写过程中，在北京冬奥组委和冬奥气象中心组织下召开了多次编写工作协调会及内容讨论会，充分参考了往届冬奥会天气报告并征求了北京冬奥组委特聘专家、雪上项目专家、国家气候中心专家意见的基础上，确定了报告的基本框架和主体内容，实现了冬奥会雪上运动与气象的充分结合，是冬奥会历史上第一本详尽描述赛区天气气候特点和气象风险的书籍。

本系列报告不仅利用赛区附近气象站的长期气象观测数据分析了赛区的气候背景、主要影响天气系统，还利用 2015—2021 年布设在北京、延庆和张家口三个赛区的高精度自动气象站的观测数据，针对各场馆的气温、降水和风速情况进行了分析。该系列报告每年按时提交至北京冬奥组委和国际奥委会，为北京冬奥会场馆建设、赛事安排、运动员参赛准备等提供参考，也为气象人员认识复杂地形下的天气、气候规律提供第一手资料，为提高冬奥气象预报服务技术奠定基础。

【成果应用展望】

该系列报告充分应用山地气象理论建立的"山区气象数据计算方法"为在无历史观测资料的赛区提供气候背景分析和 2022 年冬奥会气候背景分析撰写方案，为在没有气象观测资料背景下开展重大活动气象保障提供了典型案例。该系列报告是冬奥会历史上第一次气象与体育赛事紧密结合，并且实现了根据赛场提供不同的风险评估，为后冬奥时代体育赛事的气象风险评估提供了有力的参考。

【成果代表图片】

(a)

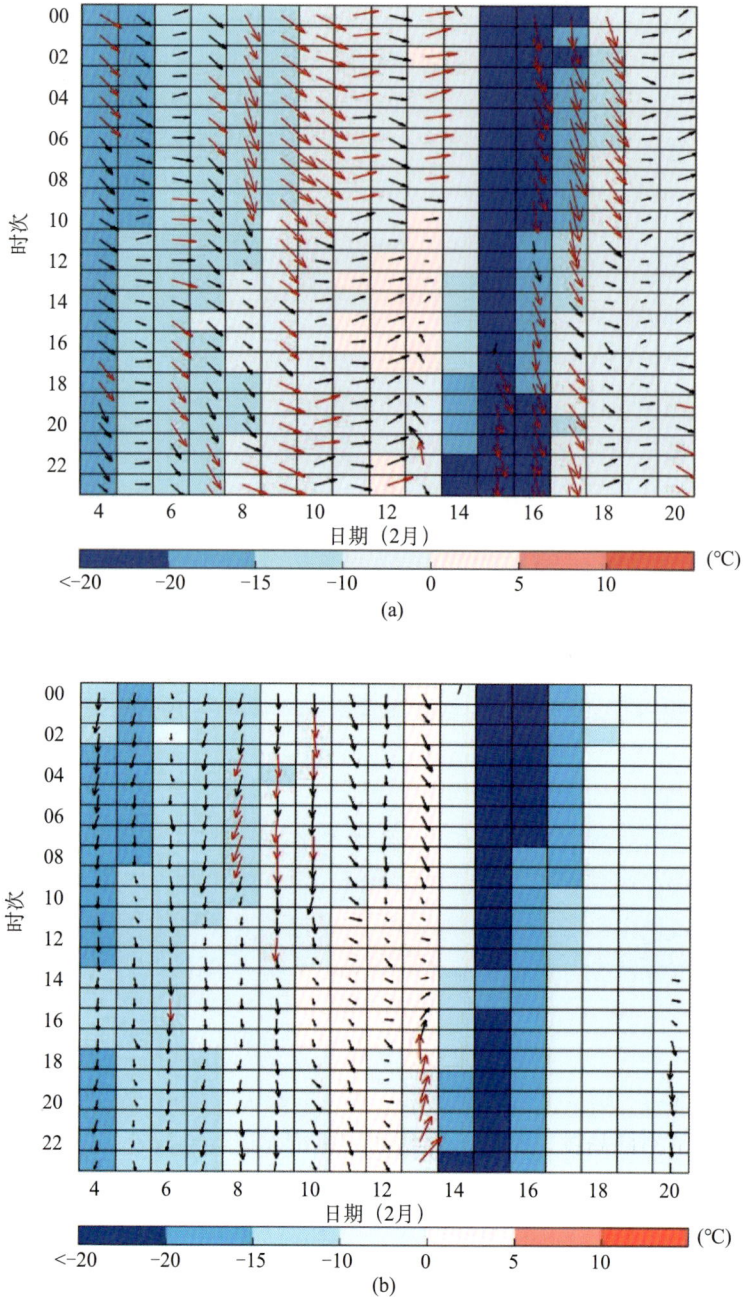

(b)

代表图片 1　2020 年 2 月 4—20 日延庆赛区高山滑雪中心竞速 1、2 号站平均气温（填色）和 2 min 平均风速风向（箭头）分布

（（a）、（b）分别为竞速 1、2 号站；红色箭头代表 2 min 平均风速≥ 11 m/s；黑色箭头代表 2 min 平均风速＜ 11 m/s；箭头方向代表风向）

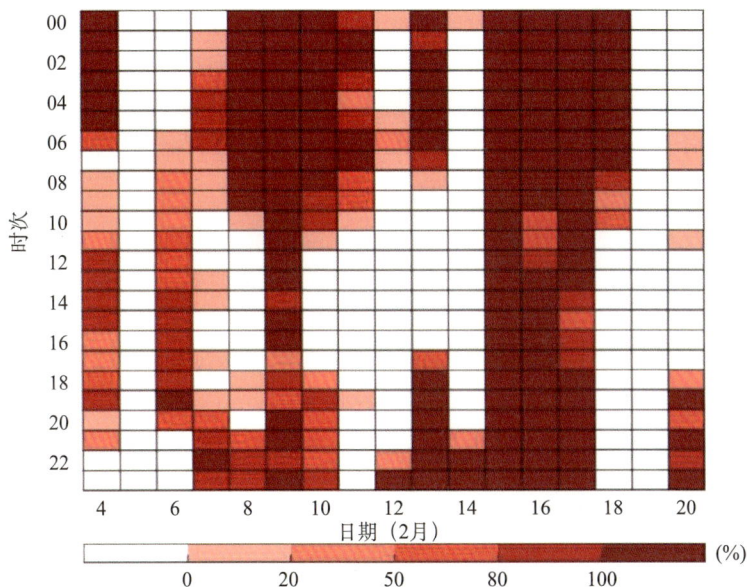

代表图片 2　2020 年 2 月 4—20 日延庆赛区高山滑雪竞速赛事比赛时段风险概率
（风险阈值：平均气温≤−20 ℃，平均风速≥11 m/s，极大风速≥17 m/s）

（撰写人：王冀）

3.4.3　基于计算流体力学技术的冬奥会场馆精细化风场模拟与评估

【主要完成单位】北京市气候中心
【主要贡献人员】邢佩　杜吴鹏　轩春怡　杨若子　党冰　熊飞麟
【来源项目名称】北京城市科技课题"重大活动场所 10 米分辨率风温场监测预报技术研究"
【成果主要内容】

为了保障北京 2022 年冬奥会开闭幕式活动和单板滑雪大跳台赛事的顺利进行，十分有必要开展米级别精细化风场模拟与评估。应国际奥委会和国际雪联专家以及北京冬奥组委开闭幕式工作部署要求，以计算流体力学（Computational Fluid Dynamics，CFD）技术为核心，完成了考虑建筑外形、建筑布局、大型活动临时建筑等因素的精细化风场模拟与评估技术研发，先后针对首钢滑雪大跳台、国家体育场所在区域典型气候态下的风环境进行了高分辨率的数值模拟，获得了不同高度、不同垂直切面的精细化风场空间特征（水平分辨率 2 m，垂直分辨率 2～5 m）。

1. 主要研究内容

（1）整理并分析场馆周边原有地面气象站和在赛场内新建立的自动气象站的长期观测资料，分别对赛场周边区域背景风环境和赛场内风环境特征进行分析，由此总结归纳出赛场的多个典型气象条件，设计敏感性方案。

（2）利用 3ds Max、SketchUp 等软件完成核心区域内三维模型的建立与优化，包括首钢滑雪大跳台、国家体育场自身三维模型及其周边建筑轮廓和布局的勾画，并进行格式转换导出 stl 文件。

（3）开展精细化风场模型构建，在 WindPerfectDX 中导入建好的 stl 三维模型后，调整参数，进行多层领域设置、渐变网格划分等，并根据典型气象条件输入风向、风速等初始气象条件。通过计算模拟获得不同典型案例赛场及周边的精细化风场分布。

（4）基于精细化风场模拟结果，分析不同典型气象条件下赛场内不同高度、不同垂直切面的风速和风向变化特征，并结合赛事和开幕式相关安全气象阈值，对赛场进行风影响综合评估，重点分析评估风速过大或风切变较大的高风险区域。

2. 研究结果

（1）在西北风中等风速条件下，首钢滑雪大跳台风速整体较小，但涡流较多，风速大值区多分布在冷却塔与大跳台沿线的西南侧，起跳位置的风险相对较大。

（2）在南风中等风速条件下，大跳台看台区域处于东南侧建筑的尾流区，气流方向较为复杂，整体风速较小，但在远离坡面的较高区域风速较大，尤其是当高度大于 40 m 时，风险明显增加，赛道附近的南向风会导致一定的侧风。

（3）初始风速较小时，国家体育场内部风速整体较小，随着高度的增加风向变得愈加复杂，偏北风时体育场内部的外围区域和西侧主席台附近产生较多涡流，偏南风时南北中轴区域及其东西两侧区域存在较多涡流。

（4）在典型大风天气背景下，国家体育场南北中轴区域及东西两侧外围区域在 10 m 高度以上存在较多涡流，风速大值区分布在南北中轴的两侧条形区域以及北部接近层顶的区域，大风风险相对较大，可能会对该区域的高空表演、焰火燃放等活动产生不利影响，须加强防范。

北京市气候中心研发的冬奥会场馆精细化风场模拟与评估技术适用于城市复杂下垫面，能够显示、分辨复杂建筑物，考虑了建筑外形、建筑布局、大型活动临时建筑等因素对局地风环境的影响，获得了首钢滑雪大跳台和国家体育场不同高度、不同切面直观的米级别三维精细化风场，从而为相关冬奥会赛事和开闭幕式活动的顺利举办提供了重要科学依据。

【成果应用成效】

在冬奥会筹备阶段，精细化风场模拟与评估技术成功应用于北京城区两个场馆（首钢滑雪大跳台、国家体育场），获得的米级别精细化三维风场较好地满足了相关赛事和开闭幕式活动在精细化风环境方面的气象保障服务需求。

2018 年 7 月以来，以计算流体力学技术为核心，历时四个多月完成了不同初始条件下首钢滑雪大跳台赛场精细化风场模拟（水平分辨率 2 m），并对大跳台赛场进行风影响综合评估，提出可能影响赛事的气象风险点或风险区，对赛场防风方案提出建议。相关书面报告提交北京冬奥组委体育部并被采纳，评估结果为规划建设部、场馆业主、设计施工团队相关工作的开展提供了重要科学依据。

2019 年 12 月底，参与了《国家体育场（鸟巢）气候分析及风险评估方案》的编写；此后历时五个多月完成了基于计算流体力学技术的国家体育场精细化风场模拟（水平分辨率 2 m），并对典型大风天气背景下的高风险区域进行识别与评估，指出了影响高空表演、焰火燃放等活动的高风险区域。

基于计算流体力学技术的冬奥会场馆精细化风场模拟与评估，获得了不同水平高度层、不同垂直切面的精细化风场空间分布特征（水平分辨率可达到 2～5 m，垂直分辨率可达到 2 m），为冬奥会赛场规划、设计和重大活动举办提供科学依据。

【成果应用展望】

研发的冬奥会场馆精细化风场模拟与评估技术不仅能提供北京城区赛场核心区域的不同典型气象条件下的精细化风场模拟，以及不同敏感性方案（如防风措施、建筑布局等）的精细化效果评估，还可应用于未来赛事精细化风场风险评估的预报预测中，为冬奥会赛事的制定、赛时气象保障提供技术支撑。

此外，以计算流体力学技术为核心，开展考虑建筑外形、建筑布局、街道走向等因素的城市复杂地区精细气象模拟与评估技术研发，并应用于国家体育场、天安门地区等重大活动场所，模拟大型活动举办地近地面风温场，开展精细化的气象风险评估。形成的这种应用于重大活动气象保障服务的城市流体力学精细气象模式，还可为相关气象预报模式的实时动态模拟和预报提供支撑和检验。同时，基于研发成果和应用实践，未来还可进一步应用于街区尺度的城市规划气候可行性论证服务中，有效提高城市气候服务的精细化和定量化水平。

【成果代表图片】

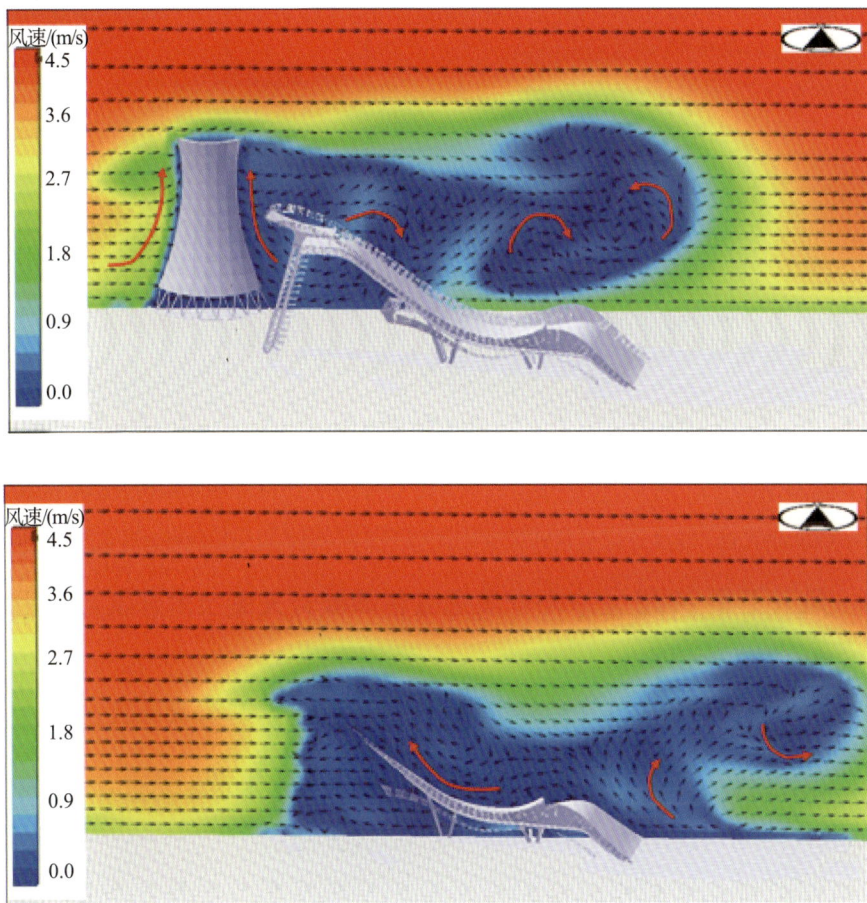

代表图片1　首钢滑雪大跳台赛场不同垂直切面的风场空间分布
（红色箭头为气流大致走向示意）

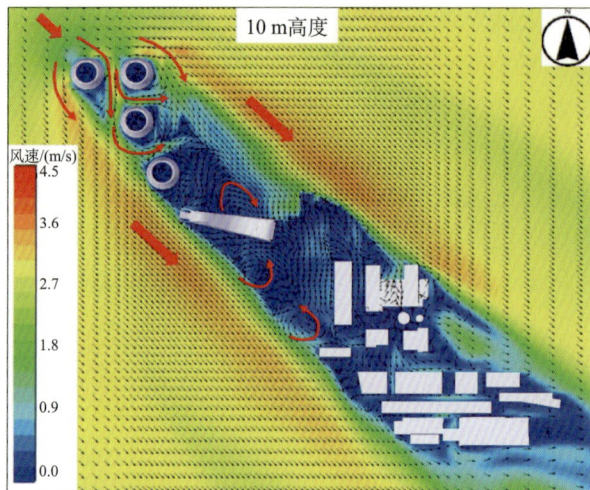

代表图片 2 首钢滑雪大跳台赛场 10 m 高度的风场空间分布
（红色箭头为气流大致走向示意）

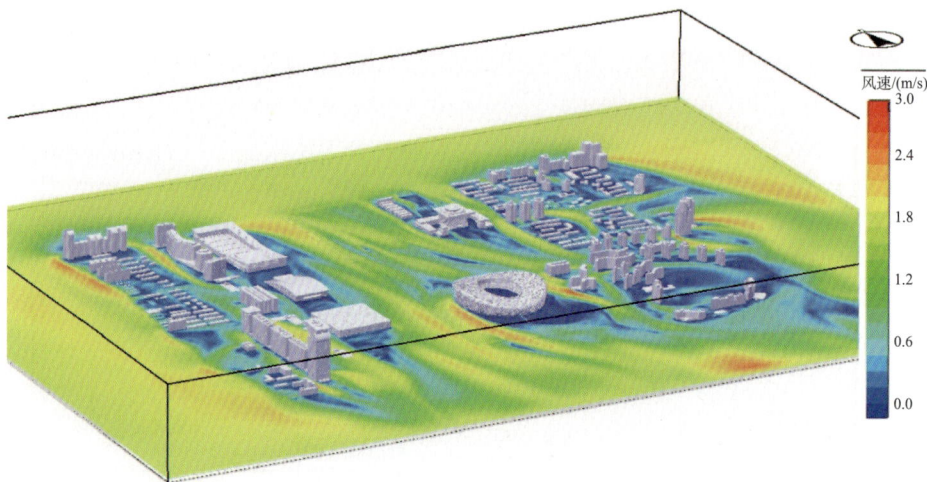

代表图片 3 典型气象条件下国家体育场及周边区域近地面风场模拟结果

（撰写人：邢佩）

3.4.4 风云卫星 2022 北京冬季奥运会保障服务关键技术开发与应用示范

【主要完成单位】北京市气候中心

【主要贡献人员】王慧芳 栾庆祖 熊川 段四波 张西雅 马凡舒 高燕虎 李秋月 黄蕾 王冀 熊飞麟

【来源项目名称】中国气象局风云卫星先行计划项目"风云卫星 2022 北京冬季奥运会保障服务关键技术开发与应用示范"

【成果主要内容】

针对北京 2022 年冬奥会系列赛事活动，以风云系列卫星资料为主要数据源，融合多源高分辨率卫星资料，突破风云卫星在小尺度范围空间分辨率不足和山区复杂地理环境参数

（地表温度、积雪深度、大气能见度）遥感反演精度不高等关键技术问题；开展冬奥会赛场地理环境风险遥感监测识别与风险评估研究，为冬奥会提供精细化的遥感风险因子产品。从三大赛场与赛事不同气象条件影响入手，梳理冬奥会气象不利事件，构建冬奥会气象不利事件风险分类体系，研制冬奥会户外项目举办地不利事件发生遥感风险评估模型。开展基于风云卫星遥感的冬奥会、冬残奥会赛事风险评估服务业务，为北京2022年冬奥会提供基于风云卫星的精细化、动态气象服务产品。

1. 主要研究内容

（1）高空间分辨率雪深分布反演。以积雪峰值为界，在峰值之前的积累期采用时间序列卫星数据观测进行积累期的山区雪水当量跟踪监测，在消融期采用光学遥感和能量平衡建模的方法进行重建。

（2）复杂地形下高时空分辨率大气能见度遥感反演。基于风云气象卫星中的分辨率光谱成像仪（MERSI）数据（FY-3D\FY-3E），利用大气辐射传输模型对冬奥会赛事区域能见度进行反演。辅以地面加密气象观测站数据进行验证，实现通过风云卫星数据动态反演能见度参数变化。

（3）复杂山区环境下地表温度反演。以获取考虑地形校正的高精度山区地表温度为目标，充分分析山区地表几何结构对热辐射传输的影响机理，以风云气象卫星数据（FY-3D、FY-3E 和 FY-4B）为主要数据源，以及 DEM 和 ASTER GED 等辅助数据来参与估算地形参数和发射率等，并且降尺度以适用于赛场。

（4）冬奥会赛事气象风险遥感监测与分析。基于北京市、天津市以及河北省共 175 个国家气象站 1998—2018 年冬季（12 月—次年 3 月）的极大风速资料、2018 年京津冀地区 1 km人口密度格网数据、降水资料、最低和最高温度、能见度低于 500 m 日数，运用信息扩散理论进行奥运会赛场赛区风险评估。

2. 技术特点和创新性

（1）在大气能见度反演方法研制中，首先采用TS（Two-Step）方法对多源卫星数据（FY-3D、FY-4A、MODIS、葵花8）气溶胶产品进行融合与差补重建，利用机器学习方法（RF、DNN、GREAT 等）训练模型对融合后的空值进行插补运算，弥补区域缺测数据，同时选择大气在分析产品中的 13 个变量用于计算模型汇总不同变量的重要性，模型验证阶段对各参数进行重要性排序，提高大气能见度反演精度。

（2）不同于城市平坦地表的山区复杂地形地貌温度反演中，项目用热红外辐射传输方程结合地形校正因子（覆盖赛场区域坡度、坡向和天空可视因子等地形参数）面向高精度山区地表温度的实际应用需求，充分分析山区地表几何结构对辐射传输的影响机理，解决常规地表温度反演方法在复杂地形条件下精度受限的技术瓶颈，最终满足高精度山区地表温度的应用需求，为冬奥会赛区山区地表热辐射及气候变化等方面的研究提供技术保障。

（3）在山区积雪雪深反演算法中提出利用合成孔径雷达反演山区雪深与风云三号微波辐射计观测结合，利用机器学习算法训练多频多极化亮温用于雪深反演。采用 XGBoost 机器学习算法，训练得到 FY-3D 微波辐射亮温，联合 MODIS 亚像元积雪覆盖度与雪深反演的机器学习模型，用于 2021—2022 年冬季（覆盖冬奥会比赛时段）雪深反演。

3. 解决主要问题

（1）传统被动微波雪深反演算法在应用于山区雪深反演时存在严重问题。项目提出利用合成孔径雷达反演山区雪深与风云三号微波辐射计观测结合，利用机器学习算法训练多频多极化亮温用于雪深反演。

（2）借助 ASTER GED 数据获取地表反射率，结合 ERA5 大气廓线获取大气参数（包括大气上行辐射、大气下行辐射以及大气透过率），考虑山区地表的地形效应影响，结合地形参数定量大气下行辐射的减少以及邻近地形辐射的增加，改进已有的单通道算法，迭代计算出延庆区域的山区地表温度。

（3）影响能见度变化的因素较多，其中气象因素、人类活动以及地形特点等各种因素交叉都形成不同的能见度天气。项目通过选择合适的变量建立随机学习模型（5 种模型算法），结合气象模式数据（13 个变量），实现了大范围空间连续的研究地区大气能见度的反演。

【成果应用成效】

在冬奥会赛前、测试赛与赛事期间完成了相关覆盖赛场赛事风险评估、山区复杂地形地貌下垫面的温度精确反演、多源遥感数据大气能见度精确反演、积雪深度精确反演。上述研究内容以多期《北京 2022 年冬奥会和冬残奥会生态环境遥感监测服务专报》给冬奥会不同赛场赛事提供科技服务支撑与保障需求。

（1）冬奥会赛场赛事风险评估分析。北京冬奥会和冬残奥会举办时间在 2—3 月，根据历史气象条件，主要分析不同气象风险因子（冬季大风危险性、低能见度天气风险区划、低能见度风险区划、极端低温风险区划、过暖风险区划、降水风险区划），运用信息扩散理论进行奥运会赛场赛区风险评估。构建冬奥会户外赛事气象风险评价指标体系。服务于覆盖冬奥会赛场以及部分赛事的风险区划与评估，应对冬奥会赛场以及部分赛事风险。

（2）山区复杂地形地貌温度精确反演研究。部分北京冬奥会和冬残奥会赛场分布于山区，对于雪上项目周边环境的地表温度要求较高，精确的山区复杂地形地貌温度精确反演能服务于山区雪上项目环境评估，更大发挥运动员赛场赛事的能力。提供的山区精确地表温度能为冬奥赛事期间赛事生态环境评估提供科学支撑。

（3）大气能见度精确反演研究。奥运会赛区复杂的地理环境以及多变的气候使得赛事赛场评估的关键是能否快速、有效地提取出影响不同赛事的信息。基于 FY-4B 卫星的气溶胶光学厚度产品进行区域能见度的反演，结合地面能见度观测数据，分析风云卫星在冬奥会赛事区域能见度反演结果的精度和可行性。利用地面加密气象观测站数据，研究建立能见度反演结果空间降尺度方法并生成高频次和高分辨率产品，实现通过风云卫星数据动态反演能见度参数变化，达到实时监测能见度状况及变化趋势的目的。在冬奥会赛事期间构建的一套在复杂地形条件下的高精度、高时空分辨率的能见度反演模型基础上，对冬奥会赛区大气能见度的时空变化特征进行分析，为冬奥会赛区能见度的监测与气候预测提供有力的科学支撑。

（4）积雪深度遥感反演研究。赛区积雪深度是高山滑雪等项目举办风险监测识别和造雪量评估的必要参数。通过本项目的研发，卫星遥感技术能为赛场提供高时空分辨率的准实时雪深监测，在山区高分辨率雪深准实时遥感获取方面做一定的研发，满足提升冬奥会气象服务水平的需要。

【成果应用展望】

后冬奥时代，北京市气候中心将解决常规地表温度反演方法在地形复杂条件下精度受限的技术瓶颈，满足高精度山区地表温度的应用需求，为山区火灾及气候变化等方面的研究提供技术保障；提供基于多源卫星数据覆盖京津冀地区长时间序列的 1 km 分辨率逐日的能见度产品数据，满足城市大气生态环境不同季节、不同时间尺度的监测与评估。未来综合利用合成孔径雷达反演山区雪深与风云三号微波辐射计观测结合，通过机器学习算法训练多频多极化亮温用于雪深反演，为全世界范围内的不同级别的冰雪赛事提供服务。

【成果代表图片】

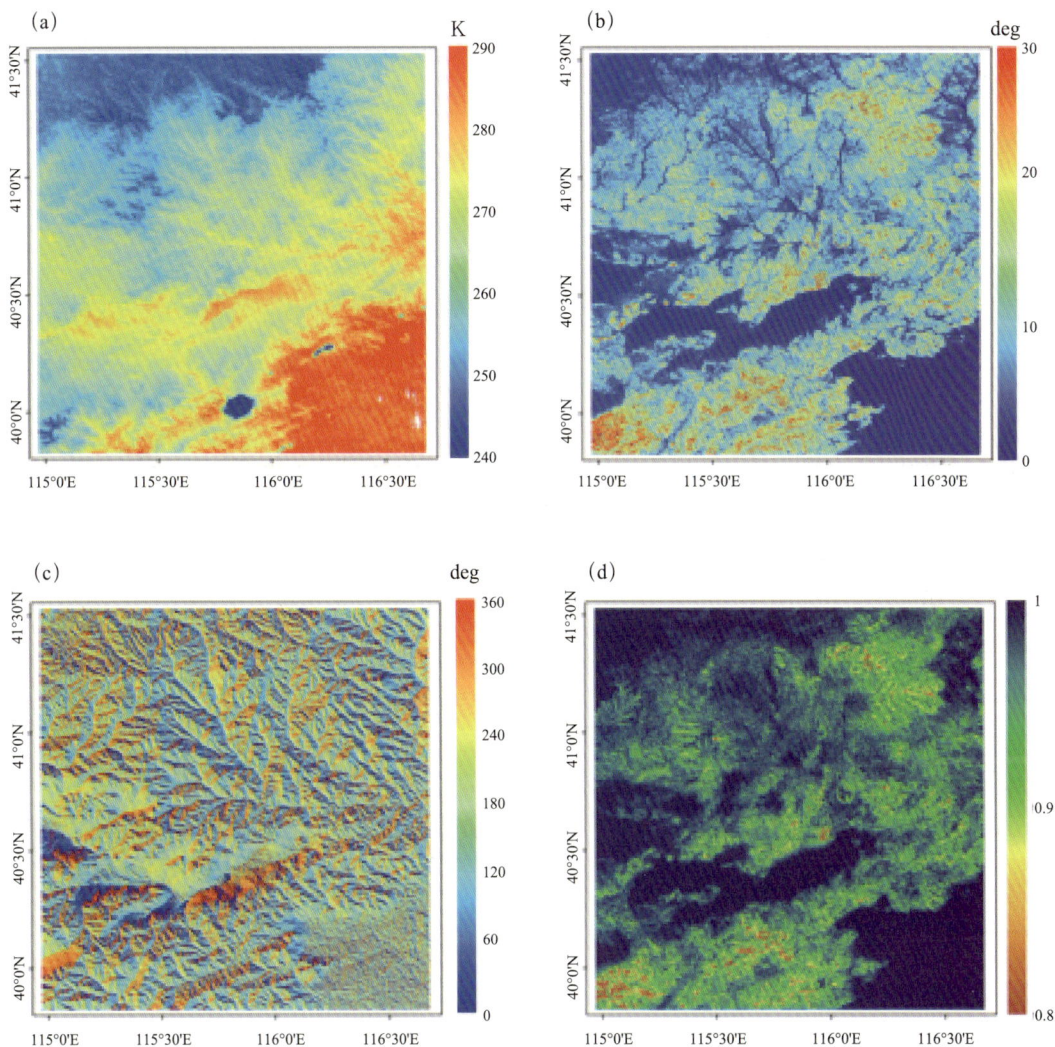

代表图片 1 考虑地形效应校正的山区地表温度反演结果以及地形因子示意图

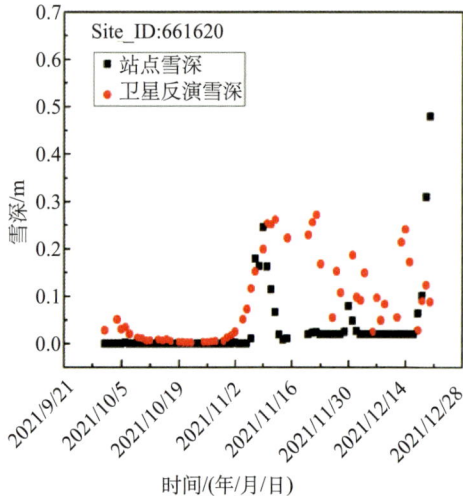

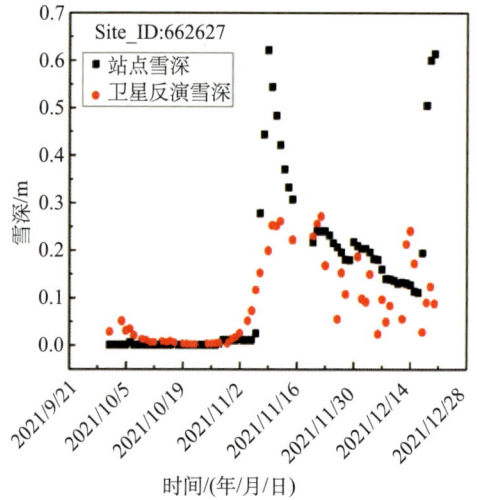

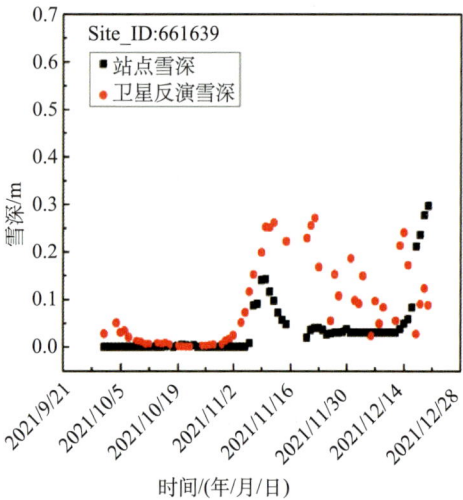

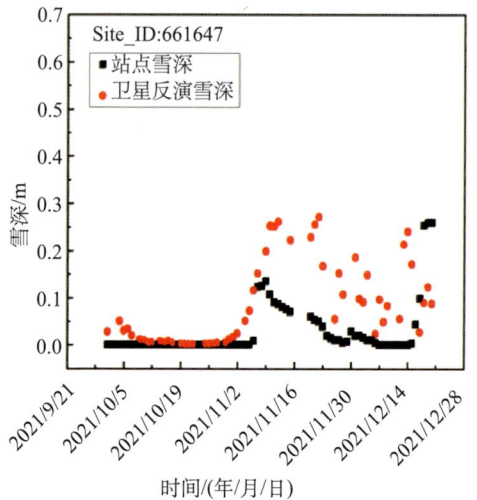

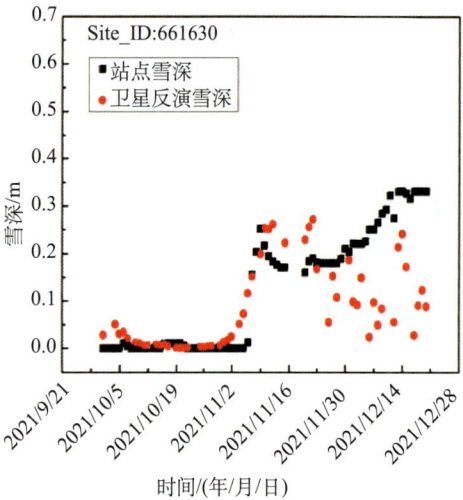

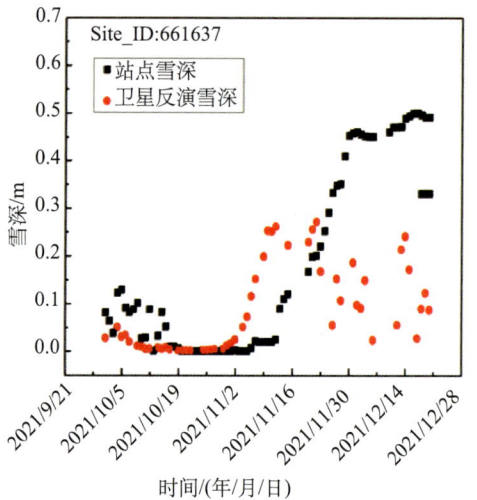

代表图片 2　2021 年 10—12 月不同站点的卫星反演雪深与站点雪深时间变化散点图

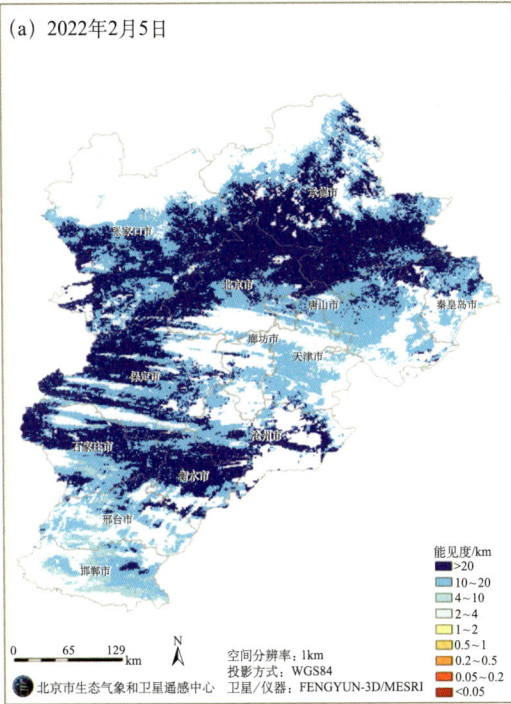

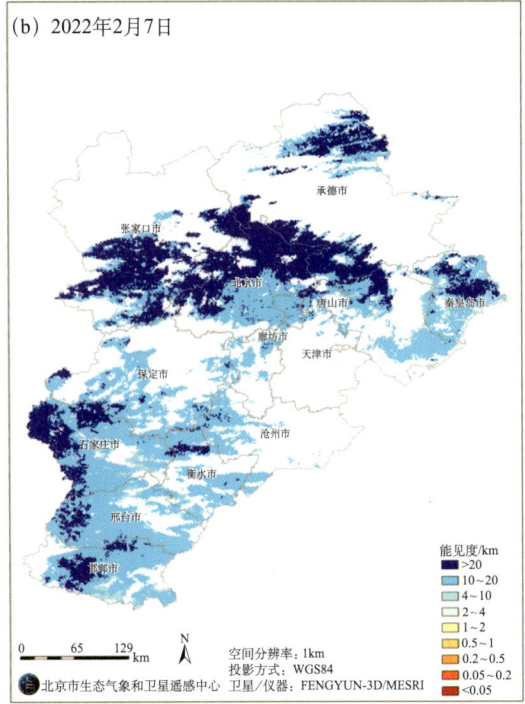

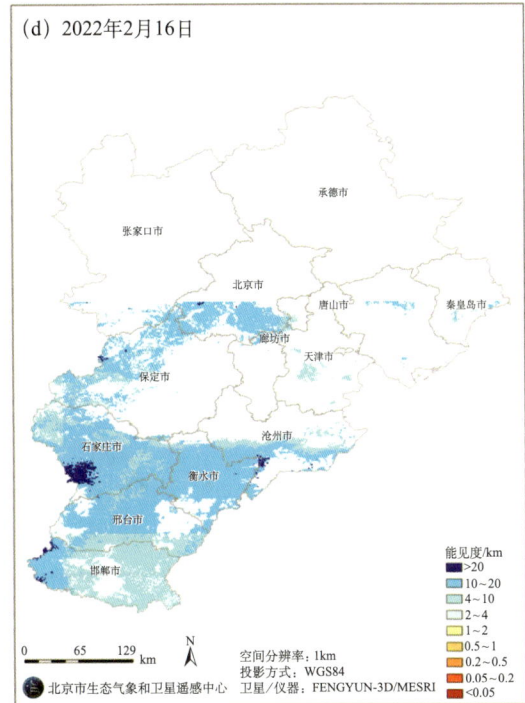

代表图片 3 利用风云三号极轨气象卫星资料对覆盖冬奥赛区 2022 年赛事进行时能见度进行监测与利用
FY3-AOD 数据和机器学习方法进行能见度反演监测分析

（撰写人：王慧芳）

3.4.5　朝阳区冬奥场馆及周边区域气象风险分析与朝阳冬奥气象服务平台

【主要完成单位】北京市朝阳区气象局

【主要贡献人员】程月星　张子曰　戴健　张慧洁　李珊珊　刘自名

【来源项目名称】国家重点研发计划"科技冬奥"专项"朝阳区冬奥场馆及周边区域气象风险分析"

【成果主要内容】

为有效评估朝阳区冬奥会和冬残奥会期间可能出现的雨雪、大风等对赛事正常进行可能产生不利影响的高影响天气风险，有效规避或降低相应气象灾害所带来的不利影响，朝阳区气象局针对朝阳区冬奥会和冬残奥会期间可能出现的降雪、降雨、大风、大雾、沙尘、极端低温 6 类高影响天气进行气候统计分析，得到了这 6 类高影响天气的年际、月际分布特征，确定每类气象灾害的发生概率（概率分为 4 级：1 级为较不可能发生，2 级为可能发生，3 级为很可能发生，4 级为几乎会发生），并对应列举了不同气象灾害可能造成的灾害风险、影响形式以及主要的影响对象等风险源特征。结合朝阳区 2021 年气象灾害风险普查成果，对每类气象灾害发生的受灾情况进行统计，根据影响范围大小、受灾人员数量、财产损失等因素，确定每类气象灾害的风险级别（风险级别分为 5 级，分别为高、较高、中等、较低、低）。结合各类气象灾害发生概率和风险级别，得到最终的综合气象灾害风险分级表，确定了冬奥会和冬残奥会期间，朝阳区气象灾害风险由高到低依次为降雪（冻雨）、大风、降雨、大雾、沙尘、极端低温。

依托研究结果，形成《北京市朝阳区冬奥会、冬残奥会期间极端天气风险评估报告》，报送至朝阳区各相关委办局和冬奥会运行指挥中心各保障小组成员单位，加强风险提示，并对各类气象灾害提出防控工作建议。

依托项目，开发朝阳冬奥气象服务平台，包含赛事站点实况、站点精细化预报和气象服务专报 3 个模块。在赛事站点实况模块，系统接入朝阳区赛事场馆周边奥体中心和奥林匹克森林公园两个气象观测站实时气象数据，对实况监测信息进行实时可视化显示，并对当前小时内极值进行统计显示。在站点精细化预报模块，利用 iGrAPS 智能网格预报产品，对场馆进行逐小时精细化要素预报，通过在地图上选取点位，显示相应位置的精细化预报要素，对温度、降水量、平均风力、阵风风力、能见度、风寒指数等要素进行逐小时精细化显示以及未来 5 d 的趋势预报。气象服务专报模块是业务人员对外发布气象服务信息的窗口。该模块分为两种模式，一种是由系统自动生成的场馆精细化要素预报专报，可以根据实际需求，设定逐 3 h、逐 6 h 快速更新发布；另一种是上传由气象业务人员撰写的服务专报，可根据实际情况，增加关注风险点和针对具体天气提出的具体防范措施建议。针对预测的可能出现的高影响天气，通过平台以专报形式发布。

【成果应用成效】

在冬奥会和冬残奥会赛事及赛前筹备期间（2022 年 1 月 4 日—3 月 16 日），朝阳区出现 4 次降雪、11 次大风和 1 次沙尘的高影响天气过程，科学验证了朝阳区气象局气象风险评估中的预测结果，通过充分、有效的前期准备，最大程度降低极端天气对开幕式彩排及正式活动、冬奥会比赛、火炬传递以及城市运行的影响，取得了良好的社会效益。

2021年10月，朝阳区气象局将朝阳冬奥气象服务平台对接到朝阳区"城市大脑"，为现场指挥调度工作提供可视化气象服务，有效发挥科技支撑力量。

【成果应用展望】

通过项目研究，形成一套风险评估方法，并对朝阳区冬季气象风险进行梳理，为后期开展冬季重大活动气象保障服务提供气候背景的气象风险评估。形成的冬奥气象服务平台，可在后冬奥时代拓展为朝阳区重大活动气象服务平台，融合实时观测、精细化格点预报和气象服务专报等多模块集约化服务。

【成果代表图片】

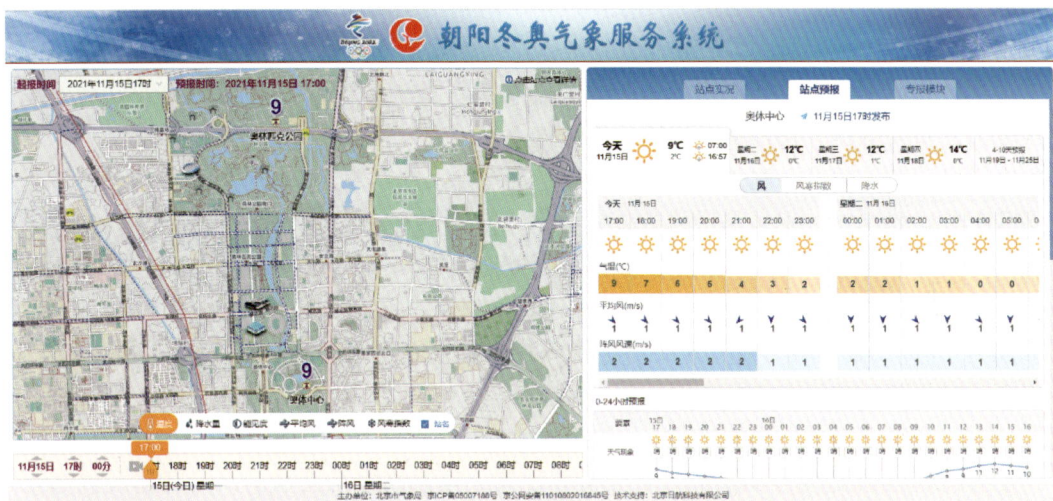

代表图片1　朝阳冬奥气象服务系统——站点预报模块

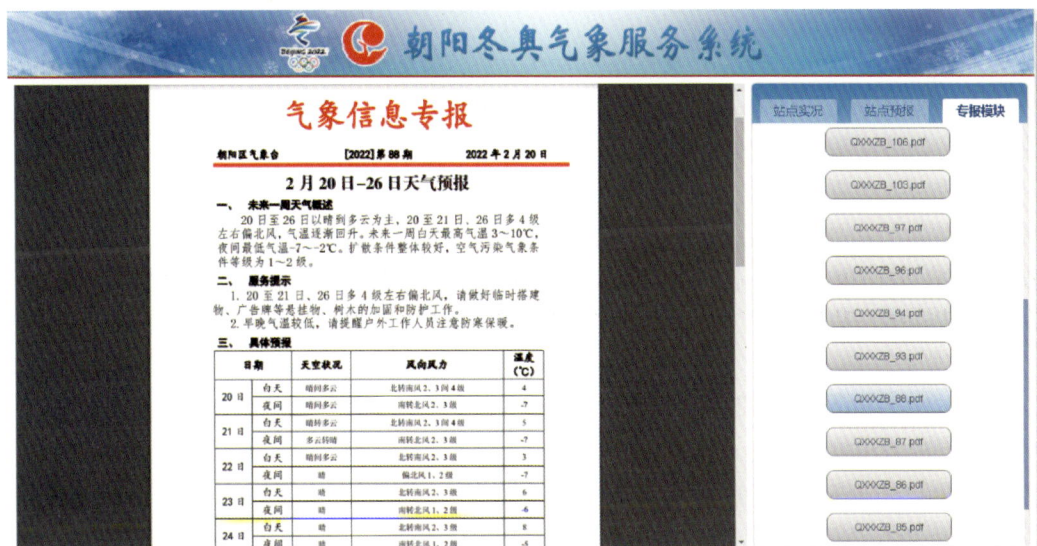

代表图片2　朝阳冬奥气象服务系统——气象信息专报模块

（撰写人：程月星）

3.4.6　冬奥会赛事气象风险评估与预警技术

【第一完成单位】北京市延庆区气象局

【主要参与单位】中国气象局北京城市气象研究院

【主要贡献人员】伍永学　张西雅　王燕娜　阎宏亮　杨静超　高猛

【来源项目名称】国家重点研发计划项目"冬奥赛场定点气象要素客观预报及风险预警技术研究及应用"

【成果主要内容】

回顾过往的冬奥会，不乏因天气条件延期、调整甚至取消比赛项目的情况，例如温哥华和索契冬奥会都出现了因为温度过高导致融雪进而影响比赛的情况；平昌 2018 年冬奥会也出现了多次因大风而推迟比赛的事件。天气预报信息将是决定比赛是否推迟、延期、重新安排甚至取消的重要依据，提前提供准确可靠的气象预报预警信息，可为赛事组织者提前采取避险措施提供支持。因此，基于冬奥会不同雪上体育项目的赛事气象风险评估分析是一项重要的研究工作。

本研究聚焦北京 2022 年冬奥会和冬残奥会三大赛区重点赛事的高影响天气风险评估、风险分析及风险预警服务，完善冬奥会多维度业务平台气象风险模块可视化，构建"以赛事需求为本"、集气候风险评估 - 分析 - 赛事影响预报预警为一体的新型交互式预报业务体系，实现逐小时更新、多站点多要素的针对具体赛事的影响预报，为冬奥会和冬残奥会提供气候背景分析、赛事影响预报预警产品以及决策技术支撑。

主要完成的研究内容如下：一是完善 5 种雪上项目高影响天气的风险评估及区划可视化。基于信息扩散模型，针对对赛事有影响的天气——低温、过暖融雪、降水和低能见度，分别计算北京和京津冀地区在 2 月和 3 月发生 4 种天气不同天数（5、10、15、20 d）的风险，并对风险区划和冬奥会赛期同期的风险评估分析报告进行可视化，形成的风险评估、风险分析可作为预报员和决策人员对影响赛事的天气出现风险的参考资料。二是完善针对北京（单板滑雪大跳台）、延庆（高山滑雪）、张家口（跳台滑雪）三大赛区（代表赛事）耦合多气象要素和地形的赛事影响等级评估产品可视化，以数值预报产品和人工订正的站点预报为基础信息，形成针对不同赛事 0 ~ 72 h 多站点、多要素综合的风险等级预报，并将成果集成显示在冬奥会现场气象服务系统、多维度气象预报业务系统中，提供针对单项赛事的综合影响等级预报及对应决策建议，可一目了然天气对赛事影响的等级。三是开展《高山滑雪气象风险等级》行业标准研究。

【成果应用成效】

一是应用于 2021 年 2 月 16—26 日"相约北京"系列冬季体育赛事。在延庆赛区和张家口赛区进行的赛事期间出现大风降温、降水和持续升温等天气，通过开展准确气象风险预报服务，3 项官方训练取消，11 项比赛项目调整赛程，测试活动中有 80% 的比赛或训练期间气象条件与本研究的气象风险等级标准相对应。二是应用于 2022 年 2 月 4—20 日冬奥会和 3 月 4—13 日冬残奥会。冬奥会期间因大风、降雪天气调整日程共计 10 次；冬残奥会期间因气温明显升高、大风等情况，调整日程共计 5 次。冬奥会和冬残奥会中有 80% ~ 90% 的比赛或训练期间的气象条件与风险等级标准相对应，有力保障了赛事的圆满完成。

【成果应用展望】

依托冬奥气象风险评估成果，有力地为其他具备举办高等级雪上赛事的地区提供气象风险评估方法，《高山滑雪气象风险等级》气象行业标准通过评审发布后，将为该项雪上运动在国内具备举办高等级赛事的赛场推广时提供定量化的气象风险评估，助力我国高山滑雪运动气象保障能力向世界先进水平迈进，助力冰雪产业发展，具有很好的应用和推广前景。

【成果代表图片】

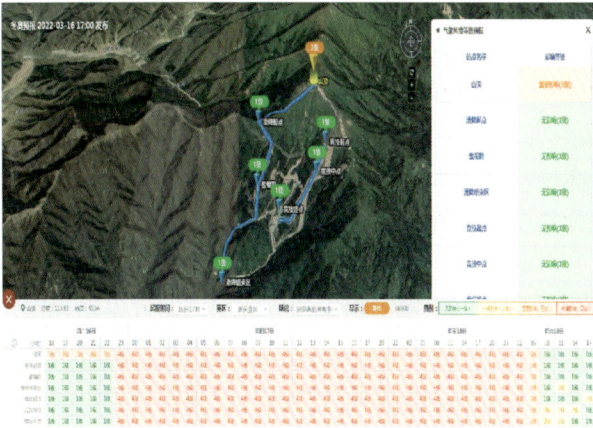

代表图片 1　气象风险等级预报预警系统

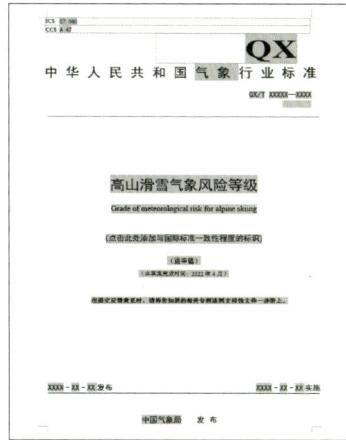

代表图片 2　《高山滑雪气象风险等级》
（行业标准送审稿）

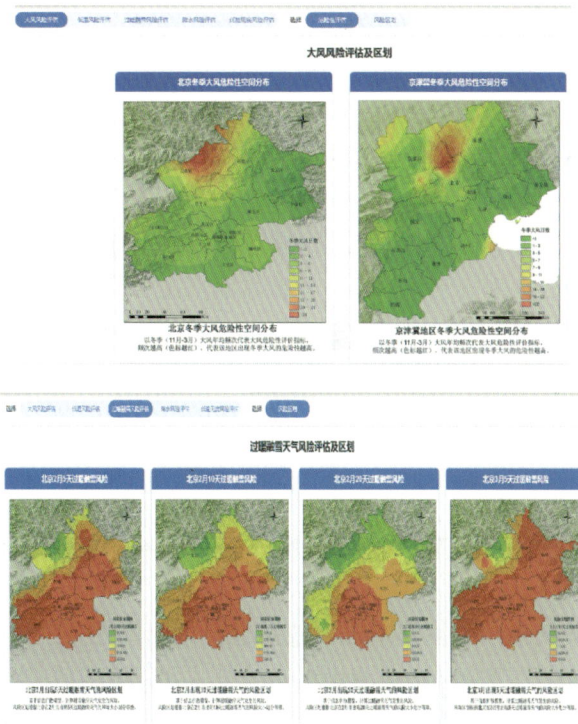

代表图片 3　大风、过暖融雪风险评估及区划

（撰写人：伍永学）

3.4.7　冬奥保障架空线路气象综合风险研究

【主要完成单位】河北省气象服务中心

【主要贡献人员】杨琳晗　武辉芹　齐宇超　赵增保　张娣　张杏敏　张彦恒　张金满　郭蕊　田利庆

【来源项目名称】河北省气象局科研项目"冬奥保障架空线路气象综合风险研究"

【成果主要内容】

张北 ±500 kV 柔性直流输电示范工程为汇集和输送大规模风电、光伏、储能、抽水蓄能等多种形态能源的柔性直流电网，是 2022 年第 24 届冬奥会的重要电源通道，属于重要的奥运配套设施。本项目以张北 ±500 kV 柔性直流输电示范工程的输电线路为例开展气象影响研究，输电走廊途经的地形复杂，既有高原又有山地，气候复杂恶劣，雷电、结冰、低温等灾害性天气频发。分析输电走廊沿线的气候背景和气象灾害的分布特征，可为输电走廊运行后的线路安全提供气象保障，以确保冬奥会期间的电力供应。

本项目以冬奥会保障张北 ±500 kV 柔性直流输电示范工程为例，利用国家气象站、区域气象站、输电线事故资料、河北省经济和人口资料，针对雷击、山火、覆冰进行单种气象因素致灾分析，利用层次法等建立了输电线路雷击风险区划模型和覆冰风险预报模型以及覆冰风险区划，并进行了检验；基于层次法和熵权法组合建立输电线路综合气象风险预报模型，形成以下技术指标成果。

（1）建立了输电线路雷击风险区划和覆冰风险预报模型。雷击风险 $R=0.4731P+0.2845M+0.1696L+0.0728D$，式中 P、M、L、D 分别为输电线路雷击灾害频度、雷暴日数、生命易损模数、经济易损模数。将风险按尺值分为极高风险区（＞ 0.72）、高风险区（0.58～0.72]、中风险区（0.44～0.58]、低风险区（≤ 0.44）4 个级别，并对冀北区域进行输电线路雷击灾害风险区划。输电线路覆冰风险预报模型：覆冰概率 $y=k(0.435R+0.2727RH+0.1568T_2+0.0901U+0.0453T_1)$，式中 k 为判别系数，当降水量为 0 mm，或最高气温＞5 ℃，或相对湿度＜60% 时，k 为 0，否则为 1；R 为两天降水累积量；RH 为日平均相对湿度；T_1 为日最高气温；T_2 为日最低气温；U 为日平均风速。将覆冰概率按 y 值分为 4 级：$y=0$ 为 1 级，无覆冰风险；$0＜y≤1.56$ 为 2 级，覆冰低度风险；$1.56＜y≤2.82$ 为 3 级，覆冰中度风险；$y＞2.82$ 为 4 级，覆冰高度风险。应用该覆冰风险预报模型得到张北输电线路走廊覆冰风险图。

（2）利用层次法和熵权法组合建立输电线路综合风险预报模型。$Risk=P_i×C_i×V_i$，式中，Risk 表示线路综合风险值；P_i 表示某一子风险的发生概率；C_i 表示某一子风险发生的后果；V_i 表示某一子风险的风险权重。

（3）计算了张北地区输电线路综合风险，并对张北地区输电线路综合风险进行区划。

创新点包括以下方面：

（1）目前，针对多气象灾害下架空输电线路运行风险的综合性、系统化分析的研究较少，本研究最终得到的张北架空输电线路走廊的气象综合风险区划，对张北地区保障能源用电工作有一定的参考和指导意义。

（2）将层次分析法和熵权法组合集成，运用层次分析法确定主观权重，运用熵权法确定客观权重，主客观结合，弥补单一方法存在的不足，并综合各自的优点，从而提高权重评价结果的准确性，这也是以往区划工作没有涉及的。

【成果应用成效】

"冬奥保障架空线路气象综合风险研究"项目成果在河北省气象服务中心现有的电力能源服务中已经展开初步应用，基于河北省气象服务中心现有的电力能源服务，对覆冰风险预报模型进行了升级和修正，更加适应实际情况；雷击风险区划和综合风险区划对张北地区的输电线雷击致灾和综合气象致灾风险进行分析，为电网的输电线风险预警提供了科学参考，同时，也为南北电网的冬奥会气象保障服务工作打下了基础。

【成果应用展望】

在进行个例分析、统计预报指标时，由于大部分事故发生点均在野外，距离气象站点较远，获取的气象要素实况跟实际发生情况可能存在一定误差，进而影响模型的准确率。考虑到建模实况信息应用高分辨率的再分析资料，应进一步优化阈值指标，后续可加入更多输电线事故资料，结合各地气象要素特征，对模型进行完善，将技术成果推广至全省输电线路。同时，可进一步依据季节特点，对综合风险模型进行调整，为电网精细化防灾减灾提供科学依据和有力保障。

【成果代表图片】

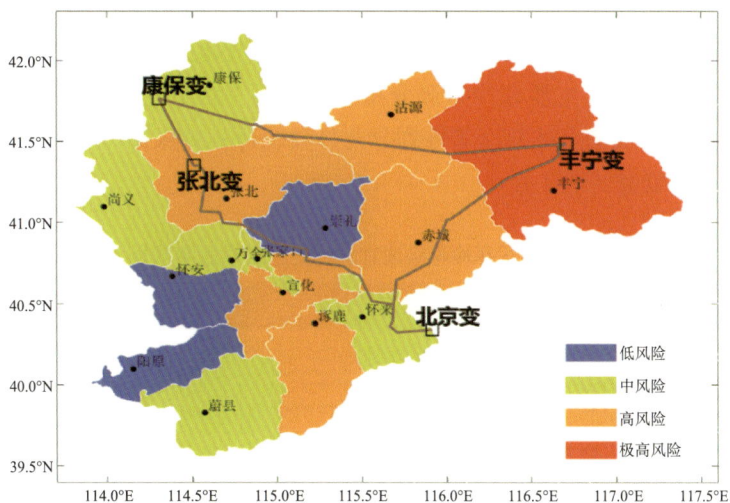

代表图片1　张北区域各县（区）输电线综合风险区划图

（撰写人：杨琳晗）

3.4.8　张家口"冰雪经济"适宜发展区域规划研究

【主要完成单位】张家口市气象局

【主要贡献人员】马光　李幸璐　赵海江　胡雪　刘建勇　郑冬冬　郭宏

【来源项目名称】河北省气象局科研项目"张家口'冰雪经济'适宜发展区域规划研究"

【成果主要内容】

（1）本项目的实施基于张家口市14个国家气象站1981—2018年的10月至次年3月的气温资料，采用小波分析和 Mann-Kendall 方法找到冰雪季气温年际变化规律和特征。

①张家口坝上地区平均气温低于 0 ℃起始日期、终止日期时间变化较小，坝下地区变化较大，张家口地区整体平均气温最长连续低于 0 ℃天数呈递减状态。

② 1981—1989 年，张家口地区冰雪季平均气温呈下降趋势；1989—2018 年，气温呈上升趋势，冰雪季平均气温突变发生年为 1989、1993 年，此后冰雪季平均气温上升明显。其中 1997—2017 年气温上升趋势明显。

③ 1981—2018 年，张家口地区年平均气温变化具有 2 种尺度的周期，年代际存在 12～14 年的周期，年际变化以 4～6 年的周期为主。2022 年正处于 4～6 年的偏冷周期内。

④ 1981—1990 年，张家口全市绝大多数县（区）平均气温整体偏低。1991—2000 年，多数县（区）平均温度呈现不同程度的增长，蔚县的平均气温增长速率最快，市区的增长速率最慢。21 世纪的前 10 年，除尚义平均气温出现降低趋势外，其他县（区）平均气温持续走高。2011—2018 年，大部分县（区）平均气温持续呈升高态势。

⑤气温变化率的空间变化较为复杂，各站点呈现出不同程度的增长速率，张家口坝上地区平均气温增长速率较慢，坝下地区气温增长速率较快，张家口气候变暖较为显著。

（2）根据已有国内外研究成果，结合张家口市气候背景特点，通过现场调研、历史数据分析、资料对比分析等方式确定张家口"冰雪经济"发展区寒冷等级划分标准，建立不同寒冷等级的数据集，找到其分布特征和规律。

①按照寒冷程度等级表对张家口 14 个国家气象站点 1981—2018 年的冰雪季日平均气温数据进行分析，各县（区）主要寒冷等级分布在四、五、六、七级，分别对应严寒、大寒、小寒、轻寒四个等级。根据上述寒冷等级划分及日数统计，对张家口所适宜进行的冰雪旅游运动项目的区域进行划分（表 1）。

表 1   不同寒冷等级适宜进行的冰雪季旅游项目

温度范围 /℃	寒冷等级	适宜冰雪季旅游项目	适宜举办区域
−4.9～0	轻寒	休闲、冰雪娱乐体验	各县（区）
−9.9～−5	小寒	竞技滑雪、冰雪娱乐体验	各县（区）
−19.9～−10	大寒	竞技滑雪、冰雪娱乐、滑雪圈、马拉爬犁滑雪、雪地足球、冰雪赛车、冬钓、射箭、雪地狩猎	各县（区）
−29.9～−20	严寒	森林雪原观雪景、看雪凇，汽车冰雪试乘试驾	康保、尚义、崇礼、张北、沽源

②以崇礼为例。崇礼地区 38 年来气温没有明显的变化趋势，基本围绕在 −10.5 ℃上下波动，温度波动不大，总寒冷日数整体呈减少趋势，但趋势偏弱；轻寒及小寒日数呈增加趋势，大寒和严寒日数均呈下降趋势，但综合来看还是以大寒等级为主，适宜开展冰雪运动。

（3）采用多因子加权评价模型对张家口冰雪运动和旅游资源进行适宜性评价。首先，确定影响冰雪运动和旅游的主要因子，并进行归一化处理，采用层次分析法，通过专家打分确定各因子的组合权重值；然后，对数据进行栅格化处理，利用 GIS 加权叠加分析功能得到适宜性综合评价结果；最后，分级确定冰雪运动和旅游资源适宜性空间分布。

将 4 类评价因子（温度、高程、坡度、交通可达性）划分为高度适宜、中度适宜、低度适宜、临界适宜和不适宜 5 个等级，并对各因子按等级以 0～9 进行赋值。

通过因子叠加分析，得到每一个评价单元的总适宜性得分。评价分值越高、权重值越高则越适宜。

结论：

（1）张家口 1 月份气温适宜度最高，向两侧递减，较为适宜的气温区间一般可持续 3 个月以上。张家口冰雪运动适宜度为高度适宜的时间在 12 月—次年 2 月，其中康保、尚义、沽源、张北、崇礼、赤城北部在 12 月和 2 月的气温为高度适宜，1 月和 2 月赤城、崇礼、万全、尚义南部、蔚县南部、阳原南部地区的气温为高度适宜。

（2）康保、尚义、张北、沽源、赤城、崇礼大部分地区高程适宜度为高度适宜；怀来、宣化、张家口市区、万全、怀安、涿鹿、阳原、蔚县 8 个县（区）的大部分地区为临界适宜。

（3）康保、沽源、尚义、张北、万全、怀安、张家口市区、怀来、蔚县、阳原 10 个县（区）大部分地区坡度适宜度为高度适宜；赤城、崇礼两县（区）大部分地区为中度适宜；蔚县、涿鹿两县大部分地区为临界适宜。

（4）张家口市区、万全、宣化、怀安、怀来、涿鹿、阳原道路铺设较多，交通适宜度为高度适宜；张北、沽源、崇礼、赤城、蔚县为中度适宜；尚义、康保道路稀疏，交通适宜度较低。

（5）利用自然间断点分级法将开发用地划分为高度适宜、中度适宜、一般适宜、临界适宜和不适宜地区 5 类（表 2）。

表 2　张家口冰雪运动和旅游资源适宜性综合评分分级标准

适宜性分区	高度适宜	中度适宜	一般适宜	临界适宜	不适宜
阈值划分	≥5.5	4.7～5.5	4.1～4.7	3.3～4.1	1.4～3.3

利用 GIS 加权，叠加平均温度、高程、坡度、交通可达性 4 个主要影响因子，得到张家口冰雪经济适宜发展区域规划图，适宜性分值区间为 1.4～9.0。

分析表明，11 月和 3 月，康保、尚义、沽源、张北、崇礼、赤城北部适宜性均属于高度适宜；12 月，除官厅水库外张家口全域均高度适宜；1 月，赤城、崇礼、万全、尚义南部高度适宜；2 月，康保、尚义、沽源、张北、崇礼、赤城北部、张家口市区、万全、宣化、尚义南部、蔚县南部、阳原南部地区高度适宜。

【成果应用成效】

科研项目"张家口'冰雪经济'适宜发展区域规划研究"完成后所得结论于 2021 年 1—3 月分别在张家口市气象局、张家口市文化广电和旅游局应用检验。

本项目所绘制的张家口冰雪经济适宜发展区域规划图为张家口市气象服务中心对本市冰雪季旅游发展提供针对性气象服务起到了重要的指导意义，能够侧重地针对气温、交通等变量进行专业的气象服务分析，进而更好地做好张家口市冰雪季气象预报服务。张家口市文化广电和旅游局根据规划图可以有效合理安排旅游时间，分流高峰期旅游人员，根据本项目中

所得结论充分利用张家口各县（区）冰雪运动和旅游资源，合理规划，实现张家口冰雪季的旅游高效、绿色、健康发展。截止到 2021 年 3 月，崇礼已建成七大滑雪场并投入使用，沽源、康保冰雪季已开放"冰雪大世界"旅游地，张北、张家口市区、宣化、万全、怀安都已陆续开放冰雪乐园。

【成果应用展望】

（1）本项目在确定气温、高度、坡度、交通可达性等因子在加权评价中所占比重时采用了层次分析法，各类因子所占比重已经能够较为准确地实现对冰雪运动适宜性的评价，但是层次分析法存在比较强的主观性，需结合客观的分析模型进一步确定各类因子比重，使其更加符合项目评价模型。

（2）项目所使用的交通及地形数据均为 2018 年数据，近几年新修高速、国道及高铁均未计入算法中。

（3）项目对张家口市区及各县整体的冰雪适宜度进行了分析，对于具体各县（区）在何时开展何种冰雪运动，需要更加精细的气温及各类因素数据进行下一步研究。

（4）本项目主要研究张家口市冰雪季气温时空上的变化规律和特征对冰雪运动项目适宜开展的时间和区域的影响，实际上，影响冰雪运动的因素还有很多，比如不同区域的日照角度、时长的复杂情况，不同高度的风速、风向的扰动而带来的差异性变化，以及其他导致不同冰雪运动能否顺利进行的实际情况。通过气候分析与实地考察对各类冰雪运动综合分析建立系统性的模型值得我们进一步深入研究。

【成果代表图片】

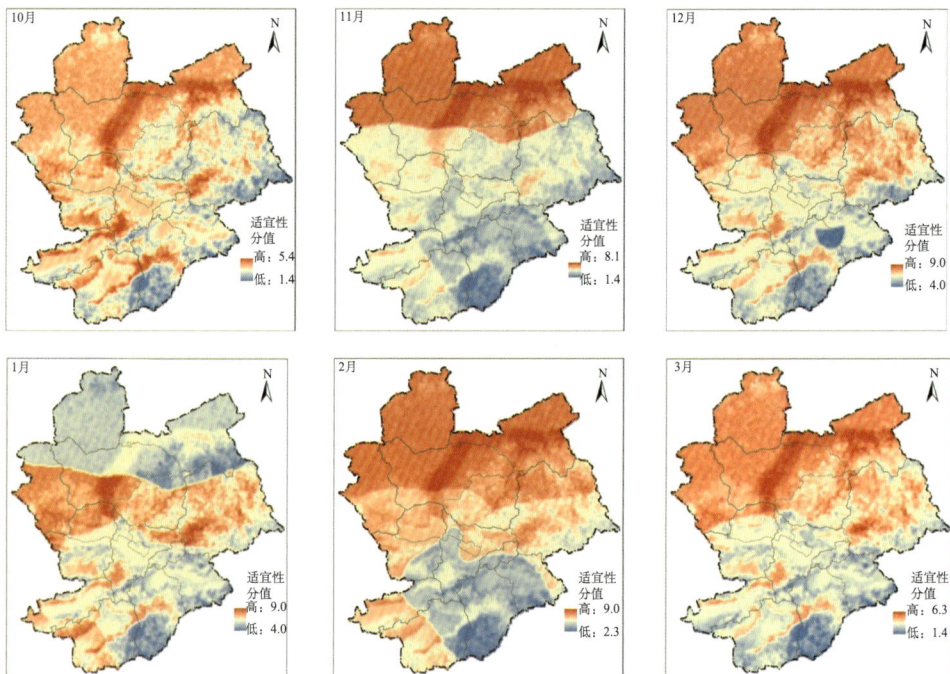

代表图片 1　张家口冰雪经济适宜发展区域规划图

（撰写人：李幸璐）

3.4.9　冬奥自由式滑雪空中技巧赛道高精度测风与临场决策辅助支持系统

【第一完成单位】国家卫星气象中心

【主要参与单位】中国科学院空天信息创新研究院；亿水泰科（北京）信息技术有限公司

【主要贡献人员】黄富祥　李津平　唐磊　胡浩

【来源项目名称】国家重点研发计划"科技冬奥"专项"自由式滑雪空中技巧场地高精度测风系统及重点运动员大数据库"

【成果主要内容】

自由式滑雪空中技巧是我国冬奥会雪上具有冲击金牌实力的重点项目。然而，该项目对运动员滑行速度、滞空时间和着陆姿态等各方面的精度有着极致的要求。运动员在助滑道的滑行过程中受赛场风向、风速变化的影响，导致滑行速度和跳跃到空中的滞空时间随之改变，往往造成动作失误。由于局地小地形的影响，赛场风场往往产生复杂变化，助滑道上部、中部和过渡区的风向往往各不相同，有时甚至完全相反。在赛道风场的复杂变化下，如何决策运动员起滑点位置，是长期困扰中国国家队教练的临场决策难题。长期以来，我国运动员虽然拥有技术优势，但是在索契、平昌等多届冬奥会最后决赛中都由于失误而痛失金牌，令人扼腕叹息。

在国家重点研发计划"科技冬奥"专项支持下，通过长期跟队观测和与国家队教练组密集技术交流，设计了自由式滑雪空中技巧赛道高精度测风系统，计算赛道综合风指数，并通过多学科融合创新，研发全球首套自由式滑雪空中技巧比赛临场决策辅助支持系统，实现了基于赛道实时风场信息获取和临场研判的综合应用。

测风采用超声风速仪在赛道上部、中部和过渡区设置的三点测风系统。在此基础上，首次提出了赛道综合风作用指数的概念并设计了计算方案。将助滑道上的风场分解为平行助滑道和垂直助滑道两个分量，确认只有平行于助滑道的风速分量才是影响运动员滑行速度的风作用力，此即为该点的风作用指数。规定顺风为正风作用指数，逆风为负风作用指数。再根据三点测风系统各个测风点的重要性赋予其不同的权重，加权平均计算得到赛道综合风作用指数。赛道综合风作用指数本质上是带有正负号的风速，可以精确地描述运动员在助滑道的滑行过程中受到的赛道风场综合影响，从根本上解决了长期困扰国家队助滑道风场影响定量描述的难题。

临场决策辅助支持系统由赛道高精度测风系统、基于自组网的数据无线采集和保密传输系统、手机APP显示系统三部分组成。在确保对赛道风场精确测量的基础上，利用数据无线采集和保密传输系统，实现测风数据被实时传递到教练员手上。教练员利用手机APP实时掌握赛道各个测风点的风向、风速和风作用指数，以及赛道综合风作用指数，并根据这些数据，对运动员起滑点位置进行临场决策，显著提高临场决策的精度和运动员训练比赛水平，同时大幅减少训练受伤病例发生。

【成果应用成效】

该成果自2019年11月以来，长期跟队观测应用于自由式滑雪空中技巧中国国家队冬奥会备战训练，通过应用和密集技术交流，不断收集国家队教练组意见，先后进行了20多个

版本的改进，最终版本在 2021 年 1 月崇礼训练期间确定下来。应用于崇礼训练和冬奥会场地测试赛，以及 2021 年 10 月—2022 年 1 月国家队冬奥会前在内蒙古阿尔山的训练，得到国家队教练组的高度认可。不仅显著提高了国家队冬奥会备战训练和竞赛的水平，而且大大减少了训练伤病病例发生，有力支撑了中国国家队在北京冬奥会该项目上夺取 2 金 1 银的历史最优成绩。

【成果应用展望】

该成果可以应用于冬季和夏季奥运会其他相关体育竞技项目的气象保障中，也可以应用于对风场影响敏感的其他气象业务服务和重大活动保障。

【成果代表图片】

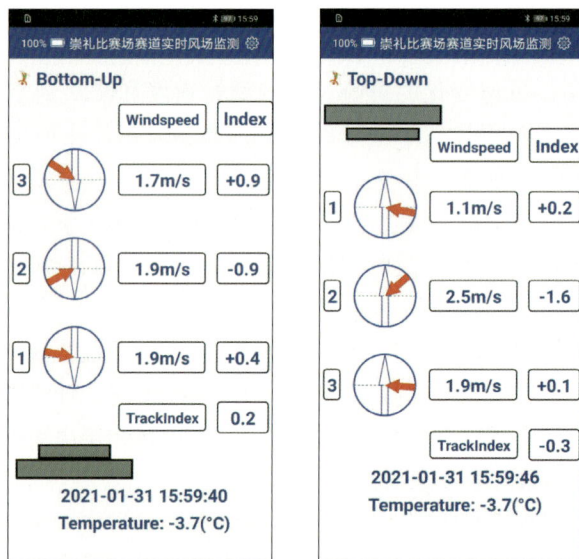

代表图片 1　系统在手机 APP 上显示的界面示例

代表图片 2　2021 年 2 月冬奥会场地测试赛国家队主教练迪马使用 APP 现场指挥比赛

（撰写人：黄富祥　张艳）

3.4.10　基于雪务专项气象风险评估系统的赛场雪质风险等级与雪温预报服务

【第一完成单位】河北省气候中心

【主要参与单位】北京师范大学；四川师范大学

【主要贡献人员】陈霞　邵丽芳　殷水清　陆恒

【来源项目名称】河北省科技计划项目"冬奥赛区雪道表层冻融过程研究"；国家重点研发计划"科技冬奥"专项"赛事用雪保障关键技术研究与应用示范"；河北省科技冬奥专项"雪场赛道运维气象风险保障技术研究"；中国气象局业务工程项目"冬奥雪务气象保障系统建设项目"

【成果主要内容】

（1）雪务专项气象风险评估系统。根据冬奥雪务气象保障服务需求，基于冬奥会赛区专用数据环境，针对不同赛事的气象条件风险指标体系、雪层质变判别和风险预警模型，建成了雪务专项气象风险评估系统。该系统实现了冬奥会赛区气象数据的监控和管理、查询统计、风险分析、赛事风险管理、造雪适宜性评估以及冬奥会赛事年度气象风险评估报告自动生成等功能。依托该系统可以进行气候风险等级和雪质变化等级的研判，制作风险产品和开展气象评估业务，可为冬奥会赛区赛事用雪、储雪提供气象保障服务。

（2）开发雪务专项气象风险评估系统1.0，获得计算机软件著作权登记证书。该系统将雪质监测、雪质判定和雪质预报三个模块进行集成，生成张家口赛区（崇礼）冬奥会雪场百米尺度未来24～72 h逐时雪质空间演变效果图，实现三个方面的服务预警应用：①结合制定的赛道雪质判定标准模型，对雪质指标超出比赛阈值的赛道，进行雪质等级判断和预警；②收集过去三届冬奥会影响赛事的气象要素风险阈值，利用北京冬奥会赛区的气象观测数据进行检验，并根据赛区的气象特征进行优化，通过对单项赛事主任的日常训练进行调研，得到适用于北京冬奥会赛区气象要素风险指标（大风风险、高温融雪风险、低温风险、观赛适宜性风险、降水风险、雪质、能见度等气象风险指标）；③对适宜造雪的气象条件进行遴选，形成以湿球温度、相对湿度、气温为判别条件的对应雪质等级的气象要素的判别模型，为云顶滑雪场、延庆滑雪场等提供造雪适宜性气候预测和临近预报。

（3）基于赛区多要素气象观测数据和雪特性观测试验数据，分析了雪特性（密度、含水率、硬度）与气象要素之间的定量关系，确定了影响雪质的敏感气象要素因子。通过多元分析、通径分析、应用决策树分类法等，构建了雪层质变模型和雪质风险等级模型。①雪层硬度判别指标结果表明，降水和最低温度作为有无质变风险判别指标，雪层质变风险判别准确率为75.5%；平均气温作为中等或高风险判别指标，雪层质变风险判别准确率为69.5%。②以雪面温度指标判定雪质风险等级，二级分类准确率检验表明正确率达到87.5%，三级分类准确率表明正确率可以达到86.8%。

【成果应用成效】

在北京2022年冬奥会和冬残奥会赛事期间，河北省气候中心向各级单位累计提供了北京冬奥会和冬残奥会张家口赛区雪质风险服务专报共计23期，赛事期间雪质等级预报全时次准确率超过90%。3月9日开始，张家口赛区出现了明显的升温天气过程，造成了赛场的

高温融雪风险，精确的雪质观测数据和模型分析判别为比赛适宜窗口期预报和云顶赛区 12 日赛事调整提供了有力支撑，所有竞赛项目顺利完成。

（1）雪场服务

河北省气候中心在 2020 年和 2021 年北京冬奥测试赛期间为云顶雪场、古杨树雪场、延庆雪场提供了冬季造雪期间造雪适宜期、雪质风险等级产品，为造雪期间的天气条件、高影响天气提供气象保障。该项工作在雪质服务业务中发挥了重要的支撑作用。

（2）测试赛期间服务

针对 2021 年 2 月 18—21 日的升温过程，开展 3 期张家口赛区雪质风险分析报告，提供升温期间雪质中雪表温度、含水率、雪密度等实况数据，提供未来 72 h 逐小时的雪质等级预报产品。

在服务效果上，为测试赛期间的融雪风险提供技术指标和雪质等级预判依据，满足了冬奥会赛区赛道的雪质特殊服务需求。

（3）正式比赛期的服务

自 2022 年 1 月 30 日开始雪质监测，共获得 43 d 坡面障碍技巧、越野滑雪和冬季两项国际赛事的雪表以及雪深 5、10 和 15 cm 雪温超过 4 000 条的原始雪质资料，为雪质演变和风险判别模型积累了丰富的实测资料。累计发布雪质风险专报 23 期，期间预报结果的实时检验表明，冬（残）奥会期间雪表温度 11—16 时准确率达到 100%，全时次为 85%～90%；5 cm 雪温准确率达到 80%，10 cm 为 60%～80%。云顶雪场、古杨树雪场雪质等级准确率分别为：91%、100%。

【成果应用展望】

（1）基于多源高分辨率遥感数据的雪场赛道雪质监测、风险预警技术的集成，实现雪质预报时效为 72 h。空间分辨率达到 100 m，要素指标包括雪表温度、含水率等。

（2）中长期雪质预测产品为雪表温度、雪层硬度，时效为 10 d 逐日，空间分辨率为 50 m，服务于国际、国内冰雪赛事以及冰雪旅游的雪场安全运营。

（3）实现气象条件影响冰雪物理演化（人造雪）的理论突破，打造气象冰雪服务新领域，提前制定雪场冰冻、高影响天气及融雪风险规避方案。

【成果代表图片】

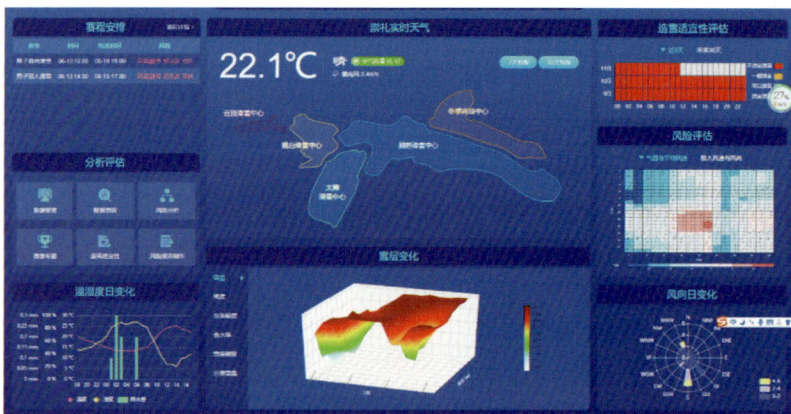

代表图片 1　雪务专项气象风险评估系统数据管理、预警提示界面

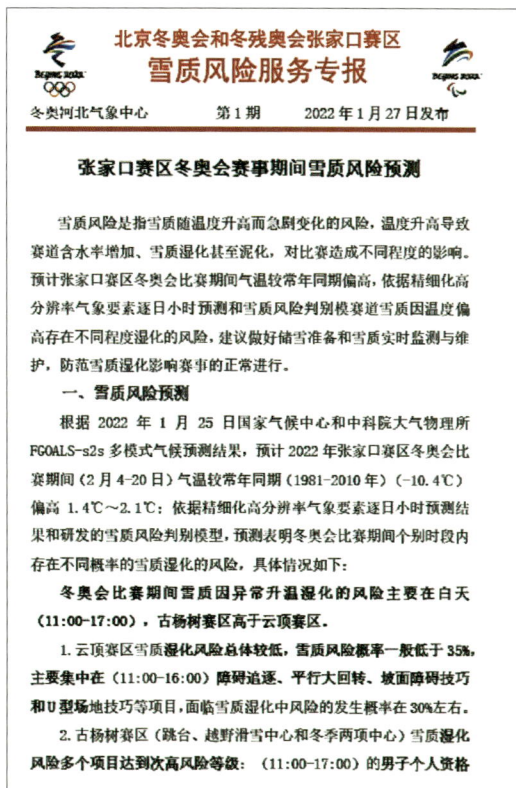

代表图片 2　雪质风险服务专报

（撰写人：陈霞　殷水清）

3.4.11　高山赛道制雪、保雪技术

【第一完成单位】中国气象科学研究院

【主要参与单位】中国科学院西北生态环境资源研究院；山东师范大学；河北省气候中心；黑龙江省亚布力体育训练基地

【主要贡献人员】丁明虎　张东启　孙维君　王飞腾　赵守栋　田彪　温海焜　张文千　杜文涛　李海涛　王树军

【来源项目名称】国家重点研发计划"科技冬奥"专项"赛事用雪保障关键技术研究与应用示范"

【成果主要内容】

针对冬奥雪务保障的造雪、制雪（赛道制作）、保雪三大核心问题，中国气象科学研究院牵头开展了最核心、难度最大的冰状雪赛道制作技术攻关。面对冰状雪赛道制作技术长期被国外垄断的现状，研究团队结合南北极冰雪物理研究经验，在黑龙江亚布力训练基地开展多次赛道制作试验，获得初步成果后，又前往平昌冬奥会赛场实地调研，验证前期经验并总结出适合我国气候特征的冰状雪赛道制作的初步方案。为了确定不同赛区、不同天气条件下冰状雪赛道制作的具体方案，在北京冬奥组委的协调下，团队连续前往冬奥会云顶滑雪公园、国家高山滑雪中心、首钢滑雪大跳台等地开展冰状雪赛道制作和雪质监测试验。野外试

验期间，研究团队克服了 −40 ℃的低温、突发极端大风天气、赛道坡度大等重重困难，最终确立冰状雪赛道的雪冰物理特性参数指标，形成以雪冰物理特性参数为基础的高山滑雪冰状雪赛道雪质评定标准；确定冰状雪赛道质量的关键影响因素，针对我国不同气候区域研发"属地化"冰状雪制作技术，编制了冰状雪赛道制作的技术流程和实施指南。团队自主研发了冰雪粒径自动检测仪、冰雪硬度测量仪、雪冰密度测量仪等冰状雪赛道雪质检测专用设备，在技术研发和野外试验的基础上，团队明确了不同天气条件下冰状雪赛道制作时注水时间与注水压力的最优组合，在云顶滑雪公园障碍追逐赛道和国家高山滑雪中心均制作出了符合国际标准的冰状雪试验赛道。

【成果应用成效】

通过在华北、东北和西北典型雪场开展试验，结合能量物质平衡模拟，建立了不同区域和地形下包括形状、体积和覆盖度的最佳储雪方案，在冬奥会开幕前为首钢大跳台、国家跳台滑雪中心分别储雪 5 000、2 000 m^3。

团队自主研发出便携式雪粒径测量仪、雪硬度测量仪和雪密度仪，在世界上首次实现对滑雪赛道物理性质的无损、快速、定量检测，为多个赛事制定了应对不利气象条件的雪质监测和雪源保障预案，为冬奥会提供了自主科技支撑。

【成果应用展望】

冰状雪赛道制作技术可为我国举办大型雪上项目和冰雪产业发展提供科学支撑。雪物理性质监测技术将服务于更广泛的冰雪科研，在极地科考站选址、南极航空雪上跑道建设和检测等方面具有广阔的应用前景。在后冬奥时代，储雪等技术在南方滑雪场可以"大显身手"，延长营业时间，带动更多游客参与冰雪运动，为实现"三亿人参与冰雪运动"提供技术支撑。

【成果代表图片】

代表图片 1　研发不同天气条件下属地化的冰状雪赛道制作技术

代表图片 2　建立不同区域和地形下包括形状、体积和覆盖度的最佳储雪方案

（撰写人：丁明虎　张东启）

3.4.12　科技冬奥公众智慧观赛气象影响预报产品

【第一完成单位】中国气象局公共气象服务中心

【主要参与单位】华风气象传媒集团有限责任公司

【主要贡献人员】黄蔚薇　郑江平　李文静　王晓江　陈钻　张晓美　郑巍　王也　冯殊　刘轻扬
卫晓莉　张蔚　闫帅　慕建利　周希　于金　刘沙　李孟颐　祁保刚　陈萌　边文欣　邓美玲　卢晓露
崔佳　张鑫鑫　杨如意

【来源项目名称】国家重点研发计划"科技冬奥"专项"冬奥会气象条件预测保障关键
技术"第五课题"冬奥气象专项影响预报及智能化气象服务技术研究与应用"

【成果主要内容】

科技冬奥公众智慧观赛气象影响预报产品通过气象数据与社会数据的融合，利用公众问
卷、专家访谈等社会调查方法进行观赛需求分析，基于气象影响因子分析等统计方法构建观
赛气象指数模型，确定各气象指标权重和阈值，并根据社会调查的反馈迭代改进模型，研发
适用于融媒体使用的冬奥公众观赛气象指数和图文产品；研究气象融媒体人工智能加工应用
技术，实现在网站、手机端、影视等融媒体端应用的气象服务机器人播报技术和产品，加强
人工智能技术在赛事公众气象服务场景的应用。

在科技冬奥公众智慧观赛气象影响预报产品的研究过程中，首先要考虑的是，公众对北
京冬奥会观赛气象预报的需求程度高，观赛需求呈现出多维度的特征，在气象产品研发和气
象保障服务时，应充分考虑公众在穿衣、出行和健康等多方面的需求，为公众提供综合性的
观赛气象服务产品。我国对夏季体育盛会的气象服务需求和经验有一定的积累，但对冬季体
育盛会气象服务的研究相对较少，已有的研究主要围绕比赛的进行来展开，对于观赛公众的
需求分析不足。利用社会调查的手段，在冬奥会比赛现场环境类似、观众体感相似的场所，
对潜在的冬奥会观赛公众进行拦截式问卷调查，并利用统计分析方法，对公众观赛气象需

求、极端天气对公众观赛的影响及公众认知情况、公众参与意愿等内容进行分析和探讨，为进一步开展以公众为服务对象的冬奥会气象服务产品奠定了良好的需求基础。同时，公众对冬奥会观赛的需求与常规气象服务相比有明显的差异性，如对于健康的需求，公众对避免冻伤、雪盲和晒伤有较高的需求；再如，由于公众对冬奥会观赛的特殊性有心理预期，因此，公众对于低温的忍耐度较高。在后续观赛气象服务产品研发过程中要充分考虑这些特色需求，提升服务产品的针对性，并充分考虑由于年龄、性别、计划观看的赛事项目等方面的差异性。此外，冬奥会观赛，特别是雪上项目需要在户外长时间停留，因此，一些极端性天气，如大风、强降雪和强降温会显著地影响公众的观赛体验和意愿。

基于连续三年的北京冬奥会公众观赛气象服务需求调研和分析，结合气象影响因子分析、专家经验权重等气象指数研究方法，项目团队构建了冬奥公众观赛气象指数模型。指数模型综合考虑身体感受、健康影响以及观赛出行三方面因素构建。通过融合气象数据与社会数据，确定观赛气象指数的各气象指标的影响权重和阈值，同时利用社会调查对指数模型不断反馈改进和优化，从而研发出以公众为服务对象的冬奥公众观赛气象指数产品。

观赛气象指数模型的构建，首先基于户外观赛体感风寒温度计算模型，并结合穿衣气象指数模型进行订正优化，研究出适合冬奥户外冰雪运动项目观赛的穿衣指数和服务提示。其次，根据专家访谈和公众调查的需求分析，研究以冻伤气象指数、感冒气象指数、护目镜气象指数和防晒气象指数为基础，综合设计构建户外健康防护气象指数，为公众更好地提示健康防护措施。指数模型的第三个组成部分是公众观赛出行影响指数，基于高影响天气的影响程度构建。依据公众对强天气的认知结果，对强降雪、大风等各高影响天气的量级影响程度进行分级，并根据百分比进行级别的权重打分，再结合气象专家经验对各类高影响天气量级程度的权重打分进行调整和订正。最后，将公众对高影响天气的关注度百分比进行标准化处理，通过叠加各类高影响天气的出行影响程度与公众关注的天气出现影响权重，得到观赛出行天气影响值。

观赛气象指数预报模型根据北京、延庆、张家口三大赛区场馆的实时天气和精细化预报，可以提供 1～3 d 逐 3 h、4～7 d 逐日的三大赛区各场馆的观赛气象指数综合产品，同时从人体感受、健康防护建议、出行影响等方面分别提供穿衣、感冒、冻伤、护目镜、防晒、交通出行影响气象指数等精细化服务产品和服务提示。

该成果结合社会科学与气象学研究方法，基于人工智能（AI）、融媒体加工技术，利用语义解析、自然语言合成、语音合成技术（TTS）、AI 虚拟人、动态音视频合成、自动化节目排片处理、自动化图文处理、自动化节目生成与分发等方面的技术成果，首次在冬奥赛事活动中面向公众应用 AI 气象服务机器人播报公众观赛气象指数产品。该产品技术路线主要为通过获取和分析公众观赛气象指数数据、资源配置脚本和针对配置脚本来动态提取在不同地点、场馆、指数系数等场景需要用到的文本、音频、视频资源素材，进而根据公众观赛气象指数产品配置设定组装成文本、音视频类型的公众观赛气象指数产品。

本成果有以下创新点：

（1）将社会科学研究方法与气象学研究方法相结合，在大型赛事中应用社会调查数据、气象数据与专家经验共同构建服务产品。

（2）在冬奥会赛事活动中实现针对公众观赛需求影响的气象预报服务系统性产品。

（3）基于人工智能和机器学习技术，首次在冬奥赛事活动中采用基于天气数据分析和语料相结合的智能音视频合成技术，针对公众服务应用 AI 气象服务视频产品，加强人工智能技术在赛事公众气象服务场景的应用。

（4）基于人工智能深度学习方法，结合数字视频技术，首次在冬奥会赛事活动中针对公众服务应用虚拟主持人技术，丰富公众气象服务视频产品的内容和形式。

（5）在本成果应用的基础上，制定了中国气象服务协会团体标准《冬季户外冰雪运动观赛气象指数》。该标准在广泛调查、研究和征求意见的基础上，给出了冬季户外冰雪运动项目观赛气象指数的级别、判别标准、图像标识，填补了气象服务在冬季冰雪运动观赛活动上标准的空白。

【成果应用成效】

冬奥公众观赛气象指数预报产品一天 3 次提供覆盖北京赛区、延庆赛区、张家口赛区 12 个场馆 18 个站点的 1～3 d 逐 3 h、4～7 d 逐日指数预报。北京冬奥会和残奥会期间，该产品在中国天气网、华风爱科移动端网站、"张家口气象"微信公众号、"气象北京"微博、"朝阳气象"微博、中国天气新媒体平台（视频号、抖音、快手）、CCTV5《天气体育》节目中，以数据产品、可视化页面、AI 气象服务机器人播报视频产品、图文产品等多种产品形态开展公众服务应用。冬奥会期间指数产品上线服务被中国气象局官网、新华社客户端、人民网、新浪财经、澎湃新闻客户端等多家媒体报道。北京 2022 年冬奥会和冬残奥会期间，冬奥公众智慧观赛气象指数服务专题相关网页访问总量为 386 万，访问用户数 247 万；AI 气象服务机器人视频播报观赛指数产品各媒体平台的总观看量为 759 万。

【成果应用展望】

成果聚焦冬奥会公众观赛气象服务，从观赛公众的需求出发，综合考虑身体感受、健康影响以及观赛出行三方面因素，将社会数据与气象数据相结合，构建公众观赛气象指数模型，是体育赛事精细化公众气象服务的一次创新尝试，同时也是多学科融合应用的一次探索，为后冬奥时期大型赛事特别是冬季赛事提供了较为丰富的公众气象服务产品和服务示范。

成果中的 AI 气象服务机器人播报公众观赛气象指数产品，为公众气象服务和未来的大型赛事气象服务，提供了人工智能融媒体加工应用技术支持和智能化气象服务经验。相关的 AI 智能气象融媒体服务系统和产品，旨在运用人工智能技术实现气象音视频节目的大批量、自动化生产与服务，实现气象音视频智能生产技术与多种类型互联网信息服务产品的融合创新应用，面向地方气象部门、行业、合作平台等提供定制化的服务与解决方案。现已形成基于人工智能的基础气象语料库和部分个性化气象语料库，可通过自动化的人工智能平台获取并分析天气信息，基于对天气信息的智能分析，针对客户个性化的配置来动态提取在特定场景所需的文本、音频、视频资源素材，实现大批量、多类型、个性化气象音视频产品生产与服务。具备支持服务于 3 000 个县（市、区）的天气预报短视频工业化生产能力。可提供包括城市天气预报、气象灾害预警、气象科普知识等各类气象内容媒体产品，通过智能媒体生产平台既可以工业化地动态批量生成包含各类基础气象信息服务的文本、音频、视频产品，同时还可以生产满足客户或者用户需求的个性化气象服务产品，可垂直服务于农业、旅游、交通、保险、教育等专门行业以及儿童、老人、爱宠人士、摄影爱好者等特定人群。同时 AI 气象服务机器人可以快速实现包括二维、三维的定制化形象训练，可根据合作伙伴及客户需求进行自由调整和设计，实

现在特定场景下的规模化应用，满足融媒体气象服务差异化、批量化的服务需要。

【成果代表图片】

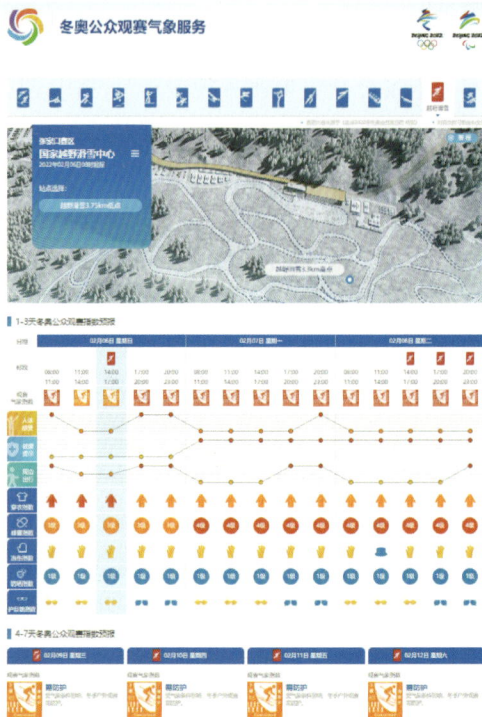

代表图片 1　张家口赛区国家越野滑雪中心 1～3 d 冬奥公众观赛气象指数预报网页页面展示

代表图片 2　AI 气象服务机器人播报冬奥观赛气象指数视频产品

（撰写人：黄蔚薇　陈钻）

3.4.13　高速公路复杂路面高分辨率恶劣天气精准预警技术研究

【第一完成单位】河北省气象服务中心（河北省气象影视中心）

【主要参与单位】南京信息工程大学

【主要贡献人员】曲晓黎　张中杰　尤琦　尹志聪　赵增保　贾小卫　张娣　张杏敏　郭蕊　李飞　王洁　张金满　王跃峰　袁东敏

【来源项目名称】河北省科技计划项目"高速公路复杂路面高分辨率恶劣天气精准预警技术研究"

【成果主要内容】

（1）石家庄—张家口—崇礼一线高速公路主要气象灾害风险区划研究

运用自然灾害风险理论，收集石家庄—张家口—崇礼高速公路沿线的气象观测资料、因气象条件造成的高速公路管制资料、因气象条件造成的交通事故资料、地理信息资料、车流量等综合信息，开展石家庄—张家口—崇礼高速公路沿线气象灾害风险普查。

从致灾因子危险性、承灾体空间脆弱性和易损性等方面构建指标，建立石家庄—张家口—崇礼高速公路主要气象灾害风险区划模型，并计算风险指数，划分不同灾种风险等级，得到精细化的高速公路沿线主要灾害性天气风险区划结论，绘制了石家庄—张家口—崇礼一线高速公路主要气象灾害风险区划分布图。

（2）基于 METRo 路面温度机理模型的精细化冰害预警技术研究

利用 RMAPS-IN 和 RMAPS-ST 的气温、露点温度、降水量、风速、地表气压、云量、长波短波辐射等预报数据和高速公路沿线（京昆高速 8 套交通气象站、北京回龙观气象站）的气温、露点温度、是否降水、风速、道面状态和道面温度等气象观测实况数据，基于 METRo 路面温度机理模型，通过训练各站的"人为热"参数，结合路面温度热谱地图进行路面温度的降尺度预报。

（3）基于人工智能的低能见度客观预报技术研究

利用河北省 142 个国家气象站 2016—2019 年逐小时气象观测数据，包括各站整点气温、露点温度、相对湿度、2 min 风向、2 min 风速、地表温度、最低地表温度、最小能见度、过去 24 h 变温、过去 3 h 变压，以及小时内最高气温、最低气温等 12 种要素，采用 CART 决策树二叉树结构，将基尼指数作为衡量数据集纯度的标准，开展低能见度等级的客观预报。

（4）基于 CFD 计算流体力学的精细化大风预报预警技术研究

利用 Meteodyn WT 模型，对张承高速公路沿线多处山谷处的风进行降尺度数值预报和订正。根据指定风廓线、地表边界条件（地面粗糙度、森林冠层模型）、热稳定度等级分别进行定向模拟计算，由此得到标准入口风速、不同风向条件下的风场分布。再根据定向计算结果中测风观测与计算区域内相同位置之间的统计关系，推算给定地点或区域的风速值和风能参数。

（5）基于 JAVA 语言，采用 B/S 架构研发了高速公路恶劣天气实时风险报警实时告警软件模块，并融入现有交通气象一体化业务系统。后台基于气象观测资料、中尺度数值模式预报产品和短时临近预报等产品实时运算处理，得到高时空分辨率的低能见度、路面结冰、大

风等恶劣天气的风险预报预警产品，并在页面展示。气象预报服务人员通过人工订正，可通过微信公众号、网站、短信等渠道向交管部门内相关人员和社会公众实时发布，确保冬奥会交通运输安全高效。

成果创新性表现在以下方面：

（1）将传统的天气学方法、统计学方法与新兴的机器学习等方法融合应用，针对冬奥会气象保障示范高速公路，围绕低能见度、路面结冰和大风等高影响天气形成了精细化的预报方法，并基于这些方法或模型研发出了客观化的预报预警服务产品；

（2）研发出的低能见度、路面结冰和大风等高影响天气的客观预报产品在空间分辨率上突破了 1 km，实现了全路段精细化预报预警服务。

【成果应用成效】

（1）基于河北省格点化气象要素实况产品和智能网格预报产品形成雾、路面结冰、大风的风险等级预报业务产品，其空间分辨率达到基于公路路段的 1 km，时间分辨率为未来 24 h 内逐 1 h。该成果已融入交通气象一体化业务平台，在北京 2022 年冬奥会和冬残奥会及测试活动期间参考成果制作发布交通气象服务材料，并为交通部门提供客观化实况和气象预报服务产品。

（2）应用于京港澳高速河北境内路段"路警联动 精准管控"气象服务项目，河北高速集团拟在下辖的重点高速路段推广，项目可行性研究报告已编制完成并通过专家评审。

【成果应用展望】

未来，随着智慧交通的发展，交通气象服务也将向智慧化发展，本项目成果将为全省高速公路气象服务奠定基础，为河北省高速公路"准全天候通行"和保障河北经济社会发展提供支撑。

【成果代表图片】

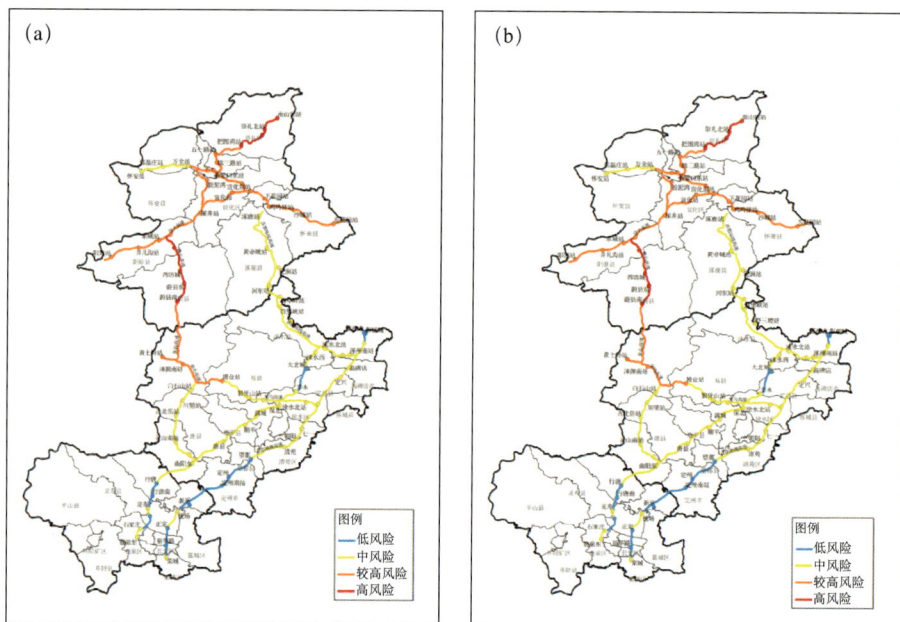

代表图片 1　示范高速公路路面结冰灾害（a）和雾灾（b）风险区划图

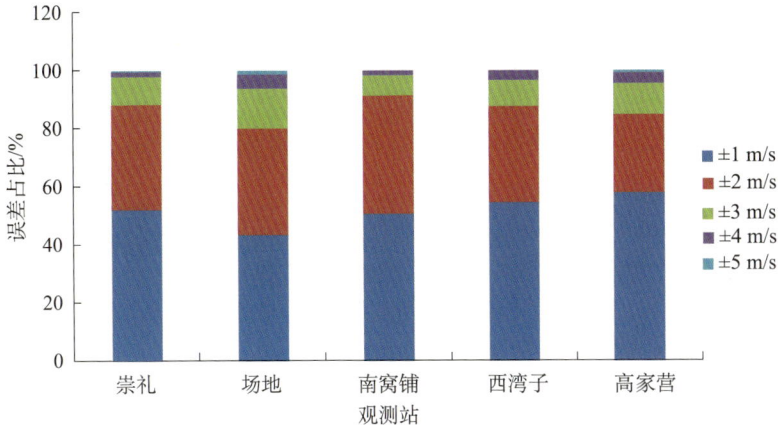

代表图片 2 张承高速公路沿线 5 套代表性气象观测站 10 min 平均风速模拟结果
与实况对比误差占比分布图

（撰写人：曲晓黎）

3.4.14 冬奥公路交通气象服务产品及系统

【主要完成单位】中国气象局公共气象服务中心

【主要贡献人员】匡秋明 胡骏楠 袁彬 梅钰 李蔼恂 渠寒花 郑江平 潘进军 唐卫 慕建利 邓美玲 郝江波

【来源项目名称】国家重点研发计划"科技冬奥"专项"冬奥气象专项影响预报及智能化气象服务技术研究与应用"

【成果主要内容】

冬奥公路交通气象服务产品及系统包括冬奥公路交通气象风险调查、冬奥公路交通实况和短时临近气象服务产品、冬奥公路交通短期预报气象服务产品、冬奥公路交通灾害风险预警气象服务产品和冬奥交通气象服务产品可视化服务系统。

1. 冬奥公路交通气象风险调查

从北京市交通委了解到，在冬奥举办时段，冬奥公路交通风险主要有低能见度、降雪、路面结冰等；从河北省交通部门了解到，冬奥公路交通风险类型和北京市交通委了解到的情况类似，但河北的团雾发生频次远高于北京。本研究专题通过实景图像调查了冬奥公路交通风险点，包括落石塌方、雨雪天气、减速慢行、隧道、连续拐弯等，并采集这些位置点的经纬度、高程坐标，将这些点设置为气象服务关键点。

2. 冬奥公路交通实况和短时临近气象服务产品

冬奥公路交通实况和短时临近气象服务产品通过离散站点平流方程模型、随机森林法卫星资料融合模型、信任传播算法等算法模型，结合数值模式和机器学习方法，将 CIMISS 地面气象数据、DEM 数据、10 min 分辨率葵花 8 卫星数据进行综合分析，研发得到 1 km 间隔道路点和公路交通隐患点的实况和短时临近气象服务产品。

3. 冬奥公路交通短期预报气象服务产品

冬奥公路交通短期预报气象服务产品通过实况数据插补等方法弥补高速公路桩点实况数据缺乏问题，通过温度误差订正算法订正连续型变量的预报偏差，通过降水误差订正算法订正非连续型变量的预报偏差，通过多模型集成算法集成中国全球数值预报（GRAPES）、美国国家环境预报中心（NCEP）、日本模式预报（RJTD）、欧洲数值预报中心（ENMWF）等多模式预报，研发得到 1 km 间隔道路点和公路交通隐患点的 0～3 d 逐小时预报气象服务产品。

4. 冬奥公路交通灾害风险预警气象服务产品

冬奥公路交通灾害风险预警气象服务产品结合气象低能见度、道路形态、交通流量等资料，研发了冬奥公路交通低能见度灾害风险等级划分方法；基于降雪量和气温、道路形态、交通流量等资料，研发了冬奥公路交通降雪天气灾害风险等级划分方法；融合降水量、气温、地表温度、风速、道路形态、交通流量等资料，研发了冬奥公路交通路面结冰风险等级划分方法；综合以上方法，研发了冬奥公路 1 km 间隔道路点和公路交通隐患点的气象灾害风险预警产品。

5. 冬奥交通气象服务产品可视化服务系统

冬奥交通气象服务产品可视化服务系统是基于冬奥交通气象服务系统产品，针对张家口赛区、北京赛区专项精细化交通气象服务需求而定制开发的冬奥交通气象可视化服务系统。系统支持定制交通枢纽、关键点及风险预警信息等综合产品及服务可视化；实现实况、短时临近、预报及预警交通服务产品综合呈现，开展交通服务专报在线加工服务；为冬奥交通气象服务提供定制化、专项气象服务支撑。

【成果应用成效】

北京 2022 年冬奥会和冬残奥会期间，冬奥公路交通气象服务产品及系统以数据产品、可视化服务系统、交通服务专报等方式向张家口市气象局气象服务中心、北京市气象服务中心，以及 2022 年北京冬残奥会气象服务官方网站提供交通气象服务支撑。

根据冬奥交通气象服务产品工作协调会（2020 年 12 月 24 日）要求，制作了 128 个关键点的实况和 0～3 d 逐小时预报产品，包含气温、风向、风速、相对湿度、降水量 5 个要素。产品作为冬奥交通气象服务网站备用产品，由系统自动调用，保障了冬奥交通气象服务的稳定。

根据张家口市气象局的要求制作了 693 个桩点及关键点的逐小时实况、短时临近、短期产品以及实况预警产品，包括气温、风速、能见度、相对湿度、降水量、降水相态、道路结冰 7 个要素。其中，预警产品有低能见度风险预警、大风风险预警、降雪风险预警、道面结冰风险预警、降雨风险预警，此外添加了冬奥场馆数据专报下载模块。北京 2022 年冬奥会和冬残奥会举办期间，产品为张家口市气象局气象服务中心的交通和直升机救援服务提供重要参考。

根据北京市气象局的要求制作了 1 200 个桩点和关键点与北京市 1 km 格点的逐小时实况、短时临近、短期产品以及实况预警产品，包括气温、风速、能见度、相对湿度、降水量、降水相态、道路结冰 7 个要素。其中，预警产品有低能见度风险预警、大风风险预警、降雪风险预警、道面结冰风险预警、降雨风险预警。产品在北京市交通委、交管局等部门的交通气象服务中发挥了支撑作用。

【成果应用展望】

冬奥公路交通气象服务产品及系统通过冬奥交通气象服务应用实践，为冬奥交通气象服务相关的关键点、交通沿线和重点区域提供实况、短时临近和 0～3 d 短期气象预报服务产品和低能见度、大风、降雨、降雪、路面结冰的气象灾害风险预警产品。探索了一套针对重大活动交通气象保障服务的技术方案，除提供交通实况、预报预警产品外，还可定制交通气象可视化服务系统和自动生成交通气象服务专报，在公路交通气象服务方面具有广阔的应用前景。

【成果代表图片】

代表图片 1　北京 2022 年冬奥会和冬残奥会交通气象可视化服务系统

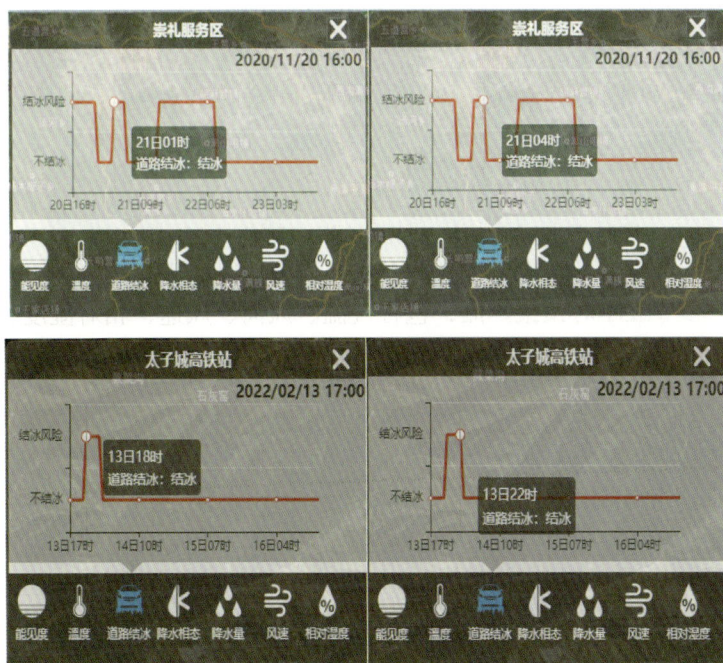

代表图片 2　道路结冰风险产品可视化展示

（撰写人：匡秋明　胡骏楠）

3.4.15 冬奥轨道交通积雪和大风气象风险预报模型

【主要完成单位】北京市气象服务中心

【主要贡献人员】闫晶晶 郭文利 董颜 李乃杰 郑江平

【来源项目名称】国家重点研发计划"科技冬奥"专项"冬奥气象专项影响预报及智能化气象服务技术研究与应用"

【成果主要内容】

1. 轨道交通气象风险特征分析

（1）积雪。从基于北京和张家口的 34 个国家气象站 1989—2019 年的 2 月冬奥会赛期同期雪深观测数据绘制的 2 月平均积雪雪深空间分布图可看出，积雪深度呈现西北—东南减少的分布情况。北京南部海拔较低的地区，2 月平均积雪深度只有 1～2 cm，影响很小。北部沽源、崇礼等地则在 10 cm 左右，有的地区超过 10 cm，中部地区则介于两者之间。铁路线从北京北站出发，一直延伸到张家口。高铁位于北京的南段，受积雪影响很小，在张家口地区易受到大雪的影响，特别是降雪较多的年份，需要注意积雪对铁路的影响。

（2）大风。京张高铁沿线地区大风日数呈现西北多、东南少的分布，海拔地势越高，大风日数越多。京张高铁沿线在北京避开了海淀与昌平地区的大风日数集中区，从京张高铁线路走势看，虽然整体呈西北—东南走向，但北京与河北交界处有一段转弯处呈东北—西南走向，且线路转弯处曲径较大，横风极易影响列车正常行驶。统计 2016—2018 年两个冬半年（11 月—次年 3 月）大风天气出现概率，最大风速 5.5 m/s（4 级）以上出现的概率在 12% 左右，而极大风速达到 8.0 m/s（5 级）以上出现的概率可达 15% 以上。其中，最大风速集中在 4 级、5 级以上风的出现概率明显降低，极大风速超过 6 级以上的风仍然占比较高，甚至会出现 8 级（17.3 m/s）以上大风。

2. 轨道交通气象风险预警信号分级服务标准

铁路部门对降雪气象服务的主要需求为降水量和降水时段的准确预报。此外，由于铁路交通系统在降雪天气下的脆弱性，大雪量级以下的降雪也可能对铁路交通产生较大的影响。因此，有必要结合暴雪预警信号分级标准制定针对铁路交通的降雪天气气象服务标准（表 1）。

表 1 铁路暴雪预警信号分级标准

等级	降雪量	服务提示
防范	12 h 内降雪量小于 4 mm	采取适当除雪、融雪和防滑措施
蓝色	12 h 内降雪量达 4 mm 以上	积极采取除雪、融雪和防滑措施，列车适当限速
黄色	12 h 内降雪量达 6 mm 以上	积极采取除雪、融雪和防滑措施，列车适当限速
橙色	6 h 内降雪量达 10 mm 以上	积极采取除雪、融雪和防滑措施，列车适当限速
红色	6 h 内降雪量达 15 mm 以上	积极采取除雪、融雪和防滑措施，列车根据情况暂时停运

通过构建的侧向风预报模型，计算 2016—2018 年冬半年期间自动气象站逐小时最大风侧向风及极大风侧向风的风速，统计 2016—2018 年冬半年期间侧向风对轨道交通影响次数。从表 2 可知，逐小时最大侧向风对轨道影响不大，极大风的侧风对轨道有一定影响，主要集中在 12 月和 1 月。通过 5 个桥隧点对比发现，大桥受侧风影响最大，隧道相对影响较小。其中，昌平高架特大桥在 2016—2018 年冬半年期间受侧风影响次数 43 次，冬半年发生概率占比 6%；影响最小的清华园隧道受侧风影响次数为 13 次。总体来看，侧向风对京张高铁北京路段有一定影响；桥段相比隧道更容易受侧风的影响；由于城市下垫面影响，距离市区较近的轨道受侧风影响较小。从侧风风向来看，受西南方向侧风影响较大。利用 CMA- 北京区域预报模型输出的气象要素（常以经向风 U、纬向风 V 为主），结合京张高铁的方向划定，确定东北—西南方向上的风为侧向风，采用夹角计算出侧向风速的大小，并结合可比性和可操作性 2 个方面划定指标。

表 2　侧向风影响轨道交通风险等级指标

等级	划分标准	影响程度与预防措施	防御状态
0	$V_{最大} \leqslant 10$ m/s 或 $V_{极大} \leqslant 13.8$ m/s	无影响，列车正常行驶	正常运行或解除警戒
1	10 m/s $< V_{最大} \leqslant 15$ m/s 或 13.9 m/s $< V_{极大} \leqslant 17.1$ m/s	有一定影响，建议列车速度 $\leqslant 250$ km/h	注意警戒
2	15 m/s $< V_{最大} \leqslant 20$ m/s 或 17.2 m/s $< V_{极大} \leqslant 20.7$ m/s	有较大影响，建议列车速度 $\leqslant 150$ km/h	危急警戒
3	20 m/s $< V_{最大} \leqslant 25$ m/s 或 20.8 m/s $< V_{极大} \leqslant 24.4$ m/s	有严重影响，建议列车速度 $\leqslant 100$ km/h	特别危急警戒
4	$V_{最大} > 25$ m/s 或 $V_{极大} > 24.4$ m/s	有特别严重影响，建议列车停止运行	封锁警戒

注：$V_{最大}$ 为轨道线路侧向风最大风速，$V_{极大}$ 为轨道线路侧向风极大风速。

3. 轨道交通气象风险预报模型

（1）CLM 模式积雪深度预报。由 NCAR 开发的 CLM（Community Land Model）模式是一套基于生态气候学构建的模式，综合了 BATS、Colm、LSM 等陆面模式的优点，改进了一些物理过程的参数化，加入了水文过程、生物地球化学过程和动态植被过程等影响过程。为了获取更加精细的积雪深度预报，对 CLM5.0 调参进行本地化应用，实现逐小时积雪深度预报。

（2）敏感点极大风统计预报模型。将通过距离加权平均方法由自动气象站插值到桥隧点的数据作为实况，利用 10 min 平均风速对逐小时最大风速、极大风速进行相关分析得出，10 min 平均风速与最大风速、极大风速有很好的相关性，最大风速的相关性都在 0.9 以上，极大风速相对偏低，但也在 0.9 左右。利用回归统计方法在 5 个桥隧点上分别建立最大风速、极大风速的预报模型。

【成果应用成效】

1. 2020 年冬奥会测试赛高影响天气过程服务情况

CLM 模式积雪深度预报模型在 2020 年冬奥会测试赛提供应用服务。CLM 模型需要的大气输入数据包括气温、气压、风速、湿度、降水、辐射。由于大部分积雪深度较深的观测站不完全包含模式输入的气象数据，因此，使用 ERA5 再分析数据作为气象模拟的强迫场，驱动 CLM 模型模拟积雪雪深，与实际观测进行对比。崇礼站点积雪深度较深，且又属于冬奥会比赛赛区，因此，选此站点进行长时间的雪深模拟。对比结果可以看出，模拟的积雪深度和观测的积雪深度在时间变化上较为一致，积雪深度能随着降雪过程而增加，随着时间延长逐渐融化或升华。影响预报效果的原因可能有两个方面：①再分析网格数据模拟的效果代表的是网格平均，网格内存在草地、森林、城市等下垫面，与观测站的气象条件有差异；②秋末春初雨雪相态会影响降雪还是降水的判别，判断失误会造成降雪雪深的较大差异。

2020 年 1—2 月，北京市有几场较大的降雪，北京延庆和河北崇礼两个人工气象站观测到了较深的积雪，因此，使用这两个站的数据进行检验对比，同时加入 ERA5 再分析的雪深对比模拟结果。对比观测和模拟数据可以看出，延庆在 1 月 7 日、2 月 4 日和 2 月 16 日观测到 3 个积雪的峰值，模型都能模拟出来。但是在 2 月份，延庆站观测的雪深远比模拟和 ERA5 偏小，可以认为主要是由于 ERA5 再分析的降水偏大造成的。在崇礼站，1 月份模型模拟的积雪深度的效果要好于 ERA5 的结果。同样的，2 月份模拟和 ERA5 的雪深要大于实际的积雪深度。

2. 研究成果在移动端气象服务系统的业务应用

根据铁路局的气象保障服务需求，研发了以用户决策、调度、指挥为一体的铁路气象服务系统移动端 /PC 端，切实将轨道温度、轨道大风、轨道积雪深度的关键技术研究融入系统，提供"点-线-面"三个维度的精细化监测预报预警、影响预报、专项服务等产品，推进气象服务推送与社交平台、移动互联等渠道的对接，实现天气预警的类型、关注位置、推送时段等定制化服务，大力提升气象灾害信息及预警信息发布的及时性和有效性，全方位提升冬奥轨道交通气象保障服务的铁路能力。根据决策服务和一线业务两方面的服务需求，在铁路服务系统的移动端和 PC 端增加了京张高铁气象服务模块。

其中，建设的以用户决策、调度、智慧为一体的移动端铁路气象服务系统主要包括实况监测子系统、预报预警子系统、查询统计子系统、综合管理子系统。移动端的开发极大地方便了铁路一线业务人员使用，2019 年增设的京张高铁线路中，在冬奥会测试赛和正式赛事时得到广泛应用，一线业务用户达到 1 000 人以上。铁路气象服务系统 PC 端可嵌入铁路局内部系统中，根据用户选择可切换使用背景，设有气象实况、预报、预警以及每日滚动更新的交通日报，方便决策用户依据气象信息及时调整部门预案。

3. 2022 年冬奥会整体服务效果

轨道交通专项产品为中国铁路北京局集团有限公司提供冬奥期间京张铁路专项气象服务，包括沿线主要站点的实况、预报、预警等气象信息；赛事期间针对降雪、大风等高影响天气及时发布华北地区专项警报，为铁路局启动应急预案、线路巡视和设备检修等提供了决策参考，有力地保障了冬奥会期间的京张沿线铁路运输安全和运营效率。

【成果应用展望】

深化与铁路部门的科技合作，推进铁路交通与气象行业的信息共享和深度融合，共同开展冬奥轨道交通气象风险预报研究成果的转化和业务应用，实现风口区域的特大桥梁、高路堤及弯道等一些特殊路段的大风、积雪等气象风险监测预报预警服务，编制铁路交通气象灾害风险区划和防御规划，升级完善铁路交通运输气象服务平台建设，强化铁路交通气象灾害预警信息发布网络，提升铁路交通气象保障服务能力。

【成果代表图片】

代表图片 1　铁路气象服务系统移动端——京张高铁路段展示

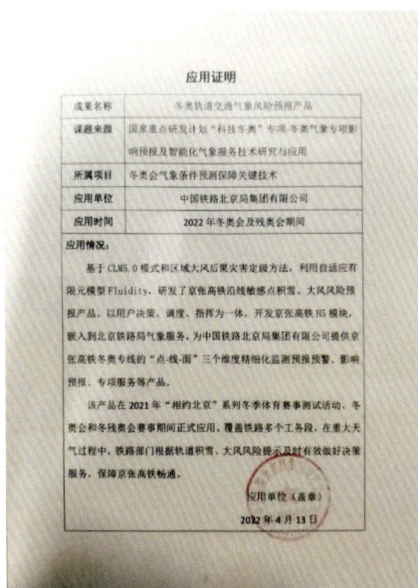

代表图片 2　冬奥轨道交通气象风险预报产品应用证明

（撰写人：闵晶晶 董颜 李乃杰）

3.4.16　冬奥直升机紧急救援积冰和颠簸气象风险预报模型

【主要完成单位】北京市气象服务中心

【主要贡献人员】闵晶晶　郭文利　金晨曦　齐晨　郑江平

【来源项目名称】国家重点研发计划"科技冬奥"专项"冬奥气象专项影响预报及智能化气象服务技术研究与应用"

【成果主要内容】

1. 直升机积冰和颠簸特征统计及气象影响要素分析

利用北京市人工影响天气办公室 2014—2017 年积冰个例记录和对应机载观测数据，分析发现，372 个积冰个例发生位置集中在京津冀地区，延庆和张家口赛区均在积冰风险区。积冰事件对应气温主要在 −15 ～ 0 ℃，当气温低于 −31 ℃或高于 0 ℃时不存在积冰现象。在 −15 ～ 0 ℃，积冰个例样本量存在明显的先增后降趋势，并且超过半数的积冰事件发生在 −8 ～ −4 ℃，而气温为 −4 ～ 0 ℃对应的积冰个例样本量的迅速减少与机身表面空气压缩加热有关。

由 2016 年华北空管局气象中心的空中报告统计得出，北京地区低空颠簸的月度分布特征为 2 月份颠簸发生频次最高（与冬奥会举办时间吻合），夏季颠簸发生频次最低。冬季颠簸发生频次较高是因为冬季大风天气较多，急流造成的气流切变，结合地形等因素造成的乱流，更容易引起飞机颠簸。基于延庆赛区不同海拔高度观测站地面自动观测逐 10 min 数据分析不同海拔高度的风场特征，从 2 月份结果可以看到，西大庄科（海陀山山脚）仅有 2% 的时间段出现 5 级以上大风，而在小海陀站（海陀山山顶）接近 60% 的时间段会出现 5 级大风，更有接近 20% 的时间段出现 7 级以上大风。由山谷至山顶，出现 5 级以上大风的情况显著增加，即延庆赛区山谷至山顶存在强风切变。所以冬奥会期间冬奥赛区山区的气象条件容易引起飞机颠簸现象出现，对直升机飞行及悬停救援有较大影响。

2. 延庆赛区直升机救援影响气象条件三维特征分析

为解决冬奥会赛区低空三维特种观测设备有限导致的低空三维气象观测数据不足，对比冬奥会赛区探空观测数据，验证 ERA5 再分析资料对延庆赛区三维气象要素模拟的有效性，从而分析冬奥赛区不同高度层次的积冰气象风险特征。基于 2017 年延庆赛区冬季特种探空观测数据，开展不同类型天气下的探空观测温度、相对湿度廓线与相同位置的 ERA5 再分析数据曲线对比，系统分析造成飞机出现颠簸、积冰的有利气象条件以及冬奥会延庆赛区相关气象条件的变化特征。

通过静稳、大风、降水等不同天气条件下的对比分析，整体上 ERA5 再分析数据能够在不同天气条件下合理描述实际大气的温度和相对湿度层结情况，具有较好的代表性和再现能力，使用 ERA5 对冬奥会赛区温湿三维空间分布特征进行分析，以弥补实际观测数据的不足。

对 2017—2019 年冬奥会赛期同期（2 月 4—20 日）京津冀地区不同高度层次的温度、相对湿度、风速等分布特征进行分析发现，相对于京津冀其他区域，北京西北部和河北西北部在冬奥会赛期同期不同高度层次出现有利于积冰现象发生的温度和湿度条件的可能性更高。

北京地区低空颠簸的气象指标有水平风速、水平风的垂直切变、水平风的水平切变、水平风的时间切变和垂直风速。

3. 直升机气象风险（积冰、颠簸）预测模型和服务产品研制

（1）直升机积冰气象风险预测模型研制。基于模糊逻辑隶属度函数，通过对飞机积冰和非积冰个例对应气象条件的分析，定义了以气温和相对湿度为判别基础并考虑垂直运动和过冷却液态水含量影响的积冰指数 I_p（Icing Potential Index），综合多种气象要素判断空中有利于积冰发生的区域。根据积冰个例样本对应气温和相对湿度分布规律，建立相应的模糊逻辑隶属度函数，分别用于描述气温与过冷却液态水存在可能性之间以及相对湿度与云或降水存在可能性之间的相关性，综合二者判断云层或降水中存在过冷却液态水的可能性，以此判断环境的初始积冰可能性，为飞行员规避积冰高风险区域提供理论支撑与参考。

（2）直升机颠簸气象风险预测模型研制。飞机颠簸主要受大气湍流活动影响，颠簸种类包括对流引起的颠簸、地形颠簸、急流颠簸、云中颠簸等。参考国内外低空颠簸相关研究成果，选取表征低空颠簸效果较好的8个颠簸指数用来构建综合指数，对挑选的指数进行均一化处理，利用京津冀地区观测的60次直升机颠簸个例和20次非颠簸个例，计算各指数的预报准确率，以此为各指数赋予不同权重，得到直升机低空颠簸综合指数，最终建立低空颠簸预测模型。

（3）直升机气象风险（积冰、颠簸）预报服务产品研制。将格点化的数值天气预报作为输入，根据CMA-北京区域模式数值天气预报，分别制作等经纬度网格和等距离网格积冰和颠簸的预报产品，使用渐变色由浅到深的变化对应强度等级，颜色越深颠簸强度越大。计算输出不同等压面层的积冰指数和颠簸风险的预报空间分布，应用服务时可以根据实际飞行选取起飞点、航线和降落点进行垂直剖面结果展示。

【成果应用成效】

1. 2020年冬奥会测试赛服务效果检验

（1）直升机积冰气象预报服务

针对2020年2月11—20日冬奥会测试赛期间，以RMAPS-NOW数据作为输入，基于积冰指数 I_p 开展冬奥会赛区不同天气条件下低空积冰气象风险预测。

2020年2月11日，京津冀地区没有明显天气过程，基于积冰指数 I_p 的积冰气象风险预测京津冀地区0～4 km高度层内大部分地区没有明显利于飞机积冰现象发生的气象条件出现。

2020年2月14日，凌晨至上午京津冀地区出现了一次明显降雪天气过程，基于积冰指数 I_p 的积冰气象风险预测冬奥会赛区出现积冰现象的风险较高；通过对比不同高度层积冰风险可以发现，积冰风险高值区主要在2～4 km高度范围内，该层过冷却液态水含量较为丰富，而其上下层分别由于冰晶数量较多和气温较高导致积冰风险有所降低。

2020年2月17日，京津冀地区有一次明显寒潮大风天气过程，强降温配合低层相对湿度高值区，在河北南部地区低空存在一定积冰风险；由于大风天气导致的相对湿度降低和强下沉气流，京津冀西北部山区一带出现积冰的可能性不大。

（2）直升机颠簸气象预报服务

针对2020年2月11—20日冬奥会测试赛期间天气情况，以RMAPS-NOW数据作为输入，

基于低空综合颠簸指数开展冬奥会赛区不同天气条件下低空颠簸气象风险预测。

2020 年 2 月 11 日，京津冀地区没有明显天气过程，2 月 14 日凌晨至上午京津冀地区有一次降雪天气过程，针对这两次天气过程，使用低空综合颠簸指数预测结果显示，在 0～4 km 高度层内，没有明显颠簸气象风险区域出现，直升机飞行过程中出现明显颠簸现象的可能性较小。

对于 2020 年 2 月 17 日京津冀地区出现的明显寒潮大风天气过程，低空综合颠簸指数预测结果显示，在 450 m 高度左右冬奥会赛区存在明显颠簸气象风险，其原因为水平风速的垂直变化项、切变形变和拉伸形变项、散度项较大，综合作用导致在北京西部和东北部出现颠簸中高风险。

2. 2022 年冬奥会赛事降雪过程气象预报服务

2022 年 2 月 13 日，京津冀地区出现明显降雪天气过程，基于 CMA- 北京数值预报结果预报了直升机颠簸和积冰气象风险，13 日 17—19 时延庆赛区低空颠簸和积冰的风险较高。

根据冬奥会直升机救援气象服务需求，相关研究成果业务应用于冬奥航空气象服务系统，使冬奥组委会管理人员和急救中心调度人员能够快速地获取冬奥会关键区的起飞和降落条件，以及航线过程的风险预报信息，为冬奥会的紧急救援提供有效的决策依据。

3. 2022 年冬奥赛事服务整体评价

直升机救援是冬奥会官方要求的必备救援方式，而延庆海陀山由于地形和气象条件复杂，直升机紧急救援的难度较大。2022 年 2 月 10 日上午，北京延庆国家高山滑雪中心将迎来男子全能滑降比赛，这是冬奥会高山滑雪比赛中速度最快、危险性最高的项目之一。当天 05 时北京冬奥气象中心直升机救援服务团队就开始研判天气，重点关注赛事期间的风力、云高、能见度等气象条件，07 时制作发布的《延庆赛区直升机救援气象服务专报》中提示气象条件较好，能见度 10 km 以上，上午山顶最大阵风风速 10～14 m/s，提供保温机库、停机坪、延庆医院逐小时的精细化预报信息，并提示直升机救援航线颠簸和积冰的气象风险较低。11 时 50 分左右，一名瑞士籍运动员在高山滑雪男子全能速滑项目中左前臂开放性骨折，须启用直升机转运救治。服务团队接到市红十字会直升机医疗保障组的气象保障服务需求，1 min 快速提供停机坪、救援地点、延庆医院的气象实况信息。此次直升机紧急救援保障仅用 8 min 就将受伤运动员送到定点医院，比用地面救护车节约了 32 min，精准、及时、有效的气象服务为救援工作提供了有力保障。赛事结束后，北京市红十字会 999 救援中心直升机救援指挥调度负责人张学天对直升机救援专项服务的准确性、及时性、针对性都给予了特别满意的评价，称赞及时有效的气象服务为直升机救援的安全提供了重要参考。

【成果应用展望】

强化与北京市红十字会 999 救援中心、通用航空公司等的合作，拓展针对不同飞行场景的服务需求，开展冬奥直升机救援气象服务科技成果转化及业务应用，融合航线信息研发适用通用航空气象安全保障的专项产品，升级冬奥航空气象服务系统为普适化服务系统，构建飞行起降点、航线、航区关键要素的实况监测、预报告警、预警提示、风险预报等各类服务场景，实现高影响天气的航线和飞行区域自动预警，为重大活动直升机紧急救援、通用航空飞行安全等提供精细化专项保障服务。

【成果代表图片】

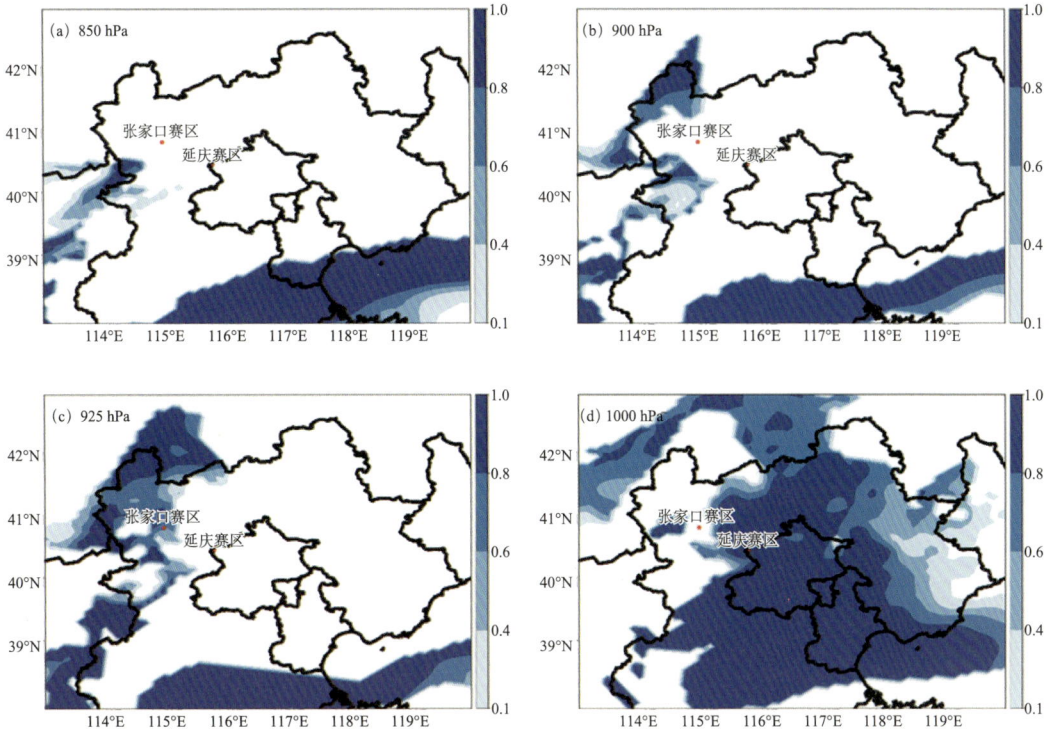

代表图片 1　不同高度直升机积冰气象风险预报结果

代表图片 2　冬奥直升机紧急救援气象服务产品应用证明和冬奥直升机救援指挥调度对
气象服务的评价表

（撰写人：闵晶晶　金晨曦　齐晨）

3.4.17　冬奥气象服务数据引擎研发

【主要完成单位】北京市气象信息中心

【主要贡献人员】林润生　缪宇鹏　陈婧　黄明明　李蕊

【来源项目名称】国家重点研发计划"科技冬奥"专项"冬奥气象专项影响预报及智能化气象服务技术研究与应用"

【成果主要内容】

冬奥气象服务数据引擎研发依托开放网络数据访问协议，研究海量气象数据组织与调度流程、元数据管理和同步机制、海量气象服务数据缓存策略，建立冬奥气象数据服务动态负载均衡算法模型；研究集群环境下的气象数据访问并发任务处理；开展最小总代价分布式、服务器个数及对应等负载均衡相关研究，实现大规模气象计算任务智能分解和负载均衡。

【成果应用成效】

冬奥气象服务数据引擎研发，汇集中国气象局、京冀本地冬奥业务及科研冬奥数据建立的京冀主备数据中心，实时提供 4 类 18 种标准的 GRPC 和 REST 接口服务，支撑冬奥 8 个核心气象业务及服务系统应用。同时根据冬奥组委及北京冬奥城市运行保障部分个性化的冬奥气象数据需求，提供个性化的冬奥气象产品服务。冬奥统一数据环境数据服务引擎日均访问量约 1 000 万次，数据访问请求等待时间最长不超过 1 s，有效满足了实时数据的高效服务。

【成果应用展望】

后冬奥时代，冬奥气象服务数据引擎将继续作为北京市气象局在气象业务服务和重大活动保障中的基石，通过高效稳定的数据接口服务，为用户提供多种气象数据和服务产品，满足各种气象数据需求。

【成果代表图片】

接口类型	访问次数 / 万次	成功率 /%	平均响应时间 /s	访问数据总量 /TB
冬奥实况接口	2 642	99.99	0.01	
冬奥预报接口	1 491	99.99	0.01	
格点数据接口	20 441	99.89	0.01	7.2
国家气象站、区域气象站实况接口	86	100	0.01	

代表图片 1　冬奥会期间数据服务引擎接口服务情况图

序号	调用方名称	调用次数	平均响应时间 /s	成功率 /%
1	大兴市气象局	9 331	0.01	100
2	通州智慧平台	86 229	0.01	100
3	昌平智慧园区	8 059	0.01	100
4	海河流域风险监测	522	0.01	100
5	北京市城市管理委员会	3 501	0.01	100
6	消防救援总队	10 801	0.01	100
7	开闭幕式保障	4 899	0.01	100

代表图片 2　数据服务引擎保障支撑冬奥会和冬残奥会期间的其他社会服务机构

（撰写人：缪宇鹏　林润生　陈婧　黄明明）

3.4.18　冬奥气象服务可视化推演系统

【第一完成单位】中国气象局公共气象服务中心

【主要参与单位】华风气象传媒集团有限责任公司

【主要贡献人员】刘巍巍　田祎　赵潇然　唐卫　张礼春　郑江平

【来源项目名称】国家重点研发计划"科技冬奥"专项"冬奥气象专项影响预报及智能化气象服务技术研究与应用"

【成果主要内容】

冬奥智慧气象服务虚拟可视化推演技术研究专题在整个项目中扮演着对外展示前端气象服务产品的重要角色，要将专业的数据、图形等服务产品二次加工，更加大众化、美观化，同时还要体现整个气象服务工作的科技化。为此专题组充分调研了市场上的各类可视化技术及手段，包括 VR、AR、MR、电子沙盘等，并对比了各项技术的优缺点及与冬奥气象服务工作的匹配程度，最终明确采用网页展现和专用设备两种方式对气象服务产品进行展示。此外，由于赛场地势较为复杂且范围较小，常规的地图无法满足上述两种可视化手段的要求，为此专题组利用最新的无人机倾斜摄影技术对赛场进行高精度测绘及建模（米级），通过研制冬奥气象服务 VR 体验设备对气象数据与地形数据进行叠加显示，并通过阈值与相关模型的建立，让公众可以使用该设备身临其境地体验气象因素对比赛产生的各类影响。

（1）完成了往届冬奥会可视化工作相关情况的调研

通过媒体报道、查找影像资料、专家咨询、文献查阅等方式对往届，尤其是上届韩国平昌冬奥会进行了详细分析。韩国借助其 5G 技术的优势，使得 VR 技术在该届冬奥会上得到了广泛的应用，比如在 ICT 平昌冬奥会体验馆，体验者只需在入场时佩戴一条提前录入个人信息的带电子芯片的手环，就能在这里进行各种与冬奥会项目相关的 VR 游戏体验，通过戴上 VR 眼镜体验运动员在比赛时的真实感受，享受模拟冰雪运动带来的乐趣。

（2）完成了现有可视化技术调研

通过参加可视化相关展会、走访调研各类可视化产品公司，对目前市场上的 VR、AR、

MR、电子沙盘等一系列先进可视化技术的优缺点进行深度分析，其中，为了对标平昌冬奥会，走访了国内多家 VR 可视化技术厂商，模拟测试了大量冬季运动项目产品，充分了解其产品特性并对各类技术优缺点开展分析，从而力争达到超越往届冬奥会的最终目标。

（3）完成了高分辨率测绘技术调研

传统地形测绘使用卫星或用飞机对地进行拍摄，对大尺度地形的绘制有着得天独厚的优势，但成本高昂、审批手续烦琐。随着小型测绘设备的精度越来越高，重量越来越轻，以及无人机技术在近些年突飞猛进的发展，使用无人机开展测绘工作已经成为小范围测绘的主流手段，经济高效是其最大的特点。一般将无人机分为固定翼和多旋翼两种。固定翼无人机具有飞行速度快、续航能力强等优点，能够长时间不间断地进行大面积高空作业。由于固定翼无人机对起降场地和飞行技能要求高，所以，在进行复杂地形测绘时，通常采用多旋翼无人机。多旋翼无人机具有对飞行技能要求低、可以定点悬停和垂直起降等优点。

（4）完成了网页端的可视化页面设计及数据接入工作

利用最新的网页交互 UI 设计理念，通过增加数据弹窗、页面转换等动画效果的开发设计，在增强用户与气象数据产品的互动外，还大大增加了可视化效果的科技感。此外，为了进一步增强用户的现场感，经过多次前往云顶赛场协商和积极沟通，专题组还在云顶赛场安装了实时视频采集系统，将现场实时视频流嵌入网页端，让用户在查看气象服务信息的同时，可以通过实时画面掌握当地的真实情况。

（5）完成了云顶赛场地形的高分辨率测绘及建模工作

对比分析目前高分辨率、小范围的测绘技术，选取无人机倾斜拍摄方式对赛场及附近山体进行航拍，从而获取张家口云顶滑雪场整个范围内的原始图像，结合地面相控测量成果，通过处理软件进行空三加密，得到每张像片的外方位元素，并通过上述数据开展云顶赛场的三维建模工作。

（6）完成了冬奥气象服务 VR 体验设备的研发工作

"冬奥气象虚拟可视化产品（模拟器）"作为国内首台以安全、可视化、智能化为要求的冬奥气象虚拟可视化模拟器，其兼具滑雪体验、滑雪场实时天气可视化、宣传科普可视化三大功能。通过构建以"云顶滑雪场"为全景体验的冬奥会比赛场地全地形模型，以及虚拟可视化模拟器搭载高仿真的奥运冰雪场景，配合体感外设，打造出真实交互感的滑雪运动体验，为体验者、管理者提供冬奥气象服务的沉浸式体验。配合实时反馈装置，让使用者能够切身感受到实时吹风、雪地震动反馈等模拟实感，结合高仿真的虚拟沉浸式体验内容，让使用者置身于真实的冰雪世界。

【成果应用成效】

1. 实时视频采集模块

自实时视频采集产品于 2020 年 10 月在中国天气网正式上线后，其新颖直观的形式吸引了广大网友的高度关注。同时，该产品还被应用于崇礼云顶滑雪场的对外宣传，据雪场反馈，其功能的上线对雪场线下引流起到了很大的帮助作用。此外，该产品还得到了众多媒体的广泛关注，2021 年 10 月 27 日，北京冬奥会倒计时 100 d 时，获澎湃新闻直播活动报道应用，进一步为冬奥会增添了气象元素。

与传统数据类预报产品相比，本次冬奥推出的实时视频采集产品有以下特点：

（1）实时视频采集产品可以让观众第一时间直观地感受到赛场的阴、晴、风、雪，是以往数据类产品所无法实现的。实现天气实况的"零延时、零误差"的可视化展现时，以往的数据类产品受到数据传输、处理、计算等因素的影响，只能以一定的时间间隔滚动更新，在遇到转折性天气变化的时候不能第一时间呈现，而实时视频采集产品可以让观众通过视觉，第一时间看到赛场天气的变化情况，比如由晴天转为阴天、降雪停止等。

（2）更直观地将天气对冬奥项目的影响呈现到观众面前。以备受国人关注的2月13日自由式滑雪女子坡面障碍资格赛为例，全国人民都在翘首期盼中国选手再创佳绩，但受到强降雪影响，比赛被推迟到2月14日进行。冬奥气象保障团队非常及时准确地做出了预报，但是"降雪量6～10 mm"这样的产品对于普通观众来说过于抽象，大家可能无法理解，不就是几毫米的降雪吗，怎么会影响到比赛呢，下雪难道不是更适合比赛吗？但是通过实时视频产品，观众就可以直观地看到如鹅毛般的大雪确实非常影响参赛选手的视线。同样，当天气发生变化时，观众也能直观地了解到，比赛终于可以正常进行而不会再被推迟了。

2. 冬奥气象虚拟可视化产品（模拟器）

2021年12月17日，"冬奥气象虚拟可视化产品（模拟器）"正式进驻张家口崇礼云顶滑雪场，面向冬奥会观众和运动员提供沉浸式赛事模拟体验。2月28日起，该设备分别在北京军都山滑雪场和北京南山滑雪场巡展，分别向2022北京市第六届中小学生冬季运动会等活动提供智能化体验服务。

【成果应用展望】

未来，成果可以在科普方向继续深度开发，让用户在安全的情况下，将不利天气对冰雪运动，甚至是各类运动的不利天气影响给予最真实的还原，让公众身临其境地体验到天气与运动的重要相关性。

【成果代表图片】

代表图片1　赛场高精度建模

代表图片 2　成果在某知名滑雪场巡展

（撰写人：田祎）

3.4.19　冬奥气象服务图形产品可视化渲染模型

【第一完成单位】中国气象局公共气象服务中心

【主要贡献人员】唐卫　丰德恩　王慕华　郝江波　袁亚男　渠寒花　赵瑞　潘进军　郑江平　陈辉　王孝通

【来源项目名称】国家重点研发计划"科技冬奥"专项"冬奥气象专项影响预报及智能化气象服务技术研究与应用"

【成果主要内容】

基于冬奥气象数据高时空分辨率特征，设计了由多维气象信息向制图要素转换的冬奥气象图形产品可视化概念模型；针对差异化、准实时气象服务制图需求，研究了基于赛事服务的结构映射、基于 DVDL 描述语言的空间映射、基于组件应用的元素映射和基于派生设计的属性映射，形成冬奥气象图形产品可视化过程模型；支持任意位置点长时间序列气象产品、山地赛场三维气象产品和多个赛区综合服务气象产品的制图渲染。可视化模型的结构和空间映射是可视化结果的框架，结构映射是可视化映射的基础，直接影响后续步骤的选择；可视化元素和属性映射决定可视化的细节和效果。支持任意位置点长时间序列气象产品、山地赛场三维气象产品和多个赛区综合服务气象产品的制图渲染。

基于冬奥气象图形产品可视化模型，采用 B/S 架构，利用 ECharts、WebGL 等开源可视化成果，研发由产品基础样式库和图形交互制作功能组成的冬奥气象图形产品加工系统。产品基础样式库实现可视化模型的结构映射和空间映射，对图形产品进行结构组织和整体布局。产品交互制作实现可视化模型的元素映射和属性映射，对产品进行个性化呈现和交互编辑制作。

冬奥气象产品基础样式库接入气象站点观测和预报数据，形成单站和多站格式柱状图、折线图和字版图等 25 种图表产品基础样式，支撑关键点长时间序列产品制图；接入山地赛场 50 m 分辨率实况融合再分析、100 m 分辨率临近预报等格点数据，形成山地三维流场、山地三维气象体等 9 种三维产品基础样式，支撑赛场小尺度三维产品制图；接入京冀地区数值预报、轨道交通专项保障等产品，形成格点预报、行业服务、时间序列动画图等 21 种平面产品基础样式，支撑赛区气象服务产品制图。

　　冬奥气象图形交互制作功能由制图元素编辑、制图模板库和自动化加工调度 3 个模块组成。制图元素编辑对产品基础样式和制图模板提供所见即所得的制图编辑功能，派生设计制图数据和样式属性，生成新制图模板；制图模板库对不同天气过程、赛事服务场景制图模板进行积累和管理，提供模板再编辑、制图输出等功能；自动化加工调度对制图模板设置运行时间和数据源参数，监听服务器时间，实现产品定时自动化加工。

【成果应用成效】

　　基于冬奥气象服务图形产品可视化渲染模型，研发冬奥气象服务图形产品加工系统和冬奥气象服务图表产品加工系统，为张家口赛区提供温度、降水、相对湿度、风、能见度 5 种预报产品，日产品数量 720 张；同时，提供赛区复杂地形高精度三维风场预报产品，服务于张家口市气象局微信公众号。

【成果应用展望】

　　后续可为其他冬季赛事和重大活动气象保障服务精细化产品制作提供技术方案。

【成果代表图片】

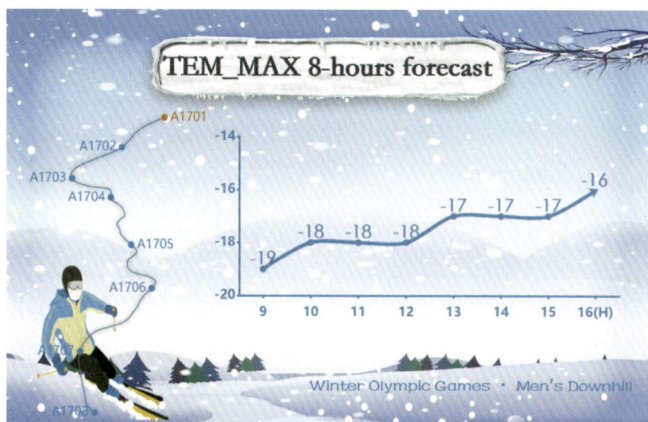

代表图片 1　逐小时图表产品部分样式

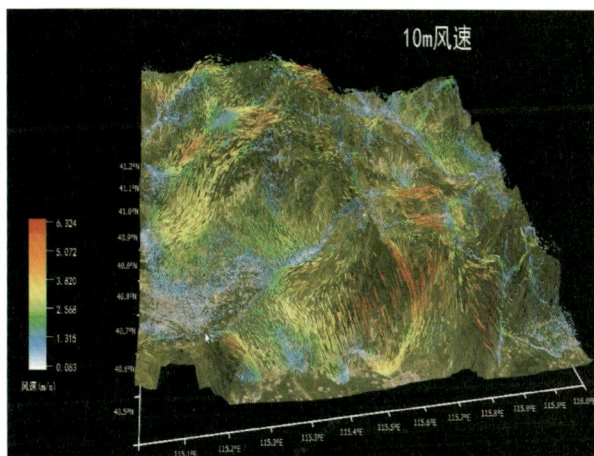

代表图片 2　张家口赛区 100 m 分辨率地面风预报动态产品展示

（撰写人：丰德恩）

3.4.20　冬奥三维实况天气沙盘系统

【主要完成单位】中国气象局气象探测中心
【主要贡献人员】郭建侠　高岑　王佳　康家琦
【来源项目名称】自研项目
【成果主要内容】

为了生动直观地展示冬奥不同赛区、不同场馆的地形和天气状况，中国气象局气象探测中心创新性地将"沙盘"引入气象业务中，研发冬奥三维实况天气沙盘巡游产品，让气象保障服务从看图说话、看数字说话，到看三维仿真实景获悉天气状况。该产品基于 VR 虚拟仿真技术，在沙盘里搭建了高分辨率地形、建筑、场馆、赛场、赛道等模型和场景，同时将气象站点数据和气象融合分析格点数据在虚拟仿真环境中展示，形成云、雨、雪等近乎真实的天气场景，通过与冬奥会赛区的天气实况实时（近实时）联动，为冬奥会期间重大活动保障提供可交互、可视化并且集天气实况分析监测于一体的在线服务模式，为冬奥会气象保障工作保驾护航。

（1）产品简介

根据中国气象局智慧冬奥 2022 天气预报示范计划（FDP）工作要求，构建了冬奥会相关城市、赛区、赛场赛道实景、19 个场馆、50 多个站点的三维场景、气象实况及赛场巡游的冬奥三维实况天气沙盘系统。

基于冬奥会自动气象站观测数据，以及三维实况分析场数据，实现实时更新冬奥会自动气象站观测数据，标注自动气象站基础信息，区分警戒值。自动气象站设备观测要素包括温度、湿度、风速、风向，更新频次为 10 min。依托中国气象局气象探测中心实时观测分析系统（RTOAS），针对保障区域及周边开展的次公里级（500 m）精细化实况分析数据服务，实时生成三维实况分析场，实时仿真渲染地面风场、三维云以及降雪的天气现象。三维实况地面风场以及三维云的渲染更新频次为 10 min，降雪显示的更新频次为 1 h。

实现三个赛区关键场馆的一键定位功能，包括北京赛区的奥体中心、首都体育馆、首钢大跳台、五棵松体育馆，延庆赛区的高山滑雪、雪车雪橇场馆，张家口赛区的跳台滑雪、云顶公园、空中技巧场馆，高精度多角度展现北京赛区、延庆赛区、张家口赛区的地形地貌，建立天安门、鸟巢、水立方、国家速滑馆、首钢大跳台、国家跳台滑雪中心、国家雪车雪橇中心等典型场馆的高清晰三维模型和气象站三维模型，充分展现实景建筑，突出赛场赛道实景信息。

定制冬奥会比赛场馆的巡游路线，突出每个赛场独有的特点，实现每小时业务生成 MP4 格式的巡游录制产品，并上传到服务器压缩存储。

（2）技术特点

系统所应用的虚拟现实技术在虚拟现实硬件和软件的支持下，综合利用地形数据、影像数据、三维建模数据和动态模拟数据构建一个模拟现实地理环境的三维虚拟空间。基于 Unity 三维引擎，实现多源数据的整合，采用组件式服务，开发基于 C/S 架构的气象电子沙盘系统，使用户能够深入场景，任意浏览查看地理环境，更好地开展气象模拟、决策。

冬奥三维实况天气沙盘系统在三维虚拟空间中，融合中国气象局气象探测中心实时观测分析系统（RTOAS），生成次公里级（500 m）三维实况分析场数据，实时仿真渲染地面风场、三维云以及降雪，形成云、雨、雪等近乎真实的天气场景。同时，应用三维建模技术构建冬奥自动气象站模型，标注自动气象站设备观测要素；构建比赛场馆模型包括鸟巢、水立方、天安门、国家速滑馆、国家跳台滑雪中心等，并加入冰墩墩和雪容融吉祥物模型，提高虚拟空间的真实性，使用户体验感受更加良好。此外，系统采用FFmpeg命令对业务生成的MP4视频进行压缩，在压缩文件大小的同时保障了视频的清晰度，提高传输效率。

（3）系统创新点

系统通过对真实环境的建模，建立与冬奥会实际环境相对应的数字化场景，不仅仅是关联了地形、建筑、场馆和赛道等信息，更是将天气现象通过数据进行模拟，形成近乎真实的云、降雪场景，并结合冬奥会赛场对风速、温湿度等的严格要求，将每个观测站的观测结果进行筛选、预警和报警，创新性地将气象保障服务模式从看图说话、看数字说话转换为看天气过程动画，清晰直观地反映近实时天气状况。通过人工智能语音识别技术实现系统定位、控制，交互更快、更准。

①建立10～30 m高精度、高分辨率地形，建立冬奥会真实的地形地貌场景。

②构建城市建筑、赛道以及鸟巢、水立方、国家速滑馆、首都体育馆、五棵松体育馆、首钢大跳台、跳台滑雪中心、雪车雪橇中心8个场馆的高清模型，结合地形完成真实城市和场景环境的搭建与映射。

③利用粒子系统技术研发基于空间格点数据的云模拟算法，精确模拟云的空间覆盖范围、层次分布和持续时间，并以云朵的形式进行展示，场景真实、美观，辅助进行天气实况监测分析。

④精确模拟降雪的空间覆盖范围、持续时间等，并以雪花的形式进行展示，形象生动地体现出虚拟场景的生动画卷，辅助进行天气实况监测和分析。

⑤基于语音识别技术（ASR），实现了冬奥会实况场景的精准交互控制，使用麦克风即可完成漫游启停、场馆定位、站牌定位、视角和方向移动等功能。

⑥提供基于既定路线的全场景自动巡游和基于鼠标、语音交互的定点定位漫游，便于精准、快捷地完成特定场景的监测分析。

【成果应用成效】

冬奥三维实况天气沙盘系统的研发主要面向中国气象局气象探测中心，集成于综合气象观测指挥平台。冬奥会赛区天气仿真实况沙盘主要应用在冬奥会和冬残奥会气象保障服务上，在健全冬奥气象保障的可视化现代业务体系，及时、高效应对冬奥赛区开展电子显示屏服务，以及为冬奥会和冬残奥会的气象保障工作保驾护航等方面具有重大意义。

在冬奥会开幕式（2022年2月4日19—21时）气象保障过程中，基于冬奥自动气象站观测数据，在观测数据信息中设置温度和风速的警戒值，突出显示−18 ℃以下温度，以及−18～−10 ℃的温度，突出显示10 m/s以上风速，以及5.4～10 m/s风速。通过颜色、大小和方向及时了解风速大小和方向的变化，在冬残奥会开幕式过程中发挥了温度和风速等要素的指示作用。

此外，集成在综合气象观测指挥平台，可以充分展现北京赛区、延庆赛区、张家口赛区的地形地貌，以高清晰三维模型的形式展现天安门、鸟巢、水立方、冬奥场馆、赛道等实景

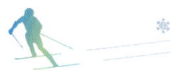

建筑。其中，冬奥实况风场、降水、云分析结果主要用来支撑三维可视化流场、雨雪、云天气现象的建模，在冬残奥会气象保障服务过程中得到了广泛的应用。

最后，冬奥三维实况天气沙盘系统还提供了每小时业务生成的 MP4 格式的巡游录制产品。产品完整录制了沿定制的冬奥比赛场馆的巡游路线自动漫游的整个过程，突出每个赛场独有的特点，清晰地查看每一个自动气象站的观测数据。此产品在冬残奥会气象保障服务过程中受到很高的评价。

【成果应用展望】

系统在冬奥会和冬残奥会的气象保障工作等方面的介绍说明，冬奥三维实况天气沙盘系统在重大活动保障中能够发挥重要作用。在后冬奥时代，冬奥三维实况天气沙盘系统的衍生成果可以面向中国气象局各直属单位、全国各省（区、市）气象局，以及全国重要活动保障服务单位。在未来的气象业务服务中可以应用于实况天气监控（可同时结合环境观测数据）、指挥控制系统（可展示实况天气信息、GIS 信息，在特定情况下发出调度和控制指令，执行相应的指挥控制工作）、未来天气过程预报监测或态势分析（可同时接入实况和预报数据，实景演化未来天气变化、各类态势变化，并直观反映），亦可为国内外重要会议或重大活动提供保障服务。

【成果代表图片】

（a）　　　　　　　　　　　　　　（b）

代表图片 1　奥体中心（a）与首钢大跳台（b）产品图

（a）　　　　　　　　　　　　　　（b）

代表图片 2　延庆－高山滑雪（a）和崇礼－云顶公园（b）产品图

（撰写人：高岑）

3.4.21　冬奥滑雪气象知识虚拟体验平台

【第一完成单位】河北省气象服务中心

【主要参与单位】张家口市气象局；中国气象局气象宣传与科普中心

【主要贡献人员】成海民　胡雪　刘华悦　张欣　张亚男　刘建勇　贾俊妹　贾清梅

【来源项目名称】河北省科技计划项目"基于虚拟现实（VR）的'VR崇礼.冰雪极限'互动体验展项开发"

【成果主要内容】

1. 主要研究成果

（1）VR滑雪体验雪道3D模型创建。突破物理空间限制，在崇礼冬奥雪场"雪如意"、薰衣草赛道、芍药花赛道原型基础上重新组合，形成从"雪如意"开始，既有初级体验雪道，又有高级挑战雪道的一套完整VR滑雪体验环境，并将高级挑战雪道在接近终点处设计连续小回转弯道，以增加体验难度。

（2）滑雪气象条件模拟研究。一是降雪量模拟：在VR滑雪体验的不同阶段，设计不同的降雪量等级模拟效果。二是风力模拟：当模拟风速为3.5～5 m/s时，风力模拟系统开启1档风力模拟效果；当模拟风速为5～7 m/s时，启动2档风力模拟效果。三是温度模拟：初始温度设置为−12～2 ℃，随降雪量反比例动态线性变化。

（3）虚拟气象环境设计。一是初始场景搭建：基于气象数据"环境温度−11 ℃、风力 < 2级线性波动，无降雪"设置初始虚拟环境。二是降雪量模拟控制：通过每秒粒子发射量、初始速度、初始大小等参数模拟不同等级的降雪效果，中雪模拟启用了随机方向，从视觉上体现雪量明显增大的效果。三是雪场风速变化函数设计：动态模拟滑雪过程中的不同风力，通过设置随机变量控制风速在指定范围内变化。四是雪场冬季平均气温变化函数设计：基于华北地区冬季气温拟合算法，代入崇礼雪场雪季气温实况数据进行系数校正，建立崇礼雪场冬季平均气温变化函数。

（4）不同气象环境条件下的VR滑雪体验。从起点出发，通过AI调控，营造虚拟雪场气象环境为温度−11 ℃、风力 < 2级线性波动、无降雪，实时AI测算模拟滑雪气象指数为1级，虚拟引导系统自动提示体验者可以开始滑行；开始滑行后，通过AI调控虚拟雪场气象环境为温度−13 ℃、风力2～3级线性波动、无降雪，实时AI测算模拟滑雪气象指数为2级，虚拟引导系统自动提示体验者较适宜滑雪；继续通过AI算法调控虚拟雪场环境为温度−6 ℃、无风、有零星小雪，实时AI测算模拟滑雪气象指数为1级，虚拟引导系统自动提示体验者此时适宜滑雪；在接下来的滑行阶段，继续通过AI算法调控气象因素，冷空气逐渐控制雪场，温度快速降至−18 ℃、风力3～4级线性波动、有中雪，风力模拟系统随之启动，体验者可体会到3～4级风吹到身体的感受，实时AI测算模拟滑雪气象指数为3级，虚拟引导系统自动提示体验者此时不大适宜滑雪，能见度低影响视线，体验者可体会到滑行中的阻力；当雪场模拟气温降到−20 ℃、风力升至4～5级波动、降雪量达到中雪以上并持续增长时，实时AI测算模拟滑雪气象指数为3级预警状态，虚拟引导系统自动提示体验者暴雪即将来临，让体验者尽快完成本次滑雪，回到室内躲避。最终在最恶劣气象条件到来之前到

达终点，完成体验。

（5）人机交互设计。采用体感交互模式，通过 VR 头戴显示设备，对虚拟滑雪场景进行空间定位，并将体验者的虚拟视角定位于虚拟滑雪场空间中，根据体验者双脚动作变化，通过水平踏板运动，控制 VR 场景与人体同步运动，实现不同气象条件下滑雪的人体感受。

2. 技术特点

（1）三维建模技术。综合运用三维建模、贴图设计、粒子特效、虚拟摄像机运动、环境效果设计等技术，创建崇礼冬奥赛场虚拟雪道模型，并在此基础上适当增加滑行难度，在雪道尾部设计三个弯道，使 VR 滑雪体验更具趣味性和挑战性。

（2）模拟滑雪气象指数设计。将降雪量、风速、气温三个气象要素作为模拟滑雪气象指数算法指标，其中任意一个指标达到更高级别的模拟滑雪气象指数临界值时，即触发模拟滑雪气象指数等级做相应的调整。

（3）场景、算法及函数设计。包括搭建 VR 滑雪初始场景、雪场降雪量模拟设计、风速变化函数设计、雪场冬季平均气温变化函数设计、滑行动作数据采集、滑雪踏板与 VR 运动转化算法设计、人机交互设计等。

（4）VR 滑雪体验气象环境综合设计。通过 AI 算法调控虚拟滑雪场景的降雪、风速和温度，基于场景、算法及函数设计，营造不同的模拟滑雪气象指数，在模拟滑雪的过程中，体会不同的降雪、风速、温度对滑雪运动的影响，在体验中学习滑雪、气象相关知识。

3. 创新性

（1）以崇礼雪场冬奥赛道为原型，充分考虑 VR 滑雪的互动性、趣味性和挑战性，突破物理空间限制，将"雪如意"、薰衣草赛道、芍药花赛道巧妙组合，形成一套完整的 VR 滑雪体验环境。

（2）创造性地将气象与滑雪运动深度融合，通过滑雪气象条件模拟研究、场景搭建、算法及函数设计、VR 滑雪气象综合环境设计、风力控制系统设计等，植入气象科技、滑雪运动等科学知识，达到寓教于乐、情景体验、科学普及、宣传推广的目的。

4. 解决的主要问题

常见的滑雪模拟器只提供模拟真实滑雪中速度、方向的调整，没有考虑气象条件的影响，实际上，风、降雪、气温等气象条件对滑雪运动的影响是非常明显的。本成果基于崇礼滑雪场雪道原型构建虚拟滑雪环境，在 VR 滑雪体验过程中融入不同气象条件的影响，公众在体验滑雪运动的同时学习冰雪气象相关的科学知识，避免因天气变化对户外真实滑雪运动可能造成的影响，保障滑雪运动的安全。

【成果应用成效】

在崇礼冬奥气象科普馆气象科普展项"VR 滑雪竞技体验系统"中，本成果与硬件系统有机结合，不仅让人在视觉上仿佛置身于崇礼真实的典型滑雪场，还能在硬件和传感系统的配合下在触觉、动作上得到和滑雪一样的真实反馈，达到身临其境的感觉。

展项于 2021 年 11 月 15 日面向公众开放，截至 2021 年 12 月 31 日，系统稳定运行无故障发生，参观体验 426 人次，平均每月参观体验 272 人次。

崇礼冬奥气象科普馆 2021 年 7 月 9 日建成面向公众开放，至 2021 年 11 月 15 该展项上线投入使用期间，参观体验 525 人次，每月平均参观体验 121 人次，本成果投入使用后，月平均参观体验人次增长率为 125%。

对 426 人次问卷调查分析发现，352 人次对体验效果满意，55 人次对体验效果比较满意，19 人次认为体验效果一般，满意度达 95.6%。

【成果应用展望】

（1）本成果可为线上线下气象科普活动提供产品支撑，在世界气象日、防灾减灾日、科普日等重要节点，如"冀望风云　燕赵科普行""小小减灾官"等系列科普活动中普及冰雪气象知识，激发更多的人参与到冰雪运动中来。

（2）本成果可与优秀合作校园的自然科学课有机结合，将 VR 滑雪体验融入中小学科普教学的实地体验，丰富课程内容和表现形式的同时，激发中小学生了解和学习冰雪气象知识的兴趣，提升综合素质。

（3）北京冬奥会促使冰雪运动热度剧增，本成果将使滑雪体验不受地域、场地、季节、气候的限制，可随时随地畅享滑行乐趣，在体验中学习滑雪技巧，掌握气象条件对滑雪运动的影响及应对措施，成果将在后冬奥时代持续发挥作用。

【成果代表图片】

代表图片 1　基于张家口赛区（崇礼）冬奥赛道的虚拟雪道三维模型

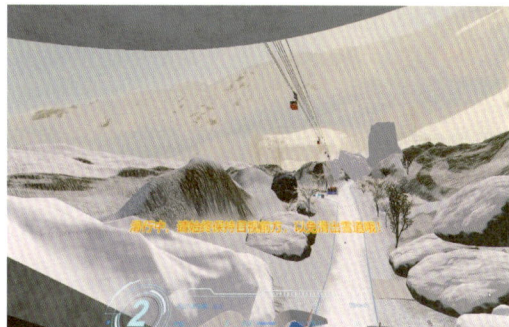

代表图片 2　AI 调控气象要素营造 2 级（较适宜）模拟滑雪气象环境

（撰写人：成海民）

3.4.22　冬奥智能气象服务文字产品生成系统

【主要完成单位】中国气象局公共气象服务中心

【主要贡献人员】郑江平　潘进军　唐卫　王慕华　渠寒花　冯宇星　李雁鹏　王天岳　王阔音

【来源项目名称】国家重点研发计划"科技冬奥"专项"冬奥气象专项影响预报及智能化气象服务技术研究与应用"

【成果主要内容】

文本自动生成本身就是自然语言处理的难点，而冬奥气象服务文本自动生成更是在高效、精准、标准化等方面有着更高的要求。由于现有国内外文本生成技术在专项语料库、服务热点发现、语篇生成等方面并不具备可迁移性，本成果以冬奥气象服务需求为出发点，剖析文本生成特征，在分析冬奥服务文本生成需求及特征基础上，以自然语言生成理论为指导，构建冬奥专项语料库、天气热点知识驱动引擎、功能合一语法（FUG）及 XML Schema 模式为内容的文本生成模型。基于冬奥知识构建本体知识库，构建知识图谱实现赛事服务热点发现，为文本生成提供内容规划；利用功能合一语法，生成属性矩阵，开展递归合一运算，实现从短语到句式生成；基于 XML Schema 模式对文本篇章、段落结构的组织与管理，最终形成了以内容规划、句式规划及篇章生成的冬奥气象服务文本自动生成模型。

该成果综合知识图谱、机器学习、自然语言生成等 AI 技术，参照国际冰雪赛事气象服务文本要求，对涉及文本生成的基础语料、描述内容、句式结构和篇章结构进行了提取分析，构建冬奥智能气象服务文字产品生成模型，面向冬奥 13 个竞赛及非竞赛场馆，采用"一馆一策"策略，构建冬奥智能气象服务文字产品生成模型，开展赛区及场馆气温、风、降雪等综合天气专报的中英文服务专报自动化、智能化、按需生成，能够实现从数据分析处理、文本自动生成到场馆服务的秒级服务效率，大大提升了一线预报员的现场服务效率。

【成果应用成效】

自 2021 年 10 月 1 日起，伴随冬奥现场系统入驻冬奥场馆，冬奥智能气象服务文字产品生成系统即开展相关试用及服务。联合一线现场气象预报人员，共建"智能提取文字"微信群，制定冬奥会和冬残奥会人员保障值班机制，为冬奥会相关赛事服务提供技术支撑。自系统正式部署应用以来，累计接受一线气象预报员专报结构调整、预报站点调整、气象要素变更等功能修改 90 余项，研发人员第一时间根据变更需求，调整研发系统功能，先后累计更新部署 15 版，确保一线预报员能用得上、用得好，有效保障了一线气象保障服务工作。

经一线气象预报人员反馈，自测试赛及正式比赛以来，该系统能够智能自动完成通报近 80% 的内容，预报员仅需要进行校对和部分内容的修改，就能实现时段内气温、风等极值的智能提取，较此前完全人工编写通报不仅高效且提高了准确度，已协助现场服务人员在日常逐小时、每日 2～3 次或重大天气服务应急状态等情况下开展气象服务支撑，累计制作专报超 1 000 余期。另外，系统还能够智能自动地完成场馆专报，不仅高效且准确度较好，大大提高了一线预报员的业务工作效率，在多次开幕式演练、雪务保障及正式活动期间发挥重要作用，及时有效地保障了场馆通报的正常发布，获一线预报员广泛好评，成为专报制作的"必点按钮"。

【成果应用展望】

冬奥智能气象服务文字产品生成系统在产品加工过程中具有高度自定义、可定制的特点，将强化与成都大运会、杭州亚运会的需求对接，推动已有成果在其他重大赛事场景的落地应用，加强与省市级气象部门应用对接，开展智能化文字产品加工技术在气象业务领域落地。同时，目前已开展的知识图谱等智能化关键技术研究，可应用于智能问答、在线机器人等应用领域。

【成果代表图片】

代表图片1　系统自动生成的 MOC 中文气象服务专报

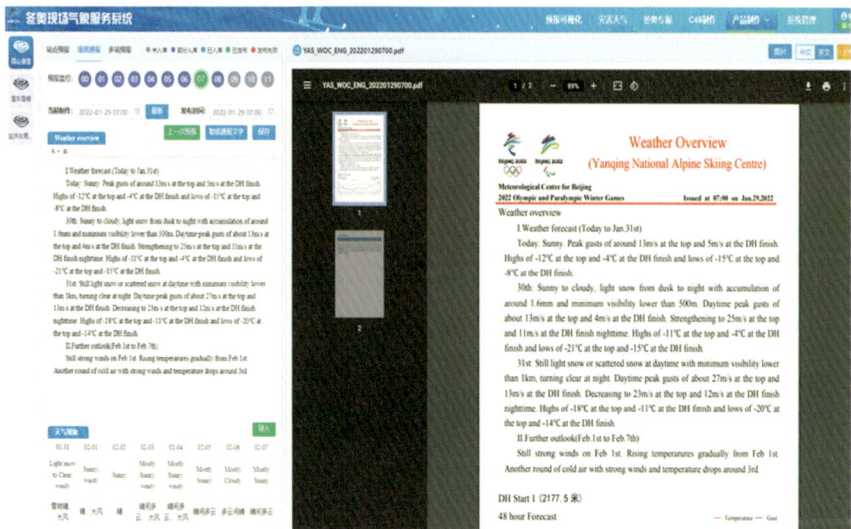

代表图片2　系统自动生成的延庆赛区英文气象服务专报

（撰写人：渠寒花）

3.4.23　北京 2022 年冬奥会和冬残奥会气象服务网站

【第一完成单位】华风集团北京天译科技有限公司

【主要参与单位】中国气象局公共气象服务中心；北京市气象服务中心

【主要贡献人员】郑巍　周希　王晓江　刘轻扬　赵晨楠　张寅伟　陈辉　贺姗姗　乔亚茹　张礼春　吴志华　凌柏　乔炳蔚　鲁礼文　苏晓静　李强　张若愚　张明萌　张晓通　时耀　丁祎　栗艺予　陈萌　赵倩　邵鹏

【来源项目名称】中国气象局业务工程项目"冬奥雪务气象保障系统建设项目"

【成果主要内容】

北京 2022 年冬奥会和冬残奥会气象服务网站是面向国际奥委会、冬奥组委、赛事管理和参赛者、教练员、公众观赛群体及媒体报道等用户提供全天 24 h 的奥运会气象信息服务的网站，是代表中国气象局对外提供冬奥公众气象服务唯一、权威的网站。

网站于 2021 年 10 月起，正式代表中国气象局对外提供冬奥公众气象服务，通过北京冬奥组委"冬奥通（APP）"、冬奥现场 MOC 系统、中国气象局冬奥会综合指挥系统、中国天气网、比赛现场及三地（北京、张家口、延庆）冬奥村二维码多个出口进行应用。

2018 年，由华风集团北京天译科技有限公司具体实施冬奥会公众气象服务网站建设。建设实施期间，对国际承建冬奥会赛事国家的气象服务官网进行调研，与冬奥组委、冬奥气象中心多次沟通需求与定位。

2019 年初步搭建形成的冬奥会气象服务网站，于 2020 年 2 月 1 日—3 月 20 日 "相约北京" 系列冬季体育赛事期间正式应用，面向全网开放并顺利完成测试。

2021 年，按照中国气象局北京 2022 年冬奥会气象服务专题协议会会议精神，对冬奥会气象服务网站建设内容及页面展示部分进行 5 次改版设计，分别于 2021 年 3 月、5 月、7 月邀请专家组织进行多次深度咨询并根据专家意见优化升级网站，保障冬奥会气象服务网站内容的准确性，提高用户体验。

最终，冬奥会气象服务网站整体包括面向用户提供中、英文双语，PC 端、移动端四个版本的服务，网站涵盖首页、赛区实况、比赛项目、天气分析图、周边天气和科普等 8 个频道，数据内容包括场馆实况、场馆预报、灾害天气、交通实况、交通预报、云图、雷达、天气分析图、城镇预报和科普等 10 大类 59 种数据。

为了满足冬奥会赛事气象服务所需的高精度数据服务产品面向公众展示的需求，网站将以冬奥会赛场为核心建设的 400 余套分钟级观测实况数据、百米级逐 10 min 更新的预报产品全部接入，全面展示三大赛区（北京、延庆、张家口）12 个比赛场馆、6 个非竞赛场馆，共计 59 个站点多要素逐 1 min、逐 5 min、逐 10 min、逐 30 min、逐 60 min 实况。实现 32 个站点 0～24 h（逐 1 h）、24～72 h（逐 3 h）、4～10 d（逐 12 h）预报，并提供实时下载功能。

接入并展示多种类风云卫星云图、华北区域及海陀山等 4 个单站雷达图、地面天气分析及 100～925 hPa 高空分析图。实现通过 GIS 直观展示三大赛区 12 个比赛场馆和 6 个非竞赛场馆的灾害性天气提示信息。提供 124 个高速、国道、交通枢纽、汽车客运站、机场天气服务。为北京、河北及全国省会共 68 个周边城镇提供 72 h 逐 3 h 气象预报服务，并采用视频形式科普天气对冬奥会运动的影响。

本成果的创新性如下：

（1）搭建高性能 API 服务，保障冬奥网站稳定和高可用

面向冬奥会气象服务网站中文版、英文版以及移动版，利用主流的接口传输协议，结合冬奥会气象数据自身数据业务特征，攻克应用容器引擎技术、数据缓存技术、分布式存储技术、分布式检索引擎技术、身份准入等技术难点，构建冬奥会统一的高性能接口服务体系，解决网站前后端数据交互延迟、数据同步流程繁杂、数据内容被篡改、数据服务不统一等问题，实现接口快速容器化部署和服务节点动态扩展，接口并发能力达到 5 000 以上，通过引入身份鉴权、接口到期提醒、接口访问量控制、接口防爬、接口防篡改等手段，保证 API 服

务的可用性、安全性、稳定性、及时性，可用性达到 99.999%，大幅提升数据服务的能力。

（2）先进前端技术应用，提升页面内容加载效率，可支撑高并发访问需要

冬奥会官方气象信息服务系统按照要求研发电脑版和手机版、兼容多种主流浏览器的展现形式，同时提供中英文双语版本以满足 2022 年冬奥会多维度的服务需求。网站前端架构采用 H5 分布式和 B/S 三层架构进行设计；前后端分离实现数据逻辑与页面表示的分离，为后续的系统升级和页面改版提供支持；支持多设备及移动端访问，可适配不同终端；使用 SPA 单页面应用的首屏加载速度优化，对图片处理、DNS 预解析、TCP 预连接、资源预获取进行页面预渲染设置，提升加载速度和用户体验。整体架构稳固、高效且易于扩充，根据估算平台环境可支撑 1 500 万 PV/ 日的访问需求，超出现有实现负荷 1 倍以上。UI 设计 4 次大调整，800 余次小调整。

（3）内容展示效果提升，提升可视化效果以及模块融合展示能力

网站提供点、线、面的气象服务，包括首页、赛区实况、比赛项目、天气分析图、周边天气和科普等八大服务内容。应用信息技术和数据可视化技术实现各功能模块有机融合和可视化表达，综合呈现冬奥会气象现代化服务能力和精细化气象预报服务水平。支持不同视图模式自由切换地图展示，采用 WebGL 前端技术对模型、数据和图片进行渲染。支持可兼容可拓展型技术框架和一系列标准化图形图表组件及气象数据专业化组件，可以进行多种类、多数据源、多模型在同一个界面自由布局。

（4）全面提升保障措施，多路备份机制夯实底层服务支撑

采用电信、联通双链路负载均衡方式提供网络服务，在某条链路出现故障可以自动切换到备用链路上，保障网络链路服务稳定运行。防火墙、负载均衡等也都采用主备机双机架构进行部署，可以保障单机出现故障时快速切换备用设备，保证网站稳定运行。比赛期间启动 CDN 和抗 DDOS 攻击等专门服务来保障网站正常访问。同时对网站也进行了访问质量方面的监控，发现问题可以第一时间处理和反馈。Web 应用层、数据接口层、数据库均采用主备双机或集群来部署，在单机出现故障时可以快速自动进行切换，实现设备冗余灾备替换，保证网站服务稳定运行。

（5）大规模赛前应急演练机制，保证赛事网站安全

华风气象传媒集团有限责任公司在中国气象局应急减灾与公共服务司及冬奥办统一组织下，制定《冬奥气象服务网站气象保障服务应急预案》等多个应急保障预案。同时网站采用主备站冗余方式，保障网站安全运行，按照冬奥气象中心关于规范冬奥气象观测站名称和备份机制的通知，针对冬奥会观测数据异常情况，包括整站数据延迟更新、部分要素缺失、部分要素奇异值等，制定详细的备份规则和订正策略，保障网站气象信息准确、及时、稳定。

网络信息安全保障采用最高级别，统一进行 CDN 加速保障，可抵御最高 10 GB DDoS 攻击，启用 Web 应用层防火墙 WAF 安全防护设施对攻击进行拦截，对应用层面的攻击起到安全防护作用。

2021 年年底参与多次大规模赛前应急演练，充分锻炼应急保障人员在面对各种突发情况时如何快速解决、冷静应对的能力。

【成果应用成效】

冬奥会和冬残奥会期间，网站通过北京冬奥组委"冬奥通"（APP）、冬奥现场 MOC 系统、

中国气象局冬奥会综合指挥系统、中国天气网、比赛现场及三地（北京、张家口、延庆）冬奥村二维码多个出口进行应用，代表中国气象局对国内外用户提供冬奥公众气象服务。

2022 年 1 月 25 日—3 月 15 日，北京 2022 年冬奥会和冬残奥会气象服务网站中英文全站累计页面浏览量达 100.5 万次，独立用户数约 73.5 万人，其中，中文站页面总浏览量约 91.3 万次，总独立用户数约 67.4 万人；英文站页面总浏览量约 9.2 万次，总独立用户数约 6.09 万人，英文站浏览量及用户 87% 以上来源于移动端。

同时，网站网络信息安全保障到位。赛事期间，成功拦截 8.7 万余次各类攻击行为，单日最高攻击次数达 6.3 万次。攻击来源于美国、乌克兰、新加坡、俄罗斯、韩国以及中国北京、云南、上海、浙江、河南、江苏、河北、杭州、香港、广东、湖南、江西、海南、安徽等地，所有攻击均被成功拦截处置。

【成果应用展望】

冬奥气象服务网站接入以冬奥会赛场为核心建设的 400 余套分钟级观测实况数据、百米级逐 10 min 更新的预报产品。为了解决分钟级更新并稳定在页面展示的难题，技术团队基于私有云计算资源为基础，利用分布式加工处理、流式计算、高速检索引擎等技术，引入数据实时订正算法，采用高可用、灵活扩展的容器化部署技术，借助 https 协议和专线链路，实现数据从采集、质控、加工、治理、监控到展示整个生命周期的安全、稳定、可靠和高效，形成一套完备的分钟级数据保障服务解决方案，为赛事提供分钟级气象辅助决策。冬奥会分钟级数据保障服务解决方案成果具有快速移植的应用价值，可应用于数据计算量大、时效性要求强、动态扩展要求高的服务业务中。

在具体展示天气状况时，采用了数据可视化效果技术。通过动画效果，将三大赛区 12 个比赛场馆、6 个非竞赛场馆的实时天气进行直观展示。针对单个场馆，用户更真实了解到各观测点的实际位置的同时，快速获取高精度、高分辨率的分钟级实况以及逐 10 min 更新的预报产品。该可视化成果未来可以应用于多维度、多场景的赛事气象服务，打造分钟级赛事气象服务平台。

【成果代表图片】

代表图片 1　冬奥气象服务官网"世界聚焦北京冬奥"动画效果截图（北京赛区竞赛场馆示意）

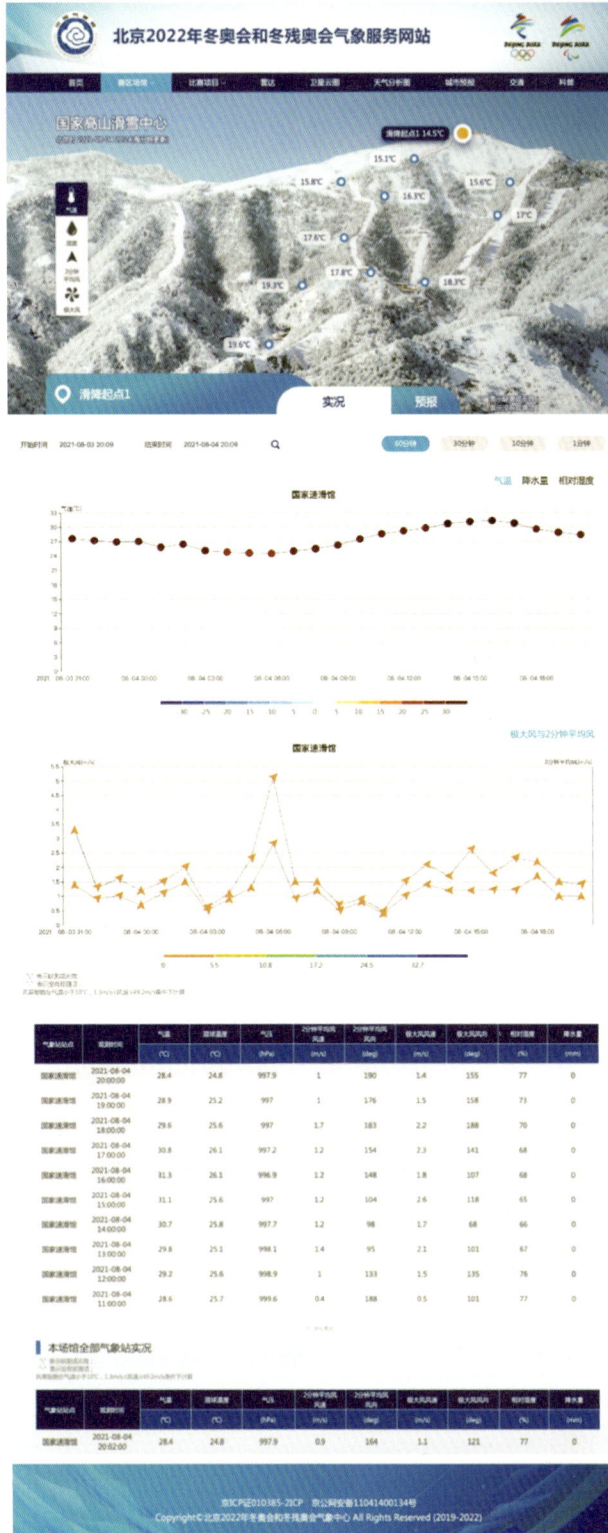

代表图片 2 冬奥气象服务官网延庆赛区国家高山滑雪中心气象观测站点分钟级实况数据展示

（撰写人：郑巍 周希 鲁礼文）

3.4.24　冬奥观测和预报数据分发系统

【第一完成单位】河北省气象台

【主要参与单位】河北泽华伟业科技股份有限公司

【主要贡献人员】王宗敏　田志广　张延宾　张珊　曹晓冲　王玉虹

【来源项目名称】国家重点研发计划"科技冬奥"专项"冬奥赛场精细化三维气象特征观测和分析技术研究"

【成果主要内容】

将冬奥自动气象站观测数据、风廓线和激光雷达三维风观测数据，以及 INCA、CALMET、CFD、大涡模拟等降尺度产品数据进行统一管理，形成一套冬奥观测和预报数据集。针对此数据集的管理与可视化，建立了专题实时气象数据分发系统。

该系统根据数据采集需求和特性，通过相关渠道获取冬奥观测和预报数据集的实时数据，后台将源数据转换为符合 UNIData 定义的 Netcdf 等格式的数据文件，通过 THREDDS 框架的后台对数据进行统一管理，提高了数据的集中规范管理及可分析性。系统通过 NetCDF 库可以提供多样化数据服务功能（包括 OPeNDAP、WMS/WCS、HTTP 和 NetcdfSubSet 等），便于用户灵活获取数据，也方便数据平台管理和数据发布。框架中数据访问接口通过 NcML 的配置使用，提供了两种合并处理：

（1）可在不改动数据源文件条件下，对同组众多的数据文件虚拟为单一数据发布，即时间维合并，最终让用户可以通过单一的网络数据服务接口，完成对单一时间文件进行统一访问，便利获取连续数据；

（2）针对同组同时间尺度的众多单要素文件虚拟为单一数据发布，即要素合并，用户可通过单一网络服务接口完成多要素文件的统一访问，便于要素之间进行算法操作。

该系统框架提供的虚拟化服务接口为数据的获取提供便利，对用户使用数据进行数据可视化等工作提供统一便捷的数据流基础。

【成果应用成效】

通过实时气象数据分发网站，实现以 THREDDS 为框架搭建的冬奥会数据文件和相关虚拟化接口的管理及可视化应用。平台通过内网进行访问，对数据集的描述、范围、时段以及存储文件的类型进行详情介绍。另外，对数据文件提供可视化展示，利用 THREDDS 发布的各项服务，对数据集文件提供 OPENDAP 链接访问、文件下载、图片绘制、二维 GIS 地图、三维 GIS 叠加展示等可视化效果。

对应的后台 THREDDS 服务平台实现了气象数据资料的大文件数据集的在线共享访问，提供 OPENDAP 和 NetcdfSubset、DAP4、HTTPServer、NCML、WCS、WMS 等虚拟化接口，可被众多软件支持调用、可视化显示。OPENDAP 协议服务可提供自定义区域范围数据资料的提取、图形绘制等功能。

OPENDAP 远程访问是应用较多的一项功能，使用此功能预报员或研究人员不用对数据进行下载，可通过 NCL、Panoply、IDV 等工具对目标文件进行直接远程读取，再进行数据处理或绘图等，可节省时间和存储空间。

【成果应用展望】

目前，专题实时气象数据分发系统主要用于张家口赛区相关数据集的管理，后期可根据需要应用于其他数据（如观测、数值模拟预报产品等）的管理。

对应的后台 THREDDS 服务平台实现了气象数据资料的大文件数据集的在线共享访问，可被众多软件支持调用、可视化显示。OPENDAP 协议服务可提供自定义区域范围数据资料的提取、图形绘制等，方便业务和科研人员使用。

【成果代表图片】

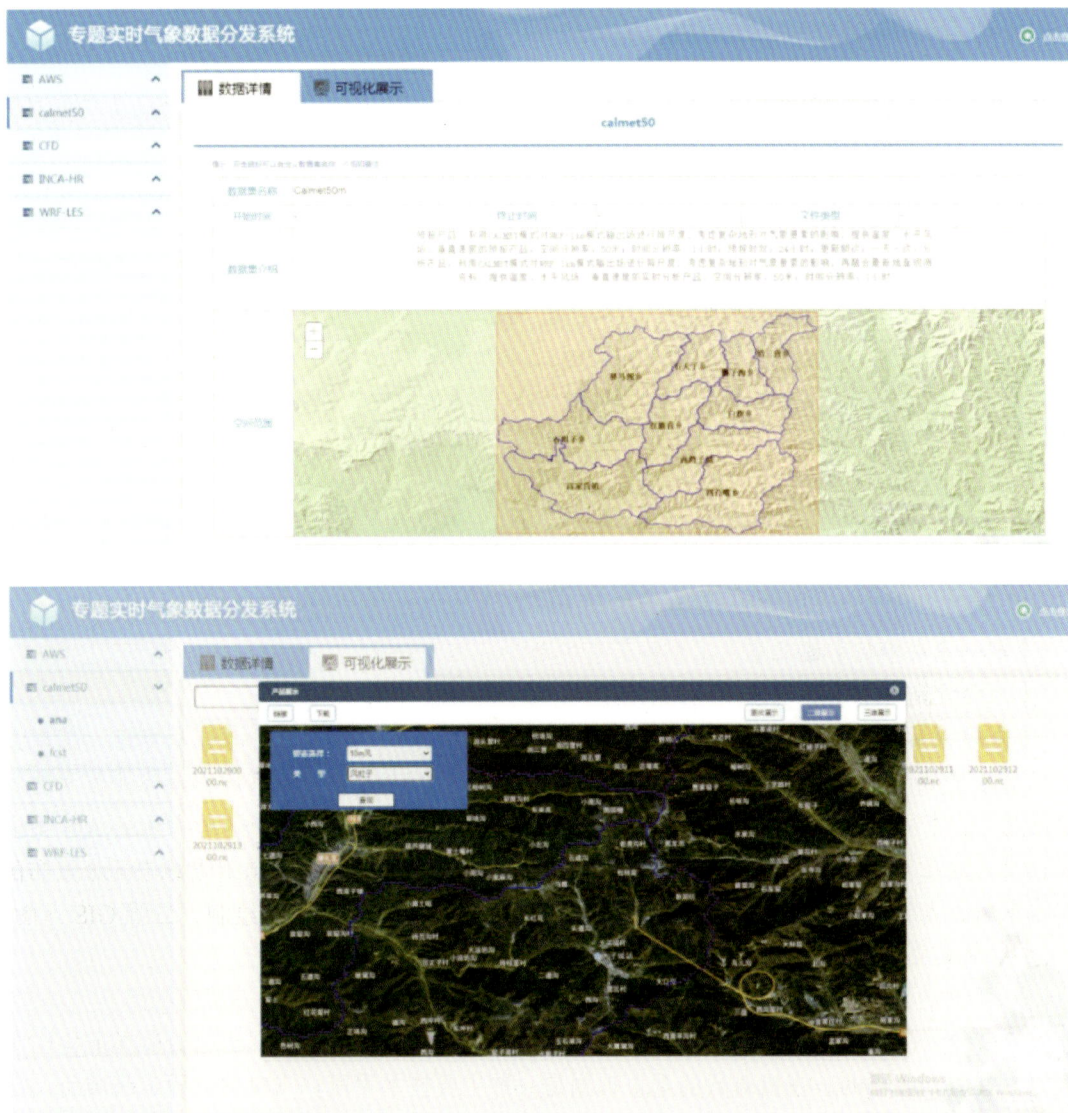

代表图片 1　专题实时气象数据分发系统页面和功能

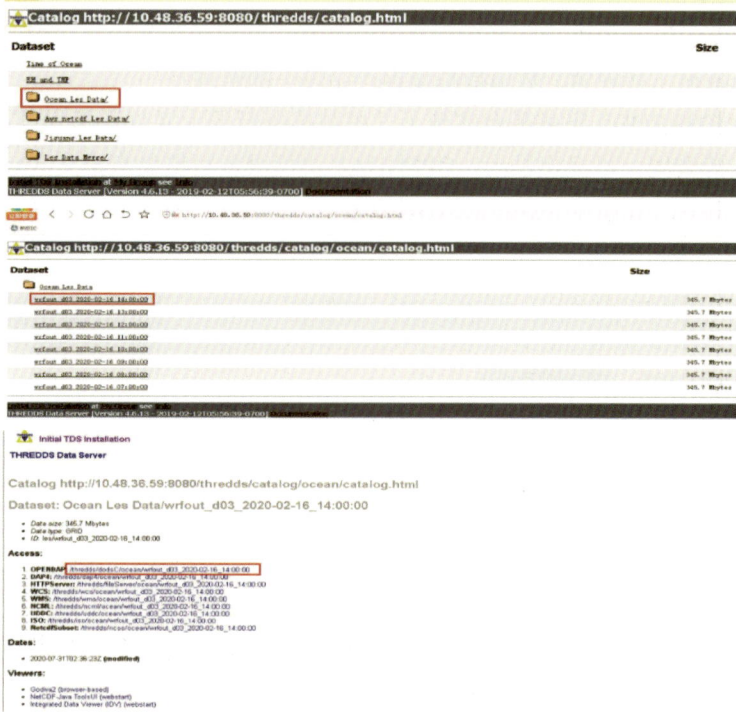

代表图片 2　THREDDS 服务平台

（撰写人：张珊）

3.4.25　冬奥会张家口赛区飞机综合观测和人工增雪技术

【第一完成单位】河北省人工影响天气中心

【主要贡献人员】董晓波　孙玉稳　胡向峰　吕峰　杨洋　闫非

【来源项目名称】张家口市重点研发计划"科技冬奥"专项"冬奥会崇礼赛场人工增雪效果检验技术研究及应用"；河北省科技计划项目"飞机人工增雨云系结构及作业技术的观测研究"；中国气象局云雾物理环境重点开放实验室开放课题"华北地区过冷水云 AgI 飞机催化物理响应观测研究"；中国气象局云雾物理环境重点开放实验室开放课题"河北地区云中冰雪晶的飞机观测研究"

【成果主要内容】

（1）建立了一种过冷水云的飞机催化和效果检验的技术方法

开展冷云催化最主要就是找到过冷水并了解其微物理结构特征，得出是否存在催化作业潜力。要达到此目的，飞机对云的垂直观测是一种主要技术手段。飞机到达预定区域后，针对目标云以半径 10～15 km 盘旋垂直探测。采取盘旋上升的方式飞行可以节省飞行空域，空域批复较其他飞行方式容易，同时能以较短的时间获取整层云结构的宏微观物理特征。飞机催化作业后，找到催化剂扩撒的位置是一直困扰催化作业效果检验的问题。本项目通过催化试验，总结得出可以针对云中催化潜力区采用在云顶或云顶偏下位置以半径 10 km 绕圈平飞的方式进行催化作业。在云顶位置进行催化作业的目的是便于结合卫星观测，而绕圈播撒有利于催化后能够及时观测云滴向冰晶粒子转化的微物理响应。

（2）开发建设了降雪云系三维决策指挥系统

开发建设降雪云系实时监测及人影三维决策指挥系统，实现数据采集处理、雪情监测、作业三维决策指挥、作业移动监控指挥以及飞机探测数据处理分析功能。通过河北省、北京市和内蒙古自治区气象局已有的专有网络，与各省已有的 CIMISS、MICAPS 等业务系统数据产品输出接口无缝对接，实现所需气象常规观测数据、特种观测数据、模式预报产品数据、指导产品等实时获取、存储以及处理。同时，构建降雪云系实时监测及人影三维决策指挥系统专题数据库，为系统业务正常运行及作业检验提供完整的数据支持。利用风云、MODIS、葵花等多源卫星遥感数据，基于雪情监测分析模型，实现赛区包括雪量、积雪分布等雪情反演，判断赛区周边景观雪分布，为人工影响天气增雪作业提供科学决策。

（3）开发了一套空中作业条件判别决策系统

在目前的飞机增雨作业中，寻找作业潜力区是关键。增雨作业飞机搭载先进的云微物理观测设备和大气环境观仪器，观测到的数据可以实时提供温度、相对湿度、液态含水量、垂直速度、云粒子谱分布等大气和云微物理观测数据。当前，虽然很多研究已经归纳总结了催化作业指标，但这些飞机观测数据在实际飞行中都是分散在不同的界面采集显示的，登机作业人员大多根据这些观测数据凭借自己掌握的催化作业指标和经验来判断是否开展增雨作业，带来了一定的局限性和盲目性。项目开发了一套空中作业实时决策指挥系统，综合利用飞机观测数据，结合已有的催化作业指标融合机载探测数据，给出催化作业的条件值，为空中作业人员提供可参考的催化百分比。空中作业人员根据催化百分比，找到适合实施催化作业的云的部位进行作业，从而达到科学化人工增雪的目的。

【成果应用成效】

（1）强化科学作业，提高冬奥会人工增雪科技支撑能力

利用以上研究成果，在 2021 年 10 月—2022 年 3 月开展冬奥会和冬残奥会张家口赛区景观增雪飞机作业与试验 34 架次，有效增加了景观降雪。利用张家口"空－天－地"立体综合监测网，针对冬季混合相云的宏微观物理结构特征进行精细化观测，揭示张家口赛区及周边核心区冬季混合相云系的物理本底特征。利用飞机现场观测、地基雷达遥感探测和示踪技术对催化作业前后的云宏微观物理量变化特征进行连续观测，提取人工增雪的微物理响应证据。采用空地综合观测和物理检验相结合的方式，评估张家口冬季混合相云的人工增雪作业效果。

（2）获得张家口山区冬季降雪过程的特点和新的科学认识

通过空地观测资料，结合地面监测资料研究，获得张家口山区云、降雪宏微观特征，开展人工增雪催化技术和效果检验研究，获得了基于多源观测降雪云系催化效果物理响应证据，取得了降雪云系微物理特征的新认知，在降雪初期的高层和降雪维持阶段，低层云中存在较丰沛的液体水（粒子），具有较好的人工增雪潜力；山区降雪时经常会出现地形云，在地形云维持阶段云滴粒径有增大的变化趋势。分析了冬季雨雪转化机制，由于低空暖平流在 0 ℃以下形成暖云，发生冷暖混合云降水。随温度降低，低层暖云消失，冷暖混合云降水过程变成了冷云降水过程，降水发生相变，地面由降雨转变成雨夹雪或降雪。

（3）获得了飞机催化过冷水云的效果物理检验证据

冬季对过冷水云开展飞机观测并进行 AgI 催化作业，触发云中贝吉龙过程更快发生，从而使云的粒径谱变宽，受催化影响的云内云滴粒子数浓度大量减少，冰晶粒子数浓度显著增加，出现不规则的冰晶和降水粒子。同时，云催化作业后，卫星观测到催化后由于云滴转换成冰晶降落而沿云催化轨迹形成的"云沟"现象，地面天气雷达显示催化轨迹上的反射率回波增加，观测到地面雨滴谱在受云催化影响的地区云催化后产生了降水量为 0.04 mm 的短期弱降雨事件。这些都证实了云催化的有效性，验证了催化过冷水云增强降水的理论，为飞机增雪效果评估提供直接的观测证据。

【成果应用展望】

针对冬季地形云开展综合观测，观测装备布局的科学性、合理性得到了检验，提高了新资料的应用性。持续开展人工增雪观测和作业试验，对冬季人工增雪作业技术、效果评估和检验技术进行了研究，初步建立了人工增雪潜力区识别指标和人工增雪效果评估方法。

降雪云系三维决策指挥系统采用云＋端的设计理念，实现了跨区域联合作业指挥的互联互通。冬奥会结束后，可在此系统的基础上进一步开发，结合新的研究成果和业务需求增加新的功能，达到指挥作业科学化、作业监控实时化、效果评估可视化的目标，应用到日常人工影响天气业务中。

冬奥会张家口赛区飞机综合观测和人工增雪技术成果为后冬奥时期河北省开展人工增雪工作提供重要技术支撑，通过对过冷水云的飞机观测，形成了过冷水云的飞机观测和催化技术方法。观测试验发现，当冬季的大气中缺少足够的冰核，云中粒子以过冷水滴为主，无法形成有效降雪时，通过人工引晶催化后，可以观测到云中粒子冰晶化十分明显。

【成果代表图片】

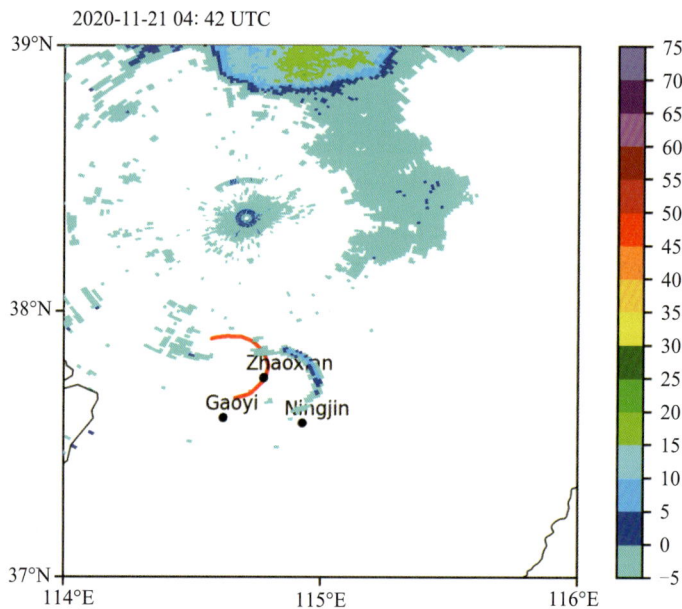

代表图片 1　天气雷达 PPI 数据与飞机催化轨迹（红色线条）叠加图

代表图片2 降雪云系三维决策指挥系统主界面

（撰写人：张健南）

3.4.26 人工影响天气云特征参量风云卫星反演技术和产品

【主要完成单位】中国气象局人工影响天气中心

【主要贡献人员】周毓荃 蔡淼 李琦

【来源项目名称】中国气象局业务工程项目"风云四号科研试验星人工影响天气应用示范"；中国气象局业务工程项目"风云三号03批卫星人工影响天气应用示范"；"863"国家重点研发计划"产品融合与云图仿真"

【成果主要内容】

为了满足人工影响天气作业中对大范围云条件实时监测和定量分析的需求，应用我国风云气象卫星资料，融合多源资料研发人工影响天气作业所关心的云宏微观特征参量，为冬奥会气象保障服务中的人工影响天气云模式检验、作业条件识别、作业监测预警和作业效果分析等业务提供产品支撑。具体包括云顶温度、云顶高度、过冷层厚度、云光学厚度、云粒子有效半径和过冷水潜在区识别6类产品。产品的时间分辨率最高可达5 min，空间分辨率为4 km。

云顶温度算法利用 H_2O 吸收通道和红外窗区通道，反演生成有云像元处的云顶温度。云

的三维中尺度冷云催化模式 (CPEFS-SEED)，并开展应用测试。在该模式系统的基础上，发展了人工影响天气作业效果的预估和评估技术。CPEFS-SEED 催化模式的技术亮点包括：①完整模拟了碘化银核化过程及云中粒子与碘化银的相互作用过程；②能够模拟火箭、高炮、飞机、地面烟炉等多种催化作业类型；③能够模拟催化后扩散影响区随时间变化和催化前后降水变化，给出定量评估结果；④系统及产品的水平分辨率为 1 km，输出时间间隔重点时段加密至 5 min。

（1）CPEFS-SEED 模式系统

CPEFS-SEED 模式基于中国气象局人工影响天气中心业务预报模式 CMA-CPEFS 开发，在其中耦合多种催化作业方式的仿真模块，最终形成可用于催化作业仿真模拟预报和效果评估的模式系统。与人工影响天气业务模式 CMA-CPEFS 相比，该模式的水平分辨率提高至 1 km，明显提高了降雪的预报效果和增雪作业评估能力。

CPEFS-SEED 模式考虑了碘化银类催化剂和液态致冷剂在播云催化时的各种物理过程，实现了对冷云催化过程的显式模拟。对液态致冷剂（如液氮或液态二氧化碳）等物理过程较为简单的催化模拟，模式采用致冷剂直接同质核化为人工冰晶的模拟方式，同时考虑了致冷剂同质核化对水汽场的作用以及核化过程中潜热释放对环境场的影响。对碘化银类催化剂播撒后的成核过程，模式完整模拟了碘化银冰核的 5 种核化过程，包括凝华核化、凝结冻结核化、浸没核化、接触核化等成冰核化物理过程，以及碘化银催化剂粒子（复合碘化银粒子具有一定的吸湿性）作为云凝结核形成云滴的凝结核化过程。模式同时考虑了碘化银核化过程对水汽场和云水场的作用以及核化过程中潜热释放对环境场的影响，也模拟计算了各类云粒子对碘化银催化剂粒子的清除作用等多种物理过程。CPEFS-SEED 模式使用的 CAMS 微物理方案及耦合催化过程的框架图见代表图片。

CPEFS-SEED 模式实现了人工影响天气作业中飞机、地面火箭和高炮、地面烟炉等主要催化作业方式的仿真模拟。模式可以根据实际的作业信息或作业预案中所提供的包括催化剂作业剂量、飞机作业的轨迹或火箭与高炮的作业时间和作业参数（如发射仰角、方位角）等相关数据，在模式中通过计算来模拟催化播撒的轨迹（针对飞机、火箭，此类催化轨迹主要为线源方式）或催化的具体部位（针对高炮或地面烟炉，此类催化主要为点源方式，催化部位对应空中或地面附近的某一点或小区域）、催化的连续时间段（线源催化或点源连续催化）或不同的时间点（点源瞬时催化）、催化作业的剂量信息等。模式根据上述信息进行催化模拟运行，给出不同作业方式下不同催化剂类型的播撒过程以及它们扩散传输的三维时空变化，从而实现各种催化作业方式的仿真模拟。同时，模式还可以通过计算催化剂在空中扩散传输的连续变化，确定催化作业的影响区范围及其时间变化，为催化作业的物理检验和统计检验的影响区识别提供参考。

（2）人工影响天气作业效果的数值模拟预估和评估技术

冬奥会人工影响天气保障是针对特定目标区的催化作业，其对人工影响天气作业精准性的要求更高，基于 CPEFS-SEED 模式建立的人工影响天气作业效果预估和评估技术，有利于提高人工影响天气作业在这方面的技术水平。在人工影响天气作业实施前，通过 CPEFS-SEED 模式可以对作业方案提前进行仿真模拟，预估其作业效果，通过模式的模拟为作业方案的改进提供指导；在人工影响天气作业实施后，通过模式的仿真催化模拟，可以及时开展作业效果的数值评估并给出作业方案的优化建议。基于 CPEFS-SEED 数值模式的预估和评估技术实施的总体技术路线是：首先，利用数值模式合理地模拟出真实的云和降水过程的发展演变，在模拟结果合理反映真实云降水过程的一些主要的宏微观特征基础上，开展催化作业仿真模拟；通过对比催化模拟和未催化模拟的结果来评估作业的效果，并给出在指定的评估时段、评估范围内，催化作业的定性和定量的评估结果。整套评估流程可先后在人工影响天气作业前和作业后分别进行，前者是对作业方案的执行效果的提前预估，后者则是对实际作业效果的事后评估。上述整套模拟评估技术已初步实现各环节自动运行功能，并在冬奥会人工影响天气试验和保障中多次应用。

【成果应用成效】

从 2020 年初冬训及测试赛开始，CPEFS-SEED 模式及其评估技术投入试验试运行，并完成了多次降雪联合观测试验的增雪作业方案设计的效果预估，以及实际作业效果的定量化数值评估工作。

在冬奥会气象保障中，首次开展飞机、火箭、高炮、烟炉等仿真模拟和滚动方案的效果数值预估。CPEFS-SEED 模式采用 1 km 水平分辨率，滚动开展了不同催化剂类型、催化剂量、催化位置的飞机、地面作业预案的作业效果数值预估，并应用到会商发言中，为作业策略和作业方案提供建议和指导。

开展冬奥会保障人工增雪作业效果数值模拟评估时，针对人工增雪试验和实战保障当天飞机、地面作业，利用 CPEFS-SEED 模式，开展实际增雪作业效果的数值评估。模式对冬奥会增雪特定目标区及其周边所开展的飞机、火箭和地面烟炉等作业过程进行了仿真催化模拟，及时快速评估了作业的增雪效果，并给出了定量的评估结果。

【成果应用展望】

水平分辨率 1 km 的多种催化方式三维中尺度冷云催化模式与效果预估和评估技术在特定目标区云水资源的开发利用、重大活动保障、生态修复等方面具有广阔的应用前景。该成果可以应用在生态修复增雨（雪）、改善空气质量增雨、灭林火增雨及场馆消减雨等重大应急和重大活动人工影响天气保障等特定目标的人工影响天气保障服务中，也可以在业务应用中作为一种评估作业效果的技术手段发挥重要作用，将对提升全国人工影响天气作业水平、更精准、科学地开发利用云水资源发挥作用。

【成果代表图片】

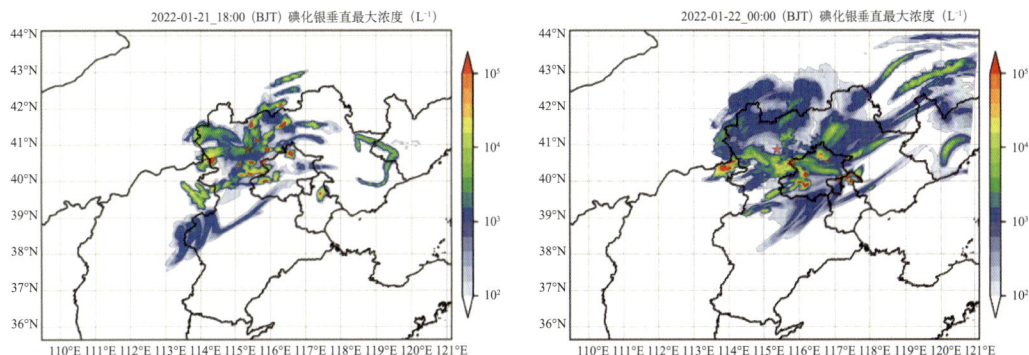

代表图片 1　CPEFS-SEED 模拟的冬奥会期间一次大范围空地联合增雪作业的催化剂扩散传输情况

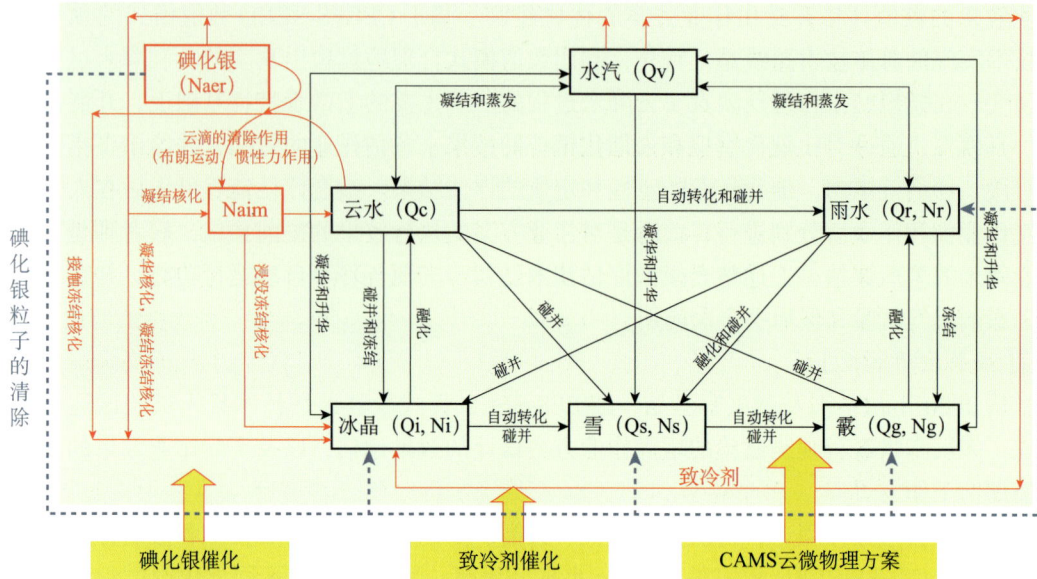

代表图片 2　CPEFS-SEED 模式云微物理方案及冷云催化模块的物理过程框架图

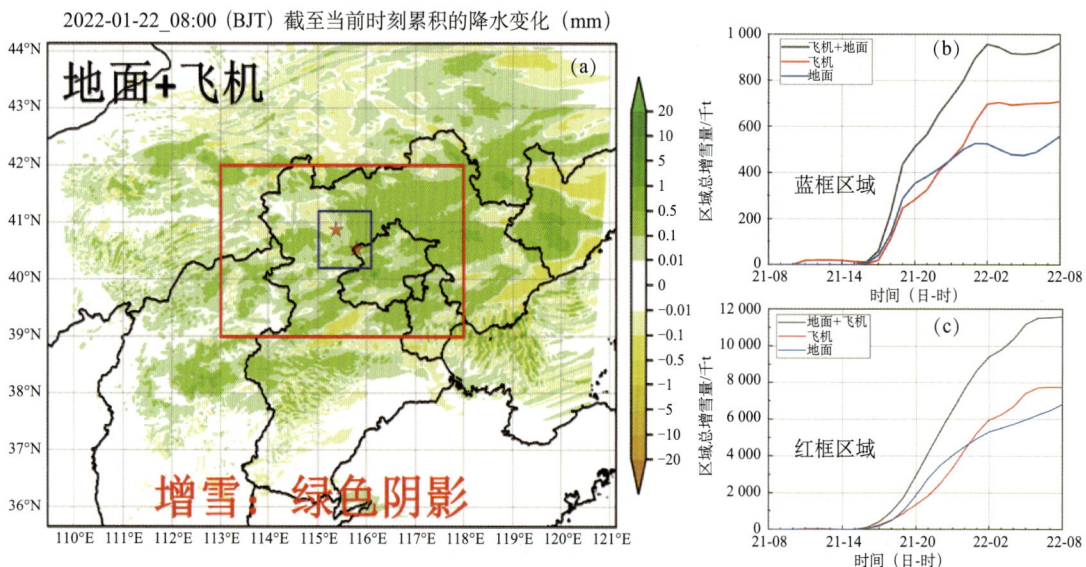

代表图片 3　一次冬奥会气象保障增雪作业的 CPEFS-SEED 模式评估结果
（（a）累积增雪量水平分布；（b）（c）不同评估区域的累积增雪量时序图）

（撰写人：刘卫国）

3.4.28　特定目标云水资源耦合开发分析决策指挥系统

【主要完成单位】中国气象局人工影响天气中心

【主要贡献人员】周毓荃　陶玥　蔡淼　刘卫国　谭超　王飞　李琦

【来源项目名称】国家重点研发计划项目"云水资源评估研究与利用示范"；中国气象

局业务工程项目"风云四号科研试验星人工影响天气应用示范"；中国气象局业务工程项目"风云三号 03 批卫星人工影响天气应用示范"

【成果主要内容】

围绕冬奥会联合试验和赛区景观增雪的保障需求，如何基于特定目标云水资源开发耦合利用关键技术，实现复杂地形固定目标区小尺度人工增雪的决策指挥功能。针对特定区域、特定时段增雨（雪）等特定目标，基于项目建立"集云水资源精细中短期预报－耦合开发预案设计与开发效果预估'星－空－地'云水资源实时监测和耦合开发方案设计－开发效果物理和数值综合评估"的特定目标区云水资源耦合开发利用的关键技术和实时业务流程，升级国家级云降水精细处理分析系统，形成服务于冬奥会人工影响天气保障的云水资源耦合开发分析决策指挥系统平台（CWR-CDAS- 冬奥版）。

（1）云水资源评估产品集成显示和综合分析

典型区域（华北及冬奥会赛区）云水资源诊断和数值评估产品集成显示，包括逐月、逐年云水资源、水凝物降水效率、水凝物更新期等物理量，实现云水资源诊断评估产品的空间分析、区域统计分析等功能，为了解赛区及防区内冬季水凝物循环和转化特性提供依据。

（2）特定目标区云水资源耦合开发决策指挥子系统

基于"集云水资源精细中短期预报－耦合开发预案设计与开发效果预估'星－空－地'云水资源实时监测和耦合开发方案设计－开发效果物理和数值综合评估"的特定目标区云水资源耦合开发利用关键技术，实现以赛区为特定目标的人工增雪作业决策指挥和效果分析等人工影响天气"五段"业务功能。

①云水资源精细中短期预报与作业计划 / 预案。基于 CPEFS-LAPS、CPEFS-MEM-SEED 等精细预报产品的叠加显示和综合分析功能，实现华北及冬奥会赛区 3 km 水平分辨率云水资源与作业条件精细预报，具备云水资源预报量的中短期预报能力，提前 1～7 d 给出云水资源、水凝物降水效率、更新周期等 9 个预报量。制订特定目标区增雪的作业计划、作业预案。

②作业预案与方案效果预估。基于飞机、火箭、高炮、烟炉等不同催化作业方式下催化剂播撒、扩散和传输过程的仿真模拟，可实现多种催化剂类型（AgI、液氮等）、多种催化方案（飞机、高炮、火箭）的特定目标区增雪方案的效果预估。

③云水资源精细监测分析。基于星－空－地等各类观测，创建和发展了云物理特征参数的提取和四维云结构融合分析技术，提高了降雪云系的人工影响天气云物理监测分析能力。实现云光学厚度、人工影响天气目标云分类、过冷水潜势区等 FY-4 卫星反演云参数产品以及毫米波云雷达、X 波段双偏振多普勒雷达、风廓线雷达等地基特种观测产品的实时显示、统计分析等功能。

④增雪作业飞机作业方案智能设计。实现以冬奥会赛区、山区等不同需求对象为特定目标云水资源利用落区，实现"充分－连片－接续播撒"的特定目标耦合开发飞机方案设计和多轮次连排－成片－接续的地面作业智能设计。

⑤飞机和地面增雪作业跟踪监控。实现飞机和地面作业信息动态显示；动态跟踪和监控飞机、地面作业，动态分析作业过程中云物理参数以及催化状况；跟踪作业云系演变，为冬

奥会服务期间的作业开展跟踪监控，及时发布监测预警专报。

⑥增雪作业效果检验评估。针对冬季赛区联合增雪试验、冬奥会人工影响天气实战保障作业，实现基于催化剂扩散计算的区域移动多参量开发效果物理检验作业效果评估。

【成果应用成效】

从 2017 年开始，特定目标云水资源耦合开发分析决策指挥系统应用在赛区景观增雪的冬奥会人工影响天气保障中，并不断检验和优化。此系统安装部署在中国气象局人工影响天气中心和北京市人工影响天气中心。

利用此系统平台，中国气象局人工影响天气中心圆满完成每年冬季赛区降雪联合试验、测试赛、2022 年冬奥会和冬残奥会实战人影保障的技术支撑服务，制作《作业条件过程预报》《作业条件预报和作业预案建议》《人影作业快报》等专项服务专报 40 余期。

【成果应用展望】

特定目标云水资源耦合开发分析决策指挥系统在生态修复、重大活动保障、陆地水资源安全等方面具有广阔的应用前景。该系统平台既可以应用在生态修复增雨（雪）、改善空气质量增雨、灭林火增雨及场馆消减雨等重大应急和重大活动人工影响天气保障等特定目标的人工影响天气保障服务中，将对提升全国人工影响天气云水资源精准开发利用的科学指挥水平发挥作用；又可以在全国及缺水需求地区、需要生态治理和水源补给的国家重要生态保护区和重要水源区推广应用，使我国人工影响天气总体科技水平和抗旱减灾、缓解水资源短缺与改善生态环境的综合效益再上一个新台阶。

【成果代表图片】

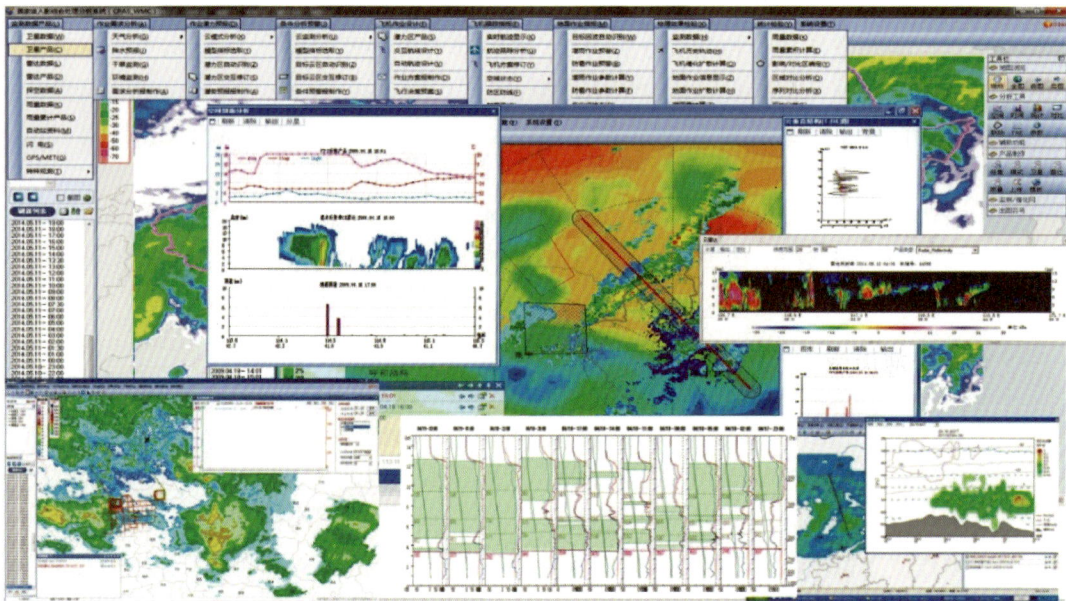

代表图片 1　特定目标区特定目标云水资源耦合开发分析决策指挥系统

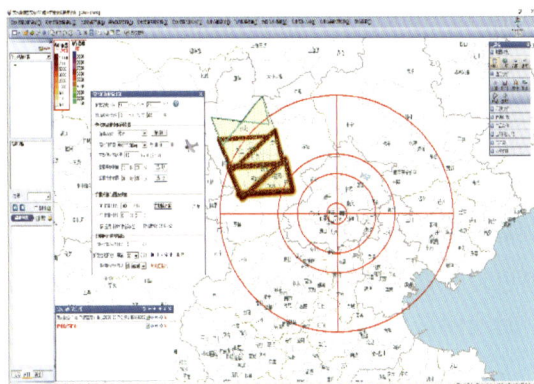

(a)

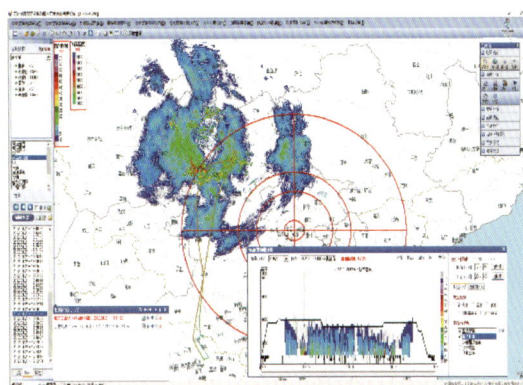

(b)

代表图片2 特定目标区飞机方案智能设计（a）和精准作业实时指挥（b）

（撰写人：陶玥）

3.4.29 云水资源数值评估和预报技术

【主要完成单位】中国气象局人工影响天气中心

【主要贡献人员】周毓荃 蔡淼 谭超 陶玥 刘卫国 孙晶

【来源项目名称】国家重点研发计划项目"云水资源评估研究与利用示范"

【成果主要内容】

1. 成果主要内容

高精度的中尺度云分辨模式能够提供四维时空分布的云水场、水汽场和风场，以及地面降水和地表蒸发、云凝结和云蒸发等物理过程模拟结果，从而实现云水资源及其相关组成量和特征量的精细数值评估。其难点在于模式长时序稳定运行后大气水物质守恒且模拟云降水接近于实况。基于业务运行的中尺度云分辨模式（CPEFS V1.0），中国气象局人工影响天气中心研究解决了上述技术难题，建立了云水资源的数值模拟定量估算方案和系统（CWR-NQ）。

模拟采用双层嵌套方案，第一层和第二层（以下简称d01和d02）模拟区域的水平分辨率分别为9 km和3 km，垂直方向为不等距的34层，模式顶层为50 hPa。华北区域模拟的中心经纬度为（39.9°N，116.3°E），d01和d02的格点数分别为254×182和406×352。模式

的初始场和边界条件来源于 NCEP/NCAR 大气再分析数据，逐 6 h 更新一次边界条件。d01 和 d02 的输出间隔分别为 6 h 和 1 h，时间积分步长为 60 s。根据需要进行云水资源长时段连续精细模拟。

云水资源组成量模拟评估时，水汽比湿（q_v）由模式直接计算得到，大气水凝物比含水量（q_h）为模式产品中云水（q_c）、雨水（q_r）、冰晶（q_i）、雪（q_s）和霰（q_g）的含水量这 5 项之和。此外，模式直接输出了凝结率 r_{con} 和蒸发率 r_{eva}。地表蒸发率（e）和地面雨强（I）通过陆面过程和云微物理过程直接输出计算。基于上述参量，按照云水资源的评估理论和方法，即可实现一定区域、时段的云水资源组成量的数值计算，进而得到云水资源等特征量的数值评估结果。

基于建立的云水资源数值评估系统，采用预报场数据进行云水资源的模拟和评估计算，即可实现云水资源的精细预报，为云水资源的实时开发利用奠定基础。同时，在这套云水资源评估预报系统中，耦合播云催化模块，即可开展云水资源开发原理方法和开发作业方案设计及开发效果预估和评估等研究，是云水资源耦合开发的关键技术。

2. 技术特点

数值评估的关键是一套精细描述云微物理过程和正确模拟云分布的中尺度云分辨模式。本成果采用中国气象科学研究院胡志晋和严采繁研发的云微物理方案（CAMS），包含云水（q_c）、雨水（q_r）、冰晶（q_i）、雪（q_s）、霰（q_g）的含水量和雨水、冰晶、雪、霰的浓度预报，以及云滴谱拓宽度 F_c，考虑碰并、凝华、云雨自动转化、核化、繁生及冻结等 31 种云物理过程。同时，计算微物理预报量的时候采用准隐式格式，保证计算的稳定、正定、守恒。为了满足人工影响天气云预报业务的需要，中国气象局人工影响天气中心将 CAMS 云微物理方案和 WRF 3.5 耦合，形成 WRF-CAMS 中尺度云分辨模式，又称为云降水显示预报系统（CPEFS）。通过云预报检验和业务化验收后，2016 年实现全国 8 个区域每天业务运行，并实时向全国发布各类云产品。长期业务应用和云预报检验表明，该业务云模式对中国各类云系具有较好的模拟效果。在此基础上，耦合云水资源计算方案后形成的 CWR-NQ 预报系统，可以实现对全国各地云水资源的预报。冬奥会期间成功应用于冬奥会人工影响天气各阶段的试验和保障。

3. 创新性

（1）采用唯一模式初始场，逐 6 h 更新一次边界条件，实现连续时段（年）的云水资源数值精细评估。

（2）云水资源评估方案耦合预报场首次实现大气水（凝物）循环和云水资源的实时预报。

4. 解决的主要问题

（1）采用高精度的中尺度云分辨模式，实现云水资源月、季、年的高精度（1～3 km 分辨率）数值模拟和云水资源定量估算，从而实现详细了解区域大气水（凝物）循环和云水资源的特征。

（2）耦合人工影响天气实时业务云模式，从而实现区域大气水（凝物）循环和云水资源的实时预报，提前预测特定目标区人工增雨（雪）可开发条件及潜力，为精准制定催化方案打下基础。

【成果应用成效】

在冬奥会气象保障服务期间，中国气象局人工影响天气中心基于本成果，为了解赛区及防区内冬季水凝物循环和转化特性提供依据。针对典型降水过程开展了云水资源的精细预报，预报联合试验、开闭幕式当日赛区及防区云水资源特性及云水资源开发潜力，提供人工增雪作业潜力预报，并应用在人工影响天气专题会商发言中。

【成果应用展望】

基于本成果，不仅可优化云水资源开发作业布局，还可对云水资源的开发条件及潜力开展精细预报，对人工影响天气开发云水资源、重大活动保障的作业布局具有重要指导意义。结合天气模式可实现天气尺度大气水循环和云水资源的中短期精细预报，以了解自然云降水循环特征和不同动力条件下的降水效率，对提高降水预报准确性具有重要意义。本成果和气候预测模式结合，有望对云水资源的气候变化做出预测，对于应对气候变化、保障水安全具有战略意义。

【成果代表图片】

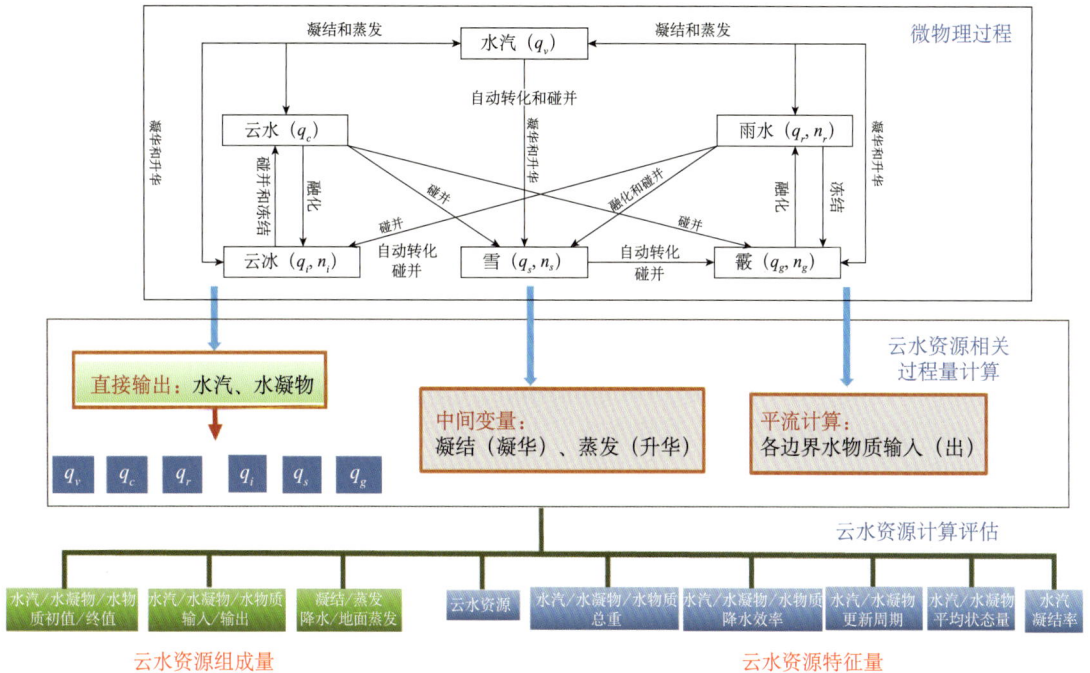

代表图片 1　云水资源数值评估方法和系统

（撰写人：蔡淼　陶玥）

3.4.30　云水资源诊断评估方法及华北区域冬季云水资源气候特征

【第一完成单位】中国气象局人工影响天气中心

【主要参与单位】上海辈友气象科技有限公司

【主要贡献人员】周毓荃 蔡淼 谭超 欧建军

【来源项目名称】国家重点研发计划项目"云水资源评估研究与利用示范"

【成果主要内容】

1. 成果主要内容

云水资源是指一定时段内，参与区域大气水循环全部过程、没能形成地面降水还留在空中的水凝物。依托国家重点研发计划项目"云水资源评估研究与利用示范"的研究成果，对云水资源的评估，实质上是对一定区域和时段的大气水循环完整过程的评估。表征云水资源特性的参量包括各类大气水物质的状态量、平流量和源汇量等 16 个云水资源的组成量和各类大气水物质的总量及其降水效率和更新期等 13 个特征量。

云水资源及其相关物理量计算的数据基础是地面降水和地表蒸发，四维的云水场、水汽场和风场，以及水汽和水凝物的相互转化量。通过大气再分析资料（如 NCEP/NCAR 大气再分析数据）可以获得水汽场和风场，降水也可以直接观测，但缺乏系统的云观测资料。中国气象局人工影响天气中心在探空云分析技术上，优化建立了基于 CLOUDSAT/CALIPSO 卫星云观测、飞机云物理探测和大气再分析资料的三维云场诊断方法和产品，进而创建了云水资源的观测诊断定量评估方法和系统（CWR-DQ）。

根据云水资源的评估理论和方法，利用建立的三维云场诊断产品，结合 NCEP/NCAR 再分析资料中的水汽场和风场，以及全球降水产品（GPCP），即可实现云水资源组成量中的水凝物初值和终值等 6 个状态项、水凝物输出和输出等 6 个平流项以及地面降水的诊断评估。再从大气水分平衡方程组估算得到地表蒸发、云凝结和云蒸发，由此实现云水资源 16 个组成量的诊断计算。在此基础上，进一步计算得到云水资源的 13 个特征量。基于建立的云水资源观测诊断方法，利用 2000—2019 年 NCEP 大气再分析资料和 GPCP 降水产品，中国气象局人工影响天气中心实现了中国地区近 20 年 1° 分辨率的云水资源诊断评估，建立了包括云水资源、降水效率等 29 个物理量的云水资源气候数据集。

通过对复杂区域边界的处理，研究得到华北人工影响天气分区冬季云水资源的总体特征。2000—2019 年，华北区域冬季降水量平均约为 15.9 mm，大气中平均水汽含量约为 3.2 mm，水凝物含量约为 0.14 mm。冬季华北区域的水汽输入量约为 927.5 mm，区域水汽辐合量约为 14.8 mm；水凝物输入量约为 61.3 mm，水凝物辐合量约为 8 mm。参与华北区域冬季大气水循环的大气水凝物总量和水汽总量分别约为 88.5 和 943.7 mm，水凝物和水汽的降水效率分别为 18.0% 和 1.7%，水凝物和水汽的更新期分别为 17.4 h 和 16.9 d，云水资源总量约为 72.6 mm。

总体来说，华北区域冬季大气水物质的降水效率低、更新慢，仍有较为丰沛的云水资源留在空中，部分可能通过人工增雪的技术手段被加以开发利用。其中，区域北部的降水效率更低，云水资源略高于南部。

2. 技术特点

（1）以 CLOUDSAT/CALIPSO 卫星联合云观测为真值，统计得到云区和云含水量同大气温湿参量的关系，建立三维云场和云水场的诊断方法和产品，并同 CERES 卫星云观测产品、飞机云物理观测以及地基云雷达等对比检验。

（2）云凝结、云蒸发和地表蒸发无法直接观测得到，由大气水物质收支平衡方程估算得到，是大气水平衡方程的余项。通过与数值模拟结果的对比检验，以及同国家气候中心采用蒸散互补模型计算的地表蒸发的对比，验证了这三个平衡方程余项的合理性。

（3）采用复杂区域的网格化处理，得到较为精细的区域边界，更加精准地计算出沿区域边界流入和流出的大气水物质量，从而对区域总体的云水资源气候特性进行定量计算和分析。

3. 创新性

（1）提出基于卫星云观测的三维云场诊断方法。

（2）首创云水资源观测诊断定量评估方法，建立2000—2019年中国地区1°分辨率的云水资源气候数据集，填补空白。

（3）揭示了华北地区冬季云水资源气候特征。

4. 解决的主要问题

华北地区冬季的云水资源气候背景。

【成果应用成效】

对华北区域（含冬奥会赛区）云水资源气候特征的认识，为了解冬奥会人工影响天气防区内水凝物循环和转化特性提供依据，对于冬奥增雪的作业力量布局具有一定指导。

【成果应用展望】

基于本成果给出的云水资源观测诊断评估方法，根据现阶段的观测资料，适用于开展全球或者大范围的云水资源长时序气候评估和背景研究，可获得多种网格尺度云水资源气候特征的评价结果，对于认识云水资源及其特征量的时空尺度、分布特征和变化规律具有明显优势。对云水资源气候特征和变化规律的认识，一方面，为地方人工影响天气工程规划和作业力量布局提供了依据和科学支撑，另一方面，对于重大活动保障的方案编制、增减雨作业方案设计具有重要参考价值。

【成果代表图片】

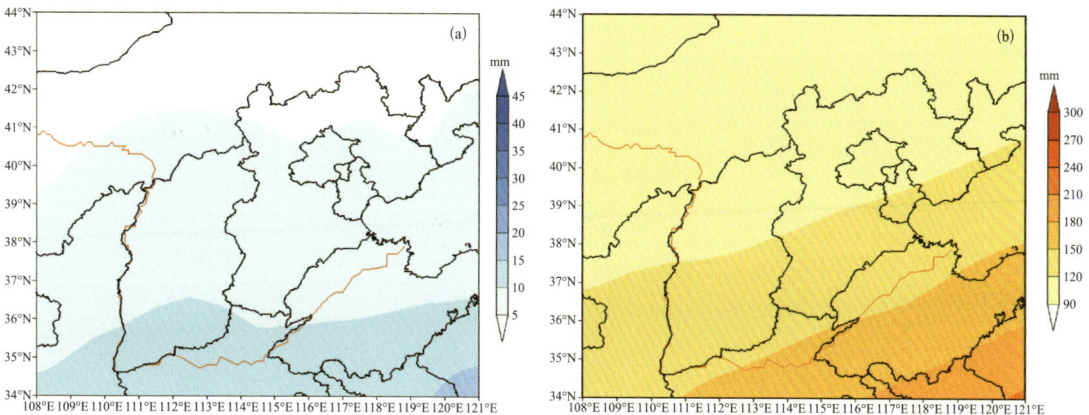

代表图片1　2000—2019年华北区域冬季（2月）水凝物降水效率（a）和
云水资源（b）的空间分布平均态

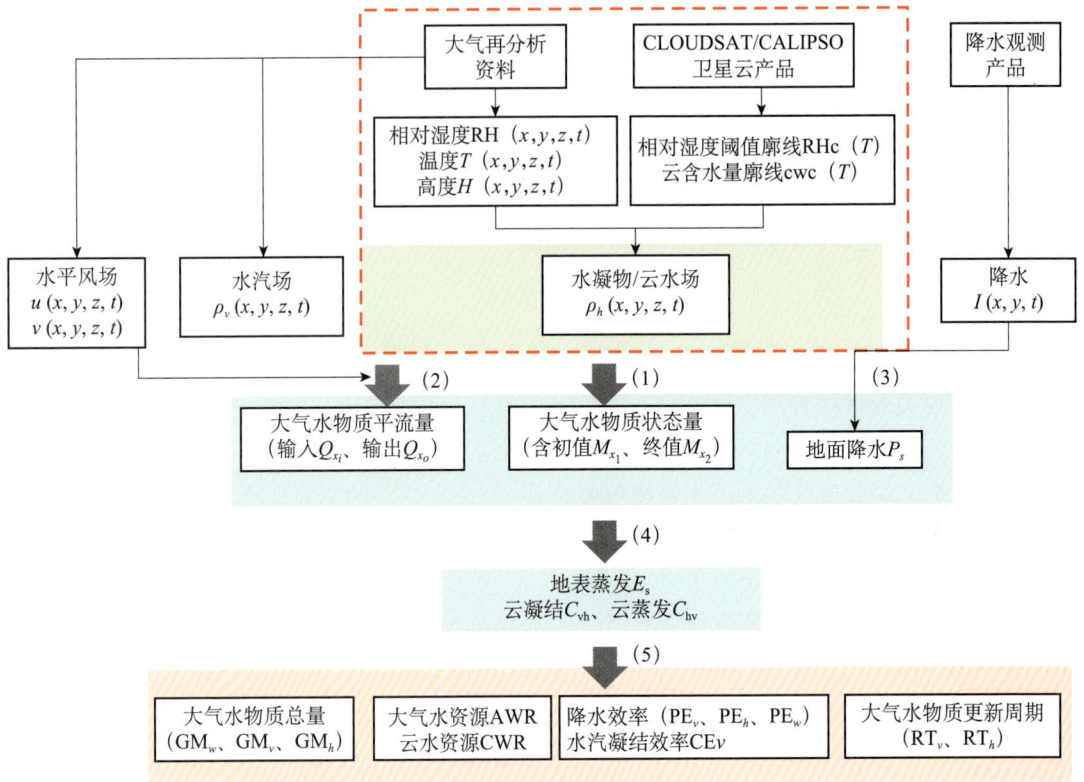

代表图片 2　云水资观测诊断评估技术路线图（红框表示三维云场诊断方法）

（撰写人：蔡淼）

第4章　科技成果应用成效

4.1　总体成效

1. 有力支撑了冬奥气象保障服务工作，保障冬奥会和冬残奥会圆满成功

冬奥气象科技攻关秉承"边研发、边试用、边改进、边服务"的方式扎实推进，其成果直接支撑冬奥气象预报服务。精准预报和精细服务支撑延庆赛区 10 次冬奥会、5 次冬残奥会赛事日程调整，张家口赛区 8 次赛事调整，全部赛程调整科学准确，各项比赛均按计划顺利完成，圆满完成了"金牌全产生、赛事零取消"的既定任务，为实现"全项目参赛""参赛精彩"提供了有力保障，被国际奥委会和北京冬奥组委赞为"一流的气象服务保障"，保障北京 2022 年冬奥会和冬残奥会圆满成功。国际奥委会奥运会部执行主任克里斯托夫·杜比指出，北京冬奥组委拥有最先进的天气预报系统。国际雪联数次提到，本届冬奥会气象服务工作做得比任何一届冬奥会都好。在发放的 365 份调查表中，90% 以上的竞赛运行团队、国内外赛事官员、运动员、志愿者、其他业务领域人员对气象预报产品的准确性、及时性、针对性表示非常满意。

2. 有效突破了四项冬奥气象核心技术，推动精准气象服务能力提升

在多方科技项目资助下，四项核心技术取得突破。首次在我国中纬度山区复杂地形下实施冬季多维度气象综合观测，山地精密气象观测技术取得长足进步；首次实现复杂山地"百米级、分钟级"精细化气象预报，自主可控的小尺度局地精准预报技术取得明显进展；首次实现冬奥会专用气象信息报告的全自动化，彰显中国冬奥会赛事气象技术服务的现代化水平；首次部署"云 + 端"核心业务系统，毫秒级数据响应支撑三地多赛区应用。这些成果推动了我国精准气象服务能力的提升，在中国气象发展史上将具有里程碑意义。

3. 冬奥气象科技得到国内外广泛认可，气象高质量发展和气象强国建设有鲜活实践

"精准气象预报系统"入选北京冬奥组委和国家体育总局编制的《北京 2022 年冬奥经济遗产报告》。精细天气预报新技术、新产品推广应用写入《北京市"十四五"时期国际科技创新中心建设规划》。"冬奥会气象条件预测保障关键技术"项目纳入世界气象组织示范项目，为国际高影响天气高精度预报技术研发和应用提供中国经验。

4.2 典型案例

案例 1【利用科技成果客观预报产品，精准预报冬奥会开幕式关键彩排降雪天气，获巴赫等称赞】

2022 年 1 月 30 日，国家体育场（鸟巢）开展冬奥会开幕式全流程彩排活动，国际奥委会主席巴赫及多名奥委会官员和领队莅临现场。气象预报到位，降雪时段、量级把握精准。

冬奥会降雪天气过程的预报难度大，降雪量级、相态、时段等都得到了来自科技冬奥成果的大力支持。CMA-BJ "百米级、分钟级" 高精度客观预报产品发挥重要作用。针对国家体育场研发精细到 67 m 分辨率的数值预报产品，启动可定制不同天气背景场下的智能 "数字气象台"，组织实施集国内气象行业单位之智的 "智慧冬奥 2022 天气预报示范计划"，汇集气象部门、科研院所、企业、高校 22 家单位合力，助力气象预报员更加精细地掌握影响国家体育场的局地大气演变趋势。

对于 1 月 30 日降雪天气过程，提前三天精准预报降雪时段，24 h 内，在睿图以及组合相态预报指标等科技成果支撑下，精准给出 30 日活动时段有雪的预报结论，并且，数字气象台模式订制，切换不同驱动场后，结论一致，给气象预报更大的信心。

最终，鸟巢降雪时间为 19:50—20:50，与 "主要降雪时段在 19—22 时" 高度吻合。气象保障圆满成功，开幕式组织方根据预报，提前做了舞台防雪等相关措施，收获各方好评和认可。

案例 2【利用科技成果客观预报产品，精准预报通州大运河风力，为大运河火炬传递方式的选择提供了科学决策依据】

为服务 2022 年 2 月 4 日下午通州大运河森林公园水上传递火炬活动，提前三天即开始针对活动时段的逐小时精细化气象预报，并针对性地提出活动时段平均风力 4 级左右，阵风 6 级左右，为指挥部提前准备、完善应急方案提供了重要指导作用。2、3、4 日连续三天紧盯通州大运河地区风力情况，始终维持 "活动时段平均风力 4 级左右，阵风 6 级左右" 的预报判断。坚定的预报判断为指挥部果断调整火炬传递方案，采用陆上传递方案提供了准确科学决策依据。

对通州大运河定点的精细化风力预报离不开科技成果预报产品的支撑。数字气象台定制化产品，尝试利用 CMA-GFS、NCEP 等背景场驱动睿图模式。CMA-BJ 提供的 67 m 分辨率高精度风力客观预报产品，为火炬传递时段大运河点位的预报提供有力支撑。气象预报员结合科技冬奥相关成果，准确分析和预判，两次向火炬传递指挥部领导汇报风力情况。

最终，通州大运河火炬传递点位的传递方式因为风力气象预报，由水上调整为陆上。实际传递时段该点位出现 7 级以上大风，预报避免了游船的风险，圆满保障了火炬传递的顺利、安全进行。

案例 3【利用科技成果客观预报产品，精准预报延庆赛区高山滑雪混合团体赛 2 个小时 "窗口期"】

冬奥会延庆赛区最后一项比赛为高山滑雪混合团体赛，原定于 2022 年 2 月 19 日举行。

当天赛区阵风达 6～8 级，山顶站最大阵风 11 级（29.9 m/s），并且在团体赛道出现偏南大风，比赛因此而延期。

气象预报服务团队仔细研判、加密会商，基于预报经验结合睿图 - 睿思等科技支撑产品，于 2 月 18 日提前判断团体赛道将出现大风，预测风速会较客观产品高 1～2 m/s，并根据团队研发的海陀山三维风环流模型判断团体赛道的风向为偏南大风。19 日上午，赛道确实出现大风，且上坡风使得旗杆向赛道上方的方向倒伏，严重影响了运动员的滑行安全，比赛不得不延期举行。

睿图 - 睿思、睿图 AnEn 和 MOML 等客观产品均预报 20 日早晨风速较小，气象预报团队参考客观方法结果，预测 20 日 11 时后风速将明显增大，但 20 日 11 时前是风速相对较小的时段。竞赛组织方根据气象团队提供的气象信息，将该场比赛改期至 20 日，并提前至 09 时开赛。正是基于 20 日 09—11 时这 2 个小时"窗口期"的准确预报，比赛赶在大风来袭之前得以顺利完成。比赛结束后不久，赛道上便风雪飞扬，仲裁、中外技术官员和各级领导给予气象团队高度赞扬。正是源于气象团队的成功保障，北京冬奥会高山滑雪比赛圆满收官。

案例 4【利用科技成果客观预报产品，精准预报延庆赛区高山滑雪男子全能比赛关键点位如期风速减小】

2022 年 2 月 10 日，延庆赛区按计划进行高山滑雪男子全能比赛。这场比赛不同于其他的赛事，如果不能按时进行，将会直接取消。

这一天赛区整体的风速并不大，但赛道上的第三起跳点是一个关键点位，如果这里的瞬时风速接近或大于 10 m/s，就可能会对参赛运动员的安全造成威胁。海陀山的特殊地形和山谷风影响往往会导致第三起跳点在中午前后风速增大，9 m/s 或者 10 m/s 成为影响赛事日程的重要因素。气象团队经过不断的会商和讨论，结合睿图 AnEn 和 MOML 等客观产品的稳定预报，坚持认为当天中午前后第三起跳点的风速呈减弱趋势，最大阵风不会超过 8 m/s。最终预报与实况基本一致，确保了赛事的顺利进行。

案例 5【利用温度"冷池"现象规律，精准预报张家口赛区越野滑雪赛事关键点位临界温度，及时叫停比赛】

2022 年 2 月 16 日 18 时 20 分，国家越野滑雪中心当日最后一场比赛已落下帷幕，赛道旁，大屏显示越野滑雪 3.75 km 低点温度已跌破 -20 ℃。"-20 ℃是一道坎。如果按原定赛程这个时候就要叫停了。"张家口赛区古杨树场馆群首席气象预报员李禧亮说。

在越野滑雪赛事中，运动员长时间处于户外，体力消耗大，低温是影响比赛乃至人身安全的关键因素。当天越野滑雪女子 / 男子团体短距离资格赛和决赛原定于 17 时—20 时 20 分举行，由于预报考虑当天 18 时 30 分后场馆温度将低于 -20 ℃，赛事委员会决议让比赛在此之前结束。

这个极难把握的降温时段早在 15 日已经被气象预报员勾勒清楚："16 日傍晚，冷空气势力减弱，风速减小，国家越野滑雪中心就会出现温度'冷池'现象，也就是海拔越低，温度越低，再加上海拔较低点在太阳落山后会转为下坡风，温度必然骤降。"预报理由只有数语，背后是五年的积淀：对各个场馆、各个站点的温度规律总结；在古杨树场馆群山坡进行温湿度观测、系留气艇试验……山地环境下对温度的敏锐感知，与新技术、新方法加持的客观预报产品耦合，最终实现了"1+1 > 2"。

"日程调整非常成功！""气象预报可靠！"2 月 17 日，国际奥委会体育部部长吉特·麦克康奈尔在竞赛日程变更委员会例会上，高度肯定气象服务团队的努力；跳台滑雪比赛竞赛长郭昊冉亲笔书写感谢："你们精准的预报，让我们心里更加有底。"

案例 6【利用冬奥科技成果，精准预报张家口赛区云顶滑雪公园相关赛事可能遭遇极端天气风险，及时红色"警告"】

2022 年 2 月 13 日，张家口赛区云顶滑雪公园迎来充满"变数"的一天，云集了众多焦点选手的自由式滑雪女子坡面障碍技巧资格赛和女子空中技巧资格赛相继改期，谷爱凌、杨硕瑞、徐梦桃、孔凡钰和邵琪暂定于 14 日亮相。

这一天对于张家口赛区气象预报团队来说也是开赛以来压力最大的一天。针对 13 日降雪过程，张家口赛区气象中心做好"一场一策"精细化气象服务，科学研判赛事运行风险，12 日提前发布极端天气风险，提示 13 日女子坡面障碍技巧训练及预赛竞赛气象风险为红色"警告"等级，为张家口赛区赛事安排提供科学决策支撑。13 日 06 时开始，组织 WFC、WIC 加密会商，滚动向赛区竞赛指挥组及各领域通报降雪、能见度实况及预报，多次与国际雪联技术官员进行天气会商，为赛事安排及调整提供科学决策支撑。最终因能见度较低，自由式滑雪坡面障碍技巧比赛延期，这是张家口赛区首次因天气原因调整赛程。

坡面障碍技巧的比赛是在由各种道具及跳台构成的赛道上进行的。比赛中，裁判员根据选手通过不同障碍的高度、回转、技巧、难度系数等，分别打出比赛分数。而能见度降低除了会影响裁判视线外，也会给运动员带来危险，同时不利于转播效果，因此，赛程调整成为必要选项。

张家口云顶滑雪公园场馆群运行团队后勤副主任束文表示，正因为很早就接到降雪的预报，场馆已经做好预案，"13 日凌晨两点多就开始组织工作人员上岗扫雪，安排交通路线等，没有因为降雪影响场馆运行。"

据公开数据显示，北京冬奥会之前，过去 23 届冬奥会中只有 4 届冬奥会没有任何赛事因天气原因推迟或取消，而其余 19 届冬奥会或多或少都有比赛项目由于在赛时达不到相关气象条件而被调整。天气对雪上项目的影响程度，从一句冰雪运动"江湖"中的传言可见一斑："没有经历过延期的雪上项目，是不完整的。"

赛程过半，"总体上从开幕式到前半程，竞赛组织工作可以说是'一流的竞赛场馆、一流的世界级运动员、一流的气象保障服务、一流的医疗救治服务！在前半程得到了很好的体现。'"2 月 13 日，北京冬奥组委副主席杨树安如是总结半程工作。

案例 7【利用冬奥科技成果，精准预报张家口赛区跳台和越野两个赛场连续赛事点位要素变化，及时建议提前或延后比赛】

作为雪上项目唯一一个"没有经历赛事变更"的场馆，作为"雪如意"跳台现场预报员，却经历了赛事调整变更委员会的"大考"——2022 年 2 月 15 日下午到傍晚的北欧两项男子决赛进行了赛事调整。北欧两项决赛是分为跳台和越野两个赛场连续的赛事，15—17 时为跳台赛程，19—21 时为越野赛程，两项赛事的总体成绩决出金牌。一项赛事变更会影响整个场馆群的运行计划，牵一发而动全身。跳台比赛对风的要求十分苛刻，4 m/s 的阵风、侧风将会中断、延期、改期，甚至取消比赛，这是冬奥会赛场绝对不可以出现的；越野滑雪比赛更关注温度，根据国际雪联的有关规定，如果温度低于 −20 ℃，也需要中断、推迟，甚至改期比赛。

越野赛事的原定时间为 15 日 19 时，天气预报明确给出 15 日 20 时的最低温度为 −20 ℃，但越野场馆在"冷池现象"影响下 −20 ℃ 的温度预报让比赛瞬间蒙上了一层阴影。北欧两项的竞赛主任 2 次电话确认：再仔细、再科学地研判傍晚前后决赛时的最低温度，是否会达到 −20 ℃ 及以下。

经科学研判、会商，给出了决赛 20 时的温度为 −20 ℃。最终，赛事调整变更委员会采纳预报意见，将比赛时间提前 30 min，以避开 −20 ℃ 最低温度对赛事的影响。最终，第二日 20 时的越野场馆的实际温度为 −19.9 ℃，0.1 ℃ 的温度预报误差，成为冬奥场馆的一段佳话。

但问题随之而来：由于越野赛段时间提前，由跳台比赛到越野赛段的转场，成了最大的问题。因为一旦跳台的比赛出现延时，会造成运动员无法按时完成大跳台的比赛，进而影响到调整后的越野比赛。北欧两项的竞赛主任再次电话确认：15 日 15 时开始的大跳台决赛气象条件，平均风、阵风是否会造成运动员比赛的延时？是否有往前调整的必要？预报难度再一次压给了跳台的气象预报员。

我们在领队会汇报的气象信息上明确给出了跳台 15—17 时的阵风预报分别为 5、4 和 3～4 m/s 的预报结论，气象条件对比赛无风险。15 日比赛期间，15—17 时的实况阵风分别是 4.7、4.1 和 3.3 m/s。如果把大跳台的比赛前提 1 h，跳台滑雪（FOP）区的实况阵风达到 5 m/s，大风的风险会更大。事实证明：我们扛得住压力，给这次大考交了一份完美的答卷。

案例 8【利用冬奥科技成果，在中期时段发现异常天气信号】

2022 年 2 月 13 日，冬奥会三大赛区出现一次强降雪天气过程，其中延庆赛区最大降雪达到 22.8 mm，达到大暴雪级别，利用中央气象台研发的降水、降水相态、积雪深度等智能网格预报产品，提前 10 d 预报了此次降雪过程，提前 3 d 成功预报了雨雪相态、积雪深度以及降雪量，指出此次降雪过程为一次干雪过程，降雪量大、雪密度小、积雪深度深，北京赛区将出现降雪量 3～6 mm、积雪 8～10 cm，局地 10 cm 以上。降雪量以及积雪深度预报与实况基本一致，效果明显优于数值预报模式，起到了较好的气象预报服务效果，为各大场馆组织积雪清理以及赛事按期举行提供了有力支撑。2 月 19 日凌晨，延庆赛区山顶出现 28.5 m/s 大风，利用中央气象台为冬奥会研发的基于集合预报异常天气预报产品（850 hPa 风速），提前 10 d 发现异常天气信号，提前 5 d 预报出 850 hPa 会出现 3 个标准差的大风，较为准确地反映了异常大风的强度和范围。基于集合预报的多要素异常天气预报产品可以在中期时段（3 d 以上）提早发现异常天气的概率信息，帮助预报员提早对异常天气影响时段、定量异常程度和不确定性信息做出早期判断，为做好冬（残）奥会期间极端天气的早期预报预警提供支撑。

案例 9【利用冬奥科技成果，从中长期到短时临近持续滚动预报赛事高影响天气时间窗口和强度】

2022 年 3 月 4 日，受冷空气影响，延庆赛区山顶站出现极端大风天气，10 时极大风达

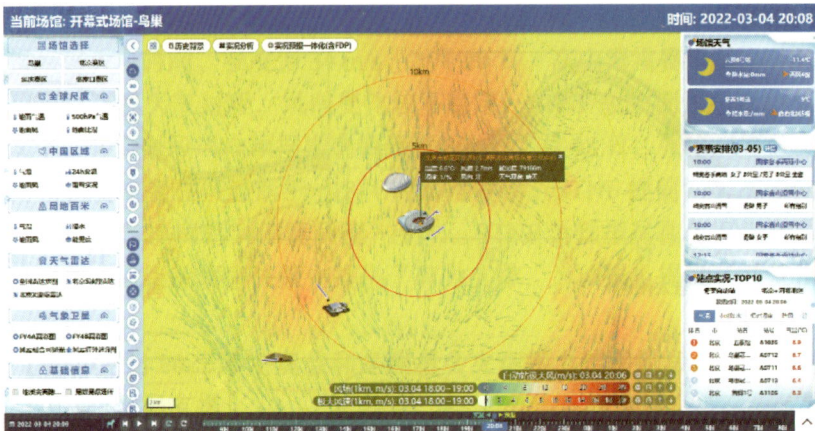

案例图片 3　冬奥多源融合网格实况产品在冬奥会开幕式期间的展示

案例 13【多模式集成产品在 2021 年"相约北京"系列赛事气象保障服务中表现优秀】

2021 年 1 月 1 日—3 月 31 日为第一次测试试验期，采用 FDP 集成显示平台的检验评估结果，分析冬奥会产品的整体预报效果。通过显示平台对所有具有每天 2 次预报、1～24 h 逐小时预报的单位进行评估结果比较。29 个站点平均的 1 月 1 日—3 月 25 日的统计检验结果显示，数值预报中心集成产品的 24 h 预报均方根误差，温度为 2.15 ℃，名列前茅（见案例图片 4）；1 h 平均风误差为 2.21 m/s；1 h 阵风误差为 2.57 m/s；湿度误差为 13.27%，均方根误差排名第一。降水 TS 评分为 0.19，评分排名第 7。总体来说，对冬奥赛事站点的气象预报效果是比较优秀的。

对于 1～10 d 预报也进行了检验评估。参加 FDP 的单位只有 4 家提供了 1～10 d 预报结果。在这四家单位中，数值预报中心完全依赖 CMA 系列模式效果进行预报，其他几家均融入了 ECMWF 等国外预报产品信息。对于温度、风和湿度的误差，各家都表现出前几天的误差较小、随着时效的增加误差逐渐增大的特点。

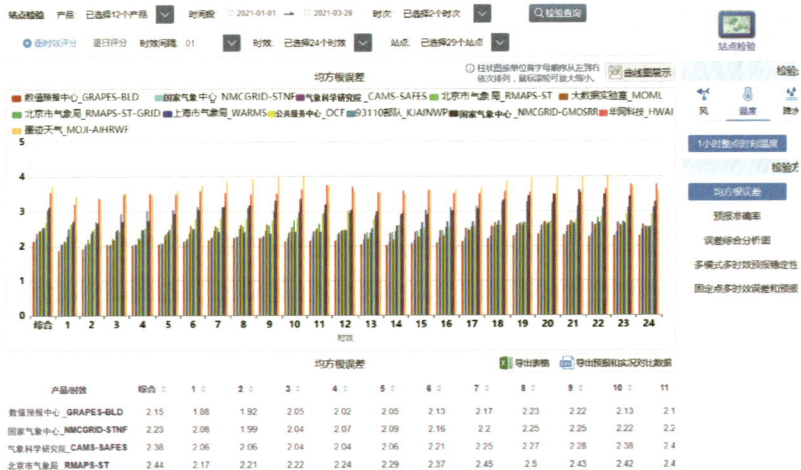

案例图片 4　测试期温度均方根误差比较

　　另外，针对 2021 年冬奥会测试活动期间的大风、降温和降水等主要天气过程，进行天气学检验。如出现 2 月 15—17 日的降温和 2 月 20—21 日的异常升温过程，根据典型站点观测与预报结果的比较（案例图片 5）发现，模式的温度预报趋势和观测非常一致，预报出了异常增温和降温。再如 2 月 16 日 09 时出现了大幅降温过程，最低温出现在竞速 1 号站（A1701），达到 −25.2 ℃，CMA-BLD 预报的温度是 −25.6 ℃，和实况基本吻合。2 月 20—21 日的异常高温主要发生在北京城区，基本在 25 ℃ 以上，最高温发生在五棵松 A1065 站，2 月 21 日 14 时温度达到 25.7 ℃，而 CMA-BLD 的预报结果为 24.9 ℃。

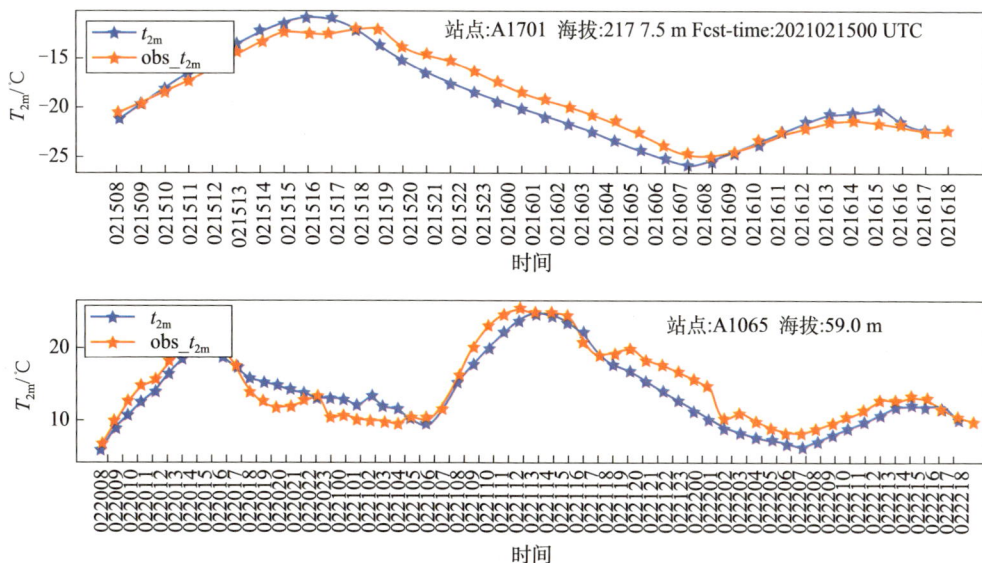

案例图片 5　异常增温和降温天气过程典型站点观测与预报结果的比较

　　关于降水，2 月 14 日发生了一次明显的降雨降雪天气过程，其中北京赛区为降雨、延庆赛区为雨夹雪转降雪，张家口赛区为降雪。从 CMA 模式降水相态产品看（见案例图片 6），无论是降水分布还是降水类型的转换过程，都与观测比较相符。

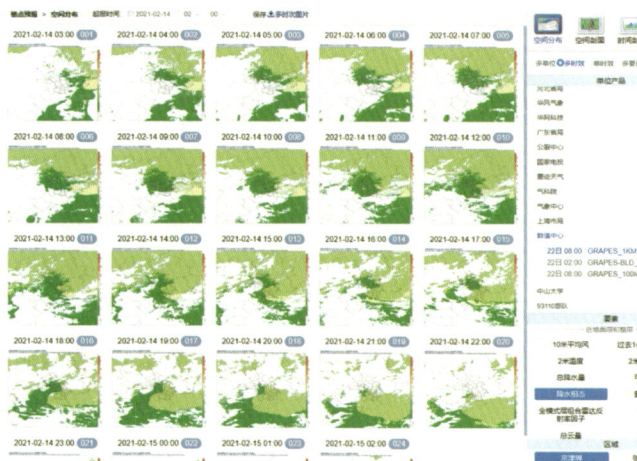

案例图片 6　2 月 14 日 CMA 模式降水相态预报产品

关于大风天气过程，在 2 月 15—17 日的天气过程中，竞速 1 号站（A1701）阵风观测极大值超过 25 m/s，出现在 2 月 16 日 20 时左右。16 日 20 时，数值预报中心的 CMA-BLD 产品报出了 28.7 m/s 的风速，较好地模拟出了此次大风过程。

案例 14【CMA 系列产品在 2022 北京冬奥会和冬残奥会气象保障相比 EC 有不俗表现】

冬奥会气象保障服务期间，CMA-CPS 系统研发团队专项预测产品在北京 2022 年冬奥会和冬残奥会气象保障历次气候会商中发挥了重要作用。评估检验显示，CMA-CPS V3.0 对冬奥会和冬残奥会期间的降水过程及几次明显降温过程有较好的预报，提前 13 d 预报出了冬奥会期间 2 月 13—14 日的降水过程，并在 2 月 11 日给出的会商结果中较成功地预测了 2 月中旬出现的较强持续性降温过程及 3 月初的较强升温过程。对 3 月 11—12 日的降水过程，提前 10 d 给出信号。

CMA-MESO 区域 3 km 模式及 TYM 模式在 24 h 雨带预报上优于 ECMWF/CMA 等全球模式，2 m 温度及湿度 3 km 模式整体表现优于 TYM 模式及全球模式，订正产品有效降低预报误差，而 BMA 融合产品进一步提升了预报效果。在 10 m 风及阵风预报方面，全球模式优于区域模式，BMA 融合产品具备有效提升预报效果的能力。对于开、闭幕式鸟巢场馆预报而言，区域 3 km 模式在温度预报效果明显，而全球模式在风场预报上有优势，模式订正产品及 BMA 融合产品均表现出明显的改进效果。

在 2 月 12—14 日的北京降雪过程预报中，相较 EC 而言，CMA 模式对此次降雪强度（预报出大雪）有更好的指示意义。CMA-GFS 确定性预报提前 6 d（144 h），ECMWF 确定性预报提前 10 d 报出了本次降雪过程。针对 3 月 11—12 日的降水过程，CMA-MESO 模式可提前 3 d 给出稳定的降水预报信号，降水落区预报与实况较为吻合，但降水强度偏强。CMA-GFS 模式可提前 5 d 给出较稳定的降水预报信号，但降水落区预报与实况有所偏移，降水强度预报偏弱。CMA-REPS 区域集合预报模式可提前 3 d 给出稳定的降水预报信号，降水落区预报较实况范围稍大。CMA-GEPS 全球集合预报模式部分集合成员可提前 10 d 给出降水预报信号。随着预报时效的临近，7 d 预报时效部分集合成员可给出更强的降水预报信号。

北京冬奥会气象保障期间 3 km 高分辨区域集合预报产品统计结果表明，北京赛区比赛站点 24 h 预报误差订正后温度总体低于 2 ℃，风速误差最高的竞速 1 号和 3 号站均低于 4 m/s，其他站点误差多在 2 m/s 以下；崇礼区域大部分站点逐时预报误差也接近 24 h 内预报误差小于 2 m/s 的要求。2 月 20 日，北京冬奥会闭幕。原定于 2 月 19 日 11 时举行的高山滑雪混合团体赛由于天气原因延期举行，如果因为天气原因无法开赛，那有可能成为冬奥史上为数不多的无法在闭幕之前完赛的冬奥会项目。CMA 高分辨集合预报对竞技结束区 G3 的预报表明，20 日上午阵风比 19 日小 2～3 m/s，20 日上午有风逐渐增加的趋势，与实况趋势较一致，这为预报员顶住压力做出预报提供了有力支撑，对赛事调整有很大帮助。3 月 11—12 日的预报被张家口赛区（崇礼）气象预报专家认为是冬（残）奥会以来最难的一次过程：国外预报效果最好、气象预报员非常信赖的欧洲中心产品不仅预报了 11 日夜间的雨雪过程，也预报了 11 日白天有降水。但 11 日冬残奥会比赛非常密集，白天的降水会对比赛造成非常不利影响。通过与一线气象预报专家合作，检验 3 km 集合预报产品信息发现，仅仅模拟雷达反射回波对白天时段有弱反应但还不足以产生降水；但 11 日夜里降水条件充分，有明显的降水过程。事后证明，3 km 高分辨率区域集合预报对该次降水过程的时段、强度和范围预报结果与实况比较接近，具有较好的参考价值，有利地支持了气象预报专家的赛事决策。

案例15【做好新型遥感观测装备的数据质量控制和评估，为一线提供高质量的遥感观测产品】

（1）微波辐射计。在前期研究的基础上，2021 年改进了微波辐射计质量控制算法，解决非探空站点的微波辐射计因缺少长序列历史探空数据训练而造成的反演精度不高的问题。研究基于长序列 EC 再分析资料的温湿层结数据，对非探空站点的微波辐射计进行本地化训练和反演，实现了北京地区海淀、怀柔、霞云岭等 6 个气象站点微波辐射计的实时质控反演，能够提供分钟级的温、湿等要素的廓线产品和综合时序图，显著提升非探空站温湿廓线产品的精度（案例图片 7、8）。

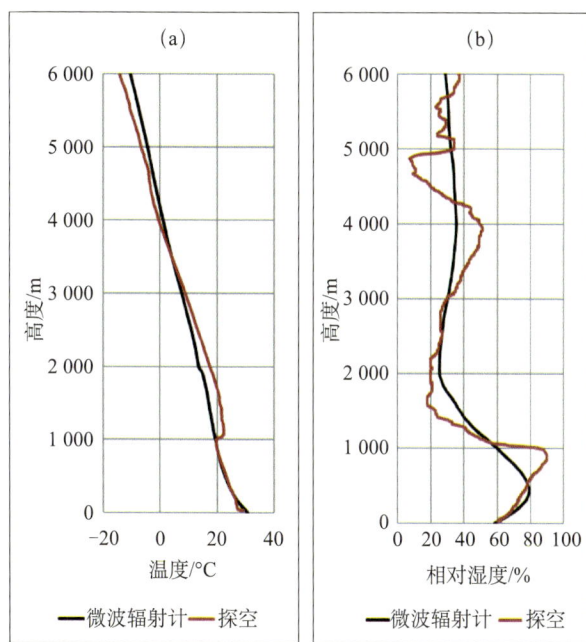

案例图片 7 温度（a）、湿度（b）廓线产品与探空比对情况
（0～6 km 高度温度均方根误差为 1～2 ℃；湿度误差为 10.23%）

（2）风廓线雷达。2021 年改进了风廓线雷达基于径向数据的处理及质控算法。算法中新增数据读入格式检查，优化 6 min/0.5 h/1 h 产品数据计算方法，新增二次曲面检查方法（案例图片 9），初步形成风廓线雷达基于径向数据的处理及质控算法（V2.0），并与改进前对比，经业务数据检验，质量控制效果良好。同时基于三维变分方法开展了张家口赛区激光雷达三维风场反演方法研究，初步完成了单激光测风雷达三维风场反演方法。下一步将研究双、多激光测风雷达三维风场反演方法。

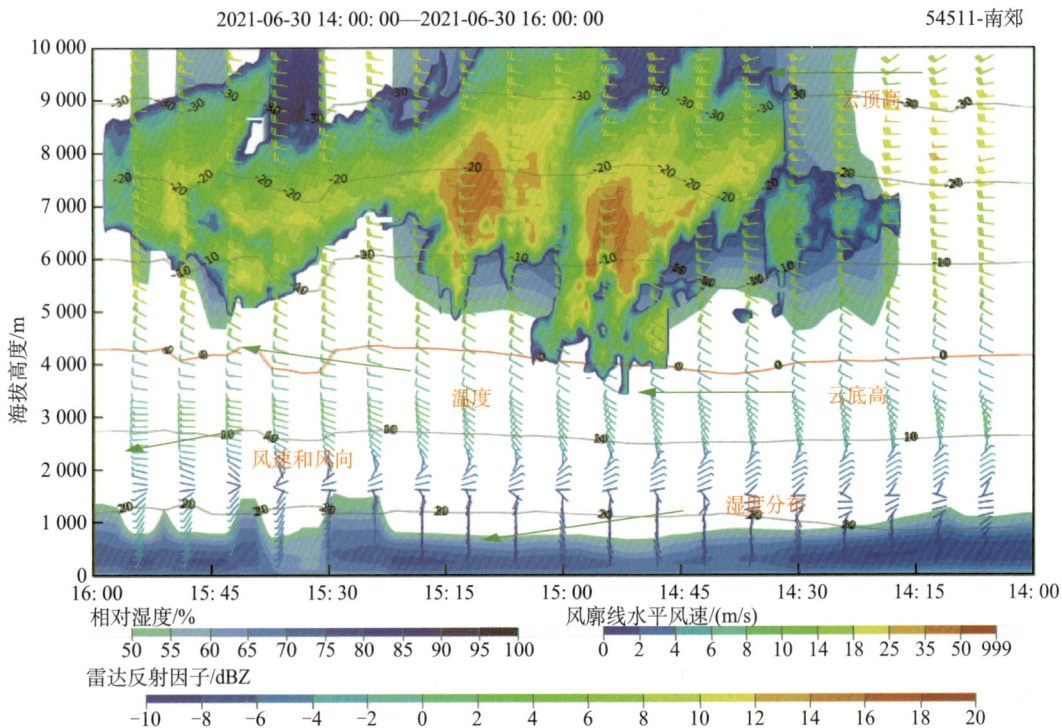

案例图片 8　2021 年 6 月 30 日温、湿、风综合廓线产品时序图

• 二次曲面近似检查算法：剔除多时次空间连续性差的水平风

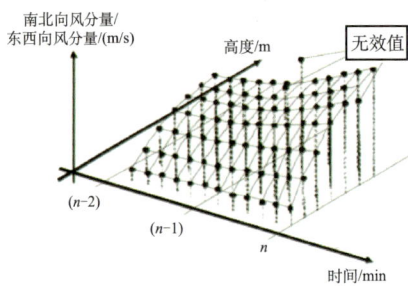

二次曲面近似检查原理示意图

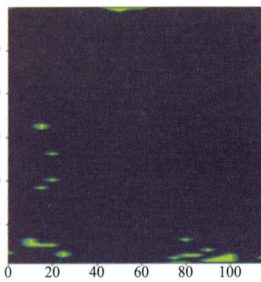

剔除前无效数据分布

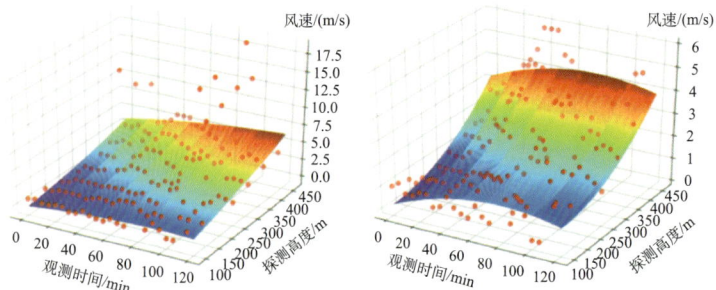

二次曲面近似检查离群值剔除前(左)后(右)

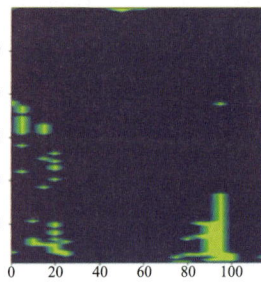

剔除后无效数据分布

案例图片 9　风廓线雷达二次曲面近似检查算法效果

案例16【冬奥赛区观测运行监控平台设计与开发，开启智能观测新模式】

冬奥会测试赛期间，冬奥赛区观测运行监控平台（WOSOM）部署在河北省气象局服务器上并实时运行。借助 WOSOM，气象保障人员可以实时监控赛场周边 203 个自动气象站（其中包括核心站 35 个、周边 7 要素站 70 个，交通气象站 45 个，航空气象站 4 个，雪务站 15 个，科技实验站 34 个）、9 台激光测风雷达和 5 台微波辐射计的观测数据到报情况和设备运行状态，对于发生故障的设备，还能进一步展示发生故障的子系统/部件等，同时可对每个台站的维护维修保障工作实现信息化管理，有力保障了测试赛期间观测设备的稳定运行。测试赛后针对实际赛事气象保障服务的需求，增加了统计评估功能，可以对站点的运行状态、到报情况等进行数据统计，并一键生成报表（案例图片 10）。完成了 WOSOM 手机 APP 端的开发与测试，支持台站发生故障时实时进行手机消息提醒，为气象保障人员提供移动办公的能力，从而帮助业务保障人员更及时地处理发生的故障。

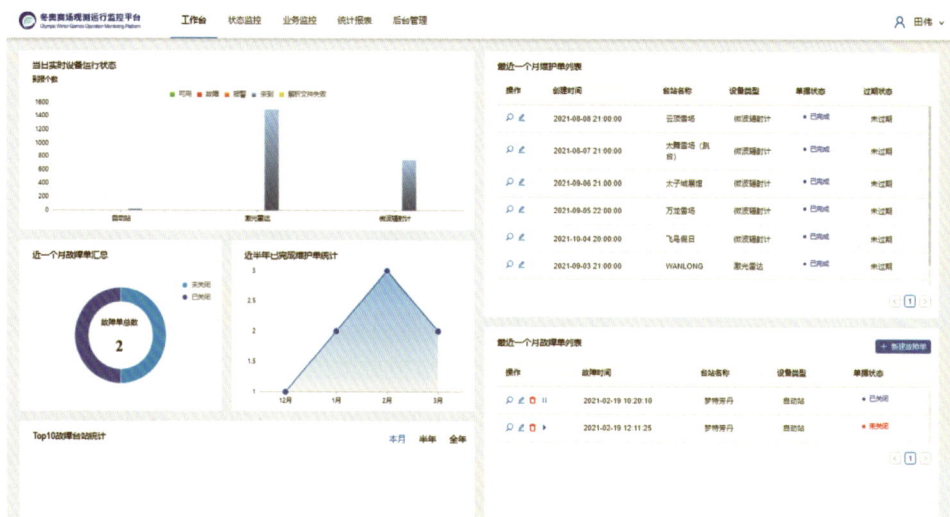

案例图片 10　冬奥赛场观测运行监控平台（WOSOM）界面

案例17【科技冬奥公众智慧观赛气象影响预报产品广泛被访问，助力冬奥气象服务】

北京 2022 年冬奥会和冬残奥会期间，冬奥公众观赛气象指数预报产品一天 3 次提供覆盖北京赛区、延庆赛区、张家口赛区 12 个场馆 18 个站点的 1～3 d 逐 3 h、4～7 d 逐日指数预报。该产品在中国天气网、华风爱科移动端网站、"张家口气象"微信公众号、"气象北京"微博、"朝阳气象"微博、中国天气新媒体平台（视频号、抖音、快手）、CCTV5《天气体育》节目中，以数据产品、可视化页面、AI 气象服务机器人播报视频产品、图文产品等多种产品形态开展公众服务应用。冬奥会期间指数产品上线服务被中国气象局官网、新华社客户端、人民网、新浪财经、澎湃新闻客户端等多家媒体报道。北京 2022 年冬奥会和冬残奥会期间，冬奥公众智慧观赛气象指数服务专题相关网页访问总量为 386 万，访问用户数 247 万；AI 气象服务机器人视频播报观赛指数产品各媒体平台总观看量为 759 万。

案例18【提早预报直升机航线积冰、颠簸等气象风险较低，保障救援及时有效】

直升机救援是冬奥会官方要求的必备救援方式，而延庆海陀山由于地形和气象条件复杂，直升机紧急救援的难度较大。2022 年 2 月 10 日上午，北京延庆国家高山滑雪中心将迎来男子全能滑降比赛，这是冬奥会高山滑雪比赛中速度最快、危险性最高的项目之一。当天早晨 05 时，北京冬奥气象中心直升机救援服务团队就开始研判天气，重点关注赛事期间的风力、云高、能见度等气象条件，07 时制作发布的《延庆赛区直升机救援气象服务专报》中提示气象条件较好，能见度在 10 km 以上，上午山顶最大阵风为 10～14 m/s，提供保温机库、停机坪、延庆医院逐小时的精细化预报信息，并提示直升机救援航线颠簸和积冰的气象风险较低。11 时 50 分左右，一名瑞士籍运动员在高山滑雪男子全能速滑项目中左前臂开放性骨折，需启用直升机转运救治。气象服务团队接到北京市红十字会直升机医疗保障组的气象保障服务需求，1 min 快速提供停机坪、救援地点、延庆医院的气象实况信息。此次直升机紧急救援保障仅用 8 min 就将受伤运动员送到定点医院，比用地面救护车节约了 32 min，精准、及时、有效的气象服务为救援工作提供了有力保障。赛事结束后，北京市红十字会999 救援中心直升机救援指挥调度负责人张学天对直升机救援专项服务的准确性、及时性、针对性都给予了特别满意的评价，称赞及时有效的气象服务为直升机救援的安全提供了重要参考。

案例 19【研发形成冬奥智能气象服务图形文本生成系统，大大提高产品生成效率】

该系统在 MOC（冬奥主运行中心）及三大赛区测试赛、冬奥会和冬残奥会赛事期间应用，在开幕式演练、雪务保障及正式赛事期间发挥重要作用，累计服务场馆通报 1 000 余期，提供常规定时的每日 2～3 次及不定时的重大天气过程应急气象服务。在赛事期间应一线气象预报员使用要求，经一线气象预报员反馈，该系统能够智能自动地完成近 80% 的场馆气象专报，不仅高效且准确度较好，成为一线气象预报员的"必点按钮"。2021 年 9 月测试赛前夕，建立研发团队与 MOC、三大赛区一线气象预报员微信沟通群，入群人员 30 余人，及时沟通系统需求及问题反馈，研发团队随时待命、协助解决业务问题、及时更新功能代码，第一时间解决了一线气象预报员文字自动生成应用问题。冬奥会期间，先后调整优化系统功能 30 多项，更新部署 5 次，在组织形式、系统功能、应急保障服务方面，均获一线气象预报员的广泛一致好评；研发形成冬奥气象图形产品加工系统，为张家口赛区提供温度、降水、相对湿度、风、能见度等 5 种气象预报产品，日产品数量 720 张，提供赛区复杂地形高精度三维风场气象预报产品。

案例 20【冬奥会气象虚拟可视化模拟器提供沉浸式赛事体验，开启智能体验服务新模式】

2021 年 12 月 17 日，冬奥会滑雪赛道气象仿真系统进驻崇礼云顶滑雪场，面向冬奥会观众提供沉浸式赛事模拟体验。2 月 28 日起，先后在北京军都山滑雪场和北京南山滑雪场巡展，向 2022 年北京市第六届中小学生冬季运动会等活动提供智能化体验服务。

案例 21【提供精细化卫星遥感服务产品，有效扩大沙尘等监测区域】

开展了冬奥会服务迫切需求的 5 类遥感产品（云、陆温、积雪、温湿度、沙尘）生产，联合攻关突破了超高分辨率雪深、超时空分辨率雪面温度、大气能见度等冬奥专题科研产品。实现了雪深业务产品分辨率从 25 km 到 6.25 km 的跨越（案例图片 11）。

北京华云星地通科技有限公司与国家卫星气象中心建设的智能化运维平台中，除了已基本完成的运维管理、卫星安全管理、业务运行维护信息发布 APP、信息报警等功能以外，气象卫星数据统一分发软件还为智能化运维平台添置了对卫星产品数据服务监视与统计的功能。该功能的实现，让产品数据服务统计与分析更便捷有效（案例图片 12）。

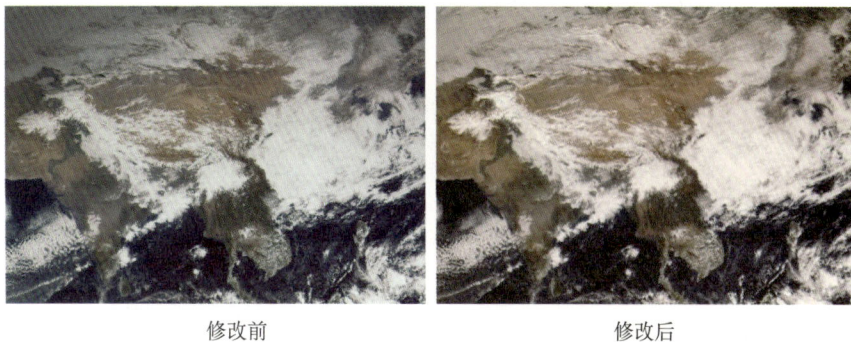

修改前 修改后

案例图片 11 修改中国区和全圆盘真彩色合成的配色方案

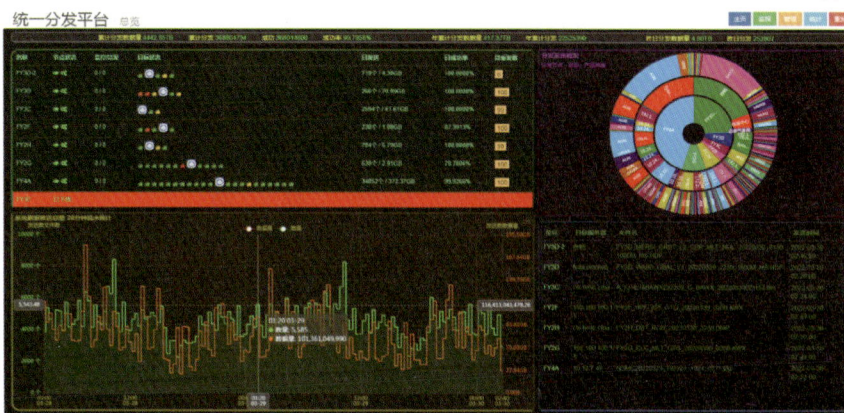

案例图片 12 气象卫星数据统一分发软件

通过气象卫星数据统一分发软件对冬奥会期间的产品服务情况进行监控，赛事期间国家卫星气象中心实时向国家气象信息中心推送了 11.74 TB 气象服务产品，产品数量共计 482 440 个，推送成功率达 100%。其中包括 C001、C010、C012 墨卡托黑白图及等经纬度真彩色合成图等冬奥重点服务产品 5 885 个，服务成功率达 100%，保障了冬奥会重点数据为赛事提供 7×24 h 的数据支撑服务，保证了赛时气象保障服务的针对性和有效性。

案例 22【北京 2022 年冬奥会和冬残奥会气象服务网站有力支撑冬奥气象服务】

冬奥会和冬残奥会期间，网站通过北京冬奥组委"冬奥通（APP）"、冬奥现场 MOC 系统、中国气象局冬奥综合指挥系统、中国天气网、比赛现场及三地（北京、张家口、延庆）冬奥村二维码多个出口进行应用，代表中国气象局对国内外用户提供冬奥公众气象服务（案例图片 13、14）。

同时，网站网络信息安全保障到位。赛事期间，成功拦截 8.7 万余次各类攻击行为，单日最高攻击次数达 6.3 万次。攻击来源于美国、乌克兰、新加坡、俄罗斯、韩国以及中国北京、云南、上海、浙江、河南、江苏、河北、杭州、香港、广东、湖南、江西、海南、安徽等地，所有攻击均被成功拦截处置。

案例图片 13　北京冬奥组委主运行中心使用冬奥气象服务网站

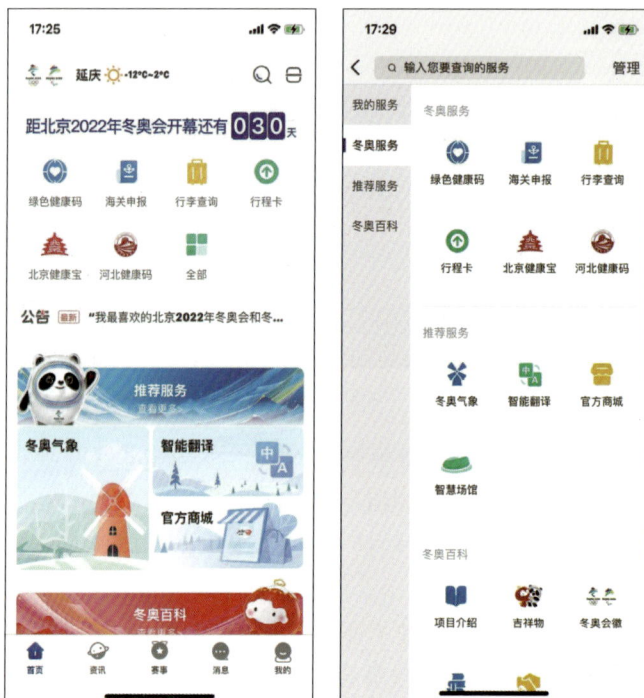

案例图片 14　冬奥会官方 APP "冬奥通"链接冬奥气象服务网站

附 录

附录 A 冬奥气象科技大事记

A.1 北京市气象局

（1）2018 年 3 月，科技部发布了"科技冬奥"重点专项 2018 年度第一批项目申报指南征求意见稿，"冬奥会气象条件预测保障关键技术"纳入第一批指南。

（2）2018 年 5 月 29 日，中国气象局科技与气候变化司、国家气象中心、中国气象局公共气象服务中心、北京市气象局、河北省气象局等单位就国家重点研发计划"科技冬奥"专项召开专题研讨会。与会人员对项目的研究任务、创新点、技术集成等进行了充分研讨。项目拟设 5 个专题：冬奥赛场精细化三维气象特征观测和分析技术研究、冬奥高分辨率快速更新短临预报预警技术应用研发、冬奥中短期精细数值天气预报技术应用研发、冬奥赛场定点气象要素客观预报及风险预警技术研究及应用、冬奥气象专项影响预报及智能化气象服务技术研究与应用。

（3）2018 年 8 月 17 日，落实 2018 年冬奥气象服务筹备工作计划，冬奥气象中心组织编制了《北京 2022 年冬奥会和冬残奥会气象科技研发专项计划》，并正式向中国气象局冬奥气象服务领导小组办公室上报。

（4）2018 年 8 月 21 日，北京市科委到北京市气象局就"北京市科技计划冬奥气象科技重大项目一期"进展进行督导，并要求聚焦延庆赛区推进冬奥气象科研工作，进一步加强与北京冬奥组委相关部门的沟通。

（5）2018 年 8 月 22—26 日，在中国气象局科技与气候变化司支持下，冬奥气象科研工作得到科技部的重视和支持，"冬奥会气象条件预测保障关键技术"项目成为第一批"科技冬奥"项目，完成项目立项公示。

（6）2018 年 9 月 7 日，中国气象局冬奥气象服务领导小组办公室印发了《北京 2022 年冬奥会和冬残奥会气象科技研发专项计划》。基于北京 2022 年冬奥气象科技攻关需求，对比往届冬奥会气象科技发展情况，该专项计划明确，气象部门将以复杂地形条件下冬季天气精细化预报等技术为重点，突破冬奥会冰雪运动服务中精细化、格点化气象预报技术的科技瓶颈，确定了复杂地形冬季综合气象观测技术和试验研究、冬奥精细化数值天气预报技术应用

研发等七个方面的重点研究任务，从而形成复杂地形冬奥气象立体监测、精细化预报预测、智慧气象服务等科研成果，为高质量冬奥气象保障服务提供科技支撑。

（7）2018 年 11 月 23 日，由中国气象局北京城市气象研究院牵头承担的国家重点研发计划"科技冬奥"专项"冬奥会气象条件预测保障关键技术"项目启动暨实施方案论证会在北京召开，标志着该项目研究工作全面启动。"冬奥会气象条件预测保障关键技术"项目重点关注精准气象预报服务，通过系统技术研发和产品应用，解决制约冬奥气象保障的核心科技问题，力争到 2022 年冬奥会举办时，用最先进的气象科技手段、最精准的气象预报，为赛事运行提供最好的气象保障服务。

（8）2019 年 6 月，《冬奥气象中心预报技术研发部工作方案》印发，明确冬奥气象预报技术研发目标和具体任务。冬奥气象中心将面向北京 2022 年冬奥会和冬残奥会赛事需求，以冬奥会气象条件预测保障关键技术研究为重点，开展山区复杂地形综合气象观测、0～240 h 高分辨率数值预报、赛场定点气象要素客观预报及风险预警与智能化专项气象服务、短期气候预测及气象风险评估等技术研究。这些工作的开展将形成复杂地形冬奥气象立体监测、精细化预报预测、智慧气象服务等科研成果，为冬奥气象保障服务提供科学支撑。

（9）2019 年 8 月 7 日，"科技冬奥"重点专项"冬奥会气象条件预测保障关键技术"项目召开年度工作会议。科技部中国 21 世纪议程管理中心，北京冬奥组委体育部，中国气象局应急减灾与公共服务司、科技与气候变化司、综合观测司及北京市气象局相关领导和有关人员、项目组成员和聘请的专家团队参加会议。项目组介绍了研究进展情况。北京大学、美国国家大气研究中心、美国俄克拉荷马大学、南京大学、中国科学院大气物理研究所、中国气象局相关单位组成的专家组对项目成果进行研讨。

（10）2019 年 8 月 13 日，北京市气象服务中心赴北京市红十字会紧急救援中心就如何做好直升机赛时及前期各类测试赛气象保障服务进行交流探讨。根据直升机作业人员 8 月 16 日随北京冬奥组委实际赛道踏勘的情况，结合直升机作业拟定了相关气象需求。

（11）2019 年 9 月 3—4 日，国家重点研发计划"科技冬奥"专项"冬奥会气象条件预测保障关键技术"研讨会在张家口市崇礼区召开。各课题负责人、科研骨干以及来自中国气象局公共气象服务中心、河北省气象局和北京市气象局的专家参加会议。会议围绕项目立项以来研究进展及存在的主要问题进行了研讨。与会专家对课题的后续研究提出了很好的意见和建议。课题组要求积极探寻项目现存问题的解决方案和措施，进一步推进项目与课题的顺利实施，力争为 2020 年冬奥会测试赛提供科技支撑。

（12）2019 年 10 月 24 日，由中国气象局北京城市气象研究院联合冬奥气象中心举办的冬奥气象科技研讨会在京举行。会议邀请来自美国、加拿大、俄罗斯等国的专家报告；北京市气象局领导、中国气象局北京城市气象研究院和中国气象局有关职能司等单位相关人员到会参加研讨。国际专家分别就冬奥会风的预报、俄罗斯索契冬奥会的气象服务情况、如何开展复杂地形条件的边界层观测策略等进行了交流。中方科技人员也从多方面介绍了现阶段冬奥气象研究和服务准备的情况。专家围绕气象观测、预报模式、气象服务及服务产品等工作进行了指导。

（13）2020 年 1 月 22 日，北京市气象局与国家电投能源科技工程公司召开研讨会，就延庆高山滑雪赛道风精细化预报技术进行交流，并明确了双方合作的模式。

（14）2020年3月20日，中国气象局召开"智慧冬奥2022天气预报示范计划"（SMART2022-FDP，简称预报示范计划）启动会，征集国内优秀高分辨率区域数值天气模式和人工智能等客观预报技术、方法和系统，为冬奥气象预报服务提供强有力科技支撑，切实满足北京冬奥会"百米级、分钟级"精细化天气预报的需求。中国气象局副局长宇如聪、中国工程院院士丁一汇、北京冬奥组委体育部副部长杨阳出席会议。

（15）2020年4月9日，北京市气象局召开"智慧冬奥2022天气预报示范计划"工作进展汇报部署会，全面梳理预报示范计划各项工作，对技术方案进行深入研讨，并明确后续相关工作。

（16）2020年7月7日，北京市气象局局长张祖强主持召开了冬奥气象服务需求及科技创新工作专题研讨会。会议听取了综合协调办关于北京冬奥组委气象需求分析及问题汇总的汇报，与会人员针对落实气象需求和冬奥气象服务科技创新进行了讨论。

（17）2020年8月4日，冬奥气象中心到中国气象局公共气象服务中心调研，对中国气象局公共气象服务中心承担的国家重点研发计划"科技冬奥"项目"冬奥会气象条件预测保障关键技术"第五课题"冬奥气象专项影响预报及智能化气象服务技术研究与应用"研究进展进行专题调研。

（18）2020年8月10—11日，为进一步做好2022年冬奥会和冬残奥会气象保障服务工作，冬奥气象中心调研组与河北省气象局对接冬奥气象服务筹备工作。调研组对"冬奥赛场三维气象特征观测和分析技术研究""雪务专项气象预报预测系统""雪务专项气象风险评估系统""航空气象服务系统"等业务项目建设与开发进展情况进行了检查，研究讨论了现存问题的解决，并对后期京冀两地协同做好冬奥会气象保障各项工作做出了安排。

（19）2020年9月3日，中国气象局召开北京冬奥气象科技研发工作推进会，梳理前期工作进展和阶段成果应用情况，分析存在问题，切实做好研发成果与应用实战衔接。中国气象局副局长宇如聪主持会议，副局长余勇与会。

（20）2020年9月10日，国家重点研发计划"科技冬奥"专项"冬奥会气象条件预测保障关键技术"中期进展研讨会在北京召开。

（21）2021年3月15日，冬奥气象中心组织召开冬奥测试活动气象保障服务技术总结交流会。北京冬奥组委体育部，中国气象局应急减灾与公共服务司、预报与网络司、综合观测司、科技与气候变化司，以及国家气象中心、中国气象局公共气象服务中心、国家气象信息中心、中国气象局气象探测中心、中国气象科学研究院、北京市气象局、河北省气象局相关领导和人员参会。

（22）2021年7月5日，国家体育总局冬季运动管理中心举行了"冰雪项目2020—2021赛季表彰大会暨中国冰雪科学顾问等证书颁发仪式"。中国气象局北京城市气象研究院副院长、研究员陈明轩获聘气象领域的"中国冰雪科学家"称号。

（23）2021年10月11日，科技部组织"科技冬奥"专项调研座谈会，科技部王志刚部长在崇礼调研"科技冬奥"，专门听取气象保障等四个项目专题汇报。中国气象局北京城市气象研究院陈明轩副院长代表气象保障项目组参会，汇报了气象部门在科技冬奥方面的主要进展成果和应用。

A.2　河北省气象局

（1）2019 年 6 月 3 日，受河北省科技厅委托，河北省气象局在石家庄组织专家对河北省 2019 年度"科技冬奥"专项"冬奥会崇礼赛区赛事专项气象预报关键技术"进行了立项论证，论证通过后正式立项。

（2）2020 年 11 月 19 日，河北省科技厅党组书记、厅长马宇骏等一行 4 人到省气象局调研督导"科技冬奥"项目，并与省气象局党组书记、局长张晶座谈。马宇骏表示，"科技冬奥"专项进展及丰硕成果出乎意料，希望以本次课题承担为契机，推动冬奥气象预报预测更精致、更精细，服务更精准，推动冬奥科技成果为经济发展服务、为民生保障服务。

（3）2020 年 12 月 7 日，中国气象局应急减灾与公共服务司在北京组织有关专家对河北省气象局牵头承担的"冬奥雪务气象保障系统"建设项目进行了业务验收。建设成果成为冬奥团队气象预报服务、决策服务、公共服务的重要支撑平台，提高了赛事用雪、景观用雪综合气象保障服务能力。

（4）2021 年 8 月 17 日，河北省科技厅召开省"科技冬奥"应用示范类项目调度会，加快推进河北省"科技冬奥"项目成果落地应用，切实发挥科技在冬奥筹办中的支撑保障作用。

（5）2021 年 10 月 2 日，河北省科技厅厅长龙奋杰赴张家口赛区（崇礼）气象中心，调研指导省"科技冬奥"专项"冬奥会崇礼赛区赛事专项气象预报关键技术"，对项目组前期大量卓有成效的工作表示了肯定，并对后期加强成果的凝练，做好宣传、展示提出了要求。

A.3　国家气象中心

（1）2017 年 11 月 29 日—12 月 1 日，国家气象中心派员赴河北体育学院进行体育赛事规则及实地教学培训。

（2）2018 年 1 月 7—11 日，国家气象中心派员赴河北张家口崇礼参加冬奥气象服务团队冬训。

（3）2018 年 4 月 23 日，国家气象中心联合北京市气象局组织召开"2022 北京冬奥气象团队 2017 年冬训技术交流"，并做了题为"平昌冬奥预报服务总结"的报告，分享了平昌冬奥气象保障服务经验。

（4）2018 年 6 月 19—20 日，国家气象中心派员参加中国气象局北京城市气象研究所举行的第 2 次"复杂地形冬季综合气象观测试验研究（MOUNTAOM）"研讨会。

（5）2018 年 6 月 29 日，国家气象中心派员参加北京冬奥组委组织的国际奥委会气象研讨会。

（6）2018 年 10 月 22 日，国家气象中心召开冬季灾害性天气预报技术交流培训会，在培训过程中重点讨论了冬奥会赛区预报工作的重点和难点，分享了相关经验。

（7）2018 年 11 月 11 日，国家气象中心派员参加 2018 年冬奥气象服务团队赛事规则培训。

（8）2019 年 1 月 7 日—3 月 29 日，国家气象中心派员分别参加张家口赛区冬奥团队驻场集训和北京赛区冬奥团队驻场集训。

（9）2019 年 2 月 26—27 日，国家气象中心书记魏丽带队赴冬奥会河北省张家口赛区崇礼云顶场馆群、古杨树场馆群实地考察，参观气象预报服务业务平台，并与驻训人员、冬奥气象台专家座谈。

（10）2019 年 3 月 1 日，国家气象中心主任王建捷带队赴冬奥会北京市延庆赛区西大庄科场馆进行现场调研，并与冬奥气象服务团队座谈。

（11）2019 年 4 月 8 日，召开冬奥气象服务研讨会，研讨"科技冬奥"项目，总结交流冬奥气象服务工作，全力做好冬奥气象预报服务。

（12）2019 年 9 月，国家气象中心派员参加北京 2022 年冬奥会障碍追逐赛国内技术官员培训班。

（13）2021 年 2 月，国家气象中心印发《2021 年相约北京系列冬季体育赛事气象保障服务实施方案》，明确加快推进冬奥科技产品研发应用，并针对北京及周边冬春季转换季节预报难点，组织北京市气象局、国家气候中心、中国气象科学研究院等单位开展联合复盘总结，积累冬奥气象保障服务经验。

（14）2021 年 8 月，国家气象中心印发《2022 年北京冬奥会和冬残奥会赛时气象保障服务工作方案》，组建冬奥气象服务工作领导组、运行指挥组、专家组，形成了决策指挥 - 运行指导 - 服务运行三个层面的完整冬奥气象保障组织。设立 5 个工作专班，专人专职负责智慧冬奥示范项目、火炬接力、冬奥会测试赛、赛时服务及宣传保障工作。

（15）2021 年 9 月，国家气象中心印发《"相约北京"系列冬季体育赛事 2021 年下半年测试赛气象保障服务实施方案》，明确继续加强冬奥预报技术培训，不断提高气象预报服务能力。

（16）2021 年 9 月，在中国气象局应急减灾与公共服务司指导下，形成《"北京 2022 年冬奥会和冬残奥会火炬接力"气象保障服务实施方案》。国家气象中心作为牵头单位成立火炬传递气象保障服务工作专班。

（17）2021 年 9 月 17 日，召开冬奥环境气象预报产品研讨会，冬奥技术气象保障团队参会，交流冬奥气象站点能见度预报检验效果、改进方法以及技术研发室开发的订正产品。

（18）2022 年 1 月 7 日，国家气象中心印发《"北京 2022 年冬奥会和冬残奥会"赛事气象保障服务实施方案》《国家气象中心冬奥预报服务业务应急预案》和《国家气象中心冬奥网络安全保障工作方案》，切实推进做好赛事活动气象保障服务工作。

（19）2022 年 1 月 17—18 日，国家气象中心分别召开了"冬奥支撑预报产品和平台应用培训会"和"冬奥天气预报技术培训会"，邀请了北京、河北的冬奥气象保障服务团队成员视频参会，气象中心冬奥气象保障专家组全体成员参会。

（20）2022 年 4 月 26 日，国家气象中心组织全国省级气象部门召开重大气象保障技术交流会，重点介绍了智慧冬奥 STNF 站点客观预报技术、集合预报技术应用和冬奥保障平台等成果。

A.4　国家气候中心

（1）2018 年 2 月 9—15 日，中国气象科学院丁明虎研究员、国家气候中心马丽娟研究员、国家气象中心天气预报室主任宗志平、北京市气象信息中心主任林润生、北京市气候中心施洪波高工等"2018 平昌冬季奥运会雪务及气象保障"技术访问代表团一行 7 人赴韩国平昌，通过与对方座谈交流、现场考察体验等方式，深入了解平昌冬奥会雪务及气象保障工作。

（2）2020 年 1 月，国家气候中心气候服务室开展了北京 2022 年冬奥会和冬残奥会火炬接力传递阶段气候背景分析和气候条件利弊分析，为冬奥会火炬接力活动顺利进行提供了技术保障。此外，还完成了应急减灾与公共服务司交办的冬奥相关业务工作。

（3）2020 年 2 月 4 日，国家气候中心高辉研究员带队赴北京市气候中心交流，与北京市气候中心主任王冀等人对从索契和平昌冬奥会看北京冬奥会气候预测保障重点难点等方面进行交流研讨。

（4）2021 年 3 月 6 日，国家气候中心高辉研究员带队赴北京市气候中心交流，与北京市气候中心主任王冀等人对冬奥会测试赛气候预测保障服务复盘进行总结交流，开展北京冬奥赛区气候特征及极端事件概率分析，归纳赛事期间历史高影响天气，针对冬季季节内转折性天气诊断演变特征和影响信号加强研究。

A.5　国家卫星气象中心

1. 冬奥气象保障服务举措

（1）2021 年 3 月 1 日，北京 2022 年冬奥会和冬残奥会气象中心发来感谢信，高度赞扬国家卫星气象中心在冬奥雪上及滑行项目测试活动保障期间的卫星资料地面接收、处理以及各项卫星产品生产、制作和传输等方面的高质量服务。

（2）2021 年 7 月 20 日，国家卫星气象中心主任王劲松到遥感室进行调研，布置针对北京 2022 年冬奥会和冬残奥会需求做好遥感应用服务等重点工作，强调注重 FY-4B 和 FY-3E 两颗新发卫星在轨测试的应用和推广。

（3）2021 年 12 月 30 日，国家卫星气象中心组织召开冬奥气象服务进展交流会，会议由中心副主任毛冬艳主持，业务处、研究所和遥感室负责人与相关专家参加会议，北京市气象台副台长甘璐出席。会议针对冬奥会服务需求、现状、工作重点进行交流和讨论。

（4）2022 年 1 月 5 日，国家卫星气象中心主任王劲松出席应急减灾与公共服务司主办的北京 2022 年冬奥会和冬残奥会气象服务动员部署会。

（5）2022 年 1 月 7 日，国家卫星气象中心召开北京 2022 年冬奥会和冬残奥会气象服务工作部署会，副主任毛冬艳、副主任唐世浩、副主任张兴赢出席会议，工程办、办公室、业务处、党办、各业务处室以及北京华云星地通科技有限公司负责人参会。会议由副主任毛冬艳主持，下午组织业务科技处召开冬奥协调会，落实冬奥任务部署。

（6）2022 年 1 月 11 日，国家卫星气象中心副主任毛冬艳主持"冬奥卫星天气服务平台与产品培训会"，对风云卫星业务产品规格、特性、精度、时效及可获取性等预报员关心的问题进行交流。

（7）2022 年 1 月 24 日，国家卫星气象中心主任王劲松出席应急减灾与公共服务司主办的北京 2022 年冬奥会和冬残奥会气象服务特别工作状态启动会。

（8）2022 年 2 月 1 日，国家体育总局发来感谢信，高度赞扬国家卫星气象中心为实现"全项目参赛""参赛出彩"提供了有力保障，发挥了重要作用，做出了积极贡献。

（9）2022 年 3 月 17 日，北京市气象局发来感谢信，表达中心"积极选派专家参加联合会商，主动对接卫星资料及产品需求，持续组织卫星加密并提供观测产品"，与北京市气象局密切合作圆满完成北京 2022 年冬奥会和冬残奥会的气象保障服务任务。

（10）2022 年 3 月 31 日，印发《国家卫星气象中心关于北京 2022 年冬奥会和冬残奥会气象保障服务工作情况的报告》（国卫气发〔2022〕2 号）。

2. 内蒙古阿尔山国家队冬奥会备战训练技术保障服务

2019 年 10 月，科技部国家重点研发计划项目"自由式滑雪空中技巧场地高精度测风系统及重点运动员大数据库"立项；2021 年 10—11 月，在内蒙古阿尔山，黄富祥等课题组成员应自由式滑雪空中技巧国家队邀请，为国家队冬奥会备战训练提供技术保障服务。

3. 为中国体育代表团雪上项目崇礼指挥部提供赛场高分辨率卫星影像

2021 年 12 月 31 日，国家卫星气象中心黄富祥课题组为中国体育代表团雪上项目崇礼指挥部提供赛场高分辨率卫星影像地图。

中国体育代表团雪上项目崇礼指挥部赴崇礼前，紧急需要获得张家口赛区（崇礼）各主要比赛场地的高分辨率卫星影像地图。黄富祥在中科院空天信息创新研究院项目团队的协助下，紧急采集崇礼外赛场 0.5 m 分辨率卫星地图，加班加点加紧制图，赶在中国体育代表团出发前提交给相关人员。

4. 为自由式滑雪空中技巧和自由式滑雪 U 型场地技巧两支国家队测试、评估比赛场防风网防风效果并提交评估报告

2022 年 1 月 18—20 日，国家卫星气象中心黄富祥与中科院空天信息创新研究院邵芸研究员等为自由式滑雪空中技巧和自由式滑雪 U 型场地技巧两支国家队，进行比赛场地防风网防风效果测试、评估并提交评估报告。北京冬奥会张家口赛区自由式滑雪空中技巧、自由式滑雪 U 型场地技巧两个比赛场地大风天气偏多，比赛举办存在一定的风险。2021 年夏天，国际奥委会要求场地方在这两个比赛场地加建了防风网。赛道铺好雪盖后，利用有限时间测试两个场地防风网的防风效果，对于国家队备战北京冬奥会具有十分重要的价值。课题组根据需要，抓紧仅有的时机于 1 月 18—19 日进行了场地实测，根据测试数据分析，于 1 月 20 日向国家队提交了测试报告。

5. 自由式滑雪空中技巧每个比赛日向国家队提交当天傍晚比赛时段赛道上的风场和温度场气象分析报告

2022 年 1 月 7—16 日，国家卫星气象中心黄富祥在自由式滑雪空中技巧每个比赛日中午向国家队提交当天傍晚比赛时段赛道上的风场和温度场气象分析报告。北京冬奥会自由式滑雪空中技巧比赛场位于喇叭形山口的右侧，赛道方向角北偏西 5°，助滑道是一个 25°～27° 的斜坡，赛道上的风向、风速与观测点和预报数据都存在较大差异，尤其是加建防风网后，需要根据每日高频次天气预报结合场地特征，为国家队当晚比赛提供比赛时段赛道上的天气特征预测分析。黄富祥应国家队要求，先后于每天中午提交了 2 月 7 日、10 日、13 日、14 日、15 日、16 日傍晚的比赛时段赛道气象分析报告。

A.6 中国气象局地球系统数值预报中心

（1）2018 年 10 月 8 日，国家重点研发计划"科技冬奥"专项"冬奥会气象条件预测保障关键技术"正式获批。数值预报中心承担第三课题"冬奥中短期精细数值天气预报技术应用研发"，负责冬奥气象条件 1～10 d 短、中期精细数值预报技术方法和保障产品开发。

（2）2019 年 10 月 22 日，与俄罗斯访问专家交流冬奥服务工作。数值预报中心邓国、佟华等人详细听取了俄罗斯索契冬奥气象保障的工作经验，介绍中方冬奥气象保障技术研发工作进展。

（3）2019 年 10 月 24—25 日，邓国、佟华正研级高工参加了北京市气象局组织召开的冬奥国际研讨会，邓国做无缝隙数值预报支撑北京冬奥工作进展报告。

（4）2020 年 2 月，根据"国家气象中心相约北京—2019/2020 国际雪联高山滑雪世界杯气象保障服务实施方案"要求，以及北京 2022 年冬奥会首场测试赛原定比赛安排（2020 年 2 月 15—16 日在北京延庆赛区高山滑雪中心举办），按照实施方案内容提供以 GRAPES 数值预报为主的指导产品，特别根据服务需求和敏感气象要素，重点关注赛前和赛事期间大风、低温（风寒）、低能见度、降雪等高影响天气，向天气内网服务网页上传站点服务产品，包括实施方案中的 GRAPES_GFS 全球模式、高分辨率 GRAPES_MESO 3km 模式、全球集合预报和区域集合预报地面要素产品。

（5）2020 年 3 月，"智慧冬奥 2022 天气预报示范计划（SMART2022-FDP）"示范计划正式启动，数值预报中心 2020 年 6 月加入 FDP 计划，按照支持冬奥实战应用、切实为冬奥会气象预报服务提供强有力科技支撑产品的原则，11 月开始提供冬奥关键点位气象要素垂直廓线产品、站点产品和网格产品，实现自主研发产品 0～10 d 冬奥保障服务全覆盖。

（6）2020 年 8 月 19 日，数值预报中心成立北京冬奥攻关团队，包括 CMA 1 km 逐小时快速更新同化循环系统研发和冬奥气象保障服务产品两个小组。攻关团队对冬奥气象保障精细模式和产品服务各项任务进行了分解和落实到人，为冬奥预报保障服务工作全力以赴。

（7）2020 年 9 月 10—11 日，国家重点研发计划"科技冬奥"项目在北京召开项目中期进展汇报研讨会。邓国正研级高工代表第三课题组汇报"冬奥中短期精细数值天气预报技术应用研发"工作进展。

（8）2020 年 12 月 8—10 日，数值预报中心副主任龚建东带队，数值预报中心多人到崇礼调研冬奥气象保障服务需求，对产品对接和技术支持进行讨论，加快推动 CMA 自主可控产品的冬奥服务应用。

（9）2021 年 1 月 27 日，中国气象局预报与网络司、国家气候中心、国家气象信息中心、北京市气象局召开专题会议，重点研讨气候模式预测对冬奥服务支撑工作。

（10）2021 年 2 月 4 日，针对冬奥气象保障服务中短期无缝隙天气预报需求，数值预报中心向北京冬奥气象中心提交数据产品类冬奥气象科技成果测试应用申请材料，自此 CMA 自主可控数值预报产品（CMA-GFS、CMA-MESO、CMA-BLD、CMA-3 km 高分辨区域集合预报产品等）陆续进入北京冬奥气象预报服务平台及中央气象台业务内网，直接为北京冬奥气象保障服务。

（11）2021 年 3 月 15 日，北京冬奥气象中心组织召开冬奥气象服务技术会议，数值预报中心邓国正研级高工参会并做 CMA 自主研发模式支撑北京冬奥保障服务技术及产品报告。

（12）2021 年 11 月 25 日，地球系统数值预报中心召开"北京 2022 冬奥会和冬残奥会数值预报气象保障服务启动会"，主任姚学祥主持会议，地球系统数值预报中心领导和冬奥保障人员参会。会议制定和审议了地球系统数值预报中心"2022 年冬奥会和冬残奥会"气象保障服务工作方案，全面启动冬奥保障服务工作。

（13）2021 年 12 月 1 日—2022 年 2 月 1 日，地球系统数值预报中心联合国家气象信息中心和北京市气象局，完成自主研发全球天气预报系统的异地备份及 CMA-BJ 模式的 CMA-GFS 资料驱动方案构建，确保冬奥会服务期间业务系统和服务产品正常运行。

A.7　中国气象局公共气象服务中心

（1）2018 年 9 月 5 日，国家重点研发计划"科技冬奥"专项第五课题"冬奥气象专项影响预报及智能化气象服务技术研究与应用"课题组召开课题启动会，课题原负责人潘进军主持，北京市气象信息中心、北京市气象服务中心及中国气象局公共气象服务中心业务骨干参会，会议邀请项目负责人陈明轩参会指导，各专题汇报研究内容和工作计划。

（2）2019 年 2 月 22 日，中国气象局公共气象服务中心组织召开与中国气象局北京城市气象研究院的调研座谈会，课题负责人郑江平带队，与北京市气象局副局长梁丰、项目负责人陈明轩研究员座谈交流，各专题负责人汇报近期工作进展，座谈调研冬奥气象服务需求。

（3）2019 年 3 月 29 日，课题组组织召开课题实施方案论证会，课题负责人郑江平主持，邀请交通运输部、中国铁路总公司、北京市环境气象中心、河北省气象局冬奥赛事筹备单位等多个领域的专家进行了现场论证，课题承担单位北京市气象服务中心、北京市气象信息中心及华风气象传媒集团有限责任公司相关人员共 30 余人参加了会议。

（4）2019 年 5 月 31 日，课题组与中国天气网召开对接研讨会，课题负责人郑江平主持，技术负责人唐卫及各专题骨干参会，研讨课题成果在中国天气网的展示应用工作。

（5）2019 年 9 月 3—5 日，课题组参加中国气象局北京城市气象研究院组织在河北崇礼召开的项目内部研讨会，技术负责人唐卫、科研助理渠寒花及各专题负责人、骨干参与了本次研讨工作，研讨课题在测试赛拟提供的产品清单及成果研发情况。

（6）2019年9月19日，应北京冬奥组委服务部要求，公共气象服务中心参加直升机医疗救援演练活动，北京市副市长、北京冬奥组委执行副主席张建东和北京市副市长卢彦等领导莅临指导。

（7）2019年10月17日，课题组参加中国21世纪议程管理中心组织召开的国家重点研发计划"科技冬奥"专项2019年工作推进会，科研助理渠寒花参会，了解21世纪议程管理中心对课题管理及研发推进的具体需求。

（8）2020年3月27日，参加北京冬奥组委组织召开冬奥会直升机医疗救援有关工作专题会议，并发言介绍气象保障准备情况。

（9）2020年4月，连续第3次参加北京冬奥组委运动服务部组织召开的冬奥会直升机医疗救援气象保障工作对接视频会，进一步明确直升机救援相关的气象需求。

（10）2020年6月11日，派员参加冬奥气象中心组织召开的冬奥直升机救援气象服务需求对接会。冬奥气象中心、北京市红十字会999急救中心相关人员参会，商定气象服务产品内容，产品的展现形式和提供方式还需要双方进一步讨论确定。

（11）2020年10月23日，公共气象服务中心委派冬奥气象服务骨干赴冬奥气象中心张家口赛区调研交流，课题负责人、中心副主任郑江平带队，北京市气象信息中心、北京市气象服务中心等课题骨干参与本次调研活动。主要是赴张家口赛区冬奥观测场参观，了解赛区实际情况；与现场气象预报员交流，进一步对接冬奥气象服务需求。

（12）2021年3月17日，直升机气象保障团队赴延庆赛区国家高山滑雪中心参加999急救中心直升机医疗救援实战演练。

（13）2021年4月1日，课题组参加由中国气象局科技与气候变化司组织召开的冬奥气象科技研发工作推进会专项会议，就课题成果向副局长余勇做专项汇报，科技与气候变化司、应急减灾与公共服务司、北京市气象局主要领导参会，课题组成员及各专题负责人参会。

（14）2021年5月7日，赴冬奥组委会与北京红十字会紧急救援中心就直升机救援气象工作进行专题研讨，最终确定气象服务产品、展现形式和提供方式频率等。

（15）2021年6月17—18日，课题组在黑龙江组织阶段进展研讨会，现场邀请冰雪专家支招冬奥气象服务工作，调研了解黑龙江冰雪服务经验，推动课题冬奥测试赛服务，课题负责人郑江平主持会议，各专题负责人及骨干参会。

（16）2022年1月10日，课题组负责的冬奥测试赛服务情况报告亮相中国气象局冬奥气象中心组织编写的2022年第4期《北京2022年冬奥会和冬残奥会气象服务工作简报（科技冬奥服务专版）》，回顾总结了自冬奥测试赛以来的课题科技成果服务冬奥测试赛的赛事服务、技术支撑及组织管理情况。

（17）2022年4月7日，课题组骨干王慕华、渠寒花参会，参与公共气象服务中心与四川省气象局交流成都大运会气象保障服务。会上，课题组重点汇报了冬奥智能化文字产品自动生成系统技术及应用情况，并就成都大运会应用等工作进行了交流。

（18）2022年4月7日，课题组组织与浙江省气象局的在线交流，就冬奥智能化文字产品自动生成系统技术及应用情况在杭州亚运会的应用转化服务进行沟通，唐卫、渠寒花参会。

A.8　中国华云气象科技集团有限公司

（1）2016 年 12 月，在延庆石京龙滑雪场为 2022 年冬奥会滑雪赛预选赛安装第一套自动气象站。

（2）2018 年 10 月 25 日，海陀山 S 波段天气雷达完成出厂验收，2020 年 7 月 10 日完成现场交付验收。

（3）2018 年 12 月 15 日，为河北省气象局在崇礼安装两台测风激光雷达设备，一台安装在云顶滑雪场，一台安装在崇礼气象局。

（4）2019 年 6 月 27 日，张家口康保 S 波段天气雷达完成出厂验收，2020 年 6 月 6 日完成现场交付验收。

（5）2019 年 8 月，北京和延庆赛区完成六要素自动气象站安装建设，2020 年 11 月陆续完成延庆赛区自动气象站升级改造。

（6）2019 年 11 月，为河北省气象局在张家口赛区（崇礼）四个站点（飞鸟酒店、太子城、双龙酒店、云顶雪场）安装部署 7 台测风激光雷达设备，进行精密三维风场区域组网协同观测。

（7）2020 年 1 月，中国华云气象科技集团有限公司现场保障人员进驻北京延庆赛区，为冬奥会测试赛期间的自动气象站、海陀山雷达站提供现场气象保障服务。

（8）2020 年 8 月，华云升达（北京）气象科技有限责任公司完成为冬奥张家口赛区及周边 70 套自动气象站的建设任务，并不定期开展设备的巡检工作。

（9）2021 年 1 月 5 日，为河北省气象局在张家口赛区（崇礼）五个站点（飞鸟酒店、太子城、双龙酒店、云顶雪场、跳台中心）共安装部署 9 台测风激光雷达设备。

（10）2021 年 2 月，中国华云气象科技集团有限公司现场保障人员进驻延庆赛区，为冬奥会测试赛期间的自动气象站、海陀山和康保雷达提供现场气象保障服务。

（11）2021 年 6—7 月，配合国家卫星气象中心生成 FY-4B 成像仪第一幅云图，生成快速成像仪北京区域观测动画，保障了 FY-3E 首轨数据的接收、处理、初级产品生成等多个阶段，为冬奥气象服务提供风云卫星保障专项气象产品打下了基础。

（12）2021 年 8 月，华云升达（北京）气象科技有限责任公司完成为冬奥会延庆赛区及北京赛区 55 套自动气象站的建设任务，并不定期开展设备的巡检工作。

（13）2021 年 10 月起，为河北省气象局提供 5 台测风激光雷达设备用于冬奥会测试赛期间的气象保障。2021 年 12 月 25 日，中国华云气象科技集团有限公司现场保障人员在场馆封闭前，对比赛场地周边部署的所有激光雷达设备进行了全面现场巡检。

（14）2022 年 1 月 10 日，中国华云气象科技集团有限公司召开北京 2022 年冬奥会和冬残奥会气象保障服务动员部署会，传达落实中国气象局局长庄国泰在北京 2022 年冬奥会和冬残奥会气象服务动员部署会议上的讲话精神，进一步部署冬奥会赛时气象保障服务工作。华云升达（北京）气象科技有限责任公司、北京敏视达雷达有限公司、北京华云星地通科技

有限公司等单位也根据集团统一部署召开了内部工作动员会。

（15）2022 年 1 月 22 日—3 月 14 日，华云升达（北京）气象科技有限责任公司陈泽、赵军和北京敏视达雷达有限公司王栋 3 名现场服务工程师进入延庆高风险闭环管理区。中国华云气象科技集团有限公司承担了北京及延庆赛区（55 套）、张家口赛区周边（70 套）自动气象站、天气雷达（海陀山、张家口康保、北京大兴、天津、石家庄）的现场保障任务，负责气象观测数据监控，协助巡检、维护维修气象观测设备，24 h 全天候待命，保障气象观测设备稳定运行。

（16）2022 年 2—3 月，冬奥会和冬残奥会期间，激光雷达保障服务人员采用远程保障，提供技术支持。

A.9 华风气象传媒集团有限责任公司

1. 北京 2022 年冬奥会和冬残奥会气象服务网站建设

（1）2018 年 7 月 27 日，启动北京 2022 年冬奥会和冬残奥会气象服务网站建设工作。

（2）2019 年 10 月 21 日—2020 年 3 月 31 日，北京 2022 年冬奥会和冬残奥会气象服务网站在高山滑雪世界杯气象服务工作演练以及第十四届全国冬季运动会高山滑雪赛期间参与测试运行。

（3）2019 年 11 月 15 日—2020 年 3 月 31 日，北京 2022 年冬奥会和冬残奥会气象服务网站在北京冬季体育系列赛事期间参与测试运行。

（4）2021 年 10 月 8 日—12 月 25 日，北京 2022 年冬奥会和冬残奥会气象服务网站在冬奥会和冬残奥会测试赛期间参与测试运行。

（5）2021 年 10 月 8 日起，北京 2022 年冬奥会和冬残奥会气象服务网站正式代表中国气象局对外提供冬奥公众气象服务。

2. 科技冬奥公众智慧观赛气象影响预报产品（AI 气象服务机器人播报公众观赛气象指数产品、AI 冬奥科普音频节目产品《冬奥背后的气象密码》）

（1）2022 年 1 月 16 日，《冬奥公众气象观赛指数》视频产品项目启动。

（2）2022 年 1 月 21 日，《冬奥公众气象观赛指数》视频产品的内容、包装设计初步确认，《冬奥背后的气象密码》音频产品启动制作。

（3）2022 年 1 月 23 日，《冬奥公众气象观赛指数》视频产品、《冬奥背后的气象密码》音频产品语料内容准备完成，样式设计稿通过审核，技术实施路线构建完成。

（4）2022 年 1 月 25 日，《冬奥背后的气象密码》音频产品制作完成，并上线喜马拉雅 APP。

（5）2022 年 1 月 31 日，《冬奥公众气象观赛指数》视频产品业务化测试完成并正式上线。

（6）2022 年 3 月 1 日，《冬残奥公众气象观赛指数》视频产品业务化生产部署完成并顺利上线。

附录 B　冬奥气象科技项目清单

序号	项目名称	负责人	承担单位	参加单位	经费/万元	项目类型	来源渠道
1	冬奥会气象条件预测保障关键技术	陈明轩	北京城市气象研究院	河北省气象台；国家气象中心；北京市气象台；中国气象局公共气象服务中心；中国科学院大气物理研究所；中国气象局气象探测中心；国家卫星气象中心；北京大学等	9 099	国家重点研发计划"科技冬奥"专项	科技部
2	冬奥赛场定点气象要素客观预报及风险预警技术研究及应用	季崇萍	北京市气象台	北京大学；中国科学院大气物理研究所；国家气象中心；延庆区气象局	1 138	国家重点研发计划"科技冬奥"专项	科技部
3	冬奥赛场精细化三维气象特征观测和分析技术研究	王宗敏	河北省气象台	北京城市气象研究院；中国气象局气象探测中心；国家卫星气象中心；河北省气象技术装备中心；河北省气象信息中心；北京市气象探测中心	4 003	国家重点研发计划"科技冬奥"专项	科技部
4	赛事用雪保障关键技术研究与应用示范	王飞腾	中国科学院西北生态环境资源研究院	河北省气候中心	139	国家重点研发计划"科技冬奥"专项	科技部
5	"科技冬奥"专项子课题"冬奥赛区集合预报客观产品技术研发及应用"	陶亦为	国家气象中心		71.3	国家重点研发计划"科技冬奥"专项	科技部

续表

序号	项目名称	负责人	承担单位	参加单位	经费/万元	项目类型	来源渠道
6	"科技冬奥"专项子课题"冬奥赛场关键下垫面和大气特征多源遥感监测与分析"	曹广真	国家卫星气象中心		90	国家重点研发计划"科技冬奥"专项	科技部
7	冬奥高分辨率快速更新短临预报预警技术应用研发	陈明轩	中国气象局北京城市气象研究院	国家卫星气象中心等	1 735	国家重点研发计划"科技冬奥"专项	科技部
8	"科技冬奥"重点专项子课题"自由式滑雪空中技巧场地高精度测风系统及重点运动员大数据库"	黄富祥	国家卫星气象中心	亿水泰科（北京）信息技术有限公司	595	国家重点研发计划"科技冬奥"专项	科技部
9	冬奥会气象条件预测保障关键技术——冬奥中短期精细数值天气预报技术应用研发	邓国	中国气象局地球系统数值预报中心	北京市气象局等	538	国家重点研发计划"科技冬奥"专项	科技部
10	冬奥气象专项影响预报及智能化气象服务技术研究与应用	郑江平	中国气象局公共气象服务中心	北京市气象服务中心；北京市气象信息中心；华风气象传媒集团	1 685	国家重点研发计划"科技冬奥"专项	科技部
11	不同气候条件下冰状雪赛道制作关键技术	张东启	中国气象科学研究院	中国科学院西北生态环境资源研究院；山东师范大学；河北省气候中心；黑龙江省亚布力体育训练基地	412	国家重点研发计划"科技冬奥"专项	科技部
12	"科技冬奥"专项子课题"冬奥公众智慧观赛气象影响预报产品研发"	黄蔚薇	中国气象局公共气象服务中心	华风气象传媒集团有限责任公司	66	国家重点研发计划"科技冬奥"专项	科技部
13	京津冀精细化强降温预测技术研发及在2022年北京冬奥会中的应用	王冀	北京市气候中心	山西省气候中心；河北省气候中心；内蒙古自治区气候中心	213	国家重点研发计划	科技部

续表

序号	项目名称	负责人	承担单位	参加单位	经费/万元	项目类型	来源渠道
14	基于多尺度模式的强降水短期精细化概率预报方法	宗志平	国家气象中心		400	国家重点研发计划	科技部
15	气象灾害监测预测与风险管理技术联合研发与示范	代刊	国家气象中心		400	国家重点研发计划	科技部
16	中国气象局全球中期数值预报系统GRAPES 与 CUACE 在线耦合及雾 - 霾国家级业务示范	陈起英	中国气象局数值预报中心		177	国家重点研发计划	科技部
17	"西部山地突发性暴雨形成机理及预报理论方法研究"的"预报预警系统检验评估与应用"课题	刘凑华	国家气象中心	中国气象局武汉暴雨研究所；成都信息工程大学；中国地质大学（武汉）；国家气象中心；中国科学技术大学；贵州省山地环境气候研究所；中国气象科学研究院；中国科学院大气物理研究所；北京应用气象研究所；重庆市气象科学研究所	1 287	国家重点研发计划	科技部
18	气候变暖背景下极端强降温形成机理和预测方法研究	高辉	国家气候中心	北京市气候中心等	1 100	国家重点研发计划	科技部
19	地球系统模式公共软件平台研发	胡江凯	中国气象局地球系统数值预报中心	清华大学	2 151（其中数值预报中心492）	国家重点研发计划	科技部

序号	项目名称	负责人	承担单位	参加单位	经费/万元	项目类型	来源渠道
20	东亚区域高分辨率资料同化技术研发及大气再分析资料集研制	梁旭东	中国气象科学研究院	国家气象信息中心；广东海洋大学；中国人民解放军陆军工程大学；中国科学院大气物理研究所	1 617	国家重点研发计划	科技部
21	全耦合多尺度雾-霾预报模式系统	王宏	中国气象科学研究院	国家气象中心；南京信息工程大学；中山大学；清华大学；南京大学；中国气象局广州热带海洋气象研究所；中国气象局北京城市气象研究院；国家卫星气象中心	1 359	国家重点研发计划	科技部
22	我国大气重污染累积与天气气候过程的双向反馈机制研究	张小曳	中国气象科学研究院	国家气象中心；中国科学技术大学；南京大学；南京信息工程大学	3 200	国家重点研发计划	科技部
23	云水资源评估研究与利用示范	周毓荃	中国气象科学研究院	南京信息工程大学；南京水利科学研究院；北京人工影响天气办公室；陕西省气象局；湖北省气象局	1 000	国家重点研发计划	科技部
24	新一代人影数值模式系统研发	史月琴	中国气象科学研究院	中国科学院大气物理研究所	266	国家重点研发计划	科技部
25	产品融合与云图仿真	周毓荃	中国气象科学研究院	国家卫星气象中心；中国气象局武汉暴雨研究所	273	国家重点研发计划	科技部
26	高分气象行业应用示范系统（二期）	杨军	国家卫星气象中心		1 041	国防科工局	科技部
27	次百米级网格客观分析或短临预报——高精度客观分析产品	郭建侠	中国气象局气象探测中心		无	智慧冬奥2022年天气预报示范计划（SMART2022-FDP）	中国气象局

序号	项目名称	负责人	承担单位	参加单位	经费/万元	项目类型	来源渠道
28	智慧冬奥2022天气预报示范计划关键技术	陈明轩	北京城市气象研究院	国家气象信息中心；国家气象中心；中国气象科学研究院	119.6	创新发展专项	中国气象局
29	针对复杂地形山火灾害的高分辨率气象精细化模拟及订正关键技术	苗世光	北京城市气象研究院		114.4	创新发展专项	中国气象局
30	双偏振雷达在降雪天气中的应用研究	李宗涛	河北省气象台	河北省气象服务中心；张家口市气象局	2	创新发展专项	中国气象局
31	智能网格和区域模式科学客观检验评估关键技术	代刊陈昊明	国家气象中心	中国气象科学研究院	65	创新发展专项	中国气象局
32	基于MeteoInfo的可视化多模式集成沙尘预报系统	王亚强张天航	中国气象科学研究院	国家气象中心环境气象室	12	创新发展专项	中国气象局
33	基于大数据深度学习的多源多尺度数值模式融合预报技术	曹勇	国家气象中心	广东省气象台；福建省气象台；河北省气象台；辽宁省气象灾害监测预警中心；吉林省气象台；陕西省气象台；中国气象科学研究院	149	创新发展专项	中国气象局
34	基于多源资料的沙尘溯源及源区检测	桂海林	国家气象中心	中国气象科学研究院新疆区气象台	32	创新发展专项	中国气象局
35	城市大气及热环境时空动态监测技术	谈建国	上海市气候中心	国家卫星气象中心等	76	创新发展专项	中国气象局
36	GRAPES模式系统业务运行和改进	龚建东	中国气象局地球系统数值预报中心	国家卫星气象中心等16家单位	538	创新发展专项	中国气象局

序号	项目名称	负责人	承担单位	参加单位	经费/万元	项目类型	来源渠道
37	雾霾中期预报技术研究与应用	饶晓琴	国家气象中心		9	核心业务发展专项	中国气象局
38	风云卫星 2022 北京冬季奥运会保障服务关键技术开发与应用示范	王慧芳	北京市气候中心		40	风云卫星先行计划项目	中国气象局
39	快速成像仪几何产品准备及风场测量雷达定位关键技术研究	杨磊	国家卫星气象中心	航天科工智能运筹与信息安全研究院（武汉）有限公司	40	风云卫星先行计划项目	中国气象局
40	北京地区降雪的雷达回波特征	杜佳	北京市气象台		5	预报员专项	中国气象局
41	北京地区初冬雨雪相态特征分析及预报指标研究	荆浩	北京市气象台		5	预报员专项	中国气象局
42	冬奥雪务气象保障系统	顾光芹	河北省气候中心	国家气象中心；公共气象服务中心；北京市气象信息中心；河北省气象台；河北装备中心；河北省人工影响天气中心	2 400	业务工程项目	中国气象局
43	风云四号科学实验气象卫星地面应用系统工程		国家卫星气象中心		700	业务工程项目	中国气象局
44	风云三号 02 批气象卫星地面应用系统工程		国家卫星气象中心		300	业务工程项目	中国气象局
45	风云四号科研试验星人工影响天气应用示范	周毓荃	中国气象科学研究院		640	业务工程项目	中国气象局

续表

序号	项目名称	负责人	承担单位	参加单位	经费/万元	项目类型	来源渠道
46	风云三号03批卫星人工影响天气应用示范	周毓荃	中国气象科学研究院		130	业务工程项目	中国气象局
47	北京2022冬奥会和冬残奥会气象服务网站（冬奥雪务气象保障系统建设项目）	刘轻扬	华风集团北京天译科技有限公司	北京市气象服务中心；北京市气象信息中心；中国气象局公共气象服务中心	330	业务工程项目	中国气象局
48	华北地区过冷水云AgI飞机催化物理响应观测研究	董晓波	河北省人工影响天气中心		2	其他科研项目	中国气象局
49	河北地区云中冰雪晶的飞机观测研究	闫非	河北省人工影响天气中心		2	其他科研项目	中国气象局
50	京津冀冬奥分钟级临近降水预报系统	曹勇	国家气象中心		2	其他科研项目	中国气象局
51	建设完善智能网格预报检验业务	刘凑华	国家气象中心天气预报技术研发室		1.5	其他科研项目	中国气象局
52	冬奥精细化气象要素预报支撑示范技术研发	唐健	国家气象中心天气预报技术研发室		2.5	其他科研项目	中国气象局
53	冬奥精细化气象要素预报支撑示范技术研发升级	宫宇	国家气象中心天气预报技术研发室		1.5	其他科研项目	中国气象局
54	多种神经网络方法在沙尘集成预报系统中的应用	张天航	国家气象中心环境气象室		2	其他科研项目	中国气象局
55	多模式集成沙尘预报系统的研发和应用	张天航	国家气象中心环境气象室		1.5	其他科研项目	中国气象局

序号	项目名称	负责人	承担单位	参加单位	经费/万元	项目类型	来源渠道
56	层状云人工增雨条件识别和效果分析技术	周毓荃	中国气象科学研究院	河北省人工影响天气办公室；山西省人工降雨防雹办公室；中国人民解放军理工大学气象学院；河南省人工影响天气中心	342	其他科研项目	中国气象局
57	我国区域/全球一体化数值化学天气耦合预报及再分析系统研究	张小曳	中国气象科学研究院	国家气象中心；国家气象信息中心；兰州大学；浙江大学	1 799.76	国家自然科学基金	国家自然科学基金委员会
58	X/Ka波段雷达联合飞机探测降雪云系水凝物粒子相态研究	陈羿辰	北京市人工影响天气中心		59	国家自然科学基金面上项目	国家自然科学基金委员会
59	基于高山观测的华北地区大气冰核特征的研究	毕凯	北京市人工影响天气中心		67	国家自然科学基金面上项目	国家自然科学基金委员会
60	北京海陀山冬季降雪云系垂直动力结构及其微物理特征的综合观测与数值模拟研究	黄钰	北京市人工影响天气中心		26.5	国家自然科学基金青年项目	国家自然科学基金委员会
61	复杂地形边界层中尺度气象与大涡模拟耦合模式研究	刘郁珏	北京城市气象研究院		23	国家自然科学基金青年项目	国家自然科学基金委员会
62	京津冀复杂地形下降水相态高分辨率预报改进关键问题研究	杨璐	北京城市气象研究院		25	国家自然科学基金青年项目	国家自然科学基金委员会
63	探索多时空尺度集合预报扰动方法减缓数值模式预报的跳跃性研究	邓国	中国气象局地球系统数值预报中心		62	国家自然科学基金面上项目	国家自然科学基金委员会

序号	项目名称	负责人	承担单位	参加单位	经费/万元	项目类型	来源渠道
64	北京市综合观测设备运行管理系统	刘旭林	北京市气象局		353.25	气象服务能力提升和冬奥气象服务保障工程项目	北京市发展和改革委员会
65	基于机器学习的冬奥精细天气预报技术研发及示范应用	季崇萍	北京市气象台	北京墨迹风云科技股份有限公司；北京大学	380	北京市科技计划	北京市科学技术委员会
66	京北山区冬季降雪综合观测和数值模拟研究	丁德平	北京市人工影响天气中心		200	北京市科技计划重大项目课题	北京市科学技术委员会
67	重大活动场所10米分辨率风温场监测预报技术研究	苗世光	北京城市气象研究院		310	北京市科技计划课题	北京市科学技术委员会
68	复杂地形冬季气象综合保障技术研究（一期）	王迎春	北京市气象局		650	北京市科技计划重大项目	北京市科学技术委员会
69	复杂地形条件下边界层过程对北京降雪的作用研究	于波	北京市气象台		18	北京市自然科学基金面上项目	北京市自然科学基金办
70	雨滴谱、云雷达等多源新资料在北京地区积雪深度方面的应用研究	杜佳	北京市气象台		8	北京市自然科学基金青年项目	北京市自然科学基金办
71	北京海陀山冬季降雪云系宏微观特征及飞机增雪潜力研究	马新成	北京市人工影响天气中心		20	北京市自然科学基金面上项目	北京市自然科学基金办

续表

序号	项目名称	负责人	承担单位	参加单位	经费/万元	项目类型	来源渠道
72	北京海陀山区典型降雪过程地面微物理特征的协同观测研究	马新成	北京市人工影响天气中心		20	北京市自然科学基金面上项目	北京市自然科学基金办
73	北京山区冬季降雪云微物理机制的大涡模拟研究	刘香娥	北京市人工影响天气中心		20	北京市自然科学基金面上项目	北京市自然科学基金办
74	基于综合观测的北京延庆海陀山地区冬季降雪垂直动力场特征研究	黄钰	北京市人工影响天气中心		10	北京市自然科学基金面上项目	北京市自然科学基金办
75	冬奥会崇礼赛区赛事专项气象预报关键技术	连志鸾	河北省气象台	中国科学院大气物理研究所；河北省气象科学研究所；张家口市气象局	500	地方科技冬奥专项	地方政府
76	冬奥赛区雪道表层冻融过程研究	陈霞	河北省气候中心	中国气象局北京城市气象研究院；北京市气候中心	90	地方创新能力提升计划	地方政府
77	雪场赛道运维气象风险保障技术研究	邵丽芳	河北省气候中心		50	地方科技冬奥专项	地方政府
78	高速公路复杂路面高分辨率恶劣天气精准预警技术研究	曲晓黎	河北省气象服务中心	南京信息工程大学	40	其他科研项目	地方政府
79	基于虚拟现实（VR）的"VR崇礼·冰雪极限"互动体验展项开发	成海民	河北省气象服务中心	张家口市气象局	15	其他科研项目	地方政府
80	冬奥会崇礼赛区夜间增温预报技术研究	孔凡超	河北省气象台		20	其他科研项目	地方政府

续表

序号	项目名称	负责人	承担单位	参加单位	经费/万元	项目类型	来源渠道
81	冬奥会崇礼赛场人工增雪效果检验技术研究及应用	胡向峰	张家口市气象灾害防御中心	中国气象科学研究院；河北省人工影响天气中心	40	地方科技冬奥专项	地方政府
82	飞机人工增雨云系结构及作业技术的观测研究	董晓波	河北省人工影响天气中心	清华大学；北京师范大学	30	其他科研项目	地方政府
83	北京地区阵风特征与预报指标研究	荆浩	北京市气象台		2	北京市气象局科技项目	北京市气象局
84	边界层作用对北京冬奥外赛场降雪的影响研究	于波	北京市气象台		3	北京市气象局科技项目	北京市气象局
85	朝阳区冬奥场馆及周边区域气象风险分析	程月星	北京市朝阳区气象局		10	朝阳区科技计划项目	朝阳区科学技术和信息化局
86	冬奥会张家口赛区雪温对比观测试验	郭宏	张家口市气象局		1.5	河北省气象局科研项目	河北省气象局
87	2022年冬季奥运会崇礼赛区地形性环流分析	付晓明	唐山市气象局		2	河北省气象局科研项目	河北省气象局
88	冬奥保障架空线路气象综合风险研究	杨琳晗	河北省气象服务中心		1.5	河北省气象局科研项目	河北省气象局
89	张家口'冰雪经济'适宜发展区域规划研究	马光	张家口市气象局		2	河北省气象局科研项目	河北省气象局
90	风云四号温湿廓线产品与探空数据融合技术	白文广	国家卫星气象中心		5	国家卫星气象中心科技创新揭榜挂帅项目	国家卫星气象中心
91	基于风云三号的冬奥赛场及周边雪面热红外陆表温度产品研发	董立新	国家卫星气象中心		3	国家卫星气象中心科技创新揭榜挂帅项目	国家卫星气象中心

序号	项目名称	负责人	承担单位	参加单位	经费/万元	项目类型	来源渠道
92	面向冬奥服务的多源观测融合日雪盖与雪深算法研发	郑照军	国家卫星气象中心		5	国家卫星气象中心科技创新揭榜挂帅项目	国家卫星气象中心
93	风云四号科研试验卫星地面应用系统工程任务管理与控制系统（MCS）软件、定标与真实性检验系统（CVS）软件、产品生成系统（PGS）产品处理软件研制	冉茂农	北京华云星地通科技有限公司		11 396	国家级工程项目	国家卫星气象中心
94	气象卫星业务系统升级与优化	张志强	北京华云星地通科技有限公司		2 117.52	国家级工程项目	国家卫星气象中心
95	风云四号 02 批气象卫星地面应用系统工程地面系统研制项目（第一批）技术开发	瞿建华	北京华云星地通科技有限公司		12 352	国家级工程项目	国家卫星气象中心
96	超声测风仪关键传感器研制及产品升级	张弛	华云升达（北京）气象科技有限责任公司		600	自研	中国华云气象科技集团有限公司
97	气象观测云服务系统	孙平	华云升达（北京）气象科技有限责任公司		660	自研	中国华云气象科技集团有限公司
98	统一版中心站软件二期	孙平	华云升达（北京）气象科技有限责任公司		10	自研	中国华云气象科技集团有限公司

续表

序号	项目名称	负责人	承担单位	参加单位	经费/万元	项目类型	来源渠道
99	自动气象站定制类研发项目	金佳宁	华云升达（北京）气象科技有限责任公司		54.81	自研	中国华云气象科技集团有限公司
100	小型测风激光雷达研制	舒仕江	北京敏视达雷达有限公司		300	自研	北京敏视达雷达有限公司
101	双偏振雷达应用	刘杨	北京敏视达雷达有限公司		100	自研	北京敏视达雷达有限公司

附录 C　冬奥气象科技论文及著作清单
（截至 2022 年 4 月 30 日）

C.1　论文

包红军，曹勇，曹爽，等，2021. 基于短时临近降水集合预报的中小河流洪水预报研究 [J]. 河海大学学报（自然科学版），49（3）：197-203.

毕凯，黄梦宇，马新成，等，2020. 在线连续流量扩散云室对华北冬季大气冰核的观测分析 [J]. 大气科学，44（6）：1243-1257.

毕凯，丁德平，杨帅，等，2021. 一种浸润冻结机制冰核测量装置（FINDA）的搭建与应用 [J]. 气象学报，79（5）：864-877.

蔡怡，徐枝芳，朱克云，等，2022. GRAPES_RAFS 3 km 系统 2 m 温度预报诊断 [J]. 气象 .（录用待刊）

曹广真，周芳成，郑照军，等，2022. 陆表比辐射率对陆表温度反演的影响 [J]. 遥感技术与应用 .（录用待刊）

曹勇，刘凑华，宗志平，等，2016. 国家级格点化定量降水预报系统 [J]. 气象，2016，42（12）：1476-1482.

曹勇，包红军，张恒德，等，2021. 基于快速滚动更新的无缝隙定量降水预报模型 [J]. 河海大学学报（自然科学版），49（4）：303-308.

车少静，王冀，李晓帆，等，2022. 京津冀后冬极端低温与北极涛动相关性年代际减弱 [J]. 气象，48（4）：418-427.

陈康凯，宋林烨，杨璐，等，2020. 一种基于高斯模糊的复杂地形下高分辨率三维插值方法的研究与试验应用 [J]. 高原气象，39（2）：367-377.

陈明轩，付宗钰，梁丰，等，2021. "智慧冬奥 2022 天气预报示范计划"进展综述 [J]. 气象科技进展，11（6）：8-13.

陈双，符娇兰，2021. 华北地区雪密度不同的两次降雪过程对比分析 [J]. 气象，47（1）：36-48.

陈羿辰，金永利，丁德平，等，2018. 毫米波测云雷达在降雪观测中的应用初步分析 [J]. 大气科学，42（1）：134-149.

谌芸，曹勇，孙健，等，2021. 中央气象台精细化网格降水预报技术的发展和思考 [J]. 气象，47（6）：655-670.

成海民，2021. 新形势下的电视气象节目包装 [J]. 西部广播电视，42（22）：66-68.

成海民，蒋书文，王云秀，2022. 关于创新校园气象科普模式的思考 [J]. 中国高新科技，3：159-160.

戴玲玲，周玉淑，李国平，等，2021. 华北地区 2015 年"1106"降雪过程诊断分析 [J]. 气候与环境研究，26（5）：519-531.

邓国，戴玲玲，周玉淑，等，2022. CMA 高分辨区域集合预报系统支撑北京冬奥会气象服务保障的评估分析 [J]. 气象，48（2）：129-148.

董全，胡宁，宗志平，2020. ECMWF 降水相态预报产品（PTYPE）应用和检验 [J]. 气象，46（9）：1210-1221.

董全，张峰，宗志平，2020. 基于 ECMWF 集合预报产品的降水相态客观预报方法 [J]. 应用气象学报，31（5）：527-542.

董颜，郭文利，闵晶晶，等，2020，北京道面温度特征分析和统计预报研究 [J]. 气象，46（5）：716-724.

杜佳，杨成芳，戴翼，等，2019. 北京地区 4 月一次罕见暴雪的形成机制分析 [J]. 气象，45（10）：1363-1374.

丰德恩，2020. 基于 WebGIS 的气象服务产品自动加工关键技术 [J]. 气象与环境科学，43（1）：130-136.

付宗钰，于波，荆浩，等，2020. 联合概率方法在北京灾害天气预报中的应用研究 [J]. 气象与环境学报，36（5）：1-9.

高茜，郭学良，刘香娥，等，2020. 北京北部山区两次降雪过程微物理形成机制的观测 - 模拟研究 [J]. 大气科学，44（2）：407-420.

韩念霏，杨璐，陈明轩，等，2022. 京津冀站点风温湿要素的机器学习订正方法 [J]. 应用气象学报，33（4）：489-500.

郝翠，张迎新，王在文，等，2019. 最优集合预报订正方法在客观温度预报中的应用 [J]. 气象，45（8）：1085-1092.

胡宁，符娇兰，孙军，等，2021. 北京一次冬季极端降水过程中相态转换预报的误差分析 [J]. 气象学报，79（2）：328-339.

胡艺，符娇兰，陶亦为，等，2022. 冬奥会延庆赛区气象要素分布特征分析 [J]. 气象，48（2）：177-189.

黄钰，郭学良，毕凯，等，2020. 北京延庆山区降雪云物理特征的垂直观测和数值模拟研究 [J]. 大气科学，44（2）：356-370.

贾星灿，马新成，毕凯，等，2018. 北京冬季降水粒子谱及其下落速度的分布特征 [J]. 气象学报，76（1）：148-159.

金晨曦，郭文利，甘璐，等，2019. 北京地区 3000 m 以下低空颠簸的统计特征及其气象条件分析 [J]. 气象与环境学报，35（5）：18-26.

荆浩，于波，张琳娜，等，2022. 北京及周边地区冬季降水相态的判别指标研究 [J]. 气象，48（6）：746-759.

孔凡超，李江波，王颖，2021. 北京冬奥会云顶赛场微波辐射计反演大气温湿廓线分析 [J]. 气象，47（9）：1062-1072.

孔凡超，连志鸾，2022. 崇礼云顶冬奥赛场夜间增温事件的统计特征及其形成机理研究 [J]. 大气科学，46（1）：191-205.

匡秋明，于廷照，2020. AI 技术与卫星资料应用研究现状分析 [J]. 气象科技进展，10（3）：21-29.

李琛，吴进，郭文利，等，2021. 北京小海陀山区雪面温度预报模型研究 [J]. 干旱气象，39（4）：687-696.

李嘉睿，符娇兰，陶亦为，等，2022. 冬奥会张家口赛区气温与风的特征分析 [J]. 气象，48（2）：149-161.

李炬，程志刚，张京江，等，2020. 小海坨山冬奥赛场气象观测试验及初步结果分析 [J]. 气象学报，46(9): 1178-1188.

李琦，蔡淼，周毓荃，等，2021. 基于探空云识别方法的云垂直结构分布特征 [J]. 大气科学，45（6）：1161-1172.

李筱竹，张晓美，吕明辉，2020. 大型体育赛事气象服务社会效益评估方法的设计——以青年奥林匹克运动会为例 [J]. 气象科技进展，10（4）：42-46.

刘凑华，林建，曹勇，等，2021. 网格降水预报时间降尺度方法改进 [J]. 暴雨灾害，40（6）：617-625.

刘昊野，段宇辉，李彤彤，等，2020. 北京 2022 年冬奥会冬季两项场地冷湖结构观测分析 [J]. 干旱气象，38（6）：929-936.

刘卫国，陶玥，周毓荃，2021. 层状云催化宏微观物理响应的数值模拟研究 [J]. 大气科学，45（1）：37-57.

刘香娥，何晖，陈羿辰，等，2021. 北京地区一次降雪系统大气水凝物输送特征及降雪微物理机制的数值模拟研究 [J]. 大气科学，46（3）：1-13.

刘郁珏，苗世光，胡非，等，2018. 冬奥会小海坨山赛区边界层风场大涡模拟研究 [J]. 高原气象，37（5）：1388-1401.

刘郁珏，苗世光，刘磊，等，2019. 修正 WRF 次网格地形方案及其对风速模拟的影响 [J]. 应用气象学报，30（1）：70-81.

刘郁珏，黄倩倩，张涵斌，等，2022. 基于大涡模拟的冬奥赛区风环境精细化评估 [J]. 应用气象学报，33（2）：129-141.

马新成，董晓波，毕凯，等，2021. 北京海陀山区低槽降雪云系演变特征的观测研究 [J]. 气象学报，79（3）：428-442.

闵晶晶，董颜，潘昕浓，2020. 北京市智慧交通气象现状及新技术应用前景分析 [J]. 管理观察（27）：36-38.

潘旸，谷军霞，宇婧婧，等，2018. 中国区域高分辨率多源降水观测产品的融合方法试验 [J]. 气象学报，76（5）：755-766.

齐晨，金晨曦，郭文利，等，2019. 基于模糊逻辑的飞机积冰预测指数 [J]. 应用气象学报，30（5）：619-628.

齐倩倩，佟华，陈静，2021.GRAPES-GEPS K- 均值集合预报产品开发及应用 [J]. 气象科技，49（4）：542-551.

全继萍，李青春，仲跻芹，等，2022. "CMA 北京模式"中三种不同阵风诊断方案在北京地区大风预报中的评估 [J]. 气象学报，80（1）：108-123.

秦庆昌，张琳娜，于佳，等，2019. 北京地区两次雨雪转换过程的相态模拟研究 [J]. 高原气象，38（5）：1027-1037.

曲晓黎，刘华悦，齐宇超，等，2020. 河北省高速公路交通事故与气象条件定量关系研究 [J]. 干旱气象，38（1）：169-175.

曲晓黎，齐宇超，尤琦，等，2020. 基于 METRo 模型的冬奥高速公路示范站路面温度临近预报方法 [J]. 干旱气象，38（3）：497-503.

曲晓黎，张娣，郭蕊，等，2020. 高速公路高影响天气风险预报预警技术 [J]. 气象科技进展，10（4）：51-53.

曲晓黎，张杏敏，尤琦，等，2022. WT 模型在山区高速公路风预报订正中的应用 [J]. 气象科技，50（2）：267-272.

任萍，陈明轩，曹伟华，等，2020. 基于机器学习的复杂地形下短期数值天气预报误差分析与订正 [J]. 气象学报，78（6）：1002-1020.

佟华，张玉涛，2019. GRAPES_MESO 模式预报降水相态诊断及应用研究 [J]. 大气科学学报，42（4）：502-512.

佟华，胡江林，张玉涛，2020. GRAPES 模式后处理技术改进应用研究 [J]. 气象科技，48（4）：511-517.

王洁，曲晓黎，张金满，2020. 河北高速公路交通事故特征及其气象预警模型 [J]. 干旱气象，38（2）：339-345.

王洁，曲晓黎，张金满，等，2020. 基于序关系分析法的河北省交通事故天气条件分析 [J]. 暴雨灾害，39（4）：427-432.

王倩倩，权建农，程志刚，等，2022. 2019 年冬季北京海陀山局地环流特征及机理分析 [J]. 气象学报，80（1）：93-107.

王兴，王飞腾，任贾文，等，2021. 高山区雪堆储雪的实验和模拟计算 [J]. 冰川冻土，43（6）：1617-1627.

王雨斐，李国平，王宗敏，等，2022. 冬奥崇礼赛区一次冷湖过程形成及消散的数值模拟研究 [J]. 大气科学，46（1）：206-224.

吴剑坤，黄初龙，雷蕾，2021. 2001—2018 年北京地区暴雪天气雷达回波特征分析 [J]. 气象科技，49（1）：107-113, 147.

吴进，李琛，马志强，等，2021. 北京平原和延庆地区山谷风异同及对污染的影响 [J]. 环境科学，42（10）：86-94.

吴进，李琛，马志强，等，2022. 延庆地区山谷风对 PM2.5 浓度的影响研究 [J]. 中国环境科学，42（1）：61-67.

徐枝芳，吴洋，龚建东，等，2021. CMA-MESO 三维变分同化系统 2 m 相对湿度资料同化研究 [J]. 气象学报，79（6）：943-955.

徐枝芳，王瑞春，2022. 背景误差尺度分离与多尺度混合滤波技术在 GRAPES 3 km 系统的应用 [J]. 气象.（录用待刊）

杨璐，南刚强，陈明轩，等，2021. 基于三种机器学习方法的降水相态高分辨率格点预报模型的构建及对比分析 [J]. 气象学报，79（6）：1022-1034.

杨璐，宋林烨，荆浩，等，2022. 复杂地形下高精度风场融合预报订正技术在冬奥赛场风速预报中的应用研究 [J]. 气象，48（2）：162-176.

杨璐，王晓丽，宋林烨，等，2022. 基于阵风系数模型的百米级阵风客观预报算法研究 [J]. 气象学报 .（录用待刊）

于波，李桑，黄富祥，等，2019. 2016 年 1 月京津冀地区连续性寒潮事件对比分析 [J]. 干旱气象，37（6）：945-963.

于波，李桑，郝翠，等，2022. 冬奥会延庆赛区降雪与边界层东风的关系 [J]. 大气科学，46（1）：181-190.

张涵斌，陈静，汪娇阳，等，2020. ETKF 初值扰动方法中真实观测及扰动调节因子研究 [J]. 大气科学，44（1）：197-210.

张珊，王宗敏，黄刚，等，2022. 基于 WRF-LES 的崇礼复杂地形局地风场模拟研究 [J/OL]. 高原气象：1-13[2022-07-09]. http：//kns. cnki. net/kcms/detail/62. 1061. P. 20220705. 1700. 004. html.

张晓美，李文静，黄蔚薇，等，2021. 冬奥会观赛公众气象服务需求分析 [J]. 气象科技进展，11（3）：194-197.

张亚妮，符娇兰，胡宁，等，2022. 华北中部平原地区一次降雪过程雪水比变化特征及成因分析 [J]. 气象，48（2）：216-228.

张延彪，陈明轩，韩雷，等，2022. 数值天气预报多要素深度学习融合订正方法 [J]. 气象学报，80（1）：153-167.

张玉涛，佟华，孙健，2020. 一种偏差订正方法在平昌冬奥会气象预报的应用 [J]. 应用气象学报，31（1）：27-41.

章鸣，连志鸾，平凡，等，2022. 河北冬奥赛区一次夜间增温过程的数值模拟及诊断 [J]. 大气科学，46（1）：168-180.

郑江平，渠寒花，等，2022. 冬奥气象服务文本自动生成模型研究 [J]. 计算机软件与应用 .（录用待刊）

周芳成，唐世浩，韩秀珍，等，2021. 云下遥感地表温度重构方法研究 [J]. 国土资源遥感，33（1）：78-85.

BI K, MA X C, CHEN Y B, et al, 2018. The observation of ice-nucleating particles active at temperatures above −15 ℃ and its implication on ice formation in clouds[J]. Meteor Res, 32(5): 734-743.

CAI M, ZHOU Y Q, LIU J Z, et al, 2020. Quantifying the cloud water resource: methods based on observational diagnosis and cloud model simulation[J]. J Meteor Res, 34(6): 1256-1270.

CAI M, ZHOU Y Q, LIU J Z, et al, 2022. Diagnostic quantification on the cloud water resource of China during 2000—2019[J]. J Meteor Res, 36(2): 292-310.

CHEN M X, QUAN J N, MIAO S G, et al, 2018. Enhanced weather research and forecasting in support of the Beijing 2022 Winter Olympic and Paralympic Games[J]. World Meteorological Organization Bulletin, 67(2): 58-61.

CHEN Y, MAO J, LI T, et al, 2019. Comprehensive quality control method and effect analysis of brightness temperature data of ground-based microwave radiometer[C]//2019 International Conference on Meteorology Observations(ICMO). Chengdu, China.

CHEN J, 2021. Assessment of snowmaking conditions based on meteorological reconstruction in the Beijing–Zhangjiakou mountain area of North China in 1978—2017[J]. Journal of Applied Meteorology and Climatology, 60: 1189-1205.

CHEN Y C, LIU X E, BI K, et al, 2022. Hydrometeor classification of winter precipitation in northern China based on multi-platform radar observation system[J]. Remote Sensing, 13(24): 5070-5089.

DING T, GAO H, YUAN Y, 2020. Pre-Signal and influencing sources of the extreme cold surges at the Beijing 2022 Winter Olympic Competition Zones[J]. Atmosphere, 11(5): 436.

DING T, GAO H, LI X, 2021. Universal pause of the human perceived winter warming in the 21 st century over China[J]. Enviro Res Lett, 16(6): 064070.

DONG Y, GUO W, LI N, et al, 2019. Characteristics of road surface temperature in Beijing winter and its statistic forecasting models based on the RMAPS product[J]. IOP Conference Series Earth and Environmental Science, 384: 012146.

DONG Y, MIN J J, GUO W, et al, 2021. Quantitative analysis and intelligent calculation of high-speed railway gale damage and the development of its computer statistical model[J]. IEEE Artificial intelligence and advanced manufacture: 2155-2163.

HAN S, SHI C X, XU B, et al, 2019. Development and evaluation of hourly and kilometer resolution retrospective and real-time surface meteorological blended forcing dataset(SMBFD) in China[J]. Journal of Meteorological Research, 33(6): 1168-1181.

HAN L, CHEN M X, CHEN K K, et al, 2021. A deep learning method for bias correction of ECMWF 24-240h forecasts[J]. Adv Atmos Sci, 38(9): 1444-1459.

HUANG Y, ZHAO D, DU Y, et al, 2021. Vertical structure of snowfall event based on observations from the aircraft and mountain station in Beijing[J]. Front Environ Sci, 9: 783356.

JIA X, LIU Y, et al, 2019. Combining disdrometer, microscopic photography, and cloud radar to study distributions of hydrometeor types[J]. Atmospheric Research, 228: 176-185.

JIANG Y, HAN S, SHI C, et al, 2021. Evaluation of HRCLDAS and ERA5 Datasets for near-surface wind over Hainan Island and South China Sea[J]. Atmosphere, 12: 766.

KUANG Q M, YU T Z, 2022. MetPGNet: meteorological prior guided network for temperature forecasting[J]. IEEE Geoscience and Remote Sensing Letters(SCI).（录用待刊）

LI X, GAO H, DING T, 2021. Cold surge invading the Beijing 2022 Winter Olympic Competition Zones and the predictability in BCC-AGCM model[J]. Atmospheric Science Letters, 22(8): 1039.

LIANG X, XIE Y, YIN J, et al, 2019. An IVAP-based dealiasing method for radar velocity data quality control[J]. Journal of Atmospheric and Oceanic Technology, 36: 2069-2085.

LIU Y J, LIU Y B, LIU D, et al, 2020. Simulation of flow fields in complex terrain with WRF-LES: sensitivity assessment of different PBL treatments[J]. J Appl Meteor Climatol, 59(9): 1481-1501.

MA X C, BI K, CHEN Y B, et al, 2017. Characteristics of winter clouds and precipitation over the

mountains of northern Beijing[J]. Advances in Meteorology (9): 1-13.

REN S L, JIANG J Y, FANG X, et al, 2022. FY-4A/GIIRS temperature validation in winter and application in cold wave monitoring[J]. Journal of Meteorological Research.（录用待刊）

TAN C, CAI M, ZHOU Y Q, et al, 2022. The cloud water resource(CWR) in North China in 2017 simulated by the WRF-CAMS cloud resolving model: validation and quantification[J]. J Meteor Res, 36(3): 1-19.

TIE R, SHI C, WAN G, et al, 2022. CLDASSD: reconstructing fine textures of the temperature field using super-resolution technology[J]. Advances in Atmospheric Sciences, 39(1): 117-130.

WANG M H, 2021. Risk assessment of alpine skiing events based on knowledge graph: A focus on meteorological conditions[J]. International Journal of Geo-Information, 10: 835.

WANG J K, ZHANG B H, ZHANG H D, et al, 2022. Simulation of a severe sand and dust storm event in march 2021 in Northern China: Dust emission schemes comparison and the role of gusty wind[J]. Atmosphere, 13(1): 108.

WANG Z, PAN Y, GU J, et al, 2022. Quality evaluation of the 0. 01° multi-source fusion precipitation product and its application in extreme precipitation event[J]. Sustainability, 14(2): 616.

XIE C, MA X K, 2018. Artificial Intelligence Research on Visibility Forecast[R]. Proceedings of ICSINC: 455-461.

XU M, QIE X, PAN J, et al, 2019. S-band dual-polarization radar and lightning observation of a supercell storm in South China[C]// 2019 International Conference on Meteorology Observations(ICMO). Chengdu, China.

XUE H, ZHOU X, LUO Y, et al, 2021. Impact of parameterizing the turbulent orographic form drag on convection-permitting simulations of winds and precipitation over South China during the 2019 pre-summer rainy season[J]. Atmospheric Research, 263: 105814.

YANG L, CHEN M X, WANG X L, et al, 2021. Classification of precipitation type in North China using model-based explicit fields of hydrometeors with modified thermodynamic conditions[J]. Weather and Forecasting, 36(1): 91-107.

YANG G, MAO D Y, WANG X, et al, 2022. Evaluation of FY-4A temperature profile products and application to winter precipitation type diagnosis in southern China[J]. Remote Sensing, 14(10): 2363.

YIN J, ZHANG D L, LUO Y, et al, 2020. On the extreme rainfall event of 7 may 2017 over the coastal city of Guangzhou. Part I: impacts of urbanization and orography[J]. Monthly Weather Review, 148: 955-979.

YIN J, LIANG X, WANG H, et al, 2022. Representation of the autoconversion from cloud to rain using a weighted ensemble approach: a case study using WRF V4.1.3[J]. Geosci Model Dev, 15: 771-786.

YIN J, WANG D, ZHAI G, et al, 2022. A modified double-moment bulk microphysics scheme toward the East Asia monsoon region[J]. Adv Atmos Sci.（录用待刊）

YU T Z, KUANG Q M, HU J N, et al, 2021. Global-similarity local-salience network for traffic weather recognition[J]. IEEE Access(SCI), 9: 4607-4615.

ZHANG X Y, HU H B, 2018. Copula-based hazard risk assessment of winter extreme cold events in Beijing[J]. Atmosphere, 9(7): 263.

ZHANG G, ZHU S, ZHANG N, et al, 2022. Downscaling hourly air temperature of WRF simulations over complex topography: A case study of Chongli District in Hebei Province, China[J]. Journal of Geophysical Research: Atmospheres, 127(3): 35542.

ZHONG J Q, LU B, WANG W, et al, 2020. Impact of soil moisture on winter 2-m temperature forecasts in Northern China [J]. Journal of Hydrometerology, 21(4): 597-614.

ZHOU Y Q, CAI M, TAN C, et al, 2020. Quantifying the cloud water resource: basic concepts and characteristics[J]. J Meteor Res, 34(6): 1242-1255.

C.2　著作

北京冬奥组委体育部，北京 2022 年冬奥会和冬残奥会气象中心，2020. 北京 2022 年冬奥会和冬残奥会赛区气象条件分析报告（2017）（中、英文）[M]. 北京：气象出版社 .（主编：王冀，副主编：于长文、施洪波）

北京冬奥组委体育部，北京 2022 年冬奥会和冬残奥会气象中心，2018. 北京 2022 年冬奥会和冬残奥会赛区气象条件及气象风险分析报告（2018）（中、英文）[M]. 北京：气象出版社 .（主编：王冀，副主编：于长文、轩春怡）

北京冬奥组委体育部，北京 2022 年冬奥会和冬残奥会气象中心，2019. 北京 2022 年冬奥会和冬残奥会赛区气象条件及气象风险分析报告（2019）（中、英文）[M]. 北京：气象出版社 .（主编：于长文、王冀，副主编：张金龙、孙赫敏）

北京冬奥组委体育部，北京 2022 年冬奥会和冬残奥会气象中心，2020. 北京 2022 年冬奥会和冬残奥会赛区气象条件及气象风险分析报告（2020）（中、英文）[M]. 北京：气象出版社 .（主编：王冀、于长文，副主编：张金龙、孙赫敏）

北京冬奥组委体育部，北京 2022 年冬奥会和冬残奥会气象中心，2021. 北京 2022 年冬奥会和冬残奥会赛区气象条件及气象风险分析报告（2021）（中、英文）[M]. 北京：气象出版社 .（主编：王冀、于长文、高辉，副主编：张金龙、孙赫敏）

曹广真，2019. 多源遥感数据融合与应用 [M]. 北京：气象出版社 .

缪宇鹏，等 . 北京冬奥气象信息化建设——技术、途径与最佳实践 [M]. 北京：气象出版社 .（待出版）

邵芸，赵忠明，黄富祥，肖青，王宇翔，2020. 天空地协同遥感监测精准应急服务研究 [M]. 北京：科学出版社 .

邵芸，赵忠明，黄富祥，肖青，王宇翔，2020. 天空地协同遥感监测精准应急服务图集 [M]. 北京：科学出版社 .

王春安，成海民，王举凯，2020. 生态地质建设与气象灾害防治 [M]. 哈尔滨：哈尔滨地图出版社 .

郑江平，等 . 冬奥气象服务相关技术及应用 [M]. 北京：气象出版社 .（待出版）

附录 D 其他形式成果清单（截至 2022 年 4 月 30 日）

D.1 专利

D.1.1 北京市气象局

序号	专利名称	专利类型	专利号	专利授权单位	发明人	授权公告日
1	一种冰核浓度测量系统及方法	发明专利	ZL201910612722.5	北京市人工影响天气办公室	丁德平 毕凯 何晖 马新成 田平 刘全 李睿劼	2021-06-01
2	一种冰核浓度测量系统	实用新型专利	ZL20192058949.1	北京市人工影响天气办公室	毕凯 田平 丁德平 黄梦宇 虎雅琼 赵德龙 何晖 高茜	2020-04-07
3	一种改进的浸入式冰核测量实验冷台	实用新型专利	ZL201922098994.6	北京市人工影响天气办公室	毕凯 黄梦宇 田平 虎雅琼 刘全 高茜 谢峰	2020-07-21
4	一种模拟大气膨胀降温造云过程及监测的云室装置	实用新型专利	ZL202021796339.4	北京市人工影响天气办公室	毕凯 丁德平 黄梦宇 田平 李睿劼	2021-03-23
5	浸入式冰核测量实验冷台装置	外观设计专利	ZL201930663120.3	北京市人工影响天气办公室	丁德平 李睿劼 毕凯 马新成 温典 陈云波 谢峰	2020-05-15
6	可测量冬季降雪微观相态的装置	实用新型专利	ZL201921157143.8	北京市人工影响天气办公室	马新成 毕凯 陈云波 温典	2020-04-07
7	保护气装置（测量冰核浓度）	外观设计专利	ZL20193392350.0	北京市人工影响天气办公室	丁德平 毕凯 高茜 马新成 虎雅琼 刘全 何晖	2020-03-13
8	便携式降雪颗粒形态观测装置	实用新型专利	ZL201921157150.8	北京市人工影响天气办公室	毕凯 马新成 温典 陈云波	2020-04-07

续表

序号	专利名称	专利类型	专利号	专利授权单位	发明人	授权公告日
9	实验箱（测量冰核浓度）	外观设计专利	ZL201930392372.7	北京市人工影响天气办公室	毕凯 黄梦宇 马新成 田平 虎雅琼 赵德龙	2020-04-07
10	一种人工影响天气实验室系统	实用新型专利	ZL201822109553.7	北京市人工影响天气办公室；北京京腾东胜金属压力容器制造有限公司	丁德平 黄梦宇 何晖 李睿劼 田平 宛霞 赵德龙 马新成 韩光 张磊 杨帅 李喆 张林 张继木 苏文	2019-08-30
11	便携式降雪颗粒形态观测装置	外观设计专利	ZL201930392373.1	北京市人工影响天气办公室	马新成 毕凯 陈云波 温典	2020-01-03
12	一种零度层亮带的识别方法和系统	发明专利	ZL201910082327.0	中国气象局北京城市气象研究院	马建立 胡志群 仰美霖 李思腾 陈明轩 吴剑坤 秦睿	2021-03-02

D.1.2　河北省气象局

序号	专利名称	专利类型	专利号	专利授权单位	发明人	授权公告日
1	人工增雪专用火箭	实用新型专利	ZL201922400878.5	河北省人工影响天气中心	董晓波 刘建伟 王洪峰 侯艳林 顿亚军 靳晓超 张兴山 王梧熠 李代茹 景晓磊	2020-09-08
2	一种自然降落至地面的冰晶观测温度控制系统	实用新型专利	ZL202021249658.3	河北省人工影响天气中心，邯郸市气象局	孙玉稳 黄毅 赵志军 薛学武 侯艳林 靳晓超 刘建伟	2020-12-15
3	一种地面冰核观测仪	实用新型专利	ZL202021686043.7	河北省人工影响天气中心，河北省气象科学研究所	孙玉稳 黄毅 赵志军 甄晓菊	2021-02-26
4	一种手动式低温恒温冰雪晶取样器	实用新型专利	ZL202022644916.4	河北省人工影响天气中心，河北省气象科学研究所	孙玉稳 黄毅 赵志军 甄晓菊	2021-08-24

D.1.3　国家卫星气象中心

序号	专利名称	专利类型	专利号	专利授权单位	发明人	授权公告日
1	一种雪上竞技项目赛道风作用指数的计算方法及系统	发明专利	202210218156.1	国家卫星气象中心	黄富祥 洪平	审查中
2	基于气象卫星观测确定地球辐射收支的方法以及装置	发明专利	ZL201910160665.1	国家卫星气象中心	张艳 胡丽琴 邱红 唐世浩	2022-02-08

D.1.4　中国气象局气象探测中心

序号	专利名称	专利类型	专利号	专利授权单位	发明人	授权公告日
1	一种用于赛场运行监测的数据展示方法及系统	发明专利	ZL202111365571.1	中国气象局气象探测中心	赵培涛 秦世广 徐鸣一 施丽娟 李瑞义 茆佳佳 曹婷婷 张林 高杰	2022-03-01
2	一种用于赛场运行监测的文件管理方法及系统	发明专利	ZL202111479623.8	中国气象局气象探测中心	秦世广 徐鸣一 赵培涛 李翠娜 杨金红 李雁 郭建侠 石城 刘圆	2022-03-18
3	一种用于赛场运行监测的信息采集方法及系统	发明专利	ZL202111626298.3	中国气象局气象探测中心	徐鸣一 赵培涛 秦世广 崔喜爱 林雪娇 李巍 严国威 赵晨曦 王佳 康家琦	2022-04-01
4	一种三维天气沙盘搭建方法及系统	发明专利	ZL202110565465.1	中国气象局气象探测中心	郭建侠 赵培涛 张殿超 王佳 杨金红 康家琦 刘圆	2021-11-23

D.1.5　中国气象局公共气象服务中心

序号	专利名称	专利类型	专利号	专利授权单位	发明人	授权公告日
1	一种对站点风速预报结果进行订正的方法及装置	发明专利	ZL202110731192.3	中国气象局公共气象服务中心（国家预警信息发布中心）	匡秋明 向世明 张新邦 于廷照 胡骏楠	2021-10-08

续表

序号	专利名称	专利类型	专利号	专利授权单位	发明人	授权公告日
2	一种构建格点风速订正模型的方法及装置	发明专利	ZL202110759432.0	中国气象局公共气象服务中心（国家预警信息发布中心）	匡秋明 向世明 张新邦 于廷照 胡骏楠	2021-10-08
3	一种比赛场地气温可视化系统	实用新型专利	ZL202021730639.2	中国气象局公共气象服务中心；华风气象传媒集团有限责任公司	郑江平 刘巍巍 刘轻扬 田祎 唐千红 梁乐宁 渠寒花 丰德恩 郝江波 赵瑞	2021-03-19
4	一种比赛场地气象数据可视化系统	实用新型专利	ZL202021730636.9	中国气象局公共气象服务中心；华风气象传媒集团有限责任公司	刘巍巍 田祎 唐千红 梁乐宁 赵潇然 渠寒花 丰德恩 郝江波 赵瑞	2021-03-19
5	一种比赛场地风场信息可视化系统	实用新型专利	ZL202021730613.8	中国气象局公共气象服务中心；华风气象传媒集团有限责任公司	田祎 刘巍巍 唐千红 梁乐宁 渠寒花 丰德恩 郝江波 赵瑞	2021-03-19
6	带气象服务柱状信息图形用户界面的显示屏幕面板	外观专利	ZL202130129509.7	中国气象局公共气象服务中心	丰德恩 唐卫 王慕华 赵瑞 袁亚男 李雁鹏 惠建忠	2021-07-13
7	带气象服务字版信息图形用户界面的显示屏幕面板	外观专利	ZL202130129820.1	中国气象局公共气象服务中心	王慕华 唐卫 郝江波 袁亚男 渠寒花 丰德恩 王孝通	2021-07-13
8	带气象服务折线信息图形用户界面的显示屏幕面板	外观专利	ZL202130129516.7	中国气象局公共气象服务中心	唐卫 王慕华 丰德恩 郝江波 赵瑞 惠建忠 冯宇星	2021-07-13

D.1.6　中国气象科学研究院

序号	专利名称	专利类型	专利号	专利授权单位	发明人	授权公告日
1	用于测量雪面雪粒径的测量装置及测量方法	发明专利	ZL201910483042.8	中国气象科学研究院；中国科学院国家天文台南京天文光学技术研究所	丁明虎 杜福嘉 温海焜 王飞腾 田彪	2020-09-01

续表

序号	专利名称	专利类型	专利号	专利授权单位	发明人	授权公告日
2	积雪密度原位检测传感器	发明专利	ZL202210451871.X	中国气象科学研究院；哈尔滨工业大学	丁明虎 王飞腾 张伟伟 张东启 田彪 效存德	2022-06-18

D.1.7 中国气象局人工影响天气中心

序号	专利名称	专利类型	专利号	专利授权单位	发明人	授权公告日
1	一种云区判断方法	发明专利	ZL201811403304.7	中国气象科学研究院	周毓荃 欧建军 蔡淼 刘建朝	2020-11-03
2	一种云区判别结果图形化方法	发明专利	ZL201811403304.7	中国气象科学研究院	周毓荃 欧建军 蔡淼 杨琪	2020-11-03
3	一种三维云场诊断方法	发明专利	ZL201910380697.2	中国气象科学研究院	周毓荃 蔡淼 刘建朝 唐雅慧 胡志晋	2020-06-02
4	一种云水路径获取方法及装置	发明专利	ZL201910439834.5	中国气象科学研究院	蔡淼 周毓荃 刘建朝 蔡兆鑫 唐雅慧	2020-11-20

D.1.8 中国华云气象科技集团有限公司

序号	专利名称	专利类型	专利号	专利授权单位	发明人	授权公告日
1	一种光学三维扫描装置	实用新型专利	ZL201721483796.6	北京敏视达雷达有限公司	刘小冬 马骁	2018-07-17
2	一种光纤相干探测装置、相干测速系统	实用新型专利	ZL201922191950.8	北京敏视达雷达有限公司	张国亮 舒仕江 任晓东 马骁 李佳	2019-12-09
3	一种稳定光源的方法及相关装置	发明专利	ZL201811354103.2	北京敏视达雷达有限公司	贾兆荣 舒仕江 于水鑫 杨建城 刘强	2021-06-29

D.2　软件著作权

D.2.1　北京市气象局

序号	软件名称	登记号	著作权人	批准登记时间
1	自动气象站状态信息监控软件	2022SR0227907	崔炜 张曼 金佳宁 聂凯 常晨	2022-02-15
2	自动气象站分钟极大风观测及质控程序	2022SR0226674	常晨 白雪涛 李楠 张曼 尹佳莉	2022-02-14
3	自动气象站秒极风观测及质控程序	2022SR0226677	韩微 张志国 吕宝磊 王辉 白雪涛	2022-02-14
4	多源观测融合天气现象识别程序	2022SR0226676	尹佳莉 刘旭林 金佳宁 吕宝磊 李楠	2022-02-14
5	气象应急指挥系统观测信息集成显示系统	2022SR0226675	王海龙 魏立川 曹海维 王继明 范雪波	2022-02-14
6	气压计量自动校准数据处理系统	2022SR0226738	孙雪琪 张鹏 刘旭林 卢一皎 王海龙	2022-02-14
7	风洞烟雾发生及流场模拟对照实验数据处理系统	2022SR0226678	张鹏 孙雪琪 卢一皎 刘旭林 韩微	2022-02-14
8	气象装备仓储物资信息精细管理系统	2022SR0227906	王继明 曹海维 卢一皎 魏立川 范雪波	2022-02-15
9	在线连续流量扩散云室冰核观测仪数据处理与分析绘图软件	2019SR0620095	毕凯 田平	2019-06-03
10	冰核气溶胶来源后向轨迹分析与绘图系统	2019SR0889987	毕凯 黄梦宇 马新成	2019-08-10
11	冻结核化冰核观测仪数据分析绘图系统	2019SR0905465	毕凯 虎雅琼 田平	2019-07-15
12	大气冰核外场协同观测研究数据综合分析与绘图系统	2019SR0626223	毕凯 刘香娥 何晖	2019-06-03
13	微波辐射计数据处理与绘图系统	2020SR0598485	马新成 毕凯 温典	2019-10-13
14	基于CCD亮度识别的冰核测量仪信号处理分析系统	2020SR0595103	毕凯 丁德平	2019-11-13
15	冬季降雪外场协同观测研究数据综合分析与绘图系统	2019SR0626211	毕凯 马新成	2019-05-18

续表

序号	软件名称	登记号	著作权人	批准登记时间
16	环境颗粒物分析仪数据处理与分析绘图系统	2019SR0619573	毕凯 刘全	2019-05-13
17	车载风廓线雷达数据处理与分析系统	2019SR0620017	毕凯 陈羿辰	2019-06-03
18	雾滴谱仪数据处理与分析绘图系统	2019SR0620068	毕凯 陈云波	2019-05-25
19	二维视频降水粒子谱仪数据处理与分析绘图系统	2019SR0620082	毕凯 丁德平	2019-05-30
20	空气动力学粒径谱仪数据处理与分析绘图系统	2019SR0620082	毕凯 赵德龙	2019-06-03
21	二维激光降水谱仪（PARSIVEL 系列）数据处理与分析绘图系统	2019SR0618968	贾星灿 毕凯	2019-05-10
22	The Rapid-refresh Integrated Seamless Ensemble system（简称：RISE 睿思系统）V1.0	2019SR0750685	宋林烨 郭瀚阳 程丛兰 杨璐 秦睿 陈康凯 曹伟华 吴剑坤 陈明轩 陈敏	2019-07-19
23	降水相态客观诊断平台 V1.0	2021SR1401559	杨璐 马建立 程丛兰 吴剑坤 宋林烨	2021-06-15

D.2.2 河北省气象局

序号	软件名称	登记号	著作权人	批准登记时间
1	雪务专项气象风险评估系统 1.0	2021SR1287257	于长文 陈霞 张金龙 邵丽芳 车少静	2021-08-30
2	冬奥雪务专项气象预报预测系统 V1.0	2021SR0167789	李宗涛 孔凡超 朱刚 连志鸾	2021-01-29
3	赛区气象微信小程序	2022SR0447380	连志鸾 孔凡超 李宗涛 段宇辉	2022-04-08
4	崇礼冰雪气象预报系统	2022SR0568935	段宇辉 连志鸾 陈子健 孔凡超 匡顺四	2022-05-10
5	冬奥滑雪气象知识虚拟体验平台 V1.0	软著登字第 9164821 号	成海民 张中杰 胡雪 刘华悦 张亚男 贾俊妹 张欣 刘建勇	2022-02-10
6	Calmet 高分辨率精细化地理信息生成系统	2021SR0142100	曹晓冲	2021-01-26

序号	软件名称	登记号	著作权人	批准登记时间
7	高分辨率融合分析和临近预报系统	2021SR1394343	王玉虹 张南 王宗敏	2021-09-17
8	高时空分辨率地面要素客观预报产品检验系统	2022SR0055168	张南	2022-01-10
9	崇礼精细化气象要素实时分析系统	2022SR0536001	王宗敏 张延宾 曹晓冲 王玉虹 张珊 金晓青 张南 田志广	2022-04-27
10	冬奥人影作业效果物理检验系统 V1.0	2022SR0476480	张健南 胡向峰 戴恩惠 麦榕 张晓瑞 刘慧敏	2022-04-15

D.2.3　国家气象中心

序号	软件名称	登记号	著作权人	批准登记时间
1	基于物理建模的新增积雪深度客观预报软件	6128115	符娇兰 陈博宇 陈双	2020-05-08
2	基于最优集合概率阈值法降水相态预报软件	06665460	董全 等	2020-11-03
3	集合预报异常天气预报系统	6128113	陶亦为 张恒德 代刊 李嘉睿 胡艺	2020-11-03
4	中央气象台智能网格降水会商及保障服务产品制作平台	2019SR1150517	国家气象中心	2019-10-01
5	临近降水预报系统	2019SR0309951	曹勇 陈双 杨舒楠 张芳 陈涛 郭云谦	2019-03-01
6	气象预报全流程检验评估系统 V1.0	2020SR0530924	国家气象中心	2020-05-28
7	多模式集成沙尘预报系统 V1.0	2018SR641375	张天航	2018-08-13
8	多模式集成沙尘预报系统 V1.1	2019SR1121673	张天航 王亚强 江琪 张恒德 张碧辉 迟茜元	2019-11-06
9	雾霾中长期集合预报系统 V1.0	软著登字第 5870636 号	饶晓琴 黄威 谢超 马学款	2020-08-26
10	能见度神经网络预报模型软件 V1.0	软著登字第 3286444 号	马学款 谢超	2018-11-29

续表

序号	软件名称	登记号	著作权人	批准登记时间
11	基于 EMOS 方法的集合预报常规要素概率和确定性预报软件	2021SR0432836	唐健 代刊 陶亦为 董全 刘凑华	2021-03-22

D.2.4 国家卫星气象中心

序号	软件名称	登记号	著作权人	批准登记时间
1	全球沙尘气象灾害卫星遥感系统测试化验及数据集生成系统 V1.0	2022SR0235176	国家卫星气象中心（国家空间天气监测预警中心）航天宏图信息技术股份有限公司	2022-02-16

D.2.5 国家气象信息中心

序号	软件名称	登记号	著作权人	批准登记时间
1	中国区域 1 km 温压湿风多源融合实况分析软件 V1.0	2022SR0193001	韩帅 师春香 孙帅 谷军霞 徐宾 廖志宏 张涛 庞紫豪 葛玲玲	2022-01-30
2	基于 CLDAS 的中国区域积雪深度多模式集成软件 V1.0	2022SR0193040	孙帅 师春香 梁晓 韩帅 王智慧 徐宾 谷军霞	2022-01-30
3	多源融合实况分析产品全流程检验评估软件 V1.0	2022SR0193003	庞紫豪 师春香 谷军霞 潘旸 韩帅 徐宾 廖志宏 朱智 孙帅 王正	2022-01-30

D.2.6 中国气象局地球系统数值预报中心

序号	软件名称	登记号	著作权人	批准登记时间
1	资料同化效果分析系统	2029SR0712576	胡江凯 韩威 杨建新 王金成 王皓 陆慧娟 田伟红 沈学顺	2019-07-10
2	GRAPES-GEPS 全球集合预报业务调度系统	2020SR0328594	王远哲 陈静 李晓莉 高丽 胡江凯 霍振华 彭飞 田华	2020-04-13
3	GRAPES-REPS 区域集合预报业务调度系统	2020SR0328531	王远哲 陈静 李红祺 高丽 邓国 王婧卓 崔应杰	2020-04-13
4	GRAPES-GEPS 全球集合预报业务检验系统 V1.0	2020SR0328591	李应林 陈法敬 陈静 杨昊	2020-04-13

序号	软件名称	登记号	著作权人	批准登记时间
5	引入全球大尺度信息的混合尺度系统 V1.0	2020SR0970575	庄照荣 郑永骏 陈静	2020-08-24

D.2.7　中国气象局气象探测中心

序号	软件名称	登记号	著作权人	批准登记时间
1	IPC 智能垂直廓线集成控制器系统	2020SR0722531	中国气象局气象探测中心	2020-07-03
2	冬奥赛场观测设备便携式监控软件 V1.0	2022SR0364636	中国气象局气象探测中心 徐鸣一 崔喜爱 赵培涛 秦世广 赵晨曦 高杰 石锐 郑雨欣	2022-03-18
3	冬奥赛场观测设备数据同步系统 V1.0	2022SR0364635	中国气象局气象探测中心 赵培涛 秦世广 徐鸣一 曹婷婷 李瑞义 茆佳佳 施丽娟 林雪娇 李芝霖	2022-03-18
4	冬奥赛场观测台站组织及人员管理系统 V1.0	2022SR0364637	中国气象局气象探测中心 李瑞义 赵培涛 徐鸣一 茆佳佳 李雁 石城 林霖 张雨潇	2022-03-18
5	冬奥赛场气象观测设备维护及报表分析工作平台 V1.0	2022SR0471556	中国气象局气象探测中心 茆佳佳 徐鸣一 赵培涛 李瑞义 李翠娜 杨馨蕊 张林 赵盼盼	2022-04-14
6	冬奥赛场装备业务及状态运行监控平台 (WOSOM) V1.0	2022SR0364644	中国气象局气象探测中心 秦世广 徐鸣一 赵培涛 郭建侠 杨金红 康家琦 王佳 刘圆 高岑 朱默研	2022-03-18

D.2.8　中国气象局公共气象服务中心

序号	软件名称	登记号	著作权人	批准登记时间
1	道面温度统计预报模型软件	2022SR0221638	董颜 闵晶晶 齐晨 金晨曦	2022-02-11
2	公路气象服务产品展示系统 V1.0	2019SR1094537	胡骏楠 匡秋明	2019-10-29
3	科技冬奥公路交通服务产品检验系统 V1.0	2020SR0181433	梅钰 匡秋明	2020-02-26

续表

序号	软件名称	登记号	著作权人	批准登记时间
4	冬奥气象服务图表产品加工系统	2021SR0942601	丰德恩 王慕华 袁亚男 郝江波 赵瑞 王孝通	2021-06-24
5	冬奥智能气象服务文字产品生成系统	申请中	渠寒花 唐卫 王慕华 等	申请中

D.2.9 中国气象局人工影响天气中心

序号	软件名称	登记号	著作权人	批准登记时间
1	云水资源评估系统（V1.0）	2020SR102506	周毓荃 蔡淼 等	2020-12-07
2	云降水精细处理分析系统（CPAS V3.0）	2019SR1371579	周毓荃 等	2019-12-16
3	云水资源耦合开发决策分析指挥系统（CWR-CDAS）	2022SR0354926	周毓荃 等	2022-03-16
4	WRF 中尺度模式中仿真模拟飞机催化作业轨迹的处理系统（V1.0）	2022SR0336512	刘卫国 周毓荃 等	2022-03-11

D.2.10 中国华云气象科技集团有限公司

序号	软件名称	登记号	著作权人	批准登记时间
1	区域智能气象站统一版中心站软件 V1.0.0	2016SR332098	华云升达（北京）气象科技有限责任公司	2016-04-11
2	超声波测风仪嵌入式软件	2020SR1810652	华云升达（北京）气象科技有限责任公司	2020-12-14
3	激光雷达综合控制系统 V1.0	2017SR408515	北京敏视达雷达有限公司	2017-07-28
4	星地通风云四号科研试验卫星地面应用系统工程任务管理与控制系统 (MCS) 应用软件	2017SR345394	北京华云星地通科技有限公司	2017-07-05
5	星地通风云四号科研试验卫星地面应用系统工程产品生成系统 (PGS) 产品处理软件	2017SR345399	北京华云星地通科技有限公司	2017-07-05

D.3 标准

D.3.1 河北省气象局

序号	标准名称	标准类别	标准编号	发布时间	实施时间	起草单位
1	跳台滑雪气象服务规范	河北省地方标准	DB 13/T 5259—2020	2020 年 11 月 19 日	2020 年 12 月 19 日	河北省气象台；张家口市气象台

D.3.2 中国气象局公共气象服务中心

序号	标准名称	标准类别	标准编号	发布时间	实施时间	起草单位
1	冬季户外冰雪运动观赛气象指数等级划分	团体标准	T/CMSA-0033—2022	2022 年 7 月 28 日	2022 年 7 月 28 日	中国气象局公共气象服务中心；华风气象传媒集团有限责任公司
2	基于 REST 和 GRPC 的气象数据服务接口技术要求	团体标准	ICS 07.060；CCS A 47	立项中		北京市气象信息中心